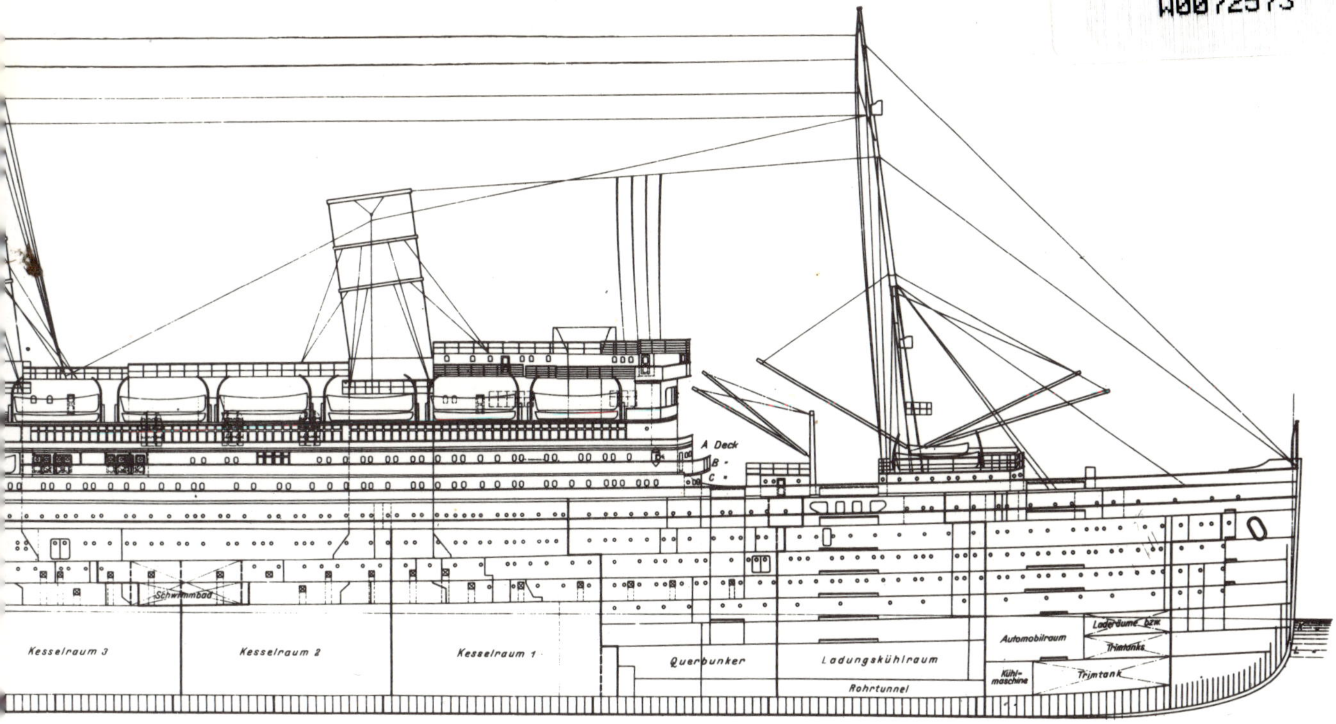

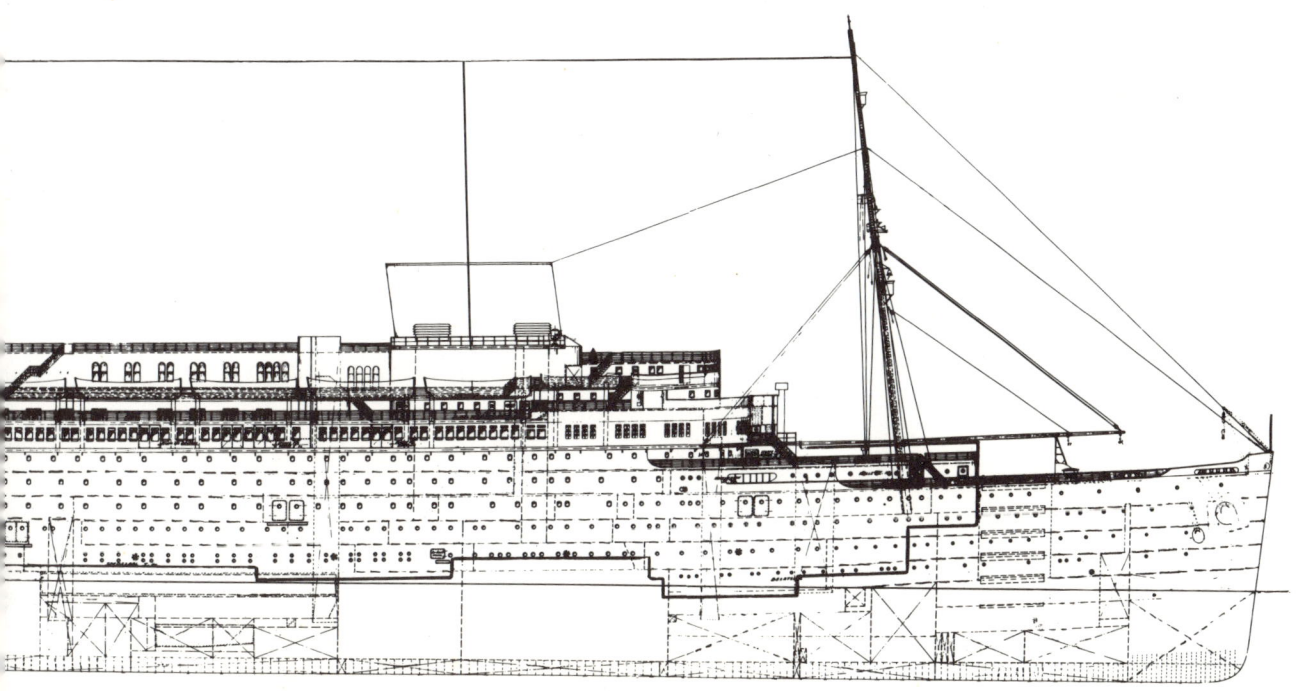

von Auswanderern eingerichtet und verfügte bereits über je einen Ladungs-
kühlraum und Automobilraum. Das beim Kriegseintritt der USA im Jahre 1917
in New York beschlagnahmte Schiff fuhr als LEVIATHAN unter amerikanischer
Flagge – zunächst als Truppentransporter, dann als Flaggschiff der United States
Lines – und wurde 1938 abgewrackt.

EUROPA errang auf der am 19. 3. 1930 angetretenen Jungfernreise zwischen
Scilly Rocks und Ambrose Feuerschiff mit einer Durchschnittsgeschwindigkeit
von 27,91 Knoten das Blaue Band des Ozeans. Der Schnelldampfer wurde 1945
zur alliierten Kriegsbeute erklärt und lief ab 1950 als LIBERTÉ unter französischer
Flagge. 1962 abgewrackt. (Die Zeichnung zeigt die EUROPA mit ihrer ursprünglichen Schornsteinform.)

PRAGER · BLOHM + VOSS

Hans Georg
Prager

Blohm+Voss

SCHIFFE UND MASCHINEN FÜR DIE WELT

 KOEHLER

Bildnachweis

Schiffsskizzen: Ulrich Rittler (54) - mit Ausnahme der beiden Vergleichsskizzen Seite 163: Norbert Bröcher

Schwarzweißfotos: Werkfotos Blohm & Voss (45), Archiv Blohm + Voss AG (19), Privatarchiv Rud. Blohm (1), Archiv Hapag-Lloyd Aktiengesellschaft (1), Archiv Hans Jürgen Witthöft (1), Luftbildabteilung der Luftverkehrsgesellschaft Hamburg m.b.H. (1), Presse-Photo Carl Schütze, Hamburg (1), Hamburger Abendblatt (2), Presse-Bilderdienst Hans Koch, Hamburg (2), Presse-Photo Albert Cusian, Hamburg (1), Foto-Atelier Schenkewitz (1).

Farbfotos: Werkfotos Blohm + Voss (17), Deutsche Luftbild KG, Hamburg (2), Marineamt/Ernst Korpjun (2), Foto-Timm (1), U. Rittler (1), Pickenpack, Stade (1), Industrial Photo Saskatchewan, Kanada (1), Nils Bahnsen (1), Skyfoto Ltd., Ashford Airport, Kent (1), Werkfoto HAPAG-LLOYD AG (1), Norsk Fly og Flyfoto, Stavanger (1), Werkfoto Reederei A. P. Møller, Kopenhagen (1), Schulze-Alex (1).

Textillustrationen: Jeweils mit freundlicher Genehmigung der genannten Verlage oder Institutionen — Seite 9, 35 Hildegard Hudemann aus Günter Niemeyer/Hildegard Hudemann „Große Hamburger Hafenrundfahrt", Hans Christian Verlag, Hamburg; Karten zur Hafenentwicklung Seiten 10, 30, 41 Hilda-Walter Körner, gezeichnet nach amtlichen Unterlagen für Doppelheft 8/9—1964 des „Hamburg Kurier", Hamburg Information; Seite 12 links Dr. iur. Eduard Schramm senior aus Percy Ernst Schramm „Neun Generationen", Verlag Vandenhoek & Ruprecht, Göttingen; Reedereiflaggen Seiten 17, 57, 58 Otto Mathies „Hamburger Reederei 1814—1914", Verlag L. Friedrichsen & Co., Hamburg; Seite 18 Strom- und Hafenbau, Hamburg; Seite 19 Anton Scheuritzel; Seite 61 Dr. Abel Hetholm; Seite 25 Hanns Anker; Seite 26 SK-Büro der Werft H. C. Stülcken Sohn, Hamburg; Seiten 29, 136 Ernst A. Eberhard, Bad Salzuflen; Seiten 27, 28, 29 Archiv Blohm + Voss AG; Seiten 31, 67, 93, 116, 126, 128 Walter Zeeden, Garmisch-Partenkirchen; Seite 34, 103 Karten aus „Hamburg — Großstadt und Welthafen", Festschrift zum XXX. Deutschen Geografentag 1955, Verlag Ferdinand Hirth in Kiel; Seite 43 C. Schildt, Archiv HADAG-Seetouristik und Fährdienst AG; Seite 45 Staatliche Landesbildstelle Hamburg; Seiten 55, 76, 101 Architekten- und Ingenieur-Verein zu Hamburg, wiedergegeben in „Hamburg und seine Bauten", Vertrieb Boysen & Maasch, Hamburg; Seiten 59, 60, 61, 63, 64/links Archiv Blohm + Voss AG; Seite 64/rechts Dusanka Smoljan aus Brennecke/Hader „Panzerschiffe und Linienschiffe 1860—1910", Koehlers Verlagsgesellschaft, Herford; Seite 85 Archiv der M.A.N.; Seite 93/links, Seite 94 Profile Publications Limited, Coburg House, Windsor, Berkshire; Seite 102 H. Gruber, Literarisches Büro der Hamburg-Amerika Linie; Seite 119 Dipl.-Ing. Herbert Franz; Seiten 127, 128 Archiv Hamburg-Südamerikanische Dampfschifffahrts-Gesellschaft Eggert & Amsinck; Seite 137 Firmenbesitz Assekuranzmakler M. W. Joost, Hamburg; Seiten 146, 148, 151, 152 Dennis Punnet aus William Green „The Warplanes of the Third Reich", Verlag MacDonald, London; Seiten 130, 150, 197, 198, 216 Werftzeitung Blohm + Voss AG; Seite 146 Archiv Pawlas, wiedergegeben in Band 11 „LUFTFAHRT international"; Seite 163 Norbert Bröcher; Seite 173 Band 8 der Wehrwissenschaftlichen Berichte „Walter-U-Boote"; Seiten 174, 176 Band 1 der Wehrwissenschaftlichen Berichte „U-Boot-Typ XXI" (Rössler/Fuchslocher/Grützmacher), J. F. Lehmanns Verlag München; Seite 179 Hans-Werner Querhammer, Hamburg; Seite 192 »Hansa«, Zentralorgan für Schiffahrt, Schiffbau, Hafen, Verlag C. Schroedter & Co.; Seite 206 Hamburg-Information.

ISBN 3782201272

© 1977 by Koehlers Verlagsgesellschaft mbH, Herford
Alle Rechte, insbesondere das der Übersetzung, vorbehalten
Die gewerbsmäßige Nutzung und Auswertung der Zeichnungen und
Risse ist nur mit Genehmigung des Verlages erlaubt
Schutzumschlag: Ernst A. Eberhard, Bad Salzuflen
Umschlagfoto: Karl Bitterling, Hamburg
Typografie und Herstellung: Heinz Kameier
Satz und Druck: Druckerei H. Brackmann, Löhne
Bucheinband: Großbuchbinderei B. Gehring, Bielefeld
Printed in Germany

Inhalt

Vorwort

Wenn einst der Kaiser zum Stapellauf neuer Riesen-Schnelldampfer bei Blohm & Voss erschien, hatten in Hamburg die Kinder schulfrei. Und jedesmal, wenn ein besonders imposanter Neubau der Werft zur Jungfernreise auslief, umsäumten Menschenmauern die Elbufer. Das ist auch heute noch so. Als 1929 auf der Werft der Schnelldampfer EUROPA in Flammen stand, bangte die ganze Bevölkerung mit um dieses herrliche Schiff. Als aber gar 1946 das zum Wahrzeichen des Hamburger Hafens gewordene, alles überragende Helgengerüst der weltbekannten Großwerft gesprengt wurde und als chaotischer Trümmerhaufen in sich zusammenfiel, hatte ausnahmslos jeder, der es mitansah, Tränen in den Augen.

Blohm & Voss wurde stets als das schlagende Herz des Hamburger Hafens empfunden. Dessen größter Arbeitgeber verkörpert gleichzeitig auch ein wesentliches Kapitel deutscher Industrie- und Schiffahrtsgeschichte.

Zu besonderem Dank bin ich dem Nestor des deutschen Schiffbaues, Herrn Rud. Blohm, verpflichtet, der mir trotz seines hohen Alters von 91 Jahren für mehrere Interviews zur Verfügung gestanden hat. Ein halbes Jahrhundert hat dieser älteste Sohn des Firmengründers Hermann Blohm — heute Ehrenvorsitzender des Aufsichtsrates von Blohm + Voss — zusammen mit seinem 1963 verstorbenen Bruder Walther an der Spitze der Werft gestanden. Sein unverändert brillantes Gedächtnis sowie die Präzision seiner Ausführungen haben einen wesentlichen Beitrag zur Aufhellung mancher aus den Archivunterlagen allein nicht ersichtlicher Zusammenhänge geleistet. Den überwiegenden Teil des ersten, an Höhen und Tiefen reichen Jahrhunderts der Werftgeschichte hat dieser Mann bewußt miterlebt und mitgestaltet. Seinen weisen Rat hat er seinen Nachfolgern stets gern zur Verfügung gestellt.

Ebenso danken Verlag und Verfasser dem Vorstand von Blohm + Voss, Herrn Dr. Werner Bartels und Herrn Dr. Michael Budczies, für das in jeder Hinsicht gewährte Entgegenkommen. In großer Hilfsbereitschaft haben viele alte »B + V-er« dem Chronisten geradezu leidenschaftlich zur Seite gestanden, — zusätzliche Informationen beschafft, technische Sachfragen geklärt, Korrekturfahnen durchgelesen, Konstruktionspläne herbeigezaubert.

Genannt seien hier stellvertretend für alle die Herren Albert Schütt, Harro Christiansen und Oscar Alexander, der frühere Betriebsratsvorsitzende Carl Bohn und der jetzige Bibliothekar beim Deutschen Schiffahrtsmuseum Bremerhaven, Arnold Kludas.

Unschätzbar war für mich auch die unermüdliche Unterstützung durch den jahrzehntelangen B + V-Mitarbeiter Hans Eden, der anhand umfangreicher Suchlisten über ein Jahr lang wertvolle Akten und Dokumente aus dem Firmenarchiv zutage gefördert hatte. Der größte Teil dieses Materials wurde am 3. Januar 1976 Opfer jener Flutkatastrophe, die auf dem gesamten Werftgelände schweren Schaden hinterließ. Seite für Seite wurde anschließend alles wieder auseinandergeklaubt und mit Heißluftgeräten getrocknet. Aber diese Mühen haben sich gelohnt. Ich schulde Herrn Eden besonderen Dank für seine wertvolle Mithilfe.

Was freilich Herr Ernst-Christian Frhr. v. Werthern zusätzlich an persönlichem Engagement, tätiger Mitarbeit und Inspiration zum Zustandekommen dieses Buches beigetragen hat, sprengte den Rahmen jeder Erwartung: Diesem langjährigen Vorstands- und heutigen Aufsichtsratsmitglied gebührt dafür ein besonders herzliches Dankeswort des Verfassers.

Nie zuvor bin ich innerhalb einer Unternehmensgeschichte einer derart faszinierenden Materie begegnet, die Nautiker, Wirtschaftler, Bankkaufleute, Ingenieure, Studenten und nicht zuletzt den großen Kreis der »shiplover«, ja die breite deutsche Öffentlichkeit gleichermaßen angeht. — Jeder Leser dürfte einsehen, warum Personennamen nur dort genannt werden, wo sie bereits Geschichte geworden sind und die Genannten nicht mehr am heutigen Geschehen teilhaben können. Das Team jedoch — vom Vorarbeiter und Meister, Dreher und Schweißer bis zum Konstrukteur und Oberingenieur, das den steilen Wiederaufstieg aus Demontagetrümmern zu neuer Weltgeltung ermöglichte — bleibt anonym. Niemand wird vor dem anderen genannt oder hervorgehoben. Im Interesse der geschichtlichen Kontinuität wurden nur die Firmenleiter der jeweiligen Zeitabschnitte erwähnt.

Gedankt sei zum Schluß auch dem Grafiker Ulrich Rittler und dem Hersteller Heinz Kameier für alle auf dieses Buch verwendete künstlerische und organisatorische Sorgfalt.

Hamburg, im März 1977   Hans Georg Prager

Zu neuen Ufern

Es war erst wenige Jahre her, daß die deutschen Fürsten den preußischen König Wilhelm I. zum Deutschen Kaiser ausgerufen hatten. Die von Bismarck bewirkte Reichsgründung vom 18. Januar 1871 hatte neue Zeichen und Anfänge gesetzt. Die in den Freiheitskriegen und der kurzlebigen Revolution von 1848 ersehnte Einheit Deutschlands war plötzlich verwirklicht und erschien festgefügt. Kaiser Wilhelm I. regierte ein Land, das vom Elsaß bis hinauf zum Memelland reichte.

Die ersten fiebrigen Gründerjahre waren vorbei. Das Hereinströmen der französischen Kriegskontributionen in den Wirtschaftskreislauf hatte anfänglich zu vorschneller Scheinblüte geführt. Mancher Konkurs und manche Ernüchterung waren die Folge. Aber die Dynamik der Gründerjahre war deshalb keineswegs verflogen. Sie hatte nur weniger spekulativen Verhaltensweisen Platz gemacht.

Eben noch kämpferisch gewesene Teile des Bürgertums wandelten sich zur Unternehmerschaft in Handel und Industrie. Alle innenpolitischen Probleme und Spannungen dieser Zeit wurden überspielt vom glänzenden Aufschwung der deutschen Wirtschaft. Überraschend schnell fand Deutschland Anschluß an die industrielle Revolution. Mit seinem wachsenden Export trat das soeben erst geeinte Land unter die großen Konkurrenten des Weltmarktes. Der Schritt von der Nationalwirtschaft zur weltweiten Zusammenarbeit war freilich noch nicht vollzogen. Wachsender Bevölkerungsdruck und erste Anzeichen von Überproduktion zwangen bald alle Industrieländer zu verstärkten überseeischen, nicht zuletzt auch zu machtpolitischen Aktivitäten zwecks Schaffung eigener Rohstoffbasen und Absatzmärkte. Das Zeitalter des Kolonialismus setzte neue Akzente — zuletzt auch im Deutschen Reich. Endgültig war auch in Deutschland das Zeitalter des Kaufmanns und der Überseeschiffahrt angebrochen. Hamburg war Nummer eins unter den Städten des Handels in Deutschland und war die drittgrößte Handelsstadt in der Welt. »Hammonia« wetteiferte mit Amsterdam und London. Aber die Hansestadt war kaum etwas anderes als eben

nur Handelsplatz. Industrielles Denken lag den maßgeblichen Kreisen dieser Stadt fern, deren Wiederaufbau nach dem »Großen Brand« des Jahres 1842 längst vollzogen war.

Der grundlegende städtebauliche Charakter Hamburgs hatte sich auch durch den Aufbau der sogenannten Neustadt nicht gewandelt. Man blieb noch in der Zeit von Eisenbahn und elektrischem Telegrafen beim Althergebrachten. Es gab noch keinen Freihafen. Der Hamburger Kaufmann ließ sich auch weiterhin die aus Übersee importierten Schätze von Ewern und Schuten durch eins der Fleete zum eigenen Speicher oder aber zu dem einer Quartiersleute-Firma fahren. Für die Seeschiffe gab es — außer im 1866 eingeweihten, relativ kleinen, aber schon mit Dampfkränen ausgerüsteten Sandtorhafen — noch keine Kaianlagen. Sie lagen wie seit altersher »im Strom« an den Dalben und leichterten ihre Seefrachtgüter in Hafenfahrzeuge ab.

Dort, wo sich heute der Hauptteil des Hamburger Hafens ausdehnt, bot sich dem Auge weit und breit grünes Land. Wer vom Baumwall oder Johannisbollwerk aus über die Elbe blickte, sah auf den Elbinseln Kuhwerder, Maakenwerder und Grasbrook immer noch unberührte Natur. Die zwei erstgenannten Inseln waren erst in der Mitte des 18. Jahrhunderts vom Hamburger Senat aus dänischem Besitz aufgekauft worden — während Altona sogar noch bis zum Jahre 1864 eine Stadt unter der Hoheit des Königs von Dänemark gewesen ist. Auf dem Kuhwerder weideten, wenn der Wasserstand es zuließ, tatsächlich Kühe — bei

Fleete mit Schuten bestimmten das Stadtbild

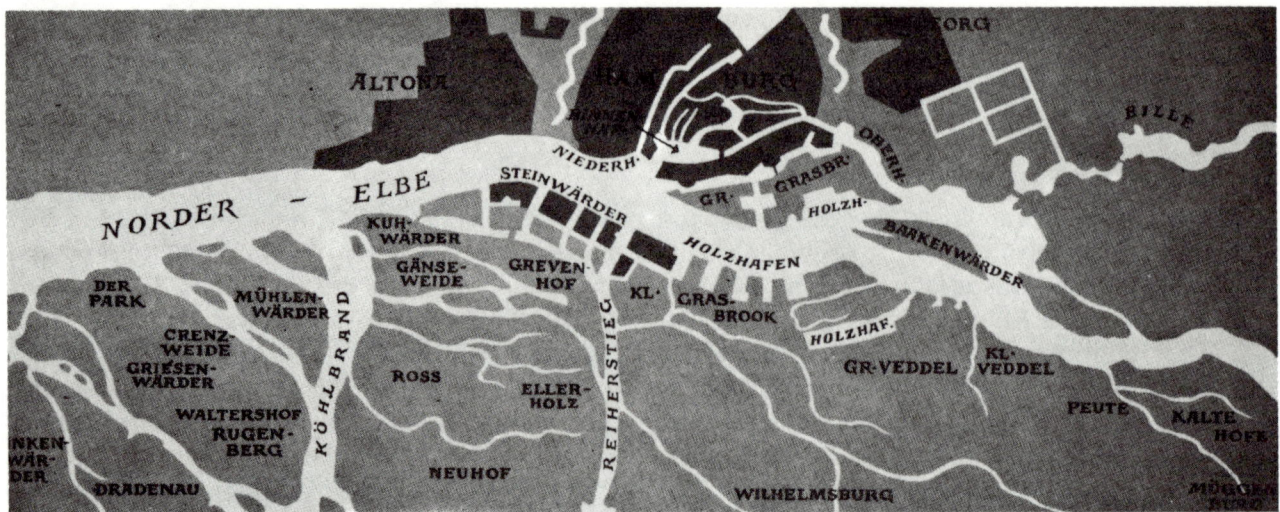

Die Marschen-Inseln im Stromspaltungsgebiet der Elbe waren damals noch unberührte Natur. Nur nördlich vom Gr. Grasbrook war 1866 der Sandtorhafen entstanden, der in dieser Karte noch fehlt. Steinwerder (damals noch mit Umlaut geschrieben) war bereits parzelliert, aber ebenfalls noch weitgehend grünes Land.

allzulang anhaltendem Nordwestwind wurde er allerdings mit jedem Hochwasser überflutet.

Drüben in der Neustadt sowie in den beim Großen Brand verschont gebliebenen Fachwerkvierteln unterschied sich das alltägliche Leben kaum voneinander. Kaufmann und Reeder standen in den »Comptoirs« gleichermaßen an den Stehpulten, umgeben von den Commis und den Lehrlingen. Und obwohl auch schon Hamburger Dampfer nach Übersee fuhren, hatte sich die Gesamtsituation eines Schiffahrtsbetriebes gegenüber der in einer Segelschiffsreederei kaum geändert. War ein Schiff in die Welt hinausgefahren, hörte man oft monatelang nichts mehr von ihm. Deutsche Postdampfverbindungen gab es noch nicht. In der Mehrzahl der Fälle bot erst der Kapitänsbericht nach der Heimkehr die einigermaßen aktuelle Information. Dennoch war man vorzüglich über die Strömungen und Märkte draußen in der Welt orientiert. Schließlich war man, nach traditionell hanseatischer Manier, als »junger Mann« monatelang selbst in Übersee gewesen und hatte dort Verbindungen angeknüpft. Man machte seine Geschäfte mit dem, was die Angelsachsen »human relations« nennen. Man hatte zwar noch allzu lange Postlaufzeiten, aber in vielen Fällen in Übersee — etwa in Venezuela, auf Sansibar oder Samoa — schon eine eigene Faktorei. Und was die nichteuropäischen Kontinente an Handelsprodukten hervorbrachten, war an den Warenproben auf den Börtern und Regalen der Hamburger Comptoirs zu erkennen.

Im übrigen war man als Hanseat draußen in der Welt total im vorherrschenden britischen Lebensstil aufgegangen. Eine englische Uhr von William Jourdain maß zu Hause die Stunden. Und der Bericht eines Zeitgenossen vom Anfang des 19. Jahrhunderts stimmte noch weitgehend: »Viele Hamburger Häuser, ja von der besseren Sorte beinahe die meisten, sind so durch und durch britannisiert, daß man darin ganz vergißt, auf deutschem Grund und Boden zu sein und daß man darauf schwören sollte, man befände sich in einem Hause in Fleet Street, am Charing Cross oder am Soho Square. Man ist englisch gekleidet, man gähnt und flucht englisch. Fragt man nach einer Zeitung, so erhält man den ›Star‹, die ›Morning Chronicle‹ oder die ›Times‹. Man sitzt auf schwarzem englischen Roßhaar an einer mit lauter englischem Geschirr besetzten Tafel und ißt Roastbeef und Plumpudding, trinkt Porter und Ale aus London und Burton.«

Das Herz der Hamburger Kaufmannschaft und Reederschaft schlug auch in den siebziger Jahren noch britisch. Vor allem aber ließ man eiserne Segelschiffe und Dampfer in England bauen — das gehörte sich einfach so. Zwar betrieb die Hamburger Reiherstieg-Werft schon seit drei Jahrzehnten Eisenschiffbau, aber sie hatte damit keinen wirklichen Durchbruch erzielt.

Es war undenkbar, daß man ihr etwa den Bau eines eisernen Überseedampfers anvertraut hätte. Nach einhelliger Ansicht der Reederschaft verfügten nur die britischen Werften über das nötige »Know-how« und die dazu notwendige Werkzeugmaschinen-Industrie. England hatte den Schritt ins Industriezeitalter eher als Deutschland getan und besaß mittlerweile eine Werftindustrie von Weltruf, während die fast ausschließlich im Ostseeraum ansässigen Werften Deutschlands ihre Schiffe im technisch-handwerklichen Ablauf kaum anders bauten als in der Hansezeit. Mit weitem Abstand dominierte in der deutschen Kauffahrteiflotte noch das hölzerne Segelschiff. Die Dampfer waren ohnehin noch in der Minderzahl, aber desgleichen die eisernen Segelschiffe. Freilich hatte sich schon 1833 der aus einer englischen Familie stammende Reeder und Schiffsmakler Robert M. Sloman dafür eingesetzt, künftig die Frachtgüter aus aller Welt nicht mehr mit Wind-, sondern mit Dampfkraft in die Hansestadt zu bringen. Tatsächlich brachte Sloman 1841 die ersten Dampfer nach England, 1849 auch nach Nordamerika in Fahrt. Das war freilich nur ein bescheidener Anfang im Vergleich zur Entwicklung in der englischen Seeschiffahrt. Beispielsweise fuhr schon 1850 die Royal Mail Line fahrplanmäßig mit Dampfern von Southampton nach Brasilien und zum La Plata. Die India Steam Navigation und die Peninsular & Oriental Steam Navigation Company wuchsen rasch zu Riesenunternehmen heran. Englische Dampfer waren auch im Levante-, Afrika- und Nordamerika-Verkehr im Vormarsch. Seit Eröffnung des Suezkanals eroberten sie auch die Fahrtgebiete Ostasien und Australien-Neuseeland.

In Hamburg aber stand man der Dampfkraft skeptisch gegenüber und wollte es erst noch einmal mit Seglern versuchen. So zog der aus dem Mecklenburgischen zugewanderte Bauernsohn August Bolten sogar noch 1852 eine damals bereits anachronistische Segler-Linie zur Ostküste von Südamerika auf. Aber als die HAPAG im Jahre 1853 beschloß, doch zur Dampfschiffahrt überzugehen, folgte nach und nach ein Hamburger Reeder hinter dem anderen diesem Beispiel, schließlich (1869), wenn auch noch zögernd, Bolten selbst. Nach der Reichsgründung des Jahres 1871 schossen neue Schiffahrtslinien förmlich aus dem Boden. In Hamburg wurde noch 1871 die Hamburg-Südamerikanische Dampfschiffahrts-Gesellschaft, abgekürzter Name Hamburg-Süd, gegründet, 1872 die Adler-Linie für die Transat-

lantik-Fahrt sowie die Dampfschiffahrts-Gesellschaft »Kosmos« für den Liniendienst zur Westküste von Chile. Zwei Jahre später folgten dann die Deutsch-Australische Dampfschiffs-Gesellschaft und die kurzlebige Hamburg-Calcutta Linie. Aber die in diesen Linien eingesetzten Dampfschiffe stammten selbstverständlich — ebenso wie die von HAPAG, Sloman, Bolten — alle aus England.

Es war ungeschriebenes Gesetz, daß ein Hamburger Reeder nicht nur seinen Tee aus London kommen ließ. Erst recht orderte er jeden Bauauftrag für einen neuen Dampfer in Newcastle, Sunderland, Middlesborough, in Glasgow, Belfast, Greenock, Birkenhead — in einer der vielen Werftstädte der Britischen Inseln. Ein Hanseat bezog seine Schiffe ebensowenig aus der »Provinz« wie seine Maßanzüge. Und Deutschland war mit seinem Schiffbau vergleichsweise wirklich noch Provinz. Daran hatte auch die Gründung des Stettiner Vulcan im Jahre 1857 noch nichts geändert, obwohl diese Werft im weiteren Sinne bahnbrechend für den deutschen Eisenschiffbau wurde.

Bald nach dem Deutsch-Französischen Krieg hatte man sich auch an der Weser sowie in Kiel, Stralsund, Danzig, Elbing und Königsberg in kleinerem Umfange dem Eisenschiffbau zugewandt. Aber die Schiffsgrößen waren begrenzt, die Auftragseingänge minimal. Die in Rostock ihr Leben fristende kleine »Eisenwerft« mußte notgedrungen Landmaschinen bauen, wenn sie nicht gleich wieder zugrundegehen wollte. Die deutschen Reeder mißtrauten diesen »Krautern«. Man wollte von einem deutschen Eisenschiffbau nichts wissen. Ändern konnte sich diese Einstellung nur, wenn die Schiffbauer total umlernten. Und das war für die alten Koryphäen ein unangenehmer Gedanke. Wie eingefleischt die ablehnende Haltung damals war, beweist das Verhalten der Hamburger Schiffszimmerleute. Ihre Zunft erklärte offiziell, daß die Verwendung des neuen Schiffbaumaterials gegen die Zimmermannsehre verstieße. Wer sich unterstünde, ein einziges Mal Eisen auch nur anzufassen, müsse ein Bußgeld in die Zunftkasse zahlen!

In Hamburg befaßte sich neben der Reiherstieg-Werft (vormals Godeffroy & White) seit 1873 auch die Werft H. C. Stülcken schon vereinzelt mit dem Bau eiserner Schiffe. Es handelte sich jedoch zunächst fast nur um eiserne Segler.

Für das Weltbild Hamburger Reeder blieb das alles belanglos. Segelschiffe bestellte man normalerweise hartnäckig weiterhin in Deutschland, und zwar aus Holz, eiserne Dampfer hingegen grundsätzlich in England. Man hatte schließlich seine Hauswerft am Wear, am Clyde, Mersey, Tyne oder vielleicht an der Morecambe Bay. Bei Sir Raylton Dixon, bei Elder, bei Swan Hunter, William Doxford, bei Wigham Richardson wurde man als Stammkunde wie ein alter Freund begrüßt. Und bei jeder persönlich vorgenommenen Auftragserteilung hatte man endlich mal wieder einen Anlaß, »auf die andere Seite« (des Kanals) zu reisen und den Smoke einer »richtigen« Schiffbauindustrie einzuatmen, mit der in Rostock, Wismar, Elbing, Danzig oder gar in der eigenen Vaterstadt noch niemand konkurrieren konnte. Und bei Harrods in Kensington kaufte man auf der Rückreise gleich ein paar Geschenke für die Kinder, im gleichen Hause oder in der Regent Street beziehungsweise in der Oxford Street ein neues Modellkleid für die Dame des Hauses.

Typische Hamburger Bürger jener Zeit

Mochte man auch 1866 aus Einsicht und sogar aus Überzeugung dem Norddeutschen Bund beigetreten sein und als Patriot Bismarck bewundern

— man ließ Preußen nur auf Distanz an sich heran. Man war auch mit der schwarz-weiß-roten Flagge am Heck seiner Schiffe Freistaatler aus Neigung geblieben. Die Briten aber waren die Freunde und geistigen Wahlverwandten. Man bewunderte ihre Dynamik, neigte selbst jedoch zur Statik. Man liebte den altvertrauten Mastenwald an den Pfählen im Strom. Und die erst allmählich zahlreicheren »Smeukewer« (Dampfer) nahm man als unvermeidliche Konzession an die Neuzeit in Kauf. Immerhin brachten diese maschinengetriebenen Schiffe die besseren Gewinne, denn sie hatten halbwegs verläßliche Reisezeiten.

Obwohl das nach dem Großen Brand von 1842 mit Trümmerschutt aufgehöhte Steinwerder bereits einige Gewerbebetriebe wie die Stülckenwerft beherbergte, brachte Grell's Fähre immer noch Ausflügler in ein Natur-Idyll.

Auf der Insel Kuhwerder bei Steinwerder nisteten noch 1876 Rohrsänger, Bläßhühner, Flußseeschwalben und Wildschwäne in unmittelbarer Nachbarschaft und angesichts der Stadt. Im Schilf dieser unberührten Elbinsel rauschte der Wind. Die Mitglieder des »Vereins für Naturwissenschaftliche Unterhaltung« erbeuteten dort drüben seltene Käfer und Schmetterlinge. Die Jungens von St. Pauli holten sich dort — wie einst schon ihre Väter und Großväter — große, braune Rohrkolben, pflückten Schachblumen und bunte Blumenbinsen. Man munkelte zwar, daß die Hamburger Finanzdeputation 13 500 Quadratmeter niedrigen Marschenlandes auf Kuhwerder an einen gewissen Hermann Blohm aus Lübeck verpachtet habe. Aber noch wußte niemand so recht, was dieser Ostsee-»Quiddje« ausgerechnet in der Wildnis von Kuhwerder zu suchen hatte.

Tatsächlich hatte Hermann Blohm, Sohn eines Lübecker Überseekaufmannes, am 1. September 1876 an den Finanz-Deputierten des Senats (Kämmerer) den Antrag auf Pachtung eines Platzes auf dieser Elbinsel westlich des Schanzengrabens auf 25 Jahre gestellt. Der Platz sollte 130 Meter Elbfront haben und zwischen der Elbe und einem parallel zu dieser verlaufenden Weg und Gewässer 100 Meter »tief« sein. Der Antragsteller bat, die Böschungen des Schanzengrabens und des Gewässers mit »Vorsetzen« versehen und die notwendige Vertiefung des Wasser an der Elbefront und im Schanzengraben auf Staatskosten vornehmen zu lassen. Er, Hermann Blohm, hoffe »auf nicht zu schwere Pachtbedingungen«.

Im Hamburger Rathaus war Hermann Blohm, seines Zeichens diplomierter Schiffbauingenieur, kein Unbekannter mehr. Er hatte Monate vorher schon über einen Platz auf dem rechten Elbufer direkt unterhalb von Wittenbergen verhandelt. Für dieses Gelände waren ebenfalls 200 Meter Wasserfront und 100 Meter Tiefe gefordert. Da es jedoch keine Erweiterungsmöglichkeit bot (bei der vorgesehenen Tiefe hätte es ohnehin schon in das hohe Rissener Ufer eingeschnitten werden müssen), kam der Platz für den gedachten Zweck einer Werftgründung nicht in Frage.

Mittlerweile hatte Hermann Blohm den jungen Ingenieur Ernst Voss kennengelernt, der zu diesem Zeitpunkt als Zivilingenieur für Schiff- und Maschinenbau in Hamburg ansässig war. Die Seeschiff-Versicherungs-Gesellschaft Lloyd's hatte mit ihm erstmalig einen Deutschen als Surveyor (Beaufsichtiger) für sämtliche deutschen Häfen bestellt. Außerdem war Ernst Voss von der Hamburger Handelskammer zum beeidigten Schiffsbesichtiger ernannt. Er hatte sein Büro in der Kleinen Reichenstraße.

Dort besuchte ihn eines Tages der frisch aus Glasgow nach Deutschland zurückgekehrte Hermann Blohm, um Grüße von einem der Glasgower Freunde von Ernst Voss zu überbringen. Die beiden jungen Ingenieure fanden auf Anhieb Gefallen aneinander. Sie hatten sich beide gründlich in der britischen Schiffbauindustrie umgesehen. Und verblüfft stellten sie im Laufe weiterer Begegnungen fest, daß sie auch beide von demselben Plan besessen waren, in Deutschland endlich eine industriell arbeitende moderne Werft zu errichten. Bald besiegelte in der Kleinen Reichenstraße ein Händedruck den Bund der beiden Männer als Teilhaber für die Werftgründung.

Inzwischen hatte Hermann Blohms Vater, Georg Blohm, am 10. Oktober 1876 an den damaligen Hamburger Bürgermeister Dr. Petersen ein Einführungsschreiben gerichtet — mit der Bitte, »man möge seinen Sohn empfangen und ihm bei seinen Plänen zweckfördernde Anleitung geben«.

Die neuen Verhandlungen mit der Finanz-Deputation über das »Industrieansiedlungsprojekt Kuhwerder« — wie man heute sagen würde — zogen sich noch zwei Monate hin. Die anfängliche Hamburger Forderung, eine Goldmark pro Quadratmeter Jahrespacht zu erheben, erklärten Hermann Blohm und Ernst Voss für die sumpfigen, sauren Wiesen von Kuhwerder für zu hoch. Man dürfe nicht vergessen, welche horrenden Erschließungskosten die Firmengründer haben würden. Es müsse erst sehr viel Mühe darauf verwandt werden, das Gelände durch Aufschütten von Sand und Schlacke sowie Rammen von Pfählen so weit herzurichten, daß dort überhaupt eine Helling mit Gebäuden und Maschinen errichtet werden könnten. Und es müßten außerdem allein 70000–80000 Mark für die Erstellung von Vorsetzen — eine Uferbefestigung mit Pfählen — am Schanzengraben aufgewendet werden, da die Hansestadt sich ja weigere, die Kosten dafür zu übernehmen. In Anbetracht dieser Umstände schlug Hermann Blohm folgenden Pachtzins vor: Für die ersten fünf Jahre 5400, die nächsten acht Jahre 7500 und für die letzten zwölf Jahre 10 000 Mark pro Jahr. Tatsächlich ratifizierte der Hamburger Senat am 14. März 1877 auf der Basis dieser Blohm-Vorschläge den für 25 Jahre geltenden Pachtvertrag mit Hermann Blohm, den man später auf Blohm & Voss übertrug. Schon eine Woche später wurde auf Kuhwerder der Platz abgesteckt und am 5. April 1877 der erste Spatenstich getan — zum Bau einer Schiffbaustätte, die ursprünglich in Lübeck entstehen sollte.

Zwei Männer verschiedener Herkunft

Dieser 5. April 1877 ist der Geburtstag jener »Kuhwärder Schiffswerft«*, die dazu ausersehen war, eines Tages unter dem Namen ihrer beiden Gründer als »Blohm & Voss« Weltruf zu erlangen.

Das Amtsgericht Hamburg hat die »Kuhwärder Schiffswerft« unter dem Namen ihrer beiden Gründer ins Handelsregister eingetragen.

Bevor weiter vom Bau der Werft gesprochen wird, ist es historisch reizvoll, den Lebensweg der beiden damals erst 29 und 35 Jahre alten (!) Gründer zurückzuverfolgen.

Hermann Blohm wurde 1848 in Lübeck als eines von sieben Kindern des Überseekaufmanns Georg Blohm geboren. Die Blohms hatten als Ableger des Lübecker Stammhauses in Ciudad Bolivar die Firma Blohm & Co., das führende deutsch-venezolanische Handelshaus, aufgebaut. Georg Blohm betätigte sich auch in seiner Vaterstadt Lübeck erfolgreich im Überseehandel. Er war entsprechend begütert. Und er nahm die für ihn gewiß enttäuschende Tatsache nur äußerlich ungerührt hin, daß sein Sohn Hermann offensichtlich keinerlei Neigung für den väterlichen Lebenskreis, für das Kaufmannstum, an den Tag legte. Er »lief« sozusagen »aus dem Ruder«. Leidenschaftlich strebte er nach dem Beruf des Schiffbau-Ingenieurs.

Georg Blohm war industrielles Denken ebenso wesensfremd wie der Hamburger Kaufmannschaft. Auch erschien ihm die immerhin achtjährige Ausbildungszeit für diesen Beruf viel zu lang. Aber alle väterlichen Vorhaltungen blieben vergebens. Hermann Blohm hatte seinen Kopf für sich, er ließ sich von dem selbstgewählten Ziel nicht abbringen. Also ebnete der Vater seinem Junior, wenn auch schweren Herzens, den gewünschten Weg. Er vermittelte ihn als Lehrling zu Kollmann und Schetelig in Lübeck — Ursprungsfirma der später bedeutsam gewordenen Lübecker Maschinenbau-A. G. (L. M. G.). Nach zwei Jahren dortiger Lehrzeit wechselte Hermann Blohm für weitere zwei Jahre zu Wätjen & Co. in Bremen über und damit zu jener Werft, aus der später die A. G. »Weser« hervorgegangen ist.

Als mittlerweile recht versierter Werkstatt-Praktiker besuchte der gelernte Schiffbauer anschließend die Höheren Technischen Lehranstalten von Hannover, Zürich und Berlin zum Studium der Ingenieur-Wissenschaften. Nach dem Examen (Anfang 1872) arbeitete der frischgebackene Diplom-Ingenieur zunächst ein Jahr lang in der Maschinenfabrik von Tischbein in Rostock, aus der später die Rostocker Neptun-Werft wurde. Nach mehrwöchigem Intermezzo bei der Hamburger Reiherstieg-Werft ging Hermann Blohm 1873 für drei Jahre nach England. Auf mehreren Werften gewann er dort gründlichen Einblick in Technik und Management des britischen Dampfschiffbaues, insbesondere während seiner Tätigkeit im Konstruktionsbüro von Mitchell & Co, in Newcastle.

Als Blohm 1876 nach Lübeck zurückkehrte, stand sein Lebensziel fest. Er wollte in seiner Vaterstadt nach englischem Vorbild eine leistungsfähige Werft für Dampfschiffe gründen. Schon in England hatte er sich in aller Stille intensiv mit diesem Projekt befaßt. Er suchte sich nun — traveaufwärts von der L. M. G. — am linken Ufer einen Teil des

---

* Kuhwerder, Steinwerder usw. schrieben sich bis 1937 offiziell mit »ä«.

Das Wappen von Hermann Blohms Vaterstadt Lübeck.

Hintz'schen Gartens als Baugrund für »seine Werft« aus. Es handelte sich um ein spitzwinkeliges Gelände zwischen der Trave und dem Trakt der Eutin-Lübecker Eisenbahngesellschaft. Blohm ließ 1876 auf dem Grundstück Probebohrungen ausführen. Er wollte die Werft in Gemeinschaft mit der damals finanziell nicht auf Rosen gebetteten L. M. G. gründen und als Gründungskapital 100 000 Mark einbringen. Die L. M. G. hingegen sollte das Gelände und überdies die technische Förderung durch ihre Maschinenfabrik beisteuern. Die Verhandlungen führten jedoch nicht zum Erfolg, weil sich Hermann Blohm nicht mit dem Wiener Baron von Erlanger, dem Hauptaktionär der Eutin-Lübecker Eisenbahngesellschaft und damaligen Konzernherrn der L. M. G. sowie dessen drei Söhnen und drei weiteren Hauptaktionären zu einigen vermochte. Die Lübecker Verhandlungspartner machten den Kardinalfehler, ihre Forderungen zu hoch zu schrauben. Blohm wandte sich daraufhin von Lübeck ab.

Es gibt keine Anhaltspunkte dafür, daß mangelndes Entgegenkommen der Lübecker Behörden für das Scheitern des Blohm'schen Projektes einer Werftgründung an der Trave verantwortlich gewesen ist. Mit großer Wahrscheinlichkeit waren allein die zunächst überzogenen Forderungen der L. M. G.-Hauptaktionäre — die sie später vergebens zu korrigieren versuchten — der Anlaß für Hermann Blohms Abwanderung an die Elbe, nach Hamburg.

In der Hansestadt Hamburg verhielt man sich zunächst spürbar reserviert. Erstens war Blohm kein geborener Hamburger, zweitens hielt man seinerzeit nicht allzuviel von Industrialisierung. Auch blieb man, nicht ganz grundlos, hinsichtlich der Erfolgserwartungen einer neuen Werft skeptisch. Als sich jedoch Hermann Blohm auch durch eindringlich vorgetragene Argumente nicht von seinem Vorhaben abbringen ließ, stellte man zunächst das Wittenbergener Gelände, dann das auf Kuhwerder zur Disposition. Als Blohm deutlich für diese Insel interessiert schien, stellte man die schon bekannten, allzu hohen Pachtzinsforderungen. Blohm war aber klug genug, durchblicken zu lassen, daß seine Verhandlungen mit Lübeck inzwischen wiederaufgenommen worden seien und daß von dort ein neues Angebot vorläge — was den Tatsachen entsprach. Sei es nun, daß man den Lübeckern eine moderne Dampfschiffswerft nun doch nicht gönnen wollte oder daß man nur das sonst kaum einträglich nutzbare Kuhwerder doch gern zu verpachten wünschte — man schloß tatsächlich den Vertrag in dem von Hermann Blohm gewünschten Sinne.

Hermann Blohm stammte aus begütertem Elternhaus — und so bekam er von seinem Vater als Starthilfe eine halbe Million Mark mit auf den Weg — davon waren freilich 425 000 Mark ein mit 4% zu verzinsendes Darlehen. Der Rest waren vorweggenommener Erbschaftsanteil und Aussteuer.

Blohms Partner Ernst Voss hingegen konnte keinen finanziellen Beitrag zu dem geplanten Werftunternehmen leisten. Er brachte stattdessen sein immenses Fachwissen, seinen Einfallsreichtum und sein organisatorisches Können in die Partnerschaft ein.

Wie groß war überhaupt die Zahl jener, die aus den Reihen der »werktätigen Klasse« zu bedeutenden Unternehmern und Industriegründern aufstreben konnten! Als Beispiel mögen der Hutmachergeselle Ferdinand Laeisz, der Schlossergeselle Alfried Krupp, der Bootsbauer-Meisterknecht Andreas Rickmers, der Maurer August Borsig, der »Slopenmacher« Friedrich Lürssen oder die Feilenschmiede Gebrüder Mannesmann dienen. Sie alle waren einfache Männer aus dem Volk, denen ihre künftige Rolle als Gründer international angesehener Firmen und Konzerne wohl kaum an der Wiege gesungen worden sein dürfte. Charakteristisch für diese immens fleißigen, dynamischen Aufsteiger und ideenreichen Selfmademen unserer Wirtschaftsgeschichte ist der Lebenslauf des zweiten Gründers und Teilhabers von Blohm & Voss: Ernst Voss wurde 1842 als Untertan des Königs von Dänemark geboren. Er erblickte in dem damals noch dänischen Dorfe Fockbeck bei Rendsburg als Sohn eines Hufschmiedes das Licht der Welt.

Er hat in einer Großklasse von 150—160 Kindern bei zunächst nur einem einzigen Lehrer (!) eine ganz bescheidene Dorfschulbildung vermittelt bekommen, aber seine Kenntnisse als Autodidakt im Freihandzeichnen und schließlich als Privatschüler der Rektorschule Rendsburg zu erweitern versucht. Als Fünfzehnjähriger kam Voss für fünf Jahre in die Maschinenbauer-Lehre bei der vom dänischen König geförderten Carlshütte von Hartwig Holler in Rendsburg. Im ersten Lehrjahr wurde sonntags der Unterricht im Freihandzeichnen fortgesetzt und nach dessen Abschluß die Sonntagsschule des »Rendsburger Arbeitervereins« besucht. Dort wurden Linear- und Fachzeichnen gelehrt. Außerdem nahm der Lehrling Ernst Voss auf eigenen Wunsch — ungeachtet der täglichen Arbeitszeit von morgens 06.00 bis abends 19.00 Uhr (!) zusätzlich an fünf Abenden der Woche Privatunterricht in den Fächern Mathematik, Englisch, Stenographie. Der Junge hielt diese Belastung vier Jahre lang durch. Sie brachte jeden Werktag siebzehn Stunden Abwesenheit von zu Hause und wenige Stunden Nachtschlaf mit sich — und infolge der Sonntagsschule eine Siebentagewoche.

Nach Erhalt des Lehrbriefes wechselte der als begabt beurteilte junge Maschinenbauer zunächst in die Maschinenfabrik Lange & Zeise im damals ebenso wie Rendsburg noch dänischen Altona-Ottensen über und ging dann »ins Ausland«: Er arbeitete bei Marquardt & Gräfe im hamburgischen Billwerder. Weiter ging die Freizeitarbeit an einigen Abenden der Woche und an den Sonntagvormittagen in der Schule des »Arbeiter-Bildungsvereins« in Hamburgs Böhmkenstraße.

Ab Ostern 1862 besuchte Ernst Voss — auf Grund seines guten Abschneidens bei der Aufnahmeprüfung für nur ein Jahr anstelle der normalerweise vorgeschriebenen zwei Jahre — die Provinzial-Kunst- und Gewerbeschule Erfurt und ab Oktober 1863 drei Jahre lang das Polytechnikum in Zürich. Fast unvorstellbar für heutige Begriffe ist sein Tagebuchvermerk aus dieser Zeit:

»Ich blieb die ganzen drei Jahre ununterbrochen in Zürich, ohne in den Ferien nach Hause zu fahren, um das Reisegeld zu sparen, dann aber auch, um diese freie Zeit noch zum Studium zu verwenden. Daraus soll aber nicht geschlossen werden, daß mein Sinn nur auf das Studium erpicht war und daß ich gewissermaßen ›verochste‹. Ich habe es zum Glück verstanden, auch die Freuden und Zerstreuungen des Studienlebens zu genießen und mit dem ernsten Streben in meinen Studien zu verbinden.«

Um sich frei von etwaiger Einseitigkeit zu halten, belegte der Ingenieurstudent Voss allerdings zusätzlich die Fächer Neue Geschichte, Literatur- und Kunstgeschichte.

Als »dänischer Untertan« war der 1866 geprüfte Maschinenbau-Ingenieur in die Fremde gegangen, aber mit einem preußischen Paß kehrte er zurück. Inzwischen hatte (1864) der Krieg Österreichs und Preußens gegen Dänemark stattgefunden. Im Frieden von Wien trat Dänemark die Herzogtümer Schleswig, Holstein und Lauenburg an Österreich und Preußen ab*

Bald nach seiner Heimkehr ins Elternhaus ging Ernst Voss nach England. Er trat dort zunächst in die Dienste der Londoner Firma John & Henry Gwynne, Hydraulic and Mechanical Engineers und imponierte seinen britischen Arbeitgebern durch seine in Theorie wie Praxis gleichermaßen qualifizierte Arbeit. Voss lernte auf diese Weise

---

*Es kam zunächst zu der Regelung, daß bei der gemeinsamen Ausübung der Rechte in diesen Herzogtümern Österreich für Holstein, Preußen für Schleswig zuständig sein sollte. Der Heimatort von Voss im Kreise Rendsburg wurde damit gleich 1864 preußischer Hoheit unterstellt, der Landesteil Holstein jedoch erst nach dem Sieg der Preußen über die Österreicher in der Schlacht bei Königgrätz im Jahre 1866.

einen englischen Fabrikbetrieb neuester Form kennen. Voss entwickelte zuerst eine eigene Konstruktion von einer neuartigen Maschine, bei der eine Zentrifugalpumpe durch eine schnellaufende Dampfmaschine angetrieben wurde. Diese 1868 auf der »Maritimen Ausstellung« in Le Havre der Öffentlichkeit vorgeführte Konstruktion wurde mit der Goldmedaille ausgezeichnet.

Nächste Stationen auf dem Lebensweg von Ernst Voss waren die Firmen North Eastern Engineering in Sunderland — und damit die erste unmittelbare Tätigkeit im Schiffsmaschinenbau — sowie die damals wohl bestrenommierte Werft der Welt, Randolph Elder & Co. in Glasgow.

Weihnachten 1869 kehrte Ernst Voss nach Deutschland zurück. Er stand noch im Banne dessen, was er in Großbritannien gesehen hatte. Er war einer »shipping minded nation« begegnet, in der man Kauffahrteischiffahrt und Werftindustrie als die Lebensgrundlage Nr. 1 betrachtete. Werften und Schiffe waren im Denken der Briten die eigentlichen Voraussetzungen für den Aufschwung von Verkehr, Handel und Industrie. Jenseits des Kanals war es tatsächlich möglich, daß ein Schiffsmaschinenbauer wie Alexander Kirk in Würdigung seiner Verdienste um die Entwicklung der großen Schiffsdampfmaschine zum Ehrendoktor der Philosophie ernannt wurde. Dem Ingenieur und Werftleiter William Pearce als eigentlichem Vater der »Greyhounds of the Ocean« wurde der Titel »Sir« verliehen.

Ernst Voss war fortan von der Idee besessen, in Deutschland selbst eine Werft für Eisenschiffbau mit angeschlossener Maschinenfabrik und Kesselschmiede zu gründen. Aber der Ausbruch des Krieges 1870/71 machte diese Pläne vorerst zunichte. Da Ernst Voss zur Förderung seines besonderen Ausbildungsweges entgegenkommenderweise vom Militärdienst ausgenommen war, nahm er die ihm angebotene Stelle als Assistent des technischen Direktors der bekannten holländischen Reederei Stoomvaart Maatschappij Nederland und damit die Bauaufsicht für vier Dampfer-Neubauten bei Elder & Co. in Glasgow an. Voss schiffte sich in Hamburg auf den letzten Dampfer ein, der vor Ausbruch der Feindselig-

keiten noch die fortan von der französischen Flotte blockierte Elbe verlassen konnte.

Ab Herbst 1871 verlegte Voss seine Tätigkeit von Glasgow ins holländische Niewediep. Als Frischvermählter brachte er seine junge Frau aus Deutschland dorthin mit. 1872 kehrte das Paar allerdings nach Deutschland zurück. Ernst Voss nahm eine Stellung als Oberingenieur der neugegründeten Adler-Linie an, die ihn bald zwecks

Die wenig bekannte Reedereiflagge der kurzlebigen Adler-Linie.

Bauaufsicht von sechs bestellten Dampfern abermals nach Glasgow führte. Auf diese Weise konnte er sich erneut bei Elder & Co. sowie bei drei neugegründeten Werften, unter anderem bei der später berühmt gewordenen Firma Robert Napiers & Sons, weiterbilden. Ernst Voss konnte dabei seine Aufmerksamkeit neben dem ihm längst vertrauten Schiffsmaschinenbau verstärkt auch auf den praktischen Schiffbau richten.

Nach Indienststellung aller sechs Neubauten übernahm Ernst Voss in Hamburg den Posten des Technischen Inspektors der Adler-Linie und machte sich zwei Jahre später nach Übernahme der Reederei durch die HAPAG — in der schon erwähnten Eigenschaft als Zivilingenieur, Lloyd's Surveyor und beeidigter Schiffsbesichtiger der Handelskammer — selbständig. Das war für einen erst 33jährigen Selfmade-Ingenieur eine recht erstaunliche Position.

Die Begegnung mit Hermann Blohm führte dann zur Partnerschaft zweier profilierter Ingenieure und Gründerpersönlichkeiten. Das Gespann ergänzte sich schon von den Fachrichtungen her vorzüglich. Der Schiffbauer Hermann Blohm und der Maschinenbauer Ernst Voss boten Gewähr dafür, daß die seit dem ersten Spatenstich vom 5. April 1877 in Bau befindliche »Kuhwärder Schiffswerft« von vornherein Schiffswerft und Maschinenfabrik zugleich sein werde. Das blieb sie bis zum heutigen Tage mit größtem Erfolg.

»Es wird nie etwas daraus!«

Was sich die beiden jungen Ingenieure mit der Gründung eines Industriebetriebes auf den sumpfigen Weideflächen des Hamburger Schlachtviehs tatsächlich zugemutet hatten, wurde ihnen selbst erst im vollen' Umfange klar, als es bereits keine Umkehr mehr gab.

Hermann Blohm und Ernst Voss hatten sich wohl allzu sehr an englischen Vorbildern orientiert und gleich eine Großwerft mit vier Hellingen, geeignet für Schiffe bis zu 300 Fuß Länge, in Angriff genommen. Der Baugrund war denkbar schlecht und vor allem nicht hochwassersicher. Die Bauplätze für Hellinge und Gebäude mußten erst mit Sand, Schlacke und gerammten Pfählen mühsam für eine Bebauung hergerichtet werden. Die Fundamentierung jeder einzelnen Helling verschlang horrende Kosten, die alle ursprünglichen Kalkulationen über den Haufen warfen. Auch blieben die im Februar 1877 an englische und deutsche Werkzeugmaschinenbaufirmen gerichteten Angebots-Anfragen praktisch ergebnislos.

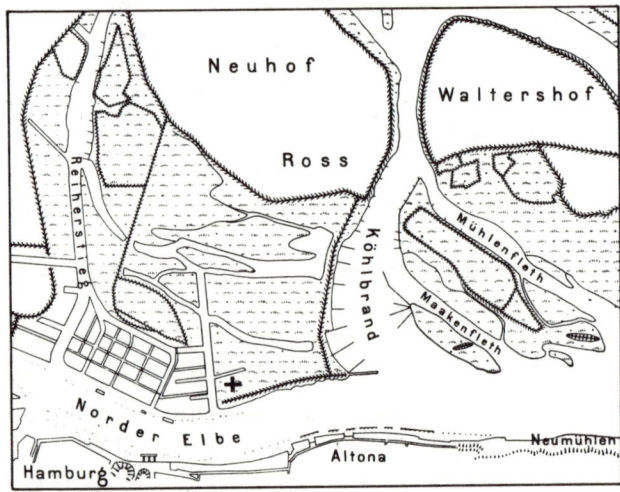

Das Kreuz zeigt die Stelle der Werftgründung auf den sumpfigen, nicht hochwassersicheren Kuhwerder-Weideflächen an.

Am 22. April 1877 reiste Hermann Blohm für sechs Wochen nach England, weil die Beschaffung von schiffbaulichen Spezialmaschinen durch dort beauftragte Händler ebenfalls nicht vorankam. Blohm hatte jedoch nach intensiver Suche das Glück, plötzlich große Teile des Maschinenparks der in Liquidation geratenen Pallion High Yard

in Sunderland erstehen zu können — außerordentlich solide Erzeugnisse des britischen Maschinenbaues — Lochmaschinen und Stanzen, vor allem schwere Drehbänke, die nachher noch bis zu 50 Jahre lang auf Kuhwerder ihren Dienst getan haben. Mit brennender Ungeduld überwachte Blohm die Verladung des »second-hand« erworbenen Maschinenparks auf einen Dampfer, der endlich am 30. Juni die Leinen zur Reise nach Hamburg loswarf. Und noch ein weiteres Mal erwies sich der Niedergang einer Firma als günstige Gelegenheit zum preiswerten Maschinenkauf: Vom stillgelegten Berliner Vulcan konnten bald darauf weitere Werkzeugmaschinen erworben werden. Der Bau der Werkstätten zog sich allerdings noch bis zum Herbst 1878 hin.

Aber schon im Herbst des Gründungsjahres 1877 mußte Hermann Blohm schweren Herzens nach Travemünde reisen und dort seinem Vater eingestehen, daß man sich hinsichtlich der Anlagekosten und des Betriebskapitals für die Werft total verkalkuliert habe. Ungeachtet des relativ günstigen Zweithandkaufes der Maschinen stellte sich inzwischen heraus, daß die erste Viertelmillion Goldmark weder zum Bau einer Slip- oder Dockanlage noch zum Bau eines Schiffes für eigene Rechnung ausreichen würde. Und auch das müsse leider eingestanden werden: Die Auftragslage der Werft sei nach wie vor düster. Bislang sei es nicht gelungen, auch nur einen Kunden für das im Aufbau befindliche Unternehmen zu gewinnen!

Vater Blohm sagte nach langem Grübeln zu, weitere 300 000 bis 500 000 Goldmark als Geldanlage zur Verfügung zu stellen. Mit welchen Gefühlen das der versierte Kaufmann allerdings tat, geht aus einem Brief an seine beiden anderen Söhne George und Frederico Blohm hervor: Er, das Familienoberhaupt, sei, »obgleich nicht ohne Widerstreben, zu der Erkenntnis gelangt, daß er nicht unterlassen könne, das Kuhwärder-Unternehmen mit einer namhaften Summe zu unterstützen«. Wenn es auch »überflüssig und unwesentlich« sei zu fragen, ob nicht bei umsichtig haushälterischem Überdenken von vornherein die Grenzen und die Tragweite von Geld und Ver-

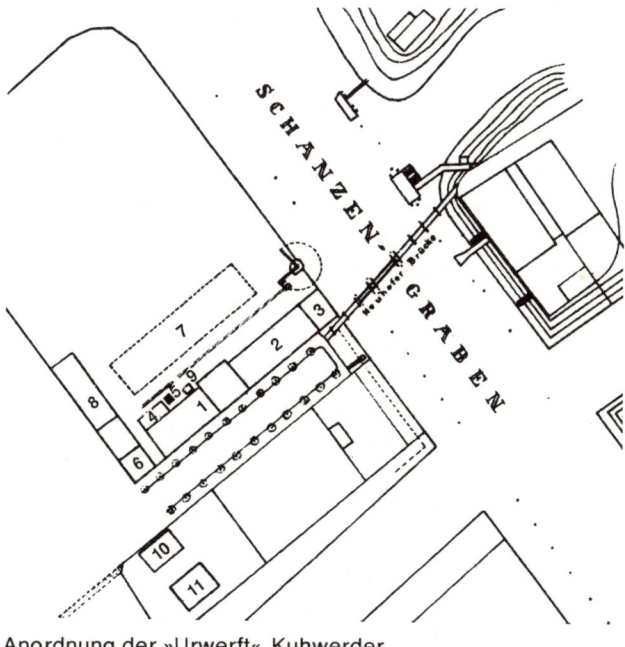

Anordnung der »Urwerft« Kuhwerder

1 = Maschinenfabrik; 2 = Kesselschmiede; 3 = Magazin; 4 = Kesselhaus;
5 = Schornstein; 6 = Bürogebäude; 7 = Schiffbauschuppen;
8 = Tischlerei; 9 = Toiletten; 10 = Wohnhaus; 11 = Schiffbaubüro

pflichtung besser als bisher hätte festgestellt werden müssen«, so müsse doch wenigstens jetzt »eine feste Basis gewonnen und etwa aufkommenden neuen Plänen, Wünschen usw. ein Ziel gesteckt werden. Denn für neue etwaige Geldbedürfnisse soll sich bei Hermann nicht einmal eine entfernte Hoffnung regen!«

Das war deutlich genug. Georg Blohm beendete seinen Brief mit der weisen Voraussicht, »daß selbst mit einiger Gunst der Verhältnisse doch schlimme Zeiten zu bewältigen« sein würden. Er hatte damit leider allzu recht. Auch Georg Blohms Buchhalter und Vertrauter sah äußerst schwarz. Er nahm kein Blatt vor den Mund und sagte zu seinem Prinzipal: »All das Geld können Sie in den Schornstein schreiben. Es wird nie etwas daraus.«

Die beiden noch jungen und damit allzu dynamischen Werftgründer machten bald eine Entdeckung, die fast ebenso betrüblich war wie die finanzielle Misere und die negative Auftragslage: Sie fanden kaum Fachpersonal für ihren Betrieb, dem niemand eine Lebensfähigkeit bescheinigte. Ohnehin tat man sich in den Gründerjahren mit der Beschaffung von Industrie-Personal schwer, besonders aber in Hamburg. Während sich an-

dernorts nun doch die Zimmerleute allmählich auf den Eisenbau umstellten, lehnten die Hamburger Zimmerleute ihn nach wie vor strikt ab. Es blieb nichts anderes übrig als die Anwerbung von umlernwilligen Rostocker Schiffszimmerern. Im übrigen mußte man sich für den Schiffbau notgedrungen einige Fachkräfte wie Spantenbieger, Winkelschmiede, Nieter aus England besorgen. Der Tüchtigste, er hieß Haggertson, wurde später bei der Werft Meister.

Aus seinem Heimatkreis, speziell aus Fockbeck, Büdelsdorf und Rendsburg konnte Ernst Voss nach und nach gute Arbeiter heranziehen, die Vertrauen zu dem Selfmademan Voss besaßen und schließlich betriebstreue Mitarbeiter wurden. So hat Claus Pahl, einstiger Lehrkollege von Ernst Voss, als gelernter Maschinenbauer dreißig Jahre lang Hintersteven ausgebohrt — eine Fertigkeit, die besonderes Talent voraussetzt. Pahls gleichnamiger Vetter wurde als Nieter angelernt und rückte später zum Nietenobermeister auf.

Als Betriebsleiter für den Schiffbau hatte sich Hermann Blohm in England eine denkbar schillernde Persönlichkeit engagiert, die er bei Palmers (Tyne) kennengelernt hatte. Der Mann hieß Henry Snowman, ursprünglich Schneemann, und stammte aus Sachsen. Angeblich soll er gar kein gelernter Schiffbauer, sondern Mühlenbauer gewesen sein. Er hatte eine Irin zur Frau und war Vater von elf Kindern, was ihn jedoch nicht daran hinderte, nach dreißig Jahren Tätigkeit bei Blohm & Voss im stattlichen Alter von 70 Jahren mit einer Dame seines Herzens ins Ausland durchzubrennen. Aber Snowman war eine Persönlichkeit, die im praktischen Betrieb hervorragende Arbeit geleistet hat. Er hat den gesamten Außenbetrieb im Schiffbau samt Ausrüstung, Tischlerei, Malerei, Schlosserei und Nebenbetrieben aufgebaut und anfangs auch persönlich geleitet. Snowman war in den Anfangsjahren eine Art Souverän — agil, redegewandt und improvisationsbegabt. Erst später, mit der Vergrößerung der Werft und der immer weiter gehenden Spezialisierung, unterstanden ihm nur noch der Eisenschiffbau und die Zimmerei.

Auf welche Weise Snowman zu regieren pflegte und seine immer noch unvollständigen Personalbestände ergänzte, geht aus den Erinnerungen des späteren Magazinangestellten Johann Hintze hervor. Im Juli 1877 sah Hintze von Steinwerder aus jenseits des Schanzengrabens, auf Kuhwerder, Leute arbeiten. Er suchte gerade eine neue Arbeitsstelle. Also nahm er sich am Ufer den Kahn eines Milchbauern, machte eins der Fußbretter los und paddelte zu dem im Entstehen befindlichen Werftplatz hinüber. Er traf dort den Meister Snowman, sprach ihn um Arbeit an und wurde vom Fleck weg angenommen. Er sollte gleich am nächsten Tage antreten, müßte dann aber einen Spaten mitbringen. Am Ufer solle nämlich ein »Schlitzgraben« ausgehoben werden, damit ein mit Schiffbaumaschinen aus England ankommendes Schiff dort anlegen und ausgeladen werden könne. Diese eigenartige Fahrwassergestaltung mittels Spaten vermochte dann aber doch nichts daran zu ändern, daß der Schanzengraben zum Entlöschen des Schiffes viel zu flach blieb. Die Maschinen mußten deshalb in Schuten umgeladen und in diesen an die Werft gebracht werden.

Für das Schiffbaukonstruktionsbüro warb Hermann Blohm den aus Kappeln an der Schlei stammenden Schleswig-Holsteiner Friedrich Nordhausen an, der auf einer Holzschiffswerft seines Heimatstädtchens das Zimmerhandwerk gelernt hatte. Nordhausen hatte trotz mangelhafter Schulbildung dank fleißigem Selbststudium — vor allem im Fache Deutsch, was auf die Dänenzeit zurückzuführen war — ein mitteldeutsches Polytechnikum durchlaufen und wurde deshalb während seiner Dienstzeit bei der Marine im Konstruktionsbüro der Kaiserlichen Werft beschäftigt. Er blieb später auch als Zivilist im Schiffbau und wurde im Dezember 1877 von Blohm & Voss engagiert. Der unermüdliche Friedrich Nordhausen war zum Konstrukteur geboren. Dieser Mann beherrschte auch das kleinste technische und mathematische Detail. Er war überaus sparsam und feilschte mit den Auftraggebern um jeden Pfennig — eine Eigenschaft, die in den kritischen Anfangsjahren der Werft zum Nutzen gereichte. Von welcher Gesinnung der als knauserig verschriene Mann letzten Endes war, beweist die Tatsache, daß er bei Ausbruch des 1. Weltkrieges sein Vermögen Hermann Blohm zur Verfügung stellte, für den Fall, daß die Werft durch den Krieg in finanzielle Schwierigkeiten kommen sollte.

Das spontane Angebot stammte von demselben Manne, der sich nur alle zwei Jahre einen Anzug von der Stange kaufte und mit 60 Jahren noch ebenso bescheiden lebte wie mit 20!

Nordhausen galt als Gedächtnis-Genie und Konstrukteur mit sechstem Sinn. Es ist überliefert, daß einer der Ingenieure tagelang herumgerechnet hatte, um bei einem Neubau den Deplacementschwerpunkt zu errechnen. Nordhausen, erstmalig mit diesem Problem konfrontiert, zückte nach kurzem Nachdenken den Bleistift und gab von sich aus genau den Punkt an, der vorher so mühsam errechnet worden war. Wurden größere Umbauten oder Reparaturen durchgerechnet, hatte Nordhausen Materialgewichte und Kosten längst korrekt geschätzt — zum Entsetzen seiner Ingenieure, denen er ihre mühsam angestellten Berechnungen bisweilen einfach nicht abnahm. Sie mußten eingestehen, daß sie sich tatsächlich versehen oder verrechnet hatten. Oft saß Nordhausen tagelang versonnen in seinem Büro. Sein vermeintliches Nichtstun erwies sich schließlich als perfekte Arbeitsvorbereitung — im Kopf eines Mannes, dessen Name mit unzähligen bekannten Neubauten der Werft und der Schiffbaugeschichte verknüpft ist.

Aus Glasgow holte sich Ernst Voss den Tischlermeister Lorenzen, der dort Neubauten »ausgetischlert« hatte. Der alte Junggeselle Lorenzen verbrachte seine Tage fast ausschließlich auf der Werft — allenfalls schlief er zu Hause. Er hatte einmal eine eigene Tischlerei besessen, sie aber nicht halten können, weil er allzu sparsam mit dem Holze umgegangen war. Lorenzen gehörte zu den kantigen und kauzigen Originalen der Werftgründungsepoche. Er avancierte prompt bis zum Obermeister.

Ein ähnliches Naturtalent war der Schiffszimmermann von Appen, der bei der Adler-Linie gefahren hatte. Während seiner Tätigkeit als Surveyor von Lloyd's hatte Ernst Voss ihn kennengelernt und zum Firmenwechsel überredet. Voss tat gut daran, diesen zwar etwas sonderlichen und eigenwilligen, aber zielsicheren und umsichtigen Mann »anzuheuern«. Er wurde bis zu seinem Tode im Jahre 1906 der erste Dockmeister von Blohm & Voss.

Zwei Hamburger namens Rieck und Jacobi und der Schotte McDuncan — die einen gelernte Maschinenbauer, der andere Garantiemaschinist bei der Adler-Linie — wurden für die Maschinenfabrik engagiert, die es unter der unermüdlichen Leitung von Ernst Voss aus dem Nichts aufzubauen galt.

Kesselschmiedemeister wurde Paul Müller aus Chemnitz, der dort einen eigenen Betrieb besessen hatte, den er freilich in den schwierigen Jahren der Konjunkturüberhitzung nach 1874 nicht mehr zu halten vermochte. Müllers Lebensanschauung bestand darin zu glauben, grundsätzlich alles mit der Hand machen zu müssen, auch das Bördeln und Flanschen der Kesselböden. Und wenn eine Arbeit wirklich gut werden sollte, dann machte er sie vorsichtshalber selbst.

Der gute Ruf der bei Blohm & Voss gebauten Kessel war gewiß auf Müllers überkorrekte Arbeitsweise zurückzuführen, aber von Wirtschaftlichkeit und Rationalisierung hielt dieser Oldtimer überhaupt nichts. Als zehn Jahre nach der Werftgründung die neue Kesselschmiede mit hydraulischen Maschinen eingerichtet wurde, stand er diesen »widerlichen Ungeheuern« verständnislos und voller Abscheu gegenüber. Müller war Handwerker mit Leib und Seele — wie die gesamte erste Generation des Werftpersonals. Ja, Handwerker der alten Schule waren sie allesamt — der erste Schlossermeister Krause, der Schmiedemeister Streblow sowie der erste Maler- und der erste Zimmermeister, deren Namen nicht bekannt sind. Diese Gründergestalten ähneln einander in Lebensart und Auffassung. Charakteristisch für ihren Werdegang war auch der etwas wunderliche spätere Obermeister der Maschinenfabrik, Franz Hensel. Dieser konnte noch mit Hammer und Meißel Schieberflächen behauen und abrichten. Hensel war zur See gefahren — anscheinend auf Sloman-Dampfern, denn er konnte einige Brocken Spanisch. Wenn auch böse Zungen behaupteten, er sei bei seiner »Seefahrt« nie über Stade hinausgekommen, so baute er mit den verhältnismäßig primitiven technischen Mitteln der Anfangsjahre schon recht hervorragende Schiffsmaschinen.

Aus der nach wilden gegenseitigen Ratenkämpfen mit ihrer vorherigen Konkurrentin, der Hamburg-Amerikanischen Packetfahrt-Actien-Gesellschaft (HAPAG), fusionierten Adler-Linie übernommen, aus England mitgebracht, aus Rostock und dem Kreise Rendsburg oder auch mehr oder weniger zufällig angeworben — das war der erste Mitarbeiterstamm. Er arbeitete mit unglaublicher Aktivität, damit die Werft endlich betriebsbereit wurde.

Am 8. November 1877 schrieb Hermann Blohm an seinen freundschaftlich mit ihm verbundenen Berater Gatow, der als gebürtiger Stettiner bei Lloyd's in Glasgow tätig war: »In vier Wochen wird Dampf gemacht*. Aber wir haben noch keinen Auftrag.«

Es war wirklich zum Verzweifeln. Die Werftgründer boten ringsum ihre Dienste vergeblich an. Man ignorierte sie völlig. Die Hamburger Reeder hatten es überhaupt nicht eilig, »Versuchskarnickel« für eine neue Werft zu spielen. Wenn man nach wie vor nach England ging, wußte man, was man hatte — vor allem aber, wie schnell und wie billig man es dort bekam. Zwar hatte sich ausnahmsweise mal ein Interessent vorsichtig an den neuen Betrieb herangemacht, ob dieser ihm eventuell ein Dampfboot mit Schraubenantrieb bauen könne. Schon am 1. September wurde ihm ein durchkalkuliertes Angebot unterbreitet. Das 12,6 m lange Fahrzeug sollte nur 8000 Goldmark kosten. Aber der Kunde ließ nie wieder etwas von sich hören.

Es war ein gespenstischer Zustand: Die »Urwerft« ging ihrer Fertigstellung entgegen, die erste Helling war einsatzklar, die zweite stand

---

*Gemeint ist die Arbeitsaufnahme der großen Dampfmaschine, deren Kessel tatsächlich erst Anfang Januar 1878 gezündet wurde.

kurz davor. Die Nieter, Bohrer, Stemmer, Winkelschmiede waren angelernt und in Lohn genommen. Der Glühofen für die Spantenbieger stand vor der Inbetriebnahme, die Zimmerei und Schlosserei waren funktionsfähig. Nur kam leider niemand, der ein Schiff gebaut zu bekommen wünschte.

Schenzinger schrieb in seinem Buch »Schnelldampfer« über jene denkwürdige »Inbetriebnahme« der Werft: »Am 12. Januar 1878 feierte Ernst Voss seinen sechsunddreißigsten Geburtstag. An diesem Tag begann das große Schwungrad bei ›Blohm & Voss‹ zum erstenmal sich zu drehen.

Die Transmissionen begannen zu rauschen. Alle Räder kamen in Bewegung. Die Drehbänke liefen, die Bohrmaschinen, die Stanzen und Pressen, die Hobel- und Fräsmaschinen.

Alle liefen leer. Noch war kein Werkstück eingespannt. Aber die Maschinen dröhnten und klangen. Wie eine Orgel, dachte Voss, eine Feier, ein Fest. Blohm reichte Voss ein Glas Champagner. ›Jetzt können die Aufträge kommen‹, meinte er lachend. Aber — sie kamen nicht.«

Abgesehen von der anglophilen Orientierung der Hamburger Reederschaft — das Jahr 1877 war ein Jahr der Schiffahrtsflaute und Frachtratendepression. So kam ein Unglück zum anderen. Es war höchste Gefahr im Verzuge, daß sich die Werft als völlige Fehlinvestition erwies. Hermann Blohm, der die kaufmännische Verantwortung trug, sah die einzige Rettung in einer Flucht nach vorn: Man müsse dann eben unverzüglich auf eigene Rechnung bauen — und zwar zunächst ein eisernes Segelschiff, weil die Maschinenfabrik noch nicht weit genug fortgeschritten war.

Man ging tatsächlich gleich ans Werk. Die Pläne für die als Bau-Nr. 1 auf Kiel gelegte Bark NATIONAL (später auf den Namen FLORA umgetauft) stammten aus England — von eben jenem in Glasgow ansässigen Stettiner Gatow, der auch schon bei der Werftanlage mit seinem Rat ausgeholfen hatte.

Der Baubeginn des ersten Schiffes — im Mai 1878 — war noch ein technisches Abenteuer. Mit seinen aus England »importierten« Leuten zeigte Meister Haggertson den Rostocker und Rendsburger Anlernlingen, wie man — auf einer Werft ohne Helgengerüst und Kräne, ohne Preßluft, Bohrmaschine oder Azetylen — das Schiff auf dem Schnürboden »abschlug«, wie man die Spanten nach Plan bog, die Bauteile anzeichnete, bearbeitete und auf der Helling anbrachte. Für gelernte Zimmerleute waren das alles noch böhmische Dörfer. Aber Haggertson setzte sich durch. Schon bei der Bau-Nr. 1 stellte er Gruppen von Erwachsenen und Jugendlichen, sogenannten Antipperjungs, zusammen. Die Platten hatten zwar nur kleine Abmessungen, aber sie mußten allesamt an Bord getragen werden, weil es ja noch keine Kräne und keine Laufkatzen gab.

Was beim Bau der späteren FLORA erstmalig vorexerziert wurde, blieb symptomatisch bis zum Aufkommen der Preßluftbohrer und Niethämmer: »Kürzere und schmälere Platten waren leichter anzuzeichnen, beim Windschiefwerden verzogen sich die Löcher nur wenig. Aber ungenaue Löcher mußten gedornt oder, wenn sie schlecht paßten, mit einem Aushauer ›zupaß‹ gemacht oder mit der Hand aufgebohrt und aufgerieben werden. Löcher wurden mit der Hand geknarrt, sogar gelegentlich eingekreuzt. Alles überstehende Material mußte mit der Hand abgekreuzt oder erst mit kleinen Stempeln vorgelocht und glatt behauen werden.«

Alles war reine Handarbeit, die »über den Daumen gepeilt wurde«. Augenmaß und Gutdünken ersetzten jede wissenschaftliche Präzision, obwohl es natürlich schon Detailzeichnungen gab. Sie stammten von »Fritz« Nordhausens Reißbrett. Der Bau der Bark NATIONAL dauerte fast anderthalb Jahre, weil er mehrfach unterbrochen werden mußte. Das Schiff lief erst am 7. September 1880 vom Stapel. Aber dennoch hat die zwei-

Bau-Nr. 1:
Bark FLORA
ex NATIONAL,
995 BRT

22

jährige Arbeit in erster Linie den Zweck erreicht, die angeworbene Arbeiterschaft zwischendurch zu beschäftigen und damit über die wahre Lage der Werft hinwegzutrösten. Beim endlich geglückten Verkauf des Schiffes an den Segelschiffsreeder Martin Garlieb Amsinck (Dezember 1880 — Kaufpreis 240 000 Goldmark) wurde zwar ein Überschuß von 5% über die reinen Auslagen für Material und Lohn erzielt. Insgesamt aber waren die Unkosten in der Bauperiode hoch, so daß sich auf die Summe der Selbstkosten ein Verlust von 53 000 Goldmark ergab! Die noch allzu unerfahrene Werft hatte sogar wegen 270 t Mindertragfähigkeit bei ihrer Bau-Nr. 1 — von Amsinck umgetauft auf den Namen FLORA — eine Konventionalstrafe zahlen müssen.

Geradezu fieberhaft hatte Hermann Blohm ab Mai 1878 persönlich die Akquisition von Bauaufträgen betrieben und nunmehr auch Dampfschiffe offeriert. Aber die Bemühungen blieben überaus mager. Lediglich ein Auftrag zur Reparatur eines beschädigten Schoners kam im Juli 1878 herein, am 16. August bestellte außerdem Rob. M. Sloman jr. den ersten Dampfkessel — aber leider noch längst kein Schiff. Immerhin war der Kunde Sloman mit dem Kessel zufrieden.

Aber noch war die Durststrecke längst nicht überwunden. Hamburger sowie auswärtige Reedereien verhielten sich gleichermaßen reserviert. Nur ein einziger Auftraggeber schien anzubeißen: Der Schiffseigner Zeltz in Rostock ließ sich für 126 500 Goldmark einen Schraubendampfer von 400 tdw Tragfähigkeit anbieten. Die Werft war sogar bereit, eine sogenannte Parte, d. h. einen Anteil am Schiff zu übernehmen. Sei es nun, daß gerade dieses ungewöhnliche Angebot den Rostocker mißtrauisch gemacht und abgeschreckt hat oder daß mangelnde Liquidität des erhofften Kunden die Ursache war: Zeltz zog sich kommentarlos zurück.

Erst am 17. Oktober 1878 — mithin anderthalb Jahre nach Gründung der Werft! — kam der erste geradezu kümmerliche Auftrag für den Bau eines kleinen Raddampfers herein. Es zeugt von der damaligen Not der Werft, daß sie überhaupt auf die total überzogenen Bedingungen des Bauvertrages einging. Ein Konsortium von Obst- und Gemüsebauern aus dem Alten Lande hatte kurz zuvor — zwecks Verbesserung des Nahverkehrs in die Hansestadt — die Stade-Altländer Dampfschifffahrts- und Rhederei-Gesellschaft gegründet, die nun ihr zweites Schiff bei Blohm & Voss be-

Auszug aus dem ungewöhnlich peniblen »Contract« mit der Stade-Altländer Dampfschifffahrts- und Rhederei-Gesellschaft über den Bau des Raddampfers ELBE (Bau-Nr. 2, 138 BRT).

stellte. Die lächerlich geringe Größe des Dampfers stand in keinem Verhältnis zur Schärfe der auf dreizehn engbeschriebenen Seiten in zehn Vertragsparagraphen festgelegten Baubedingungen. Die Auftraggeber sahen im Vertrag harte Konventionalstrafen der Bauwerft für jede so geringe Abweichung vor. Der Tiefgang müsse haargenau 1,28 Meter bei zwölfstündigem Kohlenvorrat betragen, die Geschwindigkeit dürfe keinesfalls auch nur um Nuancen unterschritten, der geforderte Kohleverbrauch hingegen niemals überschritten werden. Bei weniger als elf Knoten Fahrt oder bei einem Verbrauch von mehr als 550 Pfund Kohle pro Stunde solle das Schiff gar nicht erst abgenommen werden. Und es hieß in § 2 des Vertrages wörtlich: »Die Geschwindigkeit und der Kohleverbrauch ist während der Fahrzeit von zwei hintereinander folgenden Stunden auf gerader Strecke zwischen Freiburg und Brunshausen (Niederelbe) an einer abgemessenen Distanz zu ermitteln und durch das Handlog zu controlieren. Bei letzterem Verfahren sind für die Knotenlänge 23 Fuß 7⅔ Zoll pro 14-Sekunden-Glas 11½ mal zu nehmen. Stimmen die Resultate bei der Verfahrensart nicht überein, werden dieselben dem Urteil zweier Sachverständiger, von denen jede Partei einen wählt, unterbreitet und geben diese die Entscheidung. Als Obmann über die Richtigkeit der Geschwindigkeitsprobe überhaupt entscheidet die Kaiserliche Deutsche Admiralität . . .« Suchte der Vertrag in seiner Großspurigkeit seinesgleichen, so glich ihm die Form der Abnahmeprobefahrt: Der Vorsitzer des Verwaltungsrates der »Stade-Altländer Dampfschifffahrtsgesellschaft« hockte argwöhnisch stundenlang in Hemdsärmeln im Heizraum und zählte jeweils persönlich die Kohlensäcke nach, von deren Gewicht er sich vorher durch Abwiegen jedes einzelnen überzeugt hatte!

Die ganze Staatsaktion drehte sich um ein kleines »Dampfräderboot« von nur 43,3 m Länge mit einer schrägliegenden Compoundmaschine von nur 270 PS. Der Baupreis von insgesamt M 120 000,- war in sechs Raten zu zahlen. Die geforderte Bürgschaft für die Anzahlungen in Höhe von insgesamt M 80 000,- übernahmen Hermann Blohms

Brüder mit ihrer Firma G. H. & L. F. Blohm, da die Norddeutsche Bank zu teuer war! Immerhin ging am 3. Dezember 1878 die erste Anzahlungsrate von M 20 000,- ein — der erste größere Geldeingang der kümmerlich dahinvegetierenden Werft!

Später kam es wegen zusätzlicher Decksbalken zu bissig ausgetragenen Differenzen und zur Bauverzögerung, so daß die Probefahrt der ELBE erst Anfang September 1879 — mit rund vier Monaten Verspätung — veranstaltet werden konnte. Das kleine Dampfräderboot lag schließlich allen Beteiligten schwer im Magen, aber es war immerhin der erste Bauauftrag der jungen Werft. Niemand hätte damals ahnen können, daß ein Unternehmen, das sich zur Annahme eines derart penibel aufgesetzten Vertrages gezwungen sah, rund drei Jahrzehnte später die größten Schiffe der Welt bauen würde!

Die kleine ELBE war auf jeden Fall ein Glanzstück an schiffbaulicher Qualität. Der Raddampfer erschien 1927 — immer noch mit seinem ersten Kessel fahrend — über die Toppen geflaggt zum 50jährigen Werftjubiläum und wurde später von der Elbe nach Duisburg-Ruhrort, von dort schließlich nach Griechenland verkauft. Das Schiff war mit Sicherheit über fünfzig Jahre lang in Fahrt. 1879 ging der erste Reparaturauftrag für die Hamburg-Süd ein, deren Dampfer BAHIA für M 3500,- einen neuen Vorsteven benötigte.

Inzwischen war bereits aus Burg auf Fehmarn ein weiterer Neubau-Auftrag eingegangen. Es handelte sich um einen nur knapp 29 m langen Dampfer mit 120 PS Maschinenleistung. Infolge der verzögerten Ablieferung des »Bauerndampfers« ELBE wurde diese Bau-Nr. 3 sogar eher fertig als dieser und sogar noch früher als der zuerst begonnene Segler NATIONAL. Dampfer BURG wurde als erstes Blohm & Voss-Schiff vom Stapel gelassen. Bei diesem denkwürdigen Ereignis wurde Freibier für alle Werftarbeiter ausgeschenkt.

Voller Überschwang soll Hermann Blohm auf eine Leiter gestiegen sein und erklärt haben, alle Anwesenden mögen tüchtig mithelfen, daß bald

Die »Urwerft« im Ostteil von Kuhwerder — im Winkel zwischen Norderelbe und Schanzengraben — wie sie während des Baues von Bark NATIONAL und Raddampfer ELBE ausgesehen hat.

der hundertste Neubau seinem Element übergeben werden könne. Blohm & Voss wolle dann ordentlich einen ausgeben. — Aber es sah leider ganz und gar nicht danach aus, daß dieses Ziel jemals erreicht werden könnte.

Sobald nämlich die beiden Dampfer BURG und ELBE übergeben waren, mußte das Werftpersonal wieder beim Weiterbau der Bark NATIONAL beschäftigt werden. Der Danziger Reeder Gibsone orderte allerdings noch 1879 den 709 BRT großen Frachter MLAWKA, der aber wegen eines früh einsetzenden, extrem kalten Winters nicht pünktlich abgeliefert werden konnte. Alexander Gibsone machte daraufhin unfairerweise 19 500,- M Konventionalstrafe geltend. Jedes Vergleichsangebot wurde ausgeschlagen. Die Werft mußte die volle Summe zahlen — und brach verständlicherweise die Beziehungen zu einem Kunden mit solchem Geschäftsgebaren ab. Der mit 517 BRT vermessene Dampfer WELLE für einen Heiligenhafener Reeder wurde schließlich Bau-Nr. 5. Nach zwei Jahren waren nun immerhin fünf Schiffe im Bau.

Zeitweilig zog Hermann Blohm daraus die verfrühte Schlußfolgerung, daß nun eine echte Vollbeschäftigung der Werft gegeben sei. Die Werftleitung ließ sogar verlauten, daß »wegen der Beschäftigung keine kurzen Termine gegeben werden können«, aber die Lage blieb in Wirk-

lichkeit unverändert bedenklich. Die Geldeingänge waren wegen der Ratentermine spärlich. Man wartete deshalb mit einiger Ungeduld auf die letzten Raten der immer noch nicht abgelieferten ELBE. Und es war allenfalls ein Trostpflaster, daß die Hamburger Finanz-Deputation eines Tages 14 eiserne Baggerschuten und die Bremer Dampfschifffahrts-Gesellschaft »Neptun« zwei Schraubendampfer von je rund 530 BRT bestellte. Allzu groß kann das Vertrauen der »Neptun« in die Werft doch noch nicht gewesen sein, denn sie ließ sich für jede gezahlte Rate bestimmte Eigentumsübertragungen notariell absichern!

Hamburgs Reederschaft mied auch 1880 die Werft weiterhin beharrlich. Der Auftragseingang war wieder völlig unzureichend. Hermann Blohm sprach persönlich bei der HAPAG vor und bot dort in Eigeninitiative konzipierte Frachter von 90 m Länge und 1000 PS Maschinenleistung an, die sogar binnen neun Monaten geliefert werden sollten. Aber alles, was bei Blohms Antichambrieren herauskam, waren dürftige Reparaturaufträge für vier HAPAG-Leichter. Deshalb entschlossen sich die beiden gedemütigten Teilhaber abermals zu einem besonderen Wagnis: Sie legten den Neubau Nr. 9 wiederum auf eigene Rechnung auf. Es handelte sich bei diesem Dampfer ROSARIO bereits um ein 1824 BRT großes Kombischiff für 320 Fahrgäste. Dieses Elf-Knoten-Schiff war also von der Dimension her schon ein großer Sprung. Man bot das fertige Schiff vergebens erst nach Schweden und dann nach Bremen an, hatte aber zu guter Letzt das Glück, daß es für M 655 000,- an Amsinck verkauft werden konnte, der plötzlich dringende Tonnage suchte und die ROSARIO für die Hamburg-Süd in Fahrt brachte. Das Kombischiff scheint sich im Südamerika-dienst bewährt zu haben, denn seit Ablieferung der ROSARIO zählte die Hamburg-Südamerika-nische Dampfschifffahrts-Gesellschaft — die Ham-burg-Süd — fortan zu den treuen Kunden der Werft, auch wenn deren nächster Auftrag noch vier Jahre auf sich warten lassen sollte.

Die Werft auf der Elbinsel Kuhwerder — durch einen hölzernen Steg über den Schanzengraben mit dem benachbarten Steinwerder verbunden — lebte auch nach Übergabe der ROSARIO nach wie vor nur von der Hand in den Mund. Sie war noch längst nicht über den Berg.

Hermann Blohms Vater Georg hat bis an sein Lebensende das Geschick des Betriebes mit Skepsis und Bangen verfolgt. Er war sich auch als Nichtschiffbauer darüber im klaren, daß das Unternehmen mit Neubauaufträgen allein niemals lebensfähig werden würde. Instinktiv richtig er-kannte er auf seinem letzten Krankenlager, daß ein florierender Werftbetrieb immer auf minde-stens zwei Säulen ruhen müsse. Schiffbau- und Reparaturbetrieb gehören untrennbar zusam-men. Diversifikation bedeutet mehr Krisenbestän-digkeit und sichert eine Mindestbeschäftigung. Georg Blohm wußte, daß es mit Dockkapazitäten in Hamburg noch nicht allzu weit her war. Noch immer wurden in manchen Schiffbaubetrieben Segelschiffe zur Vornahme einer Bodenreparatur oder eines Bodenanstrichs »kielgeholt«: Mittels an die Marsen angeschlagener Taljen wurden die Schiffe hart auf die Seite gekrängt, so daß sie in fast gekentertem Zustand dem Arbeitsponton den Kiel zukehrten. Die Reparaturmöglichkeiten für Dampfschiffe, die sich beim besten Willen nicht kielholen ließen, waren mangels Docks noch beschränkt und primitiv.

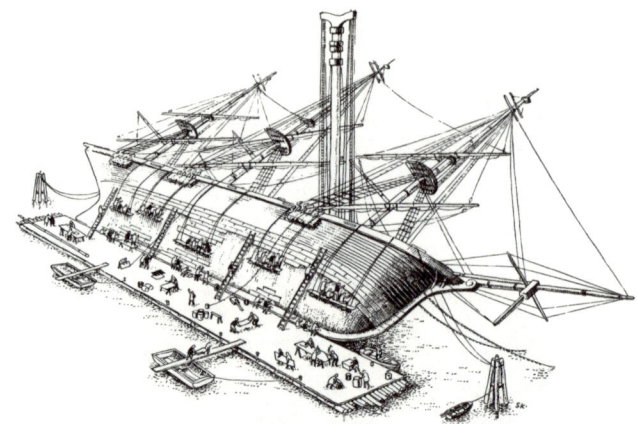

Kielholen eines Vollschiffes im vorigen Jahrhundert

Ende der siebziger Jahre gab es außer dem klei-nen Privat-Trockendock der »Packetfahrt« (HAPAG) auf dem Grasbrook nur das aus Holz ge-baute alte Dunckersche Dock sowie ein eben-falls hölzernes Schwimmdock bei der Stülcken-Werft. Sie hatten beide nur geringe Kapazität. Im Schwimmdockbau waren damals die Engländer führend, insbesondere die Spezialfirma Clark & Stanfield. Größere Bodenschäden von Hambur-ger Dampfern konnten praktisch nur jenseits des Kanals repariert werden. Wer tatsächlich in das bisweilen lukrative und auf jeden Fall weniger konjunkturanfällige Reparaturgeschäft eindrin-gen wollte, mußte endlich über ein modernes Schwimmdock verfügen.

Aber ungeachtet seines großen Erbanteils von 1,1 Millionen Mark — nach dem Tode seines Vaters im März 1878 — und der schon vorhande-nen Georg-Blohm-Beteiligung von 600 000 Mark reichten die Hermann Blohm zur Verfügung ste-henden Mittel kaum für das Anlage- und Betriebs-kapital sowie für den Bau der Bark NATIONAL auf eigene Rechnung aus. Die Beschaffung eines Schwimmdocks auf eigene Rechnung hatte des-halb immer wieder zurückgestellt werden müssen. Die Baukosten wurden auf immerhin 600 000 Mark veranschlagt. Hermann Blohms Brüder George und Frederico billigten deshalb den im Herbst 1880 endlich doch beschlossenen Dockbau und erklärten sich zu einem Darlehn von je M 100 000,- bereit. Sie wirkten auch auf ihre drei von Vater Blohm beerbten, anfangs ablehnenden Schwäger in diesem Sinne ein. Sie erkannten, daß sich der Bau eines modernen Docks wahrscheinlich selbst verzinsen und außerdem ständig Schiffsrepara-turaufträge einbringen würde. Ein Schwimmdock sei auf jeden Fall Bedingung für die Rentabilität der Werft überhaupt. Außerdem wurden durch den Verkauf der Bark NATIONAL an Amsinck zu-sätzliche Mittel für den Dockbau frei.

Ein neuer Weg zum Ziel

In seinen Lebenserinnerungen schrieb Ernst Voss: »Als ich im Frühjahr 1880 nach schwerer Krankheit (Kopfrose mit Gehirnaffektion) mich in Genesung befand und der Geist wieder seine Schwingen regte, da habe ich daheim das DOCK I in Handskizzen bis in alle Einzelheiten entworfen und berechnet, so daß es nach meiner Rückkehr ins Geschäft in den Bureaus in Arbeit gegeben werden konnte. Im Laufe von 1880 und 1881 wurde es auf der Werft fertiggestellt und Neujahr 1882 mit dem schwer havarierten Dampfer ST. PAULI eingeweiht.«

Das Dock bestand aus drei Sektionen. Der havarierte Kohlendampfer ST. PAULI war jedoch allzu schwer, denn er mußte mit voller Ladung eingedockt werden. Es bestand durchaus die Gefahr, daß das Dock instabil wurde und »umfiel«, sobald der Boden des havarierten Schiffes aus dem Wasser war und nur noch die Seitenkästen des Docks als Schwimmfläche hatte. Die Werft besaß noch keine praktische Erfahrung mit dem Eindocken von Schiffen.

Bei der Kollision mit einem französischen Schiff war das zwischen Maschinen- und Hinterraum gelegene Schott der ST. PAULI mitgetroffen worden, so daß diese Räume voll Wasser gelaufen waren. Das Heben des Schiffes konnte deshalb nur ganz langsam vor sich gehen. Fremde Beobachter folgerten daraus, daß »das Schiff nicht hoch wollte«.

Als dann gar noch eine zeitweilige Schräglage hinzukam, entstand an der Hamburger Börse in Windeseile das Gerücht, das neue Dock von Blohm & Voss sei schon beim ersten Versuch »zusammengebrochen«.

Tatsächlich war die erste Schiffsanhebung problematisch. Werftarbeiter mußten ungeachtet der Kälte des Monats Januar ins Elbwasser steigen und Nieten aus der Außenhaut der zu schweren ST. PAULI herausschlagen, damit endlich das Wasser aus dem Schiffsinneren herausfließen konnte. Aber es wurde geschafft. Zollweise stieg das Dock weiter. Und sobald die Mannlochdeckel auf dem Deck des Dockkastens aus dem Wasser kamen, wurden sie geöffnet. Die beiden Werftgründer kletterten ungeachtet noch darin stehenden Wassers sofort ins Dockinnere ein und klopften mit Probierhämmern Nieten und Stäbe der Dockspanten ab, um zu hören, ob diese zu stark unter Spannung standen. Aber alles war trotz Übergewichts der ST. PAULI heil und dicht geblieben. Das neue Dock hatte damit seine Premiere bestanden. Das war ein großer Tag für die Werft, denn tatsächlich belebte sich nach diesem Erfolg das Reparaturgeschäft beträchtlich. Auch ausländische Schiffe benutzten die neue Dockgelegenheit recht gern. Schon ein Jahr später hatte die Werft sogar Gelegenheit, bescheinigt zu bekommen, daß sie »arbeiten könne wie die

Die erste, auf dem Krankenbett entstandene Handskizze von Ernst Voss für die Konstruktion des ersten stählernen Schwimmdocks von Hamburg.

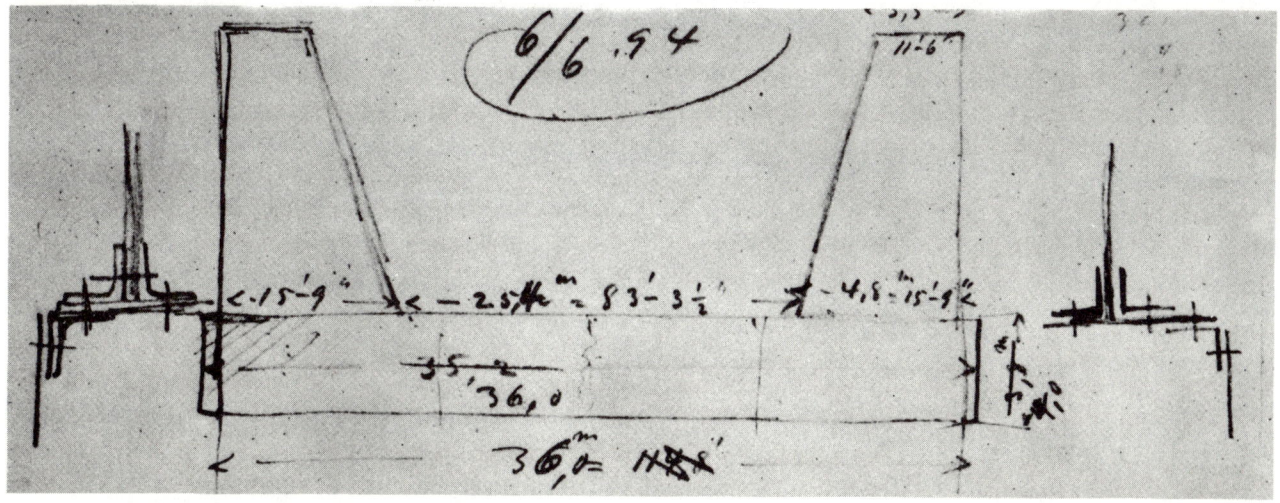

Werften in England«. So lautete tatsächlich das Urteil einer großen britischen Reederei, an deren Dampfer EUPHRATES eine große Bodenreparatur wider Erwarten gut und schnell vollendet wurde. Das Schiff hatte auf der Unterelbe Grundberührung gehabt und sich eine Anzahl von Bodenplatten eingedrückt.

Es war vertraglich vereinbart worden, daß die Arbeit binnen 30 Tagen fertiggestellt werden müsse. Aber bereits am 22. Tage konnte der Dampfer wieder laden. Die Reederei schickte deshalb ein Dankschreiben, auch die Versicherungsgesellschaft Lloyd's war des Lobes voll. Blohm & Voss war der Durchbruch zur internationalen Anerkennung gelungen. Sogar die Hamburger Reederschaft schöpfte allmählich Vertrauen.

Mit der Inbetriebnahme des ersten Schwimmdocks rückt der 1837 in Hamburg geborene Kapitän F. M. C. Brandt ins Blickfeld, der sich bald als außerordentlich fähiger Dockvertreter von Blohm & Voss erweisen sollte. Schon mit 21 Jahren war Brandt Kapitän eines Segelschiffes der Reederei Donner geworden. Er kannte die Küsten von Südamerika ebenso gründlich wie die von China oder die Inselflur Polynesiens. Brandt war jahrelang in der überseeischen Cross-Trade-Fahrt umhergesegelt und hatte nach damaligem Brauch vieler Kapitäne seine Frau mit an Bord. Brandts erste Tochter wurde auf dem Schiff geboren. Aber ein Magenleiden zwang den fähigen Kapitän schließlich, die Seefahrt aufzugeben und bei Blohm & Voss eine Landstellung anzunehmen.

Kapitän Brandt engagierte sich mit ganzer Person im Dockgeschäft. Er kannte bald jeden Nautischen Inspektor, jedes nach Hamburg laufende Schiff und auch dessen Kapitän persönlich. Brandt nahm die Interessen der Reparaturschiffe gegenüber den Assecuradeuren auf sehr vertrauensvolle Weise wahr. Er wußte sich aber auch gegen unlautere Forderungen von Inspektoren —

Querschnitt durch DOCK I mit einem eingedockten Dampfer.

die den Versicherungen zusätzliche Reparaturen »aufs Auge zu drücken versuchten« — energisch zu verwahren. Und in glänzender Zusammenarbeit mit seinem ebenfalls außerordentlich fähigen Dockmeister von Appen gelangte Brandt bald in den Ruf, niemals leere Versprechungen zu machen. Wollte jemand ein Schiff zur Besichtigung eindocken, machte er stets Termine ab, die nachher unheimlich präzise tatsächlich eingehalten wurden. Dabei blieben verständlicherweise Streitigkeiten nicht aus, wenn eine Reederei plötzlich ihr Schiff über die vereinbarte Zeit hinaus im Dock zu halten wünschte, um weitere, zunächst gar nicht vereinbarte Reparaturen vornehmen zu lassen. Brandt blieb in solchen Fällen unerbittlich, weil die schon gegebene Terminzusage gegenüber dem nächsten Kunden Vorrang hatte. Der als bärbeißig bekannte Reeder Carl Laeisz hat Kapitän Brandt deshalb nach einem gewiß sehr heftigen Wortwechsel den Spitznamen »Docktyrann« verpaßt.

Diese Kontroverse mit dem unerbittlichen Brandt hinderte Carl Laeisz jedoch nicht daran, sehr bald Dauerkunde von Blohm & Voss zu werden. Er gab zunächst die eiserne Bark PARSIFAL in Auftrag, die 1882 abgeliefert wurde. Sie wurde von ihrem Kapitän derart gelobt, daß schon 1883/84 die eisernen Barken PIRAT und PESTALOZZI und 1885 die Bark PLUS — als letztes eisernes Segelschiff vor Übergang zur Stahlbauweise — folgten. Von der PLUS sagte kein Geringerer als Alan Villiers: »Sie manövrierte wie eine Jacht und pflügte durch das Wasser wie ein Klipper.« Das Schiff blieb 48 Jahre lang erfolgreich in Fahrt! Und als mit den Barken POTRIMPOS und PROMPT die ersten stählernen Laeisz-Segler 1887 die Hellinge verließen, gelang der Werft abermals ein großer Wurf. Die POTRIMPOS brach 1889/90 auf Anhieb alle bestehenden internationalen Rekorde der Kap-Hoorn-Fahrt. Sie fegte in nur 61 Tagen vom Kanal nach Valparaiso!

Bau-Nr. 21: Segeldampfer (Fracht- und Fahrgastschiff) VESTA, 882 BRT (Reederei A. Kirsten, Hamburg).

Eigentlich ungewollt rückte die von vornherein als Dampfschiffswerft konzipierte Firma Blohm & Voss zu einer Segelschiffswerft von Weltruf auf, auf deren Helgen bis zur GORCH FOCK der Bundesmarine mittlerweile 37 berühmt gewordene Rahsegler entstanden sind — vor allem große stählerne Laeisz-Viermastbarken wie PAMIR, PASSAT, PEKING, PRIWALL, die man als die ersten echten Massengutfrachter der Schiffahrtsgeschichte bezeichnen kann. Sie fuhren ihre Ladung freilich noch nicht lose geschüttet »im Bulk«, sondern in Säcken.

Im Jahre 1882 gelang der Werftleitung der Verkauf eines abermals auf eigene Rechnung erbauten Fracht- und Fahrgastschiffes an die Woermann-Linie. Der auf den Namen PROFESSOR WOERMANN getaufte, 1611 BRT große Neubau war derart umsichtig auf die speziellen Belange der Afrikafahrt zugeschnitten, daß sich fortan eine enge Geschäftsbeziehung zwischen Reederei und Werft entwickelte, die später auch auf die Deutsche Ost-Afrika Linie überging. Es wurde beim Bau der PROFESSOR WOERMANN an alles gedacht. Sogar die wichtigsten Pumpen im Decksbereich waren durch einfache Pulsometer (Dampf-Vakuum-Pumpen) ersetzt, damit auch technisch unerfahrene Crewneger damit reibungslos umgehen konnten.

Im November 1884 begann die Werft den Bau eines »Salon-Schnelldampfers«, der bald in aller Munde war und sich mit mehr als 16 Knoten Geschwindigkeit (!) an der Waterkant den Namen »Blohm-Wiesel« erwarb. Es handelte sich um den mit 683 BRT vermessenen, 72 m langen Raddampfer FREIA. Er wurde nach Stornierung des ursprünglichen Bauauftrages auf eigene Rechnung fertiggestellt und wurde der ganze Stolz des Meisters Hensel von der Maschinenfabrik. Am 18. Juli 1885 sollte das Schiff voll ausgebucht seine erste Passagierfahrt nach Helgoland antreten. Nicht eher als am Vortage konnte die Maschine zum ersten Male drehen. Und erst am Abend des 17. Juli war es möglich, überhaupt eine Werftprobefahrt zu unternehmen und dabei auch gleich die Kompasse zu regulieren. Dennoch konnte am nächsten Morgen pünktlich um sieben

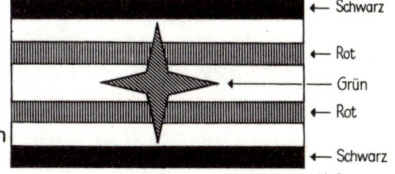

Die heute kaum noch bekannte Reedereiflagge von Blohm & Voss, unter der FREIA drei Jahre in eigener Regie in Fahrt gehalten wurde.

← Schwarz
← Rot
← Grün
← Rot
← Schwarz

Uhr die Jungfernreise angetreten werden. Die FREIA lief unter eigener Blohm & Voss-Reedereiflagge, die speziell für die FREIA entworfen worden ist.

Der gut gelungene Raddampfer wurde auf Anhieb ein Publikumsvolltreffer. Zweimal wöchentlich verkehrte er auch nach Wyk auf Föhr. Er bot die seinerzeit einzige Verbindung zwischen Hamburg und den beliebten Nordsee-Inseln überhaupt. Das Schiff wurde von Kapitän Wahlen geführt, der bis zum Jahre 1918 sämtliche Neubauten der Werft als Probefahrtkapitän übernommen hat. Der Raddampfer FREIA hatte bereits elektrisches Licht an Bord, was 1885 noch als Sensation galt. Aber wohl keinem Schiff der damaligen Zeit dürften derart viele geballte Fäuste und Flüche hinterhergeschickt worden sein wie dem allzu schnell fahrenden »Blohm-Wiesel«, dessen Dampferwellen von den Ewerführern und Schutenbesitzern mit Recht gefürchtet wurden.

Zugunsten der möglichst großen Geschwindigkeit wurde streng darauf geachtet, daß an Bord keine unnötigen Gewichte mitgeschleppt wurden, man geizte mit jedem Zentner. Und wenn das Schiff nachts gegen halb zwölf Uhr wieder im Hamburger Hafen ankam, wurden sofort zwei Schuten längsseits geschleppt, von denen aus die Schaufelräder überholt wurden. Und noch nachts wurden sofort neue Kohlen übernommen, weil man deren Vorrat aus Gründen der Gewichtsersparnis begrenzt hielt. Morgens punkt sieben Uhr legte der Raddampfer erneut nach Helgoland oder Wyk ab. Auf der roten Sandstein-Insel traf er gegen Mittag ein. Die Fahrgäste hatten dann drei Stunden Aufenthalt auf Helgoland. Dieser Fahrplan brachte es mit sich, daß die Kessel der FREIA immer im Betrieb bleiben mußten.

Im Winter 1885/86 wurde das Schiff auf der Fährroute Dover-Ostende eingesetzt. Es schlug auf seinen 101 Rundreisen, trotz einigen Kollisionen, alle in dieser Linie eingesetzten Konkurrenten. In den beiden nachfolgenden Wintern paddelte der Dampfer im Liniendienst an der Riviera herum. Er war aber nach solchen Vercharterungen jeweils rechtzeitig für die erste Pfingstreise nach Helgoland wieder in Hamburg. Fahrkartenagent für die auf eigene Rechnung von Blohm & Voss verkehrende FREIA war die Firma Morris & Co., deren Vertreter ein ebenso hartnäckiger wie gewandter Mann namens Albert Ballin war. Er hatte sein Büro an den Vorsetzen des Hamburger Hafens im gleichen Hause wie der Dockvertreter Kapitän Brandt. Hermann Blohm war von der Persönlichkeit und Agilität des noch unbekannten Agentur-Angestellten Ballin ausgesprochen fasziniert. Er verkaufte eines Tages sogar den Raddampfer FREIA an diesen Mann, der damit erstmals zum Reeder wurde, während Blohm & Voss die eigene Reedereiflagge für immer einholte. Sie blieb Intermezzo und Kuriosum der Werftgeschichte.

Die FREIA stand seit ihrem Verkauf am Beginn der Karriere jenes Mannes, der später die HAPAG zur größten Reederei der Welt emporführte und als deren Generaldirektor häufiger Auftraggeber der Werft wurde.

Die Firma Morris war hauptsächlich Auswande-

FREIA-Inserat von A. Ballins Auswanderer-Agentur Morris.

rer-Agentur. Man sah es der FREIA bald nach dem Verkauf an, daß dieser Stil abgefärbt hatte. Während Blohm & Voss auf für damalige Verhältnisse hohe Preise (15 Goldmark für ein Retourbillet Hamburg-Helgoland) Wert gelegt hatte, wurde nun der Dampfer mit Menschenmassen vollgestopft. Ballin machte weiterhin sein Geschäft mit Billigstangeboten.

Erwähnenswert ist, daß die FREIA später an die Stettiner Reederei J. F. Braeunlich verkauft wurde und noch bis zum Jahre 1930 auf der Bäderroute Stettin-Saßnitz verkehrte. Auch dieser Umstand spricht für die schiffbauliche Qualität der Bau-Nr. 44. FREIA fuhr nicht nur ohne Unterlaß 45 Jahre lang zur See — sie war der letzte hochseefähige deutsche Dampfer mit Schaufelrädern überhaupt.

Als FREIA 1885 die Jungfernfahrt antrat, sah Hamburgs Elblandschaft so aus. Zum Sandtorhafen waren sieben weitere Hafenbecken hinzugekommen. Deutlich ist das Kuhwerder-Gelände der »Urwerft« Blohm & Voss erkennbar.

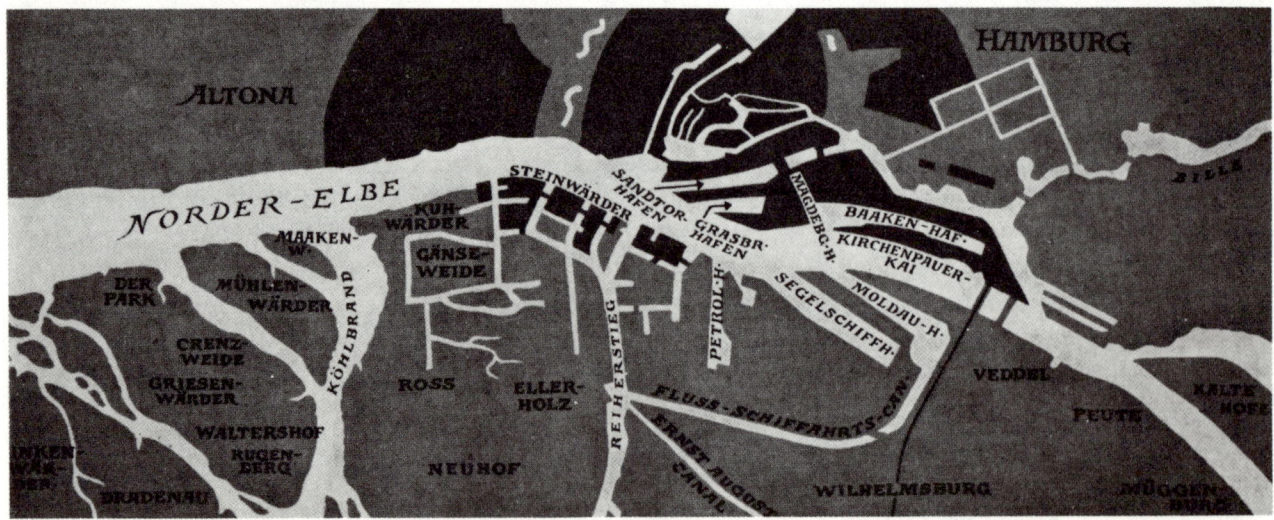

Handwerkskunst und Personalprobleme

1884, das Jahr vor FREIA's Indienststellung, war zugleich das Jahr der ersten deutschen Kolonialgründungen auf dem Schwarzen Kontinent. Als Nachzügler trat auch das Deutsche Reich in den Kreis der Kolonialmächte ein. Der Schritt von der Nationalwirtschaft zu weltweiter Zusammenarbeit war 1884 noch nicht vollzogen. Wachsender Bevölkerungsdruck infolge neuer medizinischer Erkenntnisse und Seuchen-Vorsorge durch Schutzimpfungen, zum anderen aber auch Überproduktion der allzu rasch emporgeschossenen Industrie führten seinerzeit zu dem Trend der Nationen, sich durch Kaufverträge mit eingeborenen Häuptlingen überseeische Handelskolonien zu sichern, die gleichermaßen als Rohstofflieferanten und Absatzmärkte für die Fertigwaren der heimischen Industrie gedacht waren. Ausnahmslos machten alle größeren Mächte des damaligen Europa bei dieser Aufteilung weiter Gebiete von Afrika und Asien mit.

So übernahm das Deutsche Reich am 24. April 1884 offiziell den Schutz der Erwerbungen des Großkaufmanns Adolf Lüderitz und damit die Hoheitsrechte über Angra Pequena und den Küstenstreifen Lüderitzland. Dieses Interessengebiet wurde Keimzelle für die Kolonie Deutsch-Südwestafrika. Und ebenfalls im Jahre 1884 nahm der Arzt und Afrikaforscher Dr. Gustav Nachtigall die westafrikanischen Gebiete Kamerun und Togo für Deutschland in Besitz. Dieses überseeische

1884 übernahm das Deutsche Reich das »Protectorat« über Angra Pequena und Lüderitzland.

Engagement brachte ein schnelleres Wachstum der Woermann-Linie mit sich und wurde deshalb auch für die weitere Geschichte der »Kuhwärder Schiffswerft« bedeutsam. Ein Jahr zuvor war mit der 1652 BRT großen ELLA WOERMANN der erste kombinierte Fracht- und Passagierdampfer für den Afrikadienst und zugleich der erste Auftragsneubau der Woermann-Linie in Fahrt gebracht worden.

Woermann-Schiffe wurden auf ihren Reisen besonders strapaziert; sie hatten ein ausgesprochen schlimmes Fahrtgebiet, in dem damals noch keine Seezeichen und Leuchtfeuer vorhanden waren. Als Ansteuerungspunkte dienten besonders auffällige Hügel, Huks oder gar Palmen. Afrika-Dampfer mußten auch mal einen kräftigen Knuff vertragen — und sei es eine Grundberührung auf einer der zahlreichen Barren. Fast die ganze Reise über blieben sie unter Dampf, denn an den meisten Plätzen dauerte die Liegezeit nur wenige Stunden. Das Gros der Ladungspartien wurde bei Dünung auf offenen Seereeden aus Leichtern und Kanus übernommen. Die Schiffe luden sehr viel Palmkerne, deren aggressives Öl die Eisenteile stark angriff. Afrika-Dampfer mußten also robust und zweckmäßig gebaut werden.

Die Reederei fand an dem Neubau ELLA WOERMANN Gefallen, so daß sie schon 1886 die Frachtdampfer ADOLPH WOERMANN und LULU BOHLEN nachfolgen ließ. Bis zum Jahre 1906 kamen weitere fünfzehn Neubauten allein für die Woermann-Westafrikafahrt und dreizehn für die — erst später gegründete — Deutsche Ost-Afrika Linie zur Ablieferung.

Da auch die Hamburg-Süd mittlerweile ihren ersten Neubauauftrag erteilt hatte und 1885 den Frachter DESTERRO in Betrieb zu nehmen wünschte, schließlich Laeisz auch die Barken PESTALOZZI und PLUS in Auftrag gegeben hatte, war die Beschäftigungslage der Werft zeitweilig erfreulich. Die Werftgründer dürften erst um 1884, nach sieben sorgenvollen Anfangsjahren, von dem Albdruck befreit worden sein, daß ihrem Tun keine Blüte beschieden sein würde.

Doch die bessere Auftragslage brachte andere Sorgen mit sich, die diesmal wieder auf dem

Personalsektor lagen. Zwar hatte sich der Betrieb mit den angelernten Eisenschiffbauern recht gut eingespielt. Auch hatte die Werft seit 1880 mit 4—5jährigen Lehrverträgen Schiffbauer, Schiffszimmerer, Bootsbauer, Maschinenbauer, Schlosser, Kupferschmiede, Kesselschmiede, Former, Gießer und Nieter ausgebildet. Aber mit den alten Zimmerleuten gab es nach wie vor Ärger. Die Mitglieder der hamburgischen Zimmermannszunft weigerten sich immer noch, auch nur eine Schiffbaulochmaschine anzufassen, sie widersetzten sich beharrlich jeder Umschulung. So manövrierten sie sich selbst ins Abseits. Auf Kuhwerder konnten sie nur für das Decklegen, die Aufstellung der Rettungsboote, das Bearbeiten der Rundhölzer und allenfalls für den Schnürboden verwendet werden. Aber sogar beim Decklegen hatten die alten »Timmanns« ihre eigenen Methoden. Sie waren um keinen Preis zu bewegen, mehr als 80 Fuß Decksnaht am Tage zu kalfatern. Henry Snowman reiste eines Tages kurzerhand nach Holland und kam mit abgeworbenen Kalfaterern zurück, die bis zu 400 Fuß am Tage schafften und sehr gut dabei verdienten.

Eduard Blohm, der als Neffe von Hermann Blohm 1890 seine Lehre bei Blohm & Voss angetreten hat und später im Schiffbaubetrieb den Spitznamen »Nieterkönig« erhielt, schrieb in seinen privaten Aufzeichnungen: »Die Wegerung (Laderaum-Holzverkleidung zum Schutz der Ladung) im Schiff war eigentlich Zimmermannsarbeit. Mit Meister Lorenzens Hilfe wurden jedoch Stellmacher, die ja in großen Mengen auf dem Lande gebraucht und ausgebildet wurden, auf diese Arbeit angelernt. Der Stellmacher auf dem Lande war es gewohnt, alles zu machen. Er sägte sich seine Radfelgen aus Buchenstämmen heraus, bearbeitete allein die eichenen Naben der Räder. Er mußte sich allein die dicken Planken aus den Stämmen aussägen und war es gewohnt, mit Beil und Breitbeil, aber auch mit Hobel und Stemmeisen zu arbeiten. Es gab genug junge Stellmacher auf dem Lande, die es in die Großstadt zog. Daher haben wir auf der Werft immer genug Stellmacher gehabt.«

Henry Snowman, der »mit allen Hunden gehetzt und mit allen Wassern gewaschen war«, kam mit den Stellmachern glänzend aus, aber mit den Zimmerleuten stand er von Anfang an grundsätzlich und immer auf Kriegsfuß.
Interessant ist, daß damals im Eisen- und schließlich sogar noch im Stahlschiffbau die Bullaugenlöcher der Schiffsrümpfe mit dem Kreuzmeißel ausgeschlagen wurden. Bis zur Jahrhundertwende gab es dafür besondere »Kreuzerkolonnen«. Und auch in der Maschinenfabrik, die in den Tagen der Urwerft in einem Fachwerkgebäude untergebracht war, mußten die großen Gußstücke, die Paßflächen der Maschinenfundamente, der Zylinder und ihrer Blöcke noch von Hand mit Meißel, Feile und Schaber bearbeitet werden.
Hamburg lag in den Tagen der Urwerft noch außerhalb des Zollvereins. Das Leben war wegen Nichterhebung von Zöllen billig. Die meisten Werftarbeiter hatten sich behaglich auf dem grünen Steinwerder angesiedelt. Für Zugewanderte war es leicht, dort Logis zu finden, denn die Siedlung wuchs recht schnell. Der Weg zur Arbeit führte über jene kleine Holzbrücke, die damals den Schanzengraben überspannte und Steinwerder von Kuhwerder trennte.
Hermann Blohm, vom festen Willen beseelt, die Werft hochzubringen, war bisweilen recht kurz angebunden. Er konnte sogar ausgesprochen schroff werden, aber nicht nur »nach unten«. Im Zusammenhang mit der Schanzengrabenbrücke hat das auch der Hamburger Senat zu spüren bekommen. In den Anfangsjahren der Werft war eines Morgens die alte Brücke abgerissen worden, weil man eine neue zu bauen gedachte. Man hatte behördlicherseits jedoch versäumt, die Werftleitung von diesem Unterfangen zu verständigen. Nun standen die Arbeiter auf Steinwerder und konnten nicht zum Arbeitsantritt nach Kuhwerder hinübergelangen. Hermann Blohm wurde fuchsteufelswild, ließ sich sofort mit einem Boot über die Elbe setzen und fuhr direkt ins Rathaus. Der Herr Senator sei, so erklärte das Vorzimmer, auf keinen Fall zu sprechen, da gerade Senatssitzung sei. Hermann Blohm ließ sich nicht ab-

Die Maschinenfabrik der »Urwerft« war noch ein Holzfachwerk-Gebäude, das beim unsachgemäßen Kanten von Schwergutstücken einsturzbedroht war. In dieser Montagehalle herrschte unbeschreibliche Enge — um so schwerer wiegt die vollbrachte Leistung: Hier entstanden die Maschinenanlagen von 42 Neubauten — Dreifach-Expansionsdampfmaschinen bis zu 1800 PS!

Die beiden Werftgründer Hermann Blohm und Ernst Voss in späteren Jahren. Mit ungeheurem Wagemut hatten die beiden Ingenieure im Alter von erst 29 und 35 Jahren auf der damaligen Elbinsel Kuhwerder eine Werft für den Bau großer eiserner Dampfschiffe gegründet.

Bild unten: Die Belegschaft von Blohm & Voss zwei Jahre nach der Werftgründung, im Frühjahr 1879: Rechts im Hintergrund sieht man Mast und Schornstein des noch auf Stapel liegenden Raddampfers ELBE, unmittelbar hinter den Männern das Skelett der Bau-Nr. 3 — des kleinen 216-BRT-Frachters BURG, der am 10. Mai 1879 als erstes aller B & V-Schiffe vom Stapel lief. Auf dem Bild sind die Meister an ihrem harten, d. h. halbsteifen Hut erkenntlich, der im ersten Halbjahrhundert der Werftgeschichte Tradition blieb.

Bild rechts: Das »Blohm-Wiesel«, Bau-Nr. 47: Raddampfer FREIA, 683 BRT, 1600 PS, 16 kn, auf eigene Rechnung gebaut, führte eigene B & V-Reedereiflagge (s. S. 29). 1889 erwarb Albert Ballin das Schiff und wurde damit erstmals zum Reeder. Das Foto zeigt die FREIA mit späterem weißem Anstrich und gelb-schwarzen Schornsteinfarben der Stettiner Reederei J. F. Braeunlich, bei der das Schiff bis 1930 auf der Route Stettin-Rügen fuhr.

Bild unten: Bau-Nr. 82: Kleiner Kreuzer CONDOR für die Ostafrikanische Station der Kaiserlichen Marine, 1612 t Wasserverdrängung, 2940 PS, 16,2 kn — fertiggestellt während der Cholera-Epidemie von Hamburg (s. S. 47–50).

Bild unten links: Blick auf die »Urwerft« auf Kuhwerder, von Steinwerder aus gesehen. Die Aufnahme entstand 1890, während die Werfterweiterung bereits im Gange war. Im Vordergrund die Neuhofer Brücke über den Schanzengraben, der bis in unser Jahrhundert hinein Kuhwerder und Steinwerder voneinander trennte.

Bild unten: So wurde früher, bei Baubeginn eines Schiffes, im wahrsten Sinne des Wortes der Kiel gestreckt. Er wurde in einem durchlaufenden Stück als »Stangen-Kiel« gebaut.

Bild unten: 25. September 1897, Stapellauf Bau-Nr. 124: Fracht- und Fahrgastschiff SAN NICOLAS, 4739 BRT, 6390 tdw, 2000 PS, 11,5 kn, Hamburg-Südamerikanische Dampfschifffahrts-Gesellschaft.

wimmeln und auch nicht von den aufgeregt herbeieilenden Senatsdienern daran hindern, kurzerhand in die Sitzung zu stürmen. Er hat vor dem Hohen Senat ein beträchtliches Donnerwetter vom Stapel gelassen.

Eduard Blohm überlieferte, daß Hermann Blohm peinlich genau darauf achtete, daß alle Mitarbeiter, gleich welchen Standes, gerecht behandelt wurden. »Die Geschäftsleute verehrten ihn geradezu, weil Blohm & Voss pünktlich ihre Zahlungen leisteten, so daß sie stets mit glattem Eingang ihres Geldes rechnen konnten. Auch wurde stets anerkannt, daß man die Lieferanten nicht gegeneinander ausspielte und daß man niemals versuchte, von einem kleinen Versehen, das einem Zulieferwerk passiert war, selbst einen großen Vorteil zu ziehen. Weil die Werft die Lieferanten gut behandelte, gaben diese sich aber auch die größte Mühe, ihrerseits Blohm & Voss zufriedenzustellend zu beliefern.

Eines Tages mußten Kräne beschafft werden. Da kam der Vertreter einer großen Kranfirma auf die Werft und sagte Herrn Blohm, er hätte soeben ein Telegramm seiner Firma bekommen, daß er noch einen Preisnachlaß von einigen Prozenten gewähren könne. Hermann Blohm antwortete darauf: ›Sie kommen zu spät, wir haben Ihnen den Auftrag schon gegeben ‹.«

Ebenso bezeichnend für die Mentalität Blohms war dessen Handlungsweise, als der Nachkalkulator herausfand, daß sich ein Lieferwerk für Kesselrohre zu seinen Ungunsten um 40 000 Goldmark geirrt habe. Das Werk hatte versehentlich die Stückpreise zu Meterpreisen gerechnet. Blohm ließ den Vertreter des Werkes kommen und eröffnete ihm, daß das Werk selbstverständlich noch zu seinem restlichen Gelde kommen werde!

Hermann Blohms Gerechtigkeitssinn zeigte sich auch auf sozialem Gebiet. Der junge Unternehmer wußte sehr wohl, daß eine Werft immer nur so gut sein konnte wie ihr Facharbeiterstamm. Er wußte aber auch, daß nur Hirn und Hand gemeinsam ein Schiff zu bauen vermochten. Ein guter Dreher oder Kesselschmied konnte mehr wert sein als ein schlechter, organisatorisch un-

begabter Abteilungsleiter, ein genialer Konstrukteur hingegen vermochte die nur oberflächliche Arbeit eines Nietenwärmers nicht wettzumachen. Jedes Denken in »Klassen« erschien absurd, denn nur die Relativierung hatte Sinn. Tatsächlich galt auf der Werft der Rang eines Mitarbeiters wenig. Was allein zählte, war die Art und Weise, wie der Betreffende die ihm übertragene Arbeit, sei es an der Drehbank, in der Verwaltung oder im Konstruktionsbüro, zu verrichten pflegte — was er aus sich und seinen Fähigkeiten zu machen verstand.

Für Blohm war es selbstverständlich, daß ein gedeihliches Miteinander von Menschen auch Betreuung und Fürsorge einzuschließen hat. Schon im Jahre 1882 ist deshalb die Betriebskrankenkasse von Blohm & Voss eingerichtet worden, deren Beiträge zu den niedrigsten in ganz Hamburg zählten. Dennoch war die Finanzlage der Kasse so gut, daß sehr bald auch die freie Heilfürsorge für alle Familienmitglieder eingeführt werden konnte. Während für die Arbeitnehmer sogar die Medikamente frei waren, mußten diese für Familienangehörige zur Hälfte bezahlt werden. Als Betriebsarzt wurde Dr. Rosam angestellt, der dreimal in jeder Woche auf der Werft Sprechstunde abhielt, an den anderen Tagen in der Apotheke am Wilhelmsplatz von St. Pauli für jeden Werftangehörigen zu sprechen war. Rosam behandelte jeden Patienten gleich. Er besuchte alle bettlägerig Kranken zu Hause, die zu diesem rührend bemühten Doktor entsprechendes Vertrauen hatten. Von Rosam ist überliefert, daß er die Interessen von Patienten, Werft und Krankenkasse gerecht gegeneinander abzuwägen verstand. Und so fürsorglich er auch den Kranken gegenübertrat, so unnachsichtig war er gegen Simulanten und »Kassenmarder«.

Interessant dürfte es im Zeitalter des modernen »Managements« auch sein, den damaligen Tagesablauf der beiden Werftgründer zu betrachten: Ernst Voss, der erfahrene Fertigungspraktiker, kam morgens um acht Uhr auf die Werft. Jeden Vormittag und jeden Nachmittag ging er durch die Zeichenbüros von Tisch zu Tisch und von Reißbrett zu Reißbrett. Sein Hauptaugenmerk galt den Konstruktionsarbeiten für die Maschinenfabrik. Er war ständig über alle Einzelheiten der Fertigungsabläufe informiert. Außerdem ging Voss zweimal am Tag durch den Schiffbaubetrieb. Er hatte eine besonders gute Art, die Leute anzulernen und sie auf eventuelle Fehler aufmerksam zu machen. Ernst Voss kannte den Großteil der Arbeiter genau und hatte einen sehr guten Blick, sich tüchtige Arbeiter zu Meistern heranzuziehen. Voss' erste Arbeit am Morgen war allerdings die Durchsicht der Post. Unwichtige Briefe und Rechnungen sortierte er aus und veranlaßte in eiligen Fällen alles Nötige selbst. Nur die wichtigen Briefe legte er für den gegen neun Uhr eintreffenden Hermann Blohm persönlich zurück, den er voll als den Prinzipal und die eigentlich treibende Kraft der Werft akzeptierte. Bei aller Verschiedenheit der beiden Gründer, die sich vortrefflich ergänzten, hatten sie eines gemeinsam: Eine recht gesunde Menschenkenntnis und daher den berühmten »glücklichen Griff« bei der Auswahl der richtigen Mitarbeiter für die jeweilige Position. Gegen 12.45 Uhr ließen sich die beiden Herren per Boot ans andere Elbufer übersetzen, um bei Wietzel »zu frühstücken« — was sie 40 Jahre lang dort tagtäglich getan haben.

Gleich nach dieser Mahlzeit fuhr Ernst Voss auf die Werft zurück, während Hermann Blohm zur Börse ging, seine das Bankgeschäft tätigenden Brüder traf und seine Kundenbesuche sowie Stadtbesorgungen machte. Blohms eben erwähnte Brüder waren die Bankiers der Werft, die bis zum Jahre 1883 kein eigenes Bankkonto hatte. Sie wickelte ihre gesamten Bankgeschäfte über die Firma G. H. & L. F. Blohm ab. Hermann Blohm hatte ein gutes Einvernehmen mit seinen Brüdern, die ihrerseits vor dessen unternehmerischer Initiative Hochachtung empfanden. Seit Inbetriebnahme der Docks und seit Aufnahme des Reparaturgeschäftes war Hermann Blohm immer enger mit der Hamburger Reederschaft in Berührung gekommen, die spätestens seit der FREIA erkannte, daß diese Werft durchaus respektabel war und Qualitätserzeugnisse lieferte.

Erst nach den Stadtgängen setzte auch Blohm wieder nach Kuhwerder über. Im »Allerheiligsten« des damaligen Verwaltungsgebäudes stand sein Schreibtisch, mit dem von Voss im gleichen Zimmer, so daß der eine stets hören konnte, was der andere verhandelte. Es geschah auf der Werft nie etwas, was nicht beide Chefs wußten. Diese Gepflogenheit dürfte das besondere Klima der Firma hervorgerufen haben, denn auch später gab es unter den persönlich haftenden Gesellschaftern niemals strenge Ressortabschließungen oder gar gegenseitiges Mißtrauen. Gerade weil jeder über alles Bescheid wußte, konnte er erforderlichenfalls jederzeit für den anderen einspringen.

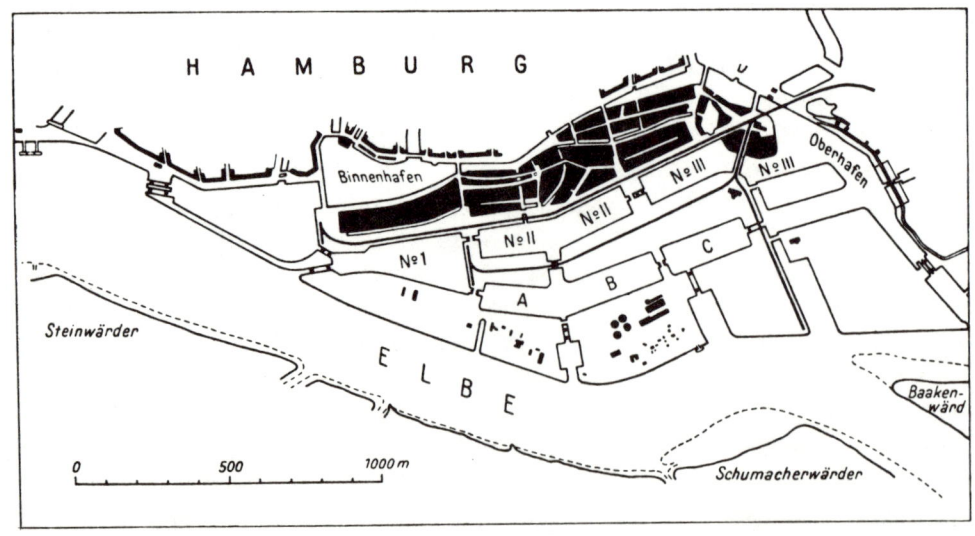

In jenen Tagen Anfang der achtziger Jahre wurde immer noch heftig über die Zweckmäßigkeit eines mit Schleusen gegen die Tide (Gezeiten) abzuriegelnden »Dockhafens« nach englischem Muster diskutiert. Lindley hatte ihn 1845 in dieser Form für Hamburg entworfen. Zum Glück entschied man sich wenig später anders. Man folgte den Plänen des Wasserbauers Johannes Dahlmann, der von Anfang an für einen offenen Tidehafen mit jederzeit ungehindertem und schnellerem Schiffsverkehr plädiert hatte.

Zu größeren Kapazitäten

Und so sieht die Speicherstadt im Bereich der ehemaligen Wandrahminsel heute aus: Links Holländischer Brookfleet, rechts Wandrahmsfleet. (Zeichnung: Hildegard Hudemann)

Damals, Anfang der achtziger Jahre, zeichneten sich in Hamburg große Veränderungen ab, deren Tragweite wir uns heute kaum noch vorstellen können. Reichskanzler Bismarck, den man anfangs durchaus bewundert hatte, entwickelte Pläne, die dem Gros der Hamburger mißfielen. Was sich »dieser preußische Junker« herausnahm, das machte ihn zur zeitweilig bestgehaßten Figur jener Jahre. Bismarck wurde zur Zielscheibe der Hamburger Karikaturisten, weil er Hamburg mehr oder weniger unsanft zum Anschluß an den Deutschen Zollverein drängte.

Er hatte schon 1878 den Unwillen Hamburger Kaufmannskreise erregt, indem er einen innenpolitischen Kurswechsel einleitete, der in der Praxis eine Wendung vom wirtschaftspolitischen und politischen Liberalismus zu Schutzzoll und staatlicher Sozialpolitik bedeutet hat. Nun aber wollte Bismarck gar die zollpolitische Eigenständigkeit Hamburgs beenden und die traditionell freistaatlich orientierte Hansestadt mir nichts, dir nichts mit dem übrigen Deutschen Reich gleichschalten! Aber schlimmer noch: Dieser Dickschädel Bismarck war unermüdlicher Förderer eines Planes, der Hamburg radikaler verändern mußte als selbst der Große Brand von 1842. Der Reichskanzler wollte, daß ein großer Freihafen gebaut werde, der die idyllisch grünen Elbinseln vor der »Küste« von Hamburg in eine große Speicherstadt sowie ein Gewirr von Kaimauern und Kaischuppen verwandelte. Ein gräßlicher Gedanke, eine Verschandelung der idyllischen Elbe!

Das Deutsche Reich saß jedoch am längeren Hebelarm. Wenn Hamburg Finanzhilfe für die Verbesserung der Elbfahrwasserverhältnisse erwarten wollte und auch sonstige Vergünstigungen, mußte es im allgemein volkswirtschaftlichen Interesse hinnehmen, mit einem ausreichend großen, zukunftsorientierten Zollausschlußgebiet — sprich Freihafen — versehen zu werden. Mit der Anlage dieses künstlichen Freihafens wurde der Wasserbauer Johannes Dahlmann beauftragt. Für den Bau der backsteinroten Speicherstadt zur zollfreien Einlagerung, Verarbeitung und Veredelung sowie zur eventuellen zollfreien Wiederausfuhr überseeischer Handelsgüter mußten allein auf der alten Wandrahminsel rund 500 Häuser abgerissen und insgesamt im vorgesehenen Hafengebiet etwa 20 000 Menschen umgesiedelt werden! Rigoros mußte Bauernland in eine Steinlandschaft verwandelt werden, waren die Tage der Naturparadiese auf den Elbinseln gezählt. Das Freihafenprojekt schockierte die Hamburger. Sie grollten Bismarck* in höchstem Grade.

Das Freihafenprojekt wirkte sich noch 1884 auch für Blohm & Voss gravierend aus. Die auf Steinwerder wohnenden Arbeiter mußten ihre Häuser räumen, die wenig später der Spitzhacke zum Opfer fielen. Die Hals über Kopf angeordnete Zwangsräumung der Häuser nötigte die Bewohner, in die fürchterliche Enge des Hamburger Gängeviertels umzuziehen, wo viele von ihnen später (1892) der Cholera-Epidemie zum Opfer fielen. Vorbei war es mit der Idylle, daß man mittags einfach über die Schanzengrabenbrücke zum Essen nach Hause ging. Und der Weg zur Arbeit wurde ebenso problematisch wie das Mittagessen. Zunächst kamen um die Mittagsstunde

---

*Was nicht ausschloß, daß »die dankbaren Hanseaten im Kanzler (später) eine Art Roland sahen, als sich erwies, wie gewinnbringend der Freihafen für die Hansestadt war. Sie errichteten ihm zu Ehren ein Gala-Monster-Denkmal, 34 Meter hoch«. (Günter Niemeyer in dem Buch »Große Hafenrundfahrt«, Hans Christian Verlag, Hamburg, dem auch obige Zeichnung entnommen wurde.)

Frauen mit vorgekochten Gerichten — die sie auf vielen kleinen Petroleumöfen warmhielten — vor die Werft. Viele Arbeiter schlangen nun bei Wind und Wetter, stehend, ihr Mittagessen hinunter. Das wurde ein unhaltbarer Zustand.

Blohm & Voss errichtete deshalb eine eigene »Kaffeehalle«, damit die Arbeiter dort mittags eine warme Mahlzeit einnehmen konnten. Aber bald nach dem Zollanschluß durfte die Kaffeehalle nicht mehr von B & V betrieben werden.

Die gute Auftragslage Mitte der achtziger Jahre schlug bald wieder ins Gegenteil um. Von Juni 1885 bis April 1886 gab es keinen Neubauauftrag mehr. Dann erst bestellte die Neu-Guinea Compagnie durch Vermittlung Adolph Woermanns den kleinen Dampfer ISABEL, bei dem der Preis beträchtlich gedrückt wurde. Dieses mit nur 524 BRT vermessene Schiff war das erste, das bei Blohm & Voss aus Stahl gebaut wurde. Die Verwendung dieses neuen Schiffbaumaterials wurde damals zunächst als großes Wagnis empfunden. Man befürchtete geringe Elastizität und größere Sprödigkeit gegenüber dem bisher verwendeten Schiffbaumaterial Eisen — zumal bei Kältegraden. Aber im Juni 1886 bestellte auch Laeisz

Bau-Nr. 52: Bark PROMPT, 14 445 BRT, Reederei F. Laeisz

erstmals eine stählerne Bark — die schon auf Seite 28 erwähnte POTRIMPOS. Schon ein Jahr nach Ablieferung der POTRIMPOS hatte sich der Stahlschiffbau allgemein durchgesetzt. Aber die Aufträge des Jahres brachten schlechte Preise, auch bei den Reparaturen. So streckte die Werftleitung mal wieder den Kiel für ein Schiff auf eigene Rechnung. Diese Bau-Nummer 54 war ein »Versuchskaninchen« und Wagnis besonderer Art. Das auf den Namen ALIDA getaufte Schiff

sollte zur Erprobung des ersten Hochdruckkessels mit Überhitzer dienen.

Im Oktober und Dezember 1886 hatten Hermann Blohm und Ernst Voss mit dem Braunschweiger Ingenieur Wilhelm Schmidt, der als »Heißdampf-Schmidt« in die Technik-Geschichte eingegangen ist, Verträge zur Verwertung seiner Patente auf Heißdampfkessel und Dampfstrahlmaschinen geschlossen. Der Erfinder wollte den Abdampf der Maschine nicht mehr im Kondensator niederschlagen und das Kondenswasser, wie üblich, wieder im Kessel zu neuem Dampf erhitzen. Er wollte vielmehr den Niederdruckdampf durch im Überhitzer hochgespannten Dampf von ca. 100 Atmosphären wieder als Normaldruck-Dampf von 12 Atmosphären einsatzbereit machen.

Schmidts Erfindung wurde auf Umwegen bahnbrechend. Heute arbeitet jedes Turbinenschiff mit überhitztem Dampf, der durch ein System von Rohrschlangen über seine Sättigungstemperatur hinaus erhitzt wurde und Temperaturen bis 500° Celsius erreicht. Der Wirkungsgrad der Dampfkraftanlagen wird dadurch beträchtlich erhöht. Die Werftgründer erkannten die Bedeutung der neuen Idee und übernahmen alle Schmidtschen Patente einschließlich eines Dampfstrahlmaschinen-Patentes. Sie zahlten Schmidt als Vorschuß 30 000 und garantierten ihm vom Beginn des fünften Jahres der Zusammenarbeit an jährlich eine Summe von 20 000 Goldmark, außerdem eine Lizenzgebühr von fünf Mark für jede indizierte Pferdestärke Maschinenleistung. Aber sie handelten sich eine Kette von Enttäuschungen, Rechtsstreitigkeiten und Ärger ein. Im Patentwesen noch unerfahren, hatten sie nicht darauf gedrungen, die Alleinlizenz für das Deutsche Reich zu verlangen. Sie hielten Schmidt sogar schadlos gegen alle Ansprüche der Lübecker LMG, aus deren vermeintlichem Vorrecht auf Alleinlizenz für Dampflandmaschinen. Sie boten der LMG eine Kaution von 3000 Mark für die Landmaschinenlizenz, weil diese zur Sammlung von Erfahrungen für den Bau der ersten Heißdampf-Schiffsmaschinenanlage unerläßlich war.

Schmidt schickte trotz Vertragsabschluß die grundlegenden Patentschriften nicht, so daß sich die Werft 1887 zweier Patentanwälte bedienen mußte. Dabei stellte sich heraus, daß Schmidts erste Erfindung auch schon von anderen Vertragspartnern ausgewertet wurde. Er hatte ihnen seine Patente ebenfalls überlassen!

Natürlich kühlte sich das Verhältnis der Werft zu dem nicht mit offenen Karten spielenden Vertragspartner Wilhelm Schmidt sehr schnell ab. Aber die ALIDA hatte man nun mal im Bau und mußte das Bestmögliche daraus zu machen versuchen. Im November 1887 wurde die erste Kesseldruckprobe vorgenommen, die eigentlichen Erprobungen des Neubaues begannen 1888. Im Oktober des genannten Jahres konnte das Schiff endlich auf Probefahrt gehen. Aber man verwünschte dieses unselige Experiment, das ganz erhebliche Kosten verursacht hatte. Trotz jahrelanger Verbesserungsversuche gelang es nicht, die unausgereifte Hochdruckanlage wirtschaftlich in Betrieb zu bringen. Man quälte sich noch bis zum Jahre 1894 mit der Anlage ab, um sie dann wieder aus dem Schiff herauszureißen. Stattdessen bekam Dampfer ALIDA eine normale Vierfach-Expansionsdampfmaschine eingebaut, die allerdings mit dem für damalige Verhältnisse immer noch überhöhten Kesseldruck von 15 atü gefahren wurde. Das Schiff bot man jahrelang den Schiffsmaklern vergeblich zum Verkauf an. Erst im Juni 1897 fand es einen Antwerpener Interessenten.

Es war Duplizität der Fälle, daß im Jahre 1887 die beiden Werftleiter mit einem weiteren Erfinder einen Reinfall erlebten. Der Schweizer Paul Haenlein aus Thurgau bot seine deutschen und belgischen Patente auf eine neuartige Fortbewegung von Schiffen durch verdichtete Luft oder durch Gase, mit oder ohne Propeller, an. Diese Düsenschiffe sollten besonders für Barkassen und Schlepper in Flachwasserzonen geeignet sein. Die Werftgründer übernahmen die Patentgebühren und verpflichteten sich sogar, auf ihre Kosten Patente auch für die Länder England, Frankreich, Österreich-Ungarn, Italien und die Vereinigten Staaten von Amerika anzumelden. Der Erfinder Haenlein war mit seinen Forderungen nicht gerade zimperlich, er verlangte 26%

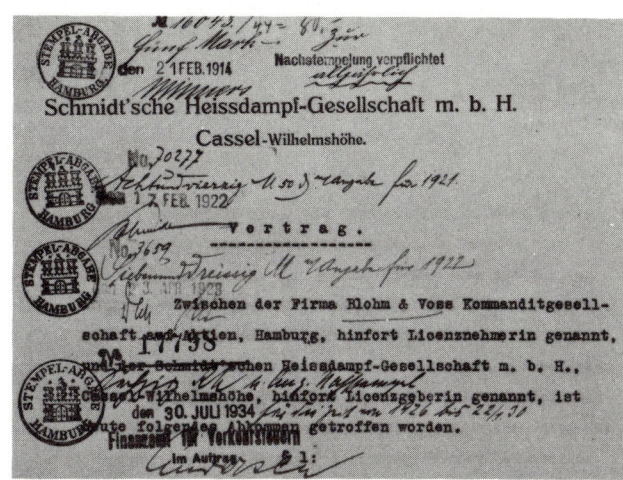

Kopf des laufend erneuerten Lizenzvertrages zwischen Blohm & Voss und der Firma des Erfinders Schmidt. Waren auch die ALIDA und Schmidts Verhalten in Patentfragen Enttäuschungen, kommt man dennoch nicht an der Tatsache vorbei, daß Wilhelm Schmidt als Erfinder des Überhitzers in die Technikgeschichte eingegangen ist. Erst diese Erfindung machte den Bau von Heißdampfkraftanlagen möglich. Alle heutigen Dampfturbinenanlagen arbeiten mit überhitztem Dampf um 500° C.

Gewinnbeteiligung am Gesamtobjekt. Dieses absurde Ansinnen konnte zwar zurückgewiesen werden, aber auch im Falle Haenlein machte man denselben Fehler wie bei »Heißdampf-Schmidt«: Man erbat erst nach dem Vertragsabschluß die deutsche Patentschrift. Den technischen Pferdefuß des »Düsenantriebs für Schiffe« fand man dann bald heraus: die für die notwendige Vortriebsleistung erforderlichen Luftpumpen mußten für den Einbau in Schiffe viel zu groß, zu schwer und zu aufwendig sein.

Man investierte wieder beträchtliche Summen in entsprechende Experimente. Aber die Realisierung der Haenlein-Idee ließ sich beim besten Willen nicht erzwingen. Hermann Blohm und Ernst Voss schlugen deshalb vor, die Patente kurzerhand fallen zu lassen. Haenlein beharrte jedoch starrköpfig darauf, daß die Werft seine Düsenschiffe bis zur Brauchbarkeit entwickeln und schließlich auch bauen müsse. 1891 wurde Haenlein massiv, er wollte endlich Erfolge sehen. Erfindertraum und Wirklichkeit stimmten aber nicht überein. 1892 mußte ein Schiedsgericht angerufen werden, das der Werft schließlich recht gab. Mit Schmidt und Haenlein hatte man viel Lehrgeld bezahlt, man sicherte sich künftig in Patentangelegenheiten besser ab. Man blieb jedoch für Neuerungen auf schiffbaulichem und schiffbetriebstechnischem Gebiet immer aufgeschlossen. Blohm & Voss wurde nach und nach Lizenzträger von rund 500 eigenen oder angekauften Patenten! Das ausgehende Jahr 1887 brachte nach zweijähriger Schiffbauflaute einen plötzlichen Umschwung mit sich. Es kam ein ganzes Dutzend Neubauaufträge herein. Es wurde schlagartig klar, daß die Werft expandieren und ihre Kapazität erweitern mußte. Deshalb wurde die bis zu diesem Zeitpunkt als Offene Handelsgesellschaft (OHG) eingetragene Firma Blohm & Voss in eine Kommanditgesellschaft auf Aktien (KGaA) mit sechs Millionen Mark Aktienkapital umgewandelt. Zwei bedeutende Persönlichkeiten der deutschen Schiffahrtsgeschichte wurden nacheinander Vorsitzende des Aufsichtsrates: Die Reeder Carl Laeisz und Adolph Woermann — zwei ebenso profilierte wie eigenwillige und nicht immer bequeme Persönlichkeiten, die jedoch ihr Amt mit souveräner Unabhängigkeit und Gradlinigkeit ausübten. Ihrer unnachsichtigen Meinungsäußerung und ihrem erfahrenen Rat verdankte die Werft in den entscheidenden Jahren des Wachstums sehr viel.

Im Jahre 1888 wurden zwei Neubauten hereingenommen, die Grundstein für jahrzehntelange, gute Geschäftsbeziehungen zu zwei bedeutenden Reedereien wurden. Mit dem noch im November 1888 vom Stapel gelaufenen Fracht- und Fahrgastschiff CROATIA (2052 BRT, Bau-Nr. 60) lieferte die Werft ihr erstes Schiff für die Hamburg-Amerikanische Packetfahrt-A.-G. (HAPAG) ab. Dieser Dampfer blieb 73 Jahre lang erfolgreich in Fahrt und begründete das Vertrauen dieser Reederei zu jener Bauwerft, bei der man schließlich Stammkunde wurde. Bis zur Fusion von HAPAG und Norddeutschem Lloyd (1970) folgten der CROATIA nicht weniger als 51 Neubauten für die HAPAG nach, darunter die zu ihrer Zeit größten Schiffe der Welt — VATERLAND und BISMARCK.

Mit dem ebenfalls noch 1888 georderten, im Januar 1889 auf Kiel gelegten Fracht- und Fahrgastschiff ERLANGEN (2713 BRT, Bau-Nr. 65) wurde der erste Auftrag der Deutsch-Australischen Dampfschiffs-Gesellschaft hereingeholt. Diese später (1926) mit der HAPAG fusionierte bedeu-

tende Reederei ließ in den Jahren von 1891 bis zur Fusion weitere 14 Überseeschiffe bis zur Größe von mehr als 6000 BRT bei Blohm & Voss bauen.

Auch das Reparaturgeschäft der Werft blühte mehr und mehr. Allein in den Jahren 1887/88 wurden nicht weniger als 253 Schiffe mit 377 000 BRT eingedockt. Die B & V-Werft, die schon über zwei Sektionen eines zweiten Schwimmdocks verfügte, platzte aus den Nähten. Sie war Ende 1888 mit Arbeit so überhäuft, daß die im Vorjahr vertraglich abgesicherte Expansion einfach unerläßlich war.

Ein kompetenter Chronist hat über Hermann Blohm gesagt, daß »seine Größe darin lag, daß er nie erlahmte, nie das Gefühl der Befriedigung über das Erreichte Herr über sich werden ließ und so 1886 wie später auch 1905 den richtigen Augenblick erkannte, in dem wieder der Entschluß zu einer gänzlichen Neugestaltung der Werft gefaßt werden mußte«.

Tatsächlich war die sogenannte »Urwerft« — die bis 1885 immerhin 36 Neubauten abgeliefert hatte, davon nur neun mit Gewinn (!) — unzulänglich geworden. Wenn man mit dem rapiden Wachstum der Auftragseingänge, der Schiffsgrößen und Maschinenleistungen Schritt halten wollte, mußte expandiert werden.

Es war nicht mehr mit anzusehen, wie in dem hölzernen Fachwerkgebäude der alten Maschinenfabrik immer größere Schwergutstücke bewegt werden mußten. In der Montagehalle lief noch ein völlig veralteter Kran, der mit einer viereckigen Welle von der Transmission angetrieben wurde. Wenn die anzuhebenden Maschinenteile allzu »unverdaulich« waren, bediente der alte Maschinenbaumeister Hensel den Kran vorsichtshalber selbst, weil sonst die Gefahr bestand, daß bei einem unsachgemäßen Kanten der Schwergutstücke die Holzkonstruktion des Fachwerkgebäudes zusammenbrach. Auch herrschte in der Montagehalle unbeschreibliche Enge. Die Maschinen mußten so schnell wie möglich an Bord gebracht werden, damit Hensels Leute wieder »Luft« kriegten. Folglich mußte eine Menge Arbeit unter den besonders ungünstigen Bordverhältnissen nachgeholt werden — Arbeit, die in der Werkstatt billiger hätte geleistet werden können.

Hermann Blohm hatte seit langem erkannt, welche Belebung Hamburgs Hafen durch den Zollanschluß erfahren würde. Es galt, sich beizeiten auf die zu erwartende Wachstumsquote von Schiffahrt und Schiffbau einzustellen. Und so konnte Blohm & Voss nach längeren Verhandlungen mit dem Hamburger Senat am 7. Mai 1887 einen Vertrag abschließen, durch den das Werftgelände von zuletzt rund 54 000 sofort auf 77 546 und bis 1891 sogar auf 94 000 Quadratmeter — d. h. gegenüber der »Urwerft« rund um das Fünffache — erweitert werden konnte. Das Terrain der

Auszug aus dem Entwurf des Geländeerweiterungsvertrages zwischen der Finanz-Deputation und Blohm & Voss — tatsächlich abgeschlossen am 7. 5. 1887.

Werft griff nun auf den ganzen Elbuferteil von Kuhwerder über. Bis zum Jahre 1891 wurden rund 9,8 Millionen Goldmark in den Ausbau der neuen Anlagen investiert, der zügig voranging.

Aber der Ausbau war ohne Verstärkung der eigenen Mittel, sondern ausschließlich durch Kredite erfolgt. Diese beliefen sich laut Bilanz per 30. 6. 1891 auf rd. 6,5 Millionen Mark, eine für die damalige Zeit stattliche Summe.
Die Hauptlast dieses Kredites trug das Handels- und Bankhaus von Hermann Blohm's beiden Brüdern George und Frederico, die Firma G. H. & L. F. Blohm. Im Bewußtsein der Konsolidierungsnotwendigkeit dieses Kredits wurde im Frühjahr die schon erwähnte Umwandlung der Firma in eine Kommanditgesellschaft auf Aktien beschlossen. Das waren schwere Entscheidungen

für den bislang einzigen Anteilseigner Hermann Blohm, da er mit Recht nun fremde Einflußnahme auf seine Entscheidungen befürchtete.
Die Gründung erfolgte nach langen Auseinandersetzungen am 19. 12. 1891. Es wurden Namensaktien im Wert von 1 Million Mark, Inhaberaktien von 5 Millionen Mark und Obligationen für 3 Millionen Mark ausgegeben.
Da laut damaligem Gesetz beide persönlich haftenden Gesellschafter eine Einlage leisten mußten, erhielt Ernst Voss von Hermann Blohm 200 Namensaktien geschenkt, die er 1910 zurückkaufte. Die restlichen 800 zeichnete er selbst. Von den Inhaberaktien erhielt Hermann Blohm 4750, während die restlichen 250 Aktien von G. H. & L. F. Blohm, C. W. L. Westphal und W. Gruner (weitere Familienangehörige) gezeichnet wurden. Letztere erhielt Hermann Blohm schon im Januar 1892 zurück, erstere wurden 1894 auch auf Hermann Blohm zurückübertragen um zu dokumentieren, daß er alleiniger Inhaber sei, blieben aber bis zum endgültigen Rückkauf durch Hermann Blohm ebenso bei G. H. & L. F. Blohm wie weitere 1800 von Hermann Blohm's Inhaberaktien, und zwar zur Kreditbesicherung.
Neues Geld floß der Firma daher nur aus den Obligationen zu, deren Begebung erhebliche Schwierigkeiten bereitete, da die Firma — damals wie heute — auf gepachtetem Grund und Boden stand. Der Pachtvertrag mit Hamburg mußte daher auf Verlangen der Norddeutschen Bank bei ihr hinterlegt und jede Ergänzung von ihr und der Vereinsbank mitunterzeichnet werden.
Schließlich gelang es aber doch, die Obligationen zu placieren, und zwar übernahmen die Norddeutsche Bank, die Vereinsbank und die Bremer Bank je 900 000 Mark, während die restlichen 300 000 Mark von F. Laeisz gezeichnet wurden.
Die Umwandlung der Firma sowie die Placierung der Obligationsanleihe erhöhte schlagartig die Kreditfähigkeit des Unternehmens und führte ungefragt zu Kreditangeboten weiterer Banken, die allerdings kaum in Anspruch genommen zu werden brauchten. Der erste Aufsichtsrat von Blohm & Voss bestand aus Carl Laeisz als Vorsitzendem, Adolph Woermann als stellv. Vorsitzendem sowie G. H. Blohm, L. F. Blohm, Bernhard Hahlo (Vereinsbank), Adolph Friedburg (Bremer Bank) und Wilhelm Gruner.
Das Verhältnis mit der Norddeutschen Bank war allerdings inzwischen stark getrübt, da sie sich nach Meinung von Blohm & Voss allzu kleinlich in der Abwicklung der Geschäfte und der in Ansatz gebrachten Gebühren verhielt. Ihr wurde daher Anfang 1894 nach Rückzahlung eines gegen Aktien gegebenen Vorschusses die Führung des B & V-Kontos entzogen, das auf die Vereinsbank überging, allerdings ohne Verpflichtung, auch alle Geschäfte nur über dieses Konto abzuwickeln.
Die ausstehenden Aktien wurden zwischen 1901 und 1915 sämtlich von Hermann Blohm zurückgekauft und verblieben seitdem bei ihm und seinen Kindern.

**Die Belegschaft wuchs schnell von 1200 auf 2500 Mann. Eine neue Kesselschmiede, Schmiede und Kraftzentrale wurden Anfang 1887 begonnen und schon ein Jahr später in Betrieb genommen. 1888/89 folgten die neue Zimmerei und Sägerei, 1889—91 des weiteren eine neue Tischlerei, die neue Maschinenfabrik mit bereits elektrisch betriebenem Laufkran und ein neues Verwaltungsgebäude, schließlich eine neue Schiffbauhalle mit neuen Glühöfen. Außerdem wurde die dritte und damit letzte Sektion von DOCK II fertig.
Sobald jeweils die neuen Werkstätten und Hallen errichtet wurden, riß man die alten ab.**

Die Landschaft auf Kuhwerder war nicht wieder-
zuerkennen, ebensowenig aber auch die weitere
Nachbarschaft. Der neue Freihafen war längst in
Betrieb. Er war von Kaiser Wilhelm II. am 15. Oktober 1888 mit großem Pomp eingeweiht worden.

Nr. 2367. 91. Bd.   Erscheint regelmäßig jeden Sonnabend im Umfang von circa 24 Folioseiten.   — Leipzig und Berlin. —   Viertelj. Abonnementspreis 7 Mark. Einzelpreis einer Nummer 1 Mark.   10. November 1888.

Titelblatt der »Illustrirten Zeitung« mit zeitgenössischer
Darstellung der Eröffnung des Hamburger Freihafens durch
Kaiser Wilhelm II. am 15. 10. 1888.

Die Werfterweiterung in der verwirklichten Dimension war ein großes Wagnis. Allein die Eisen-
konstruktionen der Neubauten hatten 900 000
Mark gekostet. Und wie schon die erste Bauperiode — der Aufbau der »Urwerft« — endete auch
der Ausbau der »Alten Werft« mit einer beträchtlichen Finanzkrise.
Bis zum Anschluß der vorherigen Freihandels-
zone Hamburgs an den Deutschen Zollverein
(1888) stiegen die Lebenshaltungskosten in der
Stadt schon schlagartig an. Aus diesem Grunde

mußte bis 1886 das Durchschnittsgehalt der
Angestellten von 150 auf 170 Mark im Monat angehoben werden. Auch die Stundenlöhne der
Arbeiter wurden erhöht. Sie wurden angesichts
der Lebenshaltungskostensteigerung trotz einer
vorgenommenen Erhöhung als noch nicht ange-
messen empfunden. Ein Schiffbauhelfer verdiente
1887 pro Stunde 30, ein Nieter 33, ein Bautisch-
ler 40 und ein Möbeltischler 35 Pfennige. Ein
Glas Schnaps kostete derzeit allerdings auch
nur drei, ein Glas Bier acht, ein Brot zwölf,
ein Kotelett mit Kartoffeln und Salat 22 bis
25 Pfennige, eine Monatsmiete 18 bis 30 Mark.
Mit Streiks hatte man bei Blohm & Voss kaum Erfahrungen gesammelt. Nur die Schiffstischler von
Meister Lorenzen hatten bald nach dem Zollanschluß im Vollgefühl ihrer Unentbehrlichkeit
plötzlich die Arbeit niedergelegt. Sie waren tatsächlich eine besondere Kategorie von Hand-
werkern, denn nur sie verstanden es, mit schiefen
Gehrungen* den Decksprung und die Balkenbucht
zu berücksichtigen. Lorenzen brauchte ihnen nur
die gewünschte Größe der einzubauenden Kammern mit Schnur und Kreide aufzuzeichnen,
dann wußten diese Experten sofort Bescheid.
Aber die Werftleitung beantwortete diese Ar-
beitsverweigerung wider Erwarten mit Aussperrung, obwohl sie sich dabei ins eigene Fleisch
schnitt. Es durfte auch keiner der streikenden
Schiffstischler später wieder eingestellt werden,
was im nachhinein beide Seiten bereut haben
dürften. Tatsächlich mußte die Werft als Ersatz
Bau- und Möbeltischler annehmen, denen man
alles Stück für Stück aufzeichnen mußte und die
sich immer wieder schwer taten, sich aus ihrer
gewohnten Welt von rechten Winkeln gedanklich
zu lösen.

---

* Als Gehrung bezeichnet man solche Eckverbindungen, bei
denen abgeschrägte Hölzer in einem rechten, spitzen oder
stumpfen Winkel so zusammenstoßen, daß etwa vorhandene
Profile weiterlaufen. Beispiel: Bilderrahmen.
Der Begriff Decksprung oder Sprung bezeichnet den ge-
schwungenen Verlauf der Deckslinien eines Schiffes, von der
Seite gesehen. Die Höhe des Decks liegt bei den meisten
Schiffen auch heute noch mittschiffs niedriger als an den
Stevenenden.
Unter Balkenbucht versteht der Schiffbauer das in Prozenten
angegebene Maß für die Querschiffs-Wölbung eines Decks
in der größten Breite.

Der Anfang März 1887 drohende Streik der Tischler und Zimmerleute entwickelte sich zum ersten allgemeinen Streik der Arbeiter dieser Werft. B & V hatte den Möbeltischlern 38 statt 35 Pfennige Garantieverdienst geboten, aber sie lehnten ab. Die Zimmerleute und Schlosser zogen mit Forderungen nach, die von der Werft als überhöht angesehen wurden. So kam es zur allgemeinen Arbeitsniederlegung. Praktisch waren nur noch Notstandsarbeiten möglich. Und da Arbeitswillige von Streikenden an den Fähren belästigt wurden, erbat die Werftleitung von der Finanzdeputation Räume auf Steinwerder, um die Arbeitswilligen dort unterbringen zu können. Außerdem versuchte man, allerdings mit nur geringem Erfolg, Arbeiter von außerhalb anzuwerben. Der Streik zog sich vom Frühjahr bis November 1887 hin. Man einigte sich schließlich auf Garantie-Tagesverdienste, die beispielsweise bei den Möbeltischlern bei zehnstündiger Arbeitszeit einschließlich Akkord vier Mark betrugen.

Am 20. März 1890 wurde Bismarck von Wilhelm II. entlassen. Die Kluft zwischen den Auffassungen des erst 31jährigen Kaisers und des alten Reichskanzlers war auch in der sozialen Frage unüberbrückbar. Bismarck sah eine tiefgreifende Lösung der sozialen Frage als die primäre Aufgabe der Innenpolitik seiner Zeit an. Mit taktischem Entgegenkommen ließ sich seines Erachtens die Befriedigung der Arbeiterschaft auf die Dauer nicht erreichen. Immerhin hatte Bismarck bereits im Jahre 1882 durch seine großzügige, ihrer Zeit weit vorauseilende und für ganz Europa vorbildlich gewordene, später auch von anderen Nationen nachgeahmte Sozialgesetzgebung die Arbeiterschaft an den Staat heranführen wollen. Ihm war die Einführung der Kranken-, Unfall- sowie Invaliden- und Altersversicherungsgesetze (1881—1889) und letztlich sogar noch das erst 1891 verabschiedete Arbeiterschutzgesetz zu verdanken.

Nach Bismarcks Abgang sollte die Macht der »arbeitenden Klasse« erstmalig am 1. Mai demonstriert werden. Der damalige Lehrling Eduard Blohm erinnert sich: »In den letzten Apriltagen des Jahres 1890 erschien in den Betrieben ein Anschlag ungefähr folgenden Inhalts: ›Wer am 1. Mai von der Arbeit fernbleibt, wird kontraktbrüchig und wird wegen Kontraktbruches entlassen und nicht vor dem 5. Mai wieder eingestellt.‹

Es waren aufregende Tage vor dem 1. Mai. Am Morgen des besagten Tages ging ich an die Fähre zum Schanzengraben. Die Straße stand schwarz

Hamburgs Hafen wuchs in den neunziger Jahren immer weiter. 1896 hatte die östliche Hafengruppe ebenso Gestalt bekommen wie die Speicherstadt. Steinwerders Industrialisierung schritt fort. Deutlich ist die B & V-Erweiterung auf Kuhwerder zu erkennen, das erst später durch Zuschütten des trennenden Schanzengrabens mit Steinwerder vereinigt wurde.

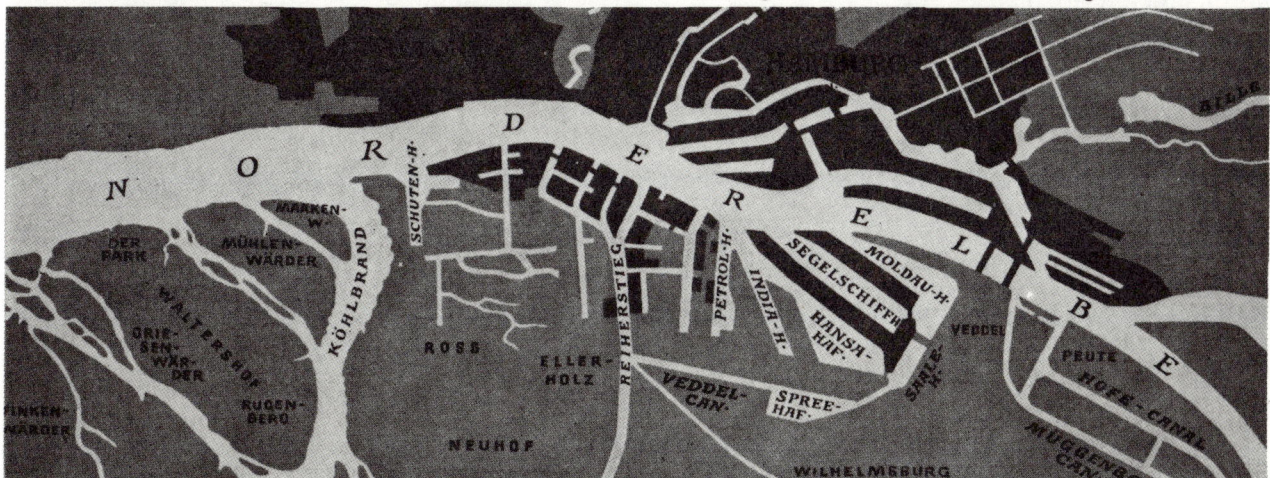

voll von feiernden Arbeitern, die die Arbeitswilligen zurückhalten wollten. Das Streikpostenstehen war damals noch nicht gesetzlich erlaubt. Wir mußten uns mühsam durch eine schmale Gasse zum Dampfer durchschlängeln. Es wurden nur einige spöttische Bemerkungen über uns gemacht, die uns aber weiter nicht berührten. Unten an der Fähre stand einer der ärgsten Scharfmacher, ein alter Dreher, der alle Leute zurückzuhalten versuchte — und dann selbst noch mit dem letzten Dampfer hinüberfuhr. Ein Mann von Charakter!

Von den 2500 Mann hatten ca. 1700 gefeiert, es sah ziemlich trübe und still auf der Werft aus. Am 4. Mai bekamen die Streikenden ihren rückständigen Lohn ausbezahlt, den sie sehr benötigten, weil sie am 1. Mai in ihrer Feststimmung wohl mehr Geld ausgegeben hatten, als sie hätten ausgeben sollen. Aber nun kam das dicke Ende nach. Die Leute hofften von einem Tag zum anderen, wieder eingestellt zu werden. Endlich wurden sie am 18. Mai wieder angenommen . . . In den nächsten Jahren haben am 1. Mai mehr Leute gearbeitet als an den Vortagen.

An dem Tag, an dem die Streikenden ihren restlichen Lohn ausbezahlt bekamen und sie vor dem Werftgelände standen, kam der Werftgründer Hermann Blohm mit dem Fährdampfer am Schanzengraben an und mußte durch die Menge über die schmale Brücke gehen. Einige der Streikenden grüßten ihn, er grüßte wieder. Das muß den Leuten sehr imponiert haben, denn spontan wurde ihm ein Hoch ausgebracht.«

Interessant ist in diesem Zusammenhang, daß es damals drei private Verkehrsverbindungen zwischen dem Werftgelände und der Stadt gegeben hat: die Walthersche, die Lüders'sche Fähre und die Fähre vom Baumwall.

Der Eigentümer der Waltherschen Fähre saß selbst an der Kasse und scheffelte die eingeworfenen Fährmarken ein, von denen damals das Dutzend 30 Pfennige kostete. Dieser Mann war zugleich sein eigener Inspektor. Die vier bis fünf Dampfboote legten nach Bedarf ab. Bei Nebel trieben sie lange auf der Elbe umher. Im Winter aber saßen diese kleinen, maschinenschwachen Fahrzeuge bald im Eise fest. Dann wurden die

Schiffchen »aufgewackelt«. Jemand kommandierte mit dröhnender Stimme: »Wackel up, wackel över!« Und dann liefen die an Bord befindlichen Fahrgäste von einer Seite auf die andere und brachten ihre Fähre in Schaukelbewegungen. Sie brach sich auf diese Weise den Weg durch die Eisschollen.

Ab 1. Mai 1890 wurden die einzelnen Fähren von der Hafen-Dampfschiffahrts-Aktiengesellschaft übernommen. Das führte aber dazu, daß die Fährpreise sofort auf 50 Pfennige für das Dutzend Marken erhöht wurden. Es war der Gesellschaft auferlegt worden, zur Abholung von Seeleuten der an den Pfählen liegenden Schiffe regelmäßige »Jollenführerfahrten« in die einzelnen Hafenbecken zu unternehmen. Und was die Gesellschaft bei dieser zwangsläufig unrentablen Dienstleistung zusetzte, wollte sie nun durch Fahrpreiserhöhung bei den vermeintlich unentbehrlichen Querfähren wieder herauswirtschaften. Die Arbeiterschaft der Werften war darüber ausgesprochen erbost. Bei Blohm & Voss boykottierte man den Fährdienst auf originelle Weise. Die Werftarbeiter schlossen sich gruppenweise zusammen und beschafften sich von Bootseigentümern leihweise Gigs, Elbjollen und alte, ausrangierte Schiffsrettungsboote. Je nach Bootsgröße bildeten 12 bis 25 Leute eine Bootsmannschaft. An jeder Seite saßen 6—10 Stechpaddler auf dem Dollbord.

Dort, wo sich heute der Ponton von FÄHRE VII befindet, legten jeden Morgen um halb sechs die ersten Boote ab, denn um sechs Uhr war drüben auf der Werft Arbeitsbeginn. Hatte man das Fahrwasser erreicht, mußte man fast immer kräftig gegen die Tide vorhalten, wollte man nicht endlos weit abgetrieben werden. Bei kabbeligem Wasser wurden die Paddler kräftig geduscht. Und weil die übersetzten Boote tief im Wasser lagen, nahmen sie entsprechend viel Wasser über. Fortwährend mußte während der Überfahrt mit dem »Ösfatt« und dem »Klütenpott« Wasser ausgeschöpft werden.

Bei dieser im Takt vorgenommenen Paddelei kam man bisweilen großen Seeschiffen in die Quere. Sah man noch eine Chance, vor deren Bug vorbei-

Feierabendverkehr der Werftarbeiter-Bootsmannschaften und der »Fährdampfböte«.

zukommen, wurde laut »Ho-riet! Ho-riet!« gebrüllt. Das war sozusagen das Kommando für »Äußerste Kraft voraus«.

Beim Anlegen am Schanzengraben jumpten die meisten Bootsinsassen eilig ans Ufer. Ab und zu fiel dabei jemand ins Wasser. Er wurde dann mit entsprechendem Hallo wieder herausgefischt. Ein Augenzeuge dieser täglichen Paddelfahrten zur Werft berichtete vier Jahrzehnte später: »Und sobald man am schwimmenden Bootssteg auf Steinwerder festlag, wurden die Fahrzeuge an mitgebrachten Ringen festgemacht und auch noch untereinander durch Taue verbunden. Das Ruder wurde herausgenommen und mit den Paddeln, die alle mit einem Loch versehen waren, zusammen auf eine Kette gezogen und mittels Vorhängeschloß am Bootskörper befestigt.

Nach Arbeitsschluß um 17.30 Uhr machte jeder, daß er so schnell wie möglich in sein Boot gelangte. Sobald die ganze Gruppe vollständig war, wurde jeweils losgemacht. Und dann begann die schwierige Arbeit, aus dem dichten Gewimmel von 40 bis 50 Booten herauszukommen. ›Kiekut! Hand weg! Wohr-scho!‹ scholl es munter und laut durcheinander.

Auf dem Heimwege wurden regelrechte Wettfahrten veranstaltet, bei denen weniger stark be-

setzte Boote natürlich im Nachteil waren. Bevor man jedoch aus dem Schanzengraben heraus in die Elbe einbog, mußte die Zollansage passiert werden. Wenn der diensttuende Zollbeamte irgendeinen Verdacht geschöpft hatte, gab es Durchsuchung und Aufenthalt.

Bisweilen kamen auch Zusammenstöße der Boote untereinander vor, die dann beschädigt und reparaturbedürftig wurden. An Sonn- und Feiertagen wurden sie dann auf Steinwerder an Land gezogen und von Werftzimmerleuten am Deich wiederhergestellt. Der Bootsinhaber mußte dann für den notwendigen ›Intus‹ sorgen. Die Boote waren nämlich von einzelnen Eignern gemietet. Für die ganze Woche zahlte man pro Nase ganze 15 Pfennige ›Fährgeld‹ an den Bootsinhaber. Das entsprach noch nicht einmal einem Drittel des erhöhten Fährpreises.

Die in Hafennähe wohnenden Werftarbeiter fuhren anfangs auch in der einstündigen Mittagspause zum anderen Elbufer hinüber, um zu Hause ihr Mittagessen einzunehmen. Sie mußten sich bei solchen Paddelfahrten allerdings sehr beeilen, weil das Boot ja zweimal los- und zweimal festgemacht werden mußte.

Die Lohnzahlung wurde damals sonnabends, der Reihe nach gemäß Nummermarke, vorgenommen. Wenn sich an den übrigen Wochentagen jeder beeilte, zu seinem Boot und damit nach Hause zu kommen — am Sonnabend ließ man sich Zeit. Vor dem Werfttor hatten sich, wie heute auf dem Hamburger Dom, die fliegenden Händler aufgebaut. Fast jeder Arbeiter kaufte sich eine Knackwurst oder ein Stück Kuchen. Aus vollen Backen kauend paddelte dann alles ganz gemütlich nach der Hamburger Seite hinüber.«

Die morgens und abends über die Norderelbe setzenden Bootsflottillen dürften einen höchst eigenartigen Anblick geboten haben. Als aber an einem stürmischen Dezembermorgen der neunziger Jahre ein Boot, dem das vorgeschriebene weiße Licht vom Sturm ausgeweht war, von einem Fährdampfer überrannt wurde und einige Männer von Blohm & Voss — vornehmlich aus der Kesselschmiede — bei diesem Unfall ertranken, hat man diese Übersetzfahrten polizeilich verboten.

Das schwarze Jahr der Hansestadt

Auf der Werft gab es seinerzeit weder Helling-gerüste — sogenannte Kranbahnanlagen mit Laufkatzen — noch die heute üblichen Schiffbaukräne. Die Helgen waren vielmehr von Spieren (Masten) mit dampfbetriebenen Ladebäumen umsäumt. An diesen Masten sowie an Aufrichtern wurden die Platten, Spanten und das übrige Schiffbaumaterial hochgezogen. Man hatte es zuvor auf zweirädrigen Schiffbauwagen herangeschafft.

Noch wurden alle Nieten mit der Hand eingeschlagen. Aber noch Ende der achtziger Jahre wurde eine hydraulische Anlage zum Betrieb von Nietmaschinen und Pressen geschaffen. Außerdem wurde 1891 eine neue Schiffbauhalle errichtet, in der Maschinen für Platten von 6 bis 7 Meter Länge aufgestellt waren. Sie genügten für den damaligen Schiffbaubetrieb vollauf. Die Werft war für eine Maximalbelegschaft von 2500 Mann ausgelegt.

Die Werft hatte sich übrigens schon beim Zollanschluß Hamburgs auf dem neuen Gelände, westlich vom alten Werftplatz der »Urwerft«, unter anderem zwei neue Helgen für Schiffe bis 120 Meter Länge gebaut, dem 1889 ein dritter Helling-Neubau folgte. Damit verfügte Blohm & Voss insgesamt über sieben Hellinge (Helgen), aus denen später fünf breitere entstanden.

Schon 1887, vor dem Bau der neuen 120-Meter-Helgen, war der Schiffbauer Heinrich Frahm nach Beendigung seiner Dienstzeit bei den Pionieren als Meister auf der Werft eingestellt worden. Auch Frahm stammte »aus dem Rendsburgischen«.

Nach seiner Zimmermannslehre auf der väterlichen Holzschiffswerft in Büdelsdorf hatte er bereits eine Zeitlang bei Blohm & Voss gearbeitet, um den Eisenschiffbau kennenzulernen. Dann zog er weiter, um sich auf deutschen und englischen Werften gründlich umzusehen.

Meister Frahm wurde zunächst im Reparaturbetrieb eingesetzt. Er erwies sich bald als außerordentlich brauchbar. Frahm hatte ein angeborenes Organisationstalent, er konnte sehr ideenreich improvisieren. Dieser junge Meister machte relativ schnell Karriere. Er bekam schon 1893,

nach dem Ausscheiden von Meister Haggertson, den gesamten Schiffbaubetrieb übertragen.

Bau-Nr. 88: Vollschiff SUSANNA, 1989 BRT, Reederei G. J. H. Siemers (abgeliefert Frühjahr 1892).

Aber noch vor der Ernennung Frahms zum Betriebsleiter brach eine Katastrophe über Hamburg herein. Das Jahr 1892 wurde für die Hansestadt das »schwarze Jahr« — viel schlimmer noch als die große Feuersbrunst von 1842, die 57 Todesopfer gefordert hatte. Im August 1892 forderte die Asiatische Cholera über 8600 Todesopfer. Darunter befanden sich auch mehrere Arbeiter und Angestellte von Blohm & Voss.

Der Senat der Hansestadt sah sich nach Ausbruch der Epidemie heftigen Angriffen ausgesetzt. Auch der Kaiser und Bismarck hielten mit ihren Vorwürfen nicht zurück. Die sanitären Verhältnisse Hamburgs spotteten in der Tat jeder Beschreibung, sie mußten im Falle der Einschleppung von Seuchen-Erregern unweigerlich schlimme Folgen haben. Und genau das war nun geschehen: Irgendein infizierter Seemann oder Schiffspassagier hatte Cholera-Bazillen nach Hamburg gebracht, die sozusagen ideale Ausbreitungsmöglichkeiten fanden. Hamburgs Bevölkerung bezog ihr Trinkwasser immer noch ungefiltert aus derselben Norderelbe, die die ungeklärten Sielabwässer und alle Fäkalien aufnahm. Auch war es noch immer üblich, daß die mit der Elbe in Verbindung stehenden Fleete sozusagen als Toilettenbecken für alle umliegenden Häuser dienten.

Der in den Aufsichtsrat von Blohm & Voss berufene Reeder Carl Woermann wetterte massiv gegen die »Schauerquartiere und Pestherde« in der viel zu engen, unhygienischen Altstadt und forderte öffentlich Aufklärung darüber, warum die für eine solche Katastrophe verantwortlichen Senatoren und die zuständigen Sachbearbeiter noch nicht »kurzerhand zum Teufel gejagt« worden seien.

Tatsächlich war schläfriger Behördentrott, gepaart mit völliger Unkenntnis von den Grundbegriffen der Bakteriologie, die eigentliche Ursache für das schlimme Epidemie-Unglück. Und es war wie stets in Fällen von sträflicher Vernachlässigung: Erst unter dem Schock des Geschehenen entwickelte man eine hektische Aktivität. Endlich wurden die finanziellen Mittel für eine neue Wasserversorgung und für bessere Wohnverhältnisse bereitgestellt. Mehrere Desinfektionsanstalten wurden gebaut. Elbe und Hafen entrümpelt und gesäubert. Das Sielwesen wurde reorganisiert, auch dem Bau von Kläranlagen wandte man endlich die nötige Aufmerksamkeit zu.

> **Bekanntmachung.**
>
> Vor dem Genuß ungekochter Speisen, namentlich ungekochten Elb- und Leitungs-Wassers sowie ungekochter Milch wird dringend gewarnt.
>
> Hamburg, den 1. September 1892.
>
> **Die Cholera-Commission des Senats.**

Eine der zahlreichen Bekanntmachungen aus den schrecklichen Tagen der Epidemie.

Vor allem aber holte man in der höchsten Not einen ganz und gar unbequemen Mahner nach Hamburg, von dem sich auch Bürgermeister Mönckeberg äußerst unangenehme Wahrheiten sagen lassen mußte: Der Senat berief Geheimrat Professor Robert Koch, Direktor des Instituts für Infektionskrankheiten und Hochschullehrer in Berlin, als Koordinator für die Bekämpfung der Seuche mit allen dazu notwendigen Vollmachten. Dieser international bekannte, später (1905) mit dem Nobelpreis für Medizin ausgezeichnete Wissenschaftler war durch seine Untersuchungen über den Milzbrand, besonders aber durch seine Ent-

deckung des Tuberkel- und des Cholera-Bazillus berühmt geworden. Robert Koch und Louis Pasteur gelten als Begründer der modernen Bakteriologie überhaupt. Bereits als Geheimer Regierungsrat im Reichsgesundheitsamt hatte Koch 1883 die deutsche Cholera-Expedition nach Ägypten und Indien geleitet und das Phänomen dieser Krankheit »vor Ort« studiert.

Robert Koch verhehlte sein Entsetzen über die hygienischen Mißstände in Hamburg nicht. Er verbot sofort die weitere Entnahme von ungefiltertem, nicht abgekochtem Trinkwasser aus der Elbe und rückte mit seinen Desinfektionstrupps den schlimmsten Seuchenherden zu Leibe. Sein besonderes Augenmerk galt dabei den vollgepferchten Auswandererlagern am Hamburger Hafen. Aber Koch tat noch mehr: Er bildete einen hafenärztlichen Dienst und bestellte seinen ehemaligen Schüler, den Admiraloberarzt Dr. Bernhard Nocht, zum ersten Hafenarzt Hamburgs. Später führte eine weitere Initiative Kochs zur Gründung des weltbekannt gewordenen Hamburger Instituts für Schiffs- und Tropenkrankheiten. Bei seiner Gründung im Jahre 1900 wurde wiederum Bernhard Nocht mit dessen Leitung beauftragt.

Ehe jedoch selbst ein Robert Koch 1892 die Cholera-Seuche von Hamburg in den Griff bekam, verstrichen volle sechs Wochen. Die Versäumnisse von Jahrzehnten ließen sich nicht an einem

Desinfektionskolonnen, hauptsächlich aus Freiwilligen der Hamburger Lehrerschaft zusammengesetzt, rücken den Seuchenherden in den Wohnungen zuleibe.

Tage wettmachen. Das Wüten der Cholera war über den Tod von 8605 Menschen hinaus ein schwerer Schlag für die Hansestadt. Das wirtschaftliche Leben kam weitgehend zum Erliegen. Jegliche Auswanderung über Hamburg mußte abgestoppt werden. Fremde Schiffe vermieden das Anlaufen des Hamburger Hafens. Auch deutsche Schiffe beendeten ihre Heimreise aus Übersee möglichst in Antwerpen, Rotterdam oder Bremen. Den Hamburger Schiffen verweigerte man draußen in Übersee das Anlaufen der Häfen. Man untersagte in allen Ländern den Import via Hamburg verschiffter Güter und nahm vielerorts nicht einmal Hamburger Postsachen mehr an. Und noch ein volles Jahr nach Abklingen der sechswöchigen Seuche mußten beispielsweise die Besatzungen aller zum La Plata oder nach Brasilien fahrenden Schiffe der Hamburg-Süd zunächst bei den Inseln Flores oder Ilha Grande ankern, damit ihre Besatzungen dort eine Woche lang in Quarantäne gelegt werden konnten.

Solange in Hamburg die Asiatische Cholera gewütet hatte, schlich Tag und Nacht der Tod durch die Stadt. Jeden Morgen rumpelten große, schwarze Wagen durch die Straßen, um weitere Seuchenopfer abzuholen. Es gab 16956 Erkrankte! Auch bei Blohm & Voss war das Betriebsklima deprimierend. Die Furcht vor Ansteckung war so groß, daß jeder in jedem anderen Arbeitskollegen einen Bazillenträger vermutete, dem man besser aus dem Wege ging. Es ist verbürgt, daß manche Leute aus Anst sogar vor jedem Türöffnen den Türdrücker erst mit einem lysolgetränkten Lappen umwickelten. Und bald roch die Werft ebenso durchdringend nach Lysol und Kampfer wie drüben die leidgeprüfte Stadt. Schließlich gewöhnte man sich aber auf Kuh-

Bau-Nr. 72: Fracht- und Fahrgastschiff SERAPIS, 2707 BRT, 1340 PS, 11 kn, Reederei D.D.G. »Kosmos« (schon 1890 gebaut) hatte bei Ausbruch der Seuche erste Werftliegezeit.

werder schlecht und recht an die Gegebenheiten. Man war freilich allen Speisen gegenüber höchst mißtrauisch, hielt sich den Magen möglichst warm und immer ein wenig unter Alkohol. Und weil das verseuchte Elbwasser selbst durch Filtern nicht keimfrei gemacht werden konnte, ließ die Werftleitung zwei für Schiffsausrüstungen vorgesehene und deshalb bereits gelieferte Hilfskessel in der Kraftzentrale aufstellen. Darin wurde Wasser abgekocht, aus dem man Tee brauen ließ, der überall in den Werkstätten zur Verfügung stand. Auch richtete man eine Notküche ein, die nur abgekochtes Wasser verwenden durfte. Es läßt sich denken, wie hinderlich die Seuche auch noch in ihrem Endstadium für einen reibungslosen Arbeitsablauf war. Im Aufsichtsratsbericht für das Jahr 1892 heißt es lakonisch, daß die Werft »durch die Cholera und die dadurch herbeigeführte Beschränkung des Schiffsverkehrs geschäftlich nicht minder schwer betroffen wurde als die hiesigen Geschäfte. Leider ist uns dadurch auch der Bau des großen Personenraddampfers für Herrn Ballins Dampfschiffs-Rhederei Gesellschaft — hoffentlich nur bis auf weiteres* — verlorengegangen . . . Angesichts der kritischen Zeit, unter der auch diese Rhederei schwer zu leiden hatte, indem sie mitten in der Saison zur vollständigen Einstellung der Fahrten — mit der FREIA nach Helgoland — schreiten mußte, haben wir es für richtig gehalten, auf die Ausführung des Auftrags nicht zu bestehen. Ferner hat in dieser Zeit eine von uns abgegebene Offerte auf einen subventionierten Postdampfer für den Norddeutschen Lloyd in Bremen nicht Berücksichtigung gefunden, der Auftrag wurde der Werft von Schichau zu Theil. Und wie uns die Direction des Lloyd mittheilte, hat unsere sonst beachtenswerte Offerte keine Berücksichtigung gefunden, indem die Cholera einen Besuch in Bremen unmöglich machte«.

Es war nicht der einzige Neubau-Auftrag, der Blohm & Voss infolge der Cholera entging, ganz zu schweigen vom Ausfall des Reparaturgeschäftes. Und so kommt der Bericht des Aufsichtrates zu der

---

* Der Raddampfer PRINZESSIN HEINRICH, Bau-Nr. 116, wurde erst 1895 für Ballin gebaut — also 13 Jahre später (s. S. 59).

Feststellung, daß nach Fertigstellung des Kreuzers CONDOR zehn Meister, zwanzig Techniker und fünf kaufmännische »Beamte« mangels Beschäftigungsmöglichkeit entlassen werden mußten. Sie blieben nicht die einzigen Entlassenen. Insgesamt schrumpfte der Personalbestand der Werft infolge der Cholera und ihrer Auswirkungen von ca. 2000 auf 1350 Personen! Für die verbliebenen Belegschaftsmitglieder wurde Kurzarbeit eingeführt: Man reduzierte ihre täglichen Arbeitsstunden von zehn auf siebeneinhalb. Zur wirtschaftlichen Lage der Werft nach der Cholera befand der Aufsichtsratsbericht: »Mit unseren Betriebsmitteln sind wir in der letzten Zeit etwas beschränkt gewesen, und wird dieser Zustand voraussichtlich fortdauern, bis der Restbetrag für den Kreuzer CONDOR mit ca. 680 000 Mark eingegangen sein wird.«

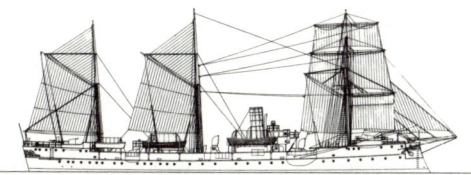

Bau-Nr. 82: Kleiner Kreuzer CONDOR, 1612 t, 2940 PS. 16,2 kn.

Der erwähnte Kleine Kreuzer CONDOR war das erste von Blohm & Voss gebaute Kriegsschiff, es schlug also ein neues Kapitel Werftgeschichte auf. Als Ersatz für das 1889 im Orkan vor Samoa gestrandete, erst ein Jahr alte Kanonenboot EBER war der Kreuzer im November des Cholera-Jahres 1892 von der Werft als Bau-Nr. 82 fertiggestellt und vorläufig an das Reichsmarineamt abgeliefert worden.

Kriegsschiffbau stellt besonders hohe Anforderungen hinsichtlich Schiffs-Standfestigkeit, Materialqualität und technischer Präzision.

Der »Werkverdingungsvertrag« des Reichsmarineamtes »mit den Herren Blohm & Voss zu Hamburg« war dementsprechend gründlich und streng. Er schrieb vor, daß »die Unternehmer das gesamte Lieferungsobjekt in allen seinen Theilen von bestem Material und in tadelloser Arbeit in der kunstgerechtesten, solidesten, sachgemäßesten, saubersten Weise und unter Berück-

sichtigung der neuesten Vervollkommnungen herzustellen und genau in den vorgeschriebenen Dimensionen und nach Zeichnungen auszuführen« hätten.

Es war im wahrsten Sinne des Wortes technisches Neuland, das die Werft mit diesem Bauvertrag betrat. Als Querspant-Stahlbau mit Nadelholzbeplankung über der Stahlhaut fiel der Kreuzer schiffbaulich weit aus dem Rahmen dessen, was man auf einer zivilen Werft normalerweise zu produzieren pflegte.

Man baute zum Schutz gegen Granateinschläge lediglich ein Panzerdeck ein. Eine Seitenpanzerung war jedoch für CONDOR nicht vorgesehen. Die Torpedowaffe steckte noch in den Kinderschuhen. Man hielt eine dreifache Außenhaut für einen ausreichenden Schutz. Das Schiff bekam deshalb weisungsgemäß auf seine stählerne Außenhaut noch zwei zusätzliche Holzhäute übereinander aufgesetzt — die innere aus Teak-, die äußere aus Lärchenholz.

Über die erste Holzhaut kam nachher die zweite Holzhaut, die mit Muntzmetallschrauben* an der ersten zu befestigen war. Diese äußere Holzhaut wurde so angebracht, daß ihre Nähte die der inneren jeweils genau überdeckten. Und wegen der Gefahr des Auftretens galvanischer Ströme — in Verbindung mit Seewasser — durfte das Muntzmetall der Schrauben und des Unterwasserbelages nirgendwo miteinander in Berührung kommen.

Kreuzer CONDOR war für eine Stationierung in tropischen Gewässern vorgesehen, hauptsächlich in Ostafrika. Dort gab es damals noch keine Dockungsmöglichkeit. Deshalb wollten die zuständigen technischen Beamten im Reichsmarineamt den Muschelbewuchs dadurch möglichst gering halten, daß sie das gesamte Unterwasserschiff des Kreuzers mit einer zusätzlichen Muntzmetallhaut überziehen ließen. Dieser Belag aus dünnen Metallplatten wurde fest auf die äußere Holzhaut aufgeschraubt. Seine Stöße mußten jeweils fest verlötet werden.

---

* Unter Muntzmetall versteht man schmiedbares Messing, dessen Bestandteile in der Regel 55% Kupfer, 40% Zink und 5% Eisen sind.

Kreuzer CONDOR war als Schunerbark getakelt. Der vordere von seinen drei Masten trug also Rah- und Gaffelbesegelung zugleich. Und die Maschinenanlage war ein Kuriosum besonderer Art. Zwei Dreizylinder-Dreifach-Expansionsdampfmaschinen waren liegend einzubauen, weil sie andernfalls nicht unter das Panzerdeck gepaßt hätten. Die beiden Kesselräume mit je zwei Kesseln lagen hintereinander. Die Steuerbordmaschine lag im vorderen Maschinenraum, die Backbordmaschine in einem zweiten Raum dahinter, so daß die Wellenleitung der vorderen Maschine durch den hinteren Maschinenraum hindurchgeführt werden mußte!

Kreuzer CONDOR wurde für die Werft ein Schmerzenskind. Der Paragraph vier des »Werkverdingungsvertrages« schrieb vor, daß die Erbauer die Verpflichtung übernehmen mußten, die Zeichnungen und Bauvorschriften samt und sonders geheimzuhalten und auch das Schiff selbst in jedem Baustadium vor den Blicken Außenstehender zu schützen. Der Bauplatz wurde deshalb mit einem dichten Bretterzaun umgeben. Auch durften nur deutsche Staatsangehörige mit Arbeiten für den Bau der CONDOR beauftragt werden. Die Werft sah sich deshalb gezwungen, Meister Haggertson diesen Auftrag zu entziehen, weil er britischer Staatsbürger war. An seine Stelle rückte Heinrich Frahm, der mit diesem ungewöhnlichen, in jeder Phase problematischen Neubau sein ganzes Können unter Beweis stellte. Das Ausbohren der bronzenen Stevenenden übernahm Klaus Pahl, der sich als Naturtalent in diesem schwierigen Metier erwies und diese Spezialarbeit fortan dreißig Jahre lang bei allen Neubauten der Werft besorgte.

Kreuzer CONDOR wurde aber auch noch zwei weiteren Mitarbeitern der Werft zum Schicksal, deren Fähigkeiten endgültig auch den Inhabern von B & V vor Augen gestellt wurden. Der eine war der aus Mecklenburg stammende Maschinenbau-Ingenieur Max Winter, der 1887 eingestellt worden war. Winter war Sohn eines früh verstorbenen Domänenpächters, hatte bei Tischbein in Rostock Maschinenbau gelernt und schon während seiner Lehrzeit »auf dem Büro«

technische Zeichnungen anfertigen dürfen. Nach dem Studium auf der Technischen Hochschule Hannover ging Winter zunächst in die Maschinenbaufabrik der Norddeutschen Werft nach Berlin-Tegel.

Der überaus tüchtige, zuverlässige und bis ins Detail gewissenhafte Ingenieur erwies sich genau als der richtige Mann für die komplizierten Sonderwünsche des Reichsmarineamtes. Er konstruierte die Maschinen des Kleinen Kreuzers CONDOR zur vollen Zufriedenheit der Auftraggeber. Er verdiente sich später noch weitere Belobigungen für erfolgreiche Konstruktion von Dock- und Kriegsschiff-Maschinenanlagen. Er rückte zum Oberingenieur auf und leitete bis 1918 das Maschinenbaubüro für Kriegsschiffneubauten. Es ist vor allem Max Winters Verdienst, daß sich die jeweils eingebauten Antriebsanlagen aus der Produktion von Blohm & Voss eines besonders guten Rufes erfreuten.

Beim Bau der CONDOR-Maschinenanlage konnte sich Winter auf einen neuen Obermeister in der Maschinenfabrik stützen, der den seit 1890 kränkelnden und querköpfig gewordenen »alten Hensel« ablöste. Dieser neue, erst 34jährige Obermeister namens Johannes Dahl stammte aus Kiel, sein Vater war dort Wasserwerksmaschinist. Seine Maschinenbaulehre hatte Dahl fünf Jahre lang bei Schweffel & Howaldt absolviert, den späteren Kieler Howaldtswerken. Nach der Lehrzeit war Dahl weitere fünf Jahre auf Wanderschaft gegangen. Für einen Ingenieurschulbesuch reichten die Geldmittel nicht. Aber in den Wanderjahren hat Dahl die Augen weit aufgemacht. Er hat in sehr vielen großen und kleinen Fabriken gearbeitet und alle denkbaren Fertigungspraktiken erlebt. Seine besondere Stärke war die Werkstattpraxis. Der Ingenieur und Konstrukteur Dävel hatte sich Dahl deshalb für seine kleine Spezialmaschinenfabrik nach Kiel geholt. Unter anderem baute man dort eine kleine stehende Dampfmaschine für die elektrische Beleuchtung der Schiffe. Dieser Dävel-Dynamo wurde bald serienweise bestellt und auch in die Fahrgastschiffe und Schnelldampfer des Norddeutschen Lloyd eingebaut. Johannes Dahl ging als neuer Obermeister in der Maschinenfabrik Blohm & Voss sofort daran, den etwas unmodernen Betrieb gut in Ordnung zu bringen. Dahl wirbelte als »gutkehrender neuer Besen« die Meister und Arbeiter recht unsanft durcheinander. Er war morgens Punkt sechs Uhr und mittags Punkt ein Uhr selbst im Betrieb. Aber man gewöhnte sich schließlich an diese strenge neue Ordnung. »Hans« Dahl fing bald an, seine Leute im Akkord arbeiten zu lassen. Bis dahin hatten sie, jedenfalls im Maschinenbau, nur die Arbeit im Zeitlohn gekannt. Bald stellte sich heraus, daß im Akkord auch die Maschinenbauer mehr leisteten und überdies wesentlich besser verdienten.

Die anfängliche Abneigung gegen den strengen Mann schlug bald in Sympathie für ihn um. Es wurde auch allgemein erkannt, daß der unermüdlich planende und überlegende Dahl wirklich ein Organisationsgenie war. Es gab bald in Deutschland keine Maschinenbauanstalt, in der man Dahls Namen nicht kannte — zumal die Werft den begabten Mann zur Besichtigung anderer großer Werke auf Reisen schickte und sogar zu Firmenberatungen auslieh.

Johannes Dahl hatte genau im richtigen Augenblick sein Amt als Obermeister der Maschinenfabrik übernommen, um mit den detaillierten Wünschen der Bauaufsicht des Reichsmarineamtes fertig zu werden. Beim Bau der CONDOR mußten für Offiziere und Beamte laut Vertrag im Verwaltungsgebäude »Etablissements samt Mobiliar zur beliebigen eigenen Verfügung überlassen und jederzeitiger Zutritt zu sämtlichen Werkstätten, Materiallagern und Konstruktionsbüros eingeräumt werden«. Das entsprach nicht unbedingt dem Geschmack der Werftleitung, und es dauerte sehr wohl seine Zeit, bis man sich an die »Pingeligkeit« der Bauaufsicht gewöhnt hatte.

Tatsächlich mußte jeder einzelne Konstruktionsteil bis hinab zum Knieblech durch einen vom Erbauer zu engagierenden und auf seine Kosten zu besoldenden vereidigten Wiegemeister vor dem Einbauen, aber nach der Ausarbeitung in ihre Form und nach dem Lochen genau gewogen werden. Die ermittelten Gewichte waren dann »nach dem vom Reichsmarineamt hierfür aufgestellten Schema geordnet in ein Wiegebuch einzutragen, aus welchem nach Abschluß des Baues die Gewichtslisten nach dem gleichfalls vorgeschriebenen Schema von den Erbauern zusammenzustellen waren«.

Man wird nie mehr erfahren können, welche Verwünschungen man in der damaligen Chefetage beinahe täglich gegen die starren, allzu detaillierten Bauvorschriften der CONDOR ausgestoßen hat. Denkbar ist jedoch, daß man sich insgeheim danach zurücksehnte, anstelle dieses Kriegsschiffes lieber noch einmal einen Raddampfer für die Stade-Altländer »Obstbauernreederei« zu liefern. Dort wog man wenigstens nur die verbrauchten Kohlen sackweise nach und nicht gleich das ganze Schiff!

Rundum alles an jenem Neubau namens CONDOR war ungewöhnlich, auch dessen Stapellauf am 23. 2. 1892. Die Festrede eines Admirals und die Taufrede des Wilhelmshavener Arsenaldirektors hatten wohl länger als erwartet gedauert, oder aber die Ebbe hatte zu früh eingesetzt: Jedenfalls »dumpte« der Kreuzer beim Ablaufen von der Helling, weil er bei dem ablaufenden Wasser nicht früh genug Auftrieb bekam. Er wurde außerdem vom Ebbstrom erfaßt und aus dem Schlitten herausgedreht.

Die vordere Aufklotzung unter dem besonders scharf geschnittenen Vorschiff blieb auf der Helling hängen, folglich knirschte das Schiff zum Entsetzen aller Zuschauer auf seinem eigenen Kiel anstatt auf dem dafür geschaffenen Schlitten zu Wasser. Daraufhin verholte man den Neubau sofort zur Bodenuntersuchung ins Schwimmdock. Er hatte aber keinerlei Beschädigung erlitten, er war also von solidester Beschaffenheit.

Der Einbau der Maschinen, Kessel, Takelage sowie der übrigen Ausrüstung geriet schließlich wegen des Ausbruchs der Cholera-Epidemie ins Stocken. Man mußte nach Abklingen der Seuche so manche Überstunde einlegen, ehe CONDOR termingemäß am 9. November 1892 nach Wilhelmshaven in See gehen konnte. Hermann Blohm fuhr persönlich mit — und das war ein

Glück für alle Beteiligten. Er hatte Namen und Einfluß genug, ein gehöriges Donnerwetter vom Stapel zu lassen. Nachdem man es nämlich mit der Ablieferung erst penetrant eilig gehabt hatte, rührte sich bei der Ankunft des Schiffes in Wilhelmshaven überhaupt nichts. Man ließ den Kreuzer geschlagene sechs Tage auf der Reede herumliegen. Die Wilhelmshavener befürchteten noch immer eine Cholera-Ansteckung, CONDOR war als »Pestschiff« verschrien! Aber Hermann Blohm erreichte schließlich doch, daß am 15. November die sechsstündige Probefahrt durchgeführt werden durfte.

Inzwischen war bei der langen Wartezeit auf Reede das Brot knapp geworden. Es war gar nicht so einfach, einen Wilhelmshavener Bäcker zu finden, der frei von Ansteckungsfurcht war und sich zur Lieferung von Brot an diese »aussätzigen« Hamburger bereiterklärte. Und auch beim Essen, das im Anschluß an die glatte und zufriedenstellende Probefahrt auf der CONDOR gereicht wurde, war die Scheu vor den aufgetischten Speisen unverkennbar. Am verdächtigsten erschien den Marineoffizieren die Butter. Sie beruhigten sich erst, als ihnen nachgewiesen werden konnte, daß sie aus Wilhelmshaven und nicht aus Hamburg stammte.

Es kam schließlich zur Endabnahme des Kreuzers durch einen Bauinspektor und zur »forcierten Meilenfahrt« in der Eckernförder Bucht, bei der das Schiff eine Geschwindigkeit von 16,2 Knoten, in erleichtertem Zustand sogar von 16,7 Knoten erreichte.

So zufrieden die Marine auch mit diesem Schiff war — die Werftbesitzer verspürten keine rechte Lust, weitere Aufträge aus dieser Richtung anzunehmen. Das Reichsmarineamt ging auch bei der Bezahlung des Schiffes ausgesprochen knauserig vor. Später stellte Blohm & Voss absichtlich überhöhte Forderungen, um das Reichsmarineamt abzuschrecken. Aber siehe da: Bei späteren Verhandlungen über weitere Aufträge ging man in Berlin bemerkenswert willig auf diese Forderungen ein. Man legte eben sehr großen Wert auf Schiffe mit dem Werftschild Blohm & Voss.

Für die Dauer der Probefahrt hatte man auf CONDOR anstelle des Scheinwerfers auf dem dazugehörigen Podest eine höher gelegene »fliegende Brücke« für Werftkapitän Wahlen installiert. Und mit dem eigenwilligen Werftoriginal »Käpp'n Wahlen« rückt ein Mann in unser Blickfeld, der aus der Geschichte der Werft Blohm & Voss einfach nicht wegzudenken ist.

Der Kapitän und Lotse Heinrich Wahlen stammte aus jener Ecke, die heute noch die meisten Eignerkapitäne der Europäischen Fahrt, die meisten Kümobesitzer, hervorbringt: Er wurde am 7. März 1842 in Möjenhörn, im Alten Lande, geboren. Schon als kleiner Junge trieb sich Wahlen leidenschaftlich gern auf dem Wasser herum. Für ihn kam nur der Seemannsberuf in Frage. Er begann seine Laufbahn auf der damals noch vorhandenen Seemannsschule seines Heimatortes mit gutem Ergebnis, nach Fahrzeit auf Schonern und Rahseglern und verließ schließlich auch die Seefahrtschule Hamburg mit einem bemerkenswerten Examen. Nach Fahrzeit auf Dampfern absolvierte Wahlen das Kapitänsexamen. Im Sommer fuhr er fortan den Helgoland-Bäderdampfer PATRIOT, im Winter einen Eisbrecher. Und da sich die Helgoland-Fahrten bis zum Verkauf des PATRIOT gut rentiert hatten, baute Blohm & Voss später in eigener Regie die berühmte FREIA, mit deren Führung man Heinrich Wahlen als im Bäderdienst erfahrenen Nautiker beauftragte.

Er machte seine Sache so gut, daß man ihn als Werftkapitän übernahm. 46 Jahre lang führte Wahlen sämtliche Blohm & Voss-Neubauten auf ihren Probefahrten. Er kannte Albert Ballin ebenso gut wie Carl Woermann, Theodor Amsinck oder Carl Laeisz. Wahlen war im Dienst äußerst streng und pedantisch, aber eine Bilderbuchgestalt voller Humor und Lebensfreude. War auch sein Lieblingsgetränk ein starker Kaffee, so verschmähte er gelegentlich auch einen steifen Grog nicht, wenn er ihm heiß auf die Brücke gebracht wurde. Kapitän Wahlen hat später auch sämtliche B & V-Unterseeboote des Ersten Weltkrieges eingefahren.

Wagnis und Erfolg

Die Werft hatte sich bekanntlich 1881 das erste Schwimmdock gebaut. Dieses DOCK I hob 3000 Tonnen. Es war das erste eiserne und zugleich das größte Dock im Hamburger Hafen. Es bestand aus drei Sektionen, von denen jede mit Dampfmaschinen-, Kessel- und Pumpanlage ausgerüstet war. 1884 entstanden zwei weitere Sektionen von zusammen 2400 t Hebevermögen. Sie bildeten das DOCK II, das im Jahre 1890 um eine weitere Sektion vergrößert und damit auf 4000 t Tragfähigkeit gebracht wurde.

Die Werft hatte sich durch die abermalige Flucht nach vorn ihre führende Stellung im Hamburger Schiffsreparaturgeschäft erhalten können, obwohl sich mittlerweile die Reiherstiegwerft ein damals supermodernes »Offshore-Dock«* angeschafft hatte und auch die Werft von Heinrich Brandenburg mittlerweile ein stählernes Schwimmdock besaß. Aber es war nicht mehr wettzumachen, daß Blohm & Voss die wesentlich ältere Reiherstiegwerft schon in den achtziger Jahren eindeutig überflügelt hatte. Die Hauptstärke der B & V-Werft lag darin, daß sie aus den Reihen ihrer bald auf 2500 Mann angewachsenen Belegschaft jeweils eine größere Anzahl Leute aus der Neubauabteilung herausziehen und zeitweilig zu besonders eiligen oder besonders lohnenswerten Reparaturarbeiten einsetzen konnte. Das war ein erheblicher Vorteil gegenüber anderen Werften, die in solchen Fällen zeitweilig neue Leute einstellen mußten und dabei zumeist unständig Beschäftigte bekamen, die auf größeren Werften keine Dauerstellung gefunden hatten.

Mit dem gut ausgebildeten, betriebstreuen Arbeiterstamm konnte sich Blohm & Voss sehr bald ein technisches Wagnis leisten, das seinerzeit in Fachkreisen als ausgesprochene Sensation galt. Die Werft nahm es schon 1893 auf sich, die Reichspostdampfer SACHSEN, BAYERN, PREUSSEN und PFALZ des Norddeutschen Lloyd im Schwimmdock (!) zu verlängern.

Hans Jürgen Witthöft schreibt in seinem Buch »Norddeutscher Lloyd«: »Mit der Konsolidierung des Deutschen Reiches und seinem Hineinwachsen in die Rolle einer wirtschaftlichen und militärischen Großmacht konnte es nicht ausbleiben, daß aus den unterschiedlichsten Erwägungen heraus die deutschen Interessen in Übersee wuchsen und damit auch das Verlangen nach regelmäßigen Verbindungen dorthin ... Vor allem der Großraum Ostasien wurde in wirtschafts- und machtpolitischer Hinsicht so wichtig, daß der Reichstag den Reichskanzler ermächtigte, die Einrichtung und Unterhaltung von regelmäßigen Reichspostdampferlinien nach Ostasien zu fördern, ihren Betrieb an geeignete Privatfirmen zu übergeben und dafür Beihilfen bis zum Höchstbetrag von vier Millionen Mark jährlich zu gewähren ... Erwartungsgemäß erhielt dann auch der Lloyd als damals potentiellstes deutsches Unternehmen auf diesem Gebiet den Zuschlag.«

So entstanden gemäß Vertrag von 1885 NDL-Postdampferlinien noch Colombo, Singapore, Hongkong und Shanghai, dazu eine Anschlußlinie Hongkong - Yokohama - Higo / Korea - Nagasaki - Hongkong, eine Australien-Linie nach Adelaide-Melbourne-Sydney, eine Anschlußlinie Sydney-Tonga-Inseln-Apia / Samoa-Sydney und schließlich eine Zweiglinie Triest-Brindisi-Alexandria.

Insgesamt sollten 15 Postdampfer auf diesen Linien zum Einsatz kommen, von denen sechs auf deutschen Werften neu zu erbauen waren. Witthöft sagt in seinem Buch: »Für den Norddeutschen Lloyd begann mit der Übernahme der Postdampfer-Linien die zweite Epoche seiner Entwicklung. Aus der noch sehr spezialisierten Transatlantikreederei wurde eine Weltreederei.«

Die Postdampferlinien entwickelten sich sehr rasch. Speziell dafür entstanden 1887 beim »Stettiner Vulcan« die anfangs noch als Brigg (also mit zwei Rahsegelmasten) getakelten Reichspostdampfer der SACHSEN-Klasse, die aber bereits nach fünfjährigem Einsatz den gewachsenen Anforderungen hinsichtlich ihrer Größe und Geschwindigkeit nicht mehr genügten. Deshalb sollten die BAYERN (4574 BRT) und SACHSEN

---

* Ein »Offshore-Dock« war auf der Wasserseite ohne Dockwand, war aber so mit dem Land verbunden und verankert, daß es trotz der Belastung durch das zu hebende Schiff senkrecht an die Oberfläche stieg. Wegen ihres L-förmigen Querschnitts wurden solche Schwimmdocks auch L-Docks genannt.

(4571 BRT) um 15,7 Meter, die PREUSSEN (4577 BRT) sogar um 20,8 Meter verlängert werden. Später kam auch noch der Reichspostdampfer PFALZ (3870 BRT) hinzu.

Noch nie zuvor in der Schiffbaugeschichte waren derart große Schiffe auseinandergeschnitten und verlängert worden. Und wenn man in wenigen Fällen auf ausländischen Werften auch schon wesentlich kleinere Schiffe verlängert hatte, dann grundsätzlich nur auf einer Slipanlage. Man wollte bei dieser schwierigen Prozedur »etwas Festes unter den Füßen« haben. Tatsächlich sind Schiffsverlängerungen eine höchst komplizierte Millimeterarbeit.

Blohm & Voss jedoch trat mit dem erstaunlichen Vorschlag hervor, die Lloyd-Reichspostdampfer im Schwimmdock auseinanderzutrennen, die beiden Hälften dann zu verschieben und zwischen sie das zur Verlängerung nötwendige Zwischenstück einzufügen, das als regelrechter Neubau an Ort und Stelle entstehen sollte. Schiffe von der Größe der SACHSEN-Klasse waren nicht aufslipbar. Sie konnten nur im Dock umgebaut werden. Bei Direktion und Inspektion des NDL hielt man dieses noch niemals praktizierte Experiment für höchst bedenklich, zumal ja das Dock aus mehreren Sektionen bestand und insgesamt nicht mehr Tragfähigkeit hatte als für das verlängerte Schiff nachher gerade eben ausreichend war.

Aber Blohm & Voss blieb hartnäckig bei der Behauptung, daß diese Schiffsverlängerung im Schwimmdock wirklich machbar sei. Deshalb kam man überein, eine schiffbautechnische Kommission mit der Prüfung dieser Frage zu betreuen. Sie sollte sich an Ort und Stelle über alle geplanten Maßnahmen unterrichten und ihr Ur-

Originalvertrag zwischen dem Norddeutschen Lloyd, Bremen, und Blohm & Voss über die Verlängerung des Reichspostdampfers BAYERN (Kopf und Unterschriften der vertragschließenden Parteien).

52

teil hinsichtlich einer Realisierungsmöglichkeit des Vorhabens abgeben. Und so geschah es. Die Kommission überzeugte sich davon, daß der kühne Plan wohlüberlegt sei und für die zu verlängernden Schiffe keine erkennbare Gefahr vorliegen dürfte.

Der Lloyd blieb dennoch skeptisch. Er erteilte zwar den Verlängerungsauftrag, sicherte sich jedoch durch einen ausgefeilten Vertrag für jedes einzelne Schiff der SACHSEN-Klasse gegen jedes denkbare Risiko ab. Es heißt darin in der geschraubt klingenden Sprache der damaligen Zeit: »Die Herren Blohm & Voss übernehmen den Umbau und die Verlängerung des Dampfers . . . in Gemäßheit der den Herren Blohm & Voss behändigten Baubeschreibung nebst zugehörigen Plänen und der Classificationsvorschriften des (schon 1867 gegründeten) Germanischen Lloyd. Die Ausführung erfolge unter specieller Bauaufsicht des Norddeutschen Lloyd und des Germanischen Lloyd.

Der Umbau umfaßt die Herausnahme der alten und die Wiedereinsetzung neuer Kessel; die letzteren, zwei Doppel- und zwei Einzelkessel mit Armatur, sind von dem Norddeutschen Lloyd franco Hamburg zu liefern. Der Umbau umfaßt ferner sämmtliche zur ordnungsgemäßen Wiederinstandsetzung des Dampfers erforderlichen Arbeiten . . . Insbesondere sind die Herren Blohm & Voss verpflichtet, bei dem einzubauenden Theil des Schiffes zumindest dieselbe Qualität der Arbeit und des Materials zu liefern, die sich in den älteren Theilen des Schiffes vorfindet.

Unter Punkt 2 des Vertrages verpflichtet sich die Werft, den Bau des Dampfers BAYERN dementsprechend auszuführen und gleichzeitig die Garantie zu übernehmen, daß der in Gemäßheit dieser Vorschriften und Anordnungen ausgeführte Bau ein solides und gutes Schiff ergeben wird.«

Gelänge das nicht oder erlitte das Schiff schiedsgerichtlich festgestellte Mängel, welche durch die Bauausführung im Schwimmdock, durch die Qualität oder Stärke des Materials oder durch die Art der Arbeit der Verstärkungen oder Befestigungen entstanden sind, seien die erforderlichen

Umänderungen für eigene Rechnung selbst vorzunehmen oder auf eigene Kosten von einer anderen, vom Norddeutschen Lloyd zu genehmigenden Werft vornehmen zu lassen. Außerdem sei der NDL berechtigt, den Umbau bei einer anderen Werft für Rechnung der Herren Blohm & Voss vornehmen zu lassen, falls das Schiff nicht innerhalb eines Jahres — vom Tage der Lieferung des Schiffes an die Herren Blohm & Voss ab gerechnet — in vertragsgemäßem Zustand geliefert worden sei. . . »Die Herren Blohm & Voss erhalten als Gegenleistung für die übernommene Arbeit die Summe von 665 000 Goldmark. Im Falle eines Unfalles sei das Schiff in seinem Werte von 1,6 Millionen Goldmark zuzüglich der bereits gezahlten Umbauraten zuzüglich Zinsen zu ersetzen.«

Es waren »harte Bandagen« in diesen Verträgen. Auch hieß es darin, daß der NDL berechtigt sei, innerhalb von vier Wochen, nachdem (der zuerst zu verlängernde) Dampfer BAYERN aus dem Schwimmdock wieder zu Wasser gebracht ist, zu erklären, daß er den Dampfer SACHSEN in gleicher Weise umbauen will. Der NDL beabsichtigte, die Option auszuüben, wenn die Arbeiten am Dampfer BAYERN sachgemäß ausgeführt worden seien.

Es ist deutlich erkennbar, daß die Verträge für alle drei Schiffe der SACHSEN-Klasse zur Hälfte aus Vorbehalten bestanden. Man traute in Bremen der Schwimmdock-Verlängerung, ungeachtet des Urteils der schiffbautechnischen Kommission, noch immer nicht über den Weg. Und man legte wohlweislich fest, daß das Schiedsgericht für die Klärung etwaiger Differenzen und Meinungsverschiedenheiten aus je einem Sachverständigen der Vertragsparteien bestehen solle.

Und so ging das technische Meisterstück dann vor sich: Im Frühjahr 1893 wurde als erstes von den drei »Umbauschiffen« die BAYERN an den Kai gelegt. Anschließend wurden die Aufbauten und Einrichtungsgegenstände im Bereich der Umbauabschnitte entfernt und die oberen Verbände losgenietet. Dann wurden die drei Sektionen des Schwimmdocks durch Laschen so miteinander verbunden, daß sie ausreichende Längsfestigkeit bekamen.

Am 2. Mai 1893 kam die BAYERN ins DOCK II. Unter ihr Vorschiff wurden wie beim Stapellauf Bahn und Schlitten gebaut und sämtliche Verbände zum Vorschiff gelöst.

Daraufhin konnte schon am 19. Mai »die Fahrt« losgehen. Für die nötige Zugkraft zum Auseinanderziehen der Schiffshälften sorgte eine vorher ins Dock eingebaute, eigens für diesen Zweck konstruierte Vorrichtung, die durch Druckwasser von 100 Atmosphären betätigt wurde. Vom Kai bis ins Dock führten Kupferleitungen für das dazu benötigte Druckwasser. Es waren dieselben Leitungen, die sonst für die hydraulischen Nietmaschinen benutzt wurden.

Oberingenieur Georg Asmussen schrieb später: »Mancher, der diese Leitungen sah, zuckte die Achseln und zweifelte daran, daß mit Hilfe so dünner Röhren eine so große Kraft ausgeübt werden könne. Man bedachte nicht, daß das Vorziehen nicht ›im Hurra‹ geschehen könne und solle und daß das Wasser unter so hohem Druck sehr fix ist.

Für den ersten Anzug konnte dieser Druck übrigens durch einen Dampfdruck-Multiplikator auf 300 Atmosphären gesteigert werden. Wir waren also auf alles gerüstet. Fachleute und Laien, angesehene Gäste in großer Zahl, hatten sich zu der Stunde eingefunden, wo es losgehen sollte, und es war den ganzen Tag ein Kommen und Gehen. So etwas war ja noch nicht dagewesen. Auch drüben an der Böschung der Hafenstraße stand man Kopf an Kopf, und an vielen Fenstern paßte man auf, um im gegebenen Augenblick ausrufen zu können: ›He geiht!‹

Der Augenblick kam. Ein Ventil wurde langsam geöffnet. Das Druckwasser brauste in der Leitung. Der Zeiger des Manometers zitterte und stieg. Dann kam ein kurzer, kaum merkbarer Ruck. Das Vorderschiff kam in Bewegung. Der Zeiger des Manometers sank. Ruhig und sicher rückte die Last vor.

Nach wenigen Stunden war der Weg gemacht. Beim Vorziehen mußte natürlich aus den be- und entlasteten Dockabteilungen Wasser umgepumpt werden, damit der Auftrieb der jeweiligen Belastung entsprach. Alles ging glatt und gut. Jeder war auf seinem Posten. Sehr befriedigt zogen die Gäste ab. Mancher hatte aber vielleicht etwas anderes erwartet: etwas Aufregendes oder Aufgeregtes, oder etwas, das man die ›Tücke des Objektes‹ nennt. Nichts von alledem! Und auch die Zugmaschine, die das halbe Schiff an sich heranzog und die man — in Bezug auf ihre Form — ›die Kanone‹ nannte, arbeitete ganz still. Man sah ihr keine Aufregung an. Aber sie hatte es in sich.«

Der Verfasser dieses Augenzeugenberichtes, Georg Asmussen, Sohn eines Schullehrers aus Schleswig, war im April 1885 als Ingenieur des Betriebsbüros bei Blohm & Voss angestellt worden. Er hatte eigentlich Theologie studieren sollen. Er besuchte deshalb die Domschule, das humanistische Gymnasium seiner Vaterstadt. Aber beharrlich setzte der Domschüler seinen eigenen Kopf durch. Er durfte schließlich Ingenieur werden. Nach seiner praktischen Lehrzeit studierte er auf der Technischen Hochschule Hannover und diente anschließend beim damals in Hannover stationierten Artillerieregiment. Nach Beendigung von Studium und Militärdienstzeit war Asmussen in Berlin und Elbing in den Fachrichtungen Maschinen- und Lokomotivbau tätig. Weil er jedoch aus dem Lokomotivbau nicht wunschgemäß in den Allgemeinen Maschinenbau zurückversetzt werden konnte, gab er seine Elbinger Stellung auf und bewarb sich bei Blohm & Voss.

Georg Asmussen erwies sich bald als der geborene Konstrukteur. Konstruieren war tatsächlich Lieblingsbeschäftigung und Leidenschaft für diesen Ingenieur. Nach dem Urteil von Ernst Voss war Asmussen Ende der neunziger Jahre der fähigste Ingenieur des Unternehmens überhaupt. Aus heutiger Sicht möchte man wohl dieses Urteil korrigieren, indem man Asmussen und Nordhausen gemeinsam als die beiden talentiertesten Ingenieure der damaligen Zeit hinstellt. Oder man müßte sagen, daß Asmussen die Spitzenkraft unter den damaligen Maschinenbauern — nicht der Gesamtwerft — war.

Asmussen hat den 1891 abgeschlossenen Bau der (heute im Gegensatz zur Urwerft »Alte Werft« genannten) neuen Werft geleitet. Daß man ihn mit dieser organisatorisch heiklen Aufgabe der Werfterweiterung beauftragt hatte, spricht allein schon für sein Format. Und zwei Jahre später konnte Asmussen bei der Verlängerung der Lloyd-Reichspostdampfer seiner technisch-schöpferischen Phantasie freien Lauf lassen.

Wenn es Blohm & Voss zu diesem Zeitpunkt überhaupt noch nötig hatte — spätestens die Schiffs-verlängerungen im Schwimmdock brachten die Werft bei der Reederschaft in aller Munde. Auch der Schiffbau des Auslandes horchte auf. Hatte doch, als das Projekt seinerzeit in Bremen mit der Lloyd-Direktion verhandelt wurde, Hermann Blohm eine Stunde lang mit einem namhaften Engländer — es war Mr. Scott von Scott & Sons in Greenock — im Vorzimmer warten müssen und dabei gefachsimpelt. Als Blohm mit dem Plan der Dampferverlängerung im Schwimmdock herausrückte, hat Mr. Scott mitleidig erwidert, es täte ihm außerordentlich leid, daß er, Hermann Blohm, seine wertvolle Zeit mit Warten für eine derart aussichtslose Sache vertrödeln müßte. Stunden später war der Engländer entsprechend konsterniert, als Hermann Blohm tatsächlich mit dem Auftrag in der Tasche davonzog. Scott & Sons hatten sich umsonst Hoffnung darauf gemacht. Auch John Elder in Glasgow hatte sich vergeblich um diese Umbauten beworben.

Es läßt sich denken, mit welchem Interesse man nachher in Großbritannien das Gelingen der Verlängerungen im Schwimmdock verfolgte. Die Engländer hätten den Umbau nur in einem ihrer Trockendocks gemacht.

Tatsächlich fielen alle Reichspostdampfer-Umbauten zur vollen Zufriedenheit des Norddeutschen Lloyd aus. Das führte zur Bestellung der beiden Fahrgastschiffe WITTEKIND (4997 BRT) und WILLEHAD (4761 BRT) des NDL. Es waren — abgesehen vom Kleinen Kreuzer CONDOR — die beiden ersten bei Blohm & Voss gebauten Doppelschraubenschiffe.

Dampfer WITTEKIND hatte die Baunummer 100. Und die älteren Arbeiter aus der inzwischen 16 Jahre zurückliegenden Zeit der Werftgründung nahmen nun ihren Prinzipal Hermann Blohm beim Wort. Er hatte beim ersten Blohm & Voss-Stapellauf (Dampfer BURG, Mai 1879) feierlich versprochen, beim hundertsten Neubau, an den damals niemand zu glauben wagte, würde Freibier für alle ausgeschenkt. Am Nachmittag des WITTEKIND-Stapellaufes (3. Februar 1894) kam ein ganzer Waggon mit bayrischem Bier angerollt. Außerdem wurde eine Unmenge kalter Platten angeliefert. Es gab für die gesamte Belegschaft der Werft ein rauschendes Fest. Der Stapellauf Nr. 100 wog viel schwerer als irgendein Jubiläum. Am bemerkenswertesten aber war, daß nun auch der immerhin in Bremen ansässige NDL Kunde einer Hamburger (!) Werft geworden war.

Immer größere Schwimmdocks von Blohm & Voss sorgten für glänzenden Reparatur-Service. Der Querschnitt durch die Hafenanlagen zeigt DOCK III, das dreieinhalb Jahre nach dem WITTEKIND-Stapellauf — im Herbst 1897 — in Betrieb genommen wurde. Hebevermögen 17000 t! Damit meinte man irrigerweise, auf lange Sicht auszukommen. Die schnelle Schiffsgrößen-Eskalation machte das bald illusorisch.

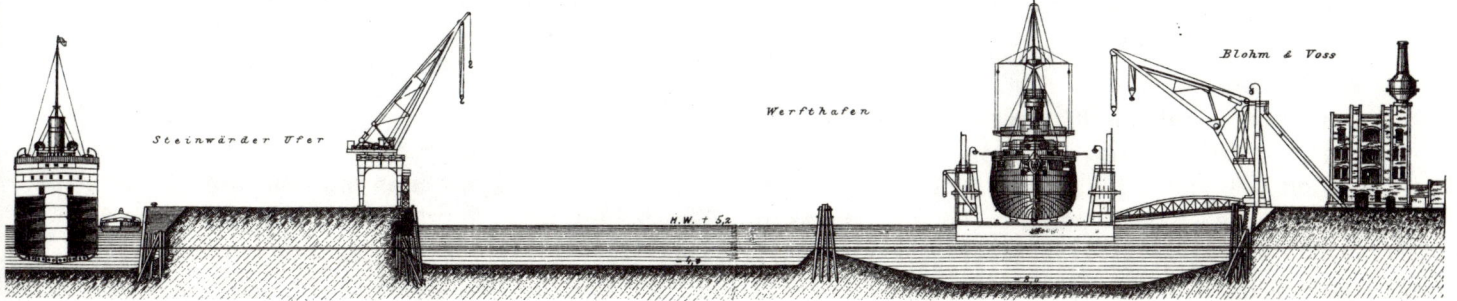

Fast alles noch von Hand genietet

Hundert Neubauten aus Eisen und Stahl, bis zur Jahrhundertwende sogar schon hundertundvierzig — und alle waren sie ohne Preßlufthämmer erbaut, von Hand genietet. Welche Summe von Schwerarbeit und Handwerkskunst mußte in jedes einzelne Schiff hineingelegt werden! Der damalige Stand der Technik ließ erst ganz wenige mechanische Werkzeuge und Hebezeuge zu.

Zwar waren auf der Werft schon 1887 hydraulische Nietmaschinen für die sogenannten Stangenkiele in Betrieb genommen worden. Auch wurden die Kniebleche oder »Balkenknie« zum Anbringen der Decksbalken bereits hydraulisch an die Spanten angenietet. Die gesamte übrige Nietarbeit ging jedoch noch immer mit dem schweren Niethammer vor sich.

Es sollte beim Nieten keinesfalls bloß die Niete zusammengestaucht werden, um ihr Loch auszufüllen. Es mußten vielmehr die Platten ganz dicht aufeinanderliegen und durch die Nietschläge untrennbar aneinandergezogen werden: Wenn die glühend eingeschlagene Niete erkaltete, zog sie sich zusammen und bewirkte dadurch das Aufeinanderpressen der Platten. Die ersten, im Jahre 1900 versuchsweise auf der Werft eingeführten amerikanischen Preßluftniethämmer arbeiteten zu schnell. Sie deformierten die Nieten und waren deshalb weitgehend nutzlos. Man verzichtete bald wieder auf ihre Verwendung. Erst nach 1910 kam man auf pneumatische Werkzeuge deutscher Konstruktion zurück, die sich dann endgültig durchsetzten.

Überhaupt ging der Schiffbau um die Jahrhundertwende völlig anders vor sich als heutzutage. Der gesamte Schiffsrumpf entstand ja noch nicht aus Sektionen, sondern nach und nach zu einem zusammenhängenden Stück draußen auf der Helling.

Zunächst mußte der vom Vor- bis zum Hintersteven durchlaufende Kiel gestreckt werden, der als unterster Mittellängsverband des Rumpfes eine entscheidende Funktion hatte. In den Zeiten des Holzschiffbaues war der Kiel nichts anderes als ein starker Balken gewesen, auf dem die Bodenwrangen und Spanten aufgestellt wurden.

Als Blohm & Voss den Schiffbaubetrieb aufnahm, arbeitete man auch noch im Eisenschiffbau nach einem ähnlichen System. Aus Profilen und genieteten Platten wurde ein eiserner Kielbalken, der sogenannte Stangenkiel, gefertigt, der jedoch in den neunziger Jahren durch einen Flachkiel abgelöst wurde. Darunter ist ein verstärkter Plattengang des Schiffsbodens unterhalb vom Mittelträger zu verstehen.

Die Spanten wurden damals noch nicht nach Schablonen gebogen. Zur Einsparung von Schablonenholz legte man vielmehr den ganzen, auf dem Schnürboden aufgerissenen Plan neben dem Glühofen hin. Die Löcher in den Spanten, zum späteren Befestigen der Außenhaut, wurden zweckmäßigerweise schon vor dem Biegen der Spanten gebohrt, solange das Material noch gestreckt war und flach am Boden lag. Beim Spantbiegen verzogen sich zwangsläufig die Löcher, was man aber in Kauf nahm. Notfalls mußte man sich mit Aufdornen behelfen, d.h. die Löcher wurden mit Vorschlaghammer und »Aufhauer« (Dorn) aufgeschlagen oder mit einer konisch geformten »Reibale« behandelt. Es war alles schwere Handarbeit.

In den späten achtziger Jahren hatte sich übrigens der Doppelboden durchgesetzt, der schließlich sogar von den Klassifikationsgesellschaften aus Sicherheitsgründen für alle Fracht- und Passagier-Dampfschiffe vorgeschrieben und deshalb ab 1901 selbstverständlich wurde. Der Doppelboden erfüllt mit seinem Hohlraum zwischen Außenhaut und Innenboden eine wichtige Doppelfunktion. Er verringert einerseits das Risiko des völligen Leckspringens im Falle einer Grundberührung, diente zum anderen zur Aufnahme von Ballastwasser und spielte damit eine entscheidende Rolle bei der Stabilitätsberechnung für die jeweiligen Beladungszustände.

Sobald damals der Flachkiel auf der Helling komplett war, begann man mit dem Anzeichnen, Bearbeiten und Anbringen der Doppelboden-Tankdecke sowie -Tankrandplatten. Freilich mußte die Tankdecke möglichst erst fertiggenietet sein, bevor man mit dem Anbringen der Außenhaut anfing. Solange diese nämlich noch fehlte, ließ sich die Decke viel bequemer nieten.

Lag schließlich die Tankdecke komplett, konnte schon mit den Raumschotten und dem Wellentunnel begonnen werden. Außerdem transportierte man nun die Spanten auf kleinen Handwagen von der Schiffbauhalle zum Helgen und legte sie der Reihe nach so hin, daß die Leute sie beim Spantaufstellen mit Spiere und Block, d.h. mit den damals noch üblichen Ladebaum-Gaffeln der Hellingmasten, hochkriegen konnten.

Die Zimmerleute hatten strikt darauf zu achten, daß die Spanten so standen, daß die Mitte der bald an die Spanten angesetzten Decksbalken stets genau über der Kielmitte lag, daß die beiden Seiten genau gleich hoch waren und die bereits aufgestellten Spanten sich nicht deformierten. Erst dann, wenn alles sauber ausgerichtet (»ausgefairt«) war, durften die Schiffbauer beginnen, die Außenhautplatten anzureißen, zu bearbeiten und anzubringen. Aber auch dabei mußten die Zimmerleute ständig das Schiffsskelett beobachten, ob nicht irgendwelche Teile wegsackten. Auf diese Weise hatten die »Timmanns« Spitznamen wie »Peilersgasten« oder »Kiek-inne-Sünn«. Die ganze Arbeit des Aufbauens mußte in der Reihenfolge jedenfalls genau aufeinander abgestimmt sein.

In den neunziger Jahren hatte eine Reihe von neuen Kunden Bauaufträge erteilt: Die kurzlebige, neu gegründete Hamburg-Calcutta Linie, die Dampfschiffahrtgesellschaften »Swatow« und »Hansa«*, die Reederei M. Jebsen, Apenrade, die Deutsche Dampfschiffs-Rhederei zu Hamburg (sie orderte die Kombi-Schiffe GERDA, HERTHA, BELLONA, SENTA, CERES, WALLY,

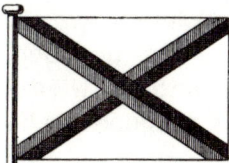

Hamburg-Calcutta-Linie

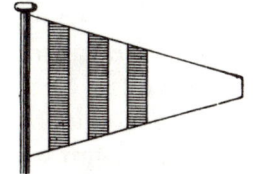

Dampfschiffsgesellschaft »Swatow«

Dampfschiff-Rhederei »Hansa«

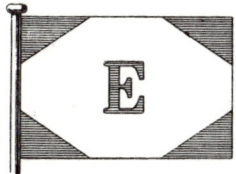

M. Jebsen, Apenrade

DELLA) sowie die damaligen Segelschiffsreedereien B. Wencke Söhne (Viermastbark HEBE) G.J.H. Siemers & Co. (Vollschiffe SUSANNA und THEKLA), Theodor & F. Eimbcke (Bark SEESTERN) und N. H. P. Schuldt (Bark ANTUCO).

Außerdem hatte die neugegründete Deutsche Ost-Afrika-Linie gleich ihr erstes Schiff bei ihrer späteren Hauswerft Blohm & Voss in Auftrag gegeben: Fracht- und Fahrgastdampfer KANZLER, (Bau-Nr. 76). Er wurde jedoch drei Wochen später abgeliefert als das wesentlich kleinere, für den ostafrikanischen Küstendienst vorgesehene Spezialschiff dieser Reederei, das den Namen PETERS erhielt. Dieser kleine Frachtdampfer (595 BRT) war 69 Jahre lang in Fahrt und wurde, zuletzt als PENAI unter sowjetischer Flagge, erst 1960 im Schiffsregister gelöscht!

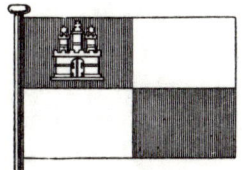

Deutsche Dampfschiffs-Rhederei zu Hamburg

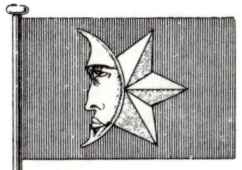

G. J. H. Siemers & Co.

Aber noch zwei weitere Neubauten der neunziger Jahre erwiesen sich als ganz besonders zählebig: Die bis dahin nur als Segelschiffsreederei tätig gewesene Firma Wachsmuth & Krogmann, Hamburg, gab die beiden Raddampfer DELPHIN und PHÖNIX (255 BRT) in Auftrag. Sie paddelten geschlagene 65 Jahre lang tagtäglich zwischen Hamburg und Harburg, gelegentlich auch zwischen Hamburg und Cuxhaven hin und her — bei

---

* Nicht zu verwechseln mit der Deutschen Dampfschifffahrtsgesellschaft »Hansa«, Bremen.

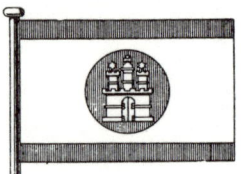

Theodor & F. Eimbcke

N. H. P. Schuldt

täglich 18-Stunden-Betrieb. Zuletzt führten sie die Schornsteinfarben der HADAG. Sie waren bis zur Verschrottung im Jahre 1959 sichtbare Beweise für soliden Schiffbau.

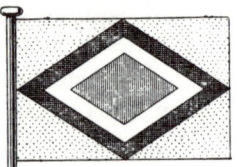

Deutsche Ost-Afrika-Linie

Wachsmuth & Krogmann

Ihr Konstrukteur Fritz Nordhausen hatte auf Grund besonderer Erfahrungen mit der legendären FREIA, die etwas mehr Tiefgang hatte als eigentlich vorgesehen, die Schiffe etwas völliger gemacht.

Als DELPHIN seine Probefahrt antreten sollte, kam der Dampfer zuerst nicht recht in Fahrt - bis man dahinter kam, daß das Schiff zu leicht im Wasser lag und deshalb die Schaufelräder nicht tief genug eintauchten. Als man aber die Bilgen voll Wasser gefüllt hatte, lief das Schiff ausgezeichnet. B & V zementierte auf Grund dieser Erfahrung kurzerhand in beide Raddampfer eine Partie alter Rosten als Ballast in die Schiffsbäuche ein. Nun waren DELPHIN und PHÖNIX sogar noch schön »steif« geworden und nahmen es nicht mehr übel, wenn sich alle Passagiere auf eine Seite drängten.

Aber die beiden unverwüstlichen Raddampfer waren letztlich nur »kleine Fische«. Wesentlicher war, daß die Hamburg-Amerika Linie im Jahre 1888 mit dem Frachter CROATIA den ersten Neubau-Auftrag erteilte und 1894 mit der PHOENICIA das erste kombinierte Fracht- und Fahrgastschiff bestellte. Dieses 7155 BRT große Kombischiff

nahm auf jeder Ausreise nicht weniger als 2547 Auswanderer als Zwischendeckspassagiere an Bord.

Damals war es auf der Werft noch üblich, daß ein Meister »sein« Schiff vom Kiel bis zur Fertigstellung baute. Daher hatte jeder Meister verständlicherweise auch den Ehrgeiz, kostensparender zu bauen als sein Kollege. Es bestand durch diesen Wettstreit der Meister untereinander ein frühes Rationalisierungssystem.

Der Glühofen mit den Spantenbiegern mußte je nach Bedarf für Neubauten oder Reparaturschiffe eingesetzt werden. Über die bisweilen problematische Arbeitseinteilung entschied Meister Heinrich Frahm.

Die zumeist aus dem Stande der Dorf-Hufschmiede hervorgegangenen Winkelschmiede arbeiteten je nach Bedarf für die verschiedenen Schiffe. Auch hier sorgte Frahm dafür, daß die Kolonnen möglichst bei einer ähnlichen Arbeit bleiben konnten, was ihre Kunstfertigkeit natürlich erhöhte.

Die Hufschmiede hatten es gelernt, noch alles mit der Hand zu machen. Sie kannten in ihrer Werkstatt keinen Dampfhammer. Sie waren das sogenannte Verstahlen der von ihnen selbst handgeschmiedeten Pflugscharblätter und der selbstgeschmiedeten Hufeisen ebenso gewohnt wie das Handschmieden von stählernen Radreifen für Pferdefuhrwerke. Diese Dorfschmiede erwiesen sich deshalb für die vielfältigen Arbeiten des Winkelschmiedens im Schiffbau als besonders gut geeignet. Sie waren stets schwere körperliche Arbeit und manchen heftigen Prellschlag gewohnt. Kleinere Schiffbauarbeiten wurden von sogenannten Laschenmachern ausgeführt. Diese mußten vor allem dafür sorgen, daß alle Bauteile, bei denen nachher die Nieter anfangen sollten, in allen Einzelheiten — also mit Keilen, Laschen, Winkeln — wirklich restlos fertig waren. Es hätte höchst unnötige Aufenthalte gegeben, wenn irgendein Teil gefehlt hätte und erst wieder eine Feldschmiede zu der betreffenden Stelle hätte hinbeordert werden müssen.

Stand der Schiffsneubau in den Spanten und Decksbalken, begann der bedeutsame Vorgang

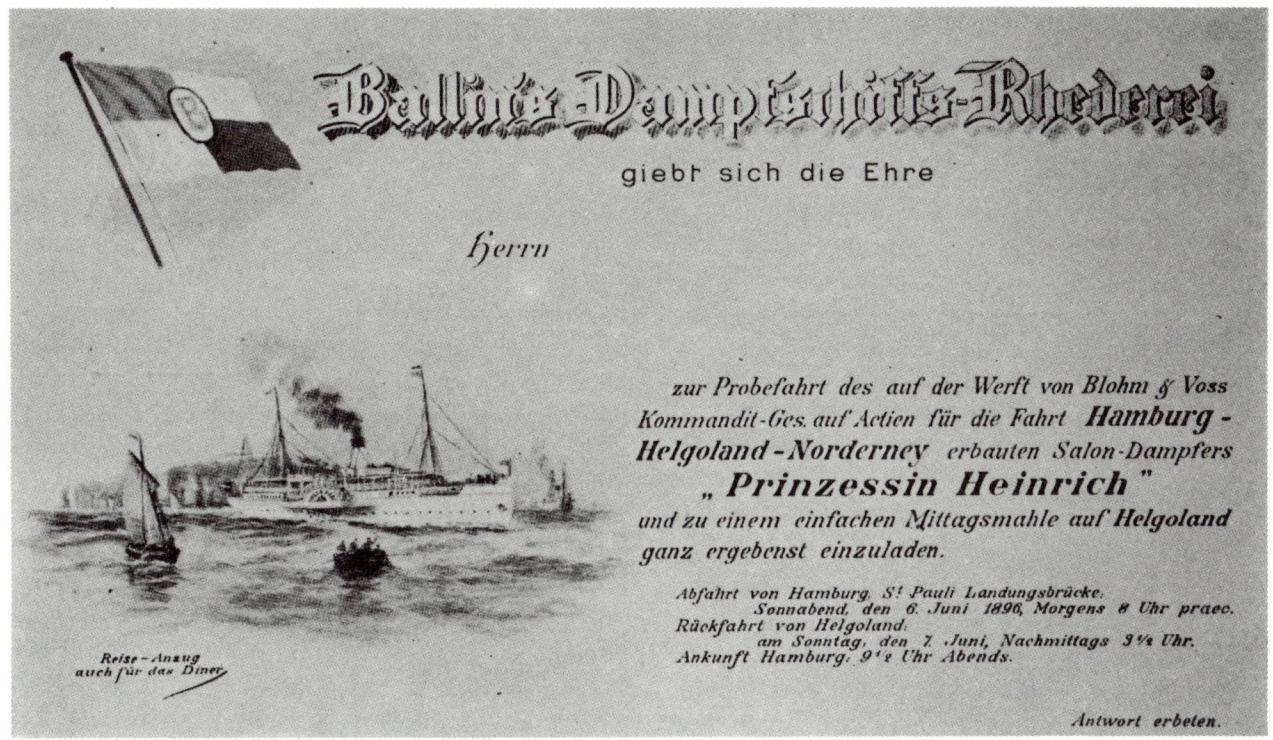

Bau-Nr. 116: Raddampfer PRINZESSIN HEINRICH, 930 BRT, 1800 PS, 16 kn, Ballins Dampfschiffs-Rhederei, stand der FREIA im Seeverhalten nach. Man nannte sie bald »Schaukelprinzessin«.

der Außenhautnietung. Alle Nieter, Bohrer und Stemmer der Werft unterstanden dem Meister Pahl, der für jedes einzelne Schiff Untermeister für die entsprechenden Kolonnen zur Seite hatte. Nieterobermeister Johann (genannt »Jan«) Pahl stammte aus demselben Dorf wie Ernst Voss, aus Fockbeck bei Rendsburg. Voss hatte ihn damals gleich bei der Werftgründung angeworben. Und so hatte Pahl schon die Bark FLORA ex NATIONAL, die Bau-Nr. 1, mitgenietet. Er war also mit dem Betrieb groß geworden.

Jan Pahl hatte in der Rendsburger Carlshütte Kesselschmied gelernt und in Berlin in einer Leibkompanie des 1. Garderegimentes gedient, bei den »Langen Kerls«. Pahl sprach ein unverwechselbares Gemisch von Holsteiner Platt und schlechtem Hochdeutsch. Seine Redegewandtheit ließ ganz gewiß zu wünschen übrig, seine Tüchtigkeit und Findigkeit waren jedoch ebenso überragend wie seine Körpergröße, was allen Nietern zutiefst imponierte. Jedermann wußte auf der Werft, daß diesem redlichen »Bären« Pahl keiner etwas vormachen konnte. Er verlangte nichts von seinen Männern, was er nicht selbst zu leisten imstande war. Aber er sorgte auch wie ein Vater für sie. Was man ihnen versprochen hatte, das bekamen sie auch. Und

hatten die Männer infolge wochenlangen schönen Wetters mal einen besonders hohen Akkordüberschuß verdient, dann wurde von diesen Prämien grundsätzlich nichts abgeknappst. Sie konnten also einen weit höheren Verdienst nach Hause tragen als mittelmäßig arbeitende Kolonnen. Die logische Folge dieses Wettbewerbs war, daß sich immer besonders gute Arbeiter zu erstklassigen Kolonnen zusammenfanden.

Anerkennung des Monarchen: Hermann Blohm wurde zum Empfang beim Kaiser eingeladen.

Auf Allerhöchsten Befehl Ihrer Kaiserlichen und Königlichen Majestäten beehrt sich der unterzeichnete Ober-Hof-und Haus-Marschall

Herrn Hermann Blohm
zum Abend-Empfang am 12ten Juni 1896 um 7½ Uhr
im Neuen Palais bei Potsdam
einzuladen.

Ueber Anzug pp. umstehend

Die Allerbesten wurden als Außennieter eingesetzt. Sie hatten die stärksten Nieten — in die Außenhaut der Schiffe — zu schlagen.

Diese Facharbeiter waren so qualifiziert, daß sie von einem Neubau und von einem Reparaturschiff zum anderen zogen. Sie mußten mit komplizierten Platten etwa im Stevenbereich ebenso gut fertig werden wie mit schwierigen Boden- und Außenhautreparaturen.

Um die Jahrhundertwende wurden nicht nur fast alle Nieten von Hand eingeschlagen, auch die Bohrer arbeiteten durchweg noch manuell. Jedes Bohrloch mußte mit der Hand in den Stahl geknarrt werden, was man sich heute kaum noch vorstellen kann. Bohrknarren, Spitz- und Spezialbohrer beherrschten neben den Flach- und Kreuzmeißeln sowie Niethämmern die Szenerie.

Lag ein Schiff mit Bodenschaden im Dock, saßen die Leute mit Handbohrknarren scharenweise unter dem Schiff, vielleicht in nur siebzig Zentimetern Abstand voneinander. Sie hatten geschlagene anderthalb Tage zu knarren, bis jeweils eine einzige Platte losgebohrt war! Die Bohrknarre wurde jeweils auf die herauszubohrende Niete aufgesetzt!

Die auf Reparatur angesetzten Kolonnen mußten sich jeden Werktag morgens und mittags, gleich nach Arbeitsbeginn, am sogenannten Markt einfinden — das war jener Platz vor dem »Schloß am Meer«, in dessen Untergeschoß das Taulager, im ersten Stock die Zimmer der Reparaturmeister untergebracht waren.

Hier »am Markt« wurden die Leute an die einzelnen Arbeitsplätze verteilt, Anordnungen gegeben, Tageskarten eingesammelt — hier fand die gesamte Kommunikation der Meister mit ihren später »in alle Winde zerstreuten« Arbeitern statt. Das ging in der alten Zeit noch sehr patriarchalisch und deftig zu: »Tein Mann no den Maruudamper!« (also an ein japanisches Schiff) — »Twölf Mann dohl no Dock veer, Nieten ünnern Boden ruthaun!« — »Söß Mann möt Platten ruthaun in Dock fiev!« — »Brüggemann, Knauer und Müller, gohn Se man dohl no den Holländer, Kimmkiel affmallen, hüt obend bit morgen!« — »Keen Tid hüt obend, mutt no Hochtied!«

»Ach wat, Hochtied, wenn Se hier bloot Gastspeele geeven wüllt, könnt Se glieks ehrn Papiern kreegen!«

Aber es wurde alles nicht »so heiß gegessen wie es gekocht wurde«. Man pflaumte sich bisweilen gehörig an, stand aber füreinander ein. Man hatte Kolonnengeist, und die schwierigen Reparaturfälle reizten besonders. Man konnte an ihnen beweisen, was man »auf dem Kasten hatte«. Tatsächlich kam es bei der Reparaturarbeit häufig auf Improvisationskunst und Flexibilität, bei den Neubauarbeiten hingegen mehr auf einen gut eingespielten glatten und damit zeit- wie kostensparenden Ablauf an.

Die Schirrmeister zeichneten mit 1-2 Antipperjungen, später mit den Lehrlingen, die Außenhaut-Platten an. Und während das geschah, mußte sein Locher oder dessen »Vize« die angezeichneten Platten mit seiner Kolonne schneiden, walzen, knicken, kurzum in jeder Weise bearbeiten lassen, ehe sie ans Schiff gefahren und angebracht werden konnten.

Vom Bau des Hamburg-Süd-Dampfers CAP ORTEGAL (Bau-Nr. 169, Stapellauf 1903) ist überliefert, daß Schirrmeister Wegner drei Außenkolonnen von je 6–7 Mann zur Verfügung hatte. Dem späteren Untermeister Kroschinsky als Locher standen sechs Mann zur Seite. Er lochte und schnitt an der Schere bis zu zehn Außenplatten in zehn Stunden. Das war eine ansehnliche Leistung: 25–30 t Material pro Tag.

Bau-Nr. 114: Fracht- und Fahrgastschiff HERZOG, 4933 BRT, 2200 PS, 11,7 kn, Deutsche Ost-Afrika-Linie, Hamburg.

Tafel-Musik

anlässlich der

Probefahrt des Dampfers „Herzog"

am 5. Juli 1896.

Die damals aufgekommenen Doppelböden verlangten mehr »wasserdichte Arbeit«, die nur mit sauber gekröpften und gebogenen Winkeln zu erreichen war. Im allgemeinen waren aber die Schotten doch noch nicht effektiv wasserdicht. Es genügte, wenn sie wenigstens so dichthielten, daß man mit den Lenzpumpen gegen die als unabänderlich betrachteten kleineren Leckagen ankam.

Die Hamburg-Süd gab allein in den sieben Jahren 1890–97 eine ganze Flotte von Neubauten bei Blohm & Voss in Auftrag: AMAZONAS, BUENOS AIRES, ROSARIO (II), ANTONINA, CORRIENTES, DESTERRO, GUAHYBA, ASUNCION, TUCUMAN, SAO PAULO, PERNAMBUCO und SAN NICOLAS. Es handelte sich durchweg um kombinierte Fracht- und Fahrgastschiffe für den Liniendienst zur Ostküste von Südamerika. Die größten davon, die Schwesterschiffe PERNAMBUCO und SAN NICOLAS (knapp 4800 BRT) hatten Einrichtungen für 468 gut untergebrachte Fahrgäste.

Autor Herbert Wendt schrieb in seinem Buche »Kurs Südamerika« über die drei Neubauten des Typs ANTONINA: »Mit ihnen hatte die Hamburg-Süd ausgesprochenes Glück. Die Rio-Grande-Barre verlor ihre Schrecken. Unangefochten glitten die flacher gebauten Schiffe über die Untiefen hinweg... Im Laufe der Jahre 1895/96 stellte die Hamburg-Süd noch weitere fünf neue Schiffe für die Südroute in Dienst, die dank ihrer verbesserten Einrichtungen, vor allem ihrer elektrischen Beleuchtung, ungeteilten Beifall bei Verladern und Passagieren fanden.« So konnte der Verwaltungsrat (der Reederei) Ende 1896 mit berechtigtem

Bau-Nr. 115: Fracht- und Fahrgastschiff BARBAROSSA, 10769 BRT (!). 7000 PS, 14,5 kn, Norddeutscher Lloyd, Bremen.

Stolz erklären: »Der Verkehr mit Süd-Brasilien hat sich glücklich entwickelt und nimmt einen befriedigenden Verlauf.«
Es besagt wohl einiges, wenn die Hamburg-Süd beispielsweise im Jahre 1921 ihren als Reparationsschiff nach Großbritannien abgelieferten, inzwischen 26 Jahre alten Dampfer TUCUMAN wieder zurückkaufte und weitere zehn Jahre lang in Fahrt hielt, obwohl eben dieses Schiff im Jahre 1900 - als zeitweiliger Truppentransporter für das Ostasiatische Expeditionskorps (Niederwerfung des Boxeraufstandes in China) vor der chinesischen Küste in einen so fürchterlichen Taifun

Blohm & Voss im Jahre 1897. Diese Anlage bekam in der Firmengeschichte den Namen »Alte Werft« — im Gegensatz zur »Urwerft« in den Jahren vor der ersten Expansion.

geraten war, daß es sich schwer havariert auf Taku-Reede, in den Vorhafen von Tientsin, retten mußte, wo es zunächst bewegungsunfähig liegen blieb!

Der Norddeutsche Lloyd bestellte das für damalige Begriffe riesige Fracht- und Fahrgastschiff BARBAROSSA, das Anfang 1897 an die Reederei abgeliefert wurde. Dieses Schiff bedeutete schiffbaulich einen großen Sprung nach vorn. Es war mit 10769 BRT (eingerichtet für 2392 Zwischendeckspassagiere, d. h. Auswanderer) doppelt so groß wie die eben erwähnten Hamburg-Süd-Kombischiffe und sogar noch 3000 BRT größer als die PHOENICIA, das bis dato größte unter allen auf Kuhwerder gebauten Schiffen.

Im Jahre 1898 rückte Blohm & Voss erstmals in den Kreis der Exportwerften auf, was angesichts der seinerzeit noch immer dominierenden britischen Schiffbauindustrie als große Anerkennung für eine deutsche Werft gewertet werden kann. Der Rotterdamsche Lloyd bestellte den 3620 BRT großen Frachtdampfer BOGOR (Bau-Nr. 129) und gleich nach der Jahrhundertwende zwei weitere Schiffe. BOGOR hatte bei den außerordentlich sachverständigen und kritischen Holländern einen so guten Ruf erworben, daß 1899 auch die Holland-Amerika Lijn, Amsterdam, und ein Jahr später die Koninglijke Westindische Postvaart, Amsterdam, Bauaufträge an Blohm & Voss vergaben. So entstanden binnen kurzem die holländischen Fracht- und Fahrgastschiffe POTSDAM, PRINS MAURITS, PRINS DER NEDERLANDEN sowie die holländischen Frachtdampfer BESOEKI und KEDIRI auf den Helgen von Blohm & Voss.

Man mag überrascht sein, daß eine holländische Reederei ein Schiff nach der preußischen Königsresidenz Potsdam benannte. Aber es war und ist bei der Holland-Amerika Lijn grundsätzlich Brauch, Fahrgastschiffs-Namen mit der Silbe DAM enden zu lassen. Selbst die Vielzahl holländischer DAM-Ortsnamen reichten für die damals extrem große Flotte dieser Reederei bald nicht mehr aus. Mit der im Mai 1900 abgelieferten, 12606 BRT großen POTSDAM* erlebten übrigens Werft, Reederei und Klassifikationsgesell-

schaft gleichermaßen eine böse Überraschung. Das Schiff war nach den Regeln vom Bureau Veritas als sogenannter Awningdecker gebaut, d.h. das oberste durchlaufende Deck dieser Schiffsgattung war noch leichter gebaut als bei den sogenannten Spardeckern. Hauptdeck war das zweite Deck von oben, das dementsprechend wesentlich stärker war. Aber gleich bei der ersten Reise stellte sich heraus, daß das Schiff nicht stark genug war. Bei schwerem Wetter auf dem Atlantik zerbrachen die Decksaufbauten. Mit ihren zerknautschten Trümmern an Deck bot die zur Reparatur nach Hamburg zurückgebrachte POTSDAM einen schaurigen Anblick. In der Direktionsetage der Werft raufte man sich die Haare, denn die technische Panne mit der POTSDAM hatte B & V rund 600000 Goldmark gekostet! Was war passiert, wie konnte so etwas überhaupt bei einer solchen Werft geschehen?

Der Konstrukteur Fritz Nordhausen hatte sich allzusehr auf das Bureau Veritas und dessen errechnete Angaben verlassen. Er war nicht auf den Gedanken gekommen, die oberen und unteren Gurtungen seinerseits nachzurechnen, er hatte sich ganz einfach strikt an die Bauvorschriften gehalten. Jetzt mußten alle Aufbauten entfernt, das gesamte Awningdeck wieder ausgebaut und durch ein starkes, neues Deck ersetzt werden. Die POTSDAM-Affäre hat auf die Klassifikationsgesellschaften und die Werft als heilsamer Schock gewirkt. Der Germanische Lloyd und das Bureau Veritas haben nach diesem Vorfall ihre Vorschriften über die Materialstärken von Profilen, Winkeln, Stegen und Platten grundlegend geändert.

Doch zurück zu den neunziger Jahren. Auch das Reichsmarineamt bewarb sich mit einiger Hartnäckigkeit wieder als Kunde, obwohl man ihm seitens der Werft nach der allzu peniblen Bauaufsicht und der knickerigen Bezahlung im Falle des Kleinen Kreuzers CONDOR die kalte Schulter gezeigt hatte. Unter nunmehr großzügigen, neuen Vertragsbedingungen erteilte das Amt zunächst

---

* Wegen seines verlängerten Schornsteins hatte man das Schiff mit dem Spitznamen FUNNELDAM belegt.

Einladung zum Stapellaufe

Seiner Majestät Linienschiff „B"

am Mittwoch, 18. October 1899, Nachm. 4 ½ Uhr

Abfahrt der Dampfer zum Stapellauf von 3 ¾ Uhr
von der Rosenbrücke, gegenüber Stubbenhuk.
Rückfahrt nach den St. Pauli Landungsbrücken.

Blohm & Voss.

Stapellauf-Einladungskarte im Stil der Kaiserzeit

einen recht ungewöhnlichen und komplizierten Umbauauftrag. 1895 legte man das bereits 30 Jahre vorher als FATIKH für die Türkei in England auf Stapel gelegte Panzerschiff KÖNIG WILHELM zum Umbau an die Werft. Es handelte sich um eine als Vollschiff getakelte Panzerfregatte, die noch einen schmiedeeisernen (statt stählernen) Panzer hatte, der überdies auf einer Teakholzunterlage aufgeschraubt war. Auch die Bewaffnung des Schiffes war hoffnungslos antiquiert. Es befanden sich gebohrte, also noch nicht gezogene 33- und 72-Pfünder an Bord.

Praktisch kam die Umwandlung dieses Oldtimers in einen modernisierten Großen Kreuzer, der 1897 zur Flotte stieß, einem Neubau gleich. Blohm & Voss hatte sich damit endgültig auch als Marinewerft qualifiziert. Der nächste Auftrag ließ deshalb nicht lange auf sich warten.

Im Jahre 1898 wurde das Erste Flottengesetz vom Deutschen Reichstag verabschiedet. Es war dasselbe Jahr, in dem sich die vom englischen Kolonialminister Joseph Chamberlain ausgegangenen Sondierungen wegen eines deutsch-englischen Bündnisses als fruchtlos erwiesen hatten. Die deutsche Regierung bezweifelte, ob dieser Bündnisvertrag überhaupt vom britischen Parlament angenommen werden würde. Inzwischen war der Burenkrieg (1899–1902) im Gange. Mit dem deutsch-englischen Verhältnis stand es nicht mehr zum besten, seitdem Kaiser Wilhelm II. durch seine allzu deutlich zum Ausdruck gebrachte Sympathie für die Sache der Buren die »Vettern jenseits des Kanals« beträchtlich verärgert hatte.

Dem Flottengesetz des Deutschen Reichstages aus dem Jahre 1898 folgte übrigens schon 1900 ein Zweites Flottengesetz, das eine weitere, beträchtliche Verstärkung der Kaiserlichen Marine unter dem »Risikogedanken« vorsah, d.h. der Erwartung, daß eine starke deutsche Schlachtflotte jedem Gegner – und damit vor allem der damals ersten Seemacht der Welt, Großbritannien – einen Angriff riskant machen mußte.

Alfred von Tirpitz war 1897 Staatssekretär des Reichsmarineamtes geworden. Er hatte ein Linienschiffs-Neubauprogramm konzipiert, dessen

»Linienschiff B« Blohm & Voss übertragen wurde. Dieses »Panzerschiff I. Classe« (zwei Schwesterschiffe waren bereits auf den Betrieben Danzig und Kiel der marineeigenen Kaiserlichen Werft im Bau, zwei weitere sollten noch folgen) bedeutete technisch einen Riesenschritt vorwärts, denn es handelte sich um das erste Dreischraubenschiff von Blohm & Voss, bei dem außerdem zum ersten Male eine Maschinenleistung von mehr als 14 000 indizierten Pferdestärken erreicht werden mußte. Das war doppelt soviel wie bei dem Zehntausend-Tonnen-»Riesen« BARBAROSSA. Und es war fast die dreifache Maschinenleistung der noch größeren, mit 12 800 BRT und mehr vermessenen Fracht- und Fahrgastschiffe PRETORIA und GRAF WALDERSEE der HAPAG, die kurz vor dem neuen Marine-Auftrag in Fahrt gekommen waren! Beim Linienschiff KAISER KARL DER GROSSE sollten insgesamt zehn Kessel mit 36 Feuerungen einen Dampfdruck von 14,25 atü erzeugen und damit drei Dreifach-Expansions-Dampfmaschinen antreiben.

Die fünf Linienschiffe der sogenannten KAISER-Klasse hatten mit je vier 24-Zentimeter-, achtzehn 15-Zentimeter- und zwölf 8,8-Zentimeter-Geschützen sowie 5–6 Torpedorohren eine respektable Kampfkraft.

Am 5. November 1901 ging KAISER KARL DER GROSSE auf Probefahrt. Doch diese erste Reise der Bau-Nr. 136 führte leider nicht weit. Etwas unterhalb vom Hamburger Vorort Neumühlen geriet das Linienschiff auf Grund. Es saß hoffnungslos auf einer Untiefe fest, die daraufhin im Volksmund den Spitznamen »Wahlens Ruh« erhielt. Der umsichtige und auch als Elblotse erfahrene Kapitän Wahlen hatte das Linienschiff so schlimm »auf Schiet« gesetzt, daß es erst nach Abnehmen der Geschütze und Entfernen anderer

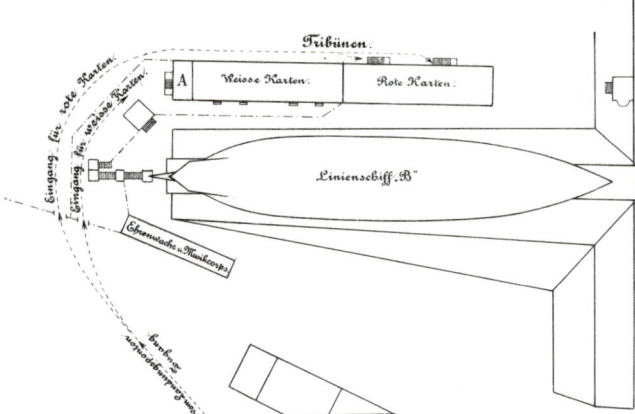

Verteilung von Tribünenplätzen zum Stapellauf von Linienschiff »B«.

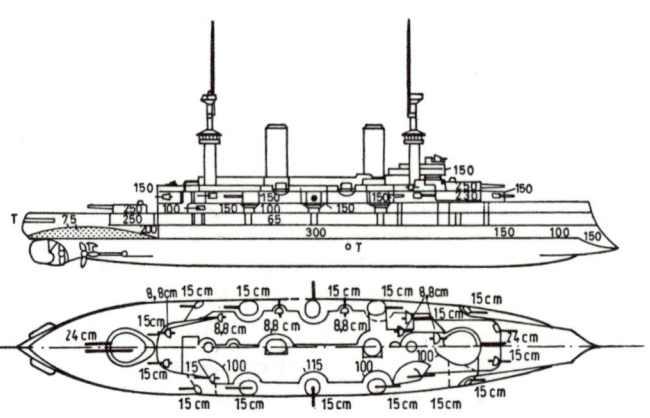

Die Linienschiffe der KAISER-Klasse mit ihrer Panzerung (in Millimetern) und Armierung (Kaliber in Zentimetern).

Gewichte wieder abgebracht und ins Dock geschleppt werden konnte. Unter den sechs querliegenden Zylinderkesseln hatte sich KAISER KARL DER GROSSE den Boden derart eingedrückt, daß die Reparaturkosten weit über 180000 Goldmark betrugen. Zum Glück war wenigstens direkt unter der Maschine und den Wasserrohrkesseln der Boden heil geblieben.

Das Eindocken des schwerbeschädigten Schiffes war eine haarige Aktion, bei der dem »Docktyrannen« Kapitän Brandt und seinem Dockmeister von Appen nicht wohl war: Das zur Verfügung stehende DOCK III vermochte zwar auf seiner Gesamtlänge von 178 Metern 17000 Tonnen zu heben. Dieses Linienschiff war jedoch nur 115 Meter lang, wog aber bereits 13000 Tonnen. Die Quadratmeterbelastung war also ungleich größer. Es mußten deshalb noch weitere Gewichte abgenommen und außerdem die Dockseitenkästen verstärkt und abgesteift werden, damit die vorderen von den insgesamt sieben Sektionen des Docks mehr zum Tragen herangezogen werden konnten. Aber die Dockung gelang schließlich reibungslos.

Bald stellte sich die Grundberührung des Linienschiffes nachträglich als Glück im Unglück dar. Erst durch diesen spektakulären Unfall begriff man im Berliner Verkehrsministerium, daß die Elbe völlig unzureichend ausgebaggert war. Da sich Hamburg und Preußen allzu lange gegenseitig die finanzielle Bürde dringend notwendiger Baggerarbeiten zuzuschieben versucht hatten, war überhaupt nichts geschehen. Die Elbe befand sich in einem elenden Zustand. Hamburgs Reederschaft hatte sich resignierend daran gewöhnt, daß sie ihre größeren Schiffe auf den Reeden von Krautsand und Brunshausen ableichtern lassen mußte. Um wenigstens die Überführung der bela-

denen Leichter nach Hamburg sicherzustellen, hatten 1884 neunzehn Hamburger Reeder und Kaufleute die »Vereinigte Bugsir- und Frachtschiffahrts-Gesellschaft« gegründet, aus der die berühmte Bugsier-, Reederei- und Bergungs-A.G. hervorgegangen ist.

Zwar hatte man nach 1885 wenigstens ein paar Dampfbagger eingesetzt, aber die völlig unzulänglichen Geldmittel reichten nicht zu einem durchgreifenden Kampf gegen die Versandung aus. Das Leichtern der Schiffe auf der Unterelbe verschlang ein Viertel der gesamten Frachteinnahmen!

Jetzt aber wurde man in Berlin aufgeschreckt. Was sollte werden, wenn nicht einmal Kriegsschiffe von 24 Fuß Tiefgang — mehr hatte KAISER KARL DER GROSSE bei seiner Strandung nicht — Deutschlands größten Hafen anlaufen konnten! Endlich rückte die Reichsregierung entschlossen dem Elbefahrwasser zuleibe. Kompetenzstreitigkeiten zwischen dem Königreich Preußen und der Freien und Hansestadt Hamburg waren plötzlich gegenstandslos geworden. Die zügig in Angriff genommene Elbvertiefung wurde auch für Blohm & Voss bedeutsam. Es konnten fortan immer größere Schiffe gebaut und repariert werden.

Das von Hermann Blohm und Ernst Voss dem Werftkapitän Wahlen niemals zum Vorwurf gemachte Probefahrtpech des Linienschiffes im Jahre 1902 greift dem chronologischen Ablauf der Dinge etwas voraus.

Es muß zuvor auch noch erwähnt werden, daß die vorausgegangenen Jahre ausgesprochene Blütenjahre im Handelsschiffbau gewesen sind. Vor allem der Zeitraum 1897 bis 1900 brachte eine Hochkonjunktur, die bei Blohm & Voss zum Bau von insgesamt 20 Überseeschiffen führte. Es

Bild links: Bau-Nr. 115: Fracht- und Fahrgastschiff BARBA-ROSSA, 10769 BRT, 7000 PS, 14,5 kn, Norddeutscher Lloyd, Bremen, im 1897 eingeweihten DOCK III. Dock und Schiff bedeuteten damals einen großen Sprung nach vorn. Das Dock hatte 17000 t Hebevermögen, die BARBAROSSA mehr als 10000 BRT.

Vier Bilder Mitte: Bau-Nr. 114: Doppelschrauben-Fahrgastschiff (Luxus-Dampfjacht) PRINZESSIN VICTORIA LUISE, 4409 BRT, 3600 PS, 15 kn, Hamburg-Amerika Linie — das bemerkenswerteste Schiff der Jahrhundertwende. Klüverbaum und Galionsfigur sowie vergoldeter Zierrat an Bug und Heck verliehen diesem ersten speziell für diesen Zweck gebauten Kreuzfahrtenschiff eine besondere Note. Bei der innenarchitektonischen Ausgestaltung hatte man sich förmlich überboten. Der altgoldgetönte, teilweise sogar vergoldete Speisesaal, wurde von einem kristall-kuppelüberwölbten Lichtschacht überragt (s. S. 69).

Bild unten: Bau-Nr. 130: Afrika-Frachtschiff PAUL WOERMANN, 2238 BRT, 3480 tdw, 850 Ps, 10 kn, Woermann-Linie, Hamburg.

Bild unten: Bau-Nr. 136: Linienschiff KAISER KARL DER GROSSE, 11097 t Wasserverdrängung, 14000 PS, 17,8 kn, drei Schrauben, während der Ausrüstung im Jahr 1901. Der 150-Tonnen-Kran beim Einheben der 24-cm-Geschütze in die Zwillingstürme.

Bild oben: Schiffbau um die Jahrhundertwende: Die mit Schiffbauhandwagen herbeigebrachten Spanten wurden der Reihe nach mit »Spiere und Block« aufgestellt. Die Mitte der schon angesetzten Decksbalken mußte genau über der Kielmitte liegen. Schwere Bauteile wurden mit Hebeböcken und Differentialflaschenzügen bewegt.

Bild unten: Galionsverzierung im Stile der wilhelminischen Ära: »Mit Gott für König und Vaterland« (Bau-Nr. 155: Großer Kreuzer FRIEDRICH CARL, 9087 t Wasserverdrängung, 17000 PS, 20,5 kn).

Bild links: Das damals neue DOCK III Anfang 1899 mit Bau-Nr. 123: Doppelschrauben-Fracht- und Fahrgastschiff PRETORIA, 12800 BRT, 13800 tdw, 5360 PS, 13 kn, Hamburg-Amerika Linie. Am Ausrüstungskai Bau-Nr. 131: Doppelschrauben-Fracht- und Fahrgastschiff GRAF WALDERSEE, 12830 BRT, 13401 tdw, 5400 PS, 13 kn, Hamburg-Amerika Linie. Der heutige Kuhwerder Hafen war damals noch eingedeichtes Grünland (links).

Bild links: 5. Juli 1902, Stapellauf Bau-Nr. 157: Fracht- und Fahrgastschiff LUCIE WOERMANN, 4630 BRT, 2600 PS, 12,5 kn, Woermann-Linie, Hamburg.

Bild Mitte links: Hintersteven ausbohren — dieser Vorgang erforderte eine besondere Präzisionsarbeit.

Bild Mitte rechts: Speisesaal mit festgeschraubten Drehsesseln auf KÖNIG FRIEDRICH AUGUST, abgeliefert 1906.

Bild rechts: Ein relativ unbekannt gebliebenes Schiff — Bau-Nr. 184: Doppelschrauben-Fracht- und Fahrgastschiff KÖNIG FRIEDRICH AUGUST, 9462 BRT, 6200 PS, 15 kn, Hamburg-Amerika Linie, es fuhr auf der Südamerika-Route.

Bild unten: Blick in die Maschinenfabrik (Montagehalle) vor 75 Jahren. Man beachte die Vielzahl von Transmissionen an den Hallenwänden! Oben im Hintergrund erkennt man einen der elektrischen Laufkräne, die zur Handhabung schwerer Maschinenteile bereits 30 t Hebekraft entwickelten und alle Montage-Arbeitsplätze erreichten.

Umseitiges Foto: Die vielbeachtete Reparatur des Vierschornstein-Schnelldampfers KAISER WILHELM DER GROSSE, Norddeutscher Lloyd, Bremen. Diesem Inhaber des »Blauen Bandes« war 1903 im Atlantik-Orkan der in der Sohle zu schwach konzipierte Hintersteven gebrochen. Im neuen DOCK IV wurde der defekte Steven »abgenietet«, auf eingefetteter Bahn mittels Taljen unter dem Heck hervorgezogen und vom 150-Tonnen-Kran aus dem Dock herausgehoben. Anschließend wurde der neue Steven im umgekehrten Ablauf angesetzt. Dieselbe Reparatur war kurz zuvor auch schon beim HAPAG-Schnelldampfer DEUTSCHLAND notwendig geworden.

waren rund 3000 Mann auf der Werft beschäftigt, bis der große Streik des Jahres 1900 eine Kraftprobe erbrachte. Bei dem Streik zogen die Arbeitnehmer den kürzeren. Als sie 1901 ihre Tätigkeit wieder aufnahmen, hatten sie ihre Forderungen nicht durchgesetzt — wohl aber die Zeit der letzten Hochkonjunkturphase verpaßt, wo sie noch gut hätten verdienen können. Der nutzlose Streik hatte ihre Ersparnisse weitgehend aufgezehrt. Die Gewerkschaften wollten die Hochkonjunktur ausnutzen, obwohl sie zu diesem Zeitpunkt bereits wieder im Abflauen war. Zur Jahrhundertwende betrug der Höchstlohn für einen Nietenschirrmeister 39, einen Schiffbauschirrmeister 46 und für Zimmerleute 49 Pfennige. Die Löhne stiegen aber dauernd weiter. Unter den »Plattern« der Werft gab es mittlerweile 60-80 Schirrmeister, die wirklich Platten anzeichnen konnten, 80–100 brauchbare Locher und Anbringer sowie 80 Laschenmacher. Diese rund 250 Fachkräfte hatten 500-600 Ungelernte und 100 Lehrlinge als Helfer. An Nietern gab es 500-600, an Bohrern rund 300, an Stemmern und Kreuzern 200 und an Winkelschmieden ca. 150 Mann.

Noch einige Ereignisse der Jahre um die Jahrhundertwende verdienen es, mitgeteilt zu werden. So hatte das im April 1898 an die Hamburg-Amerika Linie abgelieferte Kombischiff BULGARIA (10237 BRT), das im Zwischendeck 2700 Fahrgäste für einen Fahrpreis von 100 Schillingen pro Person nach Amerika beförderte und heimkehrend Getreide nach Europa brachte, ebenso wie seine drei Schwesterschiffe — eins kam aus England — als Rudermaschine ein ausländisches Erzeugnis geliefert bekommen. Sie arbeitete mit Ketten auf einen in England hergestellten Stahlguß-Quadranten. In den Winterstürmen des Jahres 1899 passierte es prompt,* daß nacheinander der PRETORIA und auch der BULGARIA das Rudergeschirr brach. Das widerfuhr dem Dampfer BULGARIA mitten auf dem Atlantik.

Das Schiff trieb zunächst hilflos in den Orkanseen und gab Notsignale, die jedoch nur ein englischer Dampfer zur Kenntnis nahm, der aber im Laufe der Nacht den Havaristen wieder aus den Augen verlor. Da die Funktelegrafie noch nicht

Presse-Meldung über das »Heldenschiff«
Bau-Nr. 125: BULGARIA, 10237 BRT, 4100 PS, 12 kn, Hamburg-Amerika Linie.

eingeführt war, blieb die BULGARIA verschwunden. Englische Zeitungen meldeten bereits den Verlust dieses Neubaues von Blohm & Voss. Schließlich kam die BULGARIA wider Erwarten aber doch bei den Azoren an. Kapitän Gustav Schmidt und seine Besatzung hatten unter großen Schwierigkeiten ein Notruder gebastelt und damit die Reise fortgesetzt. Nun war die BULGARIA zum »Heldenschiff« geworden. Kaiser Wilhelm verlieh Kapitän Schmidt den Hohenzollern-Hausorden. Der Hamburger Senat bereitete der Besatzung im Rathaus einen großen Empfang.
Für B & V war die glückliche Heimkehr der BULGARIA ein beträchtlicher Triumph, der gebrochene Ruderquadrant stammte nicht aus eigener Fabrikation.

In den neunziger Jahren eskalierten bei den Fahrgastschiffen die Schiffsgrößen beträchtlich. Sie stiegen bei B & V von 3500 rasch auf über 12500 BRT an. In der Flotte der Hamburg-Amerika Linie entstanden die ersten sogenannten P-Dampfer — erster war 1894 die PHOENICIA, 1898 wurde dann die 12800 BRT große PRETORIA abgeliefert. Derart große Schiffe hätten in England docken müssen, weil die Hamburger Docks und erst recht die Docks anderer deutscher Häfen dafür viel zu klein waren.

Um mit neuen Schiffsgrößen Schritt halten zu können, baute Blohm & Voss aus eigenen Mitteln das schon im Zusammenhang mit der Eindockung des Linienschiffes KAISER KARL DER GROSSE erwähnte DOCK III, das mit insgesamt 17000 Tonnen Hebefähigkeit das damals größte Schwimmdock der Welt war. Zwei mitsamt ihrem

---
* Schmiedestahl statt Stahlguß wäre besser gewesen!

dazugehörigen Kessel in den Seitenkästen untergebrachte Dampfmaschinen trieben jeweils 14 Dockpumpen an. Das neue Dock erhielt seinen Liegeplatz im Werfthafen und wurde am 1. April 1897 mit der Eindockung der PERSIA (HAPAG) in Betrieb genommen. Das Dock galt in Fachkreisen als Nonplusultra. Es mußte für alle vorhandenen und noch zu erwartenden Schiffsgrößen ausreichen. Die neuen Passagier- und Postdampfer der PENNSYLVANIA-Klasse schienen bereits nicht mehr vergrößerungsfähig. Aber selten wurde in den letzten hundert Jahren so oft und nachhaltig geirrt wie in der Prognose von zu erwartenden künftigen Schiffsgrößen! Das Größenwachstum der Schiffe setzte sich um die Jahrhundertwende in atemberaubendem Tempo fort. Das Wettrennen der Schnelldampfer um das »Blaue Band des Ozeans« hatte fiebrige Aktivitäten ausgelöst. Diejenige Reederei, die mit ihrem Schiff als Sieger hervorging, hatte nationales Prestige und weltweite Werbung zugleich erreicht. Nachdem die über 10500 BRT große britische CITY OF PARIS mit 18500 PS Maschinenleistung und 20,02 Knoten der Konkurrenz die Trophäe im Jahre 1889 abgejagt hatte (Reisedauer Bishop's Rock-Ambrose-Feuerschiff: fünf Tage, 14 Stunden, 24 Minuten), antwortete die britische Cunard Line mit ihren 12500 BRT großen und 30000 PS leistenden Neubauten CAMPANIA und LUCANIA und holten wenig später mit einer Reisedauer von fünf Tagen, acht Stunden die Auszeichnung an ihre Reederei zurück.

Erst um die Jahrhundertwende trat Deutschland mit seinen im eigenen Land erbauten Schnelldampfern als Konkurrent an. 1897 holte sich der Lloyd-Schnelldampfer KAISER WILHELM DER GROSSE (14349 BRT) mit 22,35 kn Durchschnittsfahrt das Blaue Band erstmals nach Deutschland. Reisezeit: Fünf Tage, achtzehn Stunden, vierzig Minuten.

Aber schon im Jahre 1900 brach die HAPAG mit der 16502 BRT großen DEUTSCHLAND (III) diesen Rekord. Aber die HAPAG konnte sich dieser Lorbeeren nicht lange erfreuen, weil bereits 1902 das Blaue Band abermals an den Norddeutschen Lloyd fiel, dessen bereits 19361 BRT großer Neubau KAISER WILHELM II. 23,7 Knoten Durchschnittsfahrt erreicht hatte. Diese für damalige Verhältnisse gigantischen Schiffe hatten schon in kurzer Zeit das neue DOCK III von B & V wieder veralten lassen. Man begann darum schleunigst mit dem Bau einer noch größeren Schuhnummer: DOCK IV, 35000 t Hebevermögen. Bevor dieses aber fertiggestellt werden konnte, brach bei Schnelldampfer DEUTSCHLAND (III) 1902 in einem Atlantik-Orkan der Hintersteven. Dieser stammte von den Skoda-Werken in Pilsen. Er war in der Sohle zu schwach konzipiert. Unter allen Umständen mußte die havarierte DEUTSCHLAND baldmöglichst eingedockt werden, sie war für das 17000 t hebende Dock zu schwer.

Ernst Voss kam auf die glänzende Idee: Die schon in Angriff genommene erste Sektion vom neuen DOCK IV wurde beschleunigt fertiggestellt, vom Stapel gelassen, betriebsklar gemacht und kurzerhand an die Sektionen von DOCK III angenietet. Wenn auch unter Mühen, gelang es tatsächlich, mit dieser ungleichen Dock-Kombination den Vierschornsteindampfer aus dem Wasser zu heben.

Nach Erledigung der nötigen Vorarbeiten wurde das Dock mitsamt dem darinliegenden Schiff unter den damals vorhandenen größten Kran der Werft — er hob 150 Tonnen — verholt, der den gebrochenen alten Hintersteven heraushob und den inzwischen angelieferten neuen im Dock absetzte.

Insgesamt blieb die DEUTSCHLAND 120 Tage lang im Dock. Sie mußte, wie sich bei der Besichtigung herausgestellt hatte, auch noch verstärkt werden, weil die eindeutig zu schwache Nietung der Stettiner Bauwerft, zumal im Bereich der »Neutralen Faser«*, gefährlich nachgegeben hatte. Die Reparaturrechnung einschließlich Nachnietung belief sich schließlich auf 600000 Goldmark. Das war der größte Reparaturauftrag, den bis dahin die Werft je erhalten hatte.

---

* Unter der Neutralen Faser oder Neutralen Zone versteht der Schiffbauer die Mittelzone eines auf Biegung beanspruchten Trägers, in der weder Druck- noch Zugspannungen auftreten. Im Gegensatz zu den stark beanspruchten sog. Gurtungen kann diese Zone entsprechend leicht gebaut werden.

Ein turbulentes Jahrhundert

Von einer »guten alten Zeit« spricht nur, wer die Geschichte nicht kennt. Jede Generation hat ihre speziellen Nöte und Probleme. Keiner wurde jemals das Leben leichter gemacht als der nachfolgenden. Wenn wir Menschen des Raumfahrtzeitalters uns die Jahre vor dem Ersten Weltkrieg vorzustellen versuchen, dürfen wir nicht der Illusion erliegen, es habe sich um ungetrübte sonnige Friedensjahre gehandelt. Tatsächlich waren Aufstände und schwere Konflikte mit farbigen Völkern, Kriege zwischen Großmächten und diplomatische Verwicklungen mit ständiger Kriegsfurcht an der Tagesordnung. Das bereits erwähnte Wettrüsten der Kriegsflotten war dabei das äußere Anzeichen dieser Spannungen.

Als die Glocken der Hamburger Kirchen die 20. Jahrhundertzahl einläuteten, war in Südafrika der Burenkrieg in vollem Gange. Im Frühjahr des Jahres 1900 wurde außerdem vom Ta-chuan, der »Gesellschaft der chinesischen Vaterlandsfreunde«, auch »Boxer-Gesellschaft der Großen Messer« genannt, der Aufstand gegen die »weißen Teufel« angezettelt, der als gewaltsames nationales Aufbegehren gegen die merkantile und politische Bevormundung Chinas durch die damaligen Großmächte (Großbritannien, Deutschland, Frankreich, USA, Rußland, Japan, Italien, Österreich-Ungarn) gesehen werden muß.

Boxeraufstand in China: Kanonenboot ILTIS im Gefecht mit den Taku-Forts an der Mündung des Pei-Ho in den Golf von Petschili des Gelben Meeres.

Die Landungskorps der Kriegsschiffe dieser Nationen wurde durch aufständische »Boxer« und bald auch durch reguläre chinesische Truppen in so schwere Kämpfe verwickelt, daß nicht nur das Deutsche Reich gezwungen war, ein »Ostasiatisches Expeditionskorps« aufzustellen und beschleunigt nach China in Marsch zu setzen. Das deutsche Korps bestand aus zwei Seebataillonen der Kaiserlichen Marine und zwei Armee-Brigaden samt Feldbatterien, Pionier- und Nachschub-Kompanien sowie Telegrafen-Detachement. Für die Verschiffung wurden 21 Dampfer benötigt, die aus ihren Liniendiensten abgezogen werden mußten. Allein deutscherseits mußten 20000 Soldaten, 860 Geschütze und Fahrzeuge sowie 20500 cbm Kriegsmaterial in den Fernen Osten verschifft werden! Am eiligen Umbau von Frachtern zu behelfsmäßigen Truppentransportern war auch Blohm & Voss beteiligt. Die Sache brannte dem Armeeoberkommando auf den Nägeln.

Ähnliches wiederholte sich bereits vier Jahre später. In der deutschen Kolonie Südwestafrika brach der blutige Herero-, bald darauf auch der Hottentotten-Aufstand aus. Laut Vertrag mit dem Deutschen Reich mußte die Woermann-Linie im Falle derartiger Konflikte mit ihren Schiffen Truppen in die Kolonie transportieren. Viele tausend Mann mitsamt Pferden mußten ab 1904 die viel zu schwache deutsche Schutztruppe im Aufstandsgebiet verstärken. Zwei von Woermann eilends aufgekaufte Frachter-Neubauten einer anderen Werft mußten von Blohm & Voss in der unglaublich kurzen Zeit von vier Wochen mit Pferdeställen und Unterkünften für die Soldaten ausgerüstet werden. Außerdem galt es, an Deck eiserne Waschhäuser und eine Vielzahl von Toiletten zu errichten. Für die Offiziere mußten, wie es unumstößlichen Gepflogenheiten entsprach, Einrichtungen 1. Klasse geschaffen werden. Zum Teil wurden unter der Poop Speisesalons aus gestäbtem Holz eingebaut. Aber man wurde termingerecht fertig, obwohl die Werft gerade zu dieser Zeit außerordentlich knapp mit Personal gewesen ist.

Doch schon brach ein neuer Konflikt los, der ein Jahr später seinen dramatischen Höhepunkt finden sollte: Der Russisch-Japanische Krieg, veranlaßt durch Streitigkeiten wegen der russischen Besetzung der Mandschurei und durch ungeklärte Abgrenzungen der Interessen beider Mächte in Korea. Die Japaner torpedierten 1904 noch vor Kriegseröffnung große Teile der zaristischen Ostasienflotte in Port Arthur, so daß sich das maritim geschwächte Rußland gezwungen sah, seine Ostseeflotte auf abenteuerlicher Fahrt ums Kap der Guten Hoffnung nach Ostasien in Marsch zu setzen: 42 Schiffe mit 10000 Mann Besatzung, die nach 20000 Seemeilen Reise das Pazifische Geschwader bilden sollten. Aber im Mai 1905 wurde das Geschwader in der Seeschlacht von Tsuschima vollständig vernichtet oder gekapert. Vor der Verlegung der Ostseeflotte nach Ostasien kauften die Russen eilig ältere Schnelldampfer von HAPAG und Norddeutschem Lloyd auf.

B & V mußte dem in MOSKWA umgetauften Passagierdampfer FÜRST BISMARCK neue Wellenböcke anbauen und außerdem einen angekauften englischen Dampfer mit dem Namen GORJISTAN eilends — binnen 90 Tagen, bei 1000 Mark Konventionalstrafe pro Tag im Verzugsfalle — zum Werkstattschiff für die Begleitung der russischen Ostseeflotte umbauen. Im Vorschiff wurden eine Gießerei und eine Schmiedepresse installiert, außerdem alle nur denkbaren großen und kleinen Werkzeugmaschinen in den Arbeitsdecks aufgestellt. Am Heck errichtete man einen Kran von rund 200 Tonnen Hebevermögen, mit dessen Hilfe kleinere Torpedoboote zur Reparatur von Unterwasserschäden und zum Propellerwechsel teilweise oder auch ganz angehoben werden konnten. GORJISTAN war damit Vorläufer heutiger Marine-Dockschiffe.

Blohm & Voss kam aus der Eil-Arbeit für die Russen nicht so schnell wieder heraus. Noch bevor die GORJISTAN (später ANGARA) fertig werden konnte, mußte auch die PHOENICIA zum Werkstattschiff KRONSTADT für Ostasien umgerüstet werden. Die HAPAG verkaufte dieses elf Jahre vorher bei Blohm & Voss gebaute Fahrgastschiff nach dem Umbau an die zaristische Marine. Auch für die KRONSTADT wurde das Bestmögliche und Modernste an Werkzeugmaschinen und

Preßluftgeräten beschafft und unter Verwendung beträchtlicher Mengen von Kupfer, Messing und Stahlblech eingebaut. Umbau und Einrichtung beider Werkstattschiffe waren eine beträchtliche Leistung. Als diese Fahrzeuge im Mai 1905 in Kronstadt abgeliefert wurden, vollzog sich gerade das Schicksal der russischen Ostseeflotte bei Tsuschima. ANGARA und KRONSTADT konnten ihren ursprünglich vorgesehenen Zweck nicht mehr erfüllen. KRONSTADT wurde später ins Schwarze Meer verlegt.

Bei der Ablieferung in Kronstadt aber wußten die Russen nicht, was sie mehr bewundern sollten: die moderne und gelungene Ausrüstung der beiden Werkstattschiffe oder die Tatsache, daß jedes in den Listen verzeichnete Werkzeug und jede Werkzeugmaschine tatsächlich auch vorhanden waren — was dortzulande offenbar als höchst ungewöhnlich empfunden wurde!

Die Weltgeschichte war auch nach dem Gewitter des Russisch-Japanischen Krieges keineswegs friedlicher geworden.

Wer weiß heute schon, daß es 1905 um ein Haar zum Krieg zwischen Schweden und Norwegen gekommen wäre, weil sich Norwegen eigenmächtig aus dem schwedischen Reichsverband gelöst hatte? Wer erinnert sich heute noch jener gefährlichen deutsch-französischen Marokkokrisen der Jahre 1906 und 1911, der Annexion von Bosnien und Herzogowina durch Österreich-Ungarn im Jahre 1908 oder an den Balkankrieg von 1912–13? Die angeblich »heile Welt« war niemals heil. Aber Pessimismus und Optimismus, Ängste und Gelassenheit hielten sich damals in der Kaiserzeit wie heute die Waage. Ungeachtet aller Schatten in der Weltpolitik florierte in wilhelminischen Tagen das Kreuzfahrtengeschäft von Jahr zu Jahr mehr.

Noch vor der Jahrhundertwende war diese neue Sparte Seefahrt in Mode gekommen, die sich bald großer Beliebtheit erfreute: Man unternahm Kreuzfahrten oder, wie man damals zu sagen pflegte, Gesellschaftsreisen. Schon 1889 hatte der Norddeutsche Lloyd versuchsweise einen Dampfer mit Erfolg auf eine derartige Sonderfahrt geschickt. In den neunziger Jahren entsandte die

HAPAG regelmäßig im Winter die AUGUSTE VIKTORIA ins Mittelmeer, weil in dieser stürmischen Jahreszeit die Zahl der Passagen im Transatlantik-Liniendienst abnahm. Bald waren die sogenannten Orient- und die Nordland-Fahrten aus dem Fahrtprogramm des Norddeutschen Lloyd und der HAPAG nicht mehr wegzudenken. Die HAPAG ging noch einen Schritt weiter, indem sie im Jahre 1899 das erste jemals speziell für diesen Zweck gebaute Gesellschaftsreiseschiff bei Blohm & Voss in Auftrag gab. Um dem Schiff eine besondere Note von Vornehmheit zu geben, ließ man es als weiße Doppelschrauben-Dampfjacht ausführen. Dieses Schiff namens PRINZESSIN VICTORIA LUISE sollte beim Reisepublikum Assoziationen zu den großen Dampfjachten der damaligen Herrscher von England, Rußland und Deutschland erwecken. Tatsächlich erinnerte das Schiff – es hatte, weitgeschwungen, Klippersteven und Klüverbaum – durch seine schrägen und doch horizontal abschließenden Schornsteine ein wenig an die jedem Deutschen vertraute Kaiserjacht HOHENZOLLERN. Aber PRINZESSIN VICTORIA LUISE, die im Dezember 1900 ihre Probefahrten in der Kieler Bucht ablegte und vor der Jungfernreise höchst interessiert von Kaiser Wilhelm besichtigt wurde, war eleganter und graziler gebaut. Sie war fünf Meter länger, aber über einen Meter schmaler als die Kaiserjacht. Man sah ihr überhaupt nicht an, daß sie anderthalbtausend Tonnen Wasser mehr verdrängte! Bei ihrer innenarchitektonischen Ausgestaltung hatte man sich förmlich überboten. Meisterhafte Schnitzereien und Gemälde von den schönsten Punkten der Erde verzierten das Schiff. Dessen altgoldgetönter, teilweise sogar vergoldeter Speisesaal und dessen in zartem Elfenbein gehaltener, mit einem rotseidenen Wandstoff bekleideter Gesellschaftssalon waren beide gemeinsam von einem kristallkuppelüberwölbten Lichtschacht überragt bzw. durchbrochen. Der kostbare Seidenstoff der Salonwände wurde in seiner Wirkung durch die Sofabezüge von gleicher Farbe und dem blaugrün gehaltenen Teppich unterstützt. Die Tischdecken waren mit Stickereien nach alten Chorgewändern bedeckt,

und ein kostbarer Flügel bot Gelegenheit zu Künstlerkonzerten. In der Zeitschrift des Vereins Deutscher Ingenieure (VDI) stand damals: »Das Treppenhaus erhält durch ein Oberlicht in Opaleszent-Verglasung eine strahlend helle Erleuchtung. Durch den blauen Ton der Wände wird auch in diesem mehr dem Verkehr dienenden Raume eine vornehme Wirkung erzeugt. Zur Erholung und zur ungestörten Erledigung des Briefwechsels bietet die geschmackvolle und anheimelnd eingerichtete Bibliothek einen passenden Aufenthaltsort, der sicherlich dazu beitragen wird, die Fahrt auf der VICTORIA LUISE angenehm zu gestalten. Die Decke des Raumes ist cremefarben, die Wände in Eichenholz sind blaugrün, ihre Füllungen in warmem Lederton, die Sofabezüge grün gehalten. Die kleinen Schreibtische tragen hübsche Stehlampen, und weiter ist durch reiche Deckenbeleuchtung für Helligkeit gesorgt.«
Natürlich wurde ein Staatszimmer für Kaiser Wilhelm nicht vergessen. Auch die übrigen 119 Fahrgastkabinen konnten sich mit ihrem Komfort sehen lassen. Sie bestanden jeweils aus Wohn- und Schlafzimmer, hatten außerdem eigenes Badezimmer nebst Toilette.
Von der Ausrüstung des Schiffes waren zwei Petroleum-Motorboote besonders erwähnenswert, die eigens für den Verkehr der Fahrgäste mit dem Lande mitgeführt wurden. Kurzum, die komfortable Kreuzfahrt-Lustjacht bestand auch vor dem kritischen Blick des anspruchsvollen Kaisers, der nun wirklich überzeugt war, daß Blohm & Voss Schiffe zu bauen verstand, die man vorzeigen konnte.
Am Tage nach der Probefahrt der Dampfjacht war im Hamburger Hafen ein Boot angerudert gekommen, dessen Insasse sich beim Wachhabenden Offizier meldete. Er erklärte, er sei Schlosser von Blohm & Voss und solle noch einmal die Salonfenster zum Nacharbeiten abholen. Diese wurden daraufhin abgenommen und ins Boot gepackt. Man sah sie niemals wieder. Erst einige Tage vor der Jungfernreise, als man die Werft vergeblich telefonisch wegen Rücklieferung der Fenster drängte, merkte man, daß man einer Köpenickiade aufgesessen war. Die wertvollen

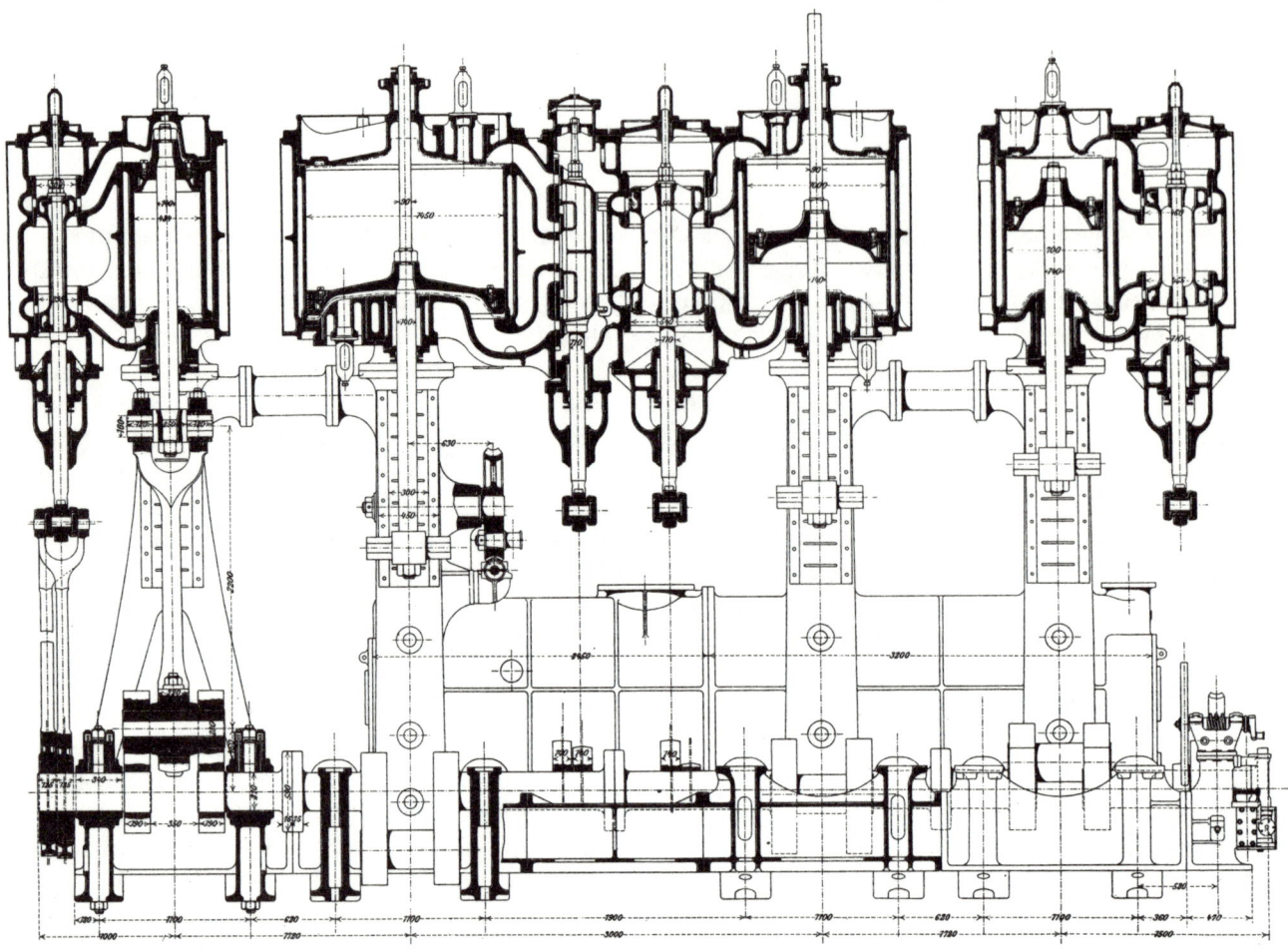

Bau-Nr. 144: Doppelschrauben-Fahrgast-Dampfjacht PRINZESSIN VICTORIA LUISE, 4409 BRT, 3600 PS, 15 kn, Hamburg-Amerika Linie — Längsschnitt durch eine der beiden Hauptmaschinen (Dreifach-Expansionsmaschine, Kolbendampfmaschine).

Fenster waren von einem Trickdieb gestohlen worden. Damals existierten im Hamburger Hafen regelrechte Diebesbanden, die entwendete Gegenstände zerlegten und stückweise an ausländische Abnehmer verkauften.

Unglücklicherweise hatte die HAPAG die unter Albert Ballins persönlicher Leitung stehende New-York-Jungfernreise ihrer rank gebauten und dementsprechend stärker schlingernden Dampfjacht ausgerechnet im unfreundlichen Monat Januar 1901 angesetzt. Eine Unmenge kostbaren Geschirrs ging zu Bruch, und bei den sterbensseekranken Fahrgästen kam das weiße Schiff in Mißkredit. Auch die Konkurrenz sorgte nicht ungern für weitere Verbreitung des negativen Rufes. Dennoch wurde das Schiff bald außerordentlich beliebt. Es unternahm, zumeist von New York aus, für deutsche und amerikanische Fahrgäste erfolgreiche, gut organisierte Westindien-Kreuzfahrten. Aber leider bewahrte aller Luxus und aller Aufwand die PRINZESSIN VICTORIA LUISE nicht davor, schon 1906 vor Kingston/Jamaika auf einer Sandbank zu stranden, die wenige Tage zuvor durch ein Seebeben entstanden war. Die Luxusjacht wurde Totalverlust.

Vor dem Scheitern dieses Schiffes war von der HAPAG noch eine weitere, wenn auch etwas kleinere Kreuzfahrtdampfjacht in Auftrag gegeben worden. Das mit genau 3613 BRT vermessene Schiff erhielt den Namen METEOR. Diese nicht sonderlich luxuriöse Dampfjacht war für 220 Fahrgäste ausgelegt. Sie hatte ein glücklicheres Schicksal als ihre Vorgängerin und war 40 Jahre lang in Fahrt, wobei sie von der Reparationsablieferung im Jahre 1919 an dreimal einen Besitzerwechsel über sich ergehen lassen mußte. Erst im April 1945 wurde die seit langem zum Lazarettschiff umgerüstete Jacht bei der Übernahme von Schwerverwundeten im Hafen von Pillau durch Fliegerbomben versenkt. Aber bis dahin war sie ungeachtet des Krieges mit unverkennbarer Dampfjacht-Eleganz und dazugehörigem Klüverbaum auf den minenfreien Wegen der Ostsee unterwegs — wie ein Symbol für bessere Zeiten.

Das unterbliebene Hurra

In jenen längst entschwundenen Tagen nach der Jahrhundertwende war dieses grundsätzlich Brauch: Meister August Ketelsen, der auf der Werft die Schiffsverholer unter sich hatte und deshalb auch alle Stapelläufe mitmachen mußte, ließ nach jedem glücklichen Ablauf eines Neubaues von der Helling von seinen fünfzehn Mann vorn auf der Back laut und vernehmlich ein dreifaches »Hurra« ausbringen.

Die Schiffsverholer waren samt und sonders weltmeerbefahrene Janmaaten, deshalb hielten sie auch wie Pech und Schwefel zusammen und wenn sich ihr bisweilen ziemlich »gnadderiger« Meister querlegte, kriegte er bei ihnen »kein Bein mehr an Deck«.

Eines Tages passierte folgendes: Meister Ketelsen hatte den ganzen Morgen nur an seinen Leuten herumgemeckert. Nichts war ihm schnell genug gegangen, alle Verholer waren sowieso nur Faulpelze. Und als Ketelsen auch noch begann, seine »Macker« offensichtlich zu schikanieren, »beschnackten« sich die fünfzehn dann in der Mittagspause. Sobald bei dem am Nachmittag fälligen Stapellauf das frischgetaufte Schiff endgültig in seinem Element war, drehte sich August Ketelsen wie üblich zu seinen Leuten um, riß seinen steifen Hut vom Kopf und brüllte: »Een, twee, dree - hurro!« Aber keiner von seinen Leuten stimmte diesmal ein. Sie guckten ihren Herrn und Meister mit Unschuldsmienen an, als wüßten sie nicht, wovon überhaupt die Rede war.

»Wat follt jooch denn in, wat?« schimpfte Ketelsen, »wöllt ji mol dat Mul updohn! Also los, nochmal: Een, twee, dree - hurro!« Und wieder war ganz allein nur Ketelsen zu hören.

»Verdammte Bloos«, bölkte er mit feuerrotem Kopf, »ji sölt Hurro ropen! Könt ji nich heurn? Los, man to: Een, twee, dree - hurro!« Aber es half alles nichts - auch nicht, daß er jedem einzelnen seiner Mannen einen Blick zuwarf, als wolle er ihm den Kopf abreißen. Was seine »Gang« nicht wollte, das tat sie nun mal nicht.

Und so blieb Meister Ketelsen nichts anderes übrig, als seine Verholer an die Arbeit zu schicken, denn die Schlepper kamen schon längsseits. Sie wollten das Schiff an den Ausrüstungskai bug-sieren. Am nächsten Tag mußte Meister Ketelsen prompt zu Hermann Blohm ins Büro hochkommen. Der Prinzipal — im Werftjargon »Nummer Eins« genannt — drückte ihm unumwunden seinen Ärger darüber aus, daß beim Stapellauf nicht das seit je übliche Hurra ausgebracht worden sei. Dieser Verstoß gegen die Seefahrtsbräuche sei ihm, Hermann Blohm, gegenüber den vielen hochgestellten Stapellaufgästen außerordentlich peinlich gewesen. Ketelsen wand sich und versuchte, sich zu verteidigen. Aber der Menschenkenner Blohm sagte ihm auf den Kopf zu, daß er dann doch wohl seine Leute nicht so behandle, wie er das auf der Werft gerne sähe. Beim nächsten Stapellauf dürfe so etwas auf gar keinen Fall wieder vorkommen! Während der sechs Wochen bis zum nächsten Stapellauf hatte Meister Ketelsen viele schlaflose Nächte. Wer konnte garantieren, daß ihm seine Mannschaft nicht wieder diesen Streich spielte? Die ganze Werft hatte sich ja darüber amüsiert. Je näher der Stapellauftermin heranrückte, desto mehr kam August Ketelsen in Druck, zumal er vorsorglich aus dem Kontor nochmals einen recht deutlichen Wink bekommen hatte, daß das Hurra diesmal unbedingt klappen müsse.

Der verzagte Meister betrat am Stapellauftag das flaggengeschmückte Werftgelände mit einem Gefühl, als schritte er seiner Hinrichtung entgegen. Plötzlich kam ihm eine rettende Idee:

Nachdem das Schiff im Wasser war, drehte sich Ketelsen wieder zu seinen Tunichtguten um und sagte unüberhörbar: »Ick weet, dat ick een ganz slechten Kerl bün, dat ji mi nich utstohn könt. Wat ober denn, wenn ick hier öber Bord fall und elendig versup - wat ropt ji denn, he?«

»Hurroooo!« riefen alle Mann und schwenkten ihre Mützen über dem Kopf.

»Pfui! Un wenn ick denn buten in Ohlsdorf in de Kuhl dolloten ward un nich mehr mit jooch schimpen kann, wat ropt je denn, he?«

»Hurroooo!« riefen sie noch lauter als beim ersten Mal.

»So, so! Ober wenn ick in mien Testament bestimmt heff, jeder von juch sall twintig Mark arben, um sick bet bobenhenn vulltosupen, wat ropt ji denn, to'n Düwel nochmol, he?«

Da brüllten sie auch das dritte Hurra derart laut, daß man es weit und breit auch auf der anderen Seite der Elbe hören konnte.

Und als Hermann Blohm ein paar Tage später August Ketelsen »auf dem Platz« traf, klopfte er ihm wohlwollend auf die Schulter und lobte dieses dreifache Hurra, das noch niemals so begeistert und vollstimmig ausgebracht worden sei.

»Du sust man weten«, dachte Ketelsen im stillen, »worüm dat verdammte Osvolk ditmol so begeistert ropen hett!«

Gelacht wurde in jener Zeit herzlich gern. Und daß immer irgendwo jemand einen Schabernack trieb, gehörte zum Betriebsklima. So war es nahezu selbstverständlich, daß man nach besonderem Ritual auch jeden neu eingestellten Lehrling nach Kräften »auf den Arm« nahm, wenn er arglos in der Werkzeugausgabe erschien, um wegen eines bevorstehenden Regens einen »Kolonnenschirm«, für seinen Nietermeister ein paar Dosen Leckwasser oder für seinen Schirrmeister ein »verstellbares Augenmaß« zu holen oder wohl gar die Noten für die Erprobung der Dampfpfeife. Dann bekam er garantiert einen nicht gerade leichten Sack oder eine entsprechend gewichtige Kiste ausgehändigt, die kilometerweit irgendwohin zu tragen war. Und es verstand sich von selbst, daß der ausdrücklich genannte Empfänger auf dem in der Ausrüstung liegenden Schiff keineswegs gleich zu finden war, sondern erst im Wellentunnel, dann auf der Brücke, vielleicht in Luke 2 und schließlich vorn im Mannschaftslogis gesucht werden mußte. Das schwere Gepäck war dabei selbstverständlich immer mitzuschleppen, es durfte nie aus den Augen gelassen werden. Man hatte ja durch seine Unterschrift die Haftung dafür übernommen.

Die Zeit war damals anders als heute. Die körperliche Arbeit war zwar schwerer, aber man besaß noch eher die Gabe, mit dem Erreichten zufrieden zu sein und sich über irgendetwas zu freuen. Und man war noch gesellig. Man hielt mit den »Makkers« seiner Kolonne auch menschlich ganz anders zusammen als in der heutigen Zeit, wo der Feierabend jeden Arbeitskollegen schnurstracks in die eigenen vier Wände und vor den Fernsehbildschirm entführt. Man sang und kegelte viel öfter zusammen und ließ in Zweifelsfällen auch mal Neun eine gerade Zahl sein. Man war noch Lebenskünstler. Und selbst, wenn ein Teil der Belegschaft aus dringenden Gründen zur Sonntagsarbeit von 6.00 – 15.30 Uhr bestellt wurde, durfte laut Gesetz während der Kirchzeit nicht gearbeitet werden. Deshalb wurde für diese Zeit kurzerhand eine zweistündige bezahlte Pause angesetzt.

Dort, wo sich heute der Kuhwerder Hafen, der Kaiser-Wilhelm- und der Rosshafen befinden, lag 1905 noch ein Teil des Dorfes Neuhof mit Bauernhöfen, Fischerhäusern und idyllisch-ländlichen Biergärten. Dorthin zogen die Sonntagsarbeiter, um in rustikaler Beschaulichkeit ihre Arbeitspause zu verbringen. Obstpflücken gab es gratis, meistens wurde auch auf der Freilichtbahn gekegelt. Und so ging man nach diesem Ausspannen unter Scherzworten wieder an die Arbeit.

Aber die neue Zeit mit ihren Sachzwängen, mit weiterer Technisierung und immer härterem Konkurrenzkampf forderte auch in jenen Jahren unaufhaltsam ihren Tribut. Das Rad der Zeit ließ sich nicht mehr zurückdrehen.

Drei Persönlichkeiten traten schon um die Jahrhundertwende ins Bild, die in der Werftgeschichte wie Symbole einer neuen Epoche erscheinen. Zwei von ihnen, Hermann Frahm und Eduard Blohm, erhielten schon kurze Zeit später, am 1. Juli 1902, Gesamtprokura, nachdem die beiden Werftgründer 25 Jahre lang keinen gesetzlichen Vertreter gehabt hatten und noch fast jeden Brief eigenhändig unterschreiben mußten.

Ein Industriebetrieb dieses Umfanges ohne Prokuristen und Handlungsbevollmächtigte — das war auf die Dauer ein unhaltbarer Zustand.

Hermann Frahm (mit dem Schiffbaumeister Heinrich Frahm weder verwandt noch zu verwechseln) war am 1. Oktober 1900 bei der Werft angestellt worden. Als Sohn eines früh verstorbenen Vaters hatte Frahm — ein Neffe von Ernst Voss — bei Dennert & Pape Feinmechaniker gelernt und 1885–1887 eine Ergänzungslehre in der Blohm & Voss-Maschinenfabrik angehängt. Während seines Hochschulstudiums in Hannover arbeitete Frahm im Konstruktionsbüro der Werft, einmal interessehalber auch beim Stettiner Vulcan. Nach dem Examen trat der junge Diplom-Ingenieur zunächst in die Dienste von Haniel & Lueg in Düsseldorf, anschließend arbeitete er mehrere Jahre lang beim Hafenbauamt der Stadt Köln. Mit Hermann Frahm, der später zum Dr.-Ing. e. h.

ernannt wurde und schon 1904 zum Technischen Direktor von Blohm & Voss aufstieg (Todesjahr 1941), trat ein weiterer hochbegabter und kreativer Konstrukteur in den Kreis der Mitarbeiter, der durch mehrere Patente internationale Berühmtheit erlangte und zugleich seiner Werft zu entsprechenden Baulizenzen verhalf. Frahms Ideenreichtum erstreckte sich auf viele Sachgebiete, die bisweilen sogar außerhalb der eigentlichen Schiffbautechnik lagen. So zählte die von ihm erfundene Frahm'sche Dämpfung des Kreiselkompasses* ebenso eindeutig ins Fachgebiet Nautik wie Frahms Ferngeschwindigkeitsmesser.

Am bekanntesten wurde Dr.-Ing. e. h. Hermann Frahm jedoch durch die von ihm erfundenen Frahm'schen Schlingertanks, die vor der Erfindung der Stabilisierungsflossen wirksame Mittel zur Verringerung der besonders störenden seitlichen »Schaukelbewegungen« von Schiffen im Seegang waren. Dieses Schwingen um die Gleichgewichtslage strapaziert Ladung wie Fahrgäste gleichermaßen und verringert bei Kriegsschiffen außerdem die Treffsicherheit der Geschütze.

Unschätzbar ist, in welchem Maße die bald immer weiter vergrößerte und modernisierte Werft Blohm & Voss durch diesen ungewöhnlichen Ingenieur und späteren Direktor Hermann Frahm profitiert hat (siehe auch Seiten 96/97).

Eduard Blohm, ein Neffe von Hermann Blohm, hat seine Stellung bei der Werft nur wenig später als sein baldiger Mitprokurist Hermann Frahm angetreten. Er hatte nach seiner Gymnasialzeit und seinem Wehrdienst Ende der neunziger Jahre in Hannover, Stuttgart und Berlin-Charlottenburg hauptsächlich Maschinenbau studiert. In den Semesterferien hatte er jedoch schon mehrfach im Zeichenbüro der Maschinenfabrik Blohm & Voss, einmal außerdem acht Wochen lang auf dem Schnürboden von Meister Fick mitgearbeitet. Nach seinem Diplom-Examen absolvierte Eduard Blohm seine Reserveoffiziers-Wehrübung und arbeitete vom Herbst 1896 bis Mai 1898 im Maschinenbüro des Stettiner Vulcan, ehe er für knapp zwei Jahre nach England ging. Als der »drüben« mit vielerlei neuem Know-how in Berührung gekommene Diplom-Ingenieur am 1. Februar 1901 in die Dienste von Blohm & Voss trat, war er — abgesehen von seinem Praktikum auf dem Schnürboden — auf dem Fachgebiet Schiffbau noch weitgehend unerfahren. Oberingenieur Fritz Nordhausen, dem sämtliche B & V-Schiffbau-Konstruktionsbüros unterstanden, nahm ihn deshalb unter seine Fittiche, um ihn systematisch mit dem Eisenschiffbau**, der Arbeit des Ausrüstungs- sowie des Projekt-Büros vertraut zu machen. Eduard Blohm fand sich aus Neigung in das ihm vom Studium her fremde Fachgebiet Schiffbau schnell und virtuos hinein, so daß er bald als Schiffbauer sowie Schiffsmaschinenbauer gleichermaßen ernstgenommen wurde. In harmonischer Zusammenarbeit mit Fritz Nordhausen wurde Eduard Blohm schließlich Schiffbau-Betriebsleiter. Sein Spitzname »Nieter-König« wurde bereits genannt.

Zusammen mit Frahm und Blohm war der Dritte in dem Triumvirat junger, modern denkender Führungskräfte der am 15. Mai 1903 bei Blohm & Voss angestellte Rudolf Rosenstiel. Man übertrug dem erst Zweiunddreißigjährigen die Leitung aller kaufmännischen Büros. Rosenstiel rückte schließlich sogar zum Kaufmännischen Direktor der Werft auf. Er war der Werftleitung bei seinem Eintritt durchaus kein Unbekannter. Man hatte ihn aus der Technischen Inspektion der »Packetfahrt« (HAPAG) heraus als Mitarbeiter gewonnen.

Rosenstiel hatte nach seiner Gymnasialzeit in Berlin-Charlottenburg Schiffbau studiert, schließlich aber infolge einer finanziellen Notlage des Vaters sein Studium vor dem Diplom aufgeben müssen. Der junge Schiffbautechniker verdingte sich eine Zeitlang auf der Norddeutschen Werft in Kiel, wechselte 1890 für ein Jahr ins Blohm & Voss-Schiffbaubüro von Fritz Nordhausen über, mußte dann aber wegen einer Erkrankung der Atmungsorgane aus Hamburgs rauhem Nordseeklima ins mildere Rheinland übersiedeln. Bei der Werft Gebr. Berninghaus in Duisburg war er erstmals auch zugleich kaufmännisch tätig. 1896, nach Ausheilung seines Leidens, ging Rosenstiel nach Hamburg zurück. Direktor Rudolf Meyer, dem sämtliche HAPAG-Inspektionen unterstanden, machte den als begabt beurteilten und auch von Fritz Nordhausen empfohlenen Rosenstiel zum Sachbearbeiter für Neubauten, was ihn bald mit allen namhaften deutschen und englischen Werften in persönlichen Kontakt brachte. Nach Rudolf Meyers frühem Tod sollte sich Rosenstiel dem Maschineninspektor unterstellen, was er als Schiffbauer jedoch ablehnte. So führte ihn sein Weg zu Blohm & Voss zurück. Er erwies sich dort bald als der entscheidende kaufmännische Reorganisator.

Zunächst »vergriff« er sich an einer Einrichtung, die längst zur Gewohnheit und damit auch zur »geheiligten Institution« geworden war: Für jeden Arbeiter existierten für die Arbeitszeitkontrolle zwei kleine Holztafeln mit seiner »Gewerksnummer«. Betrat der betreffende Mann morgens die Werft, forderte er beim Pförtner seine Tafel an. Vor dem Wiederabgeben der Tafel bei Feierabend schrieb der Arbeiter auf die täglich neu mit weißer Schlämmkreide bekritzelte Tafel, wie viele Stunden er jeweils mit verschiedenen Arbeiten zugebracht hatte. Diese beim Verlassen des Werks

---

* Zur Dämpfung der Schwingungen während des Einpendelns der Kompaßrose in die Nordrichtung brachte Frahm unter dem Nord- sowie Südpunkt kleine Ölbehälter an, die untereinander durch ein dünnes Rohr verbunden wurden. Erhob sich der eine Behälter über den Horizont, konnte Öl in den anderen ausweichen. Durch diese Schwerpunktverlagerung der Rose entstand eine dem Ausschlagen entgegengesetzte Kraft und brachte den Kompaß schneller in die Nord-Süd-Richtung.

** Traditionsfachbegriff. Hätte damals bereits Stahlschiffbau heißen müssen! (D. Verf.)

an den Pförtner zurückgegebenen Täfelchen wurden während der Nacht vom Nachtportier der Reihe nach sortiert und anderntags in der Zeitschreiberei umständlich abgeschrieben.

Sonnabends war Lohntag, also mußten in der Nacht vom Mittwoch auf Donnerstag alle bis Mittwochabend geleisteten Stunden ermittelt werden, damit die Lohnauszahlung zwei Tage lang vorbereitet werden konnte. Die Lohnbuchhalter zogen aus den Lohnbüchern für jeden einzelnen Arbeiter die Stunden zusammen und sammelten sie auf Akkorde, die vor allem im Schiffbau — oft mit 20—25 Mann in einem Gewerk, im Reparatureinsatz sogar mit noch mehr Leuten — gearbeitet worden waren. Für jeden Akkord gab es dann eine Liste, in die Namen und Nummern der Arbeiter eingetragen und die in jeder Woche gearbeiteten Stunden hinzugefügt waren. War ein Akkord fertiggeschrieben, kam der betreffende Bogen in die Werkstattschreiberei. Die Kolonnenführer mußten ihrerseits »Beizettel« einliefern, auf denen täglich die Helfer, der vereinbarte Akkordpreis und die zusätzlichen Arbeiten vermerkt waren. Schließlich wurde der Bogen aus der Zeitschreiberei und jeder dazugehörige Beizettel auf etwaige Unstimmigkeiten hin verglichen.

Diese umständliche Methode war schon über ein Vierteljahrhundert alt, folglich kam überhaupt niemand mehr auf den Gedanken, wie unzulänglich sie doch war. Das Original der Stundenanschriften wurde ja gar nicht aufbewahrt, weil die Tafel jeden Tag wieder mit neuer Kreide beschrieben wurde.

Rosenstiel schaffte das total veraltete System kurzerhand ab. Er führte die Zeitkontrolle durch Schließuhren ein, für die jeder Arbeiter beim Betreten der Werft einen Schlüssel mit seiner Nummer abfordern mußte, der beim Verlassen der Werft auch wieder abzugeben war. Statt der Holztafeln aber wurden fortan Tageskarten eingeführt. Diese gaben die Arbeiter bei ihrem Meister ab. Die Karten kamen über diesen zur Werkstatt, und gleich anderntags von dort zur Zeitschreiberei im Lohnbüro. Dort wurden sie auf lose Karten übertragen, die jeweils 6—8 Wochen lang weitergeführt wurden. So mußte nicht erst das Ausfüllen des ganzen Lohnbuches abgewartet werden. Die Zeit für die Lohnabrechnung wurde beträchtlich verkürzt. Auch konnten die Tageskarten sofort und unmißverständlich auf die einzelnen Arbeiten und Akkorde gesammelt werden und standen dadurch ebenfalls für die Lohnabrechnung früher zur Verfügung. Der wichtigste Vorteil aber war, daß die Lohnabrechnungen von zwei verschiedenen Seiten — nämlich der Anwesenheitskontrolle mit Schließuhren sowie der Tageskarten (die zeigten, woran gearbeitet worden war) überprüft wurden. Fehler oder Unregelmäßigkeiten konnten dadurch sofort bemerkt werden.

Die Sache war einleuchtend einfach, aber man mußte erst darauf gekommen sein. Wie immer in solchen Fällen, hatte ein noch nicht »Betriebsblinder«, ein kurze Zeit vorher noch Außenstehender, die wunden Punkte eines nicht mehr zeitgemäßen Verfahrens sofort erkannt. Aber diese Vereinfachung sollte keineswegs die einzige, durchgreifende Rationalisierungsmaßnahme im Wirken Rosenstiels bleiben. Da dieser dynamische Mann von Schiffbautechnik und kaufmännischer Verwaltung gleichermaßen viel verstand, erkannte er immer wieder auf Anhieb, wenn falsch eingesetzte Kräne sich gegenseitig unnötig an der Arbeit hinderten oder unklug eingeordnete Betriebsabläufe einen Materialfluß oder Bearbeitungsvorgang sinnlos verzögerten.

Er dachte bereits seit seinem Dienstantritt in Kategorien, die heute bei jeder einzelnen Arbeitsvorbereitung und Rationalisierungsüberlegung als selbstverständlich gelten.
Ein kostenbewußter, technisch versierter Kaufmann und zwei ideenreiche junge Diplom-Ingenieure als Prokuristen mußten zusammen mit den beiden immer noch höchst aktiven Werft-Senioren ein gutes Gespann abgeben.
Und doch dürfte mancher Geschäftsfreund und Besucher erschrocken gewesen sein, der Hermann Blohm in den Jahren 1903/04 zu Gesicht bekam. Er wirkte abgearbeitet, nervös und deprimiert. Auch wochenlange Erholung half nicht weiter. Der Arzt mußte dem starken Zigarrenraucher

seine geliebten, den ganzen Tag über konsumierten Importen verbieten und das Rauchen auf allenfalls eine »Einheimische« pro Vormittag reduzieren. Aber Blohms Zustand war seelisch bedingt. Mehr als er sich anmerken ließ, litt der Prinzipal an der einsamen Erkenntnis, daß die von ihm erst anderthalb Jahrzehnte zuvor mit solchem Elan ums Fünffache erweiterte und modernisierte Werft im Endeffekt schon längst nicht mehr konkurrenzfähig sein konnte.

Hermann Blohm vertraute sich seiner Umgebung mit diesem Wissen zunächst kaum an. Man hätte doch nur erstaunt den Kopf geschüttelt. Der Betrieb blühte ja, die Auftragsbücher waren bestens gefüllt! Die Woermann- und die Deutsche Ost-Afrika Linie hatten abermals Neubauten geordert, ebenfalls die D. D. G. »Kosmos«, die Hamburg-Süd und die HAPAG. Die Reederei F. Laeisz hatte mit der Viermastbark PETSCHILI das erste von den neuartigen, speziell für die Schwerwetterfahrt auf der Kap-Hoorn-Route entwickelten Salpeterschiffen vom modernen Drei-Insel-Typ bestellt, dem übrigens schon zwei Jahre später die berühmt gewordene PAMIR folgte. Und für die Kaiserliche Marine befand sich der Große Kreuzer YORCK (s. S. 80) in der Bauvorbereitung.

Bau-Nr. 180: Viermastbark PAMIR, 3020 BRT, Reederei F. Laeisz, Hamburg.

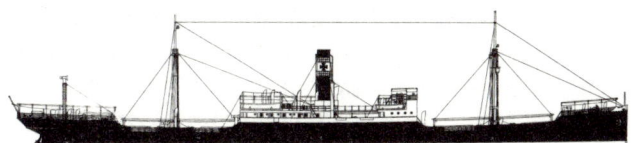

Bau-Nr. 176: Frachtschiff MARKSBURG, 4415 BRT, 6375 tdw, 2100 PS, 10,5 kn, Deutsche Dampfschifffahrts-Gesellschaft »Hansa«, Bremen.

Der Pessimismus Hermann Blohms wäre unter diesen Umständen nicht recht verstanden worden. Aber Blohm sah über die beschriebenen Seiten der Auftragsbücher hinaus eine höchst unbequeme Wirklichkeit und eine unerbittliche Zukunft: Der im Schnelldampferbau damals führende und von Kaiser Wilhelm zunächst bevorzugte Stettiner Vulcan war mit seiner Schiffsgrößen-Eskalation eindeutig an der Grenze des Machbaren angelangt. Nur noch mit Hängen und Würgen hatte man die letzten Vulcan-Riesenschiffe durchs Stettiner Haff

und durch den viel zu engen Swinemünder Oderarm zur Ostsee hinausbringen können. Wollte die Werft jemals noch größere Schiffe bauen, ja überhaupt eine Großwerft bleiben, würde sie kurz über lang in den Nordseeraum verlegen müssen. Sie würde sich also als außerordentlich gefährliche Konkurrentin in Bremen oder Hamburg ansiedeln müssen. So oder so würde diese Werft mit einer neuen Anlage an Weser oder Elbe Blohm & Voss unweigerlich erdrücken. Und auch andere Werften waren nicht gerade untätig geblieben: Joh. C. Tecklenborg in Geestemünde, die Bremerhavener Rickmers-Werft, die A. G. »Weser« in Bremen, vor allem aber der recht zügig weiter entwickelte Bremer Vulkan bauten hervorragende Schiffe. Und die Werft Krupp Germania in Kiel hatte bereits einen überdachten Helgen mit modernen Kranbahnwerftanlagen.

Bei Blohm & Voss aber wurde noch genauso gebaut »wie anno dunnemal«: Nach wie vor waren die schlecht beleuchteten Helgen von den längst technisch überholten Masten mit ihren simplen Ladebäumen umgeben. Eine Großwerft ohne moderne Helgen und Kranausrüstung war aber nicht mehr lange lebensfähig. Und Blohm wußte: Auch die Schiffbauhalle war längst abermals zu klein. Ernst Voss und die Prokuristen wurden schließlich ins Vertrauen gezogen: Eine nochmalige, rigorose Vergrößerung und Modernisierung der Werft war unumgänglich. Stillstand mußte den Untergang bedeuten. Und sehr bald zeigte es sich, daß der Stettiner Vulcan tatsächlich nach Hamburg zog und in Sichtweite von Blohm & Voss eine neuzeitliche Großwerft errichtete! Hermann Blohm hatte gerade noch rechtzeitig die neue Expansion und

Modernisierung forciert. Er hatte Partner und Mitarbeiter von der Notwendigkeit seiner Umrüstungspläne zu überzeugen vermocht, die allerdings atemberaubend wirkten:

1905 wurde mit dem Hamburger Senat ein neuer Pachtvertrag geschlossen. Mit 560000 qm Areal und 3 Kilometern Wasserfront verfügte Blohm & Voss fortan über das größte geschlossene Werftgelände der Welt und außerdem über eine eigene Bronze- und Stahlgießerei. Der Bau neuer Hellinge mit fester geschütteter Zementsohle anstelle von Grundbalken auf eingerammten Holzpfählen für die Kielpallen wurde zügig in Angriff genommen. Für diesen gleich 1905 begonnenen Aufbau der Helgen 6, 7 und 8 wurde ein auf Schienen fortbewegtes Montagegerüst nötig, dessen Eigengewicht 300 Tonnen betrug. Daraus konnte man schließen, welch schwere Last später die Helgenstützen zu tragen hatten und welche Konsolidierung des weichen Untergrundes erforderlich war. Ende 1907, nach zweijähriger Bauzeit, waren die endgültigen Helgengerüste für die Hellinge 6, 7 und 8 bereits in einer Höhe von 50 Metern erstellt. In den Jahren 1909 und 1910 folgten die noch größeren Gerüste der weiteren neuen Helgen 9 und 10 nach. Obermeister Georg Oehlmann schrieb dazu in der Werftzeitung: »Sie hatten die Höhe von 68 Metern, der das Ganze beherrschende Aussichtsturm mit seinem Aufzug eine Höhe von etwa 78 Metern.

Nicht weniger als 38 Laufkräne, von denen die der Helgen 6–8 je fünf Tonnen und die der Helgen 9–10 siebeneinhalb Tonnen heben konnten, bestrichen das Helgenfeld.

Ein Versetzkran von 20 Tonnen Hebekraft, der am Westende des Gerüstes sich in Richtung der Helgen 6–10 fortbewegte, konnte die Kräne nach Bedarf von einem Helgen zum anderen bringen. Natürlich war der Belastung der einzelnen Kranbahnen eine Grenze gezogen. Wenn Lasten über 5 bzw. 7,5 Tonnen zu heben waren, wurden die Kräne untereinander durch sogenannte Balanciers (heute Traversen genannt) verbunden. Auf diese Weise konnten auf Helgen 6–8 etwa 30 Tonnen und auf Helgen 9 und 10 etwa 45 Tonnen auf einmal gehoben werden.«

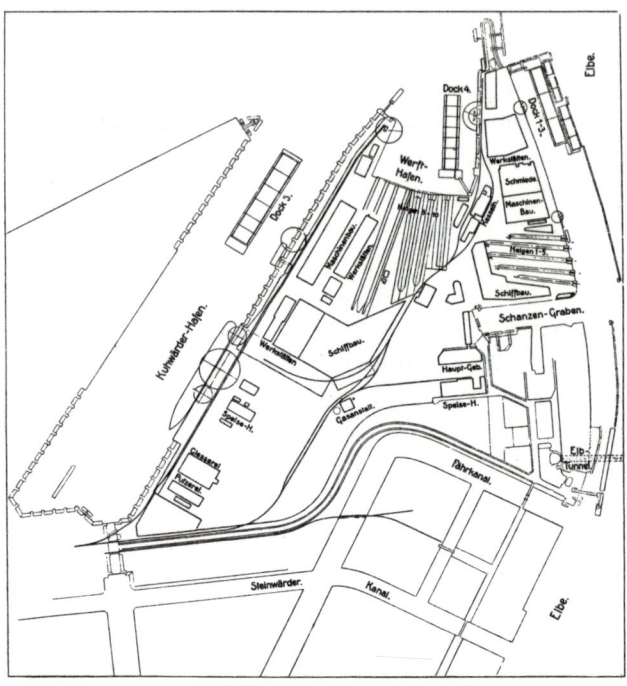

Lageplan der Schiffswerft und Maschinenfabrik von Blohm & Voss, wie sie am Ende der großen Expansion vor 1912 als »Neue Werft« verwirklicht war.

Aber noch war das alles erst im Planungsstadium oder im Bau. Die Routinearbeit der Werft lief derweilen im vollen Tempo weiter, wobei auch in der angeblich »guten alten Zeit« vor 1914 der Wechselwind von Konjunktur und Flaute unbarmherzig scharf wehte. So erwies sich beispielsweise das Jahr 1908 als ausgesprochenes Krisenjahr der Weltschiffahrt. Schon im »mageren« Jahr 1907 hatte eine ganze Flotte von Handelsschiffen aufgelegt werden müssen. 1908 aber weiteten sich flaue Konjunktur und mittlerweile vorhandener Tonnageüberhang zur echten Krise aus. Die Auffliegeflotten wuchsen weiter, die Auftragsbestände schrumpften auf ein Minimum. Tatsächlich kam 1908 nur ein einziger Blohm & Voss-Neubau zur Ablieferung. Es war das für die Hamburg-Amerika Linie in Auftrag gegebene Fracht- und Fahrgastschiff CLEVELAND, das freilich mit knapp 17000 BRT das bis dato größte auf der Werft erbaute Schiff war. Der Doppelschraubendampfer CLEVELAND entsprach vom Standard her etwa den 1905/06 in Dienst gestellten, noch größeren Dampfern AMERIKA und KAISERIN AUGUSTE VIC-

TORIA, mit denen Albert Ballin die Neuorientierung seiner Reederei im Nordatlantik-Verkehr eingeleitet hatte. Das Kombidampferquartett, zu dem noch das CLEVELAND-Schwesterschiff CINCINNATI gehörte, war auf der New-York-Route bis zum Ausbruch des Ersten Weltkrieges beim Publikum beliebt und höchst zweckmäßig, in seiner Solidität und Behaglichkeit etwa vergleichbar mit den vier Schiffen der ALBERT-BALLIN-Klasse in den zwanziger Jahren.

Es muß aber hinzugefügt werden, daß diese vier Schiffe die Bedeutung und Zweckmäßigkeit der beiden 1902 in Fahrt gekommenen Doppelschrauben-Passagier- und Frachtdampfer BLÜCHER und MOLTKE nicht schmälerten, die Blohm & Voss zur großen Zufriedenheit der HAPAG gebaut hatte. Von MOLTKE ist z. B. bekannt, daß dieser Dampfer nach seiner Indienststellung 34 Rundreisen Hamburg-New York-Hamburg vollendete, bevor er nach einer Orient-Kreuzfahrt — von New York aus — im Jahre 1906 in die Cross-Trade-Fahrt überwechselte und bis zum Kriegsausbruch 1914 nicht weniger als 77 Rundreisen Genua-New York-Genua hinter sich brachte.

Auch die Hamburg-Süd engagierte sich nach der Jahrhundertwende immer mehr im Schnelldampferbau. Sie hatte schon im Frühjahr 1903 nach verbesserten CAP-Dampfern angefragt, mit deren Konstruktion sich die Werft sofort befaßte. Die CAP ORTEGAL (Bau-Nr. 169, 7818 BRT) machte den Anfang, sie kam 1904 in Fahrt. Das Schiff war seinem Konstrukteur Fritz Nordhausen besonders gut gelungen. Er hatte sämtliche Passagiereinrichtungen so geschoben, daß alle Stützen von unten bis oben senkrecht aufeinandergestellt werden konnten. Die Rahmenspanten waren so verteilt, daß die Kohlenschütten immer genau darauf stehen konnten. Das Schiff hat später nirgendwo eine schwache Stelle gezeigt. Es blieb fast 30 Jahre lang in Fahrt. Und mit den edelholzgetäfelten Salons vollbrachte die Tischlerei eine besonders eindrucksvolle Leistung. Aber von einem CAP-Neubau zum nächsten steigerte die Werft die Qualität und Schönheit ihrer »Produkte«. Der Kajütverkehr zwischen Brasilien und Europa nahm damals beträchtlich zu, weil es Mode ge-

Der Gardestern mit den rot-weißen Reederei-Farben: Das Wahrzeichen der Hamburg-Süd.

worden war, daß begüterte Südamerikaner mit ihren Familien in den Sommermonaten in Europas Städte und Kurorte reisten. Binnen zwölf Jahren verfünffachte sich deshalb die Zahl der Passagiere I. und II. Klasse, die der III. Klasse versiebenfachte sich sogar. Herbert Wendt schrieb darüber: »Das Vollendetste in jeder Beziehung boten aber die neuen Doppelschraubendampfer der Hamburg-Süd (CAP ORTEGAL, CAP VILANO, CAP ARCONA). Es sind in der Tat schwimmende Paläste, die mit den letzten technischen Errungenschaften wie hydraulisch-pneumatischen Schotten, Unterwasser-Schallapparaten und drahtloser Telegrafie ausgerüstet waren. Außerdem hatten sie eine moderne Hauswäscherei und einen Turnsaal mit vielen Sportgeräten an Bord. Die Durchschnittsgeschwindigkeit des schnellsten dieser Doppelschraubendampfer betrug 16 Seemeilen in der Stunde. Dieses schnellste Schiff der Hamburg-Süd ist die 1907 in Dienst gestellte CAP ARCONA (I) gewesen. Ein solches Schiff hatte man bis dahin in der Neuen Welt noch nicht gesehen. Es war in Hamburg auf der Werft von Blohm & Voss erbaut, hatte eine Länge von hundertundfünfzig Metern, maß 9832 BRT und besaß alle zu jener Zeit nur erdenklichen Luxuseinrichtungen.«

Aber auch dabei konnte die stark frequentierte Reederei nicht stehen bleiben. 1910 erteilte sie den Auftrag für den auf Helgen 6 als erstes Handelsschiff unter dem neuen Hellinggerüst gebauten Doppelschraubendampfer CAP FINISTERRE (14503 BRT, Bau-Nr. 208). Er erinnerte in seinen Dimensionen und mit seinen zwei Schornsteinen bereits grob an die so berühmt gewordenen MONTE-Schiffe der zwanziger Jahre. Die für 1486 Fahrgäste eingerichtete CAP FINISTERRE war mit 170 Metern so lang, daß der Vorsteven über das Hellinggerüst hinausragte. Die Kielstapel mußten

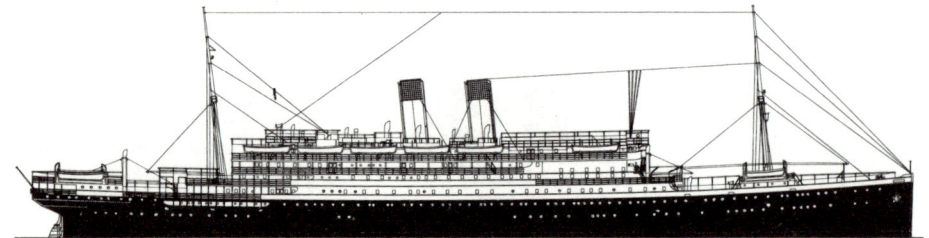

Bau-Nr. 208: Doppelschrau-
ben-Fracht- und Fahrgast-
schiff CAP FINISTERRE,
14 503 BRT, 10 600 PS, 16,5 kn,
Hamburg-Südamerikanische
Dampfschifffährts-Gesellschaft

so gelegt werden, daß das Eisenbahngleis unter dem Vorsteven hindurchging. Das Schiff erregte mit zahlreichen Neuerungen Aufsehen. Erstmalig wurde ein großer, durch zwei Decks hindurchgehender Speisesaal geschaffen. Es war für den Eisenschiffbau ein gehöriges Problem, dem Schiff dennoch die nötige Festigkeit in den Längs- und Querverbänden zu geben.

Der Neubau erreichte mit seiner Maschinenleistung von 11600 PS 17 Knoten. Zwei Vierfach-Expansionsdampfmaschinen wirkten auf die Propellerwellen. Insgesamt stellte das Schiff einen ganz neuen Typ dar. Und der besagte, zwei Decks hohe die ganze Schiffsbreite einnehmende Speisesaal war keineswegs die einzige Neuerung hinsichtlich des Komforts: Ein großer, hallenartiger, mit Springbrunnen versehener Wintergarten, ein Treibhaus (!) mit angeschlossenem Blumenladen, eine Dunkelkammer für Amateurfotografen, ein Frisiersalon, eine vollständige Großwäscherei, isolierte Kühlräume mit den damals endgültig zur Funktionsreife entwickelten Linde'schen Kältemaschinen, besondere Speiseräume

für Kinder, eigene Küchen für jüdische, spanische und portugiesische Passagiere waren auf diesem — selbstverständlich mit Frahm'schen Schlingertanks ausgerüsteten — Schiff nicht die einzigen Novitäten. Alle Räume hatten künstliche, d.h. elektrische Ventilation. Vor allem aber befand sich auf dem Bootsdeck ein richtiges, fest eingebautes Schwimmbad. Als man wegen der unmittelbar bevorstehenden Jungfernreise die Probefahrt mit voller Ladung absolvierte, füllte man zum ersten Male das Schwimmbad auf. Fortan legte sich die rank, d.h. mit relativ geringer Stabilität gebaute CAP FINISTERRE bei jedem Ruderlegen bedenklich über. Das Schwimmbad machte also das Schiff ein wenig topplastig. So blieb schließlich nichts weiter übrig, als der nachträgliche Einbau von »Backen« auf beiden Schiffsseiten, damit »Bau-Nr. 208« auf See »steif« genug wurde. Die Südamerika-Route entwickelte sich weiterhin so stürmisch, daß bei Blohm & Voss noch ein großer Dreischornsteindampfer hinzubestellt wurde. Der mit über 20 500 BRT vermessene Blohm & Voss-Neubau CAP POLONIO — das erste zivile Dreischraubenschiff in der Werftgeschichte — lief

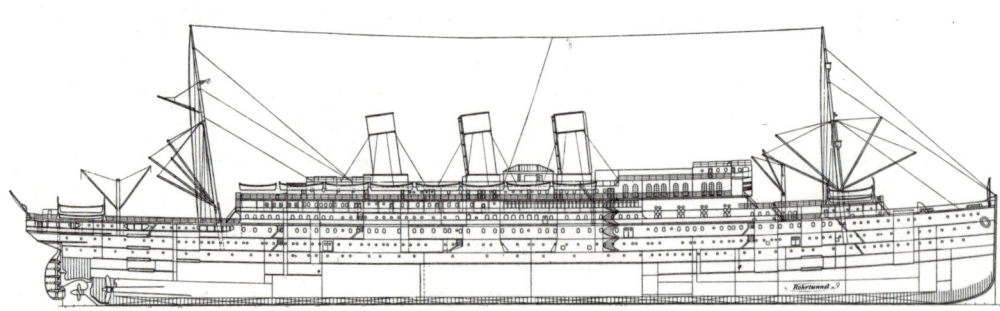

Vergröberter Generalplan
Bau-Nr. 221: Dreischrauben-Fahrgastschiff CAP
POLONIO, 20 572 BRT,
16 000 PS, 17 kn, Hamburg-
Südamerikanische Dampfschifffahrts-Gesellschaft.

Bau-Nr. 202: Vollschiff PRINZESS EITEL FRIEDRICH, 1566 BRT, Deutscher Schulschiffverein, Bremen.

erst im März 1914 vom Stapel und kam infolge des Kriegsausbruches nicht gleich in den vorgesehenen Liniendienst. CAP POLONIO wurde erst 1916 fertiggestellt und kam drei Jahre danach auf die alliierte Reparationsliste, wurde später aber zurückgekauft.

Bis zum Jahre 1920 wurden bei Blohm & Voss auch immer noch Segelschiffe für die Handelsschiffahrt gebaut. Eines davon, ein Schulschiff, wurde 1909 auf den Namen PRINZESS EITEL FRIEDRICH getauft. Anläßlich seines Stapellaufes weilte der Großherzog Friedrich August von Oldenburg, Hauptförderer des Deutschen Schulschiff-Vereins, mit seiner Tochter, der Taufpatin, auf der Werft. Zu Ehren des hohen Besuchs wurde im Hotel Atlantic ein Festessen mit 300 Gästen gegeben.

Niemand hätte sich träumen lassen, daß dieses nach der Tochter des Großherzogs von Oldenburg benannte Vollschiff 65 Jahre(!) später als polnisches Segelschulschiff DAR POMORZA als einziger Großsegler nach dem Zweiten Weltkrieg noch einmal Kap Hoorn umrunden und gern gesehener Teilnehmer aller »Tall Ship Races« und der anschließenden Windjammerparaden im Rahmen der jeweiligen »Operation Sail« wie z. B. in Kiel, Danzig und New York sein würde. Im August 1976 stattete das noch immer makellos gepflegte und attraktive Schiff seinem Geburtsort Hamburg einen Freundschaftsbesuch ab. Die Besatzung nahm mit großer Freude historische Bilder und Dokumente aus dem so lange zurückliegende Geburtsjahr ihres schönen Schiffes entgegen, die ihr von der Werftleitung freundschaftlich präsentiert wurden.

Wenige Wochen zuvor, am 3. Juli 1976, wurde auf dem East River von New York in einer großen bewegenden Feierstunde im Beisein von mehreren hundert amerikanischen und deutschen Ehrengästen die anläßlich der 200-Jahr-Feier der Vereinigten Staaten von Amerika originalgetreu wieder aufgetakelte Viermastbark PEKING (Blohm & Voss-Bau-Nr. 205) als Museumsschiff des South Street Seaport Museums erneut in Dienst gestellt.

Unter den Klängen der Hammonia-Hymne setzten zwei Portepee-Unteroffiziere des amerikanischen Segelschulschiffes EAGLE (Blohm & Voss-Bau-Nr. 508) feierlich wieder die alte Reederei-Flagge der »Flying-P-Line« (F. Laeisz) im Großtopp. Zuvor hatte ein Dutzend deutsche Kapitäne, die 45–50 Jahre vorher Besatzungsmitglieder der PEKING gewesen waren, unter starkem Beifall ihre Erinnerungsgeschenke überreicht.

Zwei von ihnen übergaben das historisch korrekt rekonstruierte Blohm & Voss Bauschild an den Museumspräsidenten.

Die 1911 an F. Laeisz abgelieferten Viermastbarken PEKING und PASSAT (Bau-Nr. 206) sind Zwillingsschwestern, denen man ihr Alter von mehr als sechseinhalb Jahrzehnten beim besten Willen nicht ansieht. Die PASSAT ist als schwimmendes Jugendzentrum heute Zierde und Wahrzeichen von Lübeck-Travemünde, während die PEKING das wertvollste und größte Museumsschiff der Neuen Welt geworden ist. Verblüffend ist, daß diese »Old Lady of the Sea« im Jahre 1975 — im Schlepp — noch einmal den Atlantik überquert und dabei schweres Wetter bis Windstärke elf abgeritten hat! Und es will etwas heißen, daß ein Gremium von Amerikanern aus Begeisterung für dieses Schiff vier Millionen Dollar gespendet hat, um es nach den alten Bauplänen seiner Werft neu zu riggen. Nur die Untermasten und lediglich zwei Rahen waren noch vorhanden. Alles andere hatte man in England demontiert, wo das Schiff rund vier Jahrzehnte lang als schwimmendes Internat gedient hatte und zuletzt der Verrottung preisgegeben war.

Turbinen und Dieselmotore

Im Kriegsschiffbau der Jahre vor 1914 lieferte Blohm & Voss 1907 mit dem Großen Kreuzer SCHARNHORST (drei Schrauben, 26000 PS) den letzten »herkömmlichen«, d. h. noch mit Kolbendampfmaschinen ausgerüsteten Neubau an die Kaiserliche Marine ab. Die SCHARNHORST wurde Flaggschiff des Ostasiatischen Kreuzergeschwaders und kam acht Jahre nach seiner Indienststellung in aller Munde. Unter Führung von Vizeadmiral Graf Spee hatte das Geschwader den Kriegsmarsch durch den gesamten Pazifik gemeistert,

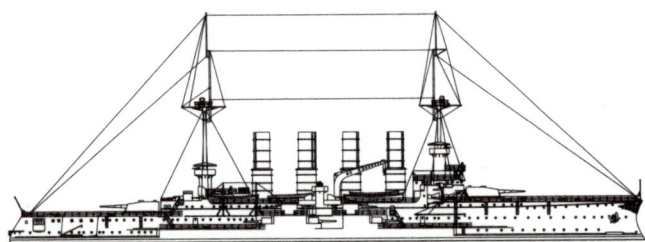

SCHARNHORST-Vorgänger Bau-Nr. 167: Großer Kreuzer YORCK, 9533 t, 19000 PS, 21 kn, (Abgeliefert 1905, SCHARNHORST abgeliefert 1907).

am 1. 11. 1914 im Gefecht bei Coronel/Chile gesiegt und Kap Hoorn umrundet, bevor ihm die Seeschlacht bei den Falkland-Inseln zum Verhängnis wurde. In der Hoffnung, wenigstens die drei Kleinen Kreuzer retten zu können — was leider nur im Falle der DRESDEN gelang — und das Schwesterschiff GNEISENAU zu entlasten, zog SCHARNHORST wie Winkelried das konzentrierte Feuer der weit überlegenen, modernen Schlachtkreuzer INVINCIBLE und INFLEXIBLE sowie des Panzerkreuzers CARNAVON auf sich. Es ist unvorstellbar, welche Granateinschläge das Flaggschiff des Grafen Spee ausgehalten hat und dennoch fahrbereit blieb. Obwohl zuletzt ein weiterer Volltreffer ihre Steuerfähigkeit herabgesetzt hatte, versuchte die SCHARNHORST noch einen Torpedoangriff auf ihre Gegner, bevor sie im Trommelfeuer der schweren britischen Kaliber mit wehender Flagge sank und alle 860 Mann Besatzung einschließlich des Geschwaderchefs und seines Stabes mit sich in die Tiefe nahm.
Nächster Neubau für das Reichsmarineamt war der 1907 abgelieferte Kleine Kreuzer DRESDEN — das erste Vierschrauben- und zugleich das

erste Turbinenschiff von Blohm & Voss, darüber hinaus das erste aller Turbinenschiffe, das mit überhitztem Dampf fuhr.
Kreuzer DRESDEN wurde später deshalb legendär, weil er bei der Falkland-Schlacht dank Aufopferung der SCHARNHORST als einziges Schiff des Spee-Geschwaders der Vernichtung entgehen konnte. Das maximal 25,2 Knoten schnelle und damit flinkeste Schiff des Verbandes hielt durch sein geschicktes Versteckspiel im Gewirr der Gewässer von Feuerland monatelang ein ganzes Geschwader der Royal Navy zum Narren.
Die Probefahrten der DRESDEN mit dem für B & V im Jahre 1907 noch völlig neuen Turbinenantrieb fanden geschlagene neun Monate lang statt. Bei der abschließenden 24stündigen Kohlemeßfahrt mit und ohne Rauchentwicklung in der Eckernförder Bucht, die zugleich als Meilenmeßfahrt stattfand, gab es ein Kollisionsunglück. Ein mit Backsteinen beladener, eben erst auf seiner Jungfernfahrt befindlicher Ewer wurde von der DRESDEN mitten durchgeschnitten. Das Vorschiff des Ewers sackte auf Backbordseite, der hintere Teil an Steuerbord in die Tiefe. Die gesamte Takelage des Ewers hing auf der Back des Kreuzers, der natürlich sofort nach dem Zusammenstoß stoppte und die Besatzung des Unglücksschiffes zu retten vermochte. Aber bevor die Turbinen mit Gegendampf abgebremst werden konnten, erfaßten zwei von den vier Propellern die sinkenden Schiffsteile. Die äußere Steuerbordschraube wurde dabei samt Wellenbock um 30 Millimeter nach hinten verschoben. Die DRESDEN mußte sofort ins Dock, damit die Propeller untersucht bzw. ausgewechselt werden konnten. Der verbogene Wellenbock wurde gerichtet und neu ausgebohrt. Außerdem zog man eine neue Schwanz-

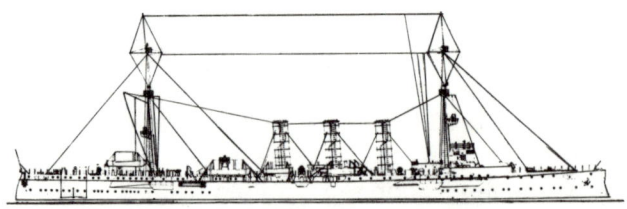

Bau-Nr. 195: Kleiner Kreuzer DRESDEN, 3464 t, 15000 PS, 24 kn — Erstes Turbinenschiff von Blohm & Voss.

Bild links:
Dampfer GORJISTAN,
später ANGARA —
im Russisch-Japani-
schen Krieg bei
Blohm & Voss binnen
90 Tagen zum Werk-
stattschiff umgebaut.
Der ungewöhnliche
zweite Schornstein ist
sozusagen Fabrik-
schornstein für die
Werkstätten.

Bild oben: Erprobung der Kranvorrichtung am Heck der GORJI-
STAN, mit deren Hilfe kleinere Torpedoboote zur Reparatur
und zum Propellerwechsel ganz oder teilweise angehoben werden
konnten. Hebevermögen 200 t.

Bild oben rechts: Alle nur erdenklichen großen und kleinen Werkzeugmaschinen wurden in den Arbeitsdecks der GORJISTAN aufgestellt, im Vorschiff außerdem eine Schmiedepresse und Gießerei installiert.

Bild oben: Umbau von zwei Rheinschleppern und
elf Leichtern für den sibirischen Jenissei, durchgeführt im Sommer 1905. Die Fahrzeuge reisten um
Norwegen herum ins Nördliche Eismeer zu ihrem
sibirischen Bestimmungsort.

Bild links: Einweihung der nach Plänen und unter
Leitung von Blohm & Voss erbauten Putilow-Werft
in St. Petersburg am 29. November 1913. Vor dem
Bild des Zaren haben sich ranghohe Marineoffiziere,
die Spitzen der Petersburger Wirtschaft und der
Metropolit (der die Werft nach russisch-orthodoxem
Ritus geweiht hat) versammelt. Hermann Blohm (+)
ist umgeben von Verwaltungsdirektor Bischlager,
dem Technischen Direktor Kurt Orbanowsky und
Oberingenieur Georg Asmussen. Alle drei waren
nach Petersburg entsandte B & V-Führungskräfte.

Schiffbau »mit Spiere und Block«, d. h. mit längst unmodern gewordenen Masten mit Ladebäumen anstatt mit einem modernen Hellinggerüst. Die Aufnahme aus dem Jahre 1906 beweist die Dringlichkeit der bevorstehenden Werftmodernisierung.

Bau-Nr. 175: Großer Kreuzer SCHARNHORST, 11616 t Wasserverdrängung, 26 000 PS, 22,5 kn, drei Schrauben. Tropen-Anstrich weiß, Aufbauten gelb. SCHARNHORST wurde Flaggschiff des Ostasiatischen Kreuzergeschwaders von Admiral Graf Spee.

Bild rechts: Einer der genieteten, großen Flammrohrkessel für die 1909 in Fahrt gekommene CLEVELAND.

Bild unten: Bau-Nr. 197: Doppelschrauben-Fracht- und Fahrgastschiff CLEVELAND, 16 960 BRT, 9300 PS, 15,5 kn, Hamburg-Amerika Linie. Dieser für den Nordatlantik-Liniendienst gebaute Dampfer lief am 16. Oktober 1909 zur ersten Vergnügungsreise rund um die Welt aus.

Bild links: Großes Ereignis im Hamburger Hafen — das damals größte Schiff der Welt und der größte Schnelldampfer, der je unter deutscher Flagge fuhr, beim ersten Auslaufen — Bau-Nr. 212: Vierschrauben-Turbinenschnelldampfer VATERLAND, 54 282 BRT, 60 000 PS, 23,5 kn, Hamburg-Amerika Linie.

Ein Niederdruck-Turbinenläufer der VATERLAND beim Verlassen der Maschinenfabrik Blohm & Voss. Die Turbine wog 375 Tonnen!

Hoher Besuch auf der Werft am 20. Juni 1914: Kaiser Wilhem II. samt Gefolge, Albert Ballin als Auftraggeber, der Hamburger Senat, Vertreter des Diplomatischen Korps, der Generalität und der Bürgerschaft erscheinen zum Stapellauf des größten jemals in Deutschland gebauten Fahrgastschiffes — Bau-Nr. 214: Vierschrauben-Turbinenschnelldampfer BISMARCK, 56 551 BRT, 60 000 PS, 23,5 kn, Hamburg-Amerika Linie (s. S. 102).

Bild unten: Dem Kaiser werden die anläßlich des BISMARCK-Stapellaufes mit Orden dekorierten, weil besonders verdienten Ingenieure, Meister und Vorarbeiter von Blohm & Voss vorgestellt. Links hinter dem Monarchen: Hermann Blohm.

Bild oben links: Turbinenbeschaufelung mit Hilfe
Preßlufthämmern in der Maschinenfabrik von Bloh
Voss. Dieses Feststemmen der Schaufeln erfüllte sei
zeit die Werkhallen mit ohrenbetäubendem Lä
Später wurden für diesen Arbeitsgang besond
Schaufelstemmapparate entwickelt.

Bild oben rechts: Festgefügt erschien den Optimi
jene Epoche, die diesen Stil hervorgebracht hat:
Wintergarten auf dem Turbinendampfer VATERLA

Bild links: Das Verhängnis des Krieges brach
über die Welt herein. Ab 1915 wurde Blohm & V
zum Serienbau von U-Booten herangezogen. D
die von Blohm & Voss erfundene und praktizierte E
ausrüstung im Schwimmdock (s. S. 109) konnte
Bauzeit der Boote beträchtlich verkürzt werden.

Bild rechts: Ein Jubiläum in aller Stille,
mitten in der Notzeit des Krieges: Der
Kesselbau stellte mit einem der Wasserrohrkessel (hier noch mit dem nackten
Rohrschlangensystem sichtbar) seinen
1000. Kessel her, bestimmt für Bau-Nr.
241: Schlachtkreuzer ERSATZ FREYA,
vorgesehener Name PRINZ EITEL FRIED-
RICH. (Notstapellauf März 1920).

welle ein. Die gesamte Reparatur nahm drei Wochen in Anspruch. Der Unfall zeugt davon, daß man sich an die verringerte Leistung der Rückwärtsturbine erst gewöhnen mußte.

Die Vorteile des Turbinenantriebs gegenüber einer Kolbendampfmaschine lagen jedoch auf der Hand: Es gibt nur eine gleichmäßige Drehbewegung und keine hin- und herlaufenden Teile, damit auch keine exzentrischen Kurbelwellenbewegungen mehr. Eine Turbine ist weitgehend erschütterungsfrei, relativ einfach in Aufbau und Wartung und hat bei wesentlich geringerem Raumbedarf und Gewicht noch dazu einen bis zu 20% höheren Wirkungsgrad.

Der Engländer Charles Algernon Parsons hatte in den neunziger Jahren ungeheures Aufsehen erregt, als er bei einer Flottenparade in Spithead mit dem kleinen 40-Tonnen-Dampfboot TURBINIA aus der langen Kiellinie von Schiffen herauspreschte und damit vor aller Augen die Leistungsfähigkeit der von ihm entwickelten Parsonsturbinen demonstrierte. Das kleine Schiff hatte 2000 PS im Leib und erreichte die seinerzeit von niemandem für möglich gehaltene Geschwindigkeit von 34,5 Knoten!

Nach der Jahrhundertwende hatten sich auch in Deutschland mehrere Firmen wie Krupp Germania, Schichau und die AEG an Turbinen eigener Konstruktion versucht. Blohm & Voss nahm zunächst eine abwartende Haltung ein, die von der Konkurrenz gründlich mißdeutet wurde. In Wirklichkeit war vor allem der frischgebackene Prokurist Dipl.-Ing. Hermann Frahm besser über die neue Antriebsart informiert als man außerhalb der Werfttore ahnte! Frahm hatte in England als stiller Beobachter die Probefahrten von großen Turbinenschiffen mitgemacht und hatte auf Grund der dabei gewonnenen Eindrücke von Anfang an entschieden auf die Parsons-Turbinen gesetzt. Frahm wußte, daß Parsons mit Brown, Boveri & Cie. einen Lizenzvertrag abgeschlossen hatte. Zum Bau von Schiffsturbinenanlagen war daraufhin die Firma Turbinia in Mannheim als BBC-Tochter gegründet worden. Blohm & Voss schloß sogleich einen Unterlizenzvertrag mit dieser Firma, um Parsons-Turbinen in den Kleinen Kreuzer DRESDEN einbauen zu können. Eduard Blohm notierte darüber später: »Die Mannheimer waren sehr bald entsetzt, daß unser Maschinenbau-Obermeister Johannes Dahl ihnen schon bei den ersten Turbinen, die er dann selbst baute, überlegen war. Hannes Dahl hatte eine Vorrichtung ersonnen, die Schaufeln der Turbinen mit Preßlufthämmern festzustemmen. Die Arbeit wurde besser und ging sehr viel schneller vonstatten.«

Firma Turbinia als Parsons-Lizenzträger korrespondierte wegen des Turbinendampfers VATERLAND mit Blohm & Voss.

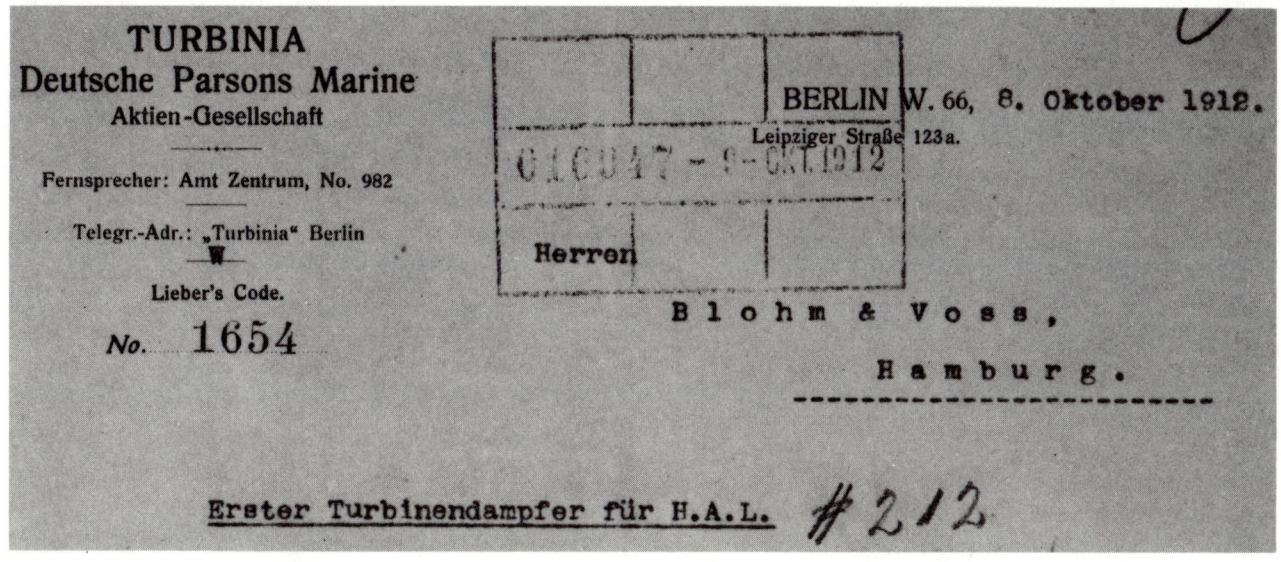

An dieser Stelle ist es notwendig, kurz in die Entwicklung der Maschinenfabrik Blohm & Voss zurückzublenden. Schon zur Urwerft hatte ja von Anfang an eine eigene Maschinenbauabteilung samt Kesselschmiede gehört. Mit der ersten Werfterweiterung von der »Urwerft« zur »Alten Werft« wurde im Jahre 1889 eine neue sogenannte Maschinenfabrik I eingerichtet, die von vornherein für alle vorkommenden Arbeiten des Schiffsmaschinenbaues konzipiert war. Diese Fabrik war auf 4750 qm Grundfläche in solider Eisenkonstruktion errichtet, während ihre Vorgängerin auf der Urwerft nur ein Holzfachwerkbau gewesen war (siehe Foto bei Seite 16).

Die drei Hallen des Neubaues bekamen sofort Gleisanschluß. In der Mittelhalle standen die großen Werkzeugmaschinen für die Bearbeitung schwerer und sperriger Teile der immer größer gebauten Kolbendampfmaschinen. Die westliche Seitenhalle enthielt die Großdreherei und Fräserei, die östliche die Mitteldreherei, die Werkzeugmacherei und die Kleinmontage. Außerdem befand sich sehr bald im Ostanbau auch eine Weißmetallgießerei. Von vornherein war der Betrieb auch auf Maschinenreparaturen eingestellt.

Blohm & Voss gehörte zu den ersten deutschen Industriebetrieben, die elektrischen Strom verwendeten. In den Kindertagen der Urwerft brachte man damit an bestimmten Betriebspunkten einige Bogenlampen zum Leuchten. Von der Werfterweiterung an war auch die Verwendung von Kraftstrom aktuell geworden. Bald erleichterten in der Mittelhalle der Maschinenfabrik elektrische Laufkräne von je 30 Tonnen Hebekraft die Handhabung schwerer Maschinenteile. Zwei außerdem vorhandene elektrische Säulendrehkräne für die Hauptmontage (je 5 t) wurden ebenso wie die ersten elektrischen Werkzeugmaschinen der Halle mit Gruppenantrieben ausgerüstet. In der Maschinenfabrik I, in der Zentrale I und in der Kesselschmiede I stehende Dampfdynamos von Siemens & Halske erzeugten Strom von je 350 Ampére und 120 Volt Spannung. Das war jedenfalls das ursprüngliche Netz der neunziger Jahre. Später stellte die Werft auf die neuen Spannungen 220 und 440 Volt um.

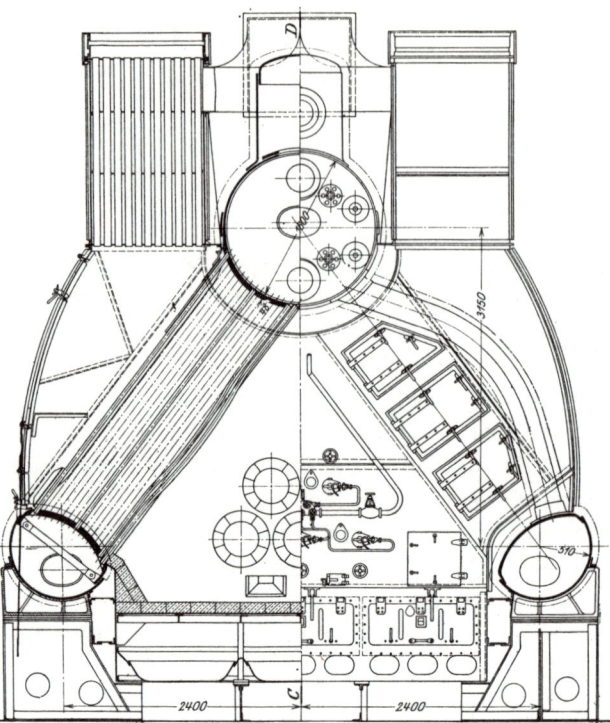

Einer der 15 Wasserrohrkessel der CAP POLONIO. Es waren ölgefeuerte Kessel nach dem System von White, wie sie auch auf Schnelldampfer BISMARCK zum Einbau kamen. Sie verbrannten ihr Heizöl fast rauchlos.

Die drei stehenden Dampfmaschinen der Maschinenfabrik I dienten nicht nur zum Antrieb der Dynamos, sondern trieben mit breiten Riemen auf ihren Schwungrädern je eine Transmission, mit der anfangs noch sämtliche Werkzeugmaschinen bedient wurden. Die Kesselschmiede I hatte ebenfalls eine eigene Dampfmaschine für Transmissions- und Dynamozwecke, während die Hammerschmiede von vornherein vollständig elektrisch eingerichtet war. Nach der Jahrhundertwende stellte sich heraus, daß auch in den Nachtstunden immer mehr Strom benötigt wurde. Deshalb kam in einem eigens dafür errichteten Gebäude eine große 110-Volt-Akkumulatorenbatterie mit 1900 Ampérestunden Kapazität zur Aufstellung, in der zugleich die neue Elektrowerkstatt (eine solche Institution hat es bei Blohm & Voss schon 1890 gegeben!) samt Ankerwickelei, elektrischer Feinmechanik und E-Materiallager untergebracht war. Der Maschinenfabrik wurde 1908 eine eigene Eisengießerei, wenig später eine Bronze- und eine Stahlgießerei angegliedert. Diese drei Abteilungen hatten 1909 bereits 172 Mann Personal. Unter Gießermeister Edmund Rotter arbeiteten vor 1914 zwei Bessemerbirnen, ein Kupolofen und schließlich ein Elektro-Stahlschmelzofen, der eine Tagesleistung von 15 Tonnen hatte.

Im Jahre 1907 hatte Blohm & Voss an dem vom

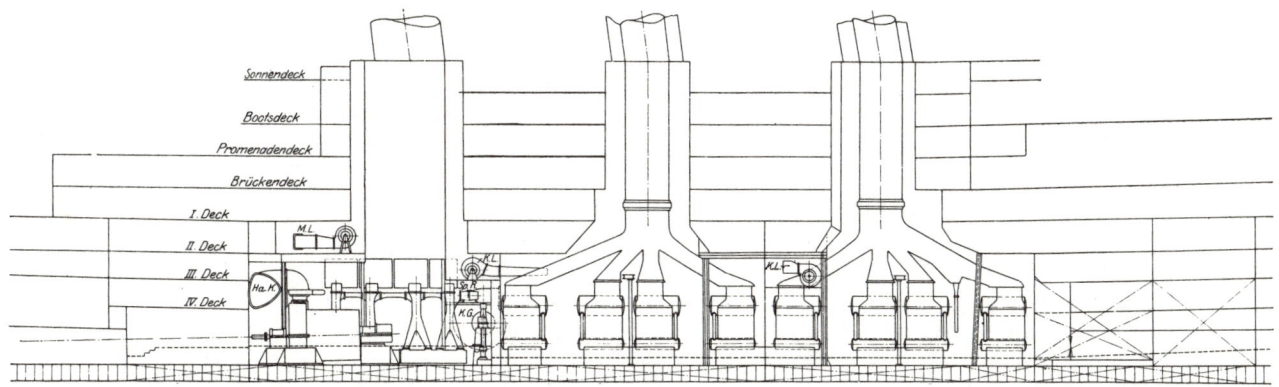

Der Kesselbau war seit Gründung von Werft und Maschinenfabrik stets auf der Höhe seiner Zeit. Diese Skizze zeigt einen Längsschnitt durch die Kesselräume und Kesselschächte des »Dreischornsteiners« CAP POLONIO.

Reichsmarineamt unter persönlicher Schirmherrschaft des Kaisers ausgeschriebenen Wettbewerb für den besten Entwurf eines neuen, besonders starken Panzerkreuzers teilgenommen, der den kurz vorher in England aufgekommenen Schiffen des Typs DREADNOUGHT (s. S. 89) möglichst überlegen sein sollte. Der entsprechende Entwurf des bei B & V angestellten Konstrukteurs Dipl.-Ing. Orbanowsky fand größe Anerkennung. Deshalb wurde im Herbst der Große Kreuzer (Schlachtkreuzer) VON DER TANN bei Blohm & Voss in Auftrag gegeben. Der Auftrag war aber in hohem Maße auch auf die Zufriedenheit des Reichsmarineamtes mit der technischen Qualität des Kreuzers DRESDEN und auf den hervorragenden Ruf der Maschinenfabrik Blohm & Voss zurückzuführen. Man traute der im Bau von Kolbendampfmaschinen samt Kesselanlagen erstklassigen Fabrik das Können und die Kapazität zu, mit dem Bauauftrag VON DER TANN technisch einen ungeheuren Sprung nach vorn zu wagen — und wurde in der hohen Erwartung auch nicht enttäuscht.

Eine Maschinenfabrik, die bereits 1908 — erst ein Jahr nach Ablieferung der DRESDEN (maximal 18880 WPS) — den Bau einer 79000 WPS-Turbinenanlage beherrschte, bewies Spitzenleistung.

Auch wenn man davon ausgehen muß, daß BBC- und B & V-Maschinenbauer diese gemeinschaftlich vollbracht haben, so erfüllte die Maschinenanlage des Schlachtkreuzers VON DER TANN die Werft doch mit berechtigtem Stolz.

Hatten bereits für Kreuzer DRESDEN 605000 einzelne Turbinenschaufeln von 14–220 mm Länge angefertigt werden müssen, waren für VON DER TANN nicht weniger als 985000 Schaufeln von 22–470 mm Länge notwendig. Die Hochempfindlichkeit dieser Bronzeschaufeln machte es zwecks Vermeidung von Transportschäden ratsam, die Beschaufelung der in Mannheim hergestellten Turbinenläufer (Rotoren) ebenso erst in Hamburg vorzunehmen wie die Beschaufelung des Gehäuses. Und dabei kam Obermeister Dahl auf den schon erwähnten Einfall, die mittlerweile auf der Werft eingeführten Preßlufthämmer zu verwenden. (Später wurde so etwas mit besonderen Schaufelstemmapparaten besorgt.)

Wie bei jeder Turbinenanlage mußten für VON DER TANN jeweils zwei Gruppen von Schaufeln hergestellt werden: Leitschaufeln für das zylindrische Turbinengehäuse und Laufschaufeln, die auf den äußeren Durchmesser des Rotors, des beweglichen Teiles der Turbine, eingesetzt werden — und zwar so, daß in der Dampfrichtung auf eine Leitreihe stets eine Laufreihe folgte.

Leitschaufeln dirigieren den einströmenden Dampf genau in der optimal wirksamen Richtung auf die Laufschaufeln. Hat der Dampf seine Energie teilweise in der ersten Laufreihe abgegeben, durchströmt er die zweite Leitreihe, wird wieder umgeleitet und trifft auf die zweite Laufreihe und so fort.

Vor 1914 wurde ausschließlich Bronze für die Schaufeln verwendet, die heute aus hochwertigen Spezialstählen hergestellt werden.

Jeder Arbeitsgang ging schon damals mit einer Toleranz von 0,05–0,1 Millimetern vor sich!

Aber dasselbe Höchstmaß von Präzision muß auch auf alle anderen Teile einer Turbine verwendet werden. Der Rotor muß vor der Beschaufelung fertiggedreht und mit der Auswuchtmaschine vorbalanciert sein. Die Spindeln werden mehrfach gedreht und insgesamt dreimal ausbalan-

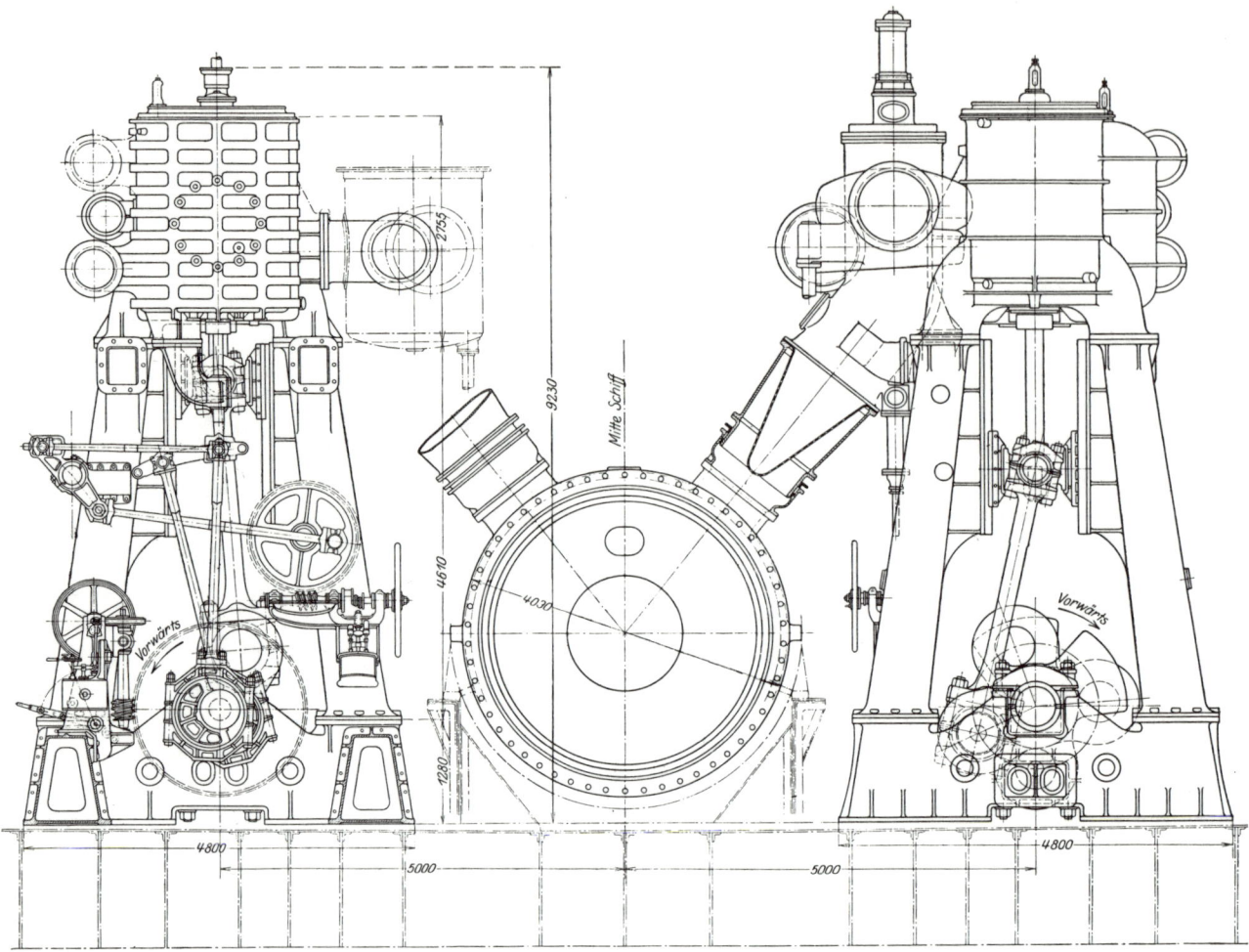

Die 1909 in Betrieb genommene neue B & V-Maschinenfabrik hatte sich gänzlich auf den Turbinenbau eingestellt und auf Anhieb Höchstleistungen auf diesem Gebiet vollbracht. Eine interessante Form von gemischtem Antrieb bot die Maschinenanlage der CAP POLONIO: Je eine Kolbendampfmaschine wirkte auf die beiden äußeren, eine Abdampfturbine (sechs Stufen, 114 000 Schaufeln) hingegen auf den dritten, mittleren Propeller. Die Abdampfturbine übernahm ein volles Drittel der Leistung, machte kleinere Kolbenmaschinen von 5700 statt 8600 PS möglich, verringerte damit die Massen in Kolben und Kurbelwellen und sorgte für vibrationsfreie Fahrt.

ciert: vor und nach der Beschaufelung sowie nach der Dampfprobe. Das war auch schon so im Jahre 1908!

Um die Empfindlichkeit solcher Turbinenanlagen zu charakterisieren, schrieb der Blohm & Voss-Garantie-Ingenieur Heinrich Adolf Börnsen: »Kein Sultan dürfte wohl seinen Harem, kein Kassierer seinen Geldschrank gewissenhafter bewachen als ein Schiffsingenieur seine warmen Turbinen!«

Das gilt erst recht für die Erbauer und die Monteure der Turbinen, denn schon eine geringe Beschädigung oder fehlerhafte Befestigung einiger weniger unter vielen tausend Schaufeln kann zur Zerstörung der gesamten Turbine führen. Ein fahrlässig entstandener »Schaufelsalat« gefährdet gleich die gesamte Anlage!

Turbinenbau erfordert also allerhöchste Präzision. Alle der Schaufelbefestigung dienenden Nuten müssen an Spindel und Gehäuse mit phantastisch

anmutender Genauigkeit in Tiefe, Breite und Abstand ausgeführt und daraufhin mit Lehren kontrolliert werden. Die Schaufeln werden bereits separat bearbeitet und müssen beim Einbau ohne weiteres passen. Und sofort nach der maschinellen Bearbeitung der Spindeln und Gehäuseteile beginnt die besagte Beschaufelung.

Damals, beim Bau des Schlachtkreuzers VON DER TANN und seiner Nachfolger, gingen ganze Beschaufelungskolonnen mit ihren knatternden Preßlufthämmern ans Werk und erfüllten die Werkhallen mit ohrenbetäubendem Lärm.

Eigens für die besonderen Belange und hohen Anforderungen in dieser Sparte Maschinenbau wurde im Jahre 1909 eine neue Maschinenfabrik II in Betrieb genommen, die gänzlich auf den Turbinenbau eingestellt war und mit speziell dafür angefertigten, teilweise sogar schon im eigenen Betrieb konstruierten und hergestellten Spezialwerkzeugmaschinen ausgerüstet wurde. Bereits beim Bau ihres zweiten Turbinenschiffes stellte diese Maschinenfabrik II die ersten Schwingungsversuche mit Schaufelmaterial an. Bald darauf mußten riesige Bohrwerke und Drehbänke für die Bearbeitung der Spindeln und Gehäuseteile für die Turbinenanlagen der Riesen-Passagierdampfer VATERLAND und BISMARCK beschafft werden.

Alle damaligen Turbinen trieben übrigens noch direkt die Propeller an, sie hatten also noch kein zwischengeschaltetes Untersetzungsgetriebe.

Im Jahr der Inbetriebnahme von Maschinenfabrik II bewegte jedoch nicht nur der Turbinenbau die Werftleitung von Blohm & Voss. Diese tat sich 1909 außerdem mit der Maschinenfabrik Augsburg-Nürnberg A.G. (M.A.N.) zu einer Studiengesellschaft zusammen, um die sogenannten »Ölmaschinen« als Schiffsmaschinen zu entwickeln. Unter diesem höchst mißverständlichen Wort war jedoch keine Dampfmaschine mit ölgefeuerten Kesseln, sondern jene »neue rationelle Kraftmaschine« zu verstehen, auf die der deutsche Ingenieur Rudolf Diesel 1893 das Patent erteilt bekommen hatte.

Dieser Verbrennungsmotor ohne Zündkerzen, bei dem hochverdichtete Luft nur durch ihre Kompressionsendtemperatur den eingespritzten Kraftstoff entzündet, sollte nach dem Willen seines Erfinders die Schiffsbetriebstechnik rationalisieren und die zweite technische Revolution der Seefahrt einleiten.

Aber von der Patentschrift bis zur Funktionsreife großer Schiffsdiesel war es nachher noch ein weiter Weg. Bei der Jahrestagung der Schiffbautechnischen Gesellschaft in Berlin mußte Diesel im Jahre 1912 bekennen: »Meine erste Maschine konnte ich nicht zum Laufen bringen. Bei der einzigen Umdrehung ereignete sich eine heftige Explosion, bei der der Indikator in Stücke riß — und mich beinahe mit.«

Rudolf Diesel mußte nun ein Unternehmen finden, das sich bereit erklärte, seine Erfindungsgedanken zu verwirklichen. Heinrich von Buz, Direktor der Maschinenfabrik Augsburg (heute M.A.N.) sagte ihm nach vorausgegangenem ausführlichem Schriftwechsel mit Schreiben vom 20. 4. 1892 zu,

eine Versuchsmaschine bauen zu lassen. So entstand in Augsburg in den Jahren 1893–1897 in Zusammenarbeit mit der Firma Fried. Krupp, Essen der erste Dieselmotor der Welt.

Es vergingen vier Jahre voller Experimente, Wagnisse und Enttäuschungen, ehe Rudolf Diesel im Juni 1897 auf der Hauptversammlung des Vereins Deutscher Ingenieure (VDI) in Kassel seinen Motor der Fachwelt und damit der Öffentlichkeit vorstellen konnte. Um die Jahrhundertwende hatten bereits eine Reihe europäischer Firmen Lizenz zum Bau von Dieselmotoren erworben, nicht zuletzt in der Absicht, Rudolf Diesels schon 1893 geäußerte Prophezeiung, seinen Motor auch zum Antrieb von Schiffen verwenden zu können, zu verwirklichen. Schon 1903 entstand bei M.A.N. Augsburg der erste Schiffsdieselmotor für die Kaiserliche Werft, Kiel.

In den Jahren 1903–1905 kamen die ersten Flußschiffe mit schwedischen und russischen Dieselmotoren in Fahrt, 1911 rüstete die M.A.N. die französische Viermastbark QUEVILLY mit einem Diesel-Hilfsmotor aus. Es dürfte eine Sensation ohnegleichen gewesen sein, als dieser Rahsegler ohne Wind und Segel, aber auch ohne erkennbare Rauchfahne in den Hafen von New York einlief.

In Holland kam im gleichen Jahr 1911 ein Motor-

Patent-Urkunde für Rudolf Diesels bahnbrechende Erfindung, datiert vom 23. 2. 1893.

tanker für die Küstenschiffahrt in Betrieb. Das alles waren erste praktische »Schiffsdiesel-Versuche«, die man jedoch auf Steinwerder mit wachem Interesse verfolgte.

Man wußte sehr wohl, daß vor allem in der Fischerei die Motorisierung zügig voranschritt. Die Zahl deutscher Kutter und Logger mit Maschinenantrieb hatte sich von acht im Jahre 1903 bis zum Jahre 1911 schon auf 487 vermehrt, auch wenn der narrensichere, einfache Glühkopfmotor dabei überwog. Der Kooperationsvertrag zwischen Blohm & Voss und der M.A.N. wurde 1909 und damit genau im richtigen Augenblick geschlossen, denn wenig später befaßten sich bereits mehrere Maschinenbauanstalten mit der Entwicklung von Schiffsdieseln von etwa 800 PS Leistung. Burmeister & Wain in Kopenhagen brachte 1912 sogar sechs Viertakter von je 1250 PS, Krupp-Germania sechs Zweitakter mit der gleichen Leistung heraus. Damit war ein weiter Weg seit dem ersten 20-PS-Einzylindermotor des Jahres 1897 zurückgelegt worden.

Der neue Schiffsantrieb war noch so ungewohnt, daß man 1912 den ersten damit in Fahrt gekommenen Überseefrachter, die dänische SELANDIA, als »erstes großes Dampfschiff mit Dieselmotor« bezeichnete. Man war auf die naheliegende Bezeichnung »Motorschiff« noch gar nicht gekommen.

Für konservative Seeleute brach freilich beim Anblick dieses Schiffes eine Welt zusammen, denn die SELANDIA hatte keinerlei Schornstein. Um so bemerkenswerter waren die betriebswirtschaftlichen Ergebnisse dieses »unheimlichen Fahrzeugs«, das am 22. Februar 1912 zur Jungfernreise nach Bangkok ausgelaufen war: Die beiden Viertakter des Doppelschraubenschiffes schluckten binnen 24 Stunden nur 10–12 Tonnen Öl. Ein Dampfer gleicher Größe hätte für denselben Zeitraum 40–45 Tonnen Kohle verbraucht! Die Brennstoffkosten waren damit etwa um die Hälfte verringert. Auch das reduzierte Brennstoffgewicht kam einer besseren Ausnutzung der Tragfähigkeit für die Ladung zugute. Auf drei Reisen soll die SELANDIA ihrer Reederei 80000 Goldmark an Treibstoff eingespart haben — ganz zu schweigen davon, daß man sich mit vier Schmierern im Maschinenraum begnügen konnte, statt eines Dutzend Heizer im Kesselraum.

Vergrößerter Längsschnitt durch das Mittelschiff des ersten B & V-Motorschiffes SECUNDUS (Bau-Nr. 210, 4499 BRT, 3000 PS, 11,5 kn, Hamburg-Amerika Linie).

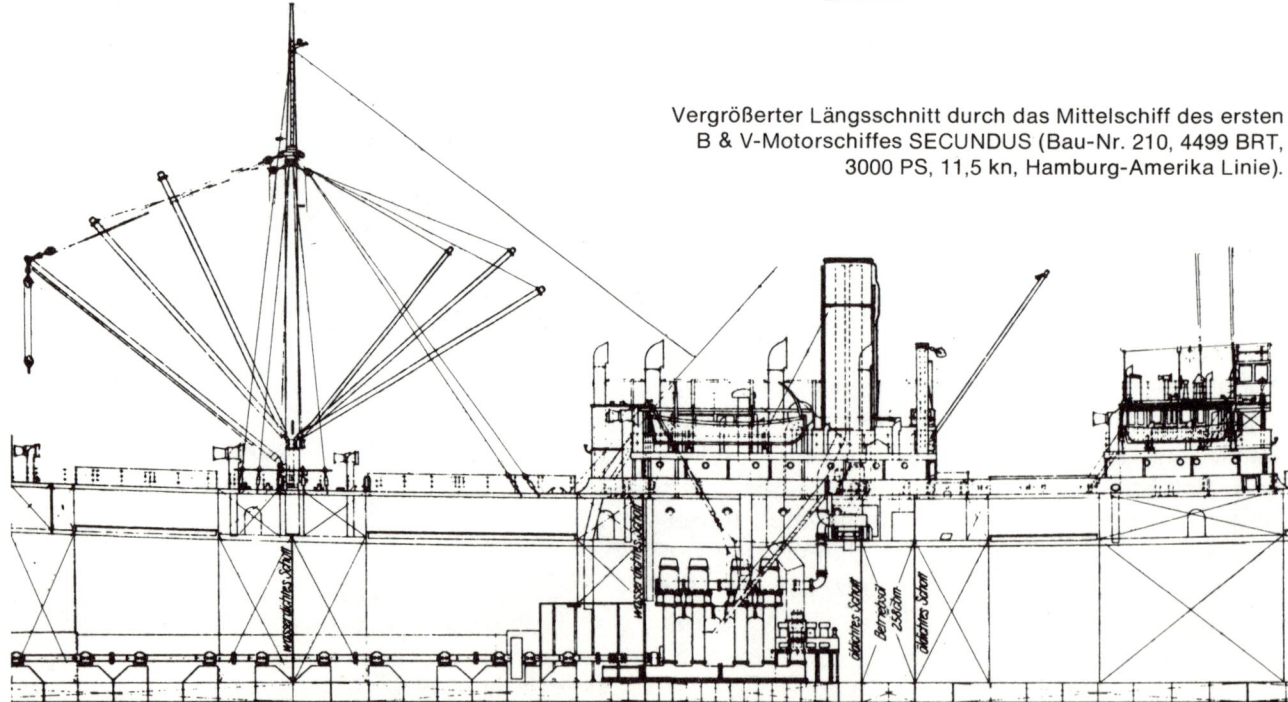

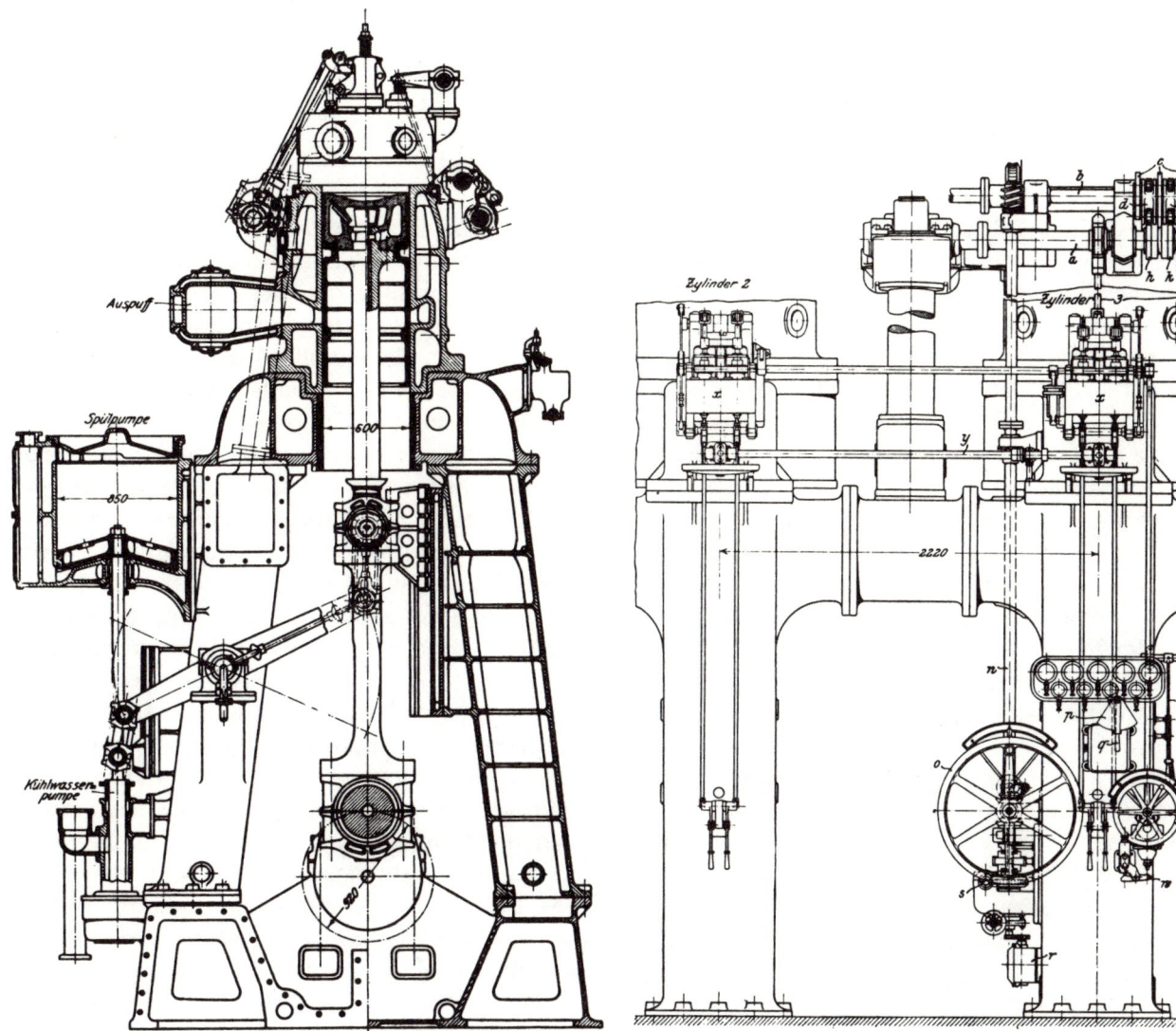

Querschnitt durch die »Ölmaschine« der SECUNDUS

Fahrstand der SECUNDUS-Antriebsanlage

Für Blohm & Voss war der Erfolg der SELANDIA nur die Bestätigung für die Richtigkeit des eingeschlagenen Weges. Schon im Januar 1911 hatte man auf Steinwerder den Kiel für das erste »eigene« Motorschiff gestreckt, das im Auftrag der HAPAG gebaut wurde und den lateinischen Namen SECUNDUS erhalten sollte.

Im August 1912 kam Deutschlands erstes seegehendes Motorschiff, die MONTE PENEDO der Hamburg-Süd, im November 1912 das Motorschiff ROLANDSECK der DDG »Hansa« in Fahrt. Das erste B & V-Motorschiff bekam deshalb den Namen SECUNDUS, weil es das zweite Motorschiff der HAPAG werden sollte. Als erstes war ein Schiff namens PRIMUS im Bau, das am 16. 3. 1912 an der Weser vom Stapel gelaufen war. Seine Junkers-Diesel befriedigten jedoch technisch nie, so daß PRIMUS zum Dampfer umge-

rüstet wurde, der 1915 unter dem neuen Namen KRIBI in Fahrt kam.

Zu lange hatte B & V an der Frage herumgedoktert, ob man nicht gleich einen technischen Stabhochsprung wagen und ein völliges Novum in diesen HAPAG-Neubau installieren sollte: Doppeltwirkende Zweitaktmaschinen. Die Zeit war für diese gewagte Neuerung aber noch nicht reif. Bei SECUNDUS mußte man notgedrungen dann doch wieder auf einen einfach wirkenden Zweitakter zurückgreifen.

Obwohl als Motorschiff nur »Der Zweite« und nicht etwa »Der Erste«, machte sich das als erstes B & V-Schiff nach dem gewichtsparenden Isherwood-Längsspantsystem gebaute Motorschiff recht gut. Es glich äußerlich einem Frachtdampfer. Man hatte auf den gewohnten Schornstein ebensowenig verzichtet wie Tecklenborg bei der ROLANDSECK. Der Maschinenraum lag nach wie vor mittschiffs. Man behielt also den üblichen, langen Wellentunnel bei.

Mit einer Maschinenleistung von insgesamt 2600 effektiven bzw. 3700 indizierten Pferdestärken erreichte SECUNDUS eine Durchschnittsgeschwindigkeit von 11,5 Knoten. Das Schiff bewährte sich gut. Während man es im März 1913 bei der Abnahme-Probefahrt 33 Stunden lang auf Herz und Nieren prüfte und dabei u. a. unter Vollast drei Stunden rückwärts fuhr, in ebenfalls dreistündiger Manöverfahrt alle zwei Minuten ein Maschinenkommando gab und dabei zumeist eine Umsteuerung erzwang, schöpfte die HAPAG berechtigtes Vertrauen zu diesem Neubau, dessen Motoren schon vor ihrem Einbau auf dem Prüfstand einen 144-Stunden-Dauertest absolviert hatten. Bei seiner ersten Reise hat das solide Motorschiff auf der Route Hamburg-New York-Philadelphia - Boca Grande - New Orleans - Hamburg 10250 Seemeilen störungsfrei zurückgelegt. Das war ein ermutigender Beginn auf einem neuen Betätigungsfeld.

Aber es war nie die Eigenart der Werft Blohm & Voss, auf erworbenen Lorbeeren auszuruhen. Und ein von einer neuen technischen Idee besessener Konstrukteur wie Fritz Nordhausen wäre eben nicht Fritz Nordhausen gewesen, wenn ihn der Gedanke der doppeltwirkenden Ölmaschine, der sich beim Motorschiff SECUNDUS noch nicht realisieren ließ, hätte ruhen lassen. Hermann Blohm, Ernst Voss und Hermann Frahm stimmten ihrem Oberingenieur zu: Man sollte auf eigene Rechnung ein weiteres Motorschiff bauen, das sich ausgiebig mit der Erprobung des doppeltwirkenden Prinzips, bei dem in jedem Zylinder der Kolben von beiden Seiten (Ober- und Unterseite) durch die Zündung beaufschlagt wurde.

Gesagt, getan. Das Versuchskaninchen, ein Doppelschraubenfrachter von 3083 BRT Größe, lief im Februar 1914 vom Stapel. In Anspielung auf seinen eigentlichen Initiator Fritz Nordhausen bekam der Neubau den Namen FRITZ. Aber mit dem doppeltwirkenden Prinzip hatte man sich doch allzu weit auf Neuland vorgewagt. Den Kinderkrankheiten dieser problematischen An-

triebsart war auch bei der M.A.N. noch niemand gewachsen. Immer neue Prüfstandversuche bewiesen, wie anfällig die damaligen Metallsorten gegen die auftretenden, allzu hohen Temperaturen und den Schwefelfraß waren. Erst im Mai 1915, also im Krieg, konnte Motorschiff FRITZ fahrbereit gemacht werden und seine Probefahrten auf der Elbe absolvieren. Auf die Frage, wie es ihm denn auf diesem Schiff gefalle, antwortete einer der dafür zuständigen Meister von der Maschinenreparatur: Danke, ausgezeichnet — die Erprobung dieses Pottes sei eine Lebensstellung. Die Antriebsanlage von FRITZ war für 2 x 830 PS ausgelegt. Und vorsorglich fuhr man zunächst nur mit den Oberseiten der jeweiligen Kolben, also einfachwirkend. Solange war alles im Lot. Schalteten jedoch die Ingenieure die Unterseiten zusätzlich ein, »qualmte« das Versuchsschiff, um einen Journalisten zu zitieren, »wie ein Fabrikschlot und lärmte wie Neptun bei Bauchgrimmen«. Und man brauchte eine Engelsgeduld, bis wenigstens die grundsätzlichen Fehler behoben waren. Als endlich FRITZ »ohne Bauchgrimmen« in die Nordsee auslaufen durfte, befand sich ein Überführungskommando an Bord. Der Krieg war inzwischen vorbei, und das erste Versuchsfahrzeug mit nunmehr endlich betriebssicheren doppeltwirkenden Dreizylinder-Zweitaktmotoren mußte als Reparationsschiff an Großbritannien abgeliefert werden.

Trotz Windstärke 10 erreichte FRITZ seinen Bestimmungshafen Leith mit elf Knoten Durchschnittsfahrt. Unterwegs fiel die Rudermaschine zeitweilig aus. Der Kapitän steuerte reibungslos mit den Schrauben weiter. Die Engländer waren von der Wirkungsweise der Motoren beeindruckt, kamen jedoch damit in keiner Weise klar. Sie versuchten hartnäckig, das angestammte Maschinenpersonal an Bord zu behalten. Aber die Deutschen wollten nicht, was man ihnen nach den Demütigungen von Versailles kaum verdenken konnte.*

---

* Die Engländer lösten das FRITZ-Antriebsproblem schließlich dadurch, daß sie die so mühsam entwickelte Motorenanlage herausrissen und verschrotteten. FRITZ wurde Dampfer.

Fünf legendäre Schiffe

Während die Werft mit den ersten Motorschiffen FRITZ und SECUNDUS ihre Erfahrungen im Bau und in der Erprobung von Ölmaschinen sammelte, bekam der Turbinenbau der Maschinenfabrik II immer neue und größere Aufgaben. Der 1910 in Fahrt gekommene Panzerkreuzer VON DER TANN erfüllte genau die Forderungen des Reichsmarineamtes: Er war ein kampfstarker DREADNOUGHT-Typ,* der jedoch als Kreuzer schneller sein konnte als alle Linienschiffe der damaligen Zeit. Damit war VON DER TANN das, was man korrekterweise als Schlachtkreuzer bezeichnet. Er war übrigens das allererste Schiff, das unter dem neuen Hellinggerüst gebaut wurde. Das war jedoch einfacher gesagt als getan.

Zwar baute man auf einer breiten Betonsohle, aber daneben befand sich schwerer Kleiboden, der die Schiffbauhandwagen behinderte. Die Helling war noch allzu neu. Auf den alten Helgen hatte sich das Erdreich der Wege im Laufe der Jahre gesetzt. Auf den Hauptwegen lagen außerdem feste Bohlen, der übrige Hellingbereich war mit Schlacke oder Gußeisenspänen befestigt. Beim Schlachtkreuzer VON DER TANN war auch der Transport der Bodenplatten unter das Schiff, vor allem im Kimm-Bereich, noch außerordentlich schwierig. Die Helgenkräne erwiesen sich dabei als ziemlich nutzlos. Bei späteren Neubauten wurde deshalb eine andere Montage-Reihenfolge versucht. Auch wurden die eisernen Aufrichter abgeändert. Sie wurden auf Portalböcke gestellt, so daß man jederzeit unter diesen hindurch an die Helgensohle herankommen konnte. Es brauchte also seine Zeit, bis man gelernt hatte, mit der neuen Helling und dem Hellinggerüst fertigzuwerden. Andererseits konnte man sich die Arbeit an dem Schlachtkreuzer durch neue Hilfsmittel erleichtern. Man verwendete für die Bodenstücke sowie für die auf drei Vierteln der Schiffslänge durchlaufenden Torpedoschotten, die vier Meter von der Außenhaut entfernt verliefen, transportable, hydraulische Nietmaschinen, die kurz zuvor erstmals beim Bau der CLEVELAND eingesetzt worden waren. Sie bewährten sich sehr gut. Auch waren seit Baubeginn VON DER TANN im Jahre 1908 erstmals auch Brennschneidegeräte in Betrieb, die bald aus dem Werftbetrieb nicht mehr wegzudenken waren. Endlich konnten die Kreuzmeißel zum Alteisen geworfen werden, und im Reparaturbetrieb brauchten beim Abnehmen von Platten keine Bohrknarren mehr angesetzt zu werden. Das war ein ungeheurer Fortschritt. Mit den »autogenen« Schneidbrennern war es möglich, die Oberseite einer zu bearbeitenden Stahlplatte mit Hilfe der Brennerheizflamme auf rund 1350 Grad Celsius anzuwärmen. Stellte man dann den Schneidsauerstoff an, ging an der erhitzten Stelle sofort die Verbrennung des Stahles unter noch höheren Temperaturen vor sich. Das vollzog sich so schnell, daß das dem Sauerstoffstrahl nächstgelegene Material nur schwach erwärmt wurde und deshalb nicht mitverbrannte. Die verbrannten Stahlteile aber wurden durch die Geschwindigkeit des strömenden Sauerstoffes aus der Fuge herausgeschleudert.

Im Prinzip arbeiten Schneidbrenner auch heute noch so. Damals aber wurde dieses Verfahren von den Werftarbeitern als Wunder betrachtet. Sie kamen sehr bald dahinter, daß man beim einfachen Schneidbrennen getrost Leuchtgas zum Anwärmen des Stahles verwenden konnte, bei starkem Material jedoch lieber Wasserstoff verwendete, dessen lange, weiche Flamme den Stahl tiefschichtiger erwärmte.

Das Brennen mit Wasserstoff und Sauerstoff war übrigens erstmals im Jahre 1902 aufgekommen, aber es hatte sich noch nicht gleich durchsetzen können. Man hielt das Verfahren für den Einsatz an Bord von Neubauten für allzu feuergefährlich. Erst bei Verwendung neuer Geräte mit Flammrückschlagventil setzte es sich schließlich durch. Die Platten und Spanten des Schlachtkreuzers VON DER TANN wurden jedenfalls schon mit Hilfe der autogenen Brennschneidgeräte bearbeitet. Ende 1910 wurde der Neubau an die Flotte abgeliefert.

---

* DREADNOUGHT war der Name eines 1906 vom Stapel gelaufenen englischen Panzerschiffes über 20000 t Wasserverdrängung, das international zum Schrittmacher im Bau von Großkampfschiffen dieser Kategorie wurde. Die Royal Navy hatte allzuviel Propaganda über die Größensteigerung gemacht und damit eine Eskalation ausgelöst: VON DER TANN wurde das erste deutsche Kriegsschiff, das alle Linienschiffe übertraf.

Bei den Probefahrten und schließlich bei der Meilenfahrt im tiefen Wasser der Norwegischen Rinne, das frei von störenden Flachwassereffekten ist, war VON DER TANN ausgezeichnet gelaufen. Das Schiff kam auf die damals phantastische Höchstgeschwindigkeit von 27,4 Knoten!

Auf der Rückfahrt nach Kiel begannen die Kessel infolge eines Salzwassereinbruchs ins Speisewasser zu kochen. Das gesamte Kesselwasser mußte deshalb ausgepumpt werden. Zweimal mußte zum Zweck der Frischwassererzeugung gestoppt und am Sonntagmorgen sogar im Großen Belt lange Zeit geankert werden. Einem dänischen Kriegsschiff, das sich den hochmodernen deutschen »Dreadnought« mit verständlicher Neugier betrachtete, wurde ein langes Flaggensignal mit der Bitte um Weitergabe der entsprechenden Nachricht auf dem Depeschenwege übermittelt. Die für VON DER TANN vorgesehene Funkanlage war noch nicht an Bord, sie sollte erst in Kiel eingebaut werden. Auch befanden sich zwar Schwimmwesten und Rettungsflöße, aber noch keine Beiboote auf dem Schiff, so daß ein Verkehr mit dem Land für die rund 1000 eingeschifften Männer unmöglich war.

Auf VON DER TANN wurden Proviant und Getränke knapp; zum kümmerlichen Morgenfrühstück am Montag mußte Schnaps statt Kaffee gereicht werden, denn niemand hatte mit einer so langen Probefahrt gerechnet.

Im Reichsmarineamt aber herrschte mittlerweile große Aufregung, weil seit 24 Stunden jegliche Nachricht von dem überfälligen Kriegsschiff fehlte. Es wurde sogar an sämtliche Marine-Attachees an Nord- und Ostsee telegrafiert, ob sie etwas vom Verbleib des Schlachtkreuzers gehört hätten!

Das vom dänischen Kriegsschiff tatsächlich weitergeleitete Telegramm mit den übermittelten Flaggensignalen kam Montagmorgen auf der Werft an. Aber niemand wußte etwas mit den rätselhaften Buchstabengruppen anzufangen, bis es schließlich Rudolf Rosenstiel dämmerte, daß hier vielleicht ein Flaggensignalbuch weiterhelfen könne. Auf der Werft war keins vorhanden, also schickte Rosenstiel eilig jemanden zur HAPAG. Und so konnte mit deren Hilfe das Telegramm tatsächlich entziffert werden. Man wußte nun, wo VON DER TANN abgeblieben war und kannte die Ursache für das verspätete Einlaufen in Kiel, das Kapitän Wahlen — von den Marineoffizieren einhellig bewundert — ohne jede Schlepperhilfe vollbrachte. Er legte den 21 000-Tonner so elegant an, als sei er ein kleines Torpedoboot.

Schon ein Jahr nach Ablieferung des Neubaues VON DER TANN an die Flotte — die damit sofort eine Dauertestfahrt nach Südamerika unternahm — konnte der Schlachtkreuzer MOLTKE (September 1911), weitere zehn Monate später dessen Schwesterschiff GOEBEN abgeliefert werden. Es waren verbesserte Nachfolgemuster des Erstlings VON DER TANN. MOLTKE und GOEBEN wurden fast gleichzeitig in Auftrag gegeben. Die beiden Schiffe kosteten zusammen über 44 Millionen Goldmark. Das war der größte Auftrag, der Blohm & Voss bis zu diesem Zeitpunkt je erteilt wurde.

Die Zahl der Kessel war pro Schiff von 18 auf 24, die Wellen-PS-Maximalleistung auf 85 661 und die Höchstgeschwindigkeit auf 28 Knoten erhöht worden. Die Anzahl der 28-Zentimeter-Geschütze hatte man von acht auf zehn, die der 15-Zentimeter-Geschütze hingegen von zehn auf zwölf gesteigert.

Ein Gerüst der neuen Kranbahnanlage war für die neuen Helgen 7 und 8 gemeinsam errichtet worden. Die beiden Schlachtkreuzer waren aber

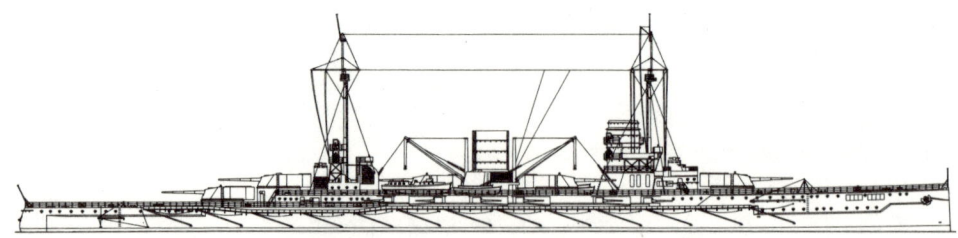

Bau-Nr. 201: Schlacht-kreuzer GOEBEN, 22 979 t, 52 000 PS, 25,5 kn (später YAVUZ der türkischen Marine).

29,5 Meter breit. Sie konnten also nicht nebeneinander unter dem Hellinggerüst gebaut werden. Deshalb kam man auf den pfiffigen Einfall, von der als zweites Schiff aufgelegten GOEBEN zunächst die eine Seite nur bis zum Torpedoschott zu bauen. Auf diese Weise konnte zunächst MOLTKE in ganzer Breite entstehen. Und sofort nach dessen Stapellauf wurde der noch an der Gesamtbreite fehlende Teil an die GOEBEN angesetzt. Das ging reibungslos vonstatten, zumal zwischen beiden Stapelläufen fast ein Jahr Zeit blieb.

Inzwischen war die »Neue Werft« voll in Betrieb. Sie hatte eine neue Schiffbauhalle bekommen, in der u. a. drei große Schiffbaupressen bis zu 400 Tonnen, eine schwere Richtwalze, eine neue hydraulische Lochmaschine und vier Hobelmaschinen Aufstellung gefunden hatten. Außerdem wurden einige Loch- und Schermaschinen aus der alten Schiffbauhalle in die neue verlagert. Noch 1909 kam eine weitere große Tafelschere hinzu. Fortan gab es eine sinnvolle Arbeitsteilung: Für die Schiffe, die auf der Alten Werft entstanden, wurde das Material nach wie vor in der alten Schiffbauhalle hergestellt. Die Neue Werft bildete einen geschlossenen Komplex für sich. Nur der Glühofen arbeitete — noch immer auf der Alten Werft stehend — für beide Werftabschnitte gemeinsam.

Auch diese große Expansionsphase der Werft hatte die Eigen- und Fremdmittel wieder auf das äußerste beansprucht. Zwischen 1905 und 1912 waren ohne Anrechnung von Werkzeugen etc. 29 Millionen Mark investiert worden. Das führte 1908 zur Auflage einer neuen Obligationsanleihe von 8 Millionen Mark. Da aber gleichzeitig der noch ausstehende Rest der Anleihe von 1891 in Höhe von 1,6 Millionen Mark getilgt werden mußte, betrug der Zufluß an neuen Mitteln nur etwas über 6 Millionen Mark. Das war also angesichts der Höhe der Investitionen entschieden zu wenig.

Mit der Vereinsbank als Führerin des Konsortiums sowie den weiteren Banken Joh. Berenberg-Gossler, L. Behrens Söhne und M. M. Warburg + Co. wurde daher im Herbst 1911 ein Kredit von 12 Millionen Mark mit 5jähriger Laufzeit zu »scharfen Bedingungen« abgeschlossen. Zusätzlich gab die Vereinsbank dazu noch einen Sonderkredit von 2 Millionen Mark.

Damit hatte man erst einmal wieder Luft, wenn auch klar war, daß dem Geldbedarf der kommenden Jahre durch Kreditaufnahme allein nicht begegnet werden konnte.

So war in der Aufsichtsratsitzung vom 22. 12. 1912 erwogen worden, den Bau der 1911 beschlossenen Errichtung des Hauptgebäudes mit Baukosten von 2 Millionen Mark zunächst zurückzustellen. Man einigte sich dann aber doch darauf, den Bau durchzuführen, um die auf 3 Gebäude verteilten technischen und kaufmännischen Büros an einer Stelle zu konzentrieren, was einen beträchtlichen Rationalisierungserfolg brachte.

Im ganzen waren seit der Werftgründung ca. 50 Millionen investiert worden. Zu dieser großen Summe stand das Kapital der Firma von 6 Millionen Mark in krassem Mißverhältnis. Letzteres war dadurch entstanden, daß stets nur kleine Dividenden ausgeschüttet, dagegen aber große Abschreibungen zur Finanzierung neuer Investitionen vorgenommen worden waren. Hermann Blohm hatte also keine Mittel zur Verfügung, das Kapital selbst zu erhöhen. Obwohl 1912 zunächst die Ausgabe weiterer 6 Millionen Mark Vorzugsaktien erwogen wurde — an diesen Verhandlungen war vor allem Max M. Warburg i. Fa. M. M. Warburg & Co. beteiligt —, sah Hermann Blohm in der Übernahme einer Beteiligung durch eine außenstehende Gruppe eine bessere Möglichkeit, den Charakter der Firma als eines Familienunternehmens zu wahren.

Die Wahl fiel auf den Haniel-Konzern, da zwei Mitglieder der Haniel Familie, die Brüder Dr. Alfred und Rudolf Haniel, 1903/04 auf der Werft praktisch gearbeitet und lebhaftes Interesse am Schiffbau bekundet hatten.

Dr. Alfred Haniel, mit dem allein verhandelt wurde, wurden von Hermann Blohm mündlich und schriftlich die gesamten Verhältnisse der Firma offen dargelegt. Die Hoffnung, seinen Söhnen die Firma ohne fremde Beteiligung zu überlassen, gab Hermann Blohm willig auf in der Zuversicht, daß durch die künftige Zusammenarbeit der Brüder Haniel mit seinen beiden Söhnen eine langfristige Sicherung des Fortbestandes der Firma erreicht werden konnte.

Allerdings: Der Teufel steckte auch hier im Detail. Man kam zu keiner Einigung über Kurs- und Haftungsfragen. Und auch über die absolute Höhe des Einschußkapitals entstanden so schwerwiegende Differenzen, daß Hermann Blohm die Verhandlungen schließlich mit dem Ausdruck des Bedauerns für gescheitert erklärte.

Damit wurde der Plan, neue Vorzugsaktien auszugeben, wieder akut. Nach schwierigen und langwierigen Verhandlungen wurden schließlich Vorzugsaktien in Höhe von 6 Millionen Mark durch die Banken übernommen, die mit Stimmberechtigung und einer kumulativen Vorzugsdividende von 5½ % ausgestattet waren.

Ein in diesem Zusammenhang erstelltes Bewertungsgutachten über die Firma kam zu dem für diese schmeichelhaften Ergebnis, daß nämlich der Zeitwert des Unternehmens wesentlich über dem Buchwert liege.

Auf Initiative von Max Warburg wurde in diesem Zusammenhang ferner die Regelung der Bezüge der persönlich haftenden Gesellschafter verbessert, um diesen die Möglichkeit der Ansammlung von Mitteln über eventuellen späteren Kapitalbedarf des Unternehmens zu geben.

Diese Regelung ermöglichte es später Hermann Blohm, 50% der 1916 durchgeführten weiteren Kapitalerhöhung um 8 Millionen Mark selbst durchzuführen, während die restlichen je 2 Millionen zu gleichen Teilen seinen beiden Söhnen Rudolf und Walther von den Banken kreditiert und später an diese zurückgezahlt wurden.

Mitte 1920 wurde unter Ablösung der restlichen 5,9 Millionen Mark der Anleihe von 1908 eine Obligationsanleihe von 20 Millionen Mark aufgenommen, die an sich überflüssig war. Sie wurde gemäß den gesetzlichen Bestimmungen ausgelöst und bis 1936 zurückgezahlt. Die Einführung der Rentenmark nach der Inflation 1924 und die Flucht in die Sachwerte brachte erhebliche Kurssteigerungen auch für Blohm & Voss-Vorzugsaktien mit sich.

Um sich vor eventuellen störenden Einflüssen vor allem aus dem Bremer Raum zu sichern, machten die persönlich haftenden Gesellschafter von Blohm & Voss 1924 von ihrem vertraglichen Recht Gebrauch, die Aktien zurückzurufen. Die an die Aktionäre gezahlten Abfindungen gaben zwar in Einzelfällen Anlaß zu Kritik und auch Rechtsstreitigkeiten, es stellte sich aber nach Abwicklung der Transaktion heraus, daß die ehemaligen Blohm & Voss-Aktionäre besser gefahren waren als manche andere.

Aber zurück zum Jahre 1913, dem ersten Betriebsjahr nach dem Abschluß der großen Werfterweiterung und der Inbetriebnahme der »Neuen Werft«.

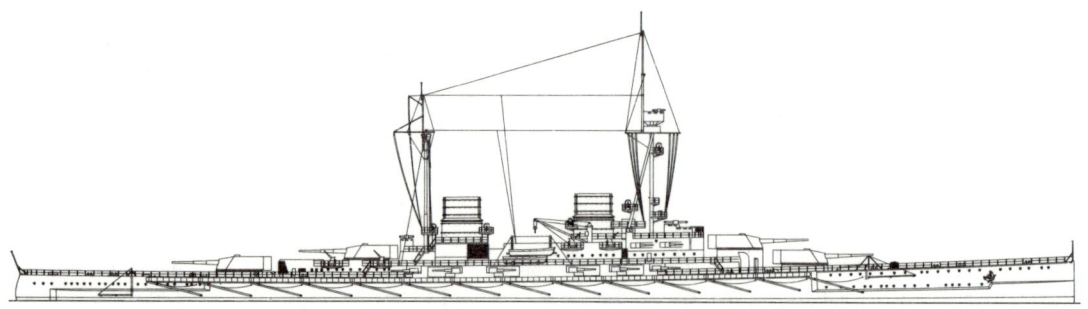

Den beiden Schlachtkreuzern MOLTKE und GOEBEN folgten die im April 1913 abgelieferte SEYDLITZ (mit bereits 89 738 WPS Maximalleistung und 29,1 Knoten Höchstgeschwindigkeit) und die erst einen Monat nach Kriegsausbruch in Dienst gestellte — rund zehn Meter längere — DERFFLINGER nach.

Bestellt wurde DERFFLINGER im Herbst 1911, die Kiellegung war am 31. März 1912. Erst am Tage zuvor war Schlachtkreuzer SEYDLITZ vom Stapel gelaufen. Es hatte den Stapellaufgästen imponiert, daß die erste tannengrüngeschmückte Kielplatte für DERFFLINGER bereits am Kran der Helling hing, bevor noch SEYDLITZ überhaupt zu Wasser war.

Der Stapellauf von DERFFLINGER sollte am 14. Juni 1913 stattfinden — am Tage vor Kaiser Wilhelms 25jährigen Regierungsjubiläum. Dazu war der spätere Generalfeldmarschall von Mackensen aus Danzig herbeigekommen, der die Stapellaufrede hielt. Aber DERFFLINGER wollte partout nicht in sein Element. Der Schlachtkreuzer blieb nach dem Lösen der Stopper wie angeklebt stehen. Das war eine peinliche Sache. Die Militärkapelle wiederholte die Nationalhymne immer von neuem, während die Werft verzweifelt versuchte, das Schiff durch hydraulisches Nachdrücken in Bewegung zu bringen. Es war alles vergebens. DERFFLINGER sollte auf drei Schlitten ablaufen. Ein mittlerer Schlitten lag unter dem Kiel. Der Mittelschlitten geriet durch Reibungshitze in Brand. Er mußte erst von der Feuerwehr gelöscht werden. Die Seitenschlitten aber saßen auf den Längsspanten und den schweren Längsschotten beiderseits vom Kiel. Das mag der Grund dafür gewesen sein, daß das Schiff nicht ablaufen

wollte. Die Seitenschlitten mußten teilweise wieder ausgebaut und verlegt werden. Und erst nach mehrmaligen, erneuten Stapellaufversuchen glitt das Schiff endlich in aller Stille von der Helling.

Nach Ausrüstung und Beendigung der Werftprobefahrten wurden mit DERFFLINGER noch sogenannte Vertragsfahrten unternommen, bei denen plötzlich die Backbordturbinenanlage aussetzte. Es stellte sich dann heraus, daß umfangreiche Reparaturarbeiten erforderlich waren und so mußte in drei Schichten — rund um die Uhr — gearbeitet werden.

Eines Morgens stellte die Frühschicht beim Eintreffen am Arbeitsplatz fest, daß die Kaimauer leer war. Sämtliche Werkzeugkisten, Maschinenteile, Grätings und sonstigen Materialien lagen in chaotischem Durcheinander am Kai.

Der Erste Weltkrieg war ausgebrochen, und der Kommandant hatte während der Nacht die — falsche — Meldung erhalten, daß sich die englische Flotte von der Nordsee her den Belten nähere. Darum hatte er mit Hilfe seiner Besatzung alles, was nicht unbedingt zum Schiff gehörte, kurzerhand an Land werfen lassen und war dem vermeintlichen Feind mit nur einer Turbinenanlage entgegengedampft. In der nächsten Nacht aber kam das Schiff wieder zurück, so daß es zu Ende repariert werden konnte.

Seine erste Bewährung hatte DERFFLINGER knapp fünf Monate später in der Doggerbankschlacht zu bestehen. Am 24. Januar 1915 war die I. Aufklärungsgruppe unter Admiral v. Hipper (DERFFLINGER, SEYDLITZ, MOLTKE und der ältere, geringer armierte Große Kreuzer BLÜCHER, zusammen mit vier Kleinen Kreuzern und 18 Torpedobooten) auf die kalibermäßig überlegenen britischen Schlachtkreuzer LION, TIGER, PRINCESS ROYAL, NEW ZEALAND, INDOMITABLE, begleitet von sieben Leichten Kreuzern und zwei Zerstörerflottillen, geprallt. Der deutsche Vorstoß zur Doggerbank war der britischen Admiralität durch Einbruch in den deutschen Geheimcode (Funkschlüssel) bekanntgeworden.

Dieses erste Zusammentreffen Schwerer Seestreitkräfte in der Nordsee endete mit dem Untergang der nach einem verhängnisvollen Treffer zurückgefallenen und konzentrisch angegriffenen BLÜCHER, zeigte aber die Überlegenheit der deutschen Schlachtkreuzer hinsichtlich ihrer artilleristischen Leistungen, ihres Panzermaterials sowie der sogenannten Standfestigkeit und

Der Unglückstreffer der SEYDLITZ in der Doggerbank-Schlacht am 24. 1. 1915, der zum Ausbrennen der Türme »Cäsar« und »Dora« führte.

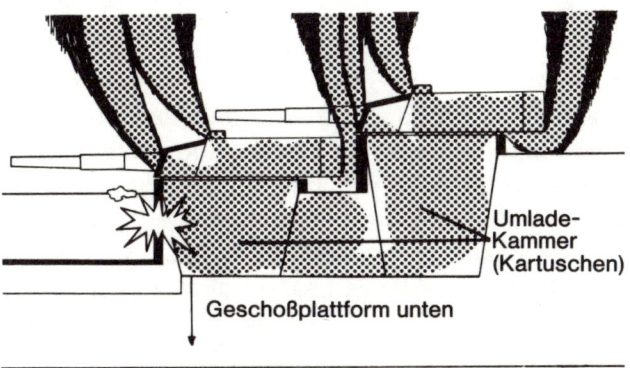

Umlade-Kammer (Kartuschen)

Geschoßplattform unten

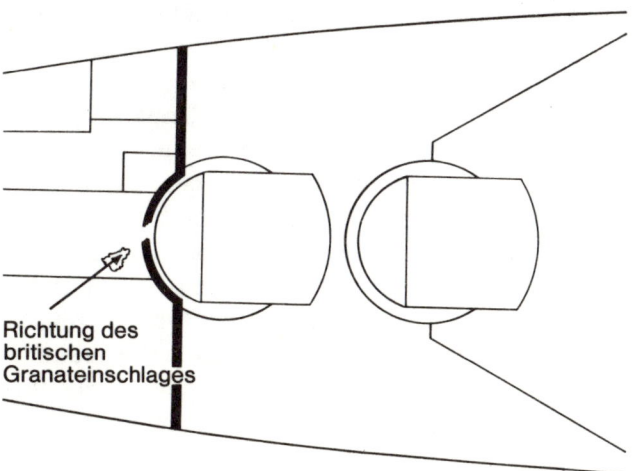

Richtung des britischen Granateinschlages

Die rettende Tat des Pumpenmeisters Wilhelm Heidkamp

damit auch ihrer Bauweise. Die Deutschen schossen mit ihren 28-Zentimeter-Granaten die immerhin mit 34,5-Zentimeter-Geschützen armierten Schlachtkreuzer TIGER und LION kampfunfähig. Die Engländer brachen das Gefecht ab, bevor ein von Admiral Hipper angesetzter Torpedoangriff zum Zuge kam.

Hippers Flaggschiff SEYDLITZ war vollständig manövrierfähig geblieben, obwohl ein schwerkalibriger Volltreffer die beiden achteren Geschütztürme und die darunterliegende Kartuschplattform durch Aufbrennen von 6000 Kilo Pulver binnen Sekunden außer Gefecht setzte und 165 Mann verbrennen ließ. Es gelang Pumpenmeister Heidkamp und Feuerwerker Müller, trotz Gluthitze und giftiger Gase, die Munitionskammern zu fluten. Heidkamp ergriff die rotglühenden Stahlräder der Flutventile mit bloßen Händen und verhinderte, daß SEYDLITZ durch Detonation der achtern lagernden Granatmunition in die Luft flog. DERFFLINGER erhielt in der Schlacht zwei 34,5-Zentimeter-Volltreffer, die jedoch den 300-Millimeter-Panzer nicht durchschlagen konnten. Sie brachten jedoch in drei Metern Umkreis die Platten zum Glühen und Reißen. Durch den gewaltigen Luftdruck beim Platzen der beiden schweren Granaten war die Außenhaut unterhalb des Plattenstringers auf acht Metern Länge etwa 40 Zentimeter hoch, glatt weggerissen worden.

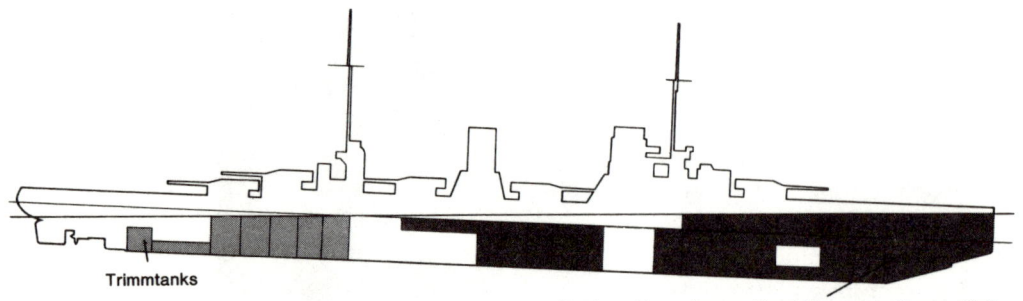

Trimmtanks

Vorderer Torpedoraum (durch Torpedotreffer zerstört)

Das Schiff blieb jedoch ungeachtet dieser schweren Leckage nach Gegenfluten von 800 Tonnen Wasser unverändert klar. Weitere Treffer führten zum Vollaufen einer Munitionskammer, eines Steuerbord-Kesselbunkers, zweier Schutzbunker und von Teilen des Doppelbodens. Aber DERFFLINGER konnte auch dann noch ohne Schwierigkeiten schwimmfähig gehalten werden. Mit 18–20 Knoten Fahrt bestand DERFFLINGER ein weiteres Gefecht und nach Hippers Gefechtskehrtwendung lief der Schlachtkreuzer zeitweilig sogar volle 28 Knoten. Die britischen Zerstörer konnten einfach nicht mithalten.

Der Tiefgang betrug achtern zuletzt 10,50 Meter. Bei der hohen Fahrt im verhältnismäßig flachen Wasser saugte sich das Heck derart tief ein, daß das Schiff im Falle eines weiteren Treffers oberhalb der Wasserlinie von oben hätte vollaufen können.

Bot schon die Standfestigkeit der beiden schwer mitgenommenen Blohm & Voss-Schlachtkreuzer an der Doggerbank auch beim Gegner Anlaß zur Verwunderung, so wurde die Widerstandsfähigkeit dieser Schiffe in der Skagerrakschlacht vom 31. Mai 1916 erst recht zum Begriff. Trotz schwerster Beschädigungen infolge von 25 Artillerietreffern und einem Torpedotreffer kehrte SEYDLITZ, über 5300 Tonnen Wasser im Schiff habend, mit eigener Kraft nach Wilhelmshaven zurück. Das Vorschiff hatte dabei nur noch zweieinhalb Meter Freibord.

Am Skagerrak hatten die — mit Ausnahme von LÜTZOW — sämtlich auf den Helgen von Steinwerder entstandenen Schlachtkreuzer als Vorhut der Aufklärungsstreitkräfte die Hauptlast getragen. Beim zuerst entstandenen Gefecht der fünf deutschen Schiffe gegen zehn britische Schlacht-

kreuzer und Großkampfschiffe vernichtete VON DER TANN allein den Schlachtkreuzer INDEFATIGABLE, während DERFFLINGER und SEYDLITZ gemeinsam den Schlachtkreuzer QUEEN MARY in die Luft jagten.

Auch beim nachfolgenden Kampf der Linienschiffsgeschwader gegeneinander lagen die deutschen Schlachtkreuzer im schwersten Feuer und fuhren einen gewagten Angriff gegen das britische Gros. Nach Ausfall der schwerbeschädigten LÜTZOW, die von einem eigenen Torpedoboot versenkt werden mußte, übernahm DERFFLINGER die Spitze.

Auch das, was Schlachtkreuzer GOEBEN ausgehalten hat, spricht durchaus für seine Bauwerft: Nach Beschießung der nordafrikanischen Häfen Bone und Phillippeville sowie eiliger Kohlenübernahme in Messina war das Flaggschiff der deutschen Mittelmeerdivision dank seiner hohen Geschwindigkeit — zusammen mit dem modernen Kleinen Kreuzer BRESLAU — allen zahlenmäßig überlegenen Verfolgern entwischt und in die Dardanellen durchgebrochen. Dort setzten »das Teufelsschiff und seine kleine Schwester« die Weltpolitik in Bewegung. Ihr Erscheinen veranlaßte die Türkei zum Kriegseintritt auf seiten der Mittelmächte Deutschland-Österreich-Ungarn gegen die Alliierten. Unter türkischer Flagge, aber mit deutscher Besatzung, verhinderten die beiden Schiffe vier Jahre lang jegliche Verbindung zwischen Russen und Engländern an der Südostflanke. Sie machten eine russische Annäherung an den Bosporus unmöglich. Einmal mußte GOEBEN vor Balaklawa allein gegen die gesamte russische Flotte kämpfen, wenig später (zusammen mit BRESLAU) gegen fünf russische Linienschiffe, zwei Panzerkreuzer, mehrere Zerstörer.

Bau-Nr. 213: Schlachtkreuzer DERFFLINGER, 26 600 t
Wasserverdrängung, 63 000 PS, 26,5 kn (vier Propeller).

Dabei blieb die GOEBEN trotz zweier schwerer
Minentreffer und Vertrimmung der Schiffsachse
um rund 80 Zentimeter einsatzbereit. Drei weitere
Minentreffer wurden später ebenfalls verkraftet.
Da es in Konstantinopel weder ein Schwimm-
noch ein Trockendock gab, setzte man provisio-
rische Leckkästen auf die jeweils zimmerwand-
großen Löcher und kämpfte unverdrossen weiter!
Das 1918 unter dem Namen YAVUZ SULTAN SE-
LIM der Türkei überlassene, ab 1936 nur noch
YAVUZ genannte Schiff wurde Rückgrat und Flagg-
schiff der türkischen Marine. YAVUZ blieb auch
noch den Zweiten Weltkrieg hindurch in Fahrt
und wurde als zählebigster Schlachtkreuzer der
Schiffbaugeschichte ab 1948 als schwimmende
Batterie im türkischen Flottenstützpunkt Izmit-
Gölcück am Marmarameer eingesetzt. Das Schiff
bekam auf diese Weise sogar noch eine NATO-
Kenn-Nummer.
Als die YAVUZ nach 51 Jahren außer Dienst gestellt wurde (1963), versuchte die finanzschwache
Türkei dieses unersetzliche technologische
Denkmal und gleichzeitige Symbol deutsch-tür-
kischer Waffenbrüderschaft vor dem Verschrotten
zu retten, indem sie es der Bundesrepublik
Deutschland zum Rückkauf anbot. Es hat nicht an
einzelnen deutschen Versuchen und sogar an einer breiter angelegten Bürgerinitiative zur Heim-
holung der ehemaligen GOEBEN gefehlt. Der finanziell problematische Wettlauf mit der Zeit
konnte jedoch nicht mehr gewonnen werden.
1972 begannen die Schneidbrenner in Izmit un-
widerruflich ihr Zerstörungswerk. Der türkische
Flottenchef versäumte jedoch nicht, der Bauwerft
Blohm & Voss ein Bullauge der YAVUZ ex GOEBEN
zum Geschenk zu machen — auf einer Mahagoni-
Platte mit Erinnerungstafel in Silbergravur.
Der Bau der fünf bei Blohm & Voss entstandenen
Schlachtkreuzer bleibt verknüpft mit dem Namen
und Können des Diplom-Ingenieurs Wilhelm Süchting, der 1908 in den Dienst der Werft getreten war

und sich der Abteilung Kriegsschiffbau derart her-
vorgetan hatte, daß er schon nach sechs Jahren
mit dem damals außerordentlich seltenen Titel
eines Oberingenieurs ausgezeichnet wurde.

Nach dem Tode von Fritz Nordhausen (1920) rückte der hochbe-
gabte Wilhelm Süchting zum verantwortlichen Konstruktionschef
für den gesamten B & V-Schiffbau auf. Unter seiner Leitung
entstanden später vor allem die berühmten MONTE-Schiffe, die
Schiffe der BALLIN-Klasse, die CAP ARCONA und, als Krönung
seines Schaffens, der Schnelldampfer EUROPA und das Schlachtschiff BISMARCK. Im Jahre 1941 verlieh die Technische Hochschule Berlin-Charlottenburg ihrem einstigen Absolventen Wilhelm
Süchting die Würde eines Ehrendoktors. Dr. h.c. Süchting starb
im Jahre 1970, nachdem er über 40 Jahre lang — bis zum Produktionsverbot nach dem Zweiten Weltkrieg — dem Unternehmen
angehört hatte. Er hat in der Werftgeschichte einen festen Platz.

Aber auch der aus Bremerhaven stammende Diplom-Ingenieur
Friedrich Dreyer muß im Zusammenhang mit dem Bau der berühmt gewordenen Schlachtkreuzer hervorgehoben werden.

Nach dem Besuch der Technischen Hochschule Berlin-Charlottenburg sowie nach kurzer Tätigkeit beim Stettiner Vulcan und
den Kieler Howaldtswerken war Dreyer schon 1895 zu Blohm &
Voss gekommen. Der zunächst im Handelsschiffbau eingesetzte
Friedrich Dreyer erhielt 1898 die Leitung jener Abteilung des
Kriegsschiffbaues, in der die Pläne für das Linienschiff KAISER
KARL DER GROSSE bearbeitet wurden. Unter Dreyers Regie
wurden bis 1908 die Großen Kreuzer YORCK und SCHARNHORST
sowie der Kleine Kreuzer DRESDEN fertiggebaut, denen schließlich die Schlachtkreuzer folgten.
Im Jahre 1913 übernahm Dipl.-Ing. Dreyer die Leitung des schiffbaulichen Außenbetriebes, der seit Inbetriebnahme der Neuen
Werft bedeutende organisatorische Leistungen verlangte.
Friedrich Dreyer wurde in Anerkennung seiner Verdienste um
den Schiffbau von der Technischen Hochschule Danzig zum
Ehrendoktor ernannt. Krönung auch seiner Lebensarbeit wurde
1939 der Stapellauf des Schlachtschiffes BISMARCK, das in
seiner technischen Vollendung alle bis dahin gebauten Großkampfschiffe in den Schatten stellte.

Da aber ein erfolgreicher Kriegsschiffbau nicht möglich ist ohne
Höchststand der dazu notwendigen Antriebstechnik, sei an dieser
Stelle auch des Maschinenbauers Friedrich Pecht gedacht.

Dieser Mecklenburger hatte nach Schlosserlehre und Militärdienstzeit die Technische Lehranstalt Neustadt/Glewe besucht. Als
Fachschulingenieur trat Pecht 1895 ins Kriegsschiffsma-
schinenbüro von Blohm & Voss ein. Später wurde er in den
Werkstattbetrieb versetzt. Der schon erwähnte Bau der Stahlgießerei war ausschließlich sein Werk. Pecht hat außerdem in
den Jahren 1914/15 die Maschinenfabrik II mit einer zweckmäßigen Neuanordnung der Werkzeugmaschinen im Handumdrehen auf jenen Höchststand gebracht, der durch die Anforderungen des Großserienbaues von Unterseebooten erforderlich war.

Der tüchtige Ingenieur Friedrich Pecht war 1909
Oberingenieur geworden und erhielt im April 1913
als Dritter die Prokura. Der Prokurist Pecht rückte
1921 zum Stellvertretenden Technischen Direktor
von Blohm & Voss auf und trat 1937 nach 40
Dienstjahren in den Ruhestand.

Ballins Riesen für den Nordatlantik

Auch der Schlachtkreuzer VON DER TANN war ursprünglich mit Frahm'schen Schlingertanks ausgerüstet worden, die freilich bald nach Aufkommen der kreiselstabilisierten Geschütze anderen Zwecken dienen konnten.

Im Fahrgastschiffbau aber blieb Frahms Erfindung noch jahrzehntelang von erheblicher Bedeutung. Eine in u-förmigem, querschiffs eingebautem Tank pendelnd hin- und herschwingende Wassersäule erzeugte eine sog. »sekundäre Resonanz« mit einer Schwingungsperiode, die der des Schiffes vollständig gleich war.

Ein Schiff wird durch seitliche Wellenimpulse mit wachsenden Pendelausschlägen von Schwingung zu Schwingung um seine Längsachse ins Schlingern gebracht. Jedes Schiff hat eine von seiner Größe, seiner Form und Gewichtsverteilung abhängige Schwingungsperiode. Es gibt eine »Resonanzwirkung«, wenn das Schiff regelmäßig von seitlichen »Seen« im Takte seiner Eigenschwingungen getroffen wird. Auf Grund des Resonanzgesetzes besteht zwischen den Schiffsschwingungen und den Wellenimpulsen eine Phasenverschiebung von 90 Grad. Physikalisch ausgedrückt, benutzte Frahms Erfindung eine künstlich erzeugte, sekundäre Resonanz, um die Wirkung der Hauptresonanz zwischen Welle und Schiff aufzuheben. Das Schiff hinkte jeweils dem Wellenimpuls um ein Viertel seiner vollen Periode nach. Mit anderen Worten: Die Wasserschwingungen in dem nach Art einer kommunizierenden Röhre angeordneten Tank wirkten den Wellenimpulsen des Seegangs direkt entgegen. Das Wasser hatte seinen höchsten oder niedrigsten Stand in den Seitenschenkeln jeweils eine Viertelperiode später als das Schiff seine größte Neigung erreichte. Es konnte deshalb keine Zunahme der Schwingungsausschläge mehr stattfinden. Das Schiff führte nur noch geringe Schlingerbewegungen aus.

Frahm hatte seine verblüffende Erfindung zunächst in Modellversuchen erhärtet, bevor er sie durch Einbau von Schlingertanks in die Barkasse B & V IV auch praktisch erprobte. Vom 1. März bis 15. April 1913 wurden umfangreiche Reihenversuche mit der Touristendampfjacht METEOR vorgenommen, in die erstmals große Frahm-Tanks eingebaut worden waren. Interessanterweise wurden diese Fahrten im Auftrage des russischen Marineministeriums durchgeführt.

Die Ergebnisse waren so positiv, daß sich die HAPAG entschloß, in ihre beiden, auf einer Kieler Werft gebauten 8100 BRT großen Dampfer YPIRANGA und CORCOVADO nachträglich Frahm'sche Schlingertanks einbauen zu lassen. Tatsächlich waren diese beiden Schiffe für ihr scheußliches Schlingern berüchtigt. Auch die über zwei Drittel der Schiffslänge verlaufenden Schlingerkiele hatten die »Schaukelpötte« nicht zur Räson bringen können. Deshalb wurde nun in der Gegend von Vor- und Hintermast je ein Frahm'scher Tank auf das oberste durchlaufende Deck aufgesetzt. Es durfte natürlich kein Tropfen Wasser in die darunterliegenden Passagierkammern durchdringen.

Auch die Afrikaschiffe LUCIE WOERMANN und ELENORE WOERMANN sowie die HAPAG-Dop-

Die Wirkungsweise der Frahm'schen Schlingerdämpfungstanks, kurz Schlingertanks genannt.

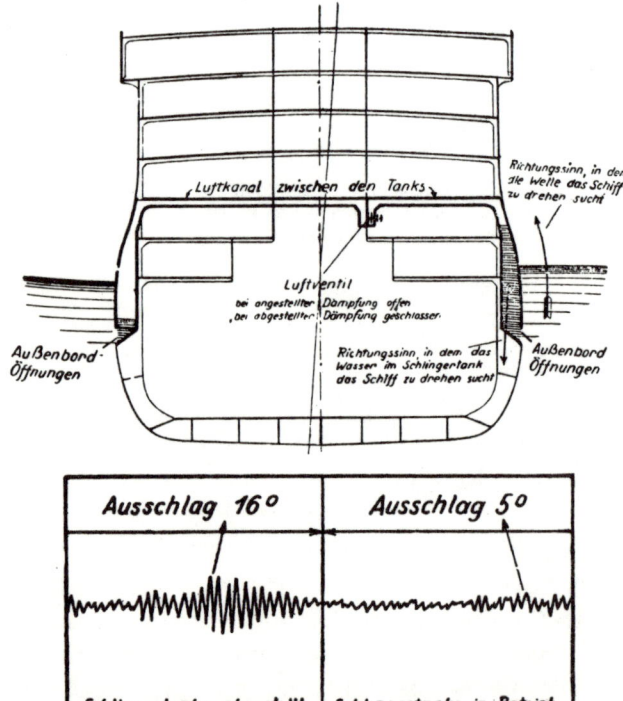

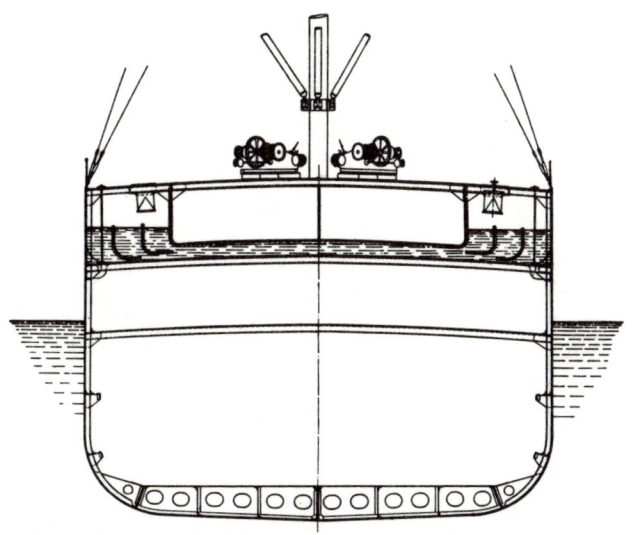

Die innerhalb von nur vier Wochen auf den HAPAG-Dampfern YPIRANGA und CORCOVADO eingebauten, hochliegenden Schlingertanks.

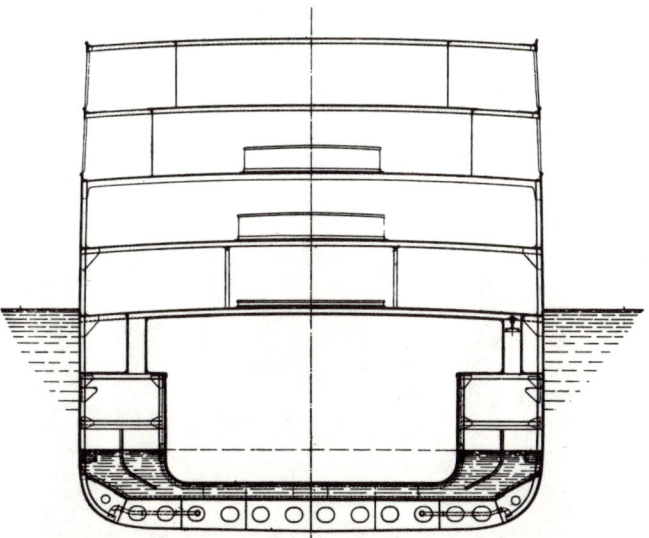

Anordnung der Frahm'schen Tanks unmittelbar auf dem Doppelboden eines Laderaums von Reichspostdampfer GENERAL, Deutsche Ost-Afrika-Linie.

pelschraubendampfer AMERIKA, VICTORIA LUISE (ex DEUTSCHLAND), KAISERIN AUGUSTE VICTORIA, CLEVELAND und CINCINNATI wurden in kürzester Zeit durch nachträgliches Aufsetzen solcher Schlingerdämpfungstanks für die Fahrgäste attraktiver gemacht.

Aber von Bau-Nr. 203 (Reichspostdampfer GENERAL der Deutschen Ost-Afrika-Linie) an wurde der Einbau Frahm'scher Tanks in Neubauten selbstverständlich. Auch die Riesenschiffe VATERLAND und BISMARCK bekamen derartige Anlagen von vornherein eingebaut.

»Ballins dicke Dampfer«, von manchem Kritiker als Beweis für einen allzu kraß gewordenen Ehrgeiz Albert Ballins herangezogen, waren letzten Endes das Ergebnis sehr rationeller betriebswirtschaftlicher Überlegungen. Die Ziffer der Transatlantik-Passagiere schnellte im letzten Jahrzehnt vor dem Kriege immer weiter steil nach oben. Und Ballin wußte sehr wohl, daß größere Schiffe im Vergleich zu kleineren relativ wirtschaftlicher im Betrieb sind. Eine Faustregel besagt, daß die Verdoppelung der Schiffsgröße bei gleicher Geschwindigkeit nur 58 % mehr Antriebskraft erfordert.

Aber noch ein weiterer Umstand sprach für große Fahrgastschiffe: Ausgedehnte Deckflächen und weiträumige, bequeme Fahrgasteinrichtungen waren gefragt. Auch das Verkraften von Wind und Wetter gelang extrem großen Schiffen am ehesten. Ballin wagte also aus einleuchtenden Gründen den großen Sprung zum Trio der Vierschrauben-Schnelldampfer IMPERATOR, VATERLAND und BISMARCK, aber er hatte zu keiner Zeit den Ehrgeiz, mit diesen damals größten Schif-

fen der Welt etwa in das Rennen um das Blaue Band einzusteigen. Andererseits wollte er nicht, daß seine Reederei mit ihrem Angebot gegenüber der Attraktivität zweier britischer Neubauten zurückfiel: Er fürchtete mit Recht die Konkurrenz der großen Schnelldampfer der MAURETANIA- und OLYMPIC-Klasse.

Der HAPAG-Generaldirektor erteilte den Auftrag für das erste Riesenschiff IMPERATOR – zunächst zum Ärger von Blohm & Voss – der erst 1910 eröffneten Werft Hamburg des Stettiner Vulcan. Aber schon nach kurzer Zeit erkannte man auch auf Steinwerder, daß man sich gar nichts Besseres hätte wünschen können: Die Vulcan-Werft mußte sich nun mit sämtlichen Schwierigkeiten abärgern, die ein Neubau noch nie gesehener Größe zwangsläufig haben mußte. Die Nöte und Probleme waren beträchtlich, der IMPERATOR wurde finanziell ein Reinfall für die Werft.

In England nahm eine Lizenzgesellschaft die Verwertung der Frahm'schen Schlingertank-Erfindung auf. Sie war international gefragt.

THE COMPANIES ACTS, 1908 AND 1913.

———

COMPANY LIMITED BY SHARES.

———

Articles of Association

OF THE

FRAHM ANTI=ROLLING TANKS AGENCY,

LIMITED.

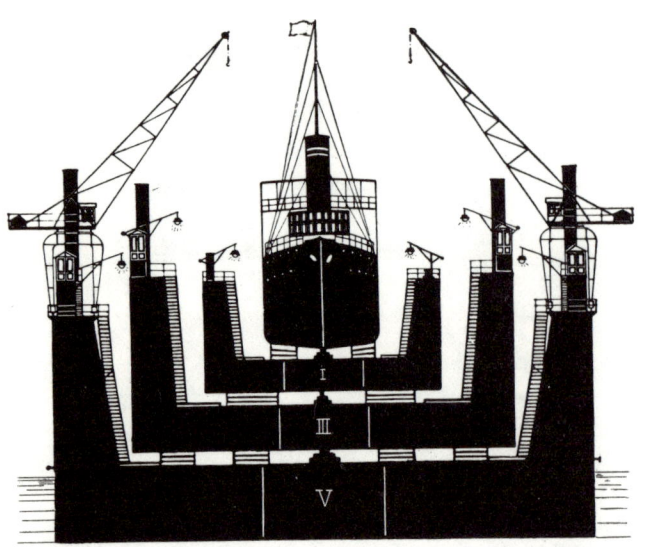

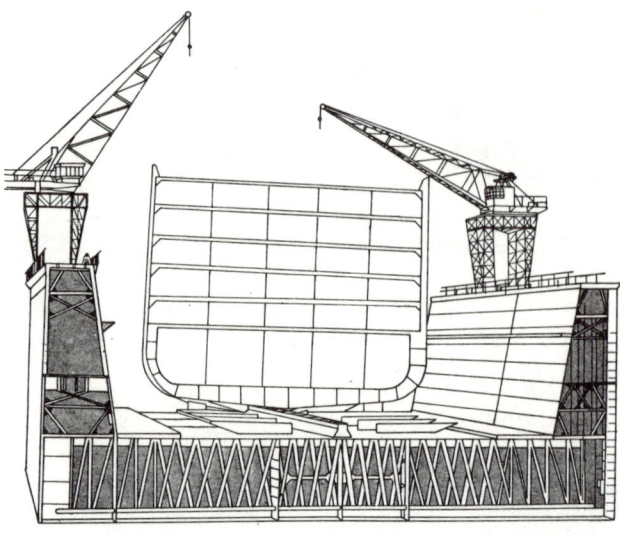

Größenvergleich der B & V-Docks I, III und V. DOCK V wurde 1909 in Betrieb genommen. Es hatte bereits eine Hebefähigkeit von 46000 t, gekoppelt mit DOCK VI von 80000 t.

Querschnitt durch das DOCK V, das speziell für das Eindocken der Riesenschnelldampfer IMPERATOR, VATERLAND und BISMARCK gebaut wurde.

Außerdem konnte das Schiff doch nur bei Blohm & Voss eingedockt werden. Nur dieses Unternehmen besaß zu jenem Zeitpunkt in Gestalt ihres neuen DOCK's V ein Schwimmdock, das bereits doppelt so groß war wie das Marine-Dock DEWEY in Baltimore, das kurz zuvor noch an erster Stelle gestanden hatte. Das neue, schon 1907 mit dem Eindocken der CLEVELAND in Betrieb genommene DOCK V hatte eine Tragfähigkeit von fast 80000 Tonnen. Es hob IMPERATOR mühelos an, so daß der Schnelldampfer von den Ingenieuren der Konkurrenzwerft Blohm & Voss aufmerksam besichtigt werden konnte. Übrigens war man auch noch aus einem anderen Grunde froh, daß dieser Bauauftrag an den Vulcan gegangen war: 1910 war das neue Helgengerüst noch nicht vollständig fertig. Man wäre unweigerlich in Terminverzug geraten.

Um so mehr bemühte sich nun Hermann Blohm darum, das zweite und möglichst auch das dritte von den Riesenschiffen bauen zu können. Aber der so bedeutende Albert Ballin war kein angenehmer Verhandlungspartner. Er konnte unnachgiebig bis zum Geiz werden, wenn es um die Frage von Änderungskosten oder Kostenstundungen ging. Er handelte allzu gern Preise herunter. Und ein eigenartiger Vorfall brachte diesen Wesenszug von »des Kaisers Reeder« verstärkt zutage: Im Januar 1911 war der alte, von Hamburg-Süd angekaufte HAPAG-Dampfer PATAGONIA am Werftkai gekentert. Das passierte dadurch, daß von der HAPAG beauftragte fremde Schiffsreiniger die Doppelbodentankdecke mit Pickhämmern

entrosten wollten. Dabei schlugen sie versehentlich mindestens ein Loch in die Tankdecke.

Beim Fluten der Tanks zur Ballastaufnahme drang das Wasser unkontrolliert in die Laderäume ein und brachte das Schiff zum Kentern.

Blohm & Voss blieb nichts anderes übrig, als die baldmögliche Hebung des Schiffes — in Selbsthilfe, unter Leitung von Fritz Nordhausen, der Trossen um die Deckshäuser legen und das Schiff daran aufrichten ließ. Das mußte freilich unter Mitverwendung von Tauchern, Hebepontons und kontinuierlichem Lenz-Einsatz transportabler Pumpen geschehen. Die HAPAG weigerte sich jedoch, die entstandenen Kosten von fast 200000 Goldmark zu bezahlen. Blohm & Voss strengte daraufhin einen Prozeß an, der größte Chancen hatte, für die Werft gewonnen zu werden.

Als Hermann Blohm Weihnachten 1911 den ersehnten Bauauftrag Nr. 212 für die VATERLAND abschließen wollte, erklärte ihm Ballin unvermittelt, daß da ja noch dieser Rechtsstreit wegen der PATAGONIA-Bergung im Wege stünde. Wenn Hermann Blohm diese Klage nicht zurückzöge, könne er, Albert Ballin, auch den Bauauftrag für die VATERLAND nicht erteilen. Blohm gab dieser unverhohlenen Pression nach, weil ihm letzten Endes der Bau der VATERLAND wichtiger erschien als ein gewonnener Prozeß im Falle PATAGONIA.

Nach Abschluß des Bauvertrages aber legte sich Fritz Nordhausen konstruierend voll ins Zeug. Mit zwölf neubeschafften, transportablen Niet-

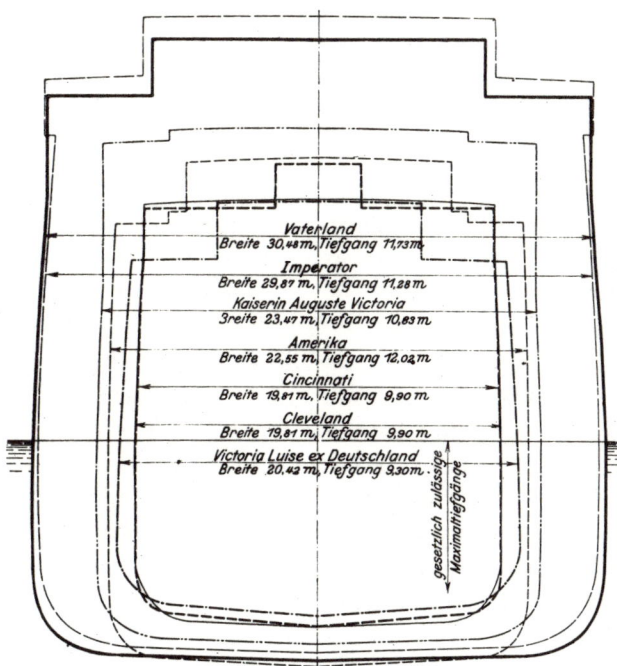

Inside the diagram:
Vaterland
Breite 30,48 m, Tiefgang 11,73 m.
Imperator
Breite 29,87 m, Tiefgang 11,28 m.
Kaiserin Auguste Victoria
Breite 23,47 m, Tiefgang 10,63 m.
Amerika
Breite 22,55 m, Tiefgang 12,02 m.
Cincinnati
Breite 19,81 m, Tiefgang 9,90 m.
Cleveland
Breite 19,81 m, Tiefgang 9,90 m.
Victoria Luise ex Deutschland
Breite 20,42 m, Tiefgang 9,30 m.
gesetzlich zulässige Maximaltiefgänge

Größenvergleiche zwischen bekannten HAPAG-Dampfern und der VATERLAND.

maschinen machten sich schließlich die Schiffbauer ans Nieten der Bodenstücke und sogar vereinzelt schon ans Nieten der Außenhautplatten. Bald wurde auch bei diesem Schiff mit Preßluft weitergenietet.

Mit der 54 282 BRT großen VATERLAND wuchs das Spitzenschiff der damaligen Welthandelsflotte heran. Es besaß einen herrlich großen, durch mehrere Decks hindurchgeführten Speisesaal. Oberhalb von ihm lagen Festräume, ein Ritz Carlton Restaurant, der Wintergarten, die Halle und ein mondäner Rauchsalon. Das Schiff bot überall eine Flucht von Durchblicken – dank der geteilten Kesselschächte, die sich Nordhausen ausgedacht hatte und die ein völliges Novum im Schiffbau waren.

VATERLAND verfügte über eine komplette Ladenstraße mit Bank und Reisebüro, über eine eigene Telefonzentrale und ein großes Schwimmbad. Die geräumigen, wie richtige Miniaturwohnungen ausgestatteten Kabinen der I. Klasse hatten 752 Betten, außerdem gab es zwei besonders luxuriöse Kaiser-Suiten und zehn Staatszimmer, bestehend aus Salon, Schlafzimmer und Bad. Alle Klassen zusammengezählt, beförderte VATERLAND beinahe 4000 Menschen über den Atlantik. Die 46 großen Wasserrohrkessel für den 60 000 WPS starken »Big Liner« wurden schon, mit jeweils 6 Kränen, auf dem Helgen eingesetzt. Und so entstand ein fast 300 Meter langer schwimmen-

der Superlativ, der von einem Kommodore und vier assistierenden Kapitänen geführt wurde, sieben Nautischen Offiziere, 29 Ingenieure und 1180 Mann Besatzung an Bord bekommen sollte. Die Bunker des Schiffes faßten etwa 9000 Tonnen Kohle, die Laderäume 12000 Tonnen Seefrachtgüter. Rund 15000 elektrische Lampen erhellten die schwimmende Stadt, die außerdem Notbeleuchtung mit Dynamo in einem besonderen Raum oberhalb der Wasserlinie besaß. Zwei Anschützsche Kreiselkompasse mit 30000 Umdrehungen in der Minute und zwei Tochterkompassen auf der Kommandobrücke bildeten eine neuartige Navigationsausrüstung.

Auf dem Bootsdeck befand sich eine von drei Telegrafisten besetzte Station für drahtlose Telegrafie. Sie verfügte über drei Sendeapparate. Darunter befand sich eine Großstation, die schon damals fast ununterbrochene Verbindung mit dem Festland gestattete.

Überhaupt wurde auf Sicherheitseinrichtungen ganz besonderer Wert gelegt, weil während des Baues der VATERLAND die TITANIC-Katastrophe des Jahres 1912 die Weltöffentlichkeit erschüttert hatte. Der Untergang dieses Schiffes hatte 1503 Todesopfer gefordert. 34 Rettungsboote und ein Scheinwerfer in Stärke von 34000 Kerzen im vorderen Mast, elektrische Lotmaschinen und zusätzliche Unterwasserschallempfänger für die Nebelnavigation deuteten beim Bau der VATERLAND auf dieses verstärkte Sicherheitsdenken hin. Die wasserdichte Schotten-Unterteilung und eine Vielzahl von Membraneweckern zum Auslösen von Schottendichtsignalen waren mustergültig. In sämtlichen unteren Passagierdecks bis hinauf zu den von Promenadendecks umgebenen Aufbauten waren außerdem feuersichere Schotten eingebaut, deren Öffnungen durch Türen geschlossen werden konnten, die eine Feuerbeständigkeit von 1600 Grad besaßen. Die vorhandenen Rauchschotten waren mit Rabitzplatten armiert und die Haupttreppenhäuser wurden feuerisoliert.

Am 3. April 1913 war Stapellauf der VATERLAND, obwohl die Elbe infolge tagelangen Ostwindes gefährlich wenig Wasser führte. Hermann Blohm entschied sich dennoch für das Wagnis, den Neubau ablaufen zu lassen. Er vertraute darauf, daß die bei dem wegen der Schiffsgröße schnelleren Ablauf entstehende höhere Heckwelle den Rumpf des Giganten vor dem »Dumpen« bewahren würde. Tatsächlich ging der Stapellauf glatt vonstatten, nachdem Prinz Rupprecht von Bayern das Schiff getauft hatte. Wenige Leckstellen im Schiff konnten auf einfache Weise wieder abgedichtet werden. Es zahlte sich aus, daß das Schiff sehr stark gebaut war und daß man es von unten her solide abgenietet hatte. Auch kleine, unsichtbare Ecken und Winkel waren sorgfältig behandelt worden. Man vertrat auf der Werft seit je die These, daß jede Art Pfuscharbeit sich irgendwann rächt — besonders dann, wenn die Schiffe eines Kunden regelmäßig zur Werftüberholung an ihre Produktionsstätte zurückkehren.

Der Stapellauf der VATERLAND war ein glanzvolles Ereignis, das durch die Weltpresse ging. Für die eigens dafür errichteten Zuschauertribünen auf dem Werftgelände waren 15000 Karten ausgegeben worden. So viele Gäste kamen allein mit Fährdampfern über die Elbe. Ein weiterer Teil Zuschauer kam durch den neu erbauten Elbtunnel. Außerdem durften alle verheirateten Werftarbeiter ihrer Frau eine Ehrenkarte überreichen, so daß nach Schätzung Eduard Blohms etwa 40000 Menschen diesem Stapellauf beigewohnt haben.

Die große Menschenmenge machte augenfällig, daß Blohm & Voss durch den Bau des Elbtunnels plötzlich ganz dicht an die Stadt Hamburg herangerückt war. Vorher lag die Werft auf einer Insel, die man nur zu Schiff oder auf einem Zwölfkilometer-Umweg mit einem Straßenfahrzeug erreichen konnte. Jetzt aber lag sie plötzlich nur noch 430 Meter weit »up de annere Siet«. Man merkte es auch daran, daß jedesmal bei Schichtwechsel Tausende von Radfahrern aus den Tunnelaufzügen quollen, die nun auf kürzestem Wege — ohne Fährdampfer — von ihrer Wohnung zur Arbeitsstätte gelangen konnten.

Am 7. September 1911 war der Elbtunnel als technisches Meisterwerk seiner Epoche zunächst für den Fußgängerverkehr eröffnet worden. Ohne viel Aufhebens, ohne Festreden und Musik hatte sich eine kleine Gruppe von Fachleuten 23 Meter tief unter die Erde begeben, um den Elbtunnel nach dreijähriger Bauzeit seiner Bestimmung zu übergeben. Der spätere Oberbaudirektor und Leiter des Hamburgischen Wasserbauamtes, Dr.-Ing. Wendemuth, — damals Baurat und geistiger Urheber dieses gewagten Werkes — ließ genau eine Minute nach neun Uhr vor den Augen einer erwartungsvollen Zuschauermenge den ersten Aufzugskorb in die Tiefe hinabgleiten, worauf nach einer 30 Sekunden dauernden Fahrt am Grunde der Einfahrtshalle eine Begrüßung der vom jenseitigen Ufer gekommenen Herrschaften stattfand, die in gleicher Weise auf der Steinwerder Seite eingefahren waren und bereits den Weg nach Hamburg zurückgelegt hatten.

Schon in der ersten Stunde des Tunnelbetriebes stellten sich 8000 Menschen ein, die das gelungene Werk sehen wollten, und am nächsten Tag benutzten 60000 Menschen den Tunnel.

Der Bau des Elbtunnels hatte knapp drei Jahre gedauert. Die im Gelände des Hamburger Freihafens ansässigen Betriebe, allen voran Blohm & Voss, hatten nach der Jahrhundertwende bessere Verkehrsverbindungen zum stadtseitigen Ufer der Norderelbe gefordert. Und es war ein weitschauender Entschluß der Hamburger Regierung, unter allen zur Debatte stehenden Projekten einen Direkttunnel zwischen Steinwerder und St. Pauli zu erbauen, obwohl die Topographie an beiden Ufern keinen Platz für irgendwelche Zufahrtrampen bot. Man mußte den Verkehr mit Aufzügen bewältigen. Die dazugehörigen Schächte kamen unter grundsätzlich verschiedenen Bedingungen zustande. In St. Pauli war eine offene Baustelle möglich, während auf Steinwerder die Bodenbeschaffenheiten den Einsatz eines Sinkkastens mit 2,6 atü Überdruck erforderte. Auch der Vortrieb der beiden 430 Meter langen Tunnelröhren geschah unter Preßluft — und zwar erstmalig im »Schildvortrieb«-Verfahren: Ein stählerner Schild, der den Arbeitsraum vor Ort auf etwa sechs Meter abschloß, wurde nach Aushub des Bodens jeweils einen halben Meter weit hydraulisch vorgedrückt. Und dabei fraß sich dessen Schneide in den noch unberührten Boden so weit

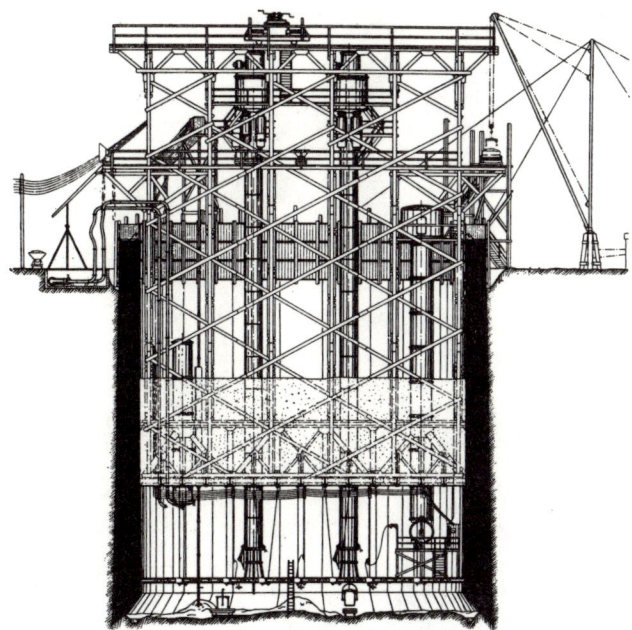

Elbtunnel-Schachtabsenkung auf Steinwerder.

ein, daß das feuchte Erdreich im Schutze des Schildes entfernt werden konnte, während der Preßluft-Überdruck das Eindringen des Wassers abhielt und zugleich den Boden austrocknete.

Es gab in ganz Deutschland nur eine einzige Baufirma, der man das damalige Wagnis der Untertunnelung eines Flusses zutraute: die Philipp Holzmann A.G. Und bei der hanseatisch-schlichten Tunnel-Einweihung befand sich im Gefolge von Baurat Wendemuth nicht nur der Wasserbaudirektor Bubendey, sondern auch ein erst 30 Jahre alter Mann, der bereits schneeweißes Haar hatte. Es war der leitende Baumeister Stockhausen, der in der Zeit des Tunnelbaues mit allen Schwierigkeiten und Schrecken hatte fertig werden müssen. Das neue Preßluftverfahren hatte mehrere Fälle von Caisson-Krankheit verursacht, aber auch ein schweres Unglück zur Folge, das Stockhausen nicht verwinden konnte: »Am 24. Juni 1908 schoß eine mächtige Wassersäule aus der Elbe empor, und wie ein Lauffeuer durcheilte die Stadt das Gerücht, der Elbtunnel sei abgesoffen.« Kompressoren hatten die vor Ort ständig nach außen strömende Luft ersetzen müssen – und zwar 10000 Kubikmeter pro Baukammer. Plötzlich hatte

ein Teil des Schwemmsandes der Tunnelsohle dem starken Luftdruck nachgegeben. 1200 cbm Sand-Wasser-Gemisch wurden explosionsartig nach oben geschleudert. Es kam deshalb im vorderen Teil des Baustollens zu Wasser- und Sandeinbruch, der drei Todesopfer forderte. Der technische Schaden konnte jedoch behoben werden. Nach wenigen Wochen gingen die Vortriebsarbeiten weiter. Der aus ringförmig gebogenen, miteinander vernieteten Doppel-T-Trägern erstellte Tunnelmantel wuchs weiter, bis zuletzt je eine durchlaufende Tunnelröhre aus 1700 Stahlringen von je 25 cm Breite mit 1700 Blei-Dichtungsringen entstanden war. Schließlich konnten beide Röhren mit Beton ausgekleidet, auf der Innenseite mit Wandkacheln belegt werden.

Der Tunneldurchstich war ein großes Ereignis. Der verantwortliche Tunnelbauleiter Stockhausen war schon bei Baubeginn verlobt. Er verschob seine Hochzeit jedoch noch geschlagene zwei Jahre. Er wollte unter allen Umständen erst die gefährliche Arbeit des Durchstiches hinter sich gebracht haben. Dann erst erhielt Stockhausens Braut ein Telegramm: »Tunnel durch — 12 Millimeter genau. Komme morgen mittag.«

Gemeint war Stockhausens Ankunft zur Hochzeit und zur anschließenden Hochzeitsreise nach Ägypten. Heute noch erinnert eine der in die Kachelwände eingelassenen Reliefdarstellungen an diese Begebenheit: Mann und Frau reichen sich, von verschiedenen Seiten kommend, in einer durchstochenen Erdröhre die Hand.

Wirklich hat der Elbtunnel das Alltagsgeschehen im Bereich von Blohm & Voss so nachhaltig verändert wie kein anderes Bauwerk. Er wurde Leitlinie des großen Schichtwechselverkehrs. Bis zur Drucklegung dieses Buches haben seit der Eröffnung des Fahrzeugverkehrs (30. 11. 1911) nicht weniger als 34,7 Millionen Fahrzeuge und 109 Mil-

Längsschnitt durch den Elbtunnel von St. Pauli nach Steinwerder. Sohlenlänge von Schacht zu Schacht 430 m.

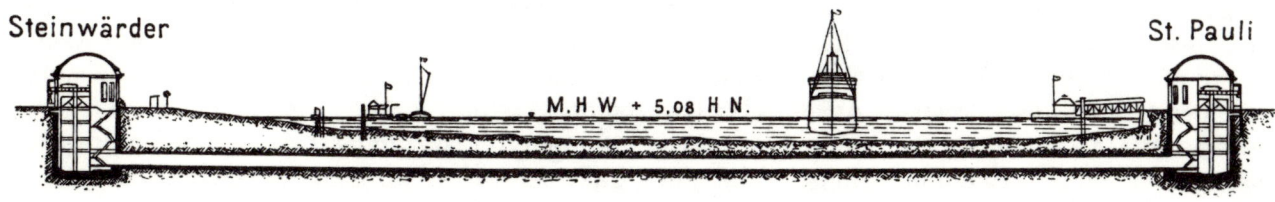

Steinwärder   M.H.W + 5.08 H.N.   St. Pauli

lionen Radfahrer diesen Tunnel benutzt. Darunter waren auch die Blohm & Voss-Werftarbeiter, die das vielbewunderte Riesenschiff VATERLAND bauten und ausrüsteten.

Am 15. Mai 1914 konnte der damals größte Dampfer der Welt an die Hamburg-Amerika Linie übergeben werden. Die drei Riesenschiffe des Typs IMPERATOR sollten eine völlig neue Organisation des Transatlantikdienstes der HAPAG möglich machen.

Im Zusammenhang mit dem Bau der VATERLAND und der 14 Monate später vom Stapel gelaufenen, noch größeren BISMARCK ist der bekannte Hamburger Bankier Max M. Warburg bereits am 25. Juli 1911 in den Aufsichtsrat von B & V eingetreten. Darüber sagt David Farrer in seinem Buche »The Warburg's«: »Max M. Warburg kam sehr gegen seinen Willen in Kontakt mit Blohm & Voss, der größten deutschen Werft. Kurz nach Auftragserteilung der neuen Passagierschiffe begann Ballin Zweifel zu bekommen.

Hermann Blohm, der weißbärtige, patriarchalische Leiter der Firma, war sicherlich ein hervorragender Schiffbauer, aber würde er den finanziellen Rückhalt haben, diesen Großauftrag ordnungsgemäß abzuwickeln?

Könnte eventuell Max Warburg Ballins Zweifel beseitigen? Würde er bereit sein, in den Aufsichtsrat von Blohm & Voss einzutreten?

Über zwei Jahre wurde dies von Max Warburg abgelehnt. Es war sehr unwahrscheinlich, daß Hermann Blohm das Eindringen eines Finanzmannes in den Aufsichtsrat seiner Firma begrüßen würde. Aber Ballin teilte ihm eines Tages mit, daß ganz im Gegenteil Hermann Blohm hocherfreut sein würde, wenn er sich zum Beitritt entschließen würde. Ein Abendessen wurde arrangiert, und Hermann Blohm drückte bei dieser Gelegenheit seine Freude darüber aus, daß es ihm vergönnt sei, Max Warburg mit den Geheimnissen der Industrie und des Managements vertraut zu machen, wovon Max Warburg als Bankier verständlicherweise keine Ahnung haben könne.

Erst in diesem Augenblick realisierte Max Warburg die Falle, in die er gelaufen war und die von Albert Ballin gestellt worden war.

Ballin hatte Hermann Blohm nämlich mitgeteilt, daß letzterer ihm einen Gefallen tun würde, wenn er Max Warburg aufnehmen und ihm quasi in einem Lehrer-Schüler-Verhältnis etwas über Schiffbau und Management beibringen würde.

Der Trick war erfolgreich. Blohm & Voss ging es gut. Max M. Warburg, der schon im Aufsichtsrat der HAPAG saß, wurde nun auch engstens vertraut mit Deutschlands größter Werft, was Blohm & Voss nie zu bedauern gehabt hat.«

War es ein böses Vorzeichen, daß beim Stapellauf des ebenfalls schon im Bau befindlichen, noch größeren Schnelldampfers BISMARCK (56551 BRT) einiges danebengeriet, ließ es Abergläubische nicht »Unrat wittern«?.

Zwar herrschte »Kaiserwetter« am 20. Juni des Jahres 1914. Die Straßen der Hansestadt waren festlich geschmückt. Von der Kieler Woche kommend, traf Kaiser Wilhelm gegen 1.30 Uhr mittags im Auto auf der Veddel ein. Bei den Auswandererhallen gab es ein jubelndes Kinderspa-

So wurden »Ballins dicke Dampfer« VATERLAND und BISMARCK mit Hilfe des 1913 in Betrieb genommenen 250-Tonnen-Kranes ausgerüstet.

lier. Anschließend fuhr der Kaiser hinüber zu den Landungsbrücken, deren Portal mit grünen Girlanden umrankt war und die man durch die Vielzahl von Fächer-Palmen in weißen, mit Gold abgesetzten Kübeln in eine Art Südsee-Szenerie verwandelt hatte. Künstliche Hortensien- und Pelargonien-Beete blühten. Die ganze Brücke war mit rotem Stoff bespannt. Die Kaiserjacht HOHENZOLLERN hatte angelegt. Hamburgs Bürgermeister Dr. Predöhl, Dr. v. Melle und Dr. Schröder, zwei Senatoren, der Präsident der Bürgerschaft und der Preußische Gesandte in Hamburg, v. Bülow, sowie Legationsrat v. Bonin hatten sich, teils hanseatisch würdevoll, teils um einige Grade devoter, zur Begrüßungszeremonie eingefunden. Kaiser Wilhelm hatte die Autobrille hochgeschoben und »blitzte« die Matrosen seiner HOHENZOLLERN an, deren dreifaches Hurra daraufhin zum Junihimmel emporschmetterte. Als aber die Damen des Roten Kreuzes ihn resolut umringten, um eine Gabe zu erbitten, machte der Kaiser ein verlegenes Gesicht. Er hatte keinen Pfennig Geld bei sich! Der Oberhof- und Hausmarschall Freiherr v. Reischach sowie der Generaladjutant v. Plessen im Gefolge des Kaisers brachten das aber eilig in Ordnung. Sie reichten dem Kaiser

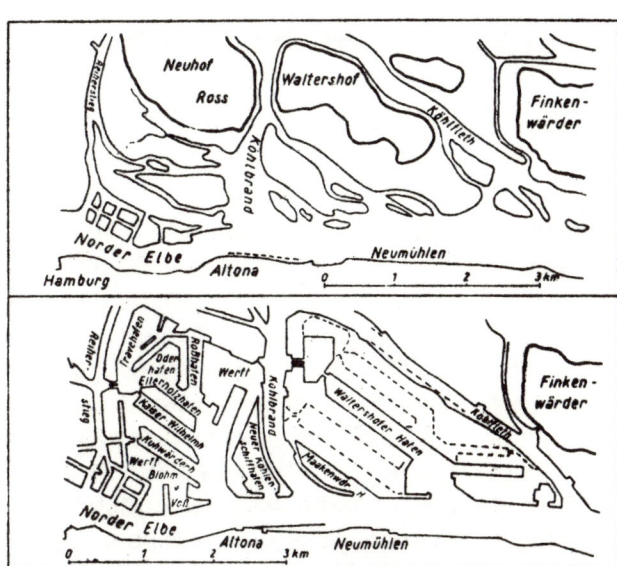

So hatte sich Kuhwerder und seine Umgebung seit der Werftgründung bis 1913 gewandelt. Das Werftgelände war von modernen Hafenbecken umrahmt, die Insel Kuhwerder längst mit Steinwerder vereinigt.

einige Geldstücke zu, so daß man diesem zum Dank für seine Spende eine Nelke an den Überrock heften konnte. Wilhelm II. trug an diesem Tag die Uniform der Hannoverschen Königs-Ulanen. Anschließend ging auf der HOHENZOLLERN die Kaiserstandarte hoch, Majestät und Gefolge verschwanden im Innern der Jacht, nur um sich dort umzuziehen. Gegen 14.30 Uhr bestieg der Kaiser — nunmehr in Marine-Uniform mit den Rangabzeichen eines Großadmirals — die Staatsjacht HAMBURG der Hansestadt, um zu Blohm & Voss hinüberzufahren. Senat, Bürgerschaft, Diplomatie und Generalität dampften mit der WILLKOMMEN in respektvollem Abstand hinterher.

Drüben auf der Werft empfingen Hermann Blohm und Ernst Voss, die Direktoren Frahm und Rosenstiel sowie Blohms ältester Sohn, Dipl.-Ing. Rudolf Blohm, den Kaiser und Albert Ballin und führten sie zum Empfangszelt, das lila ausgeschlagen und mit einem Purpurteppich belegt war. Von dort wurde Kaiser Wilhelm zur Taufkanzel geführt. Die junge Gräfin Hanna v. Bismarck, Enkelin des 16 Jahre vorher verstorbenen Altreichskanzlers, fungierte als Taufpatin. Neben ihr stand, in Oxford-Schultracht, der junge Fürst Otto v. Bismarck.

Bürgermeistermeister Predöhl beendete seine Stapellaufrede mit den Worten: »So trage dieses Riesenschiff, getauft nach Ew. Majestät Bestimmung durch die Frauenhand der Enkelin den Namen des Mannes über die Meere, dessen steinernes Riesenbild auf uns herniederschaut...«.

Jubelnde Hochrufe ertönten, die Kapelle intonierte die damalige Hymne »Heil dir im Siegerkranz«. Dann aber geschah etwas, das über tausend Menschen auf der Werft sekundenlang den Atem stocken ließ: Gräfin v. Bismarck war vorgetreten, hatte die Sektflasche ergriffen und ihren Taufspruch aufgesagt. Er lautete: »Auf Befehl Seiner Majestät taufe ich dich Bismarck.«

Die Gräfin warf die Flasche, aber diese erreichte nicht ihr Ziel. Sie kollerte an dem steil aufragenden Bug entlang und schwang wieder zurück.

Geistesgegenwärtig rettete der Kaiser die Situation. Er ließ die Flasche an der Leine zurückholen und verbeugte sich knapp vor der unglücklichen Taufpatin: »Mit Sekt wissen wir Männer wohl bes-

ser umzugehen, Gräfin«, sagte der Kaiser lachend und schleuderte die Flasche zum zweitenmal gegen die Bordwand. Nun erst zerschellte sie am Vorsteven des Schnelldampfers.

Viele Stapellaufgäste sahen ein böses Omen in dem Vorfall. Wenn ein Taufakt mißglückte, stand nach altem Aberglauben irgendein Unheil bevor. Tatsächlich peitschten schon acht Tage später die Schüsse von Sarajewo durch die für so friedlich gehaltene Welt. Die Ermordung des österreichischen Thronfolgers Franz-Ferdinand führte in das Verhängnis des Weltkrieges hinein.

Bis dahin hatte eine Welle von Optimismus die Menschen erfaßt und eine Hoffnung auf langwährenden weiteren Frieden hervorgerufen. Niemand zweifelte daran, daß auch dem Schnelldampfer BISMARCK im Gespann der Großen Drei viele, glückhafte Atlantikreisen unter deutscher Flagge beschieden sein würden.

Der Kriegsausbruch machte alle Hoffnungen zunichte. BISMARCK blieb unvollendet am Ausrüstungskai liegen. Die VATERLAND, die gerade erst zur dritten Reise ausgelaufen war, wurde im Hafen von New York von der Kriegserklärung überrascht. Sie durfte den Hafen nicht mehr verlassen. Schiff und Besatzung wurden interniert. Und beim amerikanischen Kriegseintritt im Frühjahr 1917 wurde die VATERLAND als Kriegsbeute beschlagnahmt, um künftig unter dem Namen LEVIATHAN amerikanische Truppen über den Atlantik zu transportieren und später Flaggschiff der United States Lines zu werden.

Engagement an der Newa

Der Ausbruch des Krieges wurde für eine Gruppe von Oberingenieuren, Ingenieuren, Meistern, Vorarbeitern und Monteuren der Werft Blohm & Voss Auftakt zu einem unfreiwilligen Abenteuer. Diese Männer befanden sich bei der Eröffnung des Konfliktes im feindlich gewordenen Rußland. Sie entkamen über die nördliche oder südliche Grenze nach Deutschland. Den weitesten Fluchtweg — rund um die Welt — legte wohl der Konstrukteur Dipl.-Ing. Kurt Orbanowsky zurück. Dieser reichsdeutsche Oberingenieur polnischer Abstammung, Sohn einer englischen Mutter, war Direktor der am 29. November 1913 in Gegenwart von Hermann Blohm eingeweihten Putilow-Werft A.G. in St. Petersburg geworden. Er flüchtete über die Transsibirische Eisenbahn, China, den Pazifik und die Vereinigten Staaten von Amerika nach Deutschland!

Die »Rußland«-Gruppe kehrte auf getrennten Wegen vollzählig zurück. Sie hatte nach den Zeichnungen und Plänen von Oberingenieur Georg Asmussen im Juli 1912 damit begonnen, in St. Petersburg nach Blohm & Voss-Muster eine moderne, leistungsfähige Werft zu errichten. Das Mutterwerk dieser Werft, die Putilow-Werft in Baltisch-Port, bestand bereits seit 1801. Sie baute Schwimmdocks und reparierte Schiffe der zaristischen Marine. Als jedoch im Jahre 1911 ein neues russisches Flottenbauprogramm bewilligt wurde, sah sich die zaristische Regierung nach potentieller Entwicklungshilfe durch eine ausländische Privatwerft um, die imstande war, binnen kurzem auch in Petersburg eine Putilow-Werft zu errichten. Dieses moderne Werk sollte für den Bau von Schiffen und Schiffsmaschinen jeder Größe geeignet sein.

Dem russischen Ministerrat fiel die Wahl nicht schwer, Blohm & Voss mit dem Bau und der Inbetriebnahme der Werft sowie der Ausbildung russischer Fachkräfte zu beauftragen. Das Hamburger Unternehmen hatte bei einer Konstruktionsausschreibung für ein russisches Linienschiffprojekt unter den 17 bedeutendsten europäischen Schiffbaufirmen am besten abgeschnitten. Und so ging man zügig ans Werk. Von einer belgischen Firma wurde zunächst das angekaufte,

feuchte Gelände durch eine Bewegung von 2,9 Millionen Kubikmeter Boden auf vier Meter über mittlerem Ostsee-Wasserstand aufgehöht. Anschließend befestigte man die Uferstrecken des projektierten Werfthafens durch Rammen von Pfählen. Auf etwaige Nachbargrundstücke und Hinterland brauchte an dieser öden Stelle keine Rücksicht genommen werden. Und so baute ein deutsches Konsortium mit französischem Geld und einer B & V-Einlage von 900 000 Goldmark unter B & V-Leitung zügig eine Großschiffswerft mit zwei Helgenanlagen, modernsten Krananlagen und 150-Tonnen-Schwimmkran für das Ausrüstungsbecken. Insgesamt wurden auf Anhieb fast fünf Millionen Goldmark investiert. Man konnte sich die neuesten Erfahrungen von Steinwerder zunutze machen, an fast allen Betriebspunkten Platz für spätere Erweiterungsbauten vorsehen und einen rationellen Materialfluß auf durchweg geraden Transportwegen sicherstellen.

Blohm & Voss war nicht nur federführend für den gesamten Werftausbau und für die Konstruktion von Schiffen. Auch die Hamburger Maschinenfabrik leistete Konstruktionshilfe beim Bau verschiedener Maschinen- und Kesselanlagen für Kreuzer und Torpedoboote, die von der zaristischen Marine bei Putilow bestellt worden waren. Mit den Russen war Blohm & Voss schon frühzeitig — nämlich erstmalig im Jahre 1897 — in Fühlung gekommen. Ende Mai 1897 wurde ein »Verband Deutscher Schiffswerften für Rußland« unter Führung der »Kette — Deutsche Elbeschiffahrts-Gesellschaft« gegründet, die damals Kettenschleppschiffahrt* betrieb und auf ihrer Werft in Dresden-Uebigau Tankdampfer für Rußland baute, deren Ausrüstung sie Blohm & Voss übertragen hatte. Aber der Deutsche Schiffswerften-Verband für Rußland, dem außer Blohm & Voss und der

---

* 1863 hatten in Deutschland erste Versuche mit einer Kettenschiffahrt auf der Elbe stattgefunden, nachdem die Franzosen dieses Prinzip 1854 auf der Seine eingeführt hatten. Bei den damals noch schwachen Dampfmaschinen erhöhte es den Wirkungsgrad, wenn sich ein Dampfschlepper über ein Zahnrad an einer auf der Stromsohle verankerten Kette vorwärtshaspelte. Auch bei niedrigsten Wasserständen, und starker Strömung war — dank Kettenführung durch die Fahrwassermitte — Schiffahrt sogar bei Nacht und Nebel möglich. 1871 war die insgesamt 7000 t schwere Elbkette Hamburg-Melnik komplett.

Werft Uebigau auch die A.G. Weser und die Stettiner Oderwerke angehörten, wurde bereits im Juli 1898 wieder aufgelöst, weil sich die beiden Inhaber der Vertreterfirma getrennt hatten. Fortan rangelten zahlreiche deutsche und ausländische Konkurrenzfirmen um das Rußland-Geschäft. Im August 1898 erschienen zwar maßgebliche Herren vom »Komitee der Russischen Freiwilligen Flotten« zu Besuch auf Steinwerder. Aber die erhofften Schnelldampfer-Aufträge blieben trotz einer Rußland-Reise Hermann Blohms aus. Die Verbindung mit Rußland schlief im August 1899 zunächst wieder ein. Erst der Russisch-Japanische Krieg brachte 1905 mit dem schon erwähnten Werkstattschiff ANGARA ex GORJISTAN den ersten russischen Auftrag, der zur großen Zufriedenheit der zaristischen Marine ausfiel. In jenen Tagen gaben sich die Vertreter französischer, italienischer, englischer und amerikanischer Werften beim »Komitee zur Vermehrung und Verstärkung der Kriegsflotte« — Vorsitz Großfürst Michael Alexandrowitsch — in Petersburg gegenseitig die Klinke in die Hand. Auch Hermann Frahm verhandelte in Petersburg. Aber wer im zaristischen Rußland auf die Dauer zum Zuge kommen wollte, brauchte Vertreter, die mit allen Wassern gewaschen und mit allen Schleichwegen vertraut waren. Blohm & Voss fand in dem aus Lemberg zugewanderten, zunächst mittellosen jüdischen Versicherungsagenten Joseph Mendrochowicz einen Mann, der bis zum Kriegsausbruch recht erfolgreich am Ball zu bleiben wußte. Er tat sich mit dem verarmten Großgrundbesitzer Thaddäus Graf von Lubienski zusammen, der zu repräsentieren und für die richtigen Verbindungen zu sorgen verstand. Alles andere besorgte Mendrochowicz mit Schläue, Virtuosität und bereitwillig geöffneten Händen.

Zeitweilig war das Gespann Lubienski-Mendrochowicz sogar drauf und dran, den bei Blohm & Voss im Bau befindlichen Großen Kreuzer SCHARNHORST für Rußland zu erwerben. Die zaristische Marine glaubte dann aber, mit nur sechs Monaten Lieferzeit einen Neubau nach eigenen Plänen erhalten zu können.

Der nächste Rußlandauftrag ließ nicht auf sich warten. Im Sommer 1905 wurden bei Blohm & Voss zwei ehemalige Rheinschlepper und elf Leichter für eine Jenissei-Expedition umgebaut, die termingerecht um Norwegen herum durchs Eismeer nach Sibirien in Marsch gesetzt werden konnten. Die gesamte Flotte mußte zu einem bestimmten Zeitpunkt fertig sein, damit die Fahrzeuge noch in der eisfreien Zeit auf dem Jenissei stromaufwärts fahren konnten. Aber die Galopparbeit hätte sich Blohm & Voss letzten Endes sparen können. Die russischen Überführungsbesatzungen haben sich nach glücklichem Erreichen der Jenissei-Mündung derart über den Erfolg gefreut, daß sie tagelang Wodka-Feiern veranstalteten und darüber die rechtzeitige Weiterreise vergaßen, so daß sie schließlich mit ihren Schiffen einfroren und ihren endgültigen Bestimmungsort nicht mehr erreichten.

Mendrochowicz sorgte dafür, daß auch in den Jahren nach dem verlorenen Russisch-Japanischen Krieg und dem anschließenden Frieden von Portsmouth der Name Blohm & Voss in Rußland nicht in Vergessenheit geriet. Dabei wirkte es sich günstig aus, daß Zar Nikolaus II. bei seiner Begegnung mit Kaiser Wilhelm II. in Swinemünde einen sehr guten Eindruck von dem damals neuen Großen Kreuzer YORCK bekommen hatte. Als im August 1908 Kurt Orbanowsky zum Preisträger des russischen Linienschiffs-Konstruktions-Wettbewerbs erklärt wurde, hatte sich der Name Blohm & Voss erstmalig international auch im Kriegsschiffbau durchgesetzt. Es war nun der gesamten Fachwelt klar, daß die Hamburger Werft — mit Hermann Frahm als Cheftechniker an der Spitze — über einen besonders guten Stab junger Konstrukteure verfügte. Und so konnte nach langen Vorverhandlungen im April 1911 der Vertrag über den Neubau der Petersburger Werft zwischen Blohm & Voss und Putilow geschlossen werden. Blohm & Voss beteiligte sich mit 15% des erforderlichen Kapitals.

Bei Kriegsausbruch befanden sich auf der neuen Werft zwei Leichte Kreuzer, acht Torpedoboote, das Hebeschiff WOLCHOW und mehrere Bagger im Bau. Für einen der Kreuzer wurden in Hamburg

Turbinen- und Kesselanlagen konstruiert, die bei 54 000 WPS eine Geschwindigkeit von 29,5 Knoten erzielen sollten. Außerdem gelang es Hermann Frahm, mit dem Marineministerium eine Generallizenz für seine Schlingerdämpfungstanks abzuschließen.

Als am 31. Juli 1914 die russische Mobilmachung in Berlin bekannt wurde, konnten an der Grenze bei Eydtkuhnen gerade noch eine auf dem Transport nach Petersburg befindliche Torpedoboots-Maschinenanlage angehalten werden. Es waren außerordentlich hochgezüchtete Maschinen, die mit 40000 PS Maximalleistung eine 36,5-Knoten-Höchstfahrt garantierten. Rußland baute zu dieser Zeit bereits Zerstörer von über 1200 t Wasserverdrängung und war auf diesem Sektor damals in der Welt führend.

Die für die russischen Zerstörer LEITNANT ILJIN, KAPTAJN KONONSOTOFF, GAWRILL und MIKHAIL bestimmt gewesenen Turbinenanlagen waren nun deutscherseits beschlagnahmt — eine auf

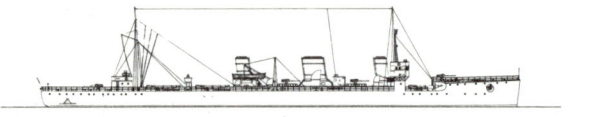

Bau-Nr. 242: Zerstörer B 109, 1374 t, 40000 WPS, 36 kn.

dem Transport und eine fertig in der Maschinenfabrik von Blohm & Voss. Zwei weitere befanden sich dort in der Arbeitsvorbereitung. Die Hamburger Werftleitung schlug daraufhin vor, dazu passende deutsche Zerstörer zu bauen, die denen des russischen Zerstörer-Bauprogramms von 1912 ähnelten. Die Torpedoinspektion des Reichsmarineamtes lehnte Torpedobootszerstörer russischen Typs zunächst ab, weil diese viel zu groß seien und nicht recht in die deutschen Torpedobootsverbände hineinpaßten. Schließlich griff Großadmiral Tirpitz jedoch zu, als Blohm & Voss eine Lieferung in der Rekordzeit von sechs Monaten garantieren konnte. So entstanden mit den Booten B 97 und B 98 die ersten Zerstörer der deutschen Marine. Die mit vier 8,8-Zentimeter-Geschützen auch artilleristisch stark bewaffneten Dreischornsteinboote hatten voll ausgerüstet ein

Deplacement von 1843 t. Sie waren mit 38 Knoten die schnellsten Einheiten der deutschen Marine und hatten hervorragende See- sowie Manövrier-Eigenschaften. Die Marineleitung war von diesen Fahrzeugen so angetan, daß sie sofort vier weitere Boote dieses Typs in Auftrag gab. Nach damaligem Brauch, mit einem Buchstaben vor der Bootsnummer die Bauwerft anzudeuten, erhielten die im März und Juni 1915 in Fahrt gekommenen Zerstörer die Bezeichnungen B 109-B 112. Dank ihrer hohen Geschwindigkeit wurden die sechs Blohm & Voss-Zerstörer vorwiegend in der Aufklärung eingesetzt. Sie kamen alle durch den Krieg. Fünf von ihnen endeten erst am 21.6.1919 durch Selbstversenkung in Scapa Flow. Der sechste wurde als Kriegsbeute an Italien abgeliefert. In den Tagen der deutschen Mobilmachung von 1914 hatte das Reichsmarineamt eine hektische Betriebsamkeit entfaltet. Dementsprechend eilig mußten die deutschen Werften Umrüstungen von Handelsschiffen für Kriegseinsätze vornehmen. Dabei blieben auch gelegentliche Schildbürgerstreiche nicht aus. So mußte auf höheren Befehl, unter Wahrung äußerster Geheimhaltung, der ehemalige Blaue-Band-Schnelldampfer DEUTSCHLAND, der von 1910 bis 1911 zum Kreuzfahrtenschiff VICTORIA LUISE umgebaut worden war, in Tag- und Nacht-Arbeit als Hilfskreuzer ausgerüstet werden. Es wurden Geschützstände eingebaut, Salons herausgerissen und in Mannschaftsräume verwandelt. Wenig später machte die Abnahmekommission der Kaiserlichen Marine lange Gesichter, nachdem ihr das Schiff pünktlich in Cuxhaven übergeben wurde: Der Dampfer lief nur 16 statt 22 Knoten! Es war dem Reichsmarineamt völlig entgangen, daß beim Umbau für den Kreuzfahrten-Einsatz 1910–1911 die Maschinenanlage reduziert worden war. Die Hälfte der Kessel war dabei ausgebaut worden. So wurde der zum Hilfskreuzer ungeeignete Dampfer schon am 8. August 1914 wieder abgerüstet und für die gesamte Kriegsdauer aufgelegt.

Auch die noch unfertige CAP POLONIO wurde auf Weisung des Reichsmarineamtes rasch fertiggestellt und Anfang Februar 1915 als Hilfskreuzer VINETA in Dienst gestellt. Man hatte den dritten, blinden Schornstein abnehmbar und die Masten verkürzbar gemacht. Alle Tarnumbauten und die bereits komplett eingebaute Armierung erwiesen sich jedoch als überflüssig. Die Marine gab auch dieses Schiff schon eine Woche später als unbrauchbar an die Reederei zurück.

Zum Minenlegen war das Schiff zu hochbordig, außerdem kam es zu Anfang nur auf 16,9 Knoten Höchstfahrt. Zu dieser Zeit gewann man auch bereits die Erkenntnis, daß der Hilfskreuzerkrieg mit großen, auffälligen Schnelldampfern unsinnig war. Kleinere, besser zu tarnende Frachter versprachen mehr Erfolg, was wenig später vor allem von MÖWE und WOLF unter Beweis gestellt wurde.

In den ersten Kriegstagen wurde die Werft infolge von Einberufungen gefährlich weit von Personal entblößt. Allzu viele Fachkräfte waren bei Spezialtruppen wie Marine, Pionieren, Eisenbahntruppen ausgebildet und durften deshalb nicht als »uk« (unabkömmlich) reklamiert werden. Das wurde erst anders, als die Zerstörer mit Eiltempo fertiggestellt werden mußten. Das Marineamt setzte wenigstens einzelne UK-Stellungen durch.

Am 30. Januar 1915 wurde der Kiel für den mit 35000 t Wasserverdrängung größten Schlachtkreuzer MACKENSEN gelegt. Dieser Nachfolger der Klasse VON DER TANN zählte bereits zur Kategorie der echten Schlachtschiffe. Seine Hauptbewaffnung bestand aus 35,5-Zentimeter-Geschützen. Das im April 1917 vom Stapel gelaufene Schiff wurde nicht mehr vollendet. Nach dem Zusammenbruch wurde es zum Verkauf freigegeben und 1922 in Kiel verschrottet.

Ebenfalls unvollendet glitt, 21 Monate vor der Fertigstellung, mit Notstapellauf im März 1920 der Schlachtkreuzer ERSATZ FREYA vom Stapel, für den der Name PRINZ EITEL FRIEDRICH vorgese-

hen war. Dieser von den Hamburger Werftarbeitern scherzhaft NOSKE* »getaufte« Torso eines Großkampfschiffes, das 38-Zentimeter-Geschütze erhalten sollte, fand schon 1921 unter den Schneidbrennern der eigenen Bauwerft sein Ende. Und der Weiterbau des 1916 auf Kiel gelegten Schwesterschiffes ERSATZ SCHARNHORST war ab 1917 nur als Arbeitsausgleich betrieben und 1918 ganz eingestellt worden. Es kam nicht einmal zum Stapellauf, der Abbruch mußte gleich auf der Helling vorgenommen werden.

Aber ein anderes größeres Kriegsschiff kam noch am 18. Januar 1918 in Fahrt — der 1915 auf Kiel gelegte Kleine Kreuzer CÖLN, dessen Namensvorgänger kurz nach Kriegsausbruch in der Schlacht bei Helgoland (28. August 1914) von weit überlegenen Seestreitkräften — zusammen mit MAINZ und ARIADNE — versenkt worden war. Die neue CÖLN war ein außerordentlich schmuckes Turbinenschiff im Längsspant-Bänder-Stahlbau, das als einziges seiner Klasse noch in Fahrt gekommen ist. Dieser modernste Neubau der Gattung Kreuzer wurde 1925 Vorbild für die EMDEN, den ersten Kreuzer-Neubau der Reichsmarine. Mit 48000 PS lief die wendige CÖLN in der Meilenfahrt 27,48 Knoten. Bei 18 Knoten und Hartruder konnte sie einen Drehkreis von 730 Metern Durchmesser fahren!

Kommandant des Schiffes wurde ein Fregattenkapitän namens Raeder, von dem niemand ahnen könnte, daß er eines Tages Großadmiral und Oberbefehlshaber der Kriegsmarine werden würde.

Da Kupfer, Zinn und Gummi mit fortschreitendem Krieg notorisch knapp geworden waren, mußte beim Bau der CÖLN zu einer Vielzahl von

---

* Der sozialdemokratische Politiker Gustav Noske (1868–1946) war in den Jahren 1919/1920 erster Reichswehrminister der Weimarer Republik. Nach einem unbeantwortet gebliebenen Ultimatum ließ er den Spartakistenaufstand im Ruhrgebiet — teilweise in schweren Kämpfen — niederschlagen.

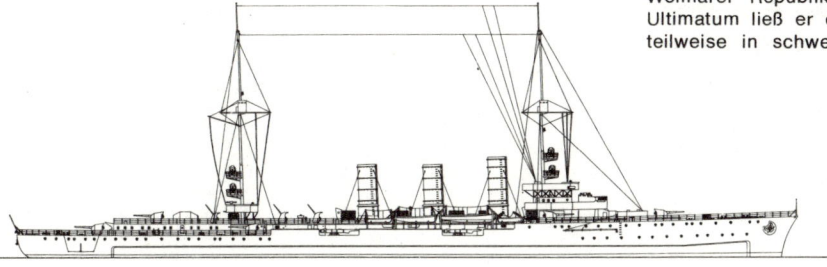

Bau-Nr. 247: Kleiner Kreuzer CÖLN (II), 5620 t, 31000 PS, 27,5 kn.

mehr oder weniger tauglichen Ersatzstoffen gegriffen werden.

Kreuzer CÖLN hatte sogenannte Mischfeuerung, d.h. er fuhr teils mit Öl-, teils mit Kohlekesseln. Es war im vierten Kriegsjahr nicht mehr möglich, die nötige Menge Seife zur Reinigung der Leute nach ihrer schweren Arbeit an den Kohlekesseln, in den Kohlebunkern und bei der Kohlenübernahme verfügbar zu machen. Ein Mitarbeiter der Werft berichtete über seine Probefahrt-Erfahrungen auf der CÖLN lakonisch: »Man konnte sehr schnell in Ehren schwarz werden, es war aber schwer, hinterher wieder den reingewaschenen Menschen vorzutäuschen.«

Bereits in den ersten Kriegsmonaten hatte sich abgezeichnet, daß die anfangs nicht ernst genommene, sondern mehr oder weniger als neumodische Spielerei abgetanen U-Boote eine sehr wichtige Rolle spielen würden. Die Versenkung der drei englischen Panzerkreuzer HOGUE, ABOUKIR und CRESSY (22. September 1914) durch U 9 (Kommandant Kapitänleutnant Otto Weddigen) brachte den endgültigen Durchbruch. U-Boote hatten sich als scharfe Waffe erwiesen. Bald mußte das Reichsmarineamt auch Werften, die niemals solche Boote gebaut hatten, für deren Bau heranziehen. Im April 1915 erklärte sich die Firma Blohm & Voss auf Drängen von Tirpitz bereit, »im vaterländischen Interesse« den Bau von U-Booten zu übernehmen, »wenn auch die Einrichtungen der Werft, durchweg auf den Großschiffbau zugeschnitten, für die Ausführung von Kleinbauten nicht sonderlich geeignet erschienen«. Und es heißt in einem damaligen Protokoll: »Der erste Auftrag auf sechs Boote wurde am 30. April 1915 erteilt. Da es sich dabei um einen neuen Typ handelte, mußten alle Zeichnungen für den Bau neu angefertigt werden, und zwar von einem Personal, dem der U-Boot-Bau fremd war. Das Betriebspersonal und die Arbeiter mußten sich gleichfalls in das ihnen neue Gebiet einarbeiten. Dennoch gelang es, das erste Boot am 7. Dezember, also nach einer Bauzeit von sieben Monaten, der Marine zu übergeben. Von diesem Tage ab wurde in kleineren oder größeren Abständen bis zum 10. November 1918 im ganzen 91 Boote an die Marine abge-

liefert, von denen die letzten zwei nicht mehr in Dienst gestellt werden konnten. Es wurde durchschnittlich jeden 12. Tag ein Boot übergeben.« Von den 91 fertiggestellten Booten sind 72 an die Front gegangen, 17 waren zur Zeit des Kriegsendes bei der U.A.K. (U-Boot-Abnahme-Kommission), und die letzten, die am 31. Oktober und 2. November 1918 ihre Übergabefahrt erledigt hatten, konnten nicht mehr die Kriegsflagge setzen. Diese beiden bei der Werft verbliebenen sowie die sieben dort der Fertigstellung nächsten Boote wurden nach Ausbau der Maschinen nach England geschleppt. Alle übrigen im Bau befindlichen Boote, mochte ihr Kiel eben erst gestreckt sein oder mochten sie dicht vor der Fertigstellung stehen, mußten abgewrackt werden.

Der Gesamtbestand der im Kriege erteilten Aufträge belief sich auf 172 Boote, davon blieben 81 Boote unvollendet.

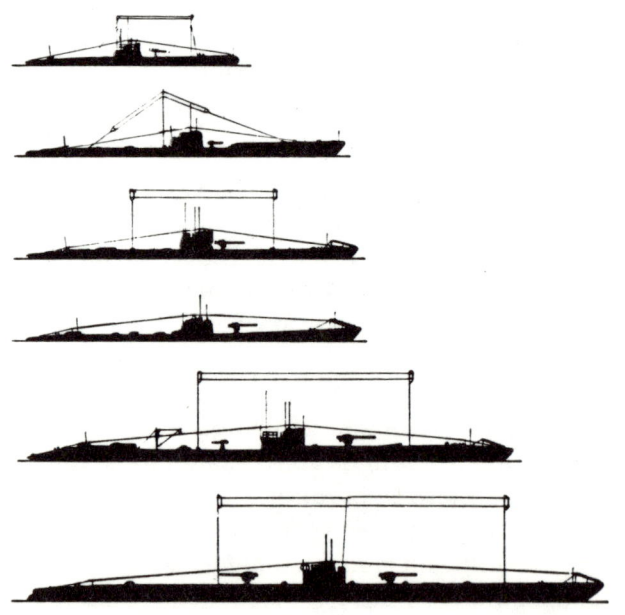

Im Weltkrieg 1914–18 bei B & V gebaute U-Boote der Typen B II, C II, B III, C III, E und P:

Baumuster	Verdrängung	Torpedorohre	Geschütze	Minen	Geschwindigkeit
B II	270 t	2 B	1– 8,8 cm	–	9 Kn
C II	425 t	2 B, 1 H	1– 8,8 cm	18	12 Kn
B III	520 t	4 B, 1 H	1–10,5 cm	–	14 Kn
C III	500 t	2 B, 1 H	1–10,5 cm	14	13 Kn
E	1160 t	4 B	1–15 cm	42	14¾ Kn
P	2150 t	4 B, 2 H	1– 8,8 cm 2–15 cm	–	18 Kn

Fertigbau im Schwimmdock

Der Bau einer derart großen Flotte von U-Booten war eine gewaltige technisch-organisatorische Leistung, zumal eine Reihe von erfahrenen Meistern im Schiffbau und Maschinenbau eingezogen war und nicht als unabkömmlich reklamiert werden konnte.

Der Krieg im Westen war sehr früh zu einem Grabenkrieg erstarrt. Flandern blieb aber der am weitesten nach Westen vorgeschobene Küstenstreifen, der sich deshalb als Ausfallbasis für einen U-Boot-Krieg gegen Großbritannien am besten eignete. Und für die Einsätze zwischen Flandern und der englischen Küste eigneten sich die etwas vergrößerten Küsten-U-Boote des UB-Typs besonders. Sie konnten übrigens auch sektionsweise auf Eisenbahnwagen verladen und nach Pola sowie Triest transportiert werden.

Die Boote wurden von vornherein in zwei Hälften erbaut, die durch zwei starke Ringe zusammengehalten wurden. Man erbaute sie auf dem Helgen zunächst in einem Stück und dockte jeweils eine ganze Gruppe vom Stapel gelaufener Boote schließlich gemeinsam im Schwimmdock ein. Dort wurden die Boote geteilt und die beiden Hälften um jeweils zehn Meter auseinandergezogen, so daß man die Innen-Montage ohne große Behinderung durchführen konnte, bevor man die Bootshälften wieder zusammenzog und miteinander verschraubte.

Diese von Blohm & Voss erfundene Methode der Endausrüstung im Schwimmdock verkürzte die Bauzeit beträchtlich. Sie erwies sich als glänzende Idee. Vom Stapel liefen die Boote noch ohne Maschine — und zwar sofort nach Fertigstellung des Druckkörpers. Das Verfahren hatte zugleich den großen Vorteil, daß die gesamte Tauchtankeinrichtung, Ruder und andere Unterwasserteile nicht schon sämtlich zum Stapellauf fertig sein mußten. Für die Werft war es vorteilhaft, daß ihr zahlreiche Docks zur Verfügung standen, weil Handelsschiffsreparaturen infolge der Blockade ganz aufhörten und Kriegsschiff-Reparaturen nur in Sonderfällen zur Ausführung kamen.*

Gewöhnlich liefen zwei bis vier U-Boote gleichzeitig vom Stapel und wurden dann zusammen nebeneinander auf dem einen Ende eines großen Schwimmdocks eingedockt. Das Dock wurde dabei an diesem Ende einseitig abgesenkt, so daß die in Ausrüstung liegenden Boote der anderen Seite nicht zu Wasser kamen. Schließlich waren immer drei Schwimmdocks mit U-Boot-Neubauten belegt.

Im September 1918 wurde ein letzter Versuch gemacht, durch beträchtliche Steigerung des U-boot-Baues die Kriegslage zugunsten Deutschlands zu wenden. Auf Grund des »Scheer-Programms« sollten, in abermals erheblich verkürzter Zeit, eine große Anzahl von Neubauten vergeben werden, die bis Ende 1920 für die Auslastung der Werft gesorgt hätten. Das bedingte eine beträchtliche Vermehrung von Arbeiterbestand und Betriebsmitteln. So wurden eine Vergrößerung der Preßluftzentrale und der Kraftzentrale mit Umformer, aber auch der Speisehallen, Arbeitseingänge, Kontrolluhrenanlage sowie der Bau eines neuen Werkstattgebäudes und eines Autoschuppens in Angriff genommen, die Gasanstalt vergrößert, zahlreiche neue Werkzeuge und Werkzeugmaschinen sowie Lastautos beschafft. Neu in Auftrag gegeben wurden 80 C-Boote sowie weitere zehn U-Kreuzer. Aber wenige Tage, nachdem die Bestellung für die Boote an die Unterlieferanten herausgegangen waren, wurde das gesamte Scheer-Programm gestoppt.

Die Zahl der an den U-Booten direkt beschäftigten B & V-Arbeiter stieg im Laufe der Kriegsjahre auf nahezu 8000 Mann. Die lediglich für den U-Bootbau eingesetzten Konstruktionsbüros für Schiffbau, Maschinenbau und Elektrotechnik beschäftigten im Mai 1915 nur etwa 45, Ende 1918 hingegen annähernd 300 Personen.

Dem Personalmangel konnte nur auf zweierlei Weise abgeholfen werden. Erstens wurden ab 1915 immer mehr Kriegsgefangene - zuletzt bis zu 600 Russen, Engländer und Franzosen — eingesetzt, für die eigens ein im Schanzengraben

---

* Die Werft reparierte freilich im Mai 1915 den Kleinen Kreuzer AUGSBURG, der bei der Beschießung und Einnahme von Libau durch Treffer ziemlich zerzaust war. Nach der Skagerrakschlacht wurden MOLTKE und MARKGRAF von ihren Gefechtsschäden »geheilt« und später MOLTKEs durch Minentreffer bei Ösel beschädigtes Vorschiff erneuert.

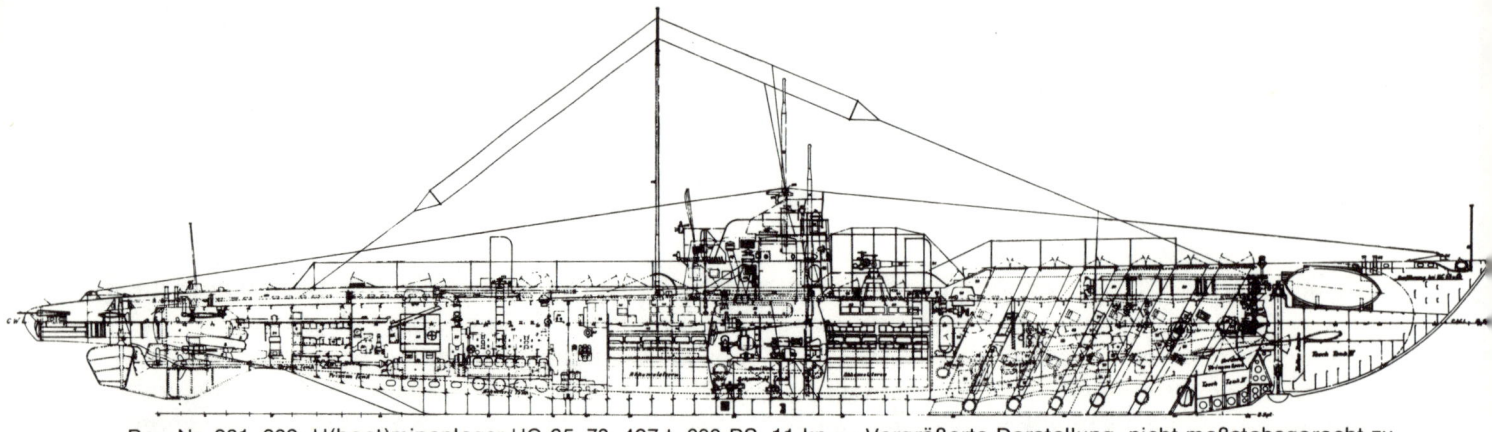

Bau-Nr. 281–289: U(boot)minenleger UC 65–73, 427 t, 600 PS, 11 kn — Vergrößerte Darstellung, nicht maßstabsgerecht zu den anderen Schiffsskizzen, auch nicht zu den U-Booten des Zweiten Weltkrieges. Deutlich sind die schrägen Minenschächte erkennbar.

liegendes Wohnschiff eingerichtet wurde. Zweitens aber sah sich die Werftleitung bald genötigt, auch Frauen einzustellen, die namentlich in den Werkstätten recht gute Arbeitsresultate erzielten. Mit UC 18 hatte Blohm & Voss übrigens das erfolgreichste aller Flandern-U-Boote gebaut. Sein Kommandant, Oberleutnant zur See Steinbrinck, wurde im März 1916 mit dem Pour-le-Mérite ausgezeichnet. Und die beiden B & V-Boote UC 22 und UC 23 fuhren als erste kleinere U-Boote mit eigener Kraft ins Mittelmeer. Für die 3900-Seemeilen-Reise von Helgoland nach Cattaro verbrauchten sie in 17 Tagen nur etwa 39 Tonnen Treiböl. Mit Ausnahme kurzer Unterwasserfahrzeiten liefen die ebenfalls von Blohm & Voss gebauten Dieselmotore die ganze Fahrt über störungsfrei mit Vollast durch. Die mittlere Geschwindigkeit betrug annähernd zehn Knoten.

Bei den 1916–18 auf Steinwerder gebauten U-Minenkreuzern U 122–U 126 (1163/1468 t) befanden sich die Minenschächte erstmals innerhalb des Druckkörpers, so daß die 42 in den Schächten mitgeführten Minen — 30 weitere lagerten als Reserve in Deckskästen — zum endgültigen Zündeinstellen der Minen zugänglich waren und diese durch Schleusenrohre ausgestoßen werden konnten. Aus diesen großen Minenbooten, die mit einer Ausnahme (U 122) nicht mehr zum Einsatz kamen, entwickelten sich zwei Typen von U-Kreuzern, verkörpert durch die Blohm & Voss-Baureihen U 181 und U 182 sowie U 191 bis U 194. Diese U-Schiffe erhielten Panzerschutz sowie zwei 15 cm-Geschütze. Sie sollten damit in der Lage sein, sich mit armierten Handelsschiffen auch in Überwassergefechte einzulassen. Für ihre ozeanische Verwendung mußten sie ausreichende Geschwindigkeit — über Wasser 17,5 Knoten —, genügende Vorräte an Torpedos und Granaten, großen Fahrbereich und gute, für Langfahrten geeignete Be-

satzungswohnräume haben. Der Fahrbereich dieser Tauchkreuzer lag bei 20700 Seemeilen! Für die Überwasserfahrt wurden je zwei der größten bis dahin gebauten U-Boot-Ölmaschinen von je 3000 PS verwendet. Sie stellten eine hervorragende Leistung des deutschen Maschinenbaues dar. Die Motoren für zwei Boote baute die Maschinenfabrik Blohm & Voss selbst, jene für die vier weiteren die M. A. N.

Aber auch die U-Kreuzer kamen nicht mehr an die Front.

Unter den Kriegsbauten der Werft dürfen sechs Sektionen für ein 40000-t-Schwimmdock nicht vergessen werden, das vom österreichisch-ungarischen Kriegsministerium in Wien für den Marinestützpunkt Pola in Auftrag gegeben wurde, nachdem 1913/14 ein ähnlich großes Dock für die Kaiserliche Werft Wilhelmshaven abgeliefert worden war.

Zwei Pola-Sektionen liefen noch vor Kriegsausbruch vom Stapel, die restlichen vier im Kriege. Sie konnten ihren adriatischen Bestimmungshafen nicht mehr erreichen. Die beiden Docks für Wilhelmshaven und Pola hatten elektrischen Antrieb für alle Pumpen und Hilfsmaschinen.

Im Kriege wurden als Gelegenheitsbauten für zeitweilig überschüssige Arbeitsreserven der Woermann-Frachtdampfer WARUNDI sowie der nicht mehr zum Hilfskreuzer vorgesehene Südamerika-Dampfer CAP POLONIO als einzige Handelsschiffe fertiggestellt, während zwei weitere Frachter (JAVARY und PANGANI) zunächst ebenso unvollendet blieben wie die Laeisz-Viermastbarken POLA und PRIWALL sowie das 11300 BRT große italienische Fahrgastschiff AUSONIA. Diese Schiffe liefen nur vom Stapel, damit ihre Hellinge für U-Boote frei wurden. Sie warteten gemeinsam mit dem Rumpf des Schnelldampfers BISMARCK auf den Fertigbau nach Kriegsende.

Ein Ereignis verdient hervorgehoben zu werden: Im Kriegsjahr 1917 wurde die Werftschule gegründet. Bis zu diesem Zeitpunkt hatten die Schiffbaulehrlinge von Blohm & Voss wie alle anderen Lehrlinge die abendlichen Fortbildungskurse der staatlichen Gewerbeschulen besuchen müssen. Dort hatten sie aber in der Regel Lehrer, die nichts von Schiffbautechnik verstanden. Die Entsendung von Technikern der Werft als Hilfslehrer half auch nur bedingt weiter.

Der damals in Hamburg für das Berufsschulwesen zuständige Oberschulrat Thomae war ein eifriger Förderer des Projektes, auf Steinwerder eine werfteigene Berufsschule zu gründen. Er verstand diese Privatinitiative als Schrittmacherin für die verbesserte Berufsausbildung und vermittelte der Werft als Schulleiter den Diplom-Ingenieur Walther Beinhoff, der als einer der ersten planmäßig ausgebildeten Gewerbelehrer Deutschlands im November 1917 seinen ersten 20 Lehrlingsschülern eine »Einführung in das Fachzeichnen« als Probelektion vor der Werftleitung gab. Hermann Blohm war mit diesem dynamischen, pädagogisch begabten Leiter der Werftschule voll einverstanden, der bis zum Jahre 1945 — gemeinsam mit seinem achtköpfigen Lehrerkollegium — über 6000 Lehrlingen die Grundlagen ihres beruflichen Wissens beigebracht hat.

Besonders dafür begabte Ingenieure wechselten gern aus den Konstruktionsbüros von Schiffbau und Maschinenbau in die Werftschule über. So entstand ein Lehrkörper, der sich aus verschiedenen Fachrichtungen zu einer gemeinsamen Aufgabe zusammenfand. Der theoretische Unterricht war praxisnah aufgezogen. Man wollte, wie der Werftschullehrer Dr. Otto Schmidt später formulierte, nicht Paukschule, sondern Arbeitsschule sein. Die freiwillige Mitarbeit des Schülers wurde angestrebt.

Die Werftschule bezog 1917 den roten Backsteinbau der früheren Dorfschule Steinwerder, die sich unmittelbar beim Elbtunnel befand. 1942 siedelte man in einen Neubau auf dem Werftgelände über, der kurz vor Kriegsende einem Luftangriff zum Opfer fiel.

Aber schon der rote Altbau hatte im Hamburger Hafen den ehrenvollen Spitznamen »Technische Hochschule Steinwerder« erhalten. Lesen wir noch einmal bei Dr. Schmidt: »Zwar waren die Lehrlinge — wie überall — in Jahrgangsfachklassen eingeteilt; aber das Klassenpensum war nicht oberstes Gesetz; vielmehr galt unser Bestreben der Förderung jedes einzelnen im Rahmen seiner Möglichkeiten. Und hierbei kam Beinhoffs ganzes pädagogisches Geschick zum Tragen. Wie er räumliches Vorstellungsvermögen prüfte und mit sokratischer Fragestellung zu entwickeln sich bemühte, daran erinnern sich noch heute viele seiner ehemaligen Schüler gern und dankbar, auch wenn sie sich damals hart strapaziert fühlten.«

Auch der freiwillige Werkunterricht der »TH Steinwerder« erfreute sich ebenso wie die einzigartige, von den Lehrlingen selbst erstellte Lehrmittelsammlung eines besonderen Rufes. Es wurden Schnittmodelle von modernen Schiffs- und Bootsrümpfen gefertigt und richtige Segel- und Paddelboote für den Wassersport gebaut. Eine eigene Theatergruppe unter Frau Beinhoffs Leitung sorgte ebenso für die geistige Freizeitgestaltung wie die alljährlichen Ferienfahrten. Durch sie lernten die Werftschüler das Deutsche Museum München und wesentliche Teile von Deutschland kennen. Ein erfolgreicher Abschluß der Blohm & Voss-Lehre verschaffte den Absolventen grundsätzlich eine ausgezeichnete Startbasis für ihr weiteres Leben. Viele ehemalige Lehrlinge, die zum Teil in bedeutende Positionen aufrückten, bestätigten das — und sie betonen es immer wieder.

Der Begriff »TH Steinwerder« erinnert an einen Schnack, der seinerzeit in Hamburg kursierte: Treffen sich zwei Hamburger Hafenlöwen. Sagt der eine zum anderen: »Du büst ja woll ganz un gor größenwahnsinnig worn. Du vertellst överall, dien Söhn is Diplom-Ingenieur!« »Hew ick jo gor nich seggt. Man blot: Mien Söhn is bi Blohm Ingenieur!«

Als Blohm & Voss im Krieg immer mehr zum Kriegsschiff- und U-Boot-Bau herangezogen wurde, kehrte der junge Diplom-Ingenieur Rud. Blohm — der 1914 als persönlich haftender Gesellschafter in den Betrieb seines Vaters eingetreten war — im Februar 1915 zunächst für drei Monate aus dem Felde zurück. Nachdem er im Mai 1915 noch die Durchbruchschlacht bei Gorlice mitgemacht hatte, wurde er vom Reichsmarineamt für unabkömmlich erklärt und ganz in den Werftbetrieb zurückgeholt.

Rudolf Blohm wurde am 2. September 1885 in Hamburg geboren. Nach bestandener Abschlußprüfung am Realgymnasium des Johanneums trat er 1904 als Lehrling in die väterliche Werft ein. Zur Vervollkommnung seiner zweieinhalbjährigen praktischen Ausbildung ging Rud. Blohm dann für ein Jahr zu Haniel & Lueg nach Düsseldorf, anschließend zur Gutehoffnungshütte Oberhausen. Nach Ableistung seiner Militärdienstzeit studierte Blohm an den Technischen Hochschulen von München, Danzig und Berlin-Charlottenburg, wo er 1912 sein Diplom-Examen bestand. Danach unternahm er fast jahrelang ausgedehnte Studienreisen durch Nord- und Südamerika, ehe er am 1. Juli 1914 als persönlich haftender Gesellschafter in die Unternehmensleitung eintrat. Er wurde für mehr als 50 Jahre lang die prägende Persönlichkeit der Werft.

In seinen persönlichen Ansprüchen von größter Bescheidenheit, stellte er an seine Mitarbeiter höchste Anforderungen, die er allerdings auch selbst stets bereit war zu erfüllen.

In enger Zusammenarbeit mit seinem um zwei Jahre jüngeren Bruder Walther (verstorben 1963) gelang es ihm, die Werft jahrzehntelang erfolgreich zu leiten und zu höchster Blüte zu führen. Bis zum hohen Alter von 81 Jahren war Rud. Blohm — zuletzt als Vorsitzender des Aufsichtsrates — aktiv für die Werft tätig. 1966 übernahm er den Ehrenvorsitz des Aufsichtsrates. Trotz seines bei Drucklegung dieses Buches sehr hohen Alters von über 91 Jahren verschafft sich der »Grand Old Man« des deutschen Schiffbaues noch immer durch wöchentliche Informationsbesuche einen Überblick über das Geschehen auf Steinwerder.

Rud. Blohms Bruder Walther, geboren am 25. 7. 1887, war im April 1918 ebenfalls aus dem Felde zurückgeholt worden. Auch er war bereits 1916 als persönlich haftender Gesellschafter in die Werftleitung eingetreten und sollte sich nun energisch vor allem um den U-Boot-Bau kümmern.

Walther Blohm hatte im Jahre 1906 nach dem Realschulabschluß seine Maschinenbauerlehre bei B & V angetreten und im Laufe der ebenfalls zweieinhalbjährigen Lehrzeit auch bei Lahmeyer in Frankfurt/Main und bei Thyssen in Mülheim/Ruhr gearbeitet, ehe er seine Militärdienstzeit ableistete und an den Technischen Hochschulen München und Berlin-Charlottenburg studierte. Seit seiner Rückkehr aus dem Felde im Jahr 1918 stand er 40 Jahre lang gemeinsam mit seinem Bruder an der Spitze des Unternehmens.

Während Rud. Blohm sich in seiner Arbeit vor allem auf die weltweiten Außenbeziehungen des Unternehmens einschließlich der lebenswichtigen Auftragsbeschaffung konzentrierte und auch zahlreiche öffentliche Ehrenämter bekleidete — er war u. a. lange Jahre als Vizepräses Leiter der Industrieabteilung der Handelskammer Hamburg —, betrachtete sein Bruder Walther die betriebliche Arbeit als Schwerpunkt seiner Tätigkeit. Es verging praktisch kein Tag, an dem er nicht irgendeinen Betriebsteil persönlich inspizierte und sich durch eigenen Augenschein seine Meinung bildete. Es gab keinen Meister und keinen Vorarbeiter, den er nicht persönlich kannte und dessen Stärken oder Schwächen ihm nicht genauestens vertraut waren. Walther Blohm war ein gefürchteter, aber wegen seiner großen Fachkenntnisse auch stets anerkannter Kritiker, dem nichts verborgen blieb.

Auf seine Initiative gehen auch die flugzeugbaulichen Aktivitäten von B & V zurück, die später zur Gründung der Hamburger Flugzeugbau GmbH führten und über die auch noch zu berichten sein wird. Walther Blohms große Fähigkeiten fanden 1960 durch die Ernennung zum Ehrensenator der Technischen Universität Berlin eine verdiente Anerkennung.

Die Brüder Rud. und Walther Blohm waren beide — gemeinsam mit ihrem Vater — schon in der Leitung der Werft, als die Revolte von 1918 ihren Schatten warf und die Niederlage Deutschlands schwerwiegende Konsequenzen in Gestalt des Versailler Vertrages einzuleiten begann.

Extraausgabe.   Sonnabend, den 9. November 1918.

Vorwärts
Berliner Volksblatt.
Zentralorgan der sozialdemokratischen Partei Deutschlands.

Generalstreik!

Der Arbeiter- und Soldatenrat von Berlin hat den Generalstreik beschlossen. Alle Betriebe stehen still. Die notwendige Versorgung der Bevölkerung wird aufrecht erhalten.

Ein großer Teil der Garnison hat sich in geschlossenen Truppenkörpern mit Maschinengewehren und Geschützen dem Arbeiter- und Soldatenrat zur Verfügung gestellt.

Es lebe die soziale Republik!

Der Arbeiter- und Soldatenrat.

Generalstreik und Aufruhr in ganz Deutschland

Als am 7. und 8. November 1918 auch in Hamburg die ersten Unruhen aufflackerten, wurde noch wie gewöhnlich gearbeitet. Am 9. November jedoch erschien vormittags ein kleiner Trupp »roter« Matrosen mit Maschinengewehren auf der Werft. Sie führten sich als die neuen Herren auf. Die Männer gingen unverzüglich auf das Gefangenenschiff und erklärten alle Kriegsgefangenen zu Freigelassenen. Die Arbeiter von Blohm & Voss standen verwundert auf dem großen Freiplatz vor den Werfteingängen und sahen untätig zu. Dann kam die Nachricht, daß Philipp Scheidemann in Berlin nach angeblich vollzogener Abdankung des Kaisers die Republik ausgerufen habe. Die Arbeiter gingen in aller Ruhe nach Hause; ihre Stimmung war jedoch »durchwachsen« und nur vereinzelt euphorisch. Nicht jeder glaubte das von den »roten« Matrosen kolportierte Märchen, daß auch die englische Marine die rote Flagge gesetzt habe und daß einer sozialistischen Weltverbrüderung nichts mehr im Wege stünde. Zwei Tage später waren die Verhältnisse bei Blohm & Voss zunächst grundlegend verändert. Ein Arbeiterrat von 22 Mitgliedern unter Vorsitz eines mehrheitssozialistischen Nieters behauptete im ersten Überschwang von sich, die Leitung der Werft übernommen zu haben — ohne daß dieses jedoch in der Praxis zum Tragen kam, da die Werftleitung nach wie vor auf ihrem Posten blieb. Ihre Unentbehrlichkeit stellte sich bereits nach einigen Tagen heraus.

Eine Kette von Torheiten im Sinne falscher Gleichmacherei brachte bald eine Kluft zwischen Arbeiterrat und Arbeitnehmern der Werft zustande. Kein tüchtiger Facharbeiter wollte begreifen, warum plötzlich alle Leute den gleichen Stundenlohn von 2,10 Mark erhalten sollten und warum Akkordarbeit für sündig erklärt wurde. Der ungelernte und der gelernte, der weniger fleißige und der fleißige Arbeiter sollten künftig über einen Kamm geschoren werden. Erst nach langem Hin und Her — bedingt durch den spürbaren Widerstand in der Arbeiterschaft selbst — einigte man sich vorerst auf einen Kompromiß: 2,00 Mark pro Stunde für Ungelernte, 2,20 Mark für Angelernte und 2,30 Mark für Gelernte.

Auf der Werft sah es Ende 1918 traurig aus. Ein paar vom Wehrdienst zurückgekehrte Radikalisten meinten, die Welt schlagartig dadurch in Ordnung bringen zu können, daß sie nach bolschewistischem Vorbild ihre Meister und Ingenieure gewaltsam auf Schubkarren aus dem Werftgelände hinaustransportierten. So vergriff man sich beispielsweise an dem alten Obermeister Gundlach, der niemals auch nur einer Fliege etwas zuleide getan hatte, aber ebenso an Ingenieur Hoffmann von der E-Werkstatt, an Nietenmeister Jarchow, Winkelschmiedemeister Schwarz, Schiffbaumeister Hagen und anderen. Diese Vorgänge waren so beschämend, daß sich die gemäßigten Mehrheitssozialisten immer offener gegen die allzu rabiaten »Unabhängigkeitssozialisten« auflehnten. Sie setzten schon acht Tage später durch, daß die Meister wieder zur Werft kommen konnten. Sehr bald hatte jeder einsehen müssen, daß ein Werk ohne Führungskräfte zu Stillstand und Siechtum verurteilt war.

Die Vernunft setzte sich immer weiter durch. Man drängte schon im Herbst 1919 in der Arbeiterschaft darauf, wieder Akkord arbeiten zu dürfen. Überhaupt hatten die Sorgen um Arbeitsplatz und Verdienst längst die Oberhand gewonnen. Jeder sah, daß es mit längerem Nichtstun und Gleichschaltung von Tüchtigen mit Untüchtigen keinesfalls weitergehen konnte. Man wollte endlich wieder so unterschiedlich entlohnt werden, wie es auch früher, den Leistungen entsprechend, der Fall war.

Bald stritt man sich im Arbeiterrat, der übrigens ein Jahr lang von morgens bis abends unentwegt diskutierte, ohnehin nur noch um des Kaisers Bart, denn immer deutlicher zeichnete sich das auf dieser Werft bis dahin unbekannt gewesene Gespenst der Arbeitslosigkeit und Krise ab. An den Kriegsschiffen durfte laut Waffenstillstandsbestimmungen und schließlich laut Versailles nicht weitergearbeitet werden. Nur die U-Boote wurden auf den Helgen wieder abgewrackt, wie es ja auch bei dem Schlachtkreuzer ERSATZ SCHARNHORST geschah. Eduard Blohm sagte als Augenzeuge: »Das war die scheußlichste Arbeit, ansehen zu müssen, wie die Boote, an denen wir mit Anspannung aller Kräfte gearbeitet hatten, nun vernichtet wurden.

An den Handelsschiffen konnte auch nicht recht gearbeitet werden. Wir wußten nicht, was aus den Schiffen werden sollte.«

Als nachher die ganze Wahrheit über den Versailler »Friedensvertrag« zutage trat, mußten im Juli und September 1919 die Frachtdampfer JAVARY und PANGANI an die Entente abgeliefert werden, ebenso auch die CAP POLONIO. Bei diesem fertigen großen Dreischornsteindampfer müpften die Werftarbeiter erstmals gegen Versailles auf, und die dafür vorgesehenen Seeleute weigerten sich, das Schiff nach England zu überführen. Es bedurfte der ganzen Beredsamkeit von Bürgermeister Dr. Petersen, die Überführungsbesatzung von der Nützlichkeit ihres Tuns zu überzeugen. So wechselte das große Schiff ebenso die Flagge wie die gleichfalls auf Reparationskonto fertigzubauende und an Frankreich abzuliefernde Viermastbark POLA.

Im übrigen befaßte sich die Werft — abgesehen von der Zerlegung der eigenen Kriegsschiffneubauten — fast nur noch mit Notstandsarbeiten. So brachten die Russen einen nach Minentreffer gesunkenen und in schwerbeschädigtem Zustand

wieder gehobenen Dampfer namens BAKLAN zur Reparatur nach Steinwerder. Das Schiff war buchstäblich nach allen Seiten aus den Fugen geraten. Das Vorschiff fehlte völlig. Es erscheint unfaßbar, daß dieses Schiff jemals wieder in Fahrt gebracht werden konnte.

Die Maschinenfabrik hielt sich zunächst damit über Wasser, daß sie Lokomotiven reparierte, deren Wartung infolge der Kriegsumstände zu kurz gekommen war. Da man vom Kriegsschiffbau her noch einige dünne Bleche übrig hatte, verlegte sich Blohm & Voss sogar auf den Bau von Lokomotivtendern. Die Bleche waren zwar eigentlich zu schmal für diesen Zweck, aber Not macht erfinderisch. Man stellte die Tender aus ungespannten Blechen her, deren Wände eine Naht in der Mitte hatten. Man half sich, indem man die Wände wenigstens »punktierte«, d. h. mit der Lötlampe hier und dort punktweise bis zur Rotglut erhitzte. Dann wurde das so ausgebeulte Blech mit einem Holzhammer zurück- und geradegehämmert. Beim Erkalten spannte es sich einigermaßen.

Die Episode Lokomotivreparatur und Tenderfertigung zog sich über rund zwei Jahre hin. Wenn neu aufgemöbelte D-Zug-Lokomotiven auf der Strecke zwischen Harburg-Wilhelmsburg und Lüneburg mit 100 bis 120 Kilometern pro Stunde ihre »Werftprobefahrt« und schließlich ihre »Abnahmeprobefahrt« absolvierten — immer hinter einem fahrplanmäßigen D-Zug her — und zum Entsetzen der auf dem Bahnsteig von Winsen an der Luhe stehenden Fahrgäste donnernd die dortige Gleiskrümmung passierten — ahnten nur Eingeweihte, daß sich jeweils ein Blohm & Voss-Ingenieur mit im Führerstand der Lok befand.

Trotz vorsichtiger Streckensicherung ging bei mehr als 400 solcher Lok-Probefahrten doch nicht alles glatt. Ein B & Ver* berichtete darüber: »So hat z. B. auf den freien Strecken zwischen den Stationen eine ganze Anzahl von Hühnern ihr Leben lassen müssen. Auch größere Tiere wie Ochsen haben mit den Probemaschinen unliebsame Bekanntschaft gemacht. Menschen sind zum

---

* Heinrich Adolf Börnsen, langjähriger Garantie-Ingenieur und Betriebsleiter in seinem Buch »Mit Giganten der Seefahrt um die Welt«.

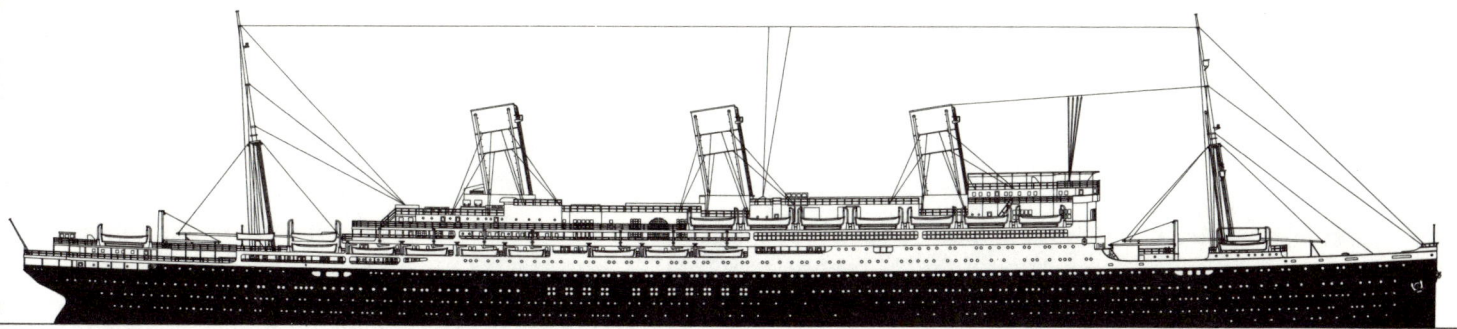

Bau-Nr. 214: Vierschrauben-Fahrgastschiff BISMARCK, 56 551 BRT, 60 000 PS, 23,5 kn, Auftraggeber Hamburg-Amerika Linie — Nach Reparationsablieferung umgetauft: MAJESTIC, White Star Line.

Glück nie verunglückt, wenn es auch zuweilen so aussah, als ob Arme und Beine schon durch die Luft flögen. So war einmal, trotz freigegebener Strecke, eine Weiche zur Reparatur aus dem Hauptgleis entfernt worden, und wir sind ahnungslos mit 80 km/h Geschwindigkeit über die schienenlose Strecke hinweggebraust. Lediglich die Zwangsschiene, die zum Glück zu einer Weiche gehört, hat unsere Räder auf der einen Seite geführt und es ermöglicht, daß die Lokomotive mit allen Achsen nach einigen Hopsern über die Schwellen auf der anderen Seite wieder auf die Gleise kam und dort friedlich weiterlief.«

Aber das »Eisenbahnausbesserungswerk Blohm & Voss« blieb nur Episode, solange die Bahn Nachholbedarf hatte. In den Sitzungsberichten der Geschäftsleitung von 1919 heißt es über die Beschäftigungslage der Werft, die eben noch 12 600 Arbeitnehmer gehabt hatte: »Das augenblickliche starke Mißverhältnis zwischen der Anzahl der Beamten und der beschäftigten Arbeiter macht es bedauerlicherweise erforderlich, eine wesentliche Einschränkung der Betriebsbeamten vorzunehmen. Einer größeren Anzahl wird daher die Kündigung ausgesprochen werden müssen...

Die Zeichnungen für den Leichterbau* sollten schnellstens herausgegeben werden, es ist größte Eile geboten. Das für den beabsichtigten Leichterbau erforderliche Material ist auf der Werft vorhanden. Es kann sofort mit den Arbeiten begonnen werden. Bei der geringen Anzahl der vorliegenden Aufträge ist es durchaus erforderlich, daß die Werftkosten auf ein Mindestmaß beschränkt werden. Das Personal für Reinigungs- und Aufräumungsarbeiten muß sehr eingeschränkt werden. Getrennt liegende Betriebe sind in einer Werkstatt zu vereinigen, mehrere Speisehallen müssen geschlossen werden. Die Beachtung der Einschränkung der Heizung ist einem besonderen Herrn zugewiesen.«

Es sah trübe aus auf der Werft, obwohl wenigstens ein Teil des Personals im Fertigbau des Schnelldampfers BISMARCK auf Reparationskonto ein Auskommen auf absehbare Zeit hatte. Bis zu 1200 Mann arbeiteten an Bord dieses Riesenschiffes. Aber Materialmangel, insbesondere auf dem Stahlsektor, waren mit daran schuld, daß die BISMARCK erst am 31. 3. 1922 abgeliefert werden konnte. Sie kam als MAJESTIC bei der White Star Line in Fahrt. Der britische Kapitän hielt das Bauschild seines Schiffes wie ein kostbares Souvenir in Ehren. Er wußte den Rang von Europas größter und modernster Werft richtig einzuordnen. Und er war Seemann genug, um auch die Gefühle Tausender von Hamburgern zu verstehen, die schweigend die Elbufer säumten und wehmütig dem eigentlichen Flaggschiff der deutschen Handelsschiffahrt nachblickten, bevor es für immer ihrem Gesichtskreis entschwand.

Die BISMARCK lief noch unter ihrem alten Namen und mit gesetzter schwarz-weiß-roter Flagge — allerdings jetzt mit schwarz-rot-goldener Gösch — aus Hamburg aus. In Cuxhaven fand die Übergabe an die Engländer statt, die fortan die britische Handelsflagge mit dem Union Jack setzten.

Am 9. Juli 1920 schrieb Ernst Voss in einem Brief: »Daß nach unserem Fritz Nordhausen nun auch unser Kapitän Brandt entschlafen ist, haben Sie natürlich erfahren. So sinken sie dahin, die Alten, die Treuen, einer nach dem anderen ...«

Drei Wochen später galt das Gesagte auch für Ernst Voss. Er fand am 1. August 1920 einen sanften Tod, nachdem sein Leben unermüdliche Ar-

---

* Die Bugsier-, Reederei- und Bergungs-A.G., Hamburg, hatte vier Seeleichter von je etwa 400 BRT Vermessungsgröße und knapp 700 tdw bestellt, die Anfang 1920 in Fahrt gebracht wurden. Sie hießen KOSMOS, NATION, CHRONIK und DAHEIM. Die Schiffe wurden im Stückgut-Küstenverkehr eingesetzt. DAHEIM ist heute noch als Bergungsleichter (BERGER V) bei der »Bugsier« in Fahrt! – Auch CHRONIK und NATION existieren dort noch.

beit gewesen war. Oberingenieur Georg Asmussen sagte in der Totenrede für den Mitbegründer der Werft: »Möge es in der kommenden schweren Zeit unserem Volk nicht fehlen an Männern, die — wie Ernst Voss — sich emporzuarbeiten vermögen! . . . Freie Bahn den Tüchtigen!«

Aber schon lange vor der Ablieferung dieses größten aller Reparationsschiffe hatte sich hinter den Kulissen ein Tauziehen um ein Blohm & Voss-Schwimmdock abgespielt, das ebenfalls auf die Reparationsliste geraten war.

Im Juni 1919 war die deutsche Delegation nach Versailles gefahren, um dort vermeintlich über die Friedensbedingungen zu verhandeln. In Wirklichkeit wurde ihnen ein umfangreiches Paragraphenwerk in Form eines Diktats überreicht. Jede Diskussion über seinen Inhalt, sogar jede Fragestellung war Deutschland verboten worden. Es wurde den Deutschen eiskalt klargemacht, daß unter anderem die gesamte deutsche Handelsflotte über 1600 BRT Schiffsgröße und jedes zweite Schiff zwischen 1000 und 1600 BRT als »Kriegsbeute« abzuliefern war — einschließlich aller im Bau befindlichen Neubauten.

Selbstversenkung der deutschen Flotte in Scapa Flow: Das Großlinienschiff BAYERN (Vordergrund) und der Schlachtkreuzer DERFFLINGER in sinkendem Zustand.

Am 21. Juni 1919 hatte Vizeadmiral von Reuter in Scapa Flow die dort bis zum Friedensschluß internierte deutsche Kriegsflotte versenkt. Die Entente

nahm das zum Anlaß, auch noch die im Friedensdiktat vergessene Ablieferung von 192000 t »Hafenmaterial« auf Reparationskosten nachzufordern. Der größte Teil davon entfiel auf Schwimmdocks aus Beständen der Kaiserlichen Werft. Es blieb jedoch ein Rest, der beim besten Willen nicht gedeckt werden konnte. Man mußte auch die deutsche Privatwirtschaft zur Ader lassen. Und da B & V den größten deutschen Dockbestand hatte, lag es nahe, diesen mit heranzuziehen.

Im Dezember 1919 mußte Dipl.-Ing. Rud. Blohm auf Veranlassung des damaligen »Vereins Deutscher Seeschiffswerften« nach Paris reisen. Zu der Delegation unter Leitung des Geheimrates Seeliger vom Auswärtigen Amt gehörten auch ein HAPAG-Direktor und ein Gewerkschaftler von der Seemannsgewerkschaft. Es gelang Rud. Blohm, das neue DOCK VI in das Ablieferungssoll hineinzubekommen, weil es viel Tonnage erbrachte, für die Briten jedoch infolge zu geringer Länge bei großer Tragfähigkeit praktisch unbrauchbar war. Blohms Finte gelang: DOCK VI wurde tatsächlich nicht von England beansprucht. Es blieb unabgeliefert an der Werft liegen, wurde von dieser weiterhin benutzt und später durch Vermittlung des Londoner Vertreters der Hamburg-Süd für 42500 Pfund Sterling offiziell zurückgekauft. Diese Summe schmerzte die Werftleitung nicht, denn inzwischen hatte das Deutsche Reich für das de jure abgelieferte, aber niemals abgeholte oder von alliierter Seite in Anspruch genommene Dock die etwa gleich hohe Entschädigungszahlung geleistet.

Der alliierten Reparationsablieferung entging das für Pola bestimmt gewesene 40000-Tonnen-Dock, weil es noch rechtzeitig vor dem Versailler Vertrag an die Wilton-Werft Rotterdam verkauft worden war. Das Dock gelangte auf recht dramatische Weise nach Rotterdam. Es wurde im Juli 1920 von den Seeschleppern DONAU, HUMBER, SCHELDE und SEINE als Kopf- sowie von den Seeschleppern OLYMP, VULCAN, GLADIATOR als Heckschlepper nachts um halb drei Uhr aus der Elbmündung herausbugsiert, obwohl schon zu diesem Zeitpunkt der Südwestwind auf Böen mit Windstärke 7–8 aufgefrischt hatte. Aber gerade dieses Wetter bot die meiste Chance, den vor deutschen Flußmündungen immer noch kreuzenden britischen Zerstörern zu entgehen, die mißtrauisch die Einhaltung der alliierten Reparations-Ablieferungsbestimmungen überwachten. Man war sich im Verwaltungsgebäude der Werft nicht hundertprozentig sicher, ob die Briten den Verkauf des Docks an Wilton tatsächlich als rechtsgültig anerkennen würden.

Dank Schlechtwetter gelangte das riesige Schleppobjekt jedoch ungesehen in die Nordsee. Dort aber wurde der Seegang derart schlimm, daß sich am Visier auf den Dockseitenkästen erhebliche Durchbiegungen bemerkbar machten. Die obere Eisenkonstruktion sowie durch die Schotten gesteckte Rohre fingen an zu knarren und zu ächzen. Das Dock scherte unerträglich stark nach beiden Seiten aus und zog die Schlepper zuletzt gänzlich zur Seite. Während als Heck-Schlepper die WATERWEG dauernd den kaum noch manövrierfähigen, hilflos vom Weserfeuerschiff nach Helgoland abtreibenden Schleppzug umkreiste, nahm der Sturm auf Windstärke 10 zu. Dem Schleppzugführer blieb nichts anderes übrig, als das Klarmachen des Docks zum Senken. Mit

10 000 Tonnen Wasser in den Zellen wurde dessen Lage endlich wieder erträglicher, die Abdrift verringerte sich. Aber nur noch qualvoll langsam schlich der Schleppzug weiter. Auch am nächsten Tag herrschte immer noch Sturm von Stärke 8. Erneut wurde das Dock achtern einen halben Meter tiefer gelegt, das Freibord betrug dort nur noch zwei Meter. Aber tatsächlich erreichte der Schleppzug Feuerschiff NORDERNEY und schließlich Feuerschiff BORKUMRIFF. Das Werftpersonal konnte wieder mit dem Aufpumpen des Docks beginnen. Man kam zwar in besseres Wetter, leider aber auch zeitweilig in ein Minenfeld. Am sechsten Reisetag erreichte man endlich unangefochten Feuerschiff YMUIDEN, nachdem eine lange, schwere Dünung nochmals eine kritische Lage herbeigeführt hatte. Alle Pallen in den Pontonzwischenräumen hatten sich gelöst. Aber es gelang, die losen Keile der Pallungen nachzurammen und den Hilfskessel unter Feuer zu setzen. Zu guter Letzt erreichte das Dock nach aufregender Odyssee den Nieuwen Waterweg und konnte mit aufgekürzten Trossen von nunmehr neun Schleppern zum vorgesehenen Liegeplatz bugsiert werden.

Auch Bau-Nr. 207, das auf eigene Rechnung gebaute Versuchs-Motorschiff FRITZ, 3083 BRT, 1660 PS, 10 kn, (doppeltwirkender Zweitakter, Doppelschrauben) mußte gemäß Versailler Vertrag an die Entente abgeliefert werden. Für die Überführungsfahrt nach England wurde das Freibordzeugnis neu ausgestellt. (Weitere Angaben über FRITZ s. S. 87/88).

1. Ausfertigung.

See=Berufsgenossenschaft.

Freibord-Zertifikat.

~~Dampfer:~~ Motor-Schiff „Fritz" Untersch.-Signal: *R W Fd* Brutto-Tonnengehalt: *3083*

Reeder: *Blohm & Voss* Heimatshafen: *Hamburg*

Für Bestimmung des Freibords der in der langen und atlantischen Fahrt sowie in der großen Küstenfahrt beschäftigten Fahrzeuge gelten die in der Genossenschafts-Versammlung vom 1. Juni 1908 angenommenen und vom Reichs-Versicherungsamt genehmigten Vorschriften über den Freibord für Dampfer und Segelschiffe.

Auf Grund dieser Vorschriften ist die Berechnung des Freibords obigen Dampfers vom Germanischen Lloyd ausgeführt, und sind folgende Resultate ermittelt worden:

Freibord in Seewasser im Sommer . . . . F=	*1,19*	Meter,
Abzug vom Freibord in Frischwasser . . . . . . d=	*0,14*	„ „
Zuschlag zum Freibord im Winter . . . . w=	*0,11*	„ „
~~Zuschlag zum Freibord im Winter im Nord-Atlantik~~ . .		„ „
Abzug vom Freibord im indischen und stillen Ozean während der guten Jahreszeit	*0,11*	„ „

Die Stelle (Decklinie), von welcher ab der Freibord gemessen wird, liegt *20 mm* über der Oberkante Stringerplatte des *Haupt*decks an der Bordseite.

Berlin, den *18. Dezember 1919.* Germanischer Lloyd.

117

Neuartige Rädergetriebe

Gleich zu Anfang des Krieges war die Maschinenfabrik II um einen Turbinenprüfstand erweitert worden. Seitdem war es selbstverständlich, daß jede Turbine vor dem Einbau erst unter Vollast getestet wurde. Diese Einrichtung hat sich außerordentlich bewährt. Der Turbinenprüfstand ist bis zum heutigen Tage aus dem Schiffsmaschinenbau von Blohm & Voss nicht mehr wegzudenken. Im Frühjahr 1915 hatte Direktor Hermann Frahm mit einer neuartigen Methode, die Zahnräder von Turbinengetrieben zu entwickeln, abermals eine geniale Erfindung gemacht. Es konnten dadurch Untersetzungsgetriebe in praktisch jeder Größe hergestellt werden, so daß künftig auch langsamer laufende Handelsschiffe ohne weiteres mit Dampfturbinen ausgerüstet werden konnten.

Das erste nach dem Kriege abgelieferte Handelsschiff, der Frachter URUNDI (Bau-Nr. 385) der Deutschen Ost-Afrika-Linie, wurde erstmals mit Turbinen und Untersetzungsgetriebe ausgerüstet. Die URUNDI war das erste Handelsschiff überhaupt, das ohne »direkten Antrieb« fuhr. Bis zu diesem Zeitpunkt hatte es nur schnelle Turbinenschiffe gegeben, deren Antriebsanlage unmittelbar mit der Schraubenwelle verbunden waren. Eine solche Direktverbindung bedeutete — auf Kosten des Wirkungsgrades — einen nachteiligen Kompromiß. Man mußte entweder sehr kleine Propellerdurchmesser wählen oder aber die Drehzahl durch übergroße Turbinen heruntersetzen. Bei Fahrten mit kleiner Leistung ergab sich unnötig hoher Dampfverbrauch. Für niedrige Fahrstufen entwickelte man deshalb zusätzliche, kleinere Marschturbinen, denen bei langsamer Fahrt nur allein Dampf zugeführt wurde. Bei mittlerer Fahrt erhielten auch die Hauptturbinen Frischdampf, während bei voller Fahrt die Marschturbinen ganz ausgeschaltet wurden. Alles in allem war das jedoch eine aufwendige Methode. Auch die Einschaltung mehrerer Marschstufen in die Hauptturbine — aus Gründen der Gewichtsersparnis — war eine wenig zufriedenstellende Notlösung.

Das durch Frahms Idee entwickelte Rädergetriebe hingegen war durch seine Untersetzung imstande, die Umlaufzahlen von Turbinen und Propellern nahezu unabhängig voneinander zu machen. Erst damit ließ sich ein Turbinenfrachter wie URUNDI realisieren*.

Das bei Blohm & Voss entwickelte eigene Antriebssystem für Turbinen-Handelsschiffe unterteilte jede Anlage in vier Einzelturbinen — und zwar so, daß jedes der beiden zum Getriebe gehörende Ritzel von beiden Seiten durch je eine Turbine angetrieben wurde. Verständlicher gesagt: Die Turbinen wurden bei diesem System mit Ritzelwellen gekuppelt, die in ein großes Zahnrad eingriffen, das seinerseits wieder mit der Schraubenwelle zusammengekuppelt war. Entsprechend dem Übersetzungsverhältnis der Ritzelwellen zum Rad ließ sich die Umdrehungzahl der Turbinen um das Zwanzigfache und noch mehr steigern, so daß sich die Dimensionen der Turbinen entsprechend klein halten ließen. Das brachte beträchtliche Material- und Gewichtsersparnis und einen erheblich gesteigerten Wirkungsgrad mit sich. Die von Blohm & Voss geschaffene Vierturbinenanordnung, in der je ein Satz von vier Turbinen um das Rädergetriebe herumgruppiert war, erfreute sich bald in der Handelsschiffahrt wachsender Beliebtheit und Nachfrage. Solche Antriebsanlagen sicherten im ersten Nachkriegsjahrzehnt der Werft einen guten Beschäftigungsstand.

---

* Bei den ersten Turbinenschiffen mit Rädergetriebe entstand während der Fahrt ein lauter Heulton. Der 1921 in die B & V-Maschinenfabrik versetzte Ingenieur Franzenburg** fand nach gründlichen Messungen den Grund dafür heraus, daß bei der Schrägverzahnung der Getrieberäder deren sogenannte Steigung. um ein ganzes Zehntel nicht stimmte. Der Fehler entstand durch den Schneckenantrieb der Fräßmaschine. Auch virtuoseste Fräser wie der auf große Ritzel spezialisierte Lüders konnte diesen Mißstand nicht beheben. Franzenburg baute die Ritzelfräsmaschine durch Einsetzen einer neuen Leitspindel um und stellte diese Maschine ebenso wie die große Räderfräsmaschine in einer ständig gleich temperierten Klimakammer auf. Er korrigierte durch beide Maßnahmen die Differenz auf 1/200 Millimeter Genauigkeit. Die Rädergetriebe wurden von ihrem Heulton befreit, die Einschleifmethode mit Graphit weiter vervollkommnet.

** Willy Franzenburg hat bei Meifort Söhne, Itzehoe, Maschinenbau gelernt und sein Fachschulstudium auf der Technischen Lehranstalt Neustadt/Glewe absolviert. Nach zweijähriger Tätigkeit beim AEG-Turbinenbau in Berlin trat er im April 1915 bei B & V ein. Nach Einsatz im Rohrplanbau und U-Boot-Bau wurde er Betriebsingenieur der Schlosserei und führte 1920 das E-Schweißen auf der Werft ein. Franzenburg wurde 1921 in die Maschinenfabrik versetzt, 1936 zum Oberingenieur ernannt und 1937 als Friedrich Pechts Nachfolger Betriebsdirektor von M II. Gegen Kriegsende wurde er Schiffbau- und Maschinenbau-Direktor von Blohm & Voss.

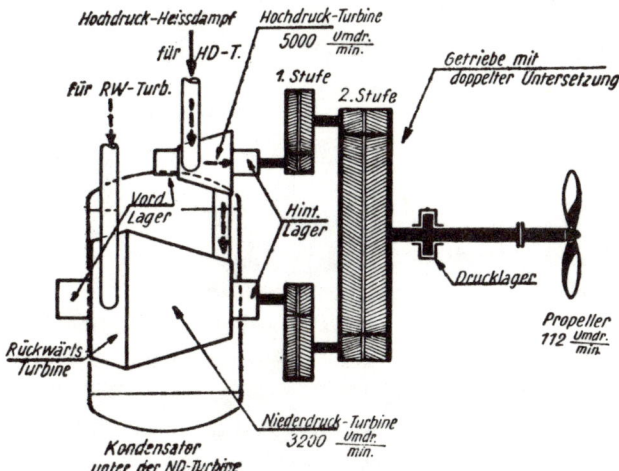

Wirkungsweise eines Turbinen-Rädergetriebes: Die verschieden hohen Umdrehungen von Hoch- und Niederdruckturbine werden entsprechend untersetzt und wirken gemeinsam auf die Propellerwelle.

Die Herstellung der Ritzelwellen und Räder erschien allerdings zunächst kaum machbar. Ihre Verzahnung ließ die Anschaffung kostspieliger, komplizierter Spezial-Zahnrad-Fräsmaschinen notwendig werden. Jene Maschinen, die in klimatisierten Räumen stehen mußten, erzielten durch die Fräs- und Einschleifmethode einen unvorstellbaren Genauigkeitsgrad der Verzahnung. Allerdings erforderte das Einfräsen und Einschleifen der Zähne des großen Zahnrades, das dreißig verschiedene Arbeitsgänge über sich ergehen lassen mußte, rund acht Wochen. Die dabei notwendige Präzision läßt sich vorstellen, wenn man bedenkt, daß in einem solchen Getriebe binnen einer Sekunde bis zu 2000 Doppelzähne ineinandergreifen müssen!

Auch der Bau von Motorschiffen mit höhertourigen U-Boot-Dieseln hing davon ab, ob es gelingen würde, geeignete Rädergetriebe für die Kraftübertragung auf die Propellerwelle herzustellen. Derartige Getriebe erwiesen sich als höchst problematisch, denn die im Motorenzylinder durch Verbrennung erzeugten Kolbenkräfte wechseln während einer halben Umdrehung der Maschine ihre Größe, z. B. von 40 atü auf nur eine Atmosphäre und müssen erst unter Vermittlung der Pleuelstange in Drehkräfte an der Kurbelwelle umgewandelt werden; diese Drehkräfte sind zwangsläufig unterschiedlich. Zwar mildert man die beträchtlichen Drehkraftunterschiede durch Hintereinanderreihung mehrerer Zylinder an einer gemeinschaftlichen Kurbelwelle, deren einzelne Kurbeln gegeneinander versetzt sind. Aber selbst bei einer achtzylindrigen Viertaktmaschine schwankt die aus der Summierung der acht Einzeldrehkräfte gebildeten Gesamtdrehkraft zwischen Null und dem doppelten Mittelwert — und zwar viermal während jeder Umdrehung!

Würde eine so stark schwankende Drehkraft durch die Wellenleitung der Schraube zugeführt, so würde diese nicht nur recht unterschiedlich rotieren, sondern die Wellen müßten auch unverhältnismäßig stark ausgeführt werden, um diesen Wechselbelastungen standzuhalten. Man mußte deshalb mit Hilfe eines Schwungrades die Drehkraft weitmöglich ausgleichen. Aber das allein genügte als Abhilfe nicht, denn jeder Dieselmotor neigt wegen der starken Schwankungen der Drehkraft, die noch dazu in verschiedenen Frequenzen wirksam werden können, besonders zur Erzeugung von Drehschwingungen in Wellenleitung und Kurbelwelle. Es tritt eine Torsion, d. h. Verdrehung oder Verwindung der Propellerwelle auf. Und es war das besondere Verdienst des späteren Ehrendoktors der Ingenieurwissenschaften Hermann Frahm, daß er sich von seinem Eintritt in die Firma Blohm & Voss an speziell mit dem Phänomen der Wellenverdrehung und Torsionsschwingungen befaßt hatte. Zu seinen zahlreichen bahnbrechen-

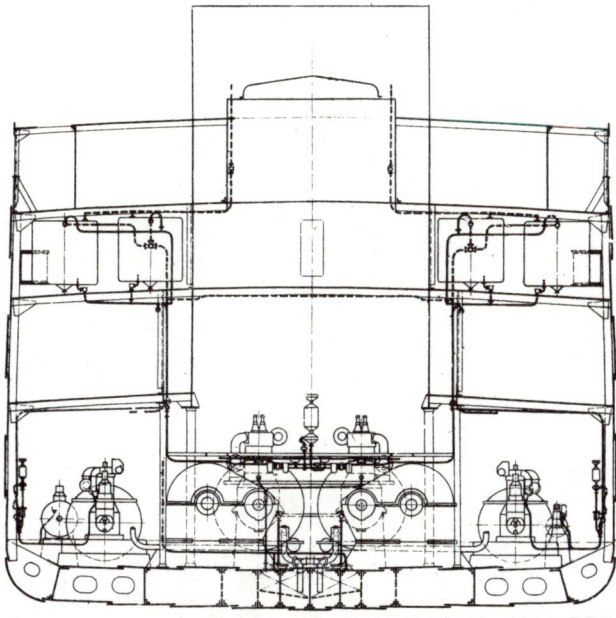

Querschnitt durch Bau-Nr. 461: HAVELLAND, 6334 BRT, 3300 PS, 12 kn, Hamburg-Amerika Linie. Von hinten gesehen, erkennt man das Rädergetriebe des mit U-Boot-Dieseln ausgerüsteten »Ölmaschinenschiffes«.

den Erfindungen gehörte der schon 1905 auf der Werft entwickelte Frahm'sche Torsionsindikator mit direkter optischer Ablesung, dem später auch die Torsiographen zur laufenden Diagrammaufzeichnung folgten.

Erst Frahms bedeutender wissenschaftlicher Beitrag zur Schwingungs- und Torsionsforschung machte, wie schon erwähnt, den Bau von untersetzenden Rädergetrieben anstelle eines Direktantriebes auch für Motorschiffe möglich. Man hatte im In- und Ausland die Meinung vertreten, daß wegen der stoßartig auftretenden Drehkräfte ein betriebssicheres Arbeiten für Motorschiffs-Rädergetriebe überhaupt nicht gegeben sein könne. Hermann Frahm gelang dank zahlreicher Torsions- und Torsionsschwingungsmessungen der Nachweis, daß sich die störenden Auswirkungen der schwankenden Drehzahlen auf ein Rädergetriebe sogar in kritischen Drehzahlbereichen vermeiden ließen, wenn man die umlaufenden Schwungmassen in Verbindung mit der Elastizität der Wellen richtig berechnete.
Zur Nachprüfung seiner Berechnungen ließ Frahm an einer in der Zentrale I für den Werftbetrieb aufgestellten U-Boot-Maschine Reihenversuche vornehmen. An diesen Diesel wurde eine Wellenleitung angebaut, die am Ende anstelle der Schiffsschraube eine Wasserbremse besaß und in die hinter der Maschine eine in ihrer Wirkung bezüglich der zu erwartenden Zahndrücke eines Rädergetriebes entsprechende Klauenkupplung eingebaut war. Zwei Frahm'sche Torsionsindikatoren, von denen je einer vor und hinter der Klauenkupplung angebracht war, zeichneten die unter verschiedenen Verhältnissen bei unterschiedlichen Drehzahlen in der Welle entstehenden Vorgänge auf. Dabei wurden mehrfach die Größe der umlaufenden Massen sowie die Abmessungen der Übertragungswelle zwischen Maschine und Klauenkupplung geändert.

Die im Kriege gebauten 3000-PS-Diesel für die großen U-Kreuzer durften auf Grund des Versailler Vertrages nicht in Kriegsschiffe eingebaut werden, sie waren zu verschrotten.

Frahm kaufte sie der Marine ab, um sie erstmals mit Untersetzung in Handelsschiffe einzubauen. Sie sollten 80 statt der ursprünglich vorgesehenen 230 Umdrehungen pro Minute erzeugen. Vorsorglich sollte zwischen Maschine und Getriebe noch eine von Frahm konstruierte elastische Kupplung eingebaut werden.

Die für technische Neuerungen aufgeschlossene HAPAG erklärte sich zu diesem Versuch bereit, nachdem sie sich von den günstigen Meßergebnissen in der Zentrale I überzeugt hatte. So kam 1921 der Frachter HAVELLAND, 6334 BRT (Bau-Nr. 461) als erstes Motorschiff mit Räderübertragung in Fahrt, dem schon im Januar 1922 das Schwesterschiff MÜNSTERLAND folgte. Auch die späteren Nachbauten RHEINLAND, ERMLAND, VOGTLAND und FRIESLAND fuhren mit »liegengebliebenen« U-Boot-Anlagen. Alle Motorschiffe dieser frühen Serie bewährten sich bestens.

Inzwischen hatte das Reederei-Abfindungs-Gesetz von 1921 zum finanziellen Ausgleich der Kriegs- und Reparationsverluste in der deutschen Handelsschiffahrt den Neuaufbau unserer Handelsflotte eingeleitet. Die zur Verfügung gestellten Mittel in Höhe von insgesamt 12 Milliarden Reichsmark wurden unter der Bedingung verteilt, daß die damit finanzierten Neubauten nur auf deutschen Werften geordert werden durften. Nun gaben die großen Reedereien Neubau auf Neubau in Auftrag. Es kam zu einem hitzigen Schiffbau-Boom. 1921 und 1922 wurden so viele Neubauten abgeliefert wie bis weit in die fünfziger Jahre hinein nicht wieder. Bei B & V entstanden in diesen beiden Jahren die kombinierten Ostafrika-Turbinenschiffe USARAMO, USSUKUMA und USAMBARA sowie die ebenfalls mit Turbinen ausgerüsteten kombinierten Fracht- und Fahrgastschiffe WANGONI und ADOLPH WOERMANN, für die Deutsch-Australische Dampfschiffahrts-Gesellschaft die Turbinenfrachter HANNOVER, HANAU, DÜSSELDORF, HALLE, ALTONA und ESSEN. Außerdem wurde der Turbinenfrachter NJASSA für die HAPAG begonnen.

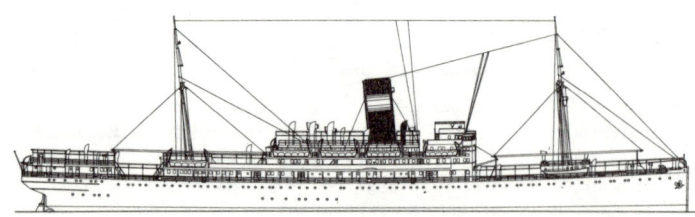

Bau-Nr. 395: Fracht- und Fahrgast-Turbinenschiff ADOLPH WOERMANN, 8577 BRT, 3300 PS, 12 kn, Woermann-Linie, Hamburg.

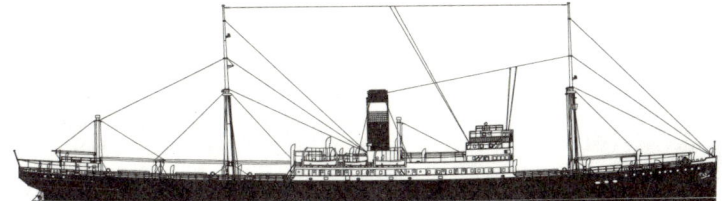

Bau-Nr. 400: Turbinen-Frachtschiff CASSEL, 6047 BRT, 9425 tdw, 4000 PS, 13 kn, Deutsch-Australische Dampfschiffs-Gesellschaft, Hamburg.

Im Jahre 1921 wurde auf der Pariser Konferenz der Entente ohne Hinzuziehung von Deutschen festgelegt, daß Deutschland insgesamt eine Entschädigung von 269 Milliarden Goldmark in 42 Jahresraten zu zahlen und außerdem jährlich Abgaben in Höhe von 12 % der deutschen Ausfuhr zu leisten habe — was jährlich 1–2 Goldmilliarden entsprochen hätte. Deutsche Revisionsversuche auf der wenig später folgenden Konferenz von London wurden als indiskutabel abgelehnt. Nachdem deutscherseits die Verhandlungen wegen absoluter Uneinsichtigkeit der Entente-Vertreter abgebrochen wurden, besetzten die Alliierten »zur Strafe« Düsseldorf, Duisburg-Ruhrort, schließlich auch Mülheim und Oberhausen. Man blieb dabei, daß Deutschland nach allen bereits erbrachten Reparationsleistungen weitere 132 Milliarden Goldmark zu zahlen habe.

Diese maßlose Forderung bewirkte einerseits eine Forcierung des deutschen Außenhandels und damit zugleich eine unerwartet frühe Konjunktur von Überseeschiffahrt und Schiffbau. Zum andern beschleunigte gerade dieser Boom zwangsläufig die ohnehin schon galoppierende Geldentwertung. Die erste Reparationsjahresrate wurde

Ein Inflationsgeldschein aus den schlimmsten Tagen des Währungsverfalles. Ein Telefon-Ortsgespräch kostete damals 500 000 Mark!

noch fristgerecht bezahlt. Doch schon im Juli 1922 sah sich die Regierung Wirth zur Bitte um Zahlungsaufschub gezwungen. Die Alliierten jedoch lehnten rigoros ab. Nun strömten unkontrollierbar große Valutabeträge auf den deutschen Geldmarkt, weil der Zwang zur Devisenbeschaffung bestand. Die Folgen waren schlimm. Der Boom der Jahre 1920–22 wich sehr bald einem gehörigen Abschwung. Die Wirtschaft und damit zugleich Seeschiffahrt und Schiffbau gerieten in die Krise. Der Wert der Mark sank weiterhin unaufhörlich: Im Januar 1923 wurden für einen US-Dollar bereits 7525 Mark, am 1. April bereits 20975, am 1. Juli 160 400 und am 1. Oktober 242 000, am 22. Oktober 40 Milliarden, am 15. November gar schon 4,2 Billionen Mark gezahlt. In Wirklichkeit war das Jahr 1923 nur der Gipfel der schon seit 1920 latent in Gang befindlichen Geldentwertung, die jeden ordnungsgemäßen Zahlungsablauf und jede betriebswirtschaftliche Kalkulation unmöglich machte. Und es nimmt nicht wunder, daß schon im April 1923 allein beim Hamburger Arbeitsamt 4000 arbeitslose Seeleute — die Hälfte von ihnen waren Nautiker — stempeln gehen mußten. Neubauaufträge blieben im Inflationsjahr auch bei Blohm & Voss aus. Die Lohnzahlungen drohten binnen weniger Tage, zuletzt in Stundenfrist wertlos zu werden. Auch die Ausgabe von Dollarschatzanweisungen erwies sich bald als nutzlos. Die Werftleitung sah diesen unerträglichen Zuständen nicht müßig zu. Auf Mitinitiative von Rud. Blohm wurde Anfang November 1923 die »Hamburger Bank von 1923« gegründet, die für sechs Millionen Mark Geldscheine ausgab, die durch Devisen großer Hamburger Firmen gedeckt waren. Die Hamburger Ladenbesitzer wollten diese »Deutschen Dollars« zwar allzugern annehmen, sie aber wie normale Papierscheine behandeln.

Bau-Nr. 460: Fracht- und Fahrgast-Turbinenschiff SAARLAND, 6863 BRT, 9620 tdw, 3400 PS, 12 kn, Hamburg-Amerika Linie.

Daraufhin zog man bei Blohm & Voss auf Steinwerder einen Lebensmittelhandel auf, der mit gerechten, auf die Goldmark abgestimmten Preisen schließlich den Einzelhandel zum Mitziehen zwang.

Die Werft glich zeitweilig einem riesigen Paketpostamt. Lastwagenweise wurden Pakete abgeladen. Jeder Arbeitnehmer konnte gleich bei der Lohnzahlung ein komplettes Lebensmittelpaket zum Preis von nur 95 Pfennigen erwerben. Diese Pakete erfreuten sich größter Beliebtheit, denn das auch darin enthaltene Pfund Reis kostete beispielsweise nur 18 Pfennige, während man im Laden bis zu einer Mark dafür bezahlte. Außerdem lieferte die Werft Zwei-Kilo-Brote für 40 Pfennige, während man in der Stadt 1,50 Mark dafür verlangte. Die Lebensmittelaktion auf Steinwerder war eine echte Kampfmaßnahme gegen Inflationswucher, die von der Belegschaft als sozial anerkannt wurde. Das Ziel der Aktion war erreicht, als in den Schaufenstern einiger Hamburger Lebensmittelgeschäfte Plakate mit der Aufschrift »5 Pfennige billiger als bei Blohm!« auftauchten.

Die Werft blieb von neuen Radikalisten-Unruhen frei, obwohl damals an vielen Stellen Deutschlands kommunistische Aufstände ausbrachen, die von Polizei, Reichswehr und Einwohnerwehren niedergeschlagen wurden. Am 27. September 1923 wurde der Ausnahmezustand für das gesamte Reichsgebiet verhängt. Am 13. Oktober nahm der Reichstag ein Ermächtigungsgesetz an, demzufolge — auch in Abweichung von den verbürgten Grundrechten — wirtschaftliche, finanzielle und soziale Maßnahmen auf dem Verordnungswege — statt wie bisher mittels Gesetzen — getroffen werden durften. Im Oktober 1924 mußte die Reichswehr in die größeren Städte des Freistaates Sachsen und in Thüringen einrücken.

In Hamburg kam es in den Tagen 22.–24. Oktober 1923 zu schweren Straßenkämpfen zwischen Kommunisten und Polizei. In München putschte wenig später (8./9. November) Adolf Hitler, der die Regierung des Reiches und von Bayern für abgesetzt und sich selbst als Reichskanzler erklärt hatte. Infolge der revolutionären Ereignisse im Oktober und November wurde die vollziehende Gewalt dem Chef der Heeresleitung, General von Seeckt, übertragen, der am 23. November die kommunistische und die nationalsozialistische Partei verbot. Am 12. November wurde Dr. Hjalmar Schacht zum Reichswährungskommissar ernannt, der schon drei Tage später die von dem vormaligen Staatssekretär im Reichsschatzamt Karl Helfferich konzipierte und schon im August empfohlene Rentenmark zur Stabilisierung der deutschen Währung einführte und damit schlagartig der Inflation ein Ende bereitete.

Auch wenn in den Jahren 1924, 1927 und 1928 bei Blohm & Voss noch einmal Streiks und Teilstreiks (der Kranführer, Nietenwärmer, Nieter und schließlich der Tischler) aufflackerten, so war dort die Zeit der großen Unruhe schon lange vor der Sanierung der Währung vorbei: Im März 1920 hatte die Arbeiterschaft der Werft geschlossen am Generalstreik teilgenommen, der nach dem Kapp-Putsch von den Gewerkschaften organisiert worden war. Am Abend des 22. März 1921 wurde bekannt, daß die Kommunisten am nächsten Tag die Hamburger Werften in ihre Gewalt zu bringen planten. Beim Öffnen der Werfttore am nächsten Morgen suchten zahlreiche betriebsfremde Personen zwischen den zur Frühschicht einströmenden Arbeitern gewaltsam Einlaß in die Werft. Dem Einspruch der Feuerwehrleute begegneten sie mit rüden Drohungen. Ein Trupp radikaler Eindringlinge schlug außerdem das Holztor am Schanzengraben in Stücke, so daß keinerlei Toraufsicht mehr möglich war. Zwei vor dem Werfteingang postierte Schutzleute der Ordnungspolizei versäumten es, dem Polizeipräsidium vom Ernst der Lage Meldung zu machen. Die eingedrungenen Kommunisten stellten in einem Zwei-Minuten-Ultimatum der Werftleitung provozierende, unmöglich erfüllbare Forderungen, deren Ablehnung von vornherein einkalkuliert war und den »Grund« zur beabsichtigten Aktion hergeben sollte.

Nach Ablauf der Frist begann der Mob das Hauptgebäude zu stürmen und »nach den Verantwortlichen« zu suchen. Die waren freilich klug genug, sich vorher in Sicherheit zu bringen. Sie hatten noch allzu gut in Erinnerung, zu welchen Handlungen geschulte Revolutionäre fähig sind:

Im August 1920, als die Rote Armee vor Warschau stand, wurde das von Hamburger Kommunisten bereits schon einmal als Signal zum Losschlagen verstanden. Sie drangen, gemeinsam mit aufgehetzten Belegschaftsmitgliedern, in das Verwaltungsgebäude ein und griffen sich Walther sowie Eduard Blohm, Hermann Frahm und Rudolf Rosenstiel, um sie kurzerhand in die Elbe zu werfen. Es verdient hervorgehoben zu werden, daß Arbeiterratsmitglieder, darunter sogar ein Kommunist, dieses verhinderten. Sie befreiten die bedrohten Führungskräfte aus den Händen der Gewalttäter und brachten sie ins Arbeiterratsgebäude. Vorher hatten die betriebsfremden Eindringlinge Eduard Blohm die Brille zerschlagen und Walther Blohm die Uhr entwendet. Arbeiterratsmitglieder lehnten sich auch gegen diese eindeutig kriminelle Handlung auf und erzwangen die Rückgabe der Uhr.

Als nun im März 1921 nach gleicher Taktik das Verwaltungsgebäude gestürmt wurde, wuchs der Widerstand der Werftbelegschaft gegen dieses Vorgehen. Es war vor allem der Besonnenheit von Blohm & Voss-Arbeitern zu verdanken, daß Diebstähle und Plünderungen größeren Umfangs unterblieben und daß die angeblichen »kapitalistischen Ausbeuter« — sprich die Werftleitung — unter ihrem Schutz in Sicherheit gebracht werden konnten. Ganz offensichtlich war von revolutionärer Begeisterung der Werftarbeiter nichts zu spüren. Ihnen war sehr wohl klar, daß hier nichts anderes als handgreiflicher Terror versucht wurde. Niemand jubelte deshalb, als ein »Aktionsausschuß« die Werft für enteignet erklärte und die sowjetische Flagge hißte.

Die Werft sollte von nun an durch betriebsfremde Erwerbslose und unbekannte Radikalisten besetzt gehalten werden, während das Gros der Arbeiterschaft um 17 Uhr auf dem Heiligengeistfeld »die Entscheidungsschlacht schlagen wollte«. Um diesen Zug möglichst eindrucksvoll zu gestalten, wurden alle erkennbar abgeneigten Arbeiter kurzerhand durch Schließen der Tore und Aufstellen von Schlägertrupps mit Knüppeln am Verlassen der Werft gehindert. Ein auf dem Werftgelände erkannter Beamter der Politischen Polizei wurde auf das schlimmste mißhandelt.

Nun erst griff die Ordnungspolizei ein und stellte in kombiniertem Vorgehen von zwei Angriffskolonnen und einem durch die Speisehalle vorgehenden Stoßtrupp die Ordnung wieder her. Binnen zwei Stunden war das Werftgelände fest in der Hand der Polizei und der loyal gebliebenen Belegschaft sowie frei von Aufrührern. Ein von Brandstiftern im Öllager gelegtes Feuer konnte von der Werftfeuerwehr rechtzeitig gelöscht werden.

Es verblieb zunächst eine Wache von einem Offizier und 25 Polizeibeamten auf der Werft. Auch wurden verstärkte Patrouillen zur Überwachung der Wasserseite angesetzt, weil ein kommunistischer Waffendampfer gemeldet war. Aber die »Werftbesetzung« war insgesamt ebenso negativ ausgegangen wie die propagierte »Entscheidungsschlacht« auf dem Heiligengeistfeld. Die Lohnauszahlung und Fortsetzung der Arbeit vollzogen sich in völliger Ruhe, obwohl die Zeitung »Rote Fahne« in Berlin ganz offen eine neue Erstürmung des Werftgeländes androhte und dabei »bessere Vorbereitung« versprach. Die Stoßrichtung erschien klar: Im Hafen sollte der Auftakt zur kommunistischen Machtübernahme in ganz Hamburg gegeben werden.

Aber das Desinteresse der Arbeiterschaft an ihrer »Befreiung« war doch allzu offensichtlich, die gewünschte Solidarisierung unterblieb. Sie bestand allenfalls mit der eigenen Arbeitsstätte, die man durch Unsinnigkeiten nicht gefährdet zu sehen wünschte. Mangels Erfolgsaussicht wurde ein kommunistischer Putschversuch auf Steinwerder in der Folgezeit nicht wiederholt.

Besonders populäre Fahrgastschiffe

Die Beendigung der Inflation durch die neue Rentenmark ließ jeden Zahlenrausch verfliegen. Unzählige Unternehmen der deutschen Wirtschaft waren mittlerweile ruiniert. Die Stunde der Offenbarung kam für viele andere endgültig im Frühjahr 1924, als sämtliche Bilanzen auf Goldmark umgestellt werden mußten. Nur gut geführte und von der Substanz her solide Unternehmen überstanden diese Roßkur der Bilanzumstellung. Für die Werftindustrie aber kam 1924 das schwerste aller Jahre. Reinhart Schmelzkopf schreibt darüber in seinem Werk »Die deutsche Handelsschiffahrt 1919–1932« über die zu diesem Zeitpunkt augenscheinlich gewordene Krise der deutschen Schiffbauindustrie: »Die Baukapazität von 1914, die ausgereicht hatte, die zweitstärkste Handelsflotte der Welt zu bauen, war im 1. Weltkrieg durch Anforderungen der Kriegsmarine erheblich ausgeweitet worden. Eine Reduzierung auf den Vorkriegsstand war nach 1919 nicht erfolgt. Zwar war die Baukapazität der ehemaligen Kaiserlichen Werft stark eingeschränkt worden, dafür hatten andere Werften expandiert bzw. waren neue Werften gegründet worden (z. B. in Hamburg-Finkenwerder die Deutsche Werft A.G.).
Der Boom der ersten Nachkriegsjahre (richtiger: der Jahre 1921/22) sicherte auch allen Vollbeschäftigung. Man blickte stolz auf das Jahr 1922, in dem alle Vorkriegsrekorde gefallen waren. 195 Schiffe mit zusammen 575 264 BRT waren gebaut worden, verglichen mit 162 Schiffen mit zusammen 465 226 BRT im letzten Friedensjahr 1913. Da 1922 in der ganzen Welt 852 Schiffe mit zusammen 2 467 084 BRT gebaut worden waren, kam beinahe jedes 4. Schiff und jede 5. Bruttoregistertonne aus Deutschland.«

Schmelzkopf weist treffend darauf hin, daß man die Schließung der Danziger Reichswerft 1923 noch für eine örtlich bedingte Ausnahmeerscheinung hielt und noch nicht als warnendes Anzeichen betrachtete. Aber die im März 1924 drohende zeitweilige Schließung der Nordseewerke Emden »läutete das große Sterben ein«. Die Tönninger Werft mußte stillgelegt werden, im Frühjahr 1925 schließlich sogar der renommierte Stet-

tiner Vulcan. Gerade alte, traditionsreiche Großwerften gerieten in Not: Joh. C. Tecklenborg in Geestemünde mußte ebenso wie der Stettiner Vulcan, Werft Hamburg, an die A. G. »Weser« verkauft werden. Durch solche Fusionen, aus Notzusammenschlüssen geboren, entstand der neue Werftriese Deutsche Schiffs- und Maschinenbau AG (DESCHIMAG).

Bei Blohm & Voss hat es im kritischsten aller Jahre keine Krise gegeben. Zu solide waren das finanzielle Polster und der Vertrauenskredit der Werft, allzu modern, vorausschauend und rationell die technischen Einrichtungen konzipiert. Und so konnte man auf Steinwerder getrost fortfahren, zwei Projekte zu realisieren, die ihrerseits ein bedeutendes Stück Schiffbau- und Seefahrtgeschichte geworden sind:

Schon 1922 war das 20 815 BRT große kombinierte Fracht- und Fahrgastschiff ALBERT BALLIN für die HAPAG vom Stapel gelaufen, das noch im Sommer des Inflationsjahres 1923 in Fahrt gebracht werden konnte. Ihm folgte schon bald das im Dezember 1923 in Dienst gestellte Schwesterschiff DEUTSCHLAND (20 603 BRT) hinterher. Diesen Zwillingen folgten 1926 und 1927 die weitgehend gleichen Nachbauten HAMBURG und NEW YORK. Dieses Quartett der ALBERT-BALLIN-Klasse wurde bis zum 2. Weltkrieg die gefragteste und am besten ausgelastete Schiffsgattung im Nordatlantik-Verkehr. Die HAPAG hatte mit diesen auf der Route Hamburg-New York eingesetzten Schiffen bewußt Abschied von teuren Prestige-Schnelldampfern genommen. Solidität sollte vor Geschwindigkeit gehen. Deshalb wurden diese mit großen, in seitlichen Wülsten untergebrachten Frahm'schen Schlingertanks ausgerüsteten Turbinenschiffe bewußt nur für 14,3 Knoten Geschwindigkeit konzipiert. Dem Transport von Stückgut wurde ebensolche Bedeutung beigemessen wie einer möglichst nicht allzu krassen Abgrenzung der Fahrgasteinrichtungen für die I., II. und III. Klasse. Man hatte wohlweislich auf extremen Erste-Klasse-Luxus verzichtet: An die Stelle schwimmender Paläste traten gepflegte

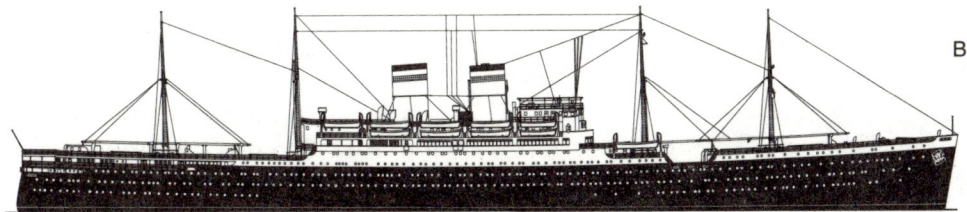

Bau-Nr. 405: Doppelschrauben-
Fracht- und Fahrgast-
Turbinenschiff
DEUTSCHLAND,
20603 BRT, 14600 tdw,
13300 PS, (später 28000
PS), 16 kn (später 19 kn).

schwimmende Hotels mit unaufdringlichem, ge-
diegenem Komfort. Sie waren auch beim angel-
sächsischen Publikum als anheimelnd komfortable »anti-seasickness ships« populär.

Rentabilität war das A und O der ALBERT-BAL-
LIN-Klasse, deren Schiffe 1500 bzw. rund 1150
Fahrgäste befördern konnten. Je vier Doppelen-
der- und je vier Einenderkessel eines jeden Schiffes waren von vornherein auf Ölfeuerung eingerichtet. Sie versorgten je zwei Sätze von jeweils
vier Turbinen mit Dampf. Die Doppelschraubenschiffe konnten sich mit einer Maschinenleistung
von insgesamt 13000 PS begnügen. Sie waren
eine konsequente Weiterentwicklung der einst so
bewährten P-Klasse und des CLEVELAND-Typs.
Das Liverpooler »Journal of Commerce« schrieb
am 1. Januar 1925 über ALBERT BALLIN und
DEUTSCHLAND: »In der Weihnachtswoche begegneten wir einem der deutschen Passagierschiffe formstabiler Konstruktion, das in ruhigem Gang fuhr, während unser Dampfer so tor-
kelte, daß wir uns kaum auf den Füßen halten
konnten. Diese deutschen Schiffe sind das wirklich Modernste im Schiffbau.«

Die vier Schiffe der ALBERT-BALLIN-Klasse waren die ersten B & V-Schiffe mit Kreuzerheck. Ihr
Doppelboden erstreckte sich über die gesamte
Schiffslänge. Dank der außen aufgesetzten
Schlingertankwülste waren die Schiffe praktisch
in Zweischalenbauweise erstellt, d. h. sie hatten
sozusagen doppelte Bordwand. Daß diese extrem
sicheren Schiffe wirklich für viele Jahrzehnte gebaut wurden, ist inzwischen erwiesen. Bei Drucklegung dieses Buches waren noch immer zwei von
ihnen auf den Weltmeeren unterwegs: Die 44 Jahre
alte ALBERT BALLIN als Fahrgastschiff SO-
VJETSKJ SOJUS und die 41 Jahre alte HAMBURG
als Walfangmutterschiff YURI DOLGORUKJ. Beide Schiffe waren 1945 vor Warnemünde und Saß-
nitz Grundminentreffern zum Opfer gefallen und

gekentert. Aber auch der vier- bzw. fünfjährige
Unterwasseraufenthalt scheint ihnen nicht sonderlich mitgespielt zu haben.

Übrigens waren die vier Schiffe der ALBERT-BAL-
LIN-Klasse die ersten Fahrgastschiffe, die für 960
Passagiere eine III. Klasse anstelle des früheren
Zwischendecks besaßen. In der III. Klasse wurde
genauso serviert wie in den beiden gehobeneren
Klassen. Niemand mußte mehr mit Napf und Kas-
serolle zur Selbstbedienung in die Kantine ziehen.
(Schon vor dem 1. Weltkrieg hatte man auf deutschen und ausländischen Fahrgastschiffen die alte III. Klasse = Zwischendeck modifiziert, indem
man einmal die III. Klasse in Kammern hatte und
daneben die IV. Klasse in Schlafsälen, die auch
noch oft III. Klasse genannt wurde. Auf solchen
Schiffen mit III. und IV. Klasse wurde freilich auch
damals schon in der III. Klasse serviert. Bestes
Beispiel war die VATERLAND.)

Erst recht aber wurden fünf weitere Blohm & Voss-
Fahrgastschiffe als Seetouristik-Schrittmacher
und stets gut ausgebuchte Publikumslieblinge
bald überall in Deutschland populär: Das Quintett
der für die Hamburg-Süd erbauten MONTE-
Klasse.

In der ersten Phase des Wiederaufbaues hatte die
Hamburg-Süd sich von Blohm & Voss abgewandt, weil sie die für allzu gewagt gehaltene Abkehr ihrer Hauswerft vom »direkten Antrieb« der
Turbinenschiffe nicht mitmachen wollte. Nach
den eindeutigen Erfolgen der Turbinen- und Motorschiffe mit Rädergetriebe kam die Reederei jedoch gern wieder mit ihrer Bauwerft ins Gespräch,
zumal diese die 1919 abgelieferte und schon 1921
aus England wieder zurückgekaufte CAP POLO-
NIO auf Ölfeuerung umgestellt und durch zusätzliche Einbauten besonders verschönt hatte.

Unter britischer Flagge hatte sich der als Truppentransporter und Urlauberschiff auf der Indien-
Route via Kapstadt eingesetzte Dampfer merkwür-

Dreischrauben-Fracht- und Fahrgast-Turbinenschiff CAP POLONIO, 20 572 BRT, 16 000 PS, 17 kn, bei der ersten Reise nach Südamerika in Rio de Janeiro.

dig benommen. Der englische Leitende Ingenieur konnte tun, was er wollte: Er nahm die allerbeste Kohle und ausgesuchte Heizer, denen Sonderprämien versprochen waren. Er ließ »stokern«, daß die Funken stoben — aber die CAP POLONIO lief mit äußerster Kraft 12 Knoten, nicht mehr. Normalerweise schlich sie sogar nur mit zehn Knoten durch die See, während sie vorher unter deutscher Flagge über 16 kn gelaufen war. Außerdem hatte der Dampfer immer wieder Kessel- und Maschinenschäden. Mal lag er wochenlang in Dakar fest, mal woanders. Es war so schlimm, daß der »Leitende« auf ein kleines Trampschiff strafversetzt wurde. Die CAP POLONIO wurde schließlich vom Shipping Controller in Liverpool aufgelegt — sie fand beim besten Willen keinen britischen Käufer. Aber nach Rückkauf durch die Hamburg-Süd und einigen Monaten Werftliegezeit bei Blohm & Voss lief der Drei-Schornstein-Dampfer mit Leichtigkeit wieder 18,5 Knoten Marschfahrt. Auf einer wahrhaft triumphalen Jungfernreise zum La Plata erlebte das hübscheste, luxuriöseste und zeitweilig größte Schiff unter deutscher Flagge unvorstellbare Ovationen.
Es ist bis heute ungeklärt, warum sich die CAP POLONIO nach ihrer Ablieferung an Großbritannien permanent bockbeinig angestellt hat. Man hatte vor allem Pech mit den 15 bei Blohm & Voss

gebauten Wasserrohrkesseln, obwohl ihnen ein britisches System zugrundelag. Sie waren in White-Lizenz gebaut. Auch war der 16000-PS-Antrieb des Blohm & Voss-Schiffes bemerkenswert: die beiden äußeren Propeller wurden von Kolbendampfmaschinen, die dritte (mittlere) Schraube hingegen von einer Abdampfturbine beaufschlagt. Auf jeden Fall wurde CAP POLONIO auf der Südamerikaroute jahrelang zum Publikumsvolltreffer. Auch die Kreuzfahrten des Dampfers — bis nach Feuerland, Nordamerika und in die UdSSR — wurden glänzende Erfolge. Das Schiff entsprach vor allem auch genau dem Geschmack eleganter, verwöhnter Südamerikaner.
»In Anbetracht des Umstandes, daß die Schwierigkeiten einer durch neue Gesetzgebung weitgehend unmöglich gemachten Einwanderung nach Nordamerika eine gesteigerte Auswanderung nach Argentinien und Brasilien zur Folge hatten«, gab die Hamburg-Süd 1922 und 1923 bei Blohm & Voss zwei eigens für den Auswandererverkehr sowie für den Saisontransport von jeweils 2800 spanischen Landarbeitern (Erntehelfern) der Iberischen Halbinsel nach Südamerika konzipierte Schiffe von 13 620 BRT und 13 750 BRT in Auftrag. Die Neubauten sollten heimkehrend eine gewisse Quote Ladung nehmen können, sie waren also Kombischiffe — sie wurden nach feuerländischen Bergen auf die Namen MONTE SARMIENTO und MONTE OLIVIA getauft. Die Zwillinge waren die ersten großen Diesel-Fahrgastschiffe unserer Handelsflotte. Bei ihrem Bau wagten Werft und Maschinenfabrik Blohm & Voss abermals einen Schritt in technisches Neuland: Als Antriebsanlagen wurden vier noch vorhandene schnellaufende U-Boot-Diesel von je 1500 PS eingebaut, von denen jeweils zwei auf eine Welle arbeiteten. Das Kuppeln von zwei Motoren auf

Bau-Nr. 492:
Doppelschrauben-Fracht- und Fahrgast-Motorschiff MONTE ROSA, 13 882 BRT, 8530 tdw, 6000 PS, 14 kn, Hamburg-Südamerikanische Dampfschifffahrts-Gesellschaft.

eine gemeinsame Propellerwelle hatte bis dato noch niemand gewagt. Direktor Frahm entschloß sich zur Verwendung einer elastischen Kupplung. Aber die ersten Maschinenstandproben (Pfahlproben) endeten mit einem totalen Fiasko: »Es traten derart extreme Stöße in den Getrieben auf, daß schwere Keile abgeschoren wurden.« Frahm mußte sich zur Verwendung starrer Kupplungen entschließen — und seitdem war das knifflige Problem der Doppelmotorenanlage gelöst. Aber speziell der Prototyp MONTE SARMIENTO hat auch weiterhin die Nerven von Hermann Frahm schlimmer strapaziert als jedes andere Schiff. Zur Heizung von vier Ölkesseln für den Hilfsbetrieb sollte die Abgaswärme der vier Motoren dienen. Die Hitze in den Abgasrohren erwies sich jedoch mit 500° Celsius als so extrem, daß während der Werftprobefahrt die Glaswolle-Isolierung zerschmolz. Die Rohre strahlten fortan ihre sengende Hitze direkt in den Maschinenraum aus.

Die Jungfernreise zum La Plata wurde für das Maschinenpersonal und für den eingeschifften Garantie-Ingenieur von Blohm & Voss zu einem Martyrium besonderer Art: Vor allem Kühlwasserleckagen an allen 24 Zylindern waren die Ursache für eine extreme Störanfälligkeit der Motoren. Jeden Tag war irgend etwas »los« — Nocken mußten ausgewechselt, Zylinderdeckel abgenommen, Kolben gezogen und nachgeschliffen, Laufbuchsen ausgetauscht werden. Der Teufel stak in der Maschinenanlage von MONTE SARMIENTO. Mal riß ein Auspuffventilkegel ab und fiel in den

Die Passagiere merkten von dem Kummer mit dem »Nockenfresser« nichts: Kofferaufkleber für Reisen mit der MONTE SARMIENTO.

Zylinder, mal versagten die nächsten Nocken von der Nockenwelle ihren Dienst. Das nächste Mal riß gar ein ganzer Kolben in der Eindrehung für den obersten Kolbenring ab. In Buenos Aires waren schließlich auch die letzten Reservenocken am Ende ihrer Brauchbarkeit angelangt. Der Garantie-Ingenieur ließ daraufhin in einer kleinen argentinischen Maschinenwerkstatt neue Nocken herstellen, die jedoch infolge des Zeitmangels nicht aus Schmiedestahl, sondern nur aus Gußeisen gefertigt werden konnten. Sie wurden in Rüböl gehärtet!

Es läßt sich denken, daß auch diese Nocken nur vorübergehend standhielten. Sie reichten gerade, bis die Werft mit der CAP NORTE neue Reservenocken von B & V nach Rio entgegengeschickt hatte. Aber die verhexte Antriebsanlage behielt ihre schlechten Launen weiterhin bei. In Lissabon mußten abermals entgegengeschickte Nocken eingebaut werden. Das Schiff hatte auf der Heimreise nur noch mit Not die Tejomündung erreicht. Und so ging die MONTE SARMIENTO als Nockenfresser in die Memoiren ihres Garantie-Ingenieurs ein.

Aber eine alte Schiffbau-Faustregel besagt, daß vermehrt auftretende Kinderkrankheiten bei einem Prototyp auch einen erweiterten Erfahrungsschatz für die nächsten Neubauten einer Serie bedeuten. Später haben alle MONTE-Schiffe mit ihren Doppelmotoren bestens funktioniert. Kaum war allerdings der technische Kummer mit der im November 1924 in Fahrt gekommenen MONTE SARMIENTO vorüber, als die Hamburg-Süd schon 1925 in ihrem Geschäftsbericht resigniert feststellen mußte, daß die beiden MONTE-Schiffe im März ihre eigentliche Aufgabe — den Auswanderertransport — kaum noch erfüllen konnten: »Eine Planlosigkeit der Auswandererorganisationen in Verbindung mit Devisenschwierigkeiten und abschreckenden Berichten über die Verhältnisse in den Aufnahmeländern haben die Auswanderung in der letzten Zeit stark zurückgehen lassen... Auch steht die deutsche Reichsregierung auf dem Standpunkt, daß trotz Überbevölkerung unseres Landes ein Abwandern deutscher Menschen nach Übersee nicht wün-

Ein Kreuzfahrtenschiff der MONTE-Klasse beim Ausbooten seiner Fahrgäste auf Spitzbergen.

BILLIGE REISEN NACH DEN GLÜCKLICHEN INSELN UND DEM MITTELMEER VON RM.180.- HAMBURG-SÜD

Populäre Kreuzfahrten zu niedrigsten Preisen: Das Erfolgsrezept der MONTE-Klasse.

schenswert sei. Sie stellt deshalb — im Gegensatz zu den Regierungen anderer Länder — dafür keinerlei Mittel mehr zur Verfügung.«

Tatsächlich ging die Zahl der Auswanderer auf Hamburg-Süd-Schiffen von 30000 im Jahre 1924 auf 14000 im Jahre 1925 zurück. Die Reederei verfiel deshalb auf den Gedanken, die beiden MONTE-Schiffe ausschließlich für Erholungs- und Studienreisen einzusetzen. Sie fuhren nach Südamerika — mit dreiwöchigem Landaufenthalt —, nach Norwegen und Spitzbergen, ins Mittelmeer, nach Marokko, Madeira und den Kanarischen Inseln. Binnen kurzem merkte die Hamburg-Süd, daß man mit den MONTE-Kreuzfahrten genau richtig lag. Diese Einklassenschiffe mit ihrer von über 2700 und 2500 auf einheitlich 2400 reduzierten Fahrgast-Kapazität konnten ihre Kreuzfahrten zu Tiefstpreisen von 220 bis 260 Mark anbieten, obwohl sie über einen vorzüglichen Service und eine gediegene Einrichtung verfügten. Eine Volkstouristik zur See kam mit solchem Erfolg in Bewegung, daß die Reederei schon 1927 als drittes Schiff dieser Klasse, die MONTE CERVANTES, in Auftrag gab und nach deren Totalverlust — durch Aufrennen auf einen Unterwasserfelsen in Feuerland im Jahre 1930 — gleich zwei weitere Nachbauten bestellte. Sie hießen MONTE PASCOAL und MONTE ROSA und kamen beide Anfang 1931 in Fahrt. Für die Schiffe der MONTE-Klasse gab es keine Weltwirtschaftskrise. Sie lagen weiterhin bestens im Rennen. Und da ständig mindestens eins von diesen bildschönen Schiffen turnusmäßig zum Fahrgastwechsel an der Hamburger Überseebrücke lag, wurde die MONTE-Klasse zu einer Art Wahrzeichen des Hamburger Hafens.

Übrigens hatte man auf allen fünf Schiffen die Motorenanordnung von je zwei auf eine Welle wirkende Dieseln beibehalten. Sie haben sich vorzüglich bewährt. Auch mit der MONTE SARMI-

ENTO hatte man keinen Kummer mehr, nachdem man Diesel mit Kreuzkopf und Pleuelstange anstelle von Tauchkolbenmaschinen eingebaut hatte. Bemerkenswertester Neubau des Jahres 1925 wurde das 6128 BRT große Motorschiff MAGDEBURG für die Deutsch-Australische Dampfschiffs-Gesellschaft bei dem abermals ein doppeltwirkender Zweitakter eingebaut wurde. Was seinerzeit unter Schmerzen auf dem Versuchsschiff FRITZ begonnen wurde, setzte man mit einem ausgereifteren Motorentyp auf der MAGDEBURG fort. Der neue Motor bewährte sich vorzüglich: Die MAGDEBURG legte gleich auf der 114tägigen Jungfernreise 25000 Seemeilen ohne eine einzige Stunde Motor-Reparatur zurück, obwohl das Fahrtgebiet Niederländisch-Indien mit seinem Tropenklima zwangsläufig eine besondere Erschwernis bedeuten mußte.

Zwar waren auch bei diesem neuen Motor anfängliche Kinderkrankheiten nicht zu vermeiden. So brannten zunächst die Zündstichflammen tiefe Löcher in die Kolbenstange, bis man dem Übelstand durch Versetzen und Verdrehen der Düsen abzuhelfen verstand.

Bild oben: Die während des Ersten Weltkrieges fertiggebaute, 1919 auf Reparationskonto abgelieferte und 1921 zurückgekaufte Bau-Nr. 221: CAP POLONIO, 20572 BRT, 16 000 PS, beim Anlegen am Kai von Montevideo/Uruguay.

Bild Mitte links: Eine Episode in der Werftgeschichte: Lokomotiv-Reparaturen und -überholungen als Notstandsarbeiten. Das »Eisenbahnausbesserungswerk« Blohm & Voss hat ab 1919 rund 400 Lokomotiven erneuert — es gab jedesmal Werftprobefahrt per Schiene!

Bild Mitte rechts: Einer der vier 1500-PS-Diesel für die beiden Doppelmotorenanlagen der Bau-Nr. 491 (MONTE PASCOAL) verläßt die B & V-Maschinenfabrik.

Bild links:
Bau-Nr. 492:
Doppelschrauben-
Fracht- und Fahrgast-
schiff MONTE ROSA,
13 882 BRT, 6000 PS,
14 kn, Hamburg-
Südamerikanische
Dampfschifffahrts-
Gesellschaft.

Bild links: Das erste Motorschiff, das mit doppeltwirkenden Zweitakter erfolgreich in die Linienfahrt kam: — Bau-Nr. 470 Frachtschiff MAGDEBURG, 6128 BRT, 9230 tdw, 4000 PS 13 kn, Deutsch-Australische D.G., Hamburg — später HAPAG

Bild unten: Prototyp für ein Quartett glückhafter Schiffe Bau-Nr. 403: Doppelschrauben-Fracht- und Fahrgastschiff ALBERT BALLIN, 20815 BRT, 13330 WPS, 16 kn (später 20 kn), Hamburg-Amerika Linie. Nur ALBERT BALLIN und DEUTSCHLAND waren Viermaster — HAMBURG und NEW YORK hatten zwei Masten.

Bild unten: Bau-Nr. 476: Doppelschrauben-Fracht- und Fahrgastschiff CAP ARCONA (II), 27561 BRT, 24000 WPS, 20 kn, Hamburg-Südamerikanische Dampfschifffahrts-Gesellschaft (s. S. 131/132).

Bild Mitte rechts: Der oben auf dem Bootsdeck der CAP ARCONA eingebaute Speisesaal I. Klasse bot durch 20 Rundbogenfenster von je fünf Metern Höhe weite Aussicht aufs Meer (s. S. 132).

Bild unten rechts: Der Stapellauf des Turbinenschiffs CAP ARCONA am 14. Mai 1927 war ein ganz großes Ereignis für Hamburg.

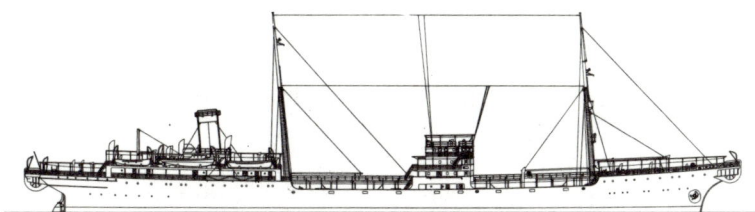

Bau-Nr. 472: Kabelleger und Tankdampfer NEPTUN, 7250 BRT, 9490 tdw, 2500 PS, 10,5 kn, Norddeutsche Seekabelwerke AG, Nordenham.

Die Schiffsingenieure waren von dem doppeltwirkenden Zweitakter begeistert. Er bot vom seitlich an den Zylindern entlanglaufenden Spülluftkanal aus — der den Zylindern Verbrennungsluft zuzuführen hatte — jederzeit die Möglichkeit einer Zylinder- und Kolbenbesichtigung von innen her, ohne daß jemals wieder, wie bei den Viertaktern, eigens dafür der Zylinderdeckel abgenommen werden mußte. Und schon im Suezkanal, mit der damals dort vorgeschriebenen Konvoigeschwindigkeit von nur fünf Knoten, erwies sich ein weiterer Vorzug des doppeltwirkenden Systems: Bei ganz langsamen Umdrehungen schaltete man einfach die Unterseiten der Zylinder ab und fuhr einfach-wirkend weiter. Damit war das Problem der Niedrigstbeanspruchung jederzeit lösbar. 1926 fiel ein Neubau so weit aus dem Rahmen, daß er nicht übergangen werden kann:

Die Norddeutschen Seekabelwerke AG in Nordenham bestellte unter Bau-Nr. 472 den Kabelleger NEPTUN. Dieses wegen der zum Kabellegen notwendigen Schleichfahrt ausnahmsweise wieder mit einer Dreifach-Expansionsdampfmaschine ausgerüstete 7250 BRT große Schiff wurde als Ersatz für den an die Entente abgelieferten Kabeldampfer der Gesellschaft benötigt, sollte aber in Zeiten fehlender Beschäftigungsmöglichkeit auf irgendeine Weise Geld verdienen. Da Kabelleger mit besonderen Kabeltanks ausgerüstet werden müssen, bot es sich an, die NEPTUN zugleich als Tankdampfer für den Petroleumtransport herzurichten.

Die Bestellung des Schiffes hatte eine kuriose Vorgeschichte: Der Mülheimer Industrielle Dr.-Ing. Zapf, Vorsitzender im Aufsichtsrat der Norddeutschen Seekabelwerke, kam 1924 zu Besuch nach Hamburg und nahm Gespräche mit Rud. Blohm und schließlich mit Direktor Frahm auf. Er wollte sich für den eventuellen Bau eines Kabeldampfers beraten lassen. Aber sein Gesprächspartner Frahm wurde bald telefonisch höchst dringend abgerufen, weil die besagte Pfahlprobe der MONTE SARMIENTO soeben die Misere mit den elastischen Motorenkupplungen ergeben hatte. Frahm mußte sich an Bord die ganze Nacht um die Ohren schlagen und schließlich das Auswechseln der Kupplungen anordnen. Von ihrem eigentlichen Gastgeber Frahm zwangsläufig im Stich gelassen, konferierten Direktor Zapf und ein rasch herbeitelefonierter Geschäftsfreund die restliche Nacht hindurch mit Konstrukteuren und Betriebs-Ingenieuren der Werft, noch immer auf die Rückkehr Frahms hoffend. Als diese endgültig ausblieb, gab Zapf, um die Sitzung endlich abschließen zu können, kurzerhand den kombinierten Kabel- und Tankdampfer NEPTUN in Auftrag.

Das hatte es auch noch nicht gegeben: Ein Aufsichtsratsvorsitzender bestellte ohne Wissen seines Vorstandes ein Schiff. Aber Dr. Zapf war immerhin Generaldirektor der Mülheimer Carlswerk A.G. und gehörte somit zum gleichen Konzern Felten & Guilleaume wie die Norddeutschen Seekabelwerke. Als aber die Werft zur Klärung weiterer Detailfragen später in Nordenham anrief, wußte man dort von nichts! Die »Reederei« war von der Bestellung ihres eigenen Schiffes nicht informiert worden.

Doppelschraubendampfer NEPTUN wurde mit vier kreisrunden Kabeltanks ausgerüstet. Für den Petroleumtransport konnte außerdem der Leerraum zwischen Tank- und Bordwänden als Seitentankraum verwendet werden. Er war durch Längs- und Querschotte zellenartig unterteilt. Noch niemals hatte Blohm & Voss bis dahin ein Tankschiff gebaut. Nun baute man gleich eins von der kompliziertesten Art, für das es keinerlei Vorbilder gab. Die gut durchdachte Einrichtung der NEPTUN wurde schließlich sogar patentiert.

Das Schiff war äußerlich einem Tankdampfer ähnlich, es hatte die Maschine achtern und Kommandobrücke mittschiffs. Zwischen den Kabeltanks 1 und 2 lag der Pumpraum mit zwei Pumpen von je 300

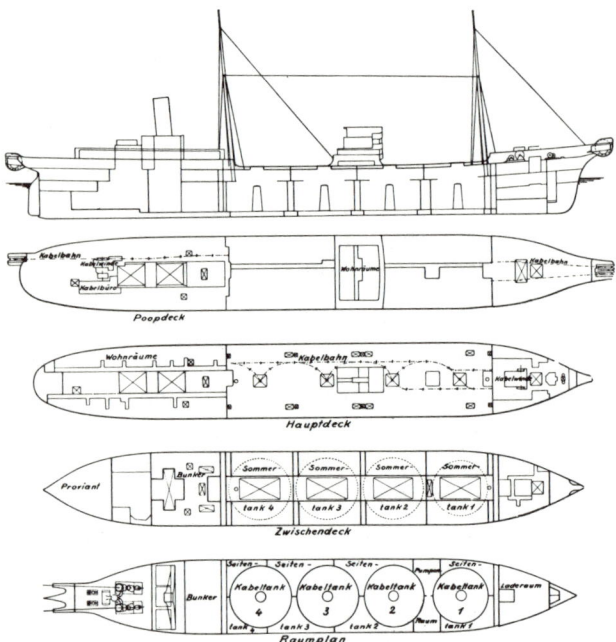

Die Kabel- und Seitentanks sowie die Kabelbahn des kombinierten Kabellegers und Tankdampfers NEPTUN.

Tonnen Stundenleistung zum Löschen der Ölladung. Im Gegensatz zu allen anderen Tankdampfern hatte das Schiff jedoch einen Doppelboden, weil dieser die extrem schweren Kabelrollen in den Kabeltanks zu tragen hatte. Das Schiff mußte aus Sicherheitsgründen derart öldicht genietet und geschweißt werden, daß auf keinen Fall ein Tropfen Öl in den Doppelboden gelangen und dort explosionsgefährliche Dämpfe bilden konnte. Öldichter Schiffbau galt damals noch als Meisterleistung. Es ist verbürgt, daß das mit großen Bug- und Heckrollen sowie Oberdecks-Kabelbahn ausgerüstete Schiff beim Kabellegen ebenso glänzend funktioniert hat wie bei über 50 Ölreisen.
Während NEPTUN auf der Helling entstand, zeichnete sich mal wieder eine Schiffbauflaute ab. Es mußten Notstandsarbeiten angenommen werden, beispielsweise das Abwracken des alten Panzerschiffes ALEXANDER II der vormaligen zaristischen Marine. Außerdem wurden für Schrottzwecke große Mengen Eisenbahn- und Straßenbahnschienen zerschnitten. Im übrigen waren noch die HAMBURG und NEW YORK als letzte Schiffe der BALLIN-Klasse fertigzustellen. Die HAMBURG konnte zur Freude der HAPAG sogar einen Monat vor der Zeit abgeliefert werden und auf diese Weise eine Rundreise mehr absolvieren. Rud. Blohm, »Außenminister« seiner Werft, war

damals unmittelbar vom Stapellauf-Essen der NEW YORK mit dem Nachtzug nach Göteborg gefahren, um einen Auftrag »an Land zu ziehen«, um den es bei der zeitweilig herrschenden Flaute einen harten internationalen Konkurrenzkampf gab. Es war bekannt geworden, daß die Svenska Amerika Linjen einen 20 000 BRT großen Kombischiff-Neubau für den Liniendienst Göteborg-New York ordern wollten. Es gab in Göteborg komplizierte Verhandlungen, zu denen besonders viel Diplomatie erforderlich war. Die Reederei hatte auch den Direktor Hugo Hammar von den Götaverken hinzugezogen, der als Konkurrent zu betrachten war. Aber Blohm & Voss hatte bei den Svenska Amerika Linjen einen gewissen Stein im Brett, denn die Reederei hatte lange Jahre zuvor die einstige POTSDAM (Bau-Nr. 139) aus Holland erworben und das Schiff unter dem Namen STOCKHOLM* mit sehr gutem Resultat in Fahrt gebracht. Dieser wackere Dampfer war mittlerweile 25 Jahre alt und sollte deshalb durch einen modernen Neubau ersetzt werden, für den der Name KUNGSHOLM ausgewählt worden war.

Für Rud. Blohm bedeuteten die Göteborger Verhandlungen sozusagen eine Quadratur des Kreises. Man verlangte von ihm ein recht seltsames Entgegenkommen: Nur der Rumpf der KUNGSHOLM sollte in Hamburg entstehen. Ausrüsten wollte man das Schiff in Göteborg. Die Maschinen hingegen hatte Burmeister & Wain, Kopenhagen, zu liefern.

Rud. Blohm willigte zunächst generell ein, obwohl er natürlich seiner Maschinenfabrik gern auch den Bau der Antriebsanlage überlassen hätte.

---

* Dampfer STOCKHOLM (sein großes Modell steht heute im Schiffahrtsmuseum von Kalmar) wurde nach Fertigstellung der KUNGSHOLM nach Norwegen verkauft und zur Walkocherei SOLGLIMT umgebaut. Der Zufall wollte es, daß dieses Schiff 1941 in der Antarktis von dem deutschen Hilfskreuzer PINGUIN gekapert und von einem Prisenkommando im Blockadedurchbruch nach Westfrankreich, in den damaligen deutschen Machtbereich, gebracht wurde. Die Kriegsmarine stellte die Prise als Versorgungsschiff SONDERBURG in Dienst, das 1944 bei der Invasion vor Cherbourg von alliierten Flugzeugen versenkt wurde. Insgesamt war SONDERBURG ex SOLGLIMT ex STOCKHOLM ex POTSDAM rund 45 Jahre unentwegt in Fahrt und bewies damit ein weiteres Mal mehr die Langlebigkeit von Schiffen mit dem Bauschild Blohm & Voss.

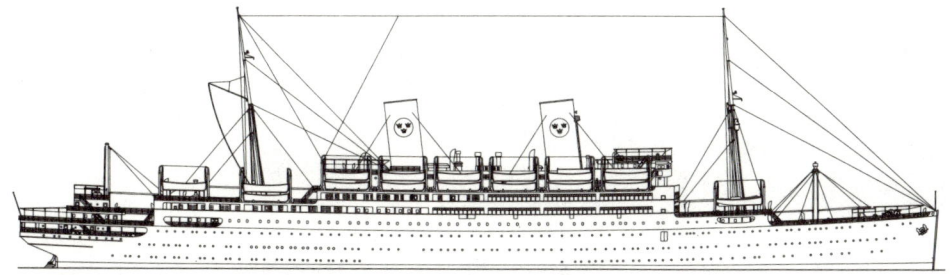

Bau-Nr. 477: Doppel-
schrauben-Fracht- und
Fahrgast-Motorschiff
KUNGSHOLM, 20 223 BRT,
9490 tdw, 15 000 PS,
17,5 kn, Svenska Amerika
Linjen AB, Göteborg.
(ursprüngliche Rumpf-
farbe: schwarz)

Nach der Auftragserteilung für den Bau des Rumpfes überzeugte Blohm die Reederei davon, daß das Schiff nur unnötig teuer werden würde, wenn Rumpfbau und Ausrüstung wirklich an zwei weit voneinander entfernten Orten vor sich gehen sollten. So kam es schließlich dazu, daß die KUNGSHOLM insgesamt in Hamburg gebaut werden durfte, wenn auch mit dänischen Motoren.

Das Schiff mußte während des Kranführerstreiks von 1928 fertiggestellt werden. Die Kräne wurden von rasch angelernten Vorarbeitern besetzt. Leider ereignete sich bei der Werftprobefahrt vor Helgoland eine Knallgasexplosion im Maschinenraum, die acht Todesopfer — ein Vorarbeiter der Werft sowie schwedisches Maschinenpersonal — forderte. Die Seeamtsverhandlung konnte die Unfallursache einwandfrei klären und Blohm & Voss von jedem Verschulden freisprechen: Bei einer durch ein Kettenrad angetriebenen Umsteuerungsmaschine, die nicht unter Regie von Blohm & Voss erprobt wurde, hatte sich unbemerkt ein Rad warmgelaufen und durch einen sich bildenden Funken ein zufällig entstandenes Gasgemisch entzündet. Das Schiff trieb nach der Explosion zunächst manövrierunfähig in der Nordsee. Ein herbeigefunkter Seeschlepper verdiente sich mit dem Einbringen des Havaristen 80 000 Mark Bergelohn — gefordert hatte er freilich die doppelte Summe, die jedoch gerichtlich als zu hoch abgelehnt wurde.

Die KUNGSHOLM wurde unter Berücksichtigung vieler schwedischer Sonderwünsche gebaut und teils pneumatisch, teils hydraulisch genietet und anschließend auch noch elektrisch geschweißt. Sie wurde ein glückhaftes Schiff, das auch den Zweiten Weltkrieg hindurch unangefochten über den Atlantik pendelte. Als ITALIA eröffnete das Schiff nach dem Kriege unter Panamaflagge — mit deutscher Besatzung und deutschem Kapitän —den ersten Liniendienst Hamburg-Kanada-USA. Erst 1964 als IMPERIAL BAHAMA abgewrackt, konnte auch dieser einstige Blohm & Voss-Neubau (Bau-Nr. 477) eine ununterbrochene Fahrzeit von 36 Jahren vorweisen.

Aber ein Jahr, bevor KUNGSHOLM im Oktober 1928 abgeliefert wurde, hatte ein anderes großes B & V-Fahrgastschiff — nur 19 Monate nach der Auftragserteilung — die vielbeachtete Jungfernreise nach Südamerika angetreten: die legendäre 27 561 BRT große CAP ARCONA (II). Ebenfalls mit drei Schornsteinen ausgestattet, sollte sie Assoziationen zu ihrer ruhmreichen Vorgängerin CAP POLONIO wecken. Aber sie war eine ebenso moderne wie gelungene Weiterentwicklung dieses vormaligen Spitzenschiffes der Südatlantikroute. Der mit Wasserrohrkesseln und Getriebeturbinen ausgerüstete Doppelschrauben-Schnelldampfer CAP ARCONA wurde Flaggschiff der Hamburger Kauffahrteiflotte in den zwanziger und dreißiger Jahren. Es lief mit seiner 24 000-PS-Turbinen-Anlage 20 Knoten und legte die Distanz Hamburg-Buenos Aires pünktlich in jeweils 15 Tagen zurück. Die geringe Fahrwassertiefe des La-Plata-Stromes erzwang auch bei der CAP ARCONA einen relativ geringen Tiefgang, der aber durch entsprechend große Längen- und Breitenabmessungen wettgemacht wurde. Das Schiff bot Kabinenplätze für 1434 Fahrgäste, und zwar in einer hochwertigen Anordnung. Alle Kabinen der I. Klasse bekamen Tageslicht und Privatbäder. Und so gelang es tatsächlich, auf einem Schiff, das kaum länger als die 7000 BRT kleinere CAP POLONIO war, drei Passagierdecks I. Klasse übereinander und einen Kammerbereich auf dem Bootsdeck zu schaffen. Unter größtmöglicher Verlängerung der Aufbauten und Verbreiterung des Schiffes entstanden Kabinen

für eine viel größere Anzahl von Fahrgästen. Und weil die Hamburg-Süd die Meinung vertrat, auf einem guten Tropenschiff müßten die Fahrgäste ihre Mahlzeiten in hohen, luftigen Räumen einnehmen können, die nicht unter Deck liegen dürften, bekam die CAP ARCONA ihren Speisesaal oben auf dem Bootsdeck eingebaut, was eine weite Aussicht aufs Meer durch 20 Rundbogenfenster von je fünf Metern Höhe ermöglichte. Natürlich verbargen die Decken und Pfeiler alle Unterzüge der gewaltigen Stahlkonstruktionen, die für die nötige Festigkeit der Längsverbände sorgten und die Raumgestaltung zwingend beeinflußten. Rauchsalon, Halle, Fest- und Speisesaal gingen jedoch harmonisch ineinander über.

Auf Grund aller genannten Forderungen war es unvermeidlich, daß ein Schiff mit einer Überzahl von Aufbauten entstand. Aber die CAP ARCONA war innerlich und äußerlich bestechend schön. Auch alle Säle auf dem A-Deck wiesen übrigens ungewöhnliche Deckenhöhen auf, die als Durchbauten durch das normal hohe Bootsdeck geschaffen werden konnten.

Vom anwärmbaren Seewasserschwimmbad mit Luftperlanlage bis zur Turnhalle und zum hauptsächlich als Tennisplatz verwendeten Sportdeck, vom großen Haupthospital mit Operationssaal bis zu den Wirtschaftsräumen war alles auf der CAP ARCONA außerordentlich sinnvoll angeordnet. Vielfach wurde sie als herrlichstes Schiff der deutschen Handelsschiffahrt überhaupt bezeichnet.

Und selbstverständlich wurde auch dieser Schnelldampfer mit Frahm'schen Schlingerdämpfungstanks ausgestattet.

Weniger bekannt ist, daß damals der Stettiner Vulcan, Hamburg, und Blohm & Voss hart um diesen Bauauftrag gerangelt haben. Rud. Blohm erzählte später, er sei während der entscheidenden Sitzung bei der Hamburg-Süd so erregt gewesen, daß er mit Eilschritten durch das Werftgelände marschierte. Bei seiner Rückkehr ins Hauptgebäude erfuhr er dann zu seiner Freude, daß der Auftrag an Blohm & Voss gegangen war.

Der Stettiner Vulcan aber hat den Verlust des Auftrages nicht überstanden. Die Werft mußte, wie schon erwähnt, an die A.G. »Weser« verkauft werden.

Nicht maßstabsgerecht zur obigen Schiffsskizze, zeigt der Plan vom Bootsdeck/A-Deck und Promenadendeck/B-Deck die außerordentlich gut gelungene Anordnung der Wohn- und Gesellschaftsräume sowie des hochgelegenen Speisesaales der I. Klasse.

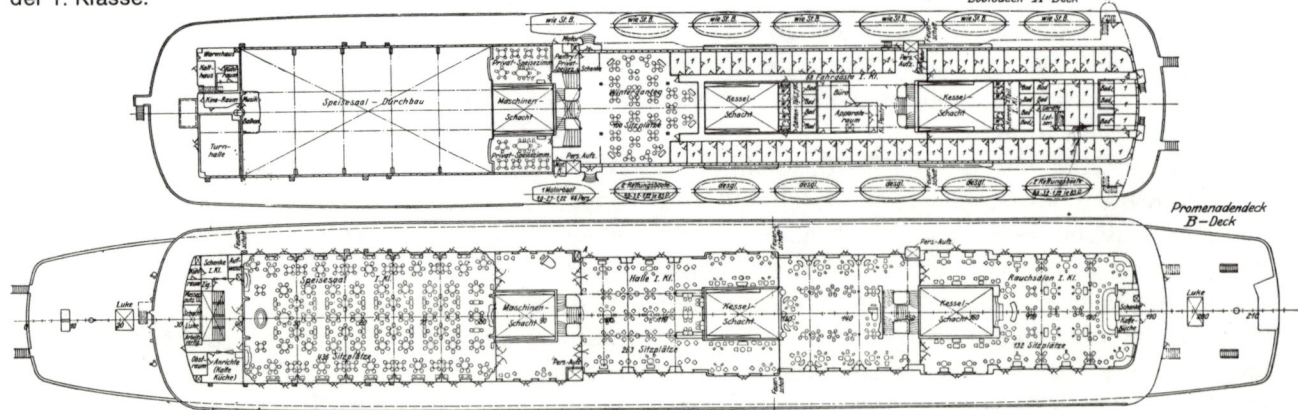

Die Meisterleistung hieß EUROPA

Es war ein Entschluß von weittragender Bedeutung, als der Norddeutsche Lloyd am 13. Dezember 1926 gleichzeitig bei Blohm & Voss und bei der DESCHIMAG, Werft A.G. »Weser«, je einen Transatlantik-Schnelldampfer bestellte. Diese Neubauten sollten zwar nicht alle Konkurrenten auf der Nordatlantik-Route an Größe übertreffen, sehr wohl aber den verwöhntesten Ansprüchen an Komfort, Sicherheit und Geschwindigkeit genügen. Angeregt durch die wachsende Prosperität der vermeintlich auch weiterhin »Goldenen zwanziger Jahre« und zunächst eindeutig zunehmende Fahrgastziffern im Nordamerika-Verkehr benötigte man zeitgemäße Schnelldampfer, die den inzwischen längst veralteten, durchweg vor 1914 gebauten Riesenschiffen der Länder USA, Großbritannien und Frankreich entgegentreten konnten.

Es gehörte für den Norddeutschen Lloyd viel Mut zu dieser Herausforderung der von Natur aus begünstigten Konkurrenz dieser drei Schiffahrtsnationen, die jeweils ja nur bis zum Kanal zu fahren brauchten, während die deutschen Schiffe bis nach Bremerhaven pro Rundreise zwei volle Reisetage mehr benötigten. Die Deutschen durften sich deshalb nicht mehr mit der 23-Knoten-Dienstgeschwindigkeit der IMPERATOR-Klasse (BERENGARIA, ex IMPERATOR; LEVIATHAN, ex VATERLAND; MAJESTIC, ex BISMARCK) begnügen. Sie konnten die zwei zusätzlichen Reisetage auf der Hin- wie auf der Rückreise nur gewinnen, wenn die beiden Neubauten BREMEN und EUROPA eine Durchschnittsgeschwindigkeit von 26,25 Knoten sowie zusätzlich eine Leistungsreserve von 25 % vorweisen konnten. Wollte ein solches Schiff, das mittags in Southampton und nachmittags gegen 16 Uhr in Cherbourg die englischen und französischen Passagiere übernahm, nach viereinhalb Tagen Transatlantikfahrt so rechtzeitig in New York eintreffen, daß die Fahrgäste noch am gleichen Abend ausgeschifft werden konnten, brauchte man auch dafür ein Mehr an Geschwindigkeit. Auf der Rückreise war aber die Zeit noch knapper: Schon 24 Stunden nach der Ankunft in New York war Einschiffung der Fahrgäste für die Rückreise. Kurz nach Mitternacht mußte ausgelaufen werden. Trotz der West-Ost-Ortszeitdifferenz von Fünf Stunden »minus« mußte das Schiff wiederum so früh in Cherbourg und Southampton ankommen, daß die Passagiere noch gelandet und durch den Zoll geschleust werden konnten. Wenn man das rechtzeitig schaffen wollte, mußte man notfalls über 28 Knoten laufen können. Schmelzkopf sagt über die Neubauten EUROPA und BREMEN: »Revolutionär war schon die Silhouette, besonders in ihrer ersten Form mit den extrem niedrigen Schornsteinen. Der relativ hohe, scharf geschnittene Rumpf, die im Verhältnis dazu niedrigen und sehr langgezogenen Aufbauten, vor allem aber die weit nach vorn gesetzten Schornsteine gaben den Schiffen ein kräftiges und schnittiges Aussehen. Auch in der Schiffsarchitektur brach endlich ein neues Zeitalter an... So wurden die beiden Schnelldampfer das, was in Hamburg Fritz Högers Chilehaus war: Werke der klaren Linien und der übersichtlichen Flächen, ohne Ecken und Schnörkel, ohne überflüssigen Zierrat.« Alois Schenzinger unterstrich in seinem Buch »Schnelldampfer« diese Aussage mit den Worten: »So gab es ...kein Louis XVI.-Zimmer mehr, keinerlei Rokokosäle und keinen englischen Landhausstil. Es herrschte die klare Linie, der schön gegliederte Raum, die Harmonie der Farben, die Proportion.
Was sich nach der Fertigstellung bot, war ein Schiff des 20. Jahrhunderts,
des Zeitalters der Technik
und der Jugend.

Stiegen die Passagiere an Bord, hatten sie das Gefühl, ein Berghotel zu betreten, eine Halle der Freiheit und der frischen Luft.«

Die EUROPA und BREMEN sollten beide am 1. April 1929 in Fahrt gebracht werden. Sie waren geradezu hastig bestellt worden. Nachdem Chefkonstrukteur Dr. Süchting das Projekt genau durchkonstruiert und überschlagen hatte, stellte sich heraus, daß das Schiff mit den ursprünglich gewünschten Abmessungen gar nicht zu bauen war. Das Schiff mußte fünf Meter länger und außerdem um mehrere tausend Tonnen leichter werden — was allerdings nur durch Verwendung

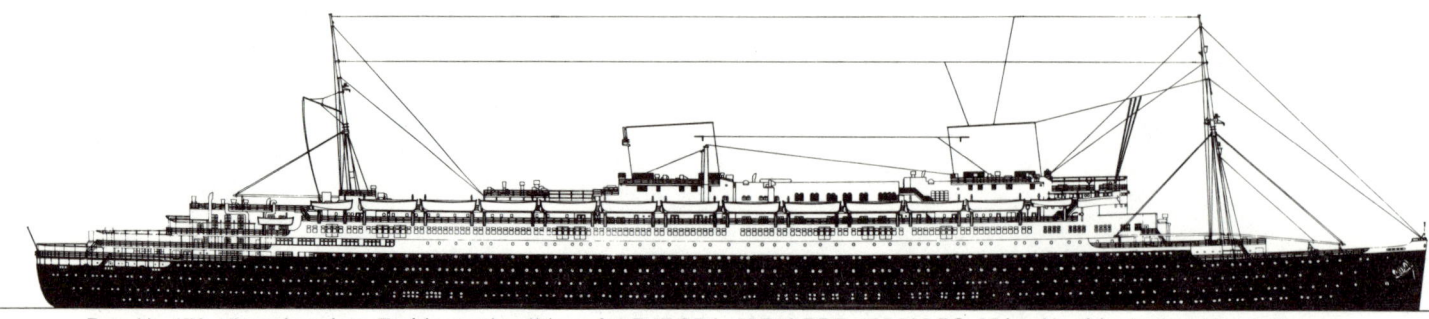

Bau-Nr. 479: Vierschrauben-Turbinenschnelldampfer EUROPA, 49 746 BRT, 105 000 PS, 27 kn, Norddeutscher Lloyd, Bremen.

einer anderen Stahlsorte, mit höherer Festigkeit, realisierbar war.

Der Kiel der EUROPA wurde am 23. Juli 1927 gestreckt, nachdem eben vorher die beiden Afrika-Kombischiffe UBENA und WATUSSI — mit Turbinenantrieb und Einrichtungen für rund 400 Fahrgäste — auf Stapel gelegt worden waren.

Der Bau der EUROPA ging unter großem Zeitdruck vor sich. In den elf Decks des Schiffes war ständig fürchterlicher Qualm von unzähligen Feldschmieden, die das Vorwärmen der Nieten besorgen mußten. Aber es erwies sich als unmöglich, die Schmieden an die Fenster zu stellen, weil die Entfernung zur jeweiligen Arbeitsstelle auf dem 31 m breiten und fast 300 m langen Schiff viel zu groß wurde. Das Sonnendeck befand sich 44 m, die Mastspitzen lagen 73 m über dem Kiel.

Die 24 schweren Wasserrohrkessel konnten nicht mehr, wie es früher üblich war, in fertigem Zustand in den Rumpf des Neubaues hineingehoben werden. Sie wurden im Schiff zusammengebaut — und zwar in vier Kesselräumen, von denen jeweils zwei ihre Rauchrohre in einen Schornstein münden ließen. Und wie schon bei VATERLAND, BISMARCK und CAP ARCONA waren die Kesselschächte wiederum geteilt, so daß ein freier 150-Meter-Durchblick durch die oberen Decks in Schiffslängsachse möglich war.

Man darf es als Meisterleistung bezeichnen, daß die EUROPA bereits am 15. August 1928 vom Stapel zu laufen vermochte. Alles sprach dafür, daß der Ablieferungstermin am 1. April 1929 eingehalten werden konnte. Aber während der Ausrüstung der EUROPA brach abermals ein allgemeiner Werftarbeiterstreik aus.

Seit Einführung der neuen, harten Rentenmark-Währung war jedes halbe Jahr von den Gewerkschaften erneut wegen einer Lohnerhöhung verhandelt worden. Den regelmäßigen Lohnerhöhungen folgten im Gleichtakt weitere Verkürzungen der Arbeitszeiten, leider aber auch ebenso synchron entsprechende Erhöhungen sämtlicher Preise. Diese Schraube ohne Ende brachte im Endeffekt niemandem etwas ein. Tatsächlich waren die meisten Facharbeiter längst streikmüde geworden. Ohne sonderliche Begeisterung traten sie vom Oktober 1928 bis Januar 1929 in den Ausstand. Und nun wurde von Betriebsmeistern, Meistern, Untermeistern, Vorarbeitern und Lehrlingen allein an der EUROPA weitergearbeitet. Aber damit ließ sich eine rund vierteljährige Ablieferungsverspätung auch nicht mehr aufhalten.

Im März 1929 war die EUROPA endlich zu drei Vierteln fertiggestellt. Ein großer Teil der Decksbeläge aus Teakholz und Korkolit befand sich schon an Bord, der Ausbau der Kammern war bis zum A-Deck fortgeschritten, die Fenster im Unterschiff waren fertig eingebaut und die Wasserleitungen sowie Kabelstränge installiert. In den Sälen und Treppenhäusern der I. Klasse hatte man die Blindhölzer angebracht, außerdem wurde mit der Montage der Decken in den unteren Räumen begonnen. Das war jener Augenblick, wo die Säle notgedrungen mit hölzernen Montagegerüsten vollgepfercht sein mußten.

Die EUROPA, die auch bereits ihre Hauptmaschinen, die wichtigsten Hilfsanlagen, die Notstation, die Deckhilfsmaschinen und die Bootsaussetzvorrichtungen erhalten hatte, lag damals unter dem 250-Tonnen-Kran am Steinwerder Ufer vertäut — mit dem Bug nach Ost, also mit der Backbordseite am Kai.

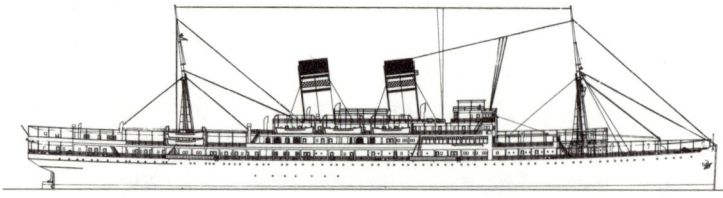

Bau-Nr. 481: Fracht- und Fahrgast-Turbinenschiff WATUSSI, 9552 BRT, 7485 tdw, 4200 PS, 13,5 kn, Deutsche Ost-Afrika-Linie, Hamburg.

In der Nacht vom 25. zum 26. März 1929 wehte ein leichter Wind aus Westen. An Bord befand sich nur die Brandwache der Werftfeuerwehr, die ständig ihre Runden durch das Schiff zu unternehmen und zu bestimmten Zeiten Kontrolluhren zu stecken hatten.

Kurz nach drei Uhr morgens wurde von dem Kontrollposten an der mittleren Gangway, bei der Pforte auf dem D-Deck, Brandgeruch, bald auch aufsteigender Rauch bemerkt. Irgendwo im Bereich der Spanten 122 bis 148 war aus nie eindeutig geklärten Gründen Feuer ausgebrochen. Der Kontrollposten reagierte sofort und betätigte den Feuermelder. Die alarmierte Werftfeuerwehr rückte unverzüglich an und brachte ihre Strahlrohre in Stellung. Aber sie mußte bald feststellen, daß sich der Brand durch die mit hölzernen Hängestellagen ausgefüllten Stewardaufzüge rasch in die darüberliegenden Decks ausbreitete. Mit zunehmender Wärmeentwicklung und unter Einwirkung des Westwindes entstand in den Längsgängen eine äußerst starke Zugwirkung, die auch eine weitere Brandausweitung nach vorn begünstigte. Die Feuerwehrmänner von Blohm & Voss verhinderten aber durch taktisch richtigen Einsatz lange Zeit den Übertritt der Flammen auf den Vorplatz beim Haupteingang hinter dem Speisesaal auf dem D-Deck.

Sofort hatte man auch den damaligen Zug 8 der Berufsfeuerwehr alarmiert, der unter Baurat Dr. Schubert vom nahen Reiherdamm aus anrückte. Gleich beim Eintreffen auf der Werft erkannte Schubert die Gefahr und gab Großalarm, verbunden mit der Weisung, die Brandbekämpfung auch vom Wasser her vorzunehmen. Im Handumdrehen waren vier Züge und drei Spritzendampfer, bald fünf weitere Löschzüge, ebenfalls von fünf Spritzendampfern und einem Feuerlöschboot unterstützt, zur Stelle. Werft- und Berufsfeuerwehr warfen pro Minute etwa 45000 Liter Wasser ins Schiff, das mit zwangsläufig noch offenen Schotten und noch nicht abgetrennten Treppenhäusern sowie Fahrstuhlschächten unglücklicherweise genau in Windrichtung lag. Der Ozeanriese brannte schließlich vom vorderen Mast bis zur Hälfte der Entfernung zwischen achteren Mast und zweitem Schornstein in ganzer Ausdehnung. Es wurde ein schwerer, verzweifelter Kampf der Feuerwehrmänner, die mit stärksten Kräften vom Heck aus in sämtlichen Decks gleichzeitig angriffen. Sie konnten mit dem Wind ihre Löschangriffe zügig und erfolgreich vortragen. Zudem mußte aber auch unbedingt versucht werden, vom Bug her — und damit dem Wind und den heißen Brandgasen entgegen — vorzudringen und Stellung zu fassen. Es galt, die Wasserzange um den brennenden Mittschiffsbereich zu schließen. 350 Feuerwehrmänner löschten schließlich gleichzeitig mit 65 Rohren. Zuletzt erhöhte sich die Löschwassermenge im Schiff auf 60 Kubikmeter pro Minute. Unter dem Einfluß dieser gewaltigen Last, die nicht schnell genug in die unteren Decks abfließen konnte, wurde die EUROPA unweigerlich topplastig. Sie neigte sich mit 14,5 Grad Schlagseite der dem Kai abgewandten Seite zu. Die Schwimmstabilität war weitgehend aufgehoben. Noch hielten zwar die gefährlich strammen Festmachdrähte und lag das Schiff mit der Steuerbordkimm auf Grund. Bei eintretendem Morgenhochwasser drohte jedoch Kentergefahr. Schweren Herzens mußte Hamburgs Oberbranddirektor Dr. Sander gegen 10 Uhr morgens das Rückzugssignal pfeifen lassen: Alle Mann aus dem Schiff!

Jetzt erst räumte auch die Werftfeuerwehr ihre so lange erfolgreich verteidigte Stellung auf dem D-Deck. Daraufhin gelangten die Flammen auch hier nach vorn und nach oben in den Speisesaal.

Zwei Stunden lang wurde fieberhaft daran gearbeitet, den immer stärker brennenden Neubau durch Auffüllen der Doppelbodenzellen mit Hilfe zweier durch die Backbord-Ölübernahmepforte eingebrachte großkalibrige A-Schläuche zu fluten. Aber das genügte noch nicht: Unbedingt mußten auch die Bodenventile geöffnet werden. Um das zu vollbringen, ließ sich der Betriebsingenieur Franz Küntzel mit einem Kübel am Kranseil in das brennende Schiff hineinheben. Das Öffnen der Ventile gelang. Zuletzt wurde dadurch der Tiefgang so groß, daß das Wasser auch durch die offenen Steuerbord-Ölübernahmepforten ins Schiff eindringen konnte.

Kaum lag das geflutete Schiff fest und damit ohne Kentergefahr auf Grund, ging die Werftfeuerwehr gemeinsam mit den neun Löschzügen der Berufsfeuerwehr erneut an Bord. Erst um 19 Uhr abends konnte die Gewalt des Riesenfeuers gebrochen werden.

Der spektakulärste Schiffsbrand im Hamburger Hafen lieferte Schlagzeilen. Und niemand, der die weitgehend verbrannte und ausgeglühte EUROPA auf den Katastrophenfotos betrachtete, gab noch einen Heller für dieses Schiff. Durch das notwendig gewordene Fluten der Unterräume waren zuletzt auch die empfindlichen Turbinen-, Kessel- und E-Anlagen schwer beschädigt worden. Und auch dort, wo die Flammen das Schiff nicht angegriffen hatten, waren die Hölzer und viele andere wasseraufnehmende Stoffe durch Quellen unbrauchbar geworden. Selbst die Korkisolierung der Turbinen- und Kesselschächte war verkohlt. Alle Glasscheiben der Bullaugen waren zersprungen, die Alabasterglasplatten der Kabinen-Waschtische geschmolzen. Die Raumtemperatur muß demnach bei 700 Grad Celsius gelegen haben.

Es ließ sich nicht leugnen: Die EUROPA war nur noch ein auf Grund liegender Schrotthaufen. Aber die Bauwerft ließ sich nicht entmutigen. Sie bereitete unverzüglich die Hebung des Wracks vor. Taucher dichteten alle unter Wasser liegenden Seitenfenster und Öffnungen ab; man verholte das erst 1926 gebaute Schwimmdock VII zur Abstützung längsseits und senkte es dort auf

Grund ab. Mit angebrachten stählernen Knien entlang der Bordwand der EUROPA wurden Auflagepunkte gegen das Dock geschaffen. Um aber auch Krängungen der EUROPA nach der Landseite zu begegnen, wurden auf den Dockseitenkästen zehn hohe Konsolen aufgesetzt, die mit Stahltrossen das Abheben des Docks von den Auflageknien verhindern sollten.

Einige Tage vor der Hebung war das Wasser im Schiffsinnern bis unter das D-Deck abgesenkt. Man ließ nur etwa 40 000 t Wasser im Schiff, die es bei Hochwasser sicher am Grund hielten. Bei der Hebung mußten die inzwischen installierten Pumpen zwischen Hoch- und Niedrigwasser weitere 13 000 t Wasser lenzen und dann das Schiff durch fortgesetztes Pumpen bald nach Niedrigwasser mit der einsetzenden Flut zum Aufschwimmen bringen. Dabei war streng darauf zu achten, daß Schiff und Schwimmdock im gleichen Tempo angehoben wurden.

Am 10. April 1929 morgens war das Wagnis der EUROPA-Hebung gelungen, deren Leitung in den Händen von Diplom-Ingenieur Franz Küntzel gelegen hatte. Küntzel wurde in Anerkennung dieser Leistung zum Oberingenieur ernannt.

Die Wiederherstellung des schwerbeschädigten Schiffes wurde zum Bravourstück. Sie war bereits am 27. März 1929 beschlossen worden, also unmittelbar am Tage nach dem Brand! Und gleich dabei wurde eilig bei den Hüttenwerken 8000 t Stahl bestellt, darunter 2500 t hochfestes Plattenmaterial. Anschließend wurden 7100 t Bleche und Formstähle, 100 t Blei, 42 t Messing und Rotguß und unzählige Tonnen beschädigtes Kupfer, Decksholz, Kabel- und Sperrplattenmaterial aus dem Schiff herausgerissen.

Am 14. April 1929 wurde das einschließlich einer aus Ballastgründen notwendigen Restmenge von 3800 t Wasser insgesamt 41 500 t schwere Wrack von den zusammengekoppelten Schwimmdocks V und VI angehoben. Ein Monat später war im Dock der Abbruch von zunächst 6700 t Stahlmaterial vollbracht. Während dieser Teilabwrackung mußte zur Überwachung der Schiffsverformung

Diese Skizze veranschaulicht die Hebung der EUROPA mit Hilfe des stützenden Schwimmdocks.

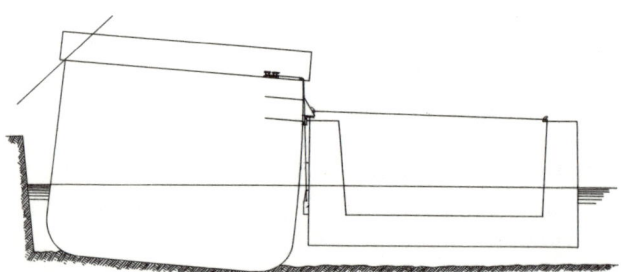

eine besondere Peilvorrichtung angebracht werden: Mit fünf langen Loten wurde immer wieder nachgeprüft, ob etwa eine Verdrehung (Tordierung) des Vorschiffes gegen das Hinterschiff eingetreten war. Und nachdem der Kiel durch bestimmte Pumpmaßnahmen wieder gerade ausgerichtet war, wurden im Bereich der Kimm an beiden Schiffsseiten insgesamt zwölf senkrechte Visierlatten so gestaffelt angebracht, daß sie mit einem Peilfernrohr auf der Docksohle beiderseits vom Hinterschiff aus überwacht werden konnten. Mit Rücksicht auf die Sonneneinstrahlung mußten diese Visierlatten bisweilen mehrmals täglich abgelesen werden, um etwaiges Durchbiegen beim Ab- und schließlich beim Wiederaufbau der EUROPA lückenlos zu prüfen. Und sobald etwas »wrong« war, konnte man solchem Durchbiegen notfalls durch entsprechende Pumpmaßnahmen mit dem Dock begegnen.

Außer dieser Bodenpeilvorrichtung wurde eine ähnliche Visieranlage über den oberen Decks angebracht und nach der unteren Peilvorrichtung geeicht. Auf diese Weise besaß man später beim Fluten des Docks eine geeignete Durchbiegungskontrolle auch über dem Wasser. Sie ist bis zu den Probefahrten benutzt worden und hat nachher bei den Durchbiegungsmessungen mit verschiedenen Beladungen wie auch bei Kontrollmessungen im Seegang wertvolle Dienste geleistet.

Nach dem Brande hatte man festgestellt, daß die EUROPA durchgebogen war. Vor- und Achterschiff hingen gegenüber der Schiffsmitte bis zu 19 Zentimetern durch! Die Durchbiegung mußte bei der Reparatur des Schiffes wieder ausgebracht werden. Das aber wurde durch Hitzeverbeulungen in den unteren Decks erschwert, die ebenfalls durch Einziehen neuer Konstruktionsteile beseitigt werden mußten. Dennoch konnte die EUROPA am 14. Juli 1929, nach nur dreimonatiger Dockzeit, wieder zu Wasser gebracht werden. Die Werftleitung honorierte auch diese vorzügliche Leistung auf besondere Weise. Sie ernannte den für die Wiederherstellung des Schiffes verantwortlichen Diplom-Ingenieur Carl Jacob zum Oberingenieur und den Schiffbaumeister Ernst Weiss zum Obermeister.

In diesem Vierteljahr und im darauffolgenden Halbjahr gaben auch alle anderen Gewerke ihr Bestes, um die EUROPA nun zur Frühjahrsreisezeit 1930 fertigzustellen. Das war für jeden Mitarbeiter von Blohm & Voss inzwischen zur Ehrensache geworden, obwohl auch noch die am 20. 2. 1929 vom Stapel gelaufene MILWAUKEE, 16699 BRT, termingerecht fertigzustellen war. Sie wurde übrigens als erstes Fahrgastschiff mit (vier) doppeltwirkenden Zweitaktern ausgerüstet. Das anfänglich im Nordamerika-Liniendienst eingesetzte Schiff erhielt bald weißen

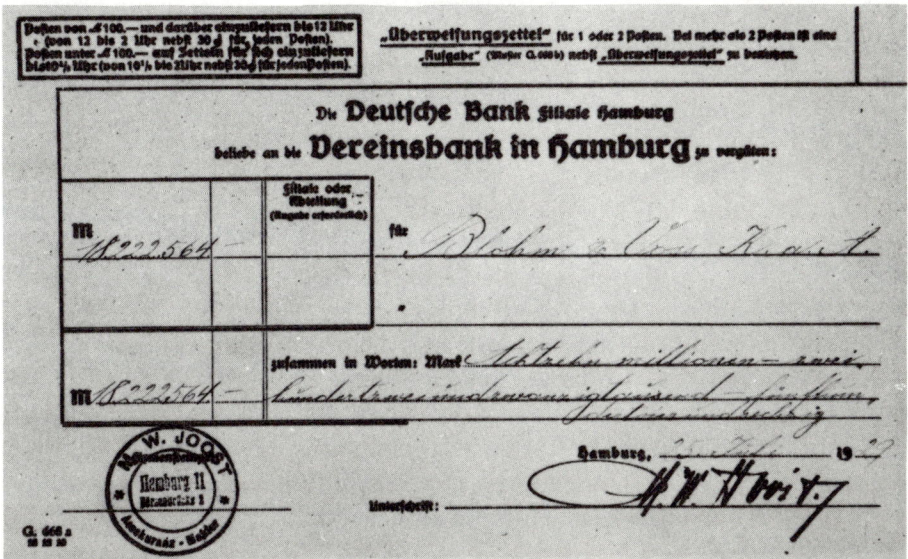

Original-Anweisung der Versicherungssumme nach dem Brandschaden der EUROPA an die Maklerfirma M. W. Joost, die jahrzehntelang die Versicherungen von Blohm & Voss besorgte. Es war der größte je von dieser Firma regulierte Schaden.

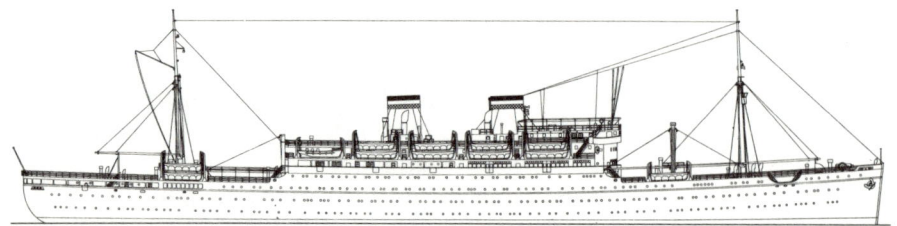

Anstrich und wurde nach Einbau eines »Kur-
und Sportbades« ein besonders beliebtes Kreuzfahrtenschiff und Kurschiff.

Mitte Januar konnten die EUROPA-Propeller
im Schwimmdock angebracht und noch am
gleichen Tage die Maschinenstandproben vorgenommen werden. Am 22. Februar legte das Schiff
zu den ersten Fahrterprobungen in der Nordsee ab
— rund siebeneinhalb Monate später als ursprünglich vorgesehen. Damit war nicht nur die sieben-
monatige Ausrüstungszeit zwischen Stapellauf
und Brand wieder aufgeholt, sondern darüber hinaus waren der Ab- und der Neuaufbau vollzogen
worden. Am 24. Februar legte die EUROPA erstmals an ihrem künftigen Stammliegeplatz Co-
lumbuskaje in Bremerhaven an und wurde wenig
später auf der Abnahmeprobefahrt an den Norddeutschen Lloyd übergeben. Gleich auf der am
19. März 1930 angetretenen Jungfernreise nach
New York entriß der Neubau seinem bereits vorher in Fahrt gekommenen Schwesterschiff BRE-
MEN das »Blaue Band«. Die New Yorker waren
aus dem Häuschen.

Die neue Rekordinhaberin EUROPA wurde von
den begeisterten New Yorkern volksfestartig gefeiert. Sie hatte auf der »Regattastrecke« zwischen den Scilly Rocks und dem AMBROSE-Feuer-
schiff — trotz teilweise stürmischem Wetter — in
nur vier Tagen, siebzehn Stunden und sechs Minuten mit einer Durchschnittsgeschwindigkeit
von 27,91 Knoten den Atlantik überquert.

Was aber keiner von den jubelnden New Yorkern
wissen konnte und durfte, war die Tatsache, daß
die EUROPA auf Anweisung der Reederei die letzte Nacht hindurch nur mit halber Kraft gefahren
worden war, weil die vorgelegte Zeit mit Rücksicht
auf die BREMEN nicht allzu ungünstig sein durfte.
Es hatte Public-Relations-Gründe, daß man später der BREMEN die Gelegenheit geben wollte,
der EUROPA das »Blaue Band« spektakulär wieder
zu entreißen.

Sie wurde entsprechend »frisiert« und machte
mit mehr als 28 Knoten Durchschnittsfahrt abermals Schlagzeilen — das aber lief die EUROPA
in Wirklichkeit auch. Sie hatte mit 120 000 PS Nor-
malleistung die stärkeren Maschinen und war
bei der Probefahrt bei vollausgelegter Maximalleistung von 136 400 PS mit 28,91 Knoten über die
Meßstrecke gegangen!

Der Trick einer erneuten Regatta der beiden
Schwesterschiffe gegeneinander machte die beiden Schnelldampfer auch in der Neuen Welt noch
weiter populär. Allzu gern strömte die internationale Prominenz auf die beiden deutschen Schiffe.
Von Henry Ford bis Rockefeller, von den Vander-
bilts bis zu Ivar Kreuger, Benjamino Gigli, Emil
Jannings oder Max Schmeling empfanden es alle
Berühmtheiten dieser Zeit als besondere Ehre, mit
einem der legendären Ozeanrenner zu reisen und
mit ihren international bekannten Kapitänen — sie
standen im Range eines Kommodore — am Cap-
tains Table sitzen zu dürfen. »Und die Schiffe
hatten selbst dann noch ein ›ein volles Haus‹, als
sich die Weltwirtschaftskrise auszubreiten begann und die Schornsteine zahlreicher Frachter
schon längst nicht mehr rauchten« (Fritz Brustat-
Naval).

Grenzte es schon an ein Wunder, daß es gelungen war, mit der
durch die Brandkatastrophe fast zerstörten und wieder repa-
rierten EUROPA das »Blaue Band« zu erringen, so, bietet auch
der weitere Lebensweg des Schiffes Rückschlüsse auf dessen
solide Bauweise: Die EUROPA blieb rund 32 Jahre im Dienst.
1945 transportierte sie zunächst amerikanische Truppen in die
Neue Welt zurück, bevor sie endgültig als Kriegsbeute Frankreich
zugesprochen und als LIBERTÉ von der Compagnie Generale
Transatlantique im Liniendienst Le Havre-New York eingesetzt
wurde. Das mit einem Aufwand von 20 Millionen Dollar renovierte
Schiff überstand ein Absacken nach Kollision mit einem Unterwasserhindernis, eine abermalige Hebung sowie einen weiteren
Großbrand, ehe es am 12. August 1950 auf seiner zweiten Jungfernreise mit »Großem Bahnhof« in New York empfangen wurde.
Elf Jahre lang war die LIBERTÉ beliebtes Flaggschiff der französischen Handelsflotte und Publikums-Favorit im Nordatlantik-
verkehr. Erst der Neubau FRANCE hat die LIBERTÉ ex EUROPA
schließlich vom Nordatlantik verdrängt. Im März 1962 begannen
die Schneidbrenner einer italienischen Abwrackfirma in La Spezia
ihr Zerstörungswerk.

Die SAVARONA suchte ihresgleichen

Während seinerzeit die EUROPA ihre ersten Erprobungen in der Nordsee durchführte, unternahm Schnelldampfer COLUMBUS des Norddeutschen Lloyd — Deutschlands drittgrößtes Handelsschiff zwischen den Kriegen — seine erste Nordamerikareise nach dem Totalumbau bei Blohm & Voss. Die von der Danziger Schichau-Werft 1924 fertiggestellte COLUMBUS war noch mit Kolbendampfmaschinen in Fahrt gebracht worden. 1927 war ihre Steuerbordschraube auf dem freien Nordatlantik gegen ein unbekanntes Unterwasserhindernis gestoßen. Dabei brach der Propeller ab, die Maschine drehte durch und wurde zerstört. Das Schiff beendete die Reise mit der Backbordschraube und erhielt zunächst provisorisch eine kleinere Kolbendampfmaschine vom Frachter SCHWABEN eingebaut. Mit ungleichen Maschinen, 15000 PS auf der einen Welle und 6000 PS auf der anderen, fuhr COLUMBUS so lange weiter, bis die Maschinenfabrik Blohm & Voss zwei Sätze von je vier Turbinen und drei zusätzliche Wasserrohrkessel sowie fünf Dieselgeneratoren hergestellt und einbaufertig gemacht hatte. Dann verholte das Schiff an die Werft. Es erhielt eine völlig neue Maschinenanlage, die mit ihren 36000 PS 21,5 Knoten herausholen konnte. Mehr Geschwindigkeit war beim besten Willen nicht zu erzielen, denn COLUMBUS war schon 1914 begonnen worden und hatte noch keinen hydrodynamisch günstigen »Schnelldampferschnitt«. Wohl aber wurde bei der dreimonatigen Werftliegezeit die äußere Silhouette modernisiert und weitgehend der von EUROPA und BREMEN angeglichen. Im »New Look« trat das Schiff wenig später eine Weltreise an.

1930 wagte sich B & V beim Neubau UCKERMARK erstmals im Handelsschiffbau an die Verwendung eines Hochdruckkessels heran. In den Frachter wurde ein Bensonkessel eingebaut, der sozusagen nur noch aus Wasserrohren bestand und bei ebenso geringem Gewicht wie Platzbedarf einen Betriebsdruck von 100 atü möglich machte. Durch Vermeiden unwirksamer Ecken und Flächen und eine Gasströmung quer zu den Wasserrohren wurde eine optimale Nutzung der Feuergase bewirkt. Bensonkessel waren hochgezüchtete Ge-

bilde, die einen Wirkungsgrad von 90% erreichten. Ihre Flächengröße betrug dabei aber nur noch ein Achtel von jener, die für einen Flammrohrkessel der Jahrhundertwende notwendig gewesen war.

Die alten Flammrohrkessel mit ihren 15 atü Betriebsdruck und 200° Celsius Dampftemperatur waren seinerzeit gang und gäbe, als die Kesselschmiede von Blohm & Voss ihren Betrieb aufnahm. Es waren narrensichere Ungetüme von enormem Gewicht, zu dem auch noch das Gewicht der darin enthaltenen großen Speisewassermenge zu addieren war.

Als die Schnelldampfer VATERLAND und BISMARCK 1910 auf den Reißbrettern entstanden, ging man zu wesentlich kleineren und leichteren Wasserrohrkesseln über, die allerdings noch für Kohlefeuerung konstruiert worden sind. Man hat erst später auf Ölfeuerung umgestellt. EUROPA und die modernisierte COLUMBUS erhielten ölgefeuerte Wasserrohrkessel mit wesentlich höherem Druck, Überhitzer und größerer Heizfläche. Sie waren bereits eine neue Generation Wasserrohrkessel. Die UCKERMARK aber, mit dem ersten auf Steinwerder gebauten Bensonkessel, wurde richtungweisend für die dreißiger und vierziger Jahre. Solche Kessel machten nur noch zehn Kilogramm Kesselgewicht für eine Pferdestärke notwendig, während damals bei den Flammrohrkesseln noch 80 kg für dieselbe Leistungseinheit herhalten mußten.

Die Bensonkessel waren eine englische Erfindung, für welche die Siemens-Schuckert-Werke eine Deutschland-Lizenz erworben hatten. Die Maschinenfabrik von Blohm & Voss arbeitete bei der Entwicklung der UCKERMARK-Anlage und deren Erprobung jahrelang eng mit Siemens-Schuckert zusammen. Die UCKERMARK bewährte sich gut.

Es ergaben sich interessante Leistungsvergleiche dadurch, daß ihre 1929/30 in Dienst gestellten Schwesterschiffe ERLANGEN (Lloyd) und KURmark (HAPAG) mit herkömmlichen Wasserrohrkesseln fuhren. Sie waren zusammen mit dem ebenfalls 1929 abgelieferten Lloyd-Turbinenfrachter GOSLAR die letzten deutschen Neubau-

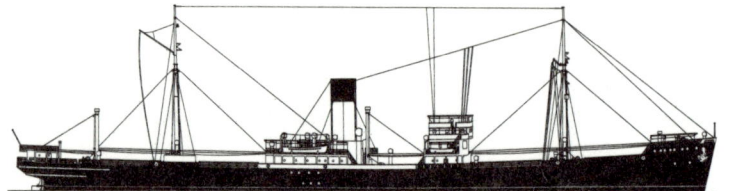

Bau-Nr. 485: Turbinen-Frachtschiff GOSLAR, 6040 BRT, 9750 tdw, 9800 PS, 13 kn, Norddeutscher Lloyd, Bremen (mit Schornsteinfarben der Tochtergesellschaft Roland-Linie).

aufträge, bevor die Weltwirtschaftskrise sich voll auch im Auftragsbuch der Werft bemerkbar machte.

Diese Krise blieb dem greisen Werftgründer Dr.-Ing. e.h. Hermann Blohm* persönlich erspart. Er hatte gerade noch miterlebt, wie die EUROPA nach Bremerhaven überführt wurde, ehe er am 12. März 1930 nach dreiwöchigem Krankenlager verstarb. Über 50 Jahre lang hatte er an der Spitze seines Weltunternehmens gestanden und mit seinen vorausschauenden Maßnahmen immer rechtzeitig für dessen neuen, großen Zuschnitt gesorgt.

Bei der Trauerfeier für diesen Pionier einer deutschen Schiffbau-Industrie sagte Hauptpastor Dubbels: »Er sah immer nach vorn; da vorn war sein Ziel. Es galt ein Werk in die werdende Zeit hineinzustellen, das mit dieser Zeit wuchs. Die Ausmaße seines Werkes, wie sie heute sind, konnte er nicht ahnen, aber er wußte mehr, nämlich das, daß sein Werk und sein Leben eins sein müßten... Er war hingerissen von der großen Leidenschaft zu seiner Arbeit. Und so ist er über die Jahrzehnte hingegangen und gab hin, was er hatte... Sein größtes Glück ist es daher gewesen, daß er erleben durfte', wie seine Söhne von dem gleichen Holze waren und sich bemühten, es ihm gleichzutun in diesem Verlieren ihrer selbst an das große Werk.«

Wenige Tage nach dem Tod des Seniors nahm der eine Junior, Rud. Blohm, an der Jungfernfahrt der EUROPA teil, die mit der Erringung des »Blauen Bandes« abschloß. Bei dieser Gelegenheit besuchte er drüben in New York seinen Vertragspartner William Francis Gibbs, Teilhaber des international bekannten Schiffbaukonstruktionsbüros Gibbs & Cox. Auch nahm er mit dem amerikanischen Multimillionärs-Ehepaar Cadwalader erstmalig persönlichen Kontakt auf.

Ausgerechnet am Heiligen Abend des Vorjahres 1929 hatte Blohm nämlich von der amerikanischen Konstruktionsfirma telefonisch (!) aus New York den eigenartigsten aller Aufträge in der Werftgeschichte erhalten: Ungeachtet der bereits in vollem Umfange spürbaren Wirtschaftskrise wurde 1930 bei Blohm & Voss die größte jemals gebaute Privatjacht für das kinderlose Ehepaar Cadwalader auf Kiel gelegt. Dieses 4581 BRT(!) große Doppelschrauben-Turbinenschiff war dafür gedacht, gelegentliche Weltreisen des Ehepaares Cadwalader zu unternehmen oder irgendwo »zum Angelsport vor Anker« zu liegen! Die endgültige Auftragserteilung und -spezifikation für die Jacht ging per Transatlantikkabel-Telegramm vor sich. Rud. Blohm beschreibt Frau Emily Cadwalader als eine »bemerkenswerte Frau«. Sie war die Enkelin des Erbauers der Brooklyn Bridge über den East River von New York — des deutschen Ingenieurs Roebling. Cadwaladers, bei denen der Ehemann bei allen Verhandlungen stark in den Hintergrund trat, besaßen bedeutende Anteile an den Werken der American Steel & Wire Trust Company. Die überall sichtbaren warnenden Anzeichen der Wirtschaftskrise kommentierte Frau Emily lakonisch mit den Worten »Keep it going«. Und so wurde die Luxusdampfjacht SAVARONA gebaut. Bei der Kiellegung drückte Mrs. Cadwalader symbolisch die erste hydraulische Niete in die bereitliegenden Platten für das Kielstück. Später plante die steinreiche Amerikanerin eine Natronkur in Bad Ems. Sie fragte in treuherziger Naivität, ob sie eventuell mit der SAVARONA nach Bad Ems fahren und dort ankern könne!

Aber ungeachtet ihres Mangels an geographischen Kenntnissen besaß die kultivierte Auftrag-

---

* Er war u. a. Vorsitzender der Berufsvereine des deutschen Schiffbaues, Mitbegründer und Vorsitzender der Hamburgischen Schiffbau-Versuchsanstalt, Gründer des Verbandes der Eisen-Industrie und des Arbeitgeberverbandes Hamburg-Altona.

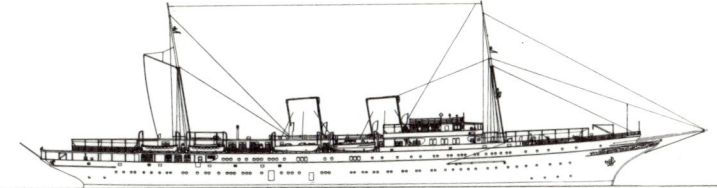

Bau-Nr. 490: Doppelschrauben-Turbinendampf-jacht SAVARONA, 4581 BRT, 7200 PS, 17 kn, Eigner Ehepaar Cadwalader, New York (heute türkische Staatsjacht und Kadettenschulschiff).

geberin einen erlesenen Geschmack. Sie bewies das mit der Innenarchitektur ihres mit 20 Fahrgastkabinen ausgestatteten weißen Traumschiffes, die bis zum letzten Gobelin, Seidensessel und Gemälde die Handschrift von niemand anderem als von Emily Cadwalader trug.

Die Salons der SAVARONA wurden mit Möbeln ausgetischlert, die genau den Möbeln in berühmten französischen Schlössern nachgebaut werden mußten. Sogar die Schrammen auf den Originalen waren genau zu kopieren! Es würde sich in der Tat lohnen, einen ganzen Bildband über die 105 Meter lange Dampfjacht SAVARONA herauszugeben.

Bei der SAVARONA (Bau-Nr. 490) wurden die Decksplatten eigens nach unten durchgekröpft, damit das Eisendeck vollkommen glatt wurde. Aus den Decksbalken wurde die durchgekröpfte »Landung« weggebrannt. Die kleinen Zwischenräume schweißte man elektrisch zu. Das Turbinengetriebe mußte laut Auflage völlig geräuschlos laufen. Das Schiff wurde mit Sperry-Stabilisierungs-Kreisel und außerdem mit Frahm'schen Antischlingertanks ausgerüstet. Die Wasserrohrkessel mußten vom gleichen Typ sein wie bei der EUROPA... Die Geschwindigkeit sollte etwa 18 Knoten betragen, die Maschinenanlage 7200 PS leisten.

Als Bauaufsicht erschien der vormalige Marineoffizier Captain Joyce auf Steinwerder, der mit seiner Pedanterie bald auch dem letzten Vorarbeiter auf die Nerven fiel. Und doch bekannte Rud. Blohm später, daß man diesem Pedanten durchaus auch einige Neuerungen zu verdanken hatte. So erreichte Joyce mit seinem Antigeräuschfimmel die erstmalige Verwendung von feinem, weichgemahlenem Glas anstelle irgendwelcher Schmirgelmittel zum Fein-Einschleifen des Turbinengetriebes. Und es gelang tatsächlich ein lautloses Arbeiten der Zahnräder!

Auf der anderen Seite kann man es Rud. Blohm nicht verdenken, daß er einmal zornig unter die abermals abgeänderte Bauvorschrift der SAVARONA kritzelte: »Do not want to tell us how to build a ship!«

Und am 27. September protokollierte man auf Steinwerder: »Heute wurden Capt. Joyce eingehend und anhand einzelner Vorkommnisse und Beispiele die Bedenken auseinandergesetzt, die wir bei dem augenblicklichen Stande der Anfertigung und Genehmigung der Zeichnungen hinsichtlich rechtzeitiger Lieferung des Schiffes haben...«

Die Doppelschrauben-Dampfjacht SAVARONA war am 28. Februar 1931 vom Stapel gelaufen. Als sie ins Stadium der Ausrüstung trat, wuchs das perfektionierteste Lustfahrzeug heran, das wohl irgend jemand je gesehen hatte. Sogar die automatischen Eierkocher konnten wahlweise elektrisch oder mit Hilfsdampf aus dem Maschinenraum betätigt werden! Es fehlte zuletzt weder die Salutkanone samt Munition für wichtige Ehrengäste noch die Müllverbrennungsanlage im Shelterdeck oder eine doppelte Sonderanfertigung der Signalflaggen »Eigner nimmt gegenwärtig seine Mahlzeit ein«.

Die »Restpunktliste« mit den letzten Beanstandungen während der Werftprobefahrt liest sich wie der Wunschzettel eines heutigen Ölscheichs: Es fehlte noch der Walzgoldbelag für den Handtuchhalter im Eignerbad. Auf einer Tischlampe wurden zwei vergoldete Zierrosen vermißt — und das Gehäuse von einem der Kabinentelefone benötigte einen verbesserten Goldbronzebelag.

Am 14. Juli 1931 gaben die Cadwaladers an Bord ihres Schiffes einen »Tee«, zu dem die Crème der Hamburger Gesellschaft eingeladen wurde.

Es mag die extravagante Emily Cadwalader gewurmt haben, daß sie an der Abnahmeprobefahrt »ihres« Schiffes, das sie sich seinerzeit zu Weihnachten gewünscht hatte, nicht teilnehmen durfte. Aber in diesem Punkte war Blohm & Voss unerbittlich. Man hielt eisern an dem alten, vom Aberglauben (»Unnerröck an Burd, dat gift blot Malheur!«) herrührenden Grundsatz fest, daß weibliche Wesen nicht an einer Probefahrt teilnehmen dürfen. So harrte Emily Cadwalader, die sich in dieses Schicksal hatte ergeben müssen, auf dem Süllberg von Blankenese der Rückkunft ihres Traumschiffes. Ihr an Bord befindlicher Gatte hatte jedoch den Schalk im Nacken. Er jagte seiner »besseren Hälfte« einen gehörigen Schrecken ein und sorgte zugleich in Blankenese für eine gewaltige Sensation, indem er den Sperry-Kreisel einschaltete. Mit dieser damals neuartigen aktiven Schlingerdämpfungsanlage konnte man nicht nur Seegangseinflüsse eliminieren, sondern umgekehrt auch bei ruhiger See das Schiff zum Schlingern bringen. Am Elbufer kriegte jedermann Stielaugen: Das hatte wirklich noch niemand gesehen, daß auf dem ruhigem Wasser der Elbe ein Schiff von mehreren tausend Tonnen Größe angeschlingert kam als führe es bei Sturm über die Nordsee!

Und nach der Abnahmeprobefahrt steuerte SAVARONA zunächst »zur Einübung des 95köpfigen (!) Personals und zur Gewöhnung der Eigner an das Schiff« zweimal die Nordsee an.

Anschließend lief die Jacht zu einer Ostseekreuzfahrt und zu einer Norwegenreise aus. In Zoppot erlitt die Freude am Besitz des Schiffes einen ersten Dämpfer, weil der Türhüter im Spielkasino dem Ehepaar Cadwalader ohne Gesellschaftskleidung den Eintritt verwehrte — nicht ahnend, daß er damit die Besitzer der teuersten Jacht der Welt gekränkt hatte.

Im Winter 1931/32 verlegte die SAVARONA ins Karibische Meer, wo sie unter Kapitän Fish noch kurze Fahrten unternahm. Zuletzt dampfte die elegante Jacht — an Freunde des Eignerpaares ausgeliehen — auf eine Südamerika-Kreuzfahrt. Cadwaladers selbst sind nachher nie mehr mit dem Schiff gefahren. In ihre Besitzerfreude fiel bald ein bitterer Wermutstropfen. Die amerikanischen Behörden teilten ihnen mit, daß die Jacht nicht in die Vereinigten Staaten eingeführt werden dürfe — es sei denn, daß Zoll in Höhe von 30 % des Neubauwertes gezahlt würde.

Daraufhin wurde die SAVARONA nach Hamburg zurückbeordert und dort mit reduzierter Besatzung aufgelegt. Ihre Eigner wurden bald ebenfalls von der finanziellen Krise erfaßt und verzichteten auf die weitere Benutzung des Schiffes, das jahrelang bei Blohm & Voss herumlag und nur einmal kurzfristig zu Filmaufnahmen verchartert werden konnte. Im Jahre 1936 gelang es endlich, das Luxusschiff an die Türkei zu verkaufen. Es wurde dort als Jacht für den damaligen Staatspräsidenten Kemal Atatürk benutzt, der aber wenig seinerzeit verstarb.

Die mittlerweile 46 Jahre alte SAVARONA ist heute noch in Fahrt. Sie dient 140 Seekadetten der türkischen Marine als Schulschiff. In den 50er Jahren besuchte das Schiff Hamburg und 1976 die Marineschule Flensburg-Mürwik. Und noch immer sind in den nicht benutzten Gesellschaftsräumen keine Veränderungen zu bemerken. Die seinerzeit meterweise aus Büchern mit goldverzierten Rücken zusammengestellte Bibliothek ist völlig unberührt. Auch der Hals der Tauf-Sektflasche, die einst Rud. Blohms Frau Gertrud am Bug der SAVARONA zerschellt hatte, hängt noch immer an seinem Platz. Und die »wunderbaren Wandschränke aus Zedernholz im Schlafzimmer der Eignerin, so groß, daß man in ihnen spazierengehen konnte«, riechen noch genausogut wie bei der Ablieferung.

So ungewöhnlich der Bauauftrag seinerzeit mitten in der Weltwirtschaftskrise auch war — er sicherte Blohm & Voss ein Mindestmaß von Beschäftigung.

141

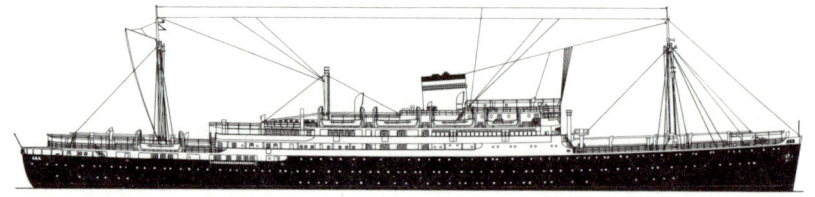

Bau-Nr. 493: Doppelschrauben-Fracht-
und Fahrgast-Motorschiff CARIBIA,
12 049 BRT, 8460 tdw, 11 000 PS, 16,5 kn,
Hamburg-Amerika Linie.

Seit Ablieferung der beiden 1930 vom Stapel gelaufenen Fahrgastschiffe MONTE PASCOAL und MONTE ROSA und dem Bau zweier von den schwedischen Götaverken bestellten Rümpfe der Tankmotorschiffe KAIA KNUDSEN und SVEABORG (beide über 9000 BRT) war — abgesehen von der SAVARONA — jede Neubautätigkeit abgerissen. Obwohl man sich damals mit dem Abwracken von Schiffen als Notstandsarbeiten befaßte, sank die Arbeitnehmerzahl der Firma Blohm & Voss von 11500 im Jahre 1929 auf nur noch 2200 im Jahre 1932 — und das bei einer reduzierten Arbeitszeit von 40 Stunden pro Woche! Montags wurde gefeiert. Alle Angestelltengehälter mußten gekürzt werden. Wenig später wurden durch die Brüningsche Notverordnung in ganz Deutschland auch die Löhne beträchtlich — bis zur Hälfte — herabgesetzt.

Eben noch hatte die Werft beim Gewerbeaufsichtsamt beantragen müssen, daß einige Gewerke über einen längeren Zeitraum hinweg Überstunden machen durften. Nun plötzlich mußten mit Genehmigung desselben Amtes zu Tausenden Leute entlassen werden. Ein letzter Lichtblick vor dem großen Auftragsloch war der Einbau neuer B & V-Turbinen in alle vier Schiffe der ALBERT-BALLIN-KLASSE, die seitdem 19 Knoten liefen.

Nach Neuausrüstung der vier Schiffe trat auf Steinwerder eine Art Friedhofsruhe ein. Die Lage wurde derart ernst, daß die Werft mit Freude das Angebot der Junkers-Werke, Dessau, annahmen, im Rahmen von Notstandsarbeiten serienmäßig Schwimmer für die Wasserflugzeug-Version der damals neu auf den Markt gekommenen international stark gefragten Verkehrsmaschine (Ju 52) herzustellen. Freilich ahnte niemand, daß diese Tätigkeit auf dem Sektor Luftfahrtindustrie für Blohm & Voss keineswegs die letzte sein würde.

Als es 1930/31 mit Schiffsneubauaufträgen jeder Art zu Ende gegangen war, lag Rud. Blohm seiner wichtigsten Kundin HAPAG unermüdlich »in den Ohren«, sie sollte im eigenen Interesse etwas tun, damit Blohm & Voss nicht auch noch das Stammpersonal entlassen müsse. Zeitweilig war Rud. Blohm fast jede Woche im HAPAG-Gebäude am Ballindamm und bekniete die Reedereileitung. Die HAPAG zeigte volles Verständnis für die Situation auf Steinwerder. Ihr Vorstand willigte ein — und auch der Aufsichtsrat stimmte schließlich ungeachtet der angespannten Lage einer Vergabe von zwei Neubauaufträgen für den Liniendienst nach Westindien zu. Nun meldete sich aber die Deutsche Werft. Sie gab ein preisdrückendes Angebot ab, mit dem sie Blohm & Voss um etwa 10% unterbot. Rud. Blohm bekam daraufhin den Auftrag der HAPAG nur, wenn er seinerseits in diesen Preis eintreten würde. Ihm war zu diesem Zeitpunkt jedes Mittel recht, um die wichtigsten Kader in den Werkstätten und Büros halten zu können.

Der Auftrag war im Grunde ein echter, nie vergessener Freundschaftsdienst der HAPAG. Sogar der schlechte Baupreis wurde dadurch erträglich, daß genau in diese Zeit die Deflation und die Herabsetzung der Stundenlöhne und Gehälter fielen.

Leider hatte aber die Arbeitslosenziffer bereits die Sechs-Millionen-Grenze überschritten.

Die beiden in dieser schweren Zeit entstandenen Neubauten Nr. 493 und 494 waren die etwas über 12000 BRT großen Fracht- und Fahrgast-Motorschiffe CARIBIA und CORDILLERA, die Blohm & Voss vor dem Schlimmsten gerettet haben. Als sie im Februar und Juli 1933 in Fahrt kamen, waren es die beiden einzigen Neubauten von Überseeschiffen überhaupt, die in jenem Jahr von der gesamten deutschen Werftindustrie abgeliefert wurden.

Diese Doppelschraubenschiffe waren mit zwei doppeltwirkenden Achtzylinder-Zweitaktmoren von zusammen 11000 PS Leistung ausgestattet und liefen damit 16,5 Knoten. Für ihr tropisches Fahrtgebiet »maßgeschneidert«, bewährten sich diese Drei-Klassen-Schiffe — eingerichtet für jeweils 448 Fahrgäste — vorzüglich.

Auch sie fahren, ungeachtet ihres Alters von nunmehr 43 Jahren, noch immer zur See. Sie laufen seit Kriegsende unter sowjetischer Flagge und heißen heute ILIYICH und RUSS.

Eine Schiffswerft »lernt fliegen«

Kaum eine Branche ist konjunkturabhängiger und deshalb krisenanfälliger als der Schiffbau. Das bewies der Ruin vieler Werften in den zwanziger und frühen dreißiger Jahren. In der großen Krise 1931–34 genügte es auch nicht mehr, daß B & V von vornherein in drei verschiedene tragende Säulen — Schiffbau, Maschinenbau und Reparaturbetrieb — aufgefächert war. Schon 1932 erschien angesichts der damaligen Gesamtlage in der Seeschiffahrt eine weitere Diversifikation unerläßlich: Auf dem Höhepunkt der Weltwirtschaftskrise (1932) waren allein in Deutschland 439 Schiffe mit 1,4 Millionen Bruttoregistertonnen beschäftigungslos aufgelegt, was rund 37% des im Verband Deutscher Reeder zusammengefaßten Gesamtschiffsraumes ausmachte! Deutschland stand damit zwar »an der Spitze der maritimen Krisenbilanz«. Aber auch in den anderen schifffahrttreibenden Ländern war die Situation alles andere als rosig: In Großbritannien lagen 18%, in den USA 24%, in Frankreich 28%, in Norwegen 20%, in Italien 25% und in Holland 20% der jeweiligen Tonnage auf.

Im Spätsommer 1932 hatte deshalb der Plan einer deutschen Abwrackaktion konkrete Formen angenommen: Mit Hilfe eines Fonds von 12 Mio RM wurden im Rahmen des allgemeinen Arbeitsbeschaffungsprogramms etwa 400000 BRT Schiffsraum verschrottet. Es handelte sich um mindestens 20 Jahre alte Schiffe, die in den meisten Fällen während der ersten Wiederaufbaujahre aus alliierten Reparationsbeständen zurückgekauft worden waren. Nur dieser Verschrottungsaktion, an der auch der zeitweilig eingerichtete Abwrackbetrieb von Blohm & Voss seinen angemessenen Anteil hatte, war eine Reduzierung der deutschen Aufliegertonnage von 1,4 Mio auf 917818 BRT Anfang 1933 zu verdanken. Von einer Neubelebung des Seeverkehrs und damit auch des Schiffbaues konnte jedoch noch längst nicht die Rede sein, zumal die Sanierung der stark verschuldeten deutschen Landwirtschaft und deren Schutz durch Einfuhrkontingentierung einer der wesentlichsten Programmpunkte des am 30. Januar 1933 an die Regierung gelangten Kabinetts wurden, in dem Adolf Hitler durch den Reichspräsidenten v. Hindenburg zum Reichskanzler und der Zentrumspolitiker Franz v. Papen zum Vizekanzler berufen worden waren.

Allein unter dem Gesichtspunkt einer weitmöglichen Arbeitsplatzerhaltung hatte sich Blohm & Voss ab 1932 anderthalb Jahre lang auf das gewerbsmäßige Abwracken anstatt Bauen von Schiffen verlegen müssen.

Man arbeitete nach einem gut durchdachten System: Die zu verschrottenden Schiffe wurden unter den großen 250-Tonnen-Hammerwippkran gelegt, dessen Babykran eine große Fläche zu bestreichen vermochte. Zuerst wurden sämtliche Schiffs-Aufbauten abgeschnitten, an Land gehoben und erst dort weiterzerlegt. Die im Wasser verbliebenen Schiffsrümpfe wurden von hinten nach vorn bis zur Wasserlinie »abgebrannt«. Zuletzt faßte der Große Kran jeweils 80-100 Tonnen schwere Stücke des künstlich schräg getrimmten Unterwasserschiffes an, die ebenfalls mit Schneidbrennern abgetrennt wurden.

Das Verfahren des schwimmenden Abbruchs mit Hilfe der sektionsweise abgedichteten und damit schwimmfähig gemachten Doppelbodenzellen bewährte sich vorzüglich. Und weil man dank Großkraneinsatz das endgültige Zerlegen aller abgehobenen Sektionen erst auf festem Boden und zu ebener Erde betrieb, arbeitete man vorbildlich unfallfrei. Um der beim Brennschneiden von vielfach mit Bleifarbe bestrichenen Schiffsteilen latent drohenden Bleivergiftung vorzubeugen, setzte man den Abwrack-Arbeitern Gasmasken auf, die durch Anschließen an die Preßluftleitung, natürlich mit reduziertem Druck, in Atemschutzmasken verwandelt wurden. Außerdem wurde jeder Schiffsabbruch-Arbeiter vorsorglich alle 8-14 Tage vom Vertrauensarzt der Berufsgenossenschaft Chemie auf etwaige Bleispuren im Blut untersucht.

Als größtes Schiff fiel der mit 16960 BRT vermessene Fracht- und Fahrgastdampfer CLEVELAND den Schneidbrennern derselben Werft zum Opfer, die ihn 24 Jahre vorher als Bau-Nr. 197 an die HAPAG abgeliefert hatte. Nach seiner Reparationsablieferung an die Entente im Jahre 1919 war der Dampfer 1926 von der HAPAG zurückgekauft und wieder unter seiner alten Kontorflagge in Fahrt gebracht worden. Das ursprünglich für rund 3000 Fahrgäste konzipiert gewesene Schiff war bei seiner Verschrottung noch vorbildlich »in Schuß«.

Das Abwracken von Schiffen brachte bei Blohm & Voss aber insgesamt nur 300-400 Werftarbeitern Lohn und Brot. Auch die Bauaufträge CARIBIA und CORDILLERA sowie der Bau von Ju 52-Schwimmern konnten nur eine Teilbeschäftigung sichern.

Auf der Suche nach neuen Beschäftigungsmöglichkeiten befaßte sich deshalb Walther Blohm im Herbst 1932 sehr intensiv mit den Zukunftsmöglichkeiten des Luftverkehrs. In rascher Folge hatten sich auf diesem Sektor Dinge ereignet, die nicht ohne Konsequenzen bleiben konnten:

1927 war Charles Lindbergh der erste transatlantische Alleinflug in Richtung West-Ost geglückt. 1928 hatten Köhl, Fitzmaurice und v. Hünefeld mit ihrer einmotorigen Junkers W 33 von Irland aus in der windmäßig schwierigen Gegenrichtung den Raum Neufundland und damit die Neue Welt erreicht. 1930 vollbrachte Wolfgang v. Gronau mit seiner Besatzung Zimmer, Albrecht und Hack einen Flug mit dem Dornier-Wal von List auf Sylt direkt nach New York. 1931 machte das zwölfmotorige Dornier-Großflugboot Do-X durch seinen 33000 km langen Demonstrationsflug Europa-Westafrika-Südamerika-Nordamerika-Europa unter dem Kommando von Kapitän Friedrich Christiansen von sich reden. Und Blohm & Voss mußte bald nach Indienststellung der EUROPA im Auftrag des Reichsverkehrsministeriums ein Heinkel Schwenk-Katapult auf das Schornsteindeck montieren. Künftig wurde auf jeder Reise der Schnelldampfers etwa 500 Seemeilen vor dem jeweiligen Bestimmungshafen das einmotorige Schwimmerflugzeug vom Typ He 58 — unter Führung von Flugkapitän Blankenburg — mit jeweils 350 Kilo Post katapultiert. Dank diesen Postausflügen von Bord der Schnelldampfer EUROPA und BREMEN erreichten aufgegebene Briefsendungen ihre Empfänger jeweils 24 Stunden früher. Außerdem hatte die Deutsche Lufthansa im Juni 1932 den abwrackreifen Lloyd-Frachter WESTFALEN erworben und zum Katapultschiff umbauen lassen. Es war Walther Blohm bekannt, daß dieser schwimmende Flugstützpunkt ab 1933 die Einrichtung eines Südatlantik-Luftpostdienstes mit Dornier-Wal-Flugbooten ermöglichen sollte. Der Übersee-Luftverkehr war also im Kommen.

Aus all diesen Gründen erschien es kaum noch als Utopie, daß in Bälde auch Passagierflugzeuge die Ozeane überqueren würden. Es war Walther Blohms Bestreben, an dieser Entwicklung teilzuhaben und damit zugleich eine weitere Auffächerung der Aktivitäten von Blohm & Voss möglich zu machen. Nach Fühlungnahme mit Luftfahrtexperten entschlossen sich Rud. Blohm und Walther Blohm zielstrebig zum baldmöglichen Aufbau einer eigenen Flugzeugproduktion.

Es gelang schließlich, von Ernst Heinkel in Rostock den Flugzeugbauer Reinhold Mewes, zwei Konstrukteure, einen Statiker sowie einen Versuchs- und Betriebsingenieur als erste Mitarbeiter für den neuen Unternehmensbereich zu gewinnen. Und um alle Risiken des zunächst ohne eigenen Erfahrungsschatz aufgebauten Geschäftszweiges von der Werft und Maschinenfabrik fernzuhalten,

gründete Blohm & Voss auf Walther Blohms Betreiben im Juni 1933 die Tochterfirma »Hamburger Flugzeugbau GmbH« (HFB) unter der anfänglichen Geschäftsführung von Max P. Andreae und Robert Schröck.

Mit Eifer gingen die HFB-Leute ans Werk, in der damals mangels Schiffbauaufträgen stilliegenden Tischlerei II am Steinwerder Ufer zunächst die Attrappe für einen zweisitzigen Doppeldecker zu bauen, dem schließlich nach einigen Abwandlungen die zwei Originalflugzeuge folgten. Es waren Schulmaschinen mit der Typenbezeichnung Ha 135.

Der 28. April 1934 wurde ein Markstein in der Firmengeschichte: An diesem Tage unternahm die erste fertige Maschine in Hamburg-Fuhlsbüttel ihren ersten »Roll out«. Wenig später wurde sie ein- und schon im Juni von dem berühmten Kunstflieger Ernst Udet nachgeflogen, der später zum Chef des Technischen Amtes der Luftwaffe und Generalluftzeugmeister avancierte.

Ein Anfang war gemacht und ein Achtungserfolg beschieden. Aber die beiden Flugzeuge waren noch in Gemischtbauweise hergestellt.

Walther Blohm schwebten jedoch leistungsfähige Ganzmetallflugzeuge und schließlich große Seeflugzeuge vor.

Noch im Jahre 1933 war es ihm gelungen, den ursprünglich bei Dornier tätig gewesenen Konstrukteur Dr.-Ing. Richard Vogt aus Japan nach Deutschland zurückzuholen und zum HFB-Chefkonstrukteur zu ernennen. Dr. Vogt hatte bei Kawasaki Lizenzbauten von Dornier-Wasserflugzeugen überwacht und einmotorige Landflugzeuge entwickelt. Er bezog nach seiner Einstellung das oberste Stockwerk des Verwaltungsgebäudes der Werft und ging mit Elan ans Werk. Im Eiltempo baute Dr. Vogt ein leistungsfähiges Konstruktionsbüro auf, das Flugzeuge entwickeln konnte, die sämtlich ein markantes Konstruktionsmerkmal trugen: Sie besaßen als tragendes Element ein geschweißtes Stahlrohr, das zugleich als Treibstoffzelle benutzt werden konnte.

Bild oben links: Hiobsbotschaft aus dem Hamburger Hafen: Am Ausrüstungskai von Blohm & Voss war am 26. März 1929 auf dem Neubau EUROPA ein Großfeuer ausgebrochen. 350 Feuerwehrleute rückten nach und nach mit 65 Strahlrohren den Flammen zuleibe (s. S. 135/136).

Bild oben rechts: Immer stärker neigte sich der Ozeanriese EUROPA unter der gewaltigen Löschwasser-Last von 60 Kubikmetern pro Minute der dem Kai abgewandten Seite zu. Es bestand Kentergefahr, die Einsatzleitung der Feuerwehr mußte das Rückzugssignal pfeifen. Durch Öffnen der Bodenventile wurde das Schiff gerade noch rechtzeitig auf Grund gesetzt. (Links oben im Bild der 250-Tonnen-Kran).

Bild Mitte: Kein Außenstehender hätte es für möglich gehalten, daß aus diesem ausgeglühten Wrack wieder ein Schnelldampfer entstehen würde, der gleich bei der Jungfernfahrt das Blaue Band des Ozeans erringen konnte!

Bild unten: Ein Tag der Freude und des Triumphes: Der wiederhergestellte Schnelldampfer verläßt den Hamburger Hafen, um in Bremerhaven an den Norddeutschen Lloyd übergeben zu werden. (Bau-Nr. 479: Vierschrauben-Turbinenschiff EUROPA, 49 746 BRT, 105 000 WPS, 27 kn).

Bild links: In den Jahren 1933/34 wurden alle vier Ko[m]
Schiffe der ALBERT-BALLIN-Klasse im Schwimmd[
»vorgeschuht«, d. h. verlängert. Sie erhielten jeweils [ein]
neues, 25 m langes und schärferes Vorschiff (s. S. 1[

Bild Mitte links: Bau-Nr. 507: Doppelschrauben-Fra[cht-]
und Fahrgastschiff WINDHUK, 16662 BRT, 14200 V[
Woermann-Linie, Hamburg. (Diese Reederei war Auf[trag-]
geber. Das Schiff ist jedoch von vornherein — wie [das]
Schwesterschiff PRETORIA — mit den Schornsteinfa[rben]
der Deutsche Ost-Afrika-Linie in Fahrt gekommen.

Bild Mitte rechts: Sie haben die Geschicke der Werft [und]
Maschinenfabrik Blohm & Voss von den zwanziger bis in[
sechziger Jahre geleitet und dabei aus Demonta[ge-]
trümmern zu neuer Größe emporgeführt: Dipl.-Ing. [
Blohm (links) und sein Bruder Dr.-Ing. e. h. Walther Bl[ohm]
(rechts) neben der Büste ihres Vaters, des Werftgrün[ders]
Dr.-Ing. e. h. Hermann Blohm.

Bild unten: Formschönheit auch im Flugzeugbau: E[ine]
der drei größten jemals auf der Welt gebauten Z[weimot.-]
schwimmerflugzeuge — eine Ha 139, 2400 PS, 155 k[m/h,]
286 km/h) für den Nordatlantik-Luftpostdienst an [Bord]
des werfteigenen Flugzeugerprobungsschiffes KRAN[

Bereits 1934 wurden in Hamburg-Fuhlsbüttel zwei Ganzmetall-Versuchsmaschinen des ersten von Dr. Vogt konstruierten Typs Ha 136 eingeflogen. Ihre Flugeigenschaften waren nicht überwältigend, aber die neuartige Rohrholmbauweise bewährte sich. Sie wurde auf der im Mai 1935 erstmals in die Luft gebrachten, mit Knickflügeln ausgestatteten Ha 137 zugrundegelegt, mit der Dr. Vogt ein Standard-Sturzkampfflugzeug zu kreieren hoffte. Diesen Rang lief ihm jedoch der ab 1933 entwickelte »Stuka« Ju 87 ab.

Schon als HFB 1933 in der Tischlerei mit dem Bau der beiden allerersten noch von Reinhold Mewes konstruierten Maschinen begonnen hatte, sah sich Walther Blohm nach einem eigenen Werkflughafen um. Er ließ in Hamburg-Neuhof ein von der Behörde für Strom- und Hafenbau zur Verfügung gestelltes Gelände planieren und mit Gras besäen. Es erwies sich aber als zu klein, noch bevor es in Betrieb genommen wurde. Der Flugzeugbau bei HFB kam nämlich viel schneller als gedacht, mit wesentlich mehr Stückzahlen sowie größeren Maschinen, in Gang. Schon im Spätsommer 1933 legten die Junkers-Werke Dessau eine neue Großserie von 430 Verkehrs- und Transportflugzeugen des Typs Ju 52 auf. Dabei sollte die Hamburger Flugzeugbau GmbH als Zulieferwerk fungieren. HFB schickte nach und nach 200 geeignete Werftarbeiter zur Umschulung nach Dessau. Sie wurden dort mit Leichtmetallbearbeitung, Vorrichtungsbau und Fertigungskontrolle vertraut gemacht. So konnte HFB bald die serienmäßige Lieferung von Rumpfenden und Leitwerken für die Ju 52 übernehmen.

Der Teilfertigung von in Dessau montierten Ju 52-Maschinen folgte der Lizenzbau von Flugzeugrümpfen für Dornier. Noch aber fehlten HFB größere Räume für den Zusammenbau von Flächen und Leitwerken ebenso wie für die Endmontage, vor allem aber hatte man noch immer keinen Flugplatz zum Einfliegen. Nach forcierter Suche fand man in der preußischen Domäne Wenzendorf bei Buchholz, südlich von Hamburg, ein geeignetes Gelände, dessen Pächter dort ausgedehnte Kartoffelfelder angelegt hatte. Blohm & Voss setzte seinen Oberingenieur Otto Bahr, der sich bereits bei der schwierigen Umstellung der Werkstätten auf das neue Fachgebiet Flugzeugbau einen Namen gemacht hatte, nach Wenzendorf in Marsch.

Dieser Ingenieur war 1913 nach Maschinenbaulehre, Praktikum und Besuch der Technischen Staatslehranstalten — deren Abschlußprüfung er mit Auszeichnung bestanden hatte — in das Maschinenbaubetriebsbüro von Blohm & Voss eingetreten. Oberingenieur Pecht beauftragte den jungen Fachschulingenieur mit der Beschaffung von Betriebseinrichtungen, Werkzeugmaschinen, Kränen für die Maschinenbauwerkstätten. 1919 wurde Otto Bahr die Leitung des »Büros 25« übertragen, das sich mit der Einrichtung und laufenden Modernisierung aller Schiffbau-, schließlich auch aller Maschinenbauwerkstätten zu befassen hatte. Im Frühjahr 1933 kam auch die Bauabteilung »Büro 20« hinzu, so daß Otto Bahr praktisch der weitere Ausbau und die Einrichtungen der gesamten Werft einschließlich des Flugzeugbaues anvertraut war. Binnen anderthalb Jahren entstand aus den Kartoffeläckern von Wenzendorf unter Bahrs Leitung ein moderner Flugplatz. Einige hundert Hamburger Arbeitslose erschienen gleich nach Einbringung der letzten Kartoffelernte mit Hacken und Schaufeln. Sie trugen den Mutterboden ab, ebneten die leicht aufgewölbte Bodenfläche ein und trugen dann den Mutterboden wieder auf.

Im darauffolgenden Frühjahr wurde mit dem Bau eines Wenzendorfer Flugzeugwerkes begonnen. Binnen vier Wochen wurde zunächst über die Äcker zweier vorher dafür entschädigter Bauern hinweg eine vier Kilometer lange Bahnlinie vom Bahnhof Drestedt zum höher gelegenen Flugplatz gebaut, und schon wenig später rollten per Schiene die Baumaterialien und Konstruktionsteile für die Montagehalle I, die Flugzeughalle und die Kraftstation an. Der Gutshof Wenzendorf wurde für die Flugplatzverwaltung eingerichtet. Ein Ledigenheim, eine Kantine, verschiedene Wohnhäuser und bald auch die zweite Montagehalle wurden als weitere Neubauten hochgezogen.

Otto Bahr hatte wieder Großartiges geleistet, obwohl er nie zuvor etwas mit Fliegerei und Flugplätzen zu tun gehabt hatte. Schon im September 1935 konnten Flugplatz und Flugzeugwerk Wenzendorf eingeweiht werden. Ab Dezember gehörten Flugzeugproduktion und Einflugbetrieb zum Wenzendorfer Alltag.

Im Mai 1936 wurden von HFB die ersten Flugzeuge einer Großserie der einmotorigen Junkers W 34 erprobt, die im Anschluß an die bei B & V auslaufende Serie Ju 52 gebaut und eingeflogen wurden.

Inzwischen hatte Blohm & Voss mit den Inhabern der Firma Harburger Oelwerke Brinkman & Mergell, die ihrerseits auf Grund der Einfuhrkontingentierung für Ölfrüchte eine Diversifikation — möglichst in einem Produktionszweig außerhalb ihrer Fabrikation von Speiseölen und -fetten —

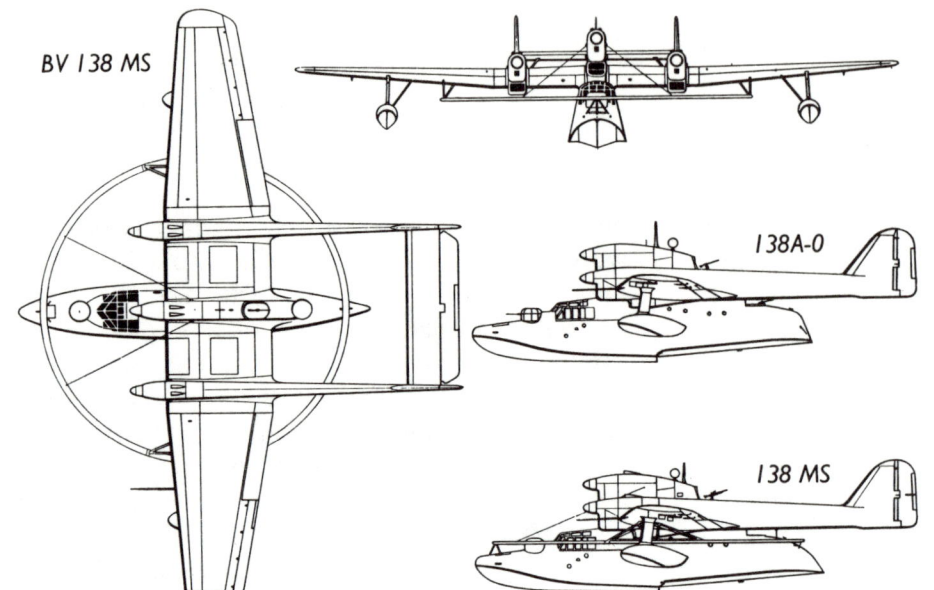

BV 138 MS

138A-0

138 MS

Das dreimotorige Doppel-
rumpf-Flugboot BV 138,
hier ausgerüstet als Minen-
such- (»Mausi«-Flugzeug)
mit Duralreifen und Kabelschleife zur Magnetminenbe-
kämpfung. Der Typ BV 138
A–O war der Serien-Prototyp
des normalen Seefernauf-
klärers (Spannweite 27 m,
Motorenleistung insgesamt
2640 PS).

anstrebten, den Bau eines »Metallwerkes Nie-
dersachsen, Brinkman & Mergell« (Menibum) im
damaligen Harburg-Wilhelmsburg vereinbart. Die
Menibum sollte die Fabrikation von Flugzeugtei-
len für HFB aufnehmen.

Die Lage des Werkes in der Mitte zwischen der
Werft Blohm & Voss und Wenzendorf war beson-
ders günstig. Sobald die dreischiffige Menibum-
Halle gebaut und eingerichtet war, gab Blohm &
Voss die ersten Fachkräfte und Angestellten nach
Harburg ab. Dort entstanden zunächst Teile für
einen Lizenz-Serienbau des zweimotorigen Ver-
kehrsflugzeuges Junkers Ju 86.

Aber die Fabrikation fremder Flugzeugtypen war
für HFB nur eine Übergangslösung. Der große
Durchbruch des Chefkonstrukteurs Dr. Vogt, den
man sehr bald gemeinsam mit Heinkel, Messer-
schmitt, Dornier, Tank und Blume zu den bedeutendsten Flugzeugkonstrukteuren Deutschlands
zählte, ließ nicht lange auf sich warten.

Zunächst hatte das Reichsluftfahrtministerium
(RLM) für die im Aufbau befindliche Luftwaffe bei
Vogt die Entwicklung eines ozeanfähigen See-
fernaufklärers in Auftrag gegeben. Dr. Vogt und
seinen Konstrukteuren Dipl.-Ing. Hermann Pohl-
mann und Hans Amtmann sowie dem Aerodyna-
miker Richard Schubert gelang beinahe auf Anhieb ein ganz großer Wurf, der schließlich die in
langen Jahrzehnten bewährten und weiterent-
wickelten Dornier-Flugboote als Seefernaufklärer aus dem Felde schlug: Vogts Gruppe entwik-
kelte ab Herbst 1934 das ebenso eigenwillige wie
hervorragende Flugboot Ha 138, später BV 138.
Es handelte sich um ein dreimotoriges See-

flugzeug mit zentralem Bootsrumpf und zusätzlichen Stützschwimmern unter den Flügeln. Es wurde allgemein nur »Fliegender Holzschuh« genannt. Die BV 138 wurde einer der beiden meist-
gebauten Flugboot-Typen der deutschen Seeflie-
gerei im Zweiten Weltkrieg.

Der freitragende, dreiteilige Flügel lag unmittelbar auf dem Bootskörper auf. Alle drei Jumo-205-Schwerölmotoren waren am
Mittelflügel montiert, der wiederum von einem starken Stahlrohrholm durchzogen wurde. Der mittlere Motor war zusätzlich mit
diesem Rohrholm verbunden. Die Motorengondeln der beiden
Seitenmotore waren durch Halbschalen-Rohrträger weit nach hinten
verlängert und trugen ein doppeltes Leitwerk. Die BV 138 war also
eine Doppelrumpfmaschine mit einem zentralen, dritten Rumpf
in Bootsform, der außerordentlich sinnvoll in Bugraum, Führerstand, Funk- und Navigationsraum, Hilfsmaschinenraum und Besat-
zungsruheraum unterteilt war. Das Flugboot hatte in der Mittel-
motorgondel und am Heck je einen MG-Stand, am Bug sogar einen
hydraulisch betätigten Plexiglas-Kanonenturm für eine Zwei-Zen-
timeter-Bordkanone. Die Doppelrumpfbauweise ermöglichte
allen drei Bordschützen ein ausgezeichnetes Sicht- und Schußfeld.

Die BV 138 besaß hervorragende Hochsee-Eigenschaften und
wurde mit nahezu jedem Seegang fertig. Man hatte die Maschinen
bewußt so konzipiert, daß sie weit draußen auf dem Atlantik wasser-
landen und vielleicht tagelang schwimmend einen gemeldeten
gegnerischen Geleitzug erwarten konnten, ehe sie zum gemeinsamen Angriff mit einem U-Boot-Rudel wieder starteten.

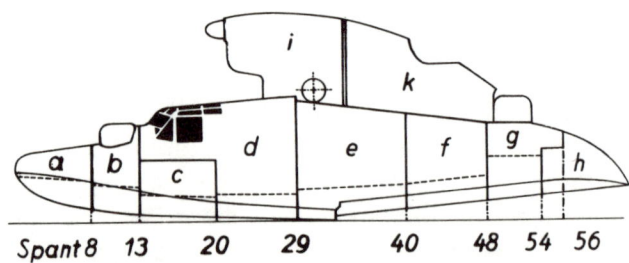

Die Raumaufteilung des Zentralrumpfes der BV 138:
a = Bugraum, b = Bugstand, c = Kriechgang, d = Führerstand und Navigationsraum, e = Hilfsmaschinenraum,
f = Ruheraum, g = Heckstand, h = Heckraum, i = mittleres
Triebwerk, k = Gondelstand.

Nach Anfangsschwierigkeiten mit den Dieseltriebwerken gingen immer ausgereiftere Serien von BV 138-Maschinen in Produktion. Bis zum Jahre 1943 wurden insgesamt 227 solcher Flugboote an die Luftwaffe abgeliefert. Ein Teil von ihnen wurde als Minensuchflugzeuge zur Bekämpfung magnetischer Grundminen, ein anderer Teil als fliegender U-Boot-Jäger zur Sicherung eigener Geleitzüge verwendet. Seine wichtigste Rolle jedoch spielte der »Fliegende Holzschuh« bei nahezu jeder Wetterlage als Fernaufklärer im Nördlichen Eismeer, im Raum Biskaya/Spanische See, in Nord- und Ostsee, Mittelmeer und Schwarzem Meer. Bei den Großeinsätzen deutscher U-Boote und Kampfflugzeuge gegen die alliierten Konvois nach Murmansk operierten Mitte 1942 bis zu 44 solcher Blohm & Voss-Flugboote gleichzeitig als Suchmaschinen und Fühlungshalter. Zeitweilig waren sogar BV 138-Flugboote auf der sowjetischen Arktis-Insel Nowaja Semlja stationiert! Dort hatten ihnen zwei deutsche U-Boote einen geheimen Stützpunkt errichtet, der Flüge zur Beobachtung des Konvoi-Verkehrs in der Kara-See ermöglichte. Die Maschinen stießen von Nowaja Semlja bis zur Yamal-Halbinsel nordöstlich des Ural vor!

Eine bestimmte Anzahl von BV 138-Maschinen wurde mit dem Funkmeßgerät (Radar) FuG 200 »Hohentwiel« ausgerüstet, um aus großer Entfernung alliierte Geleitzüge beschatten und U-Boote an diese heranführen zu können.

Siebzig Maschinen wurden mit besonderen Schubbeschlägen für den Katapultstart ausgerüstet. Jeweils eine Kette solcher Flugboote wurde an Bord von Flugzeugschleuderschiffen in Nordnorwegen stationiert. Diese BV 138-Maschinen waren zur Erhöhung ihres Aktionsradius' auf 3280 Seemeilen (6074 Kilometer) so schwer betankt, daß sie nur mit dem Katapult in die Luft gebracht werden konnten. Sogar die vorhandenen Starthilferaketen waren für einen Wasserstart nicht ausreichend.

Mehrfach haben BV 138-»Holzschuhe« im Luftkampf gegnerische Flugboote und sogar Jagdflugzeuge abgeschossen. Trotz ihrer relativ geringen Normalgeschwindigkeit von 146 Knoten (270 km/h) war ihnen, dank starker Eigenbewaffnung und robuster Bauweise, keineswegs leicht beizukommen.

Die »Fliegenden Holzschuhe« standen noch an der Front, als fast alle anderen Seeflugzeuge wegen der erdrückend gewordenen alliierten Luftüberlegenheit längst aus dem Einsatz zurückgezogen worden waren. Sie wurden noch 1945 im Nordmeer und an der Ostfront eingesetzt. Und es war eine aus Kopenhagen kommende BV 138, die am 1. Mai 1945 nach Mitternacht unter heftigstem russischen Artilleriefeuer auf einem See der eingeschlossenen und längst zum Kampfplatz gewordenen Reichshauptstadt Berlin landete, weil sie den Auftrag hatte, zwei wichtige Geheimkuriere an Bord zu nehmen und nach Kopenhagen auszufliegen. Der Kommandant der Maschine wies diese Geheimkuriere jedoch ab, da sie das vereinbarte Kennwort nicht wußten. Er ahnte nicht, daß diese beiden Offiziere Hitlers Testament bei sich hatten! Das Flugboot nahm statt dessen eilig zehn Verwundete mit.

Bevor die »Hamburger Flugzeugbau GmbH« 1937 mit dem Bau und der Erprobung der Prototypen Ha 138 V 1 und Ha 138 V 2 beginnen konnte, mußten überhaupt erst die Voraussetzungen für den Seeflugzeugbau geschaffen werden. Am Worthdamm, unweit der Werft, standen zwei damals ungenutzte Freihafen-Lagerschuppen der Reismühle zur Disposition. Sie wurden angemietet und für die Produktion von Flugboot-Großbauteilen hergerichtet. Die Hallen hatten Gleis- sowie Wasseranschluß.

Auch wurde auf dem Südkai der Werft vor der Maschinenfabrik II eine Montagehalle und daneben eine Einflughalle gebaut. Mit einem am Ufer stehenden großen Werftkran konnten die Flugboote und die bald darauf gebauten Schwimmerflugzeuge ohne Schwierigkeiten ins Wasser oder auf das Flugzeugerprobungsschiff KRANICH gesetzt werden. Dank ihres Rohrholmes hatten alle BV-Flugzeuge einen festen Anschlagpunkt!

KRANICH war ein ehemaliges Minensuchboot, das jahrelang unter dem Namen REICHSPRÄSIDENT im HADAG-Fährdienst gestanden hatte. Blohm & Voss kaufte das Schiff 1936 an, weil seine starke Bauweise die Aufstellung eines schweren Laufkranes mit großer Ausladung möglich machte. Auf der breiten Decksfläche des Achterschiffes konnten nach dem Umbau der KRANICH Flugzeuge nahezu jeder Größe bequem abgesetzt werden. Eine eingerichtete Werkstatt für die Bordmonteure, Räume für die Unterbringung und Beköstigung der 25köpfigen Besatzung machten die schnelle, maschinenstarke KRANICH zu einem recht brauchbaren schwimmenden Flugstützpunkt, der mit zu erprobenden Flugzeug-Neubauten meistens das besonders ideale Testgebiet bei der Elbinsel Pagensand ansteuerte.

Das Flugsicherungs- und Werkstättenschiff KRANICH unter Kapitän Wegener wurde auf der Unterelbe eine vertraute Erscheinung. So manches Mal schlingerte und stampfte das Fahrzeug auch draußen auf der Nordsee herum, wenn ein neues Flugbootmuster bei hartem Wetter seine »Seeprüfung« absolvieren mußte.

Der militärische Entwicklungsauftrag für den Seefernaufklärer Ha 138 war für Dr. Vogt und seinen gut eingespielten Mitarbeiterstab, ungeachtet des damit erzielten großen Erfolges, letzten Endes nur ein Mittel zum Zweck. Walther Blohm und Dr. Vogt samt Mitarbeitern verfolgten seit Beginn des Flugzeugbaues dasselbe Ziel: Die Entwicklung brauchbarer Zivilflugzeuge für den mit Sicherheit kommenden Transatlantik-Luftverkehr, um die sich besonders auch Dr.-Ing. Schmiedel verdient gemacht hatte.

Auf Grund ihrer positiven Erfahrungen mit den Katapult-Schwimmerflugzeugen für die Postvorausflüge von Bord der EUROPA und BREMEN hatte die Deutsche Lufthansa (DLH) der jungen Flugzeugbaufirma schon Anfang 1935 einen Auftrag zur Entwicklung großer Langstrecken-Schwimmerflugzeuge für den transatlantischen Luftpostdienst erteilt. Es mußten katapultfähige Maschinen sein, die im Nonstopflug mit 4000 kg Nutzlast und 155 Knoten (286 km/h) Geschwindigkeit eine Strecke von 5000 Kilometern zurücklegen konnten. Diese Reichweite war erforderlich, damit

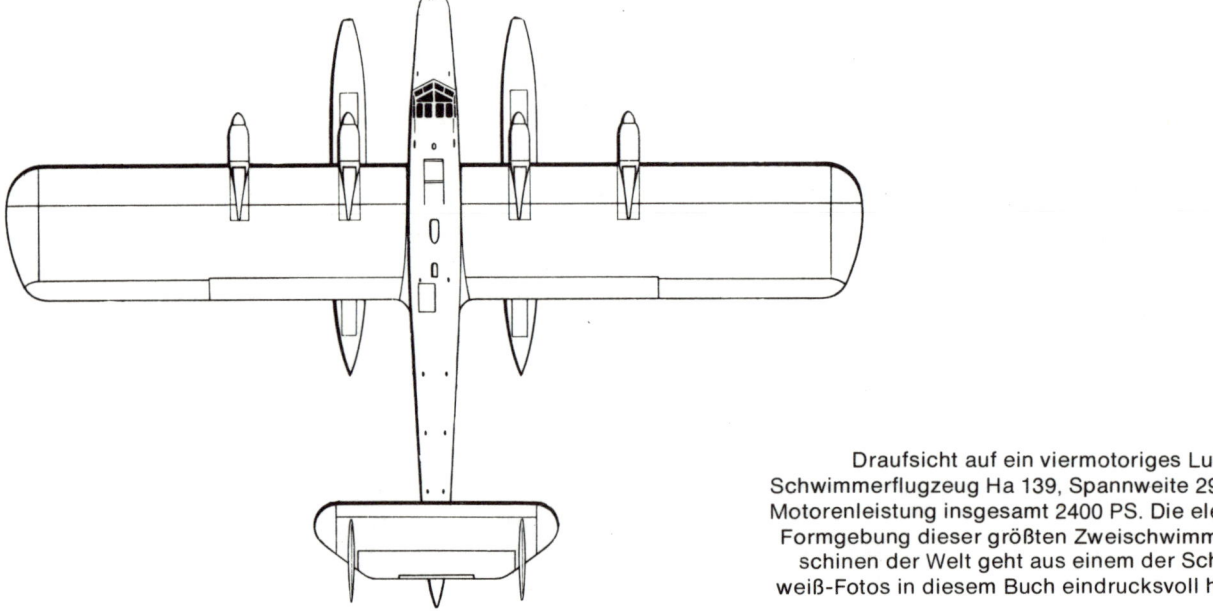

Draufsicht auf ein viermotoriges Luftpost-Schwimmerflugzeug Ha 139, Spannweite 29,50 m, Motorenleistung insgesamt 2400 PS. Die elegante Formgebung dieser größten Zweischwimmermaschinen der Welt geht aus einem der Schwarzweiß-Fotos in diesem Buch eindrucksvoll hervor.

die 3850 km lange Nordatlantikroute zwischen Horta/Azoren und New York auch noch bei 60 km/h Gegenwind bewältigt werden konnte.

Unter der Bezeichnung »Projekt 15« konstruierte Dr. Vogt mit seinen Mitarbeitern gemäß diesen Forderungen das viermotorige Schwimmerflugzeug Ha 139, das in seiner Stromlinienform zu den formschönsten unter allen jemals gebauten Seeflugzeugen gehörte.

Wegen seines geringen spezifischen Kraftstoffverbrauches wählte man als Triebwerkanlage flüssigkeitsgekühlte Sechszylinder-Schwerölmotore vom robusten Junkers-Typ Jumo 205 C, die eine Startleistung von je 600 PS entwickelten. Die von der Lufthansa geforderte hohe Flugsicherheit auf der Atlantikroute machte die Aufteilung in vier Einzelmotore notwendig. Der Flug mußte jedoch auch mit nur zwei Triebwerken sichergestellt bleiben.

Um Cockpit und Leitwerk gleichermaßen vom Spritzwasser freizuhalten, legte Dr. Vogt das Tragwerk als Knickflügel aus und damit den Rumpf des Tiefdeckers höher. Der Knickflügel enthielt einen 16 m langen, als Fünfkammer-Kraftstoffbehälter mit 6500 Liter Fassungsvermögen ausgebildeten Stahlrohrholm. Auch bei dieser Maschine übernahm also das charakteristischste Vogt-Konstruktionsmerkmal sowohl alle Biege- wie auch Torsionskräfte und zugleich über zwei angeschweißte Stahlgußbeschläge auch die Katapultkräfte.

Eine neuartige Motorenaufhängung sorgte für ebenso ruhigen wie schwingungsfreien Lauf der vier Triebwerke. Im Spätsommer 1936 konnte der Prototyp NORDMEER fertiggestellt werden, der im Oktober zum erfolgreichen Jungfernflug startete. Ihm folgten bald die beiden Ha 139-Maschinen NORDWIND und NORDSTERN nach.

Am 15. August 1937 war es soweit, daß NORDMEER erstmals vor Horta/Azoren mit dem Katapult des neu in Dienst gestellten, modernsten schwimmenden Flugstützpunktes FRIESENLAND gestartet werden konnte. Der einstige Postvorausflieger der EUROPA,

Flugkapitän Blankenburg, landete mit seinem Co-Piloten Graf Schack, seinem Flugmaschinisten Gruschwitz und seinem Bordfunker Küppers 16,5 Stunden später wunderbar glatt in Port Washington, dem Seeflughafen von New York. Für den Rückflug diente der vor Long Island stationierte Flugstützpunkt SCHWABENLAND als Katapultschiff. Bis Ende November 1937 unternahmen NORDMEER und NORDWIND insgesamt dreizehn Postflüge auf der Nordatlantikroute. In 597 Flugstunden bewiesen die Maschinen ihre Allwetterfähigkeit. Aber aus politischen Gründen mußte der Luftpostdienst nach Nordamerika bald eingestellt werden, er fiel antideutschen Embargomaßnahmen zum Opfer, die allerdings zwischen Juli und Oktober 1938 zunächst wieder gelockert wurden. Zu dieser Zeit kamen alle drei Ha 139-Maschinen auf der Nordatlantikroute zum Pendeleinsatz, bevor die Vereinigten Staaten der Deutschen Lufthansa aus politischen Gründen endgültig die Postlizenz verweigerten. Die drei Schwimmerflugzeuge wichen daraufhin auf die Südatlantikroute zwischen Bathurst/Gambia und Natal/Brasilien aus. Im Juni 1939 konnte — beide Atlantik-Routen zusammengezählt — die 100. Atlantik-Überquerung durch eine Ha 139 gefeiert werden.

Der wenig später ausbrechende Krieg machte alles zunichte. Der vorzügliche Flugzeugtyp konnte nicht mehr in einer bereits zugesagten großen Serie gebaut werden. Die drei viermotorigen Schwimmerflugzeuge NORDMEER, NORDWIND und NORDSTERN waren jedoch in hohem Maße Wegbereiter der später so selbstverständlich gewordenen transozeanischen Luftfahrt mit viermotorigen Verkehrsflugzeugen.

Seitenansicht der Ha 139, ebenfalls mit loser Kabelschleife zum Minensuchen. Sie wurde ebenso wie Bugkanzel und MG-Stände erst im Krieg eingebaut.

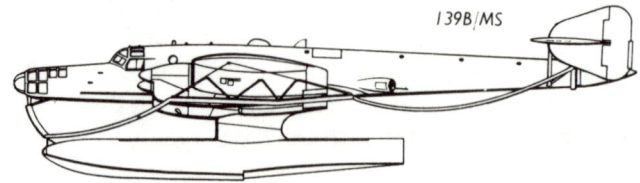

139B/MS

Riesenvögel für den Transatlantikflug

Für Walther Blohm und Dr. Vogts Team war auch die überaus gelungene Konstruktion der Ha 139 nur eine Zwischenstufe. Ihr eigentliches Ziel blieb ein Passagier-Großflugboot für den Nord- und Südatlantik-Dienst, das in Konkurrenz zu entsprechenden Heinkel- und Dornier-Entwürfen vorangetrieben wurde. Die Deutsche Lufthansa, allen voran ihr Betriebsleiter Freiherr von Gablenz, war nach sorgfältigen Vergleichsstudien und Analysen der drei Konkurrenz-Projekte von Dr.-Ing. Vogts »Projekt 54« so angetan, daß sie im September 1937 die ersten drei Maschinen bestellte. Schon im Dezember wurden bei der Deutschen Schiffbau-Versuchsanstalt (DSV) in Hamburg-Barmbek Modellversuche und Schlepptests zur hydrodynamischen Erforschung des mit zwei Gleitstufen versehenen Flugbootrumpfes durchgeführt, denen bald Windkanalversuche über das Flugverhalten des ganzen Modells bei der Deutschen Versuchsanstalt für Luftfahrt in Berlin-Adlershof folgten. Und so gewann im Januar 1938 auf den Reißbrettern des Werks Wenzendorf ein sechsmotoriges Großflugboot endgültige Gestalt, das 24 Fluggäste — neben einer großen Menge Luftpost und Luftfracht — außerordentlich komfortabel über den Atlantik tragen sollte. In dem zweistöckigen Bootsrumpf waren sogar 16 Betten für Nachtflüge vorgesehen. Die siebenköpfige Besatzung sollte aus Pilot, Co-Pilot, zwei Fluingenieuren, einem Navigator, einem Funker und einer Stewardeß gebildet werden.

Inzwischen hatte sich in der Organisation von HFB einiges geändert. Der Lizenz-Serienbau von vier fremden Flugzeugmustern sowie die Erfolge der eigenen Typen H 138 und Ha 139 hatten das junge Unternehmen auch finanziell so gesichert, daß die aus Vorsichtsgründen 1933 für richtiggehaltene Trennung in zwei verschiedene Firmen — eine für die Konstruktion (HFB), die andere für den Bau von Flugzeugen (B & V) — Mitte September 1937 wieder aufgegeben werden konnte. Unter Geschäftsführung von Dr. Vogt betrieb künftig die »Abteilung Flugzeugbau der Schiffswerft Blohm & Voss« die Produktion von Luftfahrzeugen. Von Baumuster 140 an bekamen alle weiteren Flugzeugtypen BV-

Nummern anstelle der ursprünglichen Ha-Nummern. Die Firma HFB blieb nur noch de jure als Grundstückseigentümerin bestehen.

Bau und Erprobung der Transatlantik-Großflugboote machte in Werftnähe den Erwerb eines weiteren Geländes mit Wasser- und Gleisanschluß notwendig, auf dem ein Montagewerk, zugleich aber auch ein Abfertigungs-Terminal für die Transatlantikflüge entstehen konnten. Die Flugboote sollten nach den Plänen der Deutschen Lufthansa auf der Route Berlin-Hamburg-New York eingesetzt werden.

Bei Blohm & Voss entschied man sich für den Bau einer solchen Anlage auf der Elbinsel Finkenwerder. Die seeartig breite Wasserfläche der Elbe vor der Estemündung bot sich für Wasserstarts und -landungen der künftigen Flugboote an, die in ihren Abmessungen etwa dem Riesenflugboot Do-X ähnlich würden. Zugleich sollte die neue Flugzeugwerft auch einen Landflugplatz erhalten, der jedoch erst durch die Behörde für Strom- und Hafenbau mit Baggerschlick aufgespült werden mußte. Die Inanspruchnahme von preußischem Gelände — jenseits der Hamburger Landscheide — und einem preußischen Gewässer wurde durch Einschaltung des damaligen Reichsluftfahrtministers ermöglicht. Und so konnte Oberingenieur Bahr auch den Bau der großzügig konzipierten Wasser-Landflugplatzanlage Hamburg-Finkenwerder tatkräftig dirigieren. Der Werkshafen für die Anlandnahme der großen Seeflugzeuge wurde durch eine Mole geschützt, auf deren Südspitze ein 20-Tonnen-Kran mit großer Ausladung aufgestellt wurde. Er hat sich später für die in Finkenwerder montierten Serien von BV 138-Flugbooten bewährt. Die Transatlantikflugboote — sie hatten die Typbezeichnung BV 222 »Wiking« — erwiesen sich jedoch nachher für den Kran als viel zu groß. Für sie mußte ein Schrägaufzug angelegt werden.

Die Rümpfe der großen Flugboote kamen übrigens vom Woerthdamm, wo sie in besonderen längs- und querverschiebenden Vorrichtungen zusammengebaut wurden, auf Pontons nach Finkenwerder.

Das Größenwachstum der Blohm & Voss-Flugzeuge vom kleinen, noch aus Holz und Stahlröhren gebauten, mit Stoff bespannten Doppeldecker Ha 135 (1) und Übungs-Eindecker Ha 136 (2) (Metallflugzeug) über den Sturzbomber Ha 137 (3) zur BV 138 (4), Ha 139 (5) und zu den sechsmotorigen Großflugbooten BV 222 (6).

Als im August 1940 der Prototyp BV 222 V 1 fertiggestellt war und unter Flugkapitän Rodig seine Flugerprobungen beginnen konnte, war der Krieg schon elf Monate im Gange. Ein Transatlantik-Luftverkehr war auf absehbare Zeit Illusion geworden. Also schaltete sich die Luftwaffe in den serienmäßigen Weiterbau der BV 222 ein, die durch Einschneiden von Frachtluken in die Rumpfseiten für Fernversorgungs- und Ferntransporteinsätze hergerichtet wurde. Ab Juli 1941 unternahm der Prototyp BV 222 V 1 acht Nonstopflüge Hamburg-Kirkenes und zurück, bei denen 65 Tonnen Versorgungsgüter zum Nördlichen Eismeer geflogen und 221 Verwundete zurückgebracht wurden. Im Oktober und November 1941 pendelte dieselbe Maschine zunächst siebzehnmal zwischen Athen und Derna/Libyen hin und her. Sie transportierte Soldaten und 30 Tonnen Waffen nach Nordafrika und brachte auf dem Rückflug 515 Verwundete nach Griechenland. Das Flugboot war noch völlig unbewaffnet und mußte Geleitschutz von zwei Me 110-Zerstörerflugzeugen erhalten. Es wurde jedoch im Herbst 1941 mit vier kaliberstarken Abwehr-MG's und einer Zwei-Zentimeter-Maschinenkanone armiert.

Die Spannweite des mit sechs Bramo-Fafnir-Neunzylinder-Motoren von je 1200 PS ausgerüsteten Flugbootes betrug 45,7 Meter, das Fluggewicht der beladenen Maschine über 55 Tonnen, ihr Aktionsradius 4350 Seemeilen (8058 Kilometer). Sie konnte jeweils 92 vollausgerüstete Soldaten oder 72 liegende Verwundete transportieren. Schon die zweite Maschine des ab Anfang 1941 in Serie gebauten Flugboot-Typs BV 222 wurde versuchsweise als Langstrecken-Aufklärer für die Heranführung von U-Booten an Geleitzüge eingesetzt und dem »Fliegerführer Atlantik« unterstellt. Sieben von den acht BV 222-Flugbooten der sogenannten A-Serie wurden jedoch der »Lufttransportstaffel See 222« (Mittelmeer) zugeteilt. Sie flogen ebenfalls mit Soldaten und Versorgungsgütern von Athen nach Tobruk und Derna, um jeweils mit Verwundeten zurückzukehren. Zwei von den Maschinen wurden im Laufe der Zeit von Jagdflugzeugen abgeschossen, eine schwer beschädigt, eine vierte wurde

Totalverlust durch Flugunfall. Man baute vorsorglich in die drei intakt gebliebenen Maschinen eine noch stärkere Abwehrbewaffnung ein und erhöhte den Schub der Triebwerke beim Start durch eine Methanol-Wasser-Injektion.

Bis Ende 1942 hatten allein die im Mittelmeerraum eingesetzten Blohm & Voss-Maschinen 1453 Tonnen Luftfracht, 17 778 voll ausgerüstete Soldaten und 2491 Verwundete transportiert. Auch auf anderen Kriegsschauplätzen — bis hin zum Kaukasus — wurden beträchtliche Transportleistungen erreicht. In geheimer Mission flogen sogar zweimal BV 222-Maschinen über den Irak nach Japan. Nach der Kapitulation des Deutschen Afrikakorps im Sommer 1943 wurden die im Dienst befindlichen BV 222-Flugboote mit je einem FuG 200-Hohentwiel-Funkmeßgerät sowie zwei weiteren Radaranlagen und Kurzwellenfunkanlagen ausgerüstet und ebenfalls als Fernaufklärer für die U-Boot-Waffe dem Fliegerführer Atlantik unterstellt. Auch die nächsten von Blohm & Voss abgelieferten neun BV 222-Flugboote der C-Serie und D-Serie wurden von vornherein nur als Seefernaufklärer eingesetzt. Sie hatten Feststoff-Starthilferaketen bekommen und flogen mit elf Mann Besatzung. Nach der Invasion in Westfrankreich (Juni 1944) wurden die noch vorhandenen Fernaufklärungsflugboote nach Norwegen und Deutschland verlegt und dort wieder in Transporter zurückverwandelt. Einige Maschinen blieben bis Kriegsende im Einsatz.

Aber auch die BV 222 war noch nicht die eigentliche Krönung vom Schaffen des Vogtschen Konstruktions-Teams. Das sozusagen spektakulärste Flugzeug wurde das Riesenflugboot BV 238, von dem das Reichsluftfahrtministerium schon im Herbst 1941 die ersten vier Prototypen bestellt hatte. Diese für Nonstop-Einsätze bis zur ameri-

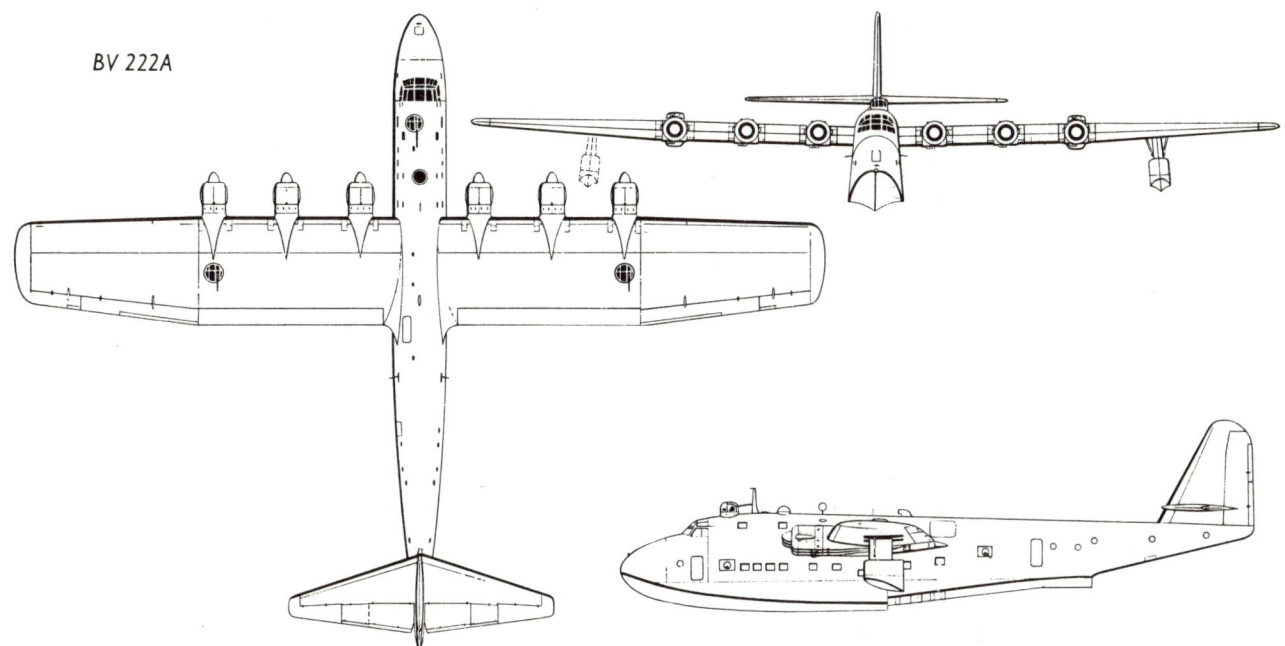

BV 222A

Das sechsmotorige Großflugboot BV 222 »Wiking«: Aussehen der ersten acht Maschinen der Serie BV 222 A (Spannweite 46 m, Motorenleistung insgesamt 6000 PS).

kanischen Küste geeigneten damaligen »Jumbos« hatten ein Leergewicht von 60 und ein Fluggewicht von über 90 Tonnen! Auch die Spannweite dieser damals schwersten Luftfahrzeuge der Welt übertraf mit über 60 Metern die der Do-X und der BV 222 bei weitem. Eine hydraulisch betätigte Bugpforte ermöglichte wie bei einem Landungsboot die Direktbeladung des unteren Decks. Die Abwehrbewaffnung war mit insgesamt achtzehn Maschinenwaffen — bis zur Zwillings-Zwei-Zentimeterkanone — außerordentlich stark.

Die erste fertiggestellte BV 238 begann im April 1944 auf dem Schaalsee bei Mölln ihre erfolgreichen Flugerprobungen. Die Maschine wurde jedoch gegen Kriegsende, getarnt an ihrer Festmachboje liegend, bei einem Tieffliegerangriff von »Mustang«-Jägern entdeckt und versenkt. Die zweite BV 238 war bereits fertig, die dritte weit fortgeschritten, gleich zwei weitere befanden sich in Bauvorbereitung, als im Spätsommer der Bau der Riesenflugboote wegen vordringlicher anderer Aufgaben vom RLM ebenso abgestoppt wurde wie der Weiterbau von vier vorbereiteten Fernbombern des Typs BV 250. Sie waren eine Landflugzeugversion der BV 238, für die ein Mehrfachfahrwerk vorgesehen war. Nach Vogts Berechnungen konnten diese dicken Brummer mit einer Last von 20 Tonnen Bomben 4350 Seemeilen (8057 Kilometer) weit entfernte Ziele angreifen. Mit kleineren Bombenlasten betrug ihr Aktionsradius sogar 6215 Meilen, was 11 510 Kilometern entspricht! Als Kuriosum verdient hervorgehoben zu werden, daß die Flugboote des Typs BV 238 so überdimensional waren, daß neuartige Trans-

portwagen mit zwei einzeln lenkbaren Radpaaren und einer kippbaren Bettung konstruiert werden mußten. Ohne sie zu kippen, hätte man die Supervögel überhaupt nicht aus der Montagehalle in Finkenwerder herausbekommen, denn die Höhe des Leitwerks überragte die Höhe der Toröffnung beträchtlich.

War auch die Produktion von Seeflugzeug-Serien die allgemein bekannte und dem ursprünglichen Ziel angemessenste Tätigkeit des Flugzeugbaues Blohm & Voss, so verdient hervorgehoben zu werden, daß auch zahlreiche weitere Flugzeugmuster konstruiert und erprobt wurden — von der zweimotorigen, als Torpedoflugzeug gedachten Schwimmermaschine Ha 140 bis zur Ha 142 — einer Landversion der viermotorigen Transatlantik-Luftpost-Schwimmerflugzeuge Ha 139.

Auch die in fünf Exemplaren gebaute Ha 142 wurde als Fernaufklärer verwendet. Noch weniger bekannt ist, daß die als Abfangjäger entwickelte BV 155 als Trägerflugzeug für den damals in Bau befindlichen Flugzeugträger GRAF ZEPPELIN vorgesehen war.

Kuriosa besonderer Art waren die in nur acht Exemplaren gebauten asymmetrischen Flugzeuge des Typs BV 141. Bei diesen Nahaufklärungs-

Der Luftriese BV 238, das mit über 90 t Fluggewicht damals schwerste Luftfahrzeug der Welt, hatte 60 m Spannweite und eine Motorenleistung von insgesamt 11 400 PS. Diese war damit fast doppelt so groß wie bei der oben abgebildeten BV 222.

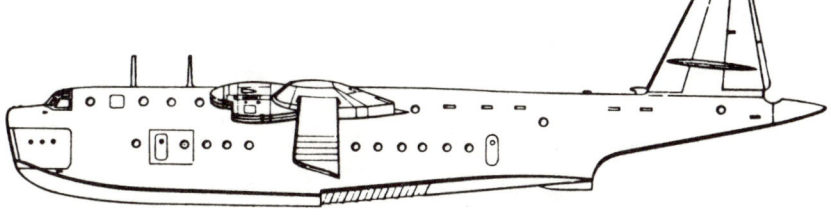

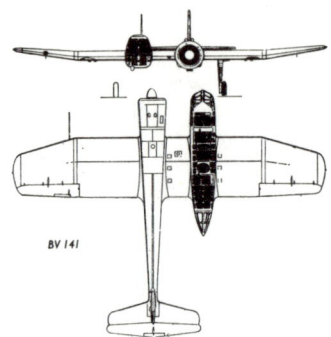

Das kuriose asymmetrische Flugzeug: Nahaufklärer BV 141 (Spannweite 17,50 m, Motorenleistung 1500 PS).

flugzeugen wollten die Konstrukteure durch einseitiges Verlegen der Rumpfgondel neben den nur mit Leit- und Triebwerk ausgestatteten Rumpf dem Beobachter und Bordschützen in seiner plexigläsernen Vollsichtkanzel ein völlig freies, auch von der Luftschraube ungestörtes Sicht- und Schußfeld gewähren. Aber das Flugzeug erschien den Abnahmeoffizieren des Technischen Amtes der Luftwaffe wohl doch allzu unorthodox, obwohl Udet das Flugzeug persönlich getestet und fliegerisch für gut befunden hatte.

Eine weitere aus dem Rahmen fallende Konstruktion war der als motorloses Gleitflugzeug entwickelte Abfangjäger BV 40, der gegen Ende des Krieges eigens für die Bekämpfung amerikanischer Tagbomberverbände entwickelt wurde. Um die immer gegebene Gefährdung von Triebwerk und Luftschraube beim Angriff des Abfangjägers auf die schwerbewaffneten B 17-Bomber zu vermeiden, sollte die Maschine von einem Me 109- oder Fw 190-Jagdflugzeug auf Höhe geschleppt werden, um dann wie ein Raubvogel auf die »Fliegenden Festungen« herabstoßen zu können.
Der Pilot lag in einem mit Panzerglas und Panzerplatten stark befestigten Cockpit auf dem Bauch, das Kinn auf eine gepolsterte Stütze gelegt. Bei längeren Einsätzen sollte allen Ernstes der weitgehend leere Rumpf der antriebslosen Maschine als Zusatztank für die Schleppmaschine dienen!
Als Bewaffnung der BV 40 sollte nach Dr. Vogts Vorschlägen eine Drei-Zentimeter-Maschinenkanone mit 70 Schuß Munition dienen. Ein durch Hochziehen nach dem Sturzangriff nochmals möglicher Angriff sollte mit dem sog. »Gerät Schlinge« geflogen werden. An einem abzuspulenden Draht war eine kleine Brisanz-Sprengladung zum nächsten Bomber hinunterzulassen.
Die Waffenexperten fanden aber heraus, daß der Pilot bei einer Ziel-Annäherungsgeschwindigkeit von 500 km/h nur Zeit zum Auslösen eines einzigen Kanonenschusses haben würde. Daher sei es wünschenswert, die Munitionsmenge wenigstens auf zwei Drei-Zentimeter-Kanonen zu verteilen. Da man nach dem Einbau dieser

beiden Kanonen das »Gerät Schlinge« nicht mehr unterzubringen wußte, ließ man es kurzerhand weg.
Neun Prototypen BV 40 befanden sich in Flugerprobung, zehn waren im Bau und 200 Serienmaschinen bestellt, als das Kriegsende die weitere Entwicklung stoppte. Zuletzt hatte man auch das Bewaffnungskonzept wieder geändert. Die Anwendung kleiner Rückstoßraketen und sogar die Verwendung kleiner Bomben mit Nahzündung wurden vom Technischen Amt vorgeschlagen. Die schwerste Ladung, die man konzipierte, bestand aus vier 70 kg-Bomben, die an beiden Seiten unter den Tragflächen aufgehängt werden sollten. Und man plante, künftig immer gleich zwei BV 40-Gleitjäger unter ein großes Kampfflugzeug — etwa vom Typ He 177 — zu hängen und von diesem auf Höhe zu bringen, damit es dann ausgeklinkt werden konnte.

In Projektierung befanden sich 1945 fünf weitere Typen von Jagdflugzeugen, deren Flügel bis zu 40 Grad gepfeilt waren. Auch beim Höhenjäger vom Muster BV 215 sollte der Pilot — wenn auch in einer Druckkabine — auf dem Bauche liegen. Ein Düsenjäger, die BV 202, befand sich ebenfalls im fortgeschrittenen Entwicklungsstadium.
Es war unvermeidlich, daß eine derart starke Ingenieur-Kapazität* in der zweiten Kriegshälfte — wie in jedem anderen, am Kriege beteiligten Land — auch für die Entwicklung neuer Waffen herangezogen wurde. In diesem Falle handelte es sich um eine ganze Reihe von »Wunderwaffen«, die aber nicht mehr zum Einsatz kamen.
Die diesbezüglichen Unterlagen wurden nach Kriegsende von den Alliierten beschlagnahmt. Wie weit sie zur Entwicklung heutiger Waffensysteme beigetragen haben, blieb unbekannt. Die Köpfe des B & V-Flugzeugkonstruktions-Teams gingen überwiegend ins Ausland und kehrten zum Teil erst nach Wiedererlangung der Lufthoheit und Fortfall des Flugzeugproduktionsverbotes in die Bundesrepublik Deutschland zurück. Dr. Vogt jedoch blieb in den USA, wo er in der Zwischenzeit einen bedeutenden neuen Wirkungskreis gefunden hatte.

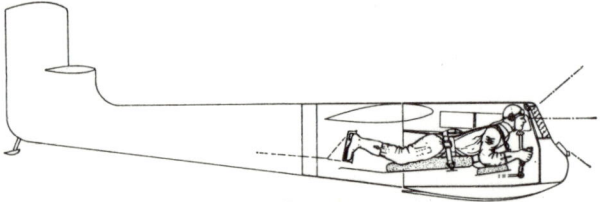

Gleit-Abfangjäger BV 40 (ohne Triebwerk, das Kinn des liegenden Piloten wurde auf eine gepolsterte Stütze gelegt, die Stirn mit einem Kissen von der Windschutzscheibe abgehalten! — Die Skizze ist nicht maßstabsgerecht zur obigen Zeichnung. Die geringe Größe der BV 40 ist an der Körperlänge des Piloten erkenntlich.

* Die Gesamtleitung der Abteilung Flugzeugbau der Schiffswerft B & V lag in den Händen von Direktor Dipl.-Ing. Max P. Andreae, sein Handlungsbevollmächtigter war Oberingenieur Willy Schweigert. Dipl.-Ing. Andreae studierte an den Technischen Hochschulen München und Berlin-Charlottenburg Maschinenbau, wandte sich zunächst dem Kraftfahrzeugbau zu und trat 1916 ins Maschinenbaubüro B & V ein. Er wurde Normungsspezialist und Sachbearbeiter für Sonderaufträge. Ab 1933 HFB-Geschäftsführer, wurde Andreae Abteilungsleiter Flugzeugbau der Werft und nach dem Krieg einer der beiden Geschäftsführer der Bau- und Montage-Gesellschaft mbH (s. S. 182/183). 1952–56 bereitete er den HFB-Wiederaufbau vor.

Von der GORCH FOCK bis zum »Zigarrenschiff«

Der Flugzeugbau war nun das »vierte Standbein« unter den B & V-Unternehmensbereichen. Wie richtig aber der Entschluß zur rechtzeitigen Diversifikation in schwieriger Zeit gewesen ist, geht aus dem Auftragsbuch der Schiffswerft eindringlich hervor: Nach Ablieferung der Kombischiffe CARIBIA und CORDILLERA wurden in den Jahren 1933 und 1934 nur zwei weitere, ziemlich kleine Schiffe gebaut. Ihr Auftraggeber war auch keine Reederei, sondern die gemäß Versailler Vertrag auf 15000 Mann begrenzte Reichsmarine.

Diese kleine Marine litt permanent unter Geldknappheit. Sie hatte aber von Anfang an der Ausbildung ihres sorgfältig gesiebten Nachwuchses für die Offizier- und Unteroffizier-Laufbahn einen hohen Stellenwert beigemessen. Schon ab 1921 hatte sie einen im Krieg erbeuteten norwegischen Viermastfrachtschoner als »Segeltender« benutzt und 1923 zur Schonerbark umbauen lassen.

Dieses auf den Namen NIOBE getaufte Schulschiff kenterte am 26. Juli 1932 durch eine orkanstarke Gewitterböe im Fehmarnbelt. Die Katastrophe forderte 69 Todesopfer, nur 40 Mann konnten gerettet werden. Überall zwischen Königsberg und Aachen, Flensburg und Konstanz gingen die Flaggen auf Halbmast. Über Parteienzwist und ideologische Gräben hinweg ergriff eine Welle von Trauer und Mitgefühl das ganze deutsche Volk. Der anfängliche Schock über das schwere Unglück schlug jedoch bald in eine Dennoch-Reaktion um. Nach der Devise »Nicht klagen — wieder wagen« gingen aus allen Kreisen der Bevölkerung Geldbeträge als »NIOBE-Spende« ein. Auch brachte die Preußische Staatsmünze nach einem Entwurf von Professor Oskar Glöckler eine NIOBE-Gedenkmünze in Fünfmarkstückgröße heraus, die mit amtlicher Genehmigung an den Bankschaltern zugunsten dieses vaterländischen Hilfswerks zum Verkauf gebracht wurde. Insgesamt kamen rund 200000 Reichsmark auf dem Berliner Spendenkonto zusammen, so daß die Marineleitung die noch bestehende Finanzierungslücke zum Bau eines neuen, größeren Segelschulschiffes schnell gedeckt fand. Sie schrieb das »Projekt 1115 Ersatz NIOBE« aus. Die Deut-

schen Werke und die Germaniawerft in Kiel, die Howaldtswerke, die DESCHIMAG und Blohm & Voss wurden aufgefordert, entsprechende Entwürfe einzureichen. Die DESCHIMAG, die soeben die im Segelschiffbau besonders namhafte Werft Joh. C. Tecklenborg in Geestemünde demontiert hatte, mußte nun eingestehen, daß sie leider für die Bauausführung keine Leute mehr hätte. Unter den übrigen Bewerbern machte Blohm & Voss als einschlägig erfahrenste Werft das Rennen.

Die Marineleitung legte keinerlei Wert darauf, etwa »eine Jacht« zu bekommen. Sie wollte vielmehr in einem ausgereiften, extrem sicheren Schiff die großen Segelschiffbau-Erfahrungen von Blohm & Voss optimal verkörpert sehen. Aus dem in Berlin gut beurteilten Vorentwurf entstand nach detaillierten Bauvorschriften des Marineoberbaurates Burkhardt eine hervorragende endgültige Konstruktion, die unverkennbar die »Handschrift« Dr. Süchtings erkennen ließ. Die Werft übernahm jedoch mit dieser Bau-Nr. 495 eine verzwickte Aufgabe: Die Marine bestand unbedingt darauf, daß bereits die »Crew 33«, d.h. der nächstjährige Seeoffizier- und Sanitätsoffizier-Jahrgang, ab 1. Juli 1933 auf dem Schiff ausgebildet werden könne. Die Sache drängte deshalb so sehr, weil die nach dem Untergang der NIOBE ersatzweise als Behelfsschulschiffe gecharterten Schonerjachten JUTTA und EDITH des Deutschen Hochseesportverbandes »Hansa« zu diesem Zeitpunkt nicht mehr zur Verfügung stehen würden. Eine Unterbrechung der Segelschiffsausbildung dürfe aber keinesfalls eintreten. Daraufhin entstand in einer Rekordbauzeit von nur 100 Tagen die weiße Bark GORCH FOCK, benannt nach dem Pseudonym des am 31. Mai 1916 in der Skagerrakschlacht gefallenen Seedichters Johann Kinau.

Der Stapellauf der GORCH FOCK, die immerhin nach 20 Monaten der erste Bauauftrag überhaupt war, wurde ein Ereignis, das dem Stapellauf der VATERLAND im Jahre 1913 kaum nachstand. Wiederum hatten sich 10000 Zuschauer im Werftgelände versammelt. 720 Gäste wohnten auf einer eigens dafür errichteten Tribüne und 320 ranghohe Ehrengäste auf der Senatstribüne der Feier bei. Unmittelbar beim Schiff standen die Ehrenkompanie des zu Besuch erschienenen Leichten Kreuzers KARLSRUHE mit Musik, dahinter die Abordnung des Kreuzers und am linken Flügel eine Ehrenabordnung der Hamburger Polizei. Es folgten die Fahnenabordnungen aller möglichen Formationen. Auch die Kriegervereine, der Deutsche Marine-Bund, die Marine-Jugend und Chargierte der studentischen Korporationen von der Hamburger Universität — mit ihrem malerischen Couleur von Schärpen und Fahnen — fehlten nicht.

Die Taufrede hielt Admiral Dr. h. c. Raeder. Frau Marie Fröhlich aus Plauen, die 1. Vorsitzende des »Flottenvereins Deutscher Frauen«, warf als Taufpatin die Sektflasche. Und Rud. Blohm brachte die üblichen drei Hurras auf den Neubau aus.

Es ranken sich köstliche Anekdoten um diesen Stapellauf: Einer der eingeladenen Gäste, ein Binnenländer, bestaunte zuerst ehrfürchtig die riesigen Helgengerüste und sonstigen Dimensionen der Werft. Vom Schiff aber war er tief enttäuscht. Tatsächlich sah die GORCH FOCK mit nur 1350/1500 t Wasserverdrängung auf der gewaltigen Helling relativ kümmerlich aus. Darum fragte der Fremde den erstbesten Werftarbeiter, ob man denn hier immer nur so kleine Pötte baue. Angesichts der noch gültigen Kurzarbeitsregelung erwiderte der Schiffbauer schlagfertig: »Tjä, mien Herr — dat is man so: wi arbeid' blot fief Dag, denn könnt de Schepp woll nich gröter warrn!«.

Bei dem Stapellauf waren auch »Gorch Focks« Eltern und die gesamte weitere Familie Kinau als Ehrengäste anwesend. Man sah es vor allem der Mutter des Dichters an, daß sie sich vor den

Wochenschau-Filmkameras und den vielen Mikrofonen ebenso wenig wohl fühlte wie unter der massierten Prominenz. Admiral Raeder hegte große Sympathien für Gorch Focks Lebenswerk und empfand Verständnis für die Hemmungen der plötzlich ins Rampenlicht der Öffentlichkeit gezerrten, völlig verschüchterten netten Frau. Er beschloß deshalb, sie am nächsten Tag ohne sein furchteinflößendes Uniform-Gold auf Finkenwerder zu besuchen und jenes Gespräch von Mensch zu Mensch nachzuholen, das auf der Werft unter so vielen »hohen Tieren« einfach nicht möglich wurde. Erich Raeder erschien also am Neß von Finkenwerder und betätigte den eisernen Türklopfer. Frau Kinau öffnete die Tür mißtrauisch einen Spalt breit. Als Raeder, der im schlichten Zivil nicht wiedererkannt wurde, zur Begrüßung ansetzte: »Guten Tag, Frau Kinau, ich wollte doch noch eben die Gelegenheit wahrnehmen und . . .«, wurde ihm von der Bauerntochter aus der Geest resolut das Wort abgeschnitten: »Jo jo, ick weet all, wat se wüllt!«.

Sie beschied ihm zu warten und kramte einen Augenblick lang in der Küche herum. Dann erschien sie wieder, um dem vermeintlichen Bettler einen Groschen zu schenken. Raeder versuchte eine Erklärung: »Aber liebe Frau Kinau, ich bin doch Admiral . . .« Doch zur Nennung seines Namens kam Raeder auch diesmal nicht. Frau Kinau sagte treuherzig: »Wat se sünd, is mi schietegol. Mehr as tein Penn gift dat bi mi nich!«.

Daraufhin trat der spätere Großadmiral und Oberbefehlshaber der Kriegsmarine doch lieber den Rückzug an, um der Frau des Seefischers Kinau den Schrecken zu ersparen, den eine Richtigstellung des Sachverhaltes wohl ausgelöst haben dürfte.

Der GORCH-FOCK-Bauwerft konnte Raeder jedoch schon Monate später einen Anerkennungsbrief schreiben: »Das neue Segelschulschiff hat mir in allen Einzelheiten ganz ausgezeichnet gefallen; es ist ein Meisterwerk der im Kriegs- und Handelsschiffbau so bewährten Firma. Die ersten Probefahrten haben seglerisch wie maschinell in jeder Weise befriedigt. Für die besonders gute Zusammenarbeit, über die mir von allen Seiten berichtet wurde, und das verständnisvolle Eingehen auf alle Sonderwünsche des Kommandos, bin ich Ihnen sehr verbunden . . .«.

Nach Beendigung der außerordentlich knappen Bauzeit hatte GORCH FOCK schon am 24. Juni 1933 in allen Teilen fertig zur Übergabefahrt bereitliegen können. Als Werftkapitän fungierte Kapitän Elingius, der sechs junge Segelschiffs-Vollmatrosen angemustert hatte. Sie arbeiteten mit den erfahrenen Taklern der Werft und der schon an Bord befindlichen Stammbesatzung der Reichsmarine prächtig zusammen. Es heißt in dem Probefahrtbericht: »Mit der auf der Werft gewohnten Pünktlichkeit wurde Schlag 8 Uhr vormittags... losgeworfen, und GORCH FOCK setzte sich unter Assistenz eines Werftschleppers in Bewegung. Zunächst wurde bei regnerischem Wetter bis 11.30 Uhr elbabwärts gesteuert, bei Krautsand wurden

die Kompasse reguliert und im Anschluß daran bei aufklarendem Wetter eine zweistündige (Maschinen-)Vollfahrt durchgeführt. Während dieser Zeit nahm der Kommandant (der spätere Admiral) Kapitän zur See Raul Mewis, mit militärischer Gründlichkeit eine Besichtigung der Deckseinrichtung und sämtlicher Innenräume vor, um den Ablieferungszustand zu überprüfen... Die Werft hatte aber gut gearbeitet, die gezückten Bleistifte bekamen keine Arbeit«.

Mit eigener Kraft — dank eingebautem 520-PS-Sechszylinder-Viertakter — verlegte das Schiff durch den Kaiser-Wilhelm-Kanal nach Kiel. In Rendsburg wurde zur Nachtruhe festgemacht. Am Ufer hatten sich Tausende von Menschen gefunden, die das neue Schulschiff stürmisch begrüßten. Es wurde überall zur Sensation und bot Anlaß zu Sympathie-Kundgebungen.
Nach der Ankunft in Kiel dankte Raul Mewis als Vorsitzender der Abnahmekommission der Bauwerft für alles, was sie mit diesem Schiff geleistet habe. Und der an Bord befindliche Walther Blohm betonte in seiner Erwiderung, mit welcher Liebe von allen Stellen der Werft an diesem bemerkenswerten Bau gearbeitet worden sei. Unter Taklermeister Sieber und Vorarbeiter Otto waren ins Rigg der Bark 7500 m Stahldrahttauwerk, 9400 m Hanf- und Manilatauwerk, 372 Holzblöcke, 78 eiserne Blöcke, 117 Spannschrauben, 1200 Schäkel und Kauschen, 200 Belegnägel und 325 Legel (Stagsegelringe) eingebaut worden.
Bei den Erprobungen auf der Ostsee notierte der unparteiische, in der Handelsschiffahrt tätige Werftkapitän: »Am folgenden Tage war recht frische Brise. Royals, Gaffeltoppsegel und die kleineren Stagsegel wurden nicht gesetzt. Wir haben (dennoch) zeitweise 12 Knoten geloggt. Das Schiff segelt spielend leicht und steuert ganz hervorragend gut, die Stabilität ist einwandfrei, die höchste Krängung am Wind war 10 Grad. Ich bin überzeugt, daß die GORCH FOCK, frei am Wind und solange kein Seegang aufkommt, ohne Risiko für Stengen und Segel 14 Knoten laufen kann«.
GORCH FOCK hatte eine Segelfläche von 1800 Quadratmetern. Und Kapitän Elingius kam nach allen Erprobungen zu dem Schluß: »Ich kann mir kein Segelschiff denken, das in irgendeiner Hinsicht besser sein könnte. Die Segel stehen, wenn sie richtig getrimmt sind, wie ein Brett.«
GORCH FOCK wurde ein »glückhaftes Schiff«. Sie segelte unfallfrei — auch im Kriege von Tieffliegern und Minentreffern verschont — bis zum 1. Mai 1945 unter deutscher Flagge. Die eigene Besatzung hat die Bark an dem besagten Tage vor Stralsund durch Öffnen der Bodenventile versenken müssen.
Die Sowjets haben das Schiff wieder gehoben und im Jahre 1948 repariert. Es steht seitdem unter dem Namen TOWARISCHTSCH im Dienst der Seefahrtschule Cherson am Schwarzen Meer und bildet künftige Nautiker der sowjetischen Handelsflotte aus.
In einem 1961 im Stalling-Verlag erschienenen Bildband heißt es über die damalige GORCH FOCK: »Bald nahm sie ihre Ausbildungsfahrten auf. Aber die Grenzen waren eng gesteckt. Fast nur in den heimischen Gewässern. Fast immer in Sicht einer Küste... Bis das Temperament mit dem damaligen Kommandanten durchging und er Berlin mit Berichten und Eingaben bombardierte: »Die GORCH FOCK ist ein besseres Seeschiff als jeder Dampfer! Wirkliche Segelerfahrungen lassen sich in den engen Gewässern der Ostsee kaum gewinnen. Beengter Manövrierraum und starker Schiffsverkehr bergen sogar besondere Gefahren. Ich halte daher größere Fahrten für unbedingt erforderlich, um einen Stamm wirklich erfahrener Offiziere und Unteroffiziere heranzubilden.«

Schließlich erlaubte Großadmiral Raeder Reisen nach Norwegen, Island, nach Madeira, zu den Kanarischen Inseln und gab damit dem Drängen des Kommandanten nach. Aber er blitzte ihn an: »Das will ich Ihnen sagen — passieren darf nichts!«

Nun, es passierte nichts. Nicht der GORCH FOCK und auch nicht ihren später ebenfalls bei B & V gebauten, etwas größeren Schwesterschiffen. Am 13. Oktober 1936 lief die HORST WESSEL und am 30. Oktober 1937 die ALBERT LEO SCHLAGETER vom Stapel. Die Kadetten mancher Crew haben sich auf diesen Schiffen den Sturm um die Nase wehen lassen und ihre ersten Seebeine geholt. Mancher bekanntgewordene Offizier war früher Kommandant eines der drei weißen Segler, so die späteren Admirale Mewis, Rogge, Thiele, Weyher. Und viele andere. Erinnerungen tauchen auf: Die Winterreise im Mittelatlantik, auf der die HORST WESSEL am 23./24. Januar 1937 beigedreht einen voller Teufeleien steckenden Orkan abritt, ohne Schaden zu nehmen. Oder die Reise zweier Segelschulschiffe nach Südamerika und Westindien... Diese unvergessenen Schiffe beweisen noch heute unter fremden Flaggen ihre Eignung und Seetüchtigkeit.«

Tatsächlich initiierte die GORCH FOCK des Jahres 1933 den Bau der erfolgreichsten und sichersten Serie von Segelschulschiffen, die es jemals gegeben hat. Die ehemalige HORST WESSEL segelt seit 1946 als EAGLE der U.S. Coast Guard. ALBERT LEO SCHLAGETER kam 1947 zunächst als GUANABARA der brasilianischen Marine wieder in Fahrt und segelt seit 1961 als SAGRES unter portugiesischer Flagge. 1938 wurde außerdem bei Blohm & Voss, genau nach den Plänen der »Serien-Mutter« GORCH FOCK, die Bark MIRCEA im Exportauftrag als Segelschulschiff für die rumänische Marine erbaut.

Die vier Segelschulschiffe der GORCH FOCK-Serie hatten noch in den dreißiger Jahren ein fünftes Schwesterschiff bekommen, das am 7. November 1939 zur Räumung der aus kriegsbedingten Gründen anderweitig benötigten Helling sang- und klanglos per Notstapellauf zu Wasser gebracht werden mußte. Für dieses allgemein unbekannt gebliebene Schiff war der Name HERBERT NORKUS vorgesehen. Dieser Neubau lag den ganzen Krieg über unfertig am Ausrüstungskai

Bau-Nr. 804: Bark GORCH FOCK (II), 1499 t, 890 PS, in Motorfahrt 10 kn, Bundesmarine.

der Werft und wurde Anfang 1947 auf Befehl der Besatzungsmacht mit Munition vollgepackt, zum Skagerrak geschleppt und dort versenkt. Seine außer den Untermasten noch nicht eingebaute Takelage wurde später für die neue GORCH FOCK (II) der Bundesmarine verwendet.

TOWARISCHTSCH, EAGLE, SAGRES, MIRCEA und die neue, 1958 abgelieferte GORCH FOCK (einschließlich HERBERT NORKUS das sechste Schiff dieses Typs) kreuzen — teilweise schon seit vier Jahrzehnten und länger - unfallfrei über die Meere. Zur 200-Jahr-Feier der Vereinigten Staaten von Amerika traf sich das gesamte Blohm & Voss-Quintett in der Windjammerparade anläßlich der »Operation Sail 76 New York« auf dem Hudson wieder, nachdem es vorher gegeneinander Regatta gesegelt hatte. Die »Fünflinge von Blohm & Voss« waren das Tagesgespräch der Amerikaner, und man konnte es sich nicht verkneifen, diese fünf herrlichen Schiffe in Hamilton/Bermuda allesamt neben- bzw. hintereinander an die Pier zu legen — sehr zur Freude aller Fotografen.

Als der Prototyp GORCH FOCK 1933 vom Stapel lief, hatte die Reichsmarine kurz zuvor ihre ersten Schnellboote in Dienst gestellt, für die sich ein schwimmender Stützpunkt bald als unentbehrlich erwies. Die Marineleitung gab deshalb noch 1933 bei Blohm & Voss den sogenannten Flottentender TSINGTAU in Auftrag. Dieses eigens für diesen Zweck konstruierte Mutterschiff sollte Versorger, Wohn- und Werkstattschiff, Torpedoklarmachschiff und bewaffnetes Begleitschiff für eine ganze Schnellboot-Flottille sein. Es gab für diesen Neubau keinerlei Vorbild. Er wurde jedoch ein so guter Wurf, daß er in seinen Grundzügen das Muster für neun weitere U-Boot- und S-Boot-Begleitschiffe der Kriegsmarine abgab, die später bei anderen Werften in Auftrag gegeben wurden. Über die beiden kleinen Reichsmarine-Aufträge hinaus sah es auf der Werft noch immer kümmerlich aus. Von einer Wiederbelebung des Neubaugeschäftes konnte noch längst keine Rede sein. Um so mehr kam Blohm & Voss ein Auftrag der HAPAG gelegen. Die vier Nordatlantik-Turbinenschiffe ALBERT BALLIN, DEUTSCHLAND, HAMBURG und NEW YORK, die in den Jahren 1923—27 auf Steinwerder erbaut waren und 1929/30 durch Einbau neuer Turbinen und Wasserrohrkessel ihre Maschinenleistung von 15000 auf 28000 PS gesteigert bekommen hatten, mußten 1933/34 zwecks Schaffung zusätzlicher Außenkabinen und Reduzierung des Brennstoffverbrauchs durch entsprechende Zuschärfung des vorderen Schiffsendes verlängert werden. Die Modellversuche in der Hamburgischen Versuchsanstalt hatten ergeben, daß dank dieser Maßnahme die Reduzierung der Maschinenleistung von 28000 auf 20000 PS bei gleichbleibender Geschwindigkeit zu erwarten war und die dabei erzielte Brennstoffersparnis die Umbaukosten binnen zweieinhalb bis drei Jahren wettmachen würden!

Aus den genannten Gründen wurden alle vier Schiffe »vorgeschuht«. Diese Verlängerung ging so vor sich, daß man jedes Vorschiff 15 m weit hinter dem Bug mit Schneidbrennern abtrennte und jeweils ein neugebautes, 25 Meter langes und wesentlich schärferes Vorschiff davorsetzte.

Alle vier Vorschiffe waren hintereinander im Dock VI gebaut worden. Und sobald dem nächsten zu verlängernden Schiff im Dock V das alte Vorschiff abgeschnitten worden war — man hatte es gleich an Ort und Stelle verschrottet — wurde Dock VI wieder ans Dock V verholt und nach dem Koppeln der beiden Docks das neue Vorschiff auf Schlitten an das Schiff herangezogen. Das Verbinden der beiden Teile ging schnell. In den einzelnen Gängen brauchte jeweils nur eine Platte angebracht und genietet zu werden. Keines der Schiffe lag länger als sechs Wochen im Dock. Und tatsächlich erzielten die Schiffe der ALBERT-BALLIN-Klasse nach ihrer Verlängerung Geschwindigkeiten über 20 Knoten.

Die Verlängerung der vier Nordatlantik-Schiffe wurde von Wochenschau-Kameras gefilmt und dadurch in ganz Deutschland bekannt.

In Deutschland hatte sich inzwischen, seit dem Frühjahr 1933, die politische Landschaft längst einschneidend verändert. Seit dem Ermächtigungsgesetz war aus der Demokratie immer unverkennbarer eine Diktatur geworden. Und in beklemmend rascher Folge wurden in den nächsten Monaten immer neue, großenteils gravierende gesetzgeberische Maßnahmen vollzogen. Darunter befanden sich im Juni und September 1933 auch zwei Gesetze zur Minderung der Arbeitslosigkeit. Unter dem Schlagwort „Arbeitsschlacht" wurden durch den Reichsbankpräsidenten und durch Staatssekretär Reinhardt vom Reichsfinanzministerium öffentliche Bauvorhaben durch Sonderfinanzierungen in Gang gebracht. Es handelte sich dabei nicht nur um Projekte der Bauwirtschaft, sondern zum Teil auch um die Schaffung neuer Verkehrskapazitäten. Dabei tauchte ein neuer Begriff auf, der unter der Abkürzung »Oeffa« häufiger genannt wurde als mit seinem eigentlichen Namen.

Reinhardt hatte die »Deutsche Gesellschaft für Öffentliche Arbeiten« (Oeffa) mit Reichsmitteln finanziert, die Investitionsmittel für die Arbeitsbeschaffung mit der strengen Auflage vergab, es dürften mit den so geförderten Projekten von den die Aufträge ausführenden Firmen keinerlei Gewinn erzielt werden. Die Einhaltung dieser Bestimmung wurde vom Rechnungshof des Deutschen Reiches argwöhnisch überwacht.

Für Blohm & Voss wurden der Reinhardt-Plan und die Oeffa-Aktivitäten schon bald bedeutsam. Das begann am 10. August 1933 mit einer brieflichen Anfrage des Norddeutschen Lloyd, ob sich Blohm & Voss am Wettbewerb um den Bau von mindestens einem Ostasien-Schnellschiff beteiligen wolle. Mit Rücksicht auf die starke internationale Konkurrenz sollte der Bau freilich so lange wie möglich geheimgehalten werden.

Seit Ausbruch des 1. Weltkrieges hatte die nach Ostasien führende älteste deutsche Reichspostdampferlinie nur noch auf dem Papier gestanden. Die 1930 gebildete HAPAG-Lloyd-Union entwickelte 1933, unterstützt von den Ersten Bürgermeistern der Hansestädte Hamburg und Bremen, besondere Ambitionen, diese Route mit modernen, komfortablen Schnelldampfern neu zu beleben. Diese sollten imstande sein, mit dem überall geschätzten vorbildlichen Service der beiden deutschen Großreedereien ausländischen Linien devisenbringende Fahrgäste abzuwerben. Das Reichsverkehrs-, das Reichspost- sowie das

Reichsfinanzministerium standen dem Vorhaben wohlwollend gegenüber. Und so erklärte sich die staatlich geförderte Oeffa bereit, den Neubau entsprechender Schiffe aus Krediten für die Arbeitsbeschaffung zu finanzieren. Blohm & Voss erhielt den Bauauftrag für ein über 17500 BRT großes 21-Knoten-Schiff.

Staatssekretär Reinhardt erhielt von Direktor Dr. Frahm die erbetene Mitteilung, daß der Bau dieses Schnelldampfers rund anderthalb Jahre dauern werde, bei der Werft und Maschinenfabrik 500000, bei der Zulieferungsindustrie sogar 630000 Tagewerke notwendig mache und daß die Zahl der benötigten Arbeitskräfte mit dem Fortschreiten des Neubaues immer größer werden dürfte.

Die Oeffa sagte daraufhin eine Baufinanzierung von knapp 10 Millionen Reichsmark zu, die in fünf Raten gezahlt werden solle. Aus juristischen Gründen müsse jedoch eine eigens dafür geschaffene »Hanseatische Schiffahrts- und Betriebsgesellschaft m.b.H.« in Bremen als Auftraggeber für die geplanten zwei (später sogar drei) Ostasien-Schnelldampfer fungieren.

Damit begann ein Verwirrspiel ohnegleichen. Der bei Blohm & Voss bestellte Schnelldampfer POTSDAM war auf Betreiben der Oeffa von der »Hanseatischen Schiffahrts- und Betriebsgesellschaft« in Auftrag gegeben worden, die jedoch bald alle Rechte aus dem Bauvorhaben der HAPAG übertrug. Banken und Behörden erkannten diesen Transfer ohne Kaufvertrag nicht ohne weiteres an. Fällige Wechsel wurden in Frage gestellt, sogar die Herausgabe des Bielbriefes* an den neuen Eigner wollte man verweigern. Aber es kam noch bunter: Während des Baues der POTSDAM wurde die Entflechtung der deutschen Linienreedereien betrieben. Im Zuge der zum Programm erhobenen Mittelstandsförderung wurden zahlreiche kleinere Reedereien aus entstandenen großen Konzernen wieder ausgegliedert und reprivatisiert. Im Herbst 1933 mußten HAPAG und Lloyd, die seit 1930 eine Union gebildet hatten, zugunsten anderer Reedereien auf ihren Levante-, England- und Spanien/Portugal-Verkehr verzichten. Im Verlaufe dieser Neugliederung der Linienschiffahrt wechselten über 50 Schiffe den Besitzer. Wenig später, im Februar 1934, wurde übrigens die HAPAG-Lloyd-Union aufgelöst. Die Tätigkeitsfelder der beiden Reedereien wurden fortan bis zu einem gewissen Grade voneinander abgegrenzt. So erhielt der Norddeutsche Lloyd das Monopol für den Fahrgastdienst nach Ostasien zugesprochen, so daß die im Bau befindliche POTSDAM an den Lloyd überschrieben werden mußte. Nun verwandelte sich die Situation vollends in eine Groteske: Die POTSDAM hatte noch vor der Ablieferung, ohne jemals verkauft worden zu sein, den dritten Besitzer erhalten. Das bereits durch die Bauaufsicht mit den Besonderheiten dieses Schiffes vertraut gemachte HAPAG-Maschinenpersonal war gar nicht mehr austauschbar. Es wurde deshalb vor Probefahrten und Jungfernreise kurzerhand in Lloyd-Uniformen gesteckt.

Die POTSDAM war nicht nur juristisch ein Unikum, sondern sie bedeutete zugleich einen Markstein in der Geschichte der Schiffsbetriebstechnik. Sie wurde das erste Fahrgastschiff mit Benson-Höchstdruckkesseln und zugleich das erste Schiff der Welthandelsflotte, das in Kombination mit dieser Kesselart einen turbo-elektrischen Antrieb bekam. Der entsprechende Vorschlag von Blohm & Voss war so revolutionär, daß der Norddeutsche Lloyd verständlicherweise zunächst Furcht vor der eigenen Courage bekam. Man wolle es doch lieber mit herkömmlichen Wasserrohrkesseln und mit einem Rädergetriebe versuchen.
Blohm & Voss konnte jedoch darauf verweisen, daß auf der UCKERMARK inzwischen drei Jahre lang positive Erfahrungen mit der

* Bauzertifikat, heute Meßbrief genannt.

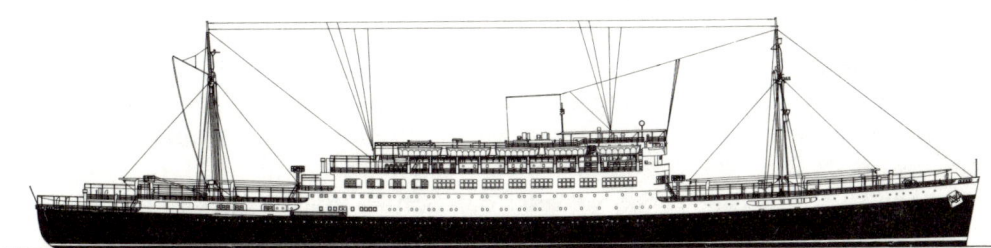

Bau-Nr. 497: Doppelschrauben-Fracht- und Fahrgastschiff (Turbo-Elektroschiff) POTSDAM, 17518 BRT, 12030 tdw, 26000 PS, 21 kn, Norddeutscher Lloyd, Bremen.

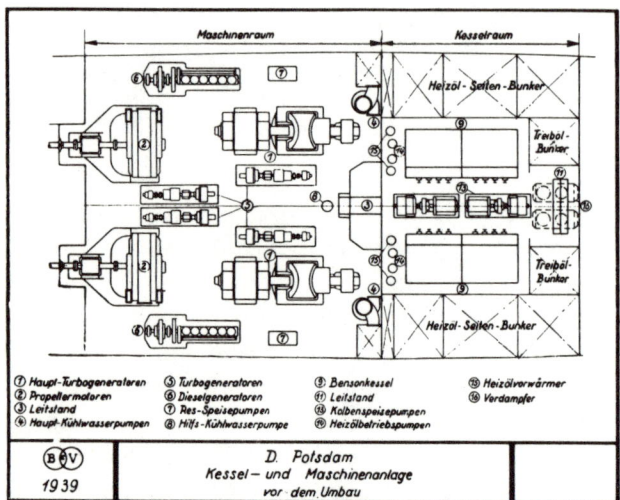

① Haupt-Turbogeneratoren	⑤ Turbogeneratoren	⑨ Bensonkessel	⑬ Heizölvorwärmer
② Propellermotoren	⑥ Dieselgeneratoren	⑩ Leitstand	⑭ Verdampfer
③ Leitstand	⑦ Res-Speisepumpen	⑪ Kolbenspeisepumpen	
④ Haupt-Kühlwasserpumpen	⑧ Hilfs-Kühlwasserpumpe	⑫ Heizölbetriebspumpen	

B V 1939	D. Potsdam Kessel – und Maschinenanlage vor dem Umbau	

Die POTSDAM-Maschinenanlage in ihrer ersten Anordnung bei Indienststellung (1939 umgebaut).

neuen Kesselart gemacht wurden. Und so entschloß man sich in Bremen schweren Herzens doch, die POTSDAM mit turbo-elektrischer Höchstdruckanlage auszustatten, obwohl diese Antriebsart die Tragfähigkeit um 325 tdw, die Laderaumkapazität um 40 000 cbf verringerte und den Neubau um 700 000 RM verteuerte. Man nahm sogar in Kauf, daß die Siemens-Schuckert-Werke, die bislang noch niemals elektrische Propellermotore für den Schiffsantrieb gebaut hatten, sich bei der POTSDAM gleich an eine 26 000-PS-Anlage heranwagen wollten. Aber die von Blohm & Voss gemachten Prognosen über die Vorteile der neuen Antriebsart waren gerade auf der Postdampferstrecke nach Ostasien bestechend: Auf vielen Revierfahrten und Küstenreisen mußte unterwegs mit reduzierter Fahrt gelaufen werden, und es waren sehr viele Maschinenmanöver durchzuführen. Blohm & Voss und Siemens-Schuckert konnten ein extrem sicheres und schnelles Manövrieren anbieten, bei dem sich die bei Vollast mit 6000 Volt betriebenen Drehstrom-Synchronmotore innerhalb 30 Sekunden von »Voll voraus« auf »Voll rückwärts« umsteuern ließen. Man benötigte keine besonderen Rückwärtsturbinen mehr. Der Wirkungsgrad sei, so sagte die Bauwerft, in beiden Fahrtrichtungen gleich groß — er läge bei 98% sowohl bei den Turbo-Generatoren als auch bei den Propellermotoren. Aber noch ein weiterer Vorteil käme hinzu: Jederzeit ließe sich unterwegs einer der beiden Turbo-Drehstromgeneratoren stillegen. Das Schiff liefe dann äußerst wirtschaftlich mit nur einem Turbosatz für beide E-Motoren weiter — mit Fahrtstufe »halbe Kraft«.

Normalerweise wurde jeder der beiden Propellermotore von einem dazugehörigen Turbosatz mit Strom versorgt, der sicherheitshalber so ausgelegt war, daß er dauernd eine Überlast von 10% aushielt. Vier Bensonkessel erzeugten je 24 t Dampf pro Stunde — mit einer Dampfspannung von 100 atü und 480° C Dampftemperatur am Kesselaustritt. Der Heizölverbrauch des Schiffes sollte bei 154 t in 24 Stunden liegen.

Weil die POTSDAM mit öffentlichen Geldern vorfinanziert wurde, hatte man strenge Auflagen erteilt: Die Garantiezeit mußte ein volles Jahr betragen. Das Schiff war am 1. Juli 1935 im betriebsfertigen Zustand abzuliefern. Pro Tag Verspätung seien 1500 RM Konventionalstrafe zu zahlen. Bliebe die Geschwindigkeit um zwei Zehntel Knoten hinter der geforderten Zahl 21 Knoten zurück, müßten 45000, bliebe sie um 4/10 zurück, müßten 110000 Reichsmark gezahlt werden. Bliebe jedoch die Geschwindigkeit gar einen halben

Knoten hinter der vertraglichen Forderung zurück, könne die Abnahme des Schiffes überhaupt verweigert werden.

Das Turbo-Elektroschiff POTSDAM wurde selbstverständlich termingerecht fertig. Unter besonders großer Beteiligung der Öffentlichkeit lief es am 16. Januar 1935 – getauft vom Potsdamer Oberbürgermeister – vom Stapel und konnte schon am 29. Juni desselben Jahres vorfristig an den Norddeutschen Lloyd übergeben werden.

Auf der Werft wurde der neue Schnelldampfer liebevoll »die kleine EUROPA« genannt. Die schlanken, eleganten Formen, der leicht geneigte Stahlplatten-Vordersteven mit seinem Unterwasser-Bugwulst und das Kreuzerheck der POTSDAM waren eine Augenweide. Erstmals hatte man rund 70000 m Lichtbogenschweißraupen auf die Stöße der Außenhaut und die Decksplatten aufgetragen. Das bereits bei GORCH FOCK und TSINGTAU teilweise angewandte Elektroschweißen machte beim Bau der POTSDAM die Einsparung von 1,2 Millionen Nieten möglich. Wichtig war vor allem die Einsparung an Gewicht, was ein Plus von 1000 tdw Tragfähigkeit bedeutete.

Auch die Inneneinrichtung konnte sich sehen lassen — von dem innenarchitektonisch gelungenen Speisesaal in getöntem Schleiflack bis zu den Wohnräumen für 320 Fahrgäste, die in gut belüftbaren, tropengeeigneten Außenkabinen vertragsgemäß »nicht tiefer als ein Deck unter dem obersten durchlaufenden Deck« untergebracht waren. Andererseits machten die 77000 cbm Trockenfracht-Laderäume, 15200 cbm Ladekühlräume und Süßöltanks mit 1000 cbm Fassungsvermögen die POTSDAM zu einem vollwertigen Kombi-Schiff. Die Maschinenanlage der POTSDAM aber wurde das Tagesgespräch aller Schiffsingenieure. Man hatte eine besondere Steuerschaltanlage für das sichere und schnelle Manövrieren mit den beiden geräusch- und schwingungsarm arbeitenden Elektropropellermotoren eingebaut. Sie glich bereits weitgehend einem zentralisierten Maschinenleitstand von heute. Sie enthielt die Schalt- und Regeleinrichtungen für die Regulierung der Leistung und Umdrehung der Propellermotore sowie die Meßinstrumente zur Leistungs- und Umdrehungsmessung der Turbogeneratoren, zur Überwachung des Dampfzustandes in den Turbinen und zur Kontrolle der Temperaturen von Wicklungen, Lagern, Kühlluft und Kühlwasser.

Am Tage vor der mit Spannung erwarteten Probefahrt entstand nachts — vermutlich durch Unachtsamkeit von bereits eingeschifften Fahrtteilnehmern, die einen glimmenden Zigarettenstummel weggeworfen hatten — ein Brand, der zum Glück von einem mit der Nachisolierung der Dampfrohre beschäftigten Vorarbeiter sofort bemerkt wurde. Der Vorarbeiter und ein Werft-Feuerwehrmann trugen mit dem Strahlrohr eines Wandhydranten den ersten Löschangriff vor. Die sofort eingetroffene Werftfeuerwehr kämpfte das Feuer binnen kurzem endgültig nieder, obwohl schon Gänge in hellen Flammen waren. Die Bewohner der benachbarten Kammern mußten von den Feuerwehrleuten vorsorglich durch die Fenster an Land geholt werden.

POTSDAM konnte Probefahrt und zwölfstündige Vollast-Dauerfahrt ebenso pünktlich antreten wie die erste Ausreise nach Ostasien. Aber im Mittelmeer schienen alle Unkenrufe wegen der allzu progressiven Antriebsanlage doch recht zu bekommen: Auf dem Seetörn von Genua nach Port Said zeigten sich im Kondensator, vor allem aber in den Hilfskondensatoren, so starke Leckagen der nur eingewalzten, nicht mit einer Stopfbuchse versehenen Aluminium-Messing-Kühlrohre, daß die POTSDAM tagelang mit Maschinenhavarie in Port Said festlag. Seesalz war in den Speisewasserkreislauf eingedrungen. Die Höchstdruckkessel reagierten naturgemäß mit Rohrreißern. Blohm & Voss schickte sofort Reserveteile und Monteure der Maschinenfabrik mit einem gecharterten Ju-52-Verkehrsflugzeug nach Ägypten. Der Schaden wurde behoben, die gesamte Weiterreise vom Suezkanal bis nach Shanghai verlief reibungslos. Auf der Rückreise über Manila konnte der Fahrplan exakt eingehalten werden, obwohl erneut einige Rohrreißer aufgetreten waren. Die Reederei faßte ihre Erfahrungen in dem Satz zusammen: »Rohrreißer sind uns nicht sympathisch,

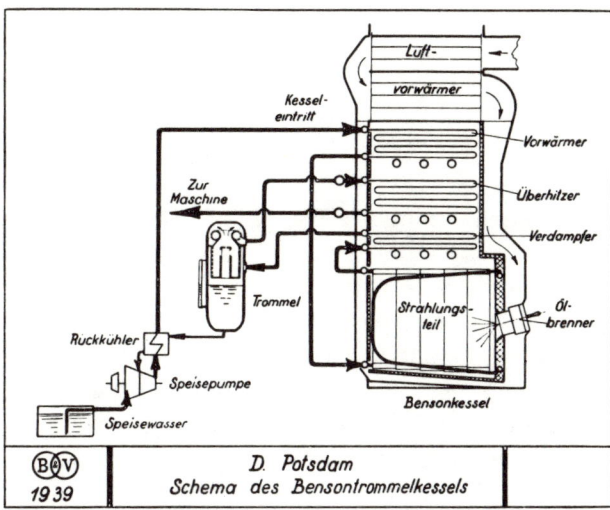

Einer der 1939 in die POTSDAM eingebauten neuen, kleineren und leistungsfähigeren Benson-Trommelkessel, die bei Blohm & Voss von Dr. Illies entwickelt wurden und bestimmte Konstruktionsmerkmale der La-Mont-Kessel mit berücksichtigte (Werftspitzname: »La-Blohmson-Kessel«).

und wir sehen in dieser Hinsicht noch nicht ganz klar. Es ist aber einleuchtend, daß diese neue Anlage in solcher Größe, sofort in die Praxis umgesetzt und dazu gleich auf so langer Reise, gewisse Kinderkrankheiten zu überstehen hatte.«

Fortan gab die Antriebsanlage des Schnelldampfers POTSDAM keinerlei Anlaß zu Beanstandungen mehr. Das Schiff erreichte jedesmal auf die Stunde genau nach 32 Tagen Reise seinen Endhafen Shanghai. Der Beweis der absoluten Zuverlässigkeit war erbracht.
Und das Schiff ermöglichte interessante Leistungsvergleiche mit den Ostasien-Schnelldampfern GNEISENAU und SCHARNHORST, die bei DESCHIMAG/Werft A.G. »Weser« und beim Bremer Vulkan etwa zur gleichen Zeit erbaut worden waren. GNEISENAU wurde jedoch mit Wagner-Wasserrohrkesseln, Turbinen und Rädergetriebe ausgerüstet; SCHARNHORST mit denselben Normaldruckkesseln, jedoch ebenfalls mit einem turbo-elektrischen Antrieb. Die POTSDAM holte im jeweiligen Reisedurchschnitt einen halben Knoten mehr heraus als die SCHARNHORST und einen ganzen Knoten mehr als die GNEISENAU. Sie fuhr damit bis zu 13% wirtschaftlicher.
Bei Kriegsausbruch befand sich die POTSDAM zufällig in Deutschland, weil sie neue, noch weiterentwickelte Höchstdruckkessel eingebaut bekam. Als Beischiff und schließlich Wohnschiff der Kriegsmarine überstand der Schnelldampfer den Krieg. In dessen Schlußphase hat er unter recht dramatischen Umständen nicht weniger als 53891 Flüchtlinge in den Westen gebracht. Als alliierte Kriegsbeute Großbritannien zugesprochen, lief die POTSDAM jahrelang als EMPIRE JEWEL und EMPIRE FOWEY unter britischer Flagge. Seit 1950 war sie als pakistanischer Dampfer SAFINA-I-HUJJAJ in Fahrt, der auf jeder Reise 2000 Moslem-Pilger von Karatschi nach Dschiddah/Saudi-Arabien und damit zum nahegelegenen Mekka brachte. Bei Drucklegung dieses Buches hat auch die einstige POTSDAM ein Alter von 41 Jahren erreicht, obwohl man einem Schiff dieser Größe heute normalerweise nur eine Lebensdauer von 20 Jahren zuzubilligen pflegt. Sie wurde ab August 1976 in Pakistan verschrottet.

Die Marineleitung hatte die Erfolge der bei B & V gebauten Bensonkessel verständlicherweise schon seit Indienststellung der UCKERMARK mit wachem Interesse verfolgt. Das geringe Gewicht, der verminderte Raumbedarf und die hohe Leistung bei gleichzeitiger Wirtschaftlichkeit machten Bensonkessel zum bestgeeignetsten Dampferzeuger für schnelle Kriegsschiffe. Die Reichsmarine gab deshalb 1934 den Aviso GRILLE in Auftrag — ein außerordentlich schmuckes und graziles Schiff vom Dampfjachttyp, das Mitte Dezember 1934 vom Stapel lief.

Historisch inkorrekt wird das Schiff von der Publizistik als »Hitlers Jacht« bezeichnet. Richtig ist daran nur, daß die GRILLE den Charakter einer Staatsjacht hatte und bei besonderen Anlässen Repräsentationszwecken diente. Der knappe Etat der Reichsmarine hätte jedoch den Bau des Schiffes allein für diesen Zweck nicht erlaubt. Das mit vier Benson-Höchstdruckkesseln und zwei Satz Blohm & Voss-Getriebeturbinen ausgerüstete Doppelschraubenschiff war als kleiner Spähkreuzer sowie Minenleger konzipiert und deshalb mit elf Geschützen bis zum Kaliber 12,7 cm bewaffnet. Tatsächlich wurde die GRILLE nachher im Krieg zum Legen der defensiven Minensperre in der mittleren Nordsee sowie als Flaggschiff des 2. Führers der Minenschiffe (Ostende) eingesetzt, ehe sie nach halbjährigem Intermezzo als Artillerieschulschiff im Juli 1942 nach Narvik verlegte. Sie fungierte als Flaggschiff des Admirals Nordmeer, später des Führers der U-Boote Nordmeer, bevor sie 1945 zur alliierten Kriegsbeute erklärt, in den Libanon verkauft und nach Einsatz als Kreuzfahrtschiff im Mittelmeer ab November 1947 in Beirut aufgelegt wurde. 1949 dampfte der Aviso mit eigener Kraft über Alexandria nach New York, wo er zum Schrottpreis von 100 000 Dollar verkauft wurde. 1951 hat man GRILLE in Bordenstown (N. J.) abgewrackt.

Aviso GRILLE war seinerzeit im Längsspant-Bänder-Stahlbau innerhalb von neun Monaten entstanden. Das von Marineoberbaurat Burkhardt entworfene und von Dr. Süchting durchkonstruierte Schiff wurde bereits zu 95% elektrisch geschweißt.
Durch nautische Unachtsamkeit ihres von einer Reederei ausgeliehenen Werftkapitäns lief das mit Klüverbaum und langgestrecktem Jachtheck ausgesprochen elegante Schiff nach erfolgreich absolvierten Probefahrten bei Helgoland so unglücklich auf ein Felsenriff, daß über 40 Meter vom Schiffsboden aufgerissen und auch die Maschinenanlage in Mitleidenschaft gezogen wurden. Es dauerte vier Wochen, ehe man im DOCK VI von Blohm & Voss die demolierten, mit Heizöl gefüllt gewesenen Doppelbodenzellen ausgewechselt und die Maschinenanlage wieder voll betriebsbereit gemacht hatte.

Die mit Benson-Kesseln unter beengten Kriegsschiff-Bordverhältnissen auf der GRILLE gesammelten Erfahrungen kamen wenig später zwei weiteren Marine-Neubauten zugute, die zu den unerfreulichsten der Werftgeschichte zählten. Es waren die Flottenbegleiter F 7 und F 8.

Diese Boote F7 und F8 waren schon von der Konzeption her wenig geglückte Kompromisse. Sie sollten zugleich als schnelle Minenräumer, Geleitkanonenboote und U-Jäger dienen. Sie wurden infolge dieses unnatürlichen Verlangens keiner ihrer Aufgaben wirklich gerecht.

Sechs von den insgesamt zehn F-Booten baute die Germaniawerft, zwei die Kriegsmarinewerft Wilhelmshaven, die sie mit den damals neu entwickelten Höchstdruckkesseln des Systems La Mont ausrüsteten. Firma Blohm & Voss jedoch sollte seine beiden F-Boote vergleichsweise mit den dort schon länger erprobten Benson-Kesseln ausstatten.

Schon beim Bau erwiesen sich die beiden Flottenbegleiter als »Unglückshühner«. Sie mußten aus verzinkten Leichtstahlplatten von nur 3–5 mm Stärke zusammengeschweißt werden. Dabei bildeten sich Zinkdämpfe, die bei den Schweißern einen Zinkrausch mit Brechreiz verursachten. Das dünne Blech wurde außerdem stark wellig und buckelig, so daß die Bootsrümpfe nachher nicht allzu attraktiv aussahen. Die Bauarbeiten kamen nie recht von der Stelle, weil immer wieder Änderungen angeordnet wurden. Als die — äußerlich kleinen Zerstörern ähnelnden, jedoch keine Torpedobewaffnung tragenden — »schwimmenden Zwitter« im Februar und April 1937 endlich zu ihren Probefahrten ausliefen, machten nicht nur die Schiffbauer drei Kreuze. Auch die anderen Ausbaugewerke — Maschinenbau, Kesselschmiede, Elektriker, Schlosserei, Tischlerei und Malerei — hatten viele Scherereien mit F7 und F8 gehabt. Aber sie freuten sich zu früh über das Auslaufen ihrer ganz speziellen »Lieblinge«. Diese kamen nämlich mit immer neuen Kümmernissen noch oft auf die Werft zurück. Sie verhielten sich im Seegang völlig unberechenbar. Die eingebaute aktive Frahm'sche Schlingerdämpfung mußte ausgeschaltet bleiben und später sogar wieder ausgebaut werden. Es bestand bei diesen Booten die

Gefahr der additiven Wirkung bei Fehlbedienung! Auch die Antriebsanlage war wegen allzu vieler Mehrgewicht verursachenden und Raum fressenden Zusatzkonstruktionen permanent störanfällig geworden. Blohm & Voss ging es mit seinen beiden Flottenbegleitern nicht besser als den beiden anderen F-Boot-Bauwerften, deren Produkte sich wegen ihrer nahezu permanenten Reparaturliegezeiten in Kiel und Wilhelmshaven den Spitznamen »Bahnhofsflottille« weggeholt hatten. Erst nach Umbauten im Kriege verbesserte sich das »Benehmen« dieser Schiffe, die eigentlich nur ein Gutes hatten: Sie waren Versuchskaninchen für die in den Jahren 1935–1938 gebauten ersten Kriegsmarine-Zerstörer.

Für acht von ihnen (Z 9 - Z 16) mußte Blohm & Voss die Bensonkessel sowie die komplette Turbinenanlage einschließlich Rädergetrieben liefern — bei Z 14 (FRIEDRICH IHN), Z 15 (ERICH STEINBRINCK) und Z 16 (FRIEDRICH ECKOLDT) sogar gleich den kompletten Zerstörer dazu. Die beiden erstgenannten Schiffe überstanden den Krieg auf ähnlich glückliche Weise wie alle bei Blohm & Voss gebauten Zerstörer des 1. Weltkrieges. Sie liefen bis 1955 bzw. 1960 als POSPESNYJ und PYLKIJ in der Roten Flotte und brachten 20 bzw. 25 Jahre auf See zu. Sie erreichten ein für überstrapazierte Höchstdruckschiffe mit 38 Knoten Maximalgeschwindigkeit seltenes Alter.

Höchstdruckkessel und B & V-Turbinen waren es auch, die dem bei Blohm & Voss 1934 mit Abmessungen gemäß Washington-Vertrag in Auftrag gegebenen Schweren Kreuzer ADMIRAL HIPPER eingebaut wurden. Wie bei komplizierten Prototypen üblich, wurde dieses erste Exemplar eines völlig neuen Kreuzertyps ein Sorgenkind. Das Schiff war fast fünf Jahre im Bau und hat über zwei Jahre in der Ausrüstung gelegen, weil auf Verlangen des Auftraggebers immer wieder etwas daran geändert wurde. Allein das Problem der Unterbringung aller drei Bordflugzeuge ließ sich erst nach halbjährigen Versuchen und mehrfachen Hangar-Umbauten endgültig lösen. Auch waren im Amtsentwurf die Kesselräume zu klein geraten, weil nachher andere als die ursprünglich vorgesehenen Kessel eingebaut werden sollten. Schließlich mußten die Längsschotte neben den Heizräumen nach außen geneigt werden.

Während des Baues war eine Verfügung herausgekommen, nach der die Kabel aus Gründen der unbedingt notwendigen Gewichtsersparnis nicht mehr mit Blei und Gummi, sondern nur noch mit weitaus feuerempfindlicherem Papier isoliert werden durften. Da an den Kabelbahnen elektrisch geschweißt werden mußte, genügte schon ein herabperlender Funke, um die Isolierung zu beschädigen. Die Werftfeuerwehr mußte mehr denn jedem einzelnen Schweißer auf die Finger sehen.

Im März 1939 konnte ADMIRAL HIPPER endlich zur ersten Probefahrt und vier Wochen später zur Übergabefahrt auslaufen. Der Kreuzer vermochte ungeachtet seiner Größe (14050/18200 t Wasserverdrängung) über 32 Knoten Höchstfahrt zu laufen. Er hat nachher im Kriege weitaus mehr geleistet als ihm wegen seiner geringen Fahrstrecke von nur 6800 Seemeilen (bei 20 Knoten Marschfahrt) eigentlich abverlangt werden konnte. Jede seiner ozeanischen Unternehmungen wurde, wie Vizeadmiral Professor Ruge später formulierte, »ein qualvolles Rechnen mit Entfernungen zum nächsten Stützpunkt oder Öldampfer, dem schnell abnehmenden Brennstoffbestand und der zu haltenden Gefechtsreserve«.

Dennoch erwarben zwei Kommandanten mit diesem Schiff das Ritterkreuz. Vor der handstreichartigen Besetzung Drontheims im Norwegenfeldzug vernichtete ADMIRAL HIPPER den todesmutig bis zum letzten Torpedo kämpfenden britischen Zerstörer GLOWWORM durch Rammstoß, wobei sich der Kreuzer die Außenhaut unterhalb des Seitenpanzers aufriß. Er setzte jedoch seine Operationen fort. Wenig später versenkte er im Nordmeer gemeinsam mit Zerstörern den großen britischen Truppentransporter ORAMA, den Tankdampfer OIL PIONEER und einen U-Jäger, bald darauf beim allein geführten Handelskrieg zwischen dem Nordkap und Spitzbergen einen Dampfer.

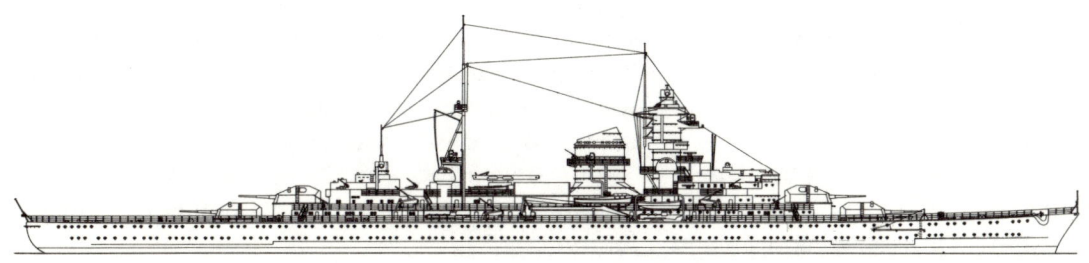

Bau-Nr. 501:
Schwerer Kreuzer
ADMIRAL HIPPER,
14050 t,
134000 PS, 32 kn.

Im November 1940 brach ADMIRAL HIPPER durch die Dänemarkstraße allein zum Handelskrieg in den Atlantik aus und griff 700 Seemeilen westlich Kap Finisterre einen Geleitzug an. Sie beschädigte den britischen Schweren Kreuzer BERWICK und zwei Handelsschiffe erheblich. Nach kurzer Werftliegezeit in Brest versenkte der wiederum allein operierende Kreuzer im Atlantik aus einem von Freetown kommenden Geleitzug 14 Handelsschiffe, bevor er die Aktion wegen Brennstoffmangels abbrechen und erneut Brest anlaufen mußte. Durch die Dänemarkstraße gelangte ADMIRAL HIPPER bei der nächsten Unternehmung, ungeachtet der Sichtung durch britische Kriegsschiffe, nach Kiel zurück. Kurz danach verlegte der Kreuzer sein Operationsgebiet ins Nördliche Eismeer, wo er u.a. bei Minenunternehmungen in der Barentssee einen sowjetischen Tanker versenkte. Ende Dezember 1942 vernichtete der Kreuzer im Gefecht bei der Bäreninsel den Minenleger BRAMBLE sowie den Zerstörer ACHATES der Royal Navy. ADMIRAL HIPPER erhielt jedoch im Feuerwechsel mit den Kreuzern SHEFFIELD und JAMAICA einen unglücklichen Volltreffer, der die Bordwand durchschlug und die Geschwindigkeit auf zeitweise fünf Knoten herabsetzte. Kesselraum 3 war leckgesprungen und fiel für den Rest des Krieges aus. Der Kreuzer verlegte mit eigener Kraft in die Ostsee und diente dort ab Frühjahr 1944 als Ausbildungsschiff. Im Januar 1945 lief das Schiff mit 1530 Flüchtlingen an Bord aus dem Brückenkopf Danzig-Gotenhafen nach Kiel aus, wo es am 3. April einen Bombentreffer erlitt und einen Monat später im Dock der Deutschen Werke von der eigenen Besatzung gesprengt wurde. Sein Wrack wurde später von den Engländern in der Heikendorfer Bucht abgesetzt. Es ist dort 1948/49 verschrottet worden.

1936 wurde bei Blohm & Voss der Kiel zum Bau des Schlachtschiffes BISMARCK gestreckt, von dem im nächsten Kapitel die Rede sein wird. Es entstand nach den Richtlinien des Deutsch-Englischen Flottenabkommens von 1935 und damit im Zeichen einer vermeintlich dauerhaften Verständigung mit Großbritannien. Niemand dachte in jenen Jahren an einen neuen Krieg. Die Hellinge von Blohm & Voss waren deshalb — abgesehen von den erwähnten wenigen Marine-Aufträgen — längst wieder mit Handelsschiff-Neubauten belegt. Wirtschaft und Seeschiffahrt befanden sich kräftig im Aufwind. Auch das Umbau- und Reparaturgeschäft stand in voller Blüte.

1936 wurde die Firma Blohm & Voss in eine Kommanditgesellschaft im alleinigen Familienbesitz umgewandelt. Ihre persönlich haftenden Gesellschafter waren die vor 20 Jahren eingetretenen Söhne von Hermann Blohm, nämlich Rud. Blohm und Walther Blohm.

In eben diesem Jahr 1936 vollendete die Werft eine einmalig dastehende schiffbauliche Meisterleistung: Unter dem Zwang, Devisen zu sparen und

Deutschland von der Einfuhr des damals unbedingt benötigten Walöles weitmöglich unabhängig zu machen, faßte Dr. Hugo Henkel von der bekannten Firma Henkel & Cie, Düsseldorf, schon 1935 den Entschluß, unverzüglich den Bau einer deutschen Walkocherei in Angriff zu nehmen und sämtliche Dispositionen so zu treffen, daß die erste Fangexpedition noch im Jahre 1936 in die Antarktis auslaufen könne. Das damit beauftragte neue Unternehmen erhielt die Bezeichnung »Erste Deutsche Walfang-Gesellschaft«.

Weil die Zeit drängte und ein Kocherei-Neubau nicht vor 1937/38 hätte in Fahrt gebracht werden können, entschloß sich Dr. Hugo Henkel zu einem Wagnis. Seine Gesellschaft erwarb im Dezember 1935 von der HAPAG den aufliegenden, schon 1921 in Bremen gebauten Dampfer WÜRTTEMBERG, den Blohm & Voss in der Rekordzeit von neun Monaten zum modernen Walfangmutterschiff umbauen sollte. Es wurde eine radikale Umrüstung, die schwieriger als ein Neubau war. Für die Unterbringung der umfangreichen Kocherei-Einrichtungen sowie zur Erzielung ausreichend großer Arbeitsflächen an Deck wurde eine Verbreiterung (!) des 14 Jahre alten Schiffes um vier Meter notwendig. Sämtliche Querspanten und Verbände mußten in der Nähe der Seitenwände durchschnitten werden. Danach wurden die Seitenwände auf Schlitten mit hydraulischen Pressen nach außen gedrückt, auf jeder Seite zwei Meter lange Zwischenstücke in die Verbände eingefügt und der Schiffsboden entsprechend ergänzt.

Diese erstmals auf der Welt durchgeführte Verbreiterung eines Schiffes bedeutete nicht nur, daß alle Bodenspanten, sondern ebenso sämtliche Decksbalken und Decks sowie Schottenwände angestückt und wesentliche Teile der Technischen »Innereien« einschließlich Rohrleitungen und Kabelbahnen zunächst durchtrennt und dann ergänzt werden mußten. Außerdem war eine Wal-Aufschleppe in das runde Dampferheck der WÜRTTEMBERG einzubauen. Diese tunnelartig schräge Ebene mußte bis zum Wasserspiegel hinunterführen.

Im Schiffsinnern wurden die vormaligen Laderäume zu großen Tanks für die Aufnahme von Heizöl und Walöl, mit einem Gesamtfassungsvermögen von 12000 Tonnen, umgebaut. Über dem früheren Hauptdeck wurde in fünf Metern Höhe ein neues, durchgehendes Deck als Schlachtdeck eingebaut. Dadurch konnte man die zur Unterbringung der neuentwickelten Kocherei-Einrichtung erforderlichen großen Fabrikräume schaffen, die vom Bug bis zum Heck reichten und nur durch den Maschinen- und Kesselraumschacht mit den anliegenden Kabinen unterbrochen werden. Außerdem galt es, Laderäume für Walfleischmehl und andere Produkte, Proviant- und Kühlräume sowie Wirtschafts-, Wohn- und Gemeinschaftsräume für eine Besatzung von 240 Mann zu schaffen. Angesichts der langen Antarktisreisen mußten die Besatzungsräume ganz besonders gut und wohnlich eingerichtet werden. Und es versteht sich ganz von selbst, daß in dem allzu weit von der Zivilisation entfernt eingesetzten Spezialschiff ein komplettes Krankenhaus mit Operationssaal und Zahnstation eingebaut werden mußte. Als erste Kocherei der Welt wurde der auf den neuen Namen JAN WELLEM getaufte Dampfer ausschließlich mit rotierenden riesigen Kochapparaten ausgerüstet. Außerdem wurde die als Mutterschiff von acht Fangbooten (TREFF I-VIII, sechs Stülckenwerft) dienende Kocherei das erste Fabrikschiff, auf dem in konsequenter Weise der elektrische Einzelantrieb im gesamten Fabrikationsgang durchgeführt wurde — eine in Schiffbauerkreisen damals aufsehenerregende Neuerung.

Einschließlich des Einbaues der umfangreichen Kochereianlagen und der Spezialeinrichtung zum Zerlegen der Walkörper an Deck, der Erweiterung der Dampferzeugungsanlage um zwei La-Mont-Kessel und des Schiffsantriebes (vier Zylinderkessel, eine Kolbendampfmaschine) um eine Abdampfturbine (zwecks Leistungssteigerung auf 5000 PS) sowie des Einbaues einer Krafterzeugungsanlage mit 710 KW Gesamtleistung wurde der gewaltige, höchst komplizierte Umbau tatsächlich in der vereinbarten Zeit von einem Dreivierteljahr programmgemäß fertiggestellt. Nach der Fertigstellung war die JAN WELLEM die modernste aller Walkochereien. Ihre Einrichtung wurde Vorbild für alle später von anderen Unternehmen in Auftrag gegebenen Neubauten von Walfangmutterschiffen. JAN WELLEM konnte pro Tag 24 Wale, d. h. 2000 Tonnen Körpermaterial, verarbeiten. An Bord befanden sich sogar eine Fleischextraktherstellung sowie eine Großversuchsanlage, in der man aus Speck, Sehnen und Haut von Walen Faserstoffe für die Gewinnung von Kunstdärmen, Kunstlederprodukten und anderen Erzeugnissen gewinnen konnte.

Am 26. September 1936 trat JAN WELLEM mit den ersten sechs Fangbooten unter Führung des Fangleiters Kapitän Kraul die Ausreise zur ersten Fangexpedition im antarktischen Seegebiet von Süd-Georgien an. Als die Flotte am 10. Mai 1937 nach Hamburg zurückkehrte, hatte sie 63000 Faß Walöl (10230 Tonnen) und 900 t Walmehl produziert. Zwei weitere Fangexpeditionen führten 1937–38 erneut nach Süd-Georgien, ins Wedell-Meer und Bouvetgebiet der Antarktis, 1938-39 hingegen zunächst — zur Pottwaljagd — in die Gewässer von Peru, danach durch die Maghellanstraße ein weiteres Mal nach Süd-Georgien und ins Wedell-Meer.

Forstet man die Blohm & Voss-Neubauten der Jahre 1936–1939 durch, so fällt einem auf, daß damals auch der Exportschiffbau wieder eine bedeutende Rolle spielte. Die Anglo-American Oil Company ließ das 10389 BRT/15454 tdw große Tankmotorschiff SEMINOLE ebenso gern auf Steinwerder bauen wie die Oriental Trade & Transport Co., London, ihre beiden ebenso großen und fast genau gleichen Tankmotorschiffe ARTHUR F. CORVIN und CHARLES F. MEYER.

Eigenartig in seiner Kombination mutet das mit einer Dreifach-Expansionsmaschine ausgerüstete, für die Yacim. Petroliferos Fisc., Buenos Aires, ausgerüstete Tank- und Fahrgastschiff SAN JORGE an. Eine Beförderung von Passagieren auf Tankern wäre in Europa aus Sicherheitsgründen nicht gestattet worden.

Drei kombinierte Fracht- und Fahrgastschiffe namens DOGU, EGEMEN und SAVAS wurden 1939 für die türkische Denizbank erbaut. Diese über 6000 BRT großen, wegen der türkischen Heraklea-Kohlevorkommen mit kohlegefeuerten Kesseln und Dreifach-Expansionsdampfmaschinen ausgerüsteten Kombischiffe waren nachwirkender Bestandteil des Reformwerks und Verkehrserschließungsprogrammes des 1938 verstorbenen Kemal Atatürk, den man als Schöpfer der modernen Türkei bezeichnet.

So hat der Zeichner Norbert Bröcher die Wandlung eines Schiffes dargestellt: HAPAG-Dampfer WÜRTTEMBERG, 8894 BRT, 4200 PS, 12 kn.

Und das wurde daraus: Walkocherei JAN WELLEM, 11766 BRT, 5000 PS, 11 kn, Erste Deutsche Walfang GmbH, Hamburg (Henkel & Cie.-Tochter).

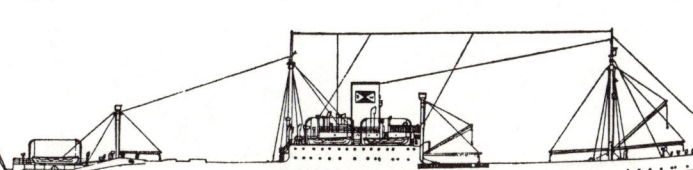

Die weißen Dampfer sollten im Küstenverkehr vom Schwarzmeerhafen Trapezunt über weitere vier Häfen der Schwarzmeerküste und Istanbul nach Izmir, Antalya, Mersin und Iskenderun (Alexandrette) verkehren. Sie waren dafür vorgesehen, von den Provinzhäfen Landeserzeugnisse wie Getreide, Kupfererz, Ölkuchen, Haselnüsse, Rosinen, Korinthen, anatolischen Tabak, Angorawolle, Felle, Ziegenhäute, Wein, Teppiche und Post nach Istanbul zu transportieren und von dort europäische Industrie-Produkte in die betreffenden Häfen zu verteilen. Weil die Türkei seinerzeit noch arm an Straßen und Eisenbahnen war, sollten die Schiffe zugleich jeweils 629 Fahrgäste befördern, die auf vielerlei Weise unterzubringen waren. Die Inneneinrichtung umfaßte nach orientalischer Sitte von Luxusfluchten — aus Wohnzimmer, Schlafzimmer, gekacheltem Bad und Toilette bestehend — bis zu großen Zwischendeck-Wohnräumen für Bauern und Händler aus dem Landesinneren eine bemerkenswerte umfangreiche Skala von Komfort-Abstufungen.

Die drei »Türkenschiffe« waren ursprünglich von Krupp bei der Rostocker Neptunwerft bestellt worden, konnten dort jedoch nicht gebaut werden. Blohm & Voss nahm den Auftrag nicht sonderlich gern an, weil die Rostocker Konstrukteure voreilig mehr Tragfähigkeit und Geschwindigkeit sowie weniger Kohleverbrauch versprochen hatten, als sich nach gründlicher Konstruktion und Kalkulation tatsächlich realisieren ließ. Aber im Interesse des damaligen bilateralen Handelsvertrages zwischen Deutschland und der Türkei hatte das Reichswirtschaftsministerium Blohm & Voss die Bauaufträge geradezu aufgedrängt. DOGU kam noch im Frieden zur Probefahrt, EGEMEN und SAVAS erst nach Kriegsausbruch. Da der Zweite Weltkrieg aber allen drei Schiffen die Ablieferungsreise in die Türkei unmöglich machte, kaufte Blohm & Voss die Schiffe 1940 dem türkischen Auftraggeber ab. Sie wurden daraufhin von den Deutschen Afrika-Linien erworben, die sie unter den Namen DUALA, SWAKOPMUND und DARESSALAM in Fahrt brachten. Die DARESSALAM erlitt 1944 in Kiel einen Bombenvolltreffer, der sie buchstäblich halbierte. Der Vorderteil einschließlich des Schornsteins blieb dank guter Schotten schwimmend und wurde kurzer-

hand mit einer Querwand dichtgesetzt. Die halbe DARESSALAM lag bis Anfang der fünfziger Jahre als Hotelschiff an der Hamburger Überseebrücke und wurde in den Jahren ohne deutsche Überseeschiffahrt ein makaberes Wahrzeichen des Hafens, dessen Woermann-Schornsteinfarben im Betrachter eine Mischung von wehmütiger Erinnerung und Zukunftshoffnung erzeugte.

Bemerkenswertestes Exportschiff von Blohm & Voss war das am 3. Juni 1937 vom Stapel gelaufene und am 1. Dezember desselben Jahres an die Koninklijke Paketvaart Maatschappij, Amsterdam, abgelieferte Dreischrauben-Motorschiff BOISSEVAIN. Dieses ebenfalls weiße 14000 BRT-Schiff (Bau-Nr. 510) war für den Cross-Trade-Verkehr zwischen Niederländisch-Indien und Kapstadt bestellt worden. Man wußte von vornherein, daß es seine Bauwerft oder sein holländisches Heimatland jahrelang nicht wiedersehen würde.

Um möglichst wenig Reparaturen zu haben, mußte das Schiff ganz besonders solide gebaut werden. Der Tropenfahrt wegen waren alle Räume hell und luftig zu halten. Die Raumaufteilung war jedoch eigenartig vorzunehmen, weil das Schiff — ebenso wie seine beiden in Holland gebauten Schwesterschiffe TEGELBERG und RUYS — unter jeweils 664 Fahrgästen neben weißen Passagieren I. Klasse auch farbige Passagiere I. Klasse — begüterte Inder und Chinesen — befördern würde. Es mußte ein Gewirr von Gängen und Treppenhäusern eingebaut werden, damit die Passagiere verschiedener Hautfarbe nur ja einander nicht begegneten!

Nicht weniger eigenartig wie ihre Raumaufteilung war die Finanzierung der BOISSEVAIN. Deutschland litt unter chronischem Devisenmangel. Sein Außenhandel basierte auf Kompensationsgeschäften — etwa Lokomotiven gegen Baumwolle und Jute, landwirtschaftliche Maschinen gegen Ölfrüchte und Kakao. Weil die Deutschen keine Devisen für den Ankauf von Tabak aus Niederländisch-Indien mehr verfügbar hatten, konnten die Tabakpflanzer auf Sumatra und Java ihre Ernte nicht mehr in gewohntem Umfange loswerden, während die deutschen Tabak- und Zigarrenfabrikanten absehen konnten, wann sie ihr Personal entlassen mußten. Folglich waren beide

Bau-Nr. 520: Doppelschrauben-Fracht- und Fahrgastschiff DOGU, 6133 BRT, 3005 tdw, 4600 PS, 15 kn, Denizyollari Ummen Müdürlügi, Istanbul.

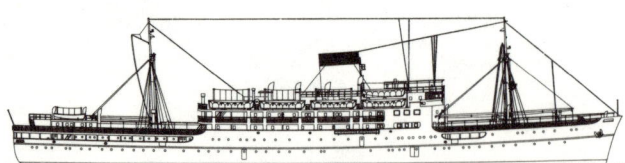

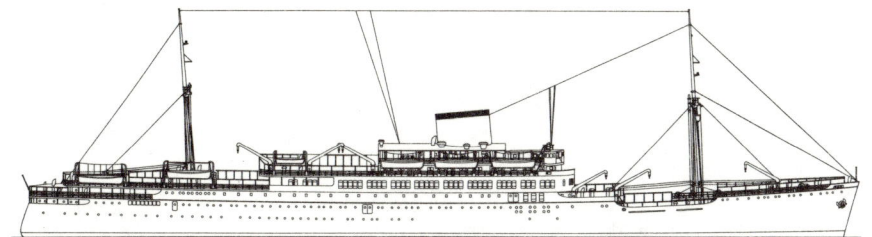

Bau-Nr. 510: Dreischrauben-Fracht-
und Fahrgastschiff BOISSEVAIN,
14 134 BRT, 12 467 tdw, 11 000 PS,
16 kn, Koninklijke Paketvaart My.,
Amsterdam.

Seiten an einer Übereinkunft interessiert. Die niederländischen Tabaklieferanten mußten nur jemanden finden, der einen Schiffbauauftrag nach Deutschland vergeben konnte! Und so wurde schließlich das als »Zigarrenschiff« in die Werftgeschichte eingegangene kombinierte Fracht- und Fahrgastschiff BOISSEVAIN von den deutschen Zigarrenfabriken bezahlt, die für die entsprechenden Reichsmarkbeträge niederländisch-indischen Tabak erhielten.*

Bis der Bauauftrag BOISSEVAIN endlich unter Dach und Fach war, gingen monatelange Verhandlungen zwischen allen möglichen Dienststellen, Ressorts und Ministerien voraus. Die Schlußverhandlungen fanden im Berliner Reichswirtschaftsministerium statt. Rud. Blohm erinnert sich: »Es wurde lange hin und her geredet und gerechnet, aber schließlich blieb eine Differenz, die unüberbrückbar erschien. Die Herren der holländischen Reederei, Direktor Berendt** und ich verließen daher das Ministerium. Bevor wir jedoch nach Hamburg zurückfuhren, gingen wir noch einmal zu den holländischen Herren im Hotel »Adlon«, um ihnen unser Bedauern auszusprechen und ihnen für das freundschaftliche Verhältnis zu danken, in das wir zu ihnen gekommen waren. Während wir noch kurz bei ihnen saßen, kam jemand aus dem Wirtschaftsministerium und sagte, es sei doch noch ein Weg gefunden worden und der Auftrag sei damit perfekt«!

Für deutsche Rechnung entstanden auf den Helgen von Blohm & Voss in jenen Jahren mehrere große Fahrgastschiffe, die nicht unerwähnt bleiben dürfen.

Für den deutschen Südafrika-Dienst unter den Schornsteinfarben der Deutsch Ost-Afrika-Linie liefen am 16. Juli 1936 das Turbinenschiff PRETORIA und am 27. August 1936 dessen Schwesterschiff WINDHUK auf den Helgen 7 und 6 vom Stapel. Diese beiden mit mehr als je 16 600 BRT vermessenen hellgrauen Fracht- und Passagier-

schiffe, eingerichtet für 490 Fahrgäste, waren ohne Zweifel die schönsten und ausgewogensten Big Liner, die jemals auf der Afrikaroute eingesetzt worden sind. Sie verkehrten nicht als Rundreiseschiffe, sondern von Europa via Southampton-Lissabon-Casablanca-Las Palmas-Walfischbucht und Kapstadt nach Port Elizabeth, Durban und Lourenco Marques. In diesem portugiesisch-ostafrikanischen Endhafen drehten sie um. Die mit Bensonkesseln und Getriebeturbinen von 14 200 PS Leistung ausgestatteten 18-Knoten-Schiffe wurden bewußt nicht ganz so schnell wie die damals größten britischen Passagierdampfer der Union Castle Line konzipiert. Das hätte die Engländer allzu sehr verschnupft. Die deutsche Außenpolitik stand 1936 — im Jahr der Olympischen Spiele, kurz nach dem Deutsch-Englischen Flottenabkommen, ganz unter dem Vorzeichen angestrebter freundschaftlicher Beziehungen zu Großbritannien.

Die beiden Schnelldampfer waren jedoch eine Art Wechsel auf die Zukunft. Viele glaubten 1936, daß es kurz über lang zu einer Neuverteilung des afrikanischen Kolonialbesitzes kommen müsse und daß dann auch Deutschland — wie vor dem Versailler Vertrag — wieder Kolonien in Afrika haben werde. Damals war das Zeitalter des Anti-

* Auf ähnliche Weise war das schon erwähnte kombinierte Tank- und Fahrgastschiff SAN JORGE von Argentinien mit Lieferungen von Mais und Fellen bezahlt worden!

** Gemeint ist Direktor Dipl.-Ing. Hermann Berendt, der eine besondere Vertrauensstellung genoß und praktisch für alle Vertragsabschlüsse zuständig war. Die persönliche Bescheidenheit des technisch, sprachlich und juristisch gleichermaßen begabten Mannes stand in keinem Verhältnis zu seiner Bedeutung.
Berendt, Jahrgang 1885, hatte nach Besuch des Hamburger Realgymnasiums Johanneum und einjährigem Praktikum bei Janssen & Schmilinsky auf Steinwerder an den Technischen Hochschulen Danzig-Langfuhr und Berlin-Charlottenburg Maschinenbau studiert. Nach dem Diplom-Examen im Jahre 1908 ging Dipl.-Ing. Berendt zur A.G. »Weser«, ehe er 1910 ins Dampfturbinen-Konstruktionsbüro von B & V überwechselte. 1915 wurde er zum Oberingenieur ernannt, 1937 trat er die Nachfolge Dr. Frahms als Direktor aller maschinenbaulichen Büros an. Nach 1946 mit der Demontage-Gesamtleitung betraut, starb der herzleidende Cheftechniker 1952 während des Wiederaufbaues der Steinwerder Industrie AG.

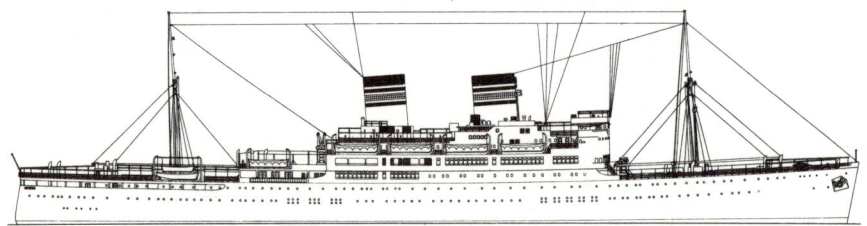

kolonialismus noch nicht angebrochen. Kolonial-
besitz war international üblich, er galt als sichere
Wirtschaftsbasis. Ohne Revision von Versailles
und damit ohne Hoffnung auf neue deutsche Aktivitäten in Südwest- und Ostafrika wären PRE-
TORIA und WINDHUK kaum in so großzügigen
Dimensionen und Ausstattungen gebaut worden.

Auf diesen Schiffen war die Anordnung der öffentlichen Räume
auf dem Promenadendeck und A-Deck besonders klar gegliedert.
Außerdem wurde erstmals die Eingangs- oder Empfangshalle,
welche die Fahrgäste beim Anbordkommen der Schiffe betraten,
zu einem gediegen ausgestalteten Verkehrszentrum ausgebaut —
eine Einrichtung, die seitdem auf allen nachfolgenden Schiffen der
Welthandelsflotte in Gestalt der »Lobby« zur Selbstverständlichkeit wurde. Auf PRETORIA und WINDHUK mündeten sämtliche
Büros, Arztsprechzimmer, Läden und Frisiersalons in diese Empfangshalle.
Von der Festhalle bis zu Lesezimmer, Wintergarten, Rauchsalons,
Laube, Kinderzimmern oder Sonnendeckschwimmbad zeigte sich,
daß die beiden Afrika-Schwesterschiffe durchdacht und ausgesprochen liebevoll eingerichtet waren. Sie sprachen auch das
internationale Publikum an. Und im Frühjahr 1977 war die
PRETORIA als vierzigjährige »Lady of the Sea« mit dem Namen
GUNUNG DJATI unter indonesischer Flagge noch immer in Fahrt.

1937 hatte sich der Personalbestand der Werft
gegenüber den Jahren 1932/33 versechsfacht.
Die Statistik weist 14 049 Beschäftigte aus.
Damals lag bei Blohm & Voss ein elfenbeinfarben
angestrichenes Fahrgastschiff in der Ausrüstung,
das am 5. Mai 1937 vom Stapel gelaufen war und
mit seiner Größe von 25 487 BRT nur wenig unter
jener des Dreischornstein-Schnelldampfers CAP
ARCONA lag. Der Kiel des Schiffes war 1936 auf
Helling 7 gestreckt worden. Beim Stapellauf hatte
man das große Doppelschrauben-Motorschiff
auf den Namen WILHELM GUSTLOFF getauft —
auf einen Namen, der sich seit dem 30. Januar
1945 traumatisch mit dem Gedanken an das tragische Ende dieses Ozeanriesen verbindet: Das
Schiff war bei der Stolpe-Bank von drei Torpedos
des sowjetischen U-Bootes S-13 getroffen wor-

den. Bei seinem Untergang fanden 5200–5400
Flüchtlinge und Besatzungsmitglieder den Tod in
der eisigen Ostsee.

Auftraggeber der am 16. März 1938 abgelieferten
Bau-Nr. 511 WILHELM GUSTLOFF war die sogenannte NS-Gemeinschaft »Kraft durch Freude«,
deren Seetouristik-Organisation — aus welchen
Gründen auch immer — sehr preiswerte Urlaubs-
reisen ermöglichte. Zitieren wir wieder Reinhard
Schmelzkopf: »Die Reisen konnten freilich nur
über die Deutsche Arbeitsfront gebucht werden
und zwangen den einzelnen — wollte er eine solche Reise mitmachen — von daher zum Wohlver-
halten gegenüber Betrieb, Arbeitsfront und Partei . . . Für eine ungeheuer große Zahl von ›Volks-
genossen‹ bedeutete eine Seefahrt mit einem der
großen, weißen Schiffe die erste Begegnung mit
der See und Seefahrt überhaupt, für die aller-
meisten von ihnen außerdem ein Ereignis, an das
wenige Jahre früher nicht in Andeutungen zu denken war. Männer und Frauen, die in ihrem Leben
bisher kaum über die Provinzhauptstadt hinausgekommen waren, sahen nun die norwegischen
Fjorde, die Bucht von Neapel, die Kanarischen Inseln und Spitzbergen. . .

Pläne für eine solche Institution hatte es nicht gegeben, aber wie in so vielen Fällen entdeckten ge-
schickte Propagandisten des NS-Regimes hier
eine Bedarfslücke, die sich für ihre Zwecke groß-
artig ausnutzen ließ. Man konnte gleichzeitig auf-
liegende Schiffe in Fahrt bringen und damit Arbeitsplätze für arbeitslose Seeleute schaffen, man
konnte den Reiz des Urlaubnehmens durch neue
Ziele anstacheln und durch die nun zwangsweise
zu besetzenden Urlaubsvertretungen ebenfalls die
Betriebe zu Mehreinstellungen zwingen . . . Während der Seereise blieb der ›Volksgenosse‹ nicht

nur erfaßbar, er konnte auch keine kostbaren Devisen ausgeben. Was er an Bord zahlte, floß ja nach Deutschland zurück.«

Anfang 1934 hatte man die ersten aufliegenden Fahrgastschiffe für derartige KDF-Seereisen gechartert und bald auch das erste Secondhand-Schiff für diesen Zweck erworben. Mit dem ersten speziell für diesen Zweck konstruierten Neubau WILHELM GUSTLOFF aber »konnte man auf das gelungene Experiment mit dem Einklassen-Passagierschiff bei der Hamburg-Süd zurückgreifen. Bei den Schiffen der MONTE-Klasse stand allen Passagieren praktisch das ganze Schiff offen und gab ihnen so eine nie gekannte Bewegungsfreiheit«. (Soweit Reinhard Schmelzkopf).

Die WILHELM GUSTLOFF war tatsächlich in vielerlei Hinsicht bemerkenswert. Sie wurde Schrittmacher für den Bau von speziellen Kreuzfahrtschiffen bis zum heutigen Tage. Alle 1465 Passagiere durften nur in Außenkabinen untergebracht werden. Das war nur durch eine raffinierte, neuartige Kammeranordnung möglich: Eine größere vierbettige Innenkammer umschloß jeweils eine kleinere zweibettige Außenkammer und stand durch einen Lichtgang mit der Außenwand und dem Bullauge in Verbindung. Übrigens war WILHELM GUSTLOFF das erste Seeschiff der Welt, in dem laut Auflage die Besatzung genauso untergebracht werden mußte wie die Fahrgäste. Eine weitere Forderung des Auftraggebers waren große, freie Decks ohne störende Lüfterköpfe. Winden und Decksausrüstung, damit für alle Fahrgast Deckstuhl-Liegeplätze und genug Flächen für Sport und Spiel vorhanden waren. Das »Reichsamt für Reisen, Wandern und Urlaubsgestaltung«(!) forderte weiter große, helle Säle mit Sitzgelegenheit für jeden Urlauber, ohne daß die Speisesäle dafür in Anspruch genommen werden mußten.
Kein objektiver Betrachter kann sich der Feststellung entziehen, daß die von Professor Waldemar Brinkmann, München, gestalteten Speise- und Gesellschaftsräume von einer gediegenen, unaufdringlichen Schönheit waren. Das galt für die Musikhalle mit Tanzparkett ebenso wie übrigens auch für die Sonnendeckklaube mit Tanzfläche und Bücherei, für die Treppenhäuser, die Vorplätze, die Turn- und die gekachelte Schwimmhalle.

Da WILHELM GUSTLOFF nur für Erholung auf See gedacht war, benötigte sie keine hohe Geschwindigkeit. Man begnügte sich mit 15,5 Knoten, was nur 9500 PS Maschinenleistung notwendig machte. Und da man trotz kurzer Hafenliegezeiten eine stets betriebsfertige, leicht zu überholende und sichere Maschinenanlage wählen mußte, baute Blohm & Voss eine aus vier einfachwirkenden Achtzylinder-Zweitakter-Dieseln bestehende Anlage. Je zwei Motoren wirkten durch Zahnradgetriebe ohne Flüssigkeitskupplung auf eine Wellenleitung mit Schraube — was wiederum den MONTE-Vorbildern entlehnt war. Die Stöße der

Beplattung von allen acht Stahldecks des insgesamt 208,5 m langen Schiffes waren ebenso elektrisch geschweißt wie erstmals sämtliche Außenhautstöße. Es mußten 75000 m Schweißnaht ausgeführt werden, durch die sich freilich eine Gewichtsersparnis von 700 t ergab.

WILHELM GUSTLOFF, von der Hamburg-Süd bereedert, war als reines Fahrgastschiff ohne Ladung ausgeführt worden. Sie hatte mit 43 Schmelzlot-Feuermeldergruppen einen besonders mustergültigen Feuerschutz. Auch war bereits eine Selbststeueranlage eingebaut. Als Kuriosum mag ein großer Scheinwerfer mit 90 Zentimeter Spiegeldurchmesser erscheinen, der auf einer Plattform des Fockmastes installiert wurde: Er diente dazu, nachts besonders schöne Küstenpunkte, vor allem in den norwegischen Fjorden, anzustrahlen. Zwei im Dezember 1938 und April 1939 an die HAPAG abgelieferte Fracht- und Fahrgastschiffe namens OSORNO und HUASCARAN (6951 BRT) — mit Passagiereinrichtungen für 33 Fahrgäste der Kajütklasse, denen sogar ein Promenadendeck zur Verfügung stand — wurden speziell für den Liniendienst zur Westküste von Südamerika entwickelt. Auf dieser Route waren nach dem Passieren des Panamakanals nicht weniger als siebzehn Häfen anzulaufen, bevor die Heimreise via Feuerland angetreten wurde. Die zahlreichen Revierfahrten wie z.B. im Panamakanal, auf dem Rio Guaya nach Guayaquil/Ecuador oder in der Maghellanstraße sowie die kurzen Verlegungsreisen von einem chilenischen Hafen zum anderen machten es ratsam, auch bei diesen Neubauten den für geringste Fahrtstufen und feinfühligste Manöver besonders geeigneten Elektro-Antrieb zu verwenden — diesmal jedoch ohne Kesselanlage: OSORNO und HUASCARAN wurden die beiden ersten Diesel-Elektroschiffe von Blohm & Voss. Man wählte den damals ganz neu entwickelten Antrieb mit Drehstromübertragung und legte konsequenterweise auch sämtliche Hilfsanlagen für diese Stromart aus, so daß sie im normalen Seebetrieb gleich von der Hauptgeneratoranlage gespeist werden konnte. Drehstromanlagen erwiesen sich gegenüber Gleichstromanlagen als leichter, außerdem einfacher in der Wartung, weil

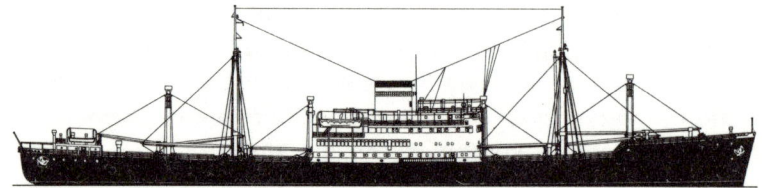

Bau-Nr. 518: Fracht- und Fahrgastschiff,
(Diesel-Elektroschiff) HUASCARAN,
6951 BRT, 8960 tdw, 5850 PS, 15 kn.
Hamburg-Amerika Linie.

keine Kollektoren mehr erforderlich waren. Gleichstromanlagen erzielten überdies allenfalls einen 85 %igen Wirkungsgrad — die Drehstromanlagen von OSORNO und HUASCARAN hingegen 97,8 %. Die Generator-Diesel — es waren einfachwirkende, nicht umsteuerbare Zweitakter — baute die B & V-Maschinenfabrik nach M.A.N.-Prinzip. Die Siemens-Schuckert-Werke hingegen lieferten Hauptgenerator, Schraubenmotor, Erregerumformer, Hochspannungs- und Erregerschalttafel sowie einen Teil der elektrischen Hilfsmaschinen. Gesamtentwurf und Gesamtausführung lag in den Händen von Blohm & Voss.

Während bei Gleichstromverwendung die Drehzahl von Motor und Generator voneinander unabhängig waren, standen bei den Drehstrom-Diesel-Elektroschiffen Generatoren und Schraubenmotoren in einem bestimmten Drehzahlverhältnis zueinander. Bei kurzen Stopmanövern wurden die Dieselgeneratoren nicht stillgelegt. Sie liefen mit einer Grunddrehzahl weiter und wurden nur elektrisch von den Fahrmotoren getrennt.

Die 1945 zur Kriegsbeute erklärte und zunächst an Großbritannien abgelieferte HUASCARAN heißt seit 1970 ROMANZA und ist unter griechischer Flagge noch immer in Fahrt. Die OSORNO hingegen wurde ein erfolgreicher Blockadebrecher des Zweiten Weltkrieges. Das vom Kriegsausbruch in Talcahuano/Chile überraschte Schiff brach 1940 von dort nach Japan durch und trat im Dezember 1941 mit einer Ladung kriegswichtiger Rohstoffe von Japan aus auf dem Wege um Kap Hoorn die Durchbruchsreise nach Europa an. Am 19. März 1942 erreichte OSORNO glücklich das damals im deutschen Machtbereich liegende Bordeaux.

Obwohl die Luft- und Radarüberwachung der Alliierten, vor allem in der Freetown-Natal-Enge, mittlerweile fast lückenlos geworden war, lief die

OSORNO am 23. März 1943 mit einer Ladung von 5000 t Kali und Stückgut abermals in den Fernen Osten aus und traf zwei Monate später wohlbehalten im japanisch besetzten Djakarta ein. Nach dem Anlaufen mehrerer Zwischenhäfen verließ das Schiff Singapore und schließlich abermals Djakarta.

Die Ladung von 4500 t Rohgummi, 2500 t Zink, 250 t Wolframerz, 500 t Kokos- und 400 t Holzöl war für die unter Rohstoffmangel leidende deutsche Kriegswirtschaft so unentbehrlich, daß die Engländer ihre massierten Luftangriffe gegen das von sechs deutschen Zerstörern und sechs Torpedobooten in der Biskaya aufgenommene Schiff noch auf der Gironde fortsetzten. Bei einem notwendig gewordenen Bomben-Ausweichmanöver riß sich die OSORNO an einem Unterwasserhindernis den Rumpf auf. Sie mußte zur Rettung der Ladung auf Strand gesetzt werden, konnte aber abgedichtet, geborgen und Anfang Januar 1944 zur Reparatur ins Dock gebracht werden.* Die seemännische und taktische Leistung des Blockadebrechers OSORNO war so beträchtlich, daß Kapitän Hellmann als einziger Nicht-Soldat mit dem Ritterkreuz des Eisernen Kreuzes ausgezeichnet wurde.

Im Herbst 1938, als OSORNO an die Reederei abgeliefert war und der Stapellauf ihres Schwesterschiffes bevorstand, ahnte freilich noch niemand etwas von den unfreiwilligen »Kriegsabenteuern« des Diesel-Elektroschiffes, das für die friedliche Handelsfahrt zur Westküste von Südamerika in

---

* Die Reparatur wurde unter Regie der Bauwerft Blohm & Voss in der dortigen Gironde-Werft durchgeführt. Von 1943 bis zur Räumung von Bordeaux hat diese Werft unter voller B & V-Leitung und mit einem großen Stab werfteigenen Fachpersonals U-Boot-Reparaturen und -werftüberholungen vorgenommen.

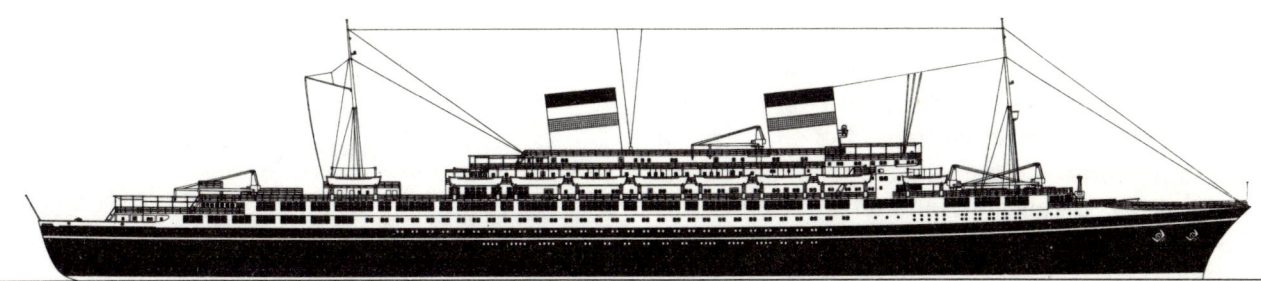

Bau-Nr. 523: Doppelschrauben-Fahrgastschiff (Turbo-Elektroschiff) VATERLAND (II), 41 000 BRT, 45 000 PS, 23,5 kn, Hamburg-Amerika Linie.

Fahrt gebracht worden war. Die Münchener Konferenz der Mächte Großbritannien, Frankreich, Italien und Deutschland war gerade beendet worden. Chamberlain wurde in London von einer riesigen Menschenmenge bejubelt, als er — noch auf der Gangway seines Flugzeugs — die frohe Botschaft »Peace in our time!« verkünden konnte. Und in Deutschlands Kirchen wurden Dankgottesdienste für die Rettung des Friedens abgehalten. Jedermann atmete auf.

Nicht nur auf der Werft glaubte man deshalb an »allzeit glückhafte Fahrt« von OSORNO und HUASCARAN. Man teilte nach dem Münchener Abkommen auch den Optimismus der HAPAG, die unter Bau-Nr. 523 am 29. Oktober 1938 eine neue VATERLAND bei Blohm & Voss auf Stapel legte. Dieser elegante 41 000 BRT-Schnelldampfer sollte — als zweites Turbo-Elektroschiff mit Höchstdruckkesseln — dank einer Maschinenleistung von 45 000 PS eine Dienstgeschwindigkeit von 23,5 Knoten erzielen. Der zwischen den Loten 225 m lange und 30 m breite Zweischornstein-Big-Liner hatte ein außerordentlich scharf

geschnittenes Vorschiff, das ein wenig an den Blaue-Band-Schnelldampfer NORMANDIE erinnerte. Das Promenadendeck der VATERLAND (II) wurde auf völlig einmalige Weise bis in die Mitte des Vorschiffes durchgezogen.

Dieser Schnelldampfer war der erste von drei geplanten Schwesterschiffen, die in den vierziger Jahren die dann veralteten, bewährten Kombi-Schiffe der ALBERT-BALLIN-Klasse ablösen sollten. VATERLAND (II), IMPERATOR (II) und BISMARCK (II) — so war zunächst ihre Namensgebung gedacht — sollten je 1342 Fahrgäste befördern und aus Gründen der Wirtschaftlichkeit jeweils einen Tag länger unterwegs sein als EUROPA und BREMEN. Aber während sich die VATERLAND (II) als Prototyp des neuen Schnelldampfer-Trios erst elf Monate lang im Bau befand und noch nicht stapellauffertig war, geschah das Unausdenkbare. Ein neuer Krieg brach aus.

Eine Tragödie nahm ihren Lauf, die am Ende alles in den Abgrund reißen sollte: Die VATERLAND ebenso wie ihre Bauwerft und jenes Land, auf das ihr Name bezogen war.

Überfleiß trotz Bombenhagel

Bei Ausbruch des Krieges gab der Oberbefehlshaber der Kriegsmarine den Befehl, daß unter sofortiger Stillegung aller Großschiffsbauten, soweit sie noch nicht vom Stapel gelaufen waren, der sogenannte Z-Plan als aufgehoben zu betrachten sei. Dieser im Herbst 1938 aufgestellte Plan hatte den Bau einer »wohlausgewogenen Flotte« binnen zehn Jahren vorgesehen. Nach diesem Programm sollten bis zum Jahre 1948 — außer den bereits vom Stapel gelaufenen Schlachtschiffen BISMARCK und TIRPITZ — sechs weitere Schlachtschiffe von je 56000 t, acht, schließlich sogar zwölf weitere Panzerschiffe von je 20000 t, vier Flugzeugträger, eine große Anzahl Leichter Kreuzer und 233 U-Boote gebaut werden.

Für Blohm & Voss war der Z-Plan insofern von Bedeutung, als man der Werft tatsächlich Anfang 1939 unter den Bau-Nummern 525 und 526 den Auftrag für zwei 56000-Tonnen-Schlachtschiffe erteilt hatte, die mit Dieselantrieb 165000 PS Leistung entwickeln, 30 Knoten laufen und eine Fahrstrecke von maximal 19000 Seemeilen (bei 16 Knoten Fahrt) haben sollten. Diese mit acht 40,6 cm-Geschützen zu armierenden Riesen hätten eine Bauzeit bis zu fünf Jahren erfordert. Der Kiel für Schlachtschiff »H« war am 15. Juli 1939 gestreckt worden. 1200 t Material waren bereits verbaut, 3500 t vorbereitet und weitere 12000 t bestellt, als infolge Kriegsausbruch der Baustop verfügt wurde. 1940 wurde der Torso auf der Helling wieder abgebrochen. Schlachtschiff »M« aber wurde gar nicht mehr begonnen.
An die Stelle des Z-Planes rückte noch im September 1939 ein verstärktes U-Boot-Bauprogramm. Tatsächlich trat die Kriegsmarine höchst unzulänglich gerüstet in den Krieg ein — vor allem aber war die U-Boot-Waffe im Vergleich zu den ihr gestellten Aufgaben. Sie hatte erst 46 einsatzklare U-Boote zur Verfügung, von denen nur 22 atlantikfähig waren.
Das K-Amt (Hauptamt Kriegsschiffbau) im Oberkommando der Kriegsmarine strebte deshalb nach dem Bau von 29 U-Booten pro Monat an, doch die Forderung nach höherer Stahlzuteilung wurde von anderen Instanzen nicht genehmigt. So kam es zum Kompromiß-Soll von 25 Booten pro Monat. Bei dem damals noch üblichen Einzelbauverfahren konnte sich das jedoch erst ab Mitte 1941 nennenswert auswirken.
Wie der damalige »Befehlshaber der U-Boote« (BdU) Kapitän zur See und Kommodore Dönitz gefordert, wurde der aus dem UB III-Typ des Ersten Weltkrieges weiterentwickelte Typ VII in seiner mittlerweile ausgereiften Form VII C zum Kriegs-Standard-Boot der deutschen U-Bootwaffe. Dieses durch seine schmale Silhouette besonders begünstigte »Mittlere Hochseeboot« bestimmte bis zum Jahre 1943 die von Dönitz bevorzugte »Wolfsrudeltaktik«. Jeweils ganze Gruppen solcher Boote wurden in straff über Funk geleiteten, geschickt koordinierten Operationen auf die von Kriegsschiffen und Trägerflugzeugen gesicherten Geleitzüge angesetzt. Die U-Boote brachen grundsätzlich nachts über Wasser fahrend in die Konvois ein und entzogen sich erst nach dem »Losmachen« ihrer Torpedos den verfolgenden Sicherungsfahrzeugen durch Tauchmanöver. Die mit fünf Torpedorohren und 14 Torpedos bzw. 26-29 Minen, außerdem mit leichten Flugabwehrgeschützen ausgerüsteten VII C-Boote hatten über

Wasser eine Verdrängung von 769 t, in getauchtem Zustande von 871 t. Sie fuhren mit 44 Mann Besatzung und liefen über Wasser 17 kn, unter Wasser 7,6 kn. Ihre Fahrstrecke betrug 6100-6500 Seemeilen, die durch Seebeölung mittels Versorgungsschiffen oder U-Tankern (»Seekühen«) erhöht werden konnte. Die Boote kamen nach dem Kriegseintritt der USA sogar vor der amerikanischen Ostküste und in der Karibik zum Einsatz.
Die »Grauen Wölfe« dieses Typs waren es, die spektakuläre Versenkungserfolge erzielten und Winston Churchill in seinen Memoiren zu dem Eingeständnis brachten, daß der Würgegriff dieser Boote England ab Mitte 1942 in eine so bedenkliche Krise brachten, daß die Möglichkeit zur Fortsetzung des Krieges zeitweilig ernsthaft in Frage gestellt war.[*]

Nicht mehr im Schwimmdock wie 1914–1918, sondern serienweise auf den Hellingen baute Blohm & Voss unter insgesamt 238 fertiggestellten und 17 begonnenen, aber nicht mehr vollendeten U-Booten im Zweiten Weltkrieg nicht weniger als 159 solcher Wolfsrudel-Boote sowie sechs weitere, die in Flensburg endausgerüstet wurden. Bald hatte es sich eingespielt, daß jeden Donnerstag ein neues U-Boot aus der Produktion von Blohm & Voss in Dienst gestellt werden konnte.

Der erfolgreichste U-Boot-Kommandant des Zweiten Weltkrieges, Albrecht Brandi[**] (zuletzt Fregattenkapitän), erwarb sich auf U 617 das Ritterkreuz und schließlich das Eichenlaub, auf dem »Zerstörerkiller« U 967 die Schwerter und zuletzt die Brillanten. Beides waren Boote von Blohm & Voss — ebenso wie die bei dieser Werft gebauten Boote der »Kommandanten-Asse« Endraß, Suhren und Topp. Engelbert Endraß holte sich mit U 567 das Eichenlaub, Erich Topp mit U 552 nacheinander Ritterkreuz, Eichenlaub und Schwerter, Reinhard Suhren mit U 564 das Eichenlaub und schließlich die Schwerter.

Diesen Erfolgen stehen freilich tragische Schicksale in großer Zahl gegenüber. Ein Blick in die

---

[*] Bezeichnenderweise wurde dem britischen Hochfrequenz-Wissenschaftler Sir Robert Watson-Watt der Titel »Retter des Vaterlandes« verliehen, als es ihm gelang, Radargeräte und Kurzwellen-Peiler zur rechtzeitigen Ortung und Abwehr der aufgetaucht angreifenden Wolfsrudel-Boote zu entwickeln und dadurch deren Blockade ab Mai 1943 erheblich zu lockern.

[**] Brandi versenkte 21 Handelsschiffe mit 118000 BRT, drei Kreuzer und 12 Zerstörer! Er war der Bruder des Vorstandsmitgliedes der August-Thyssen-Hütte, Dr. mont. Dr.-Ing. e. h. Hermann Th. Brandi, der 1970–73 dem Aufsichtsrat von B & V angehörte.

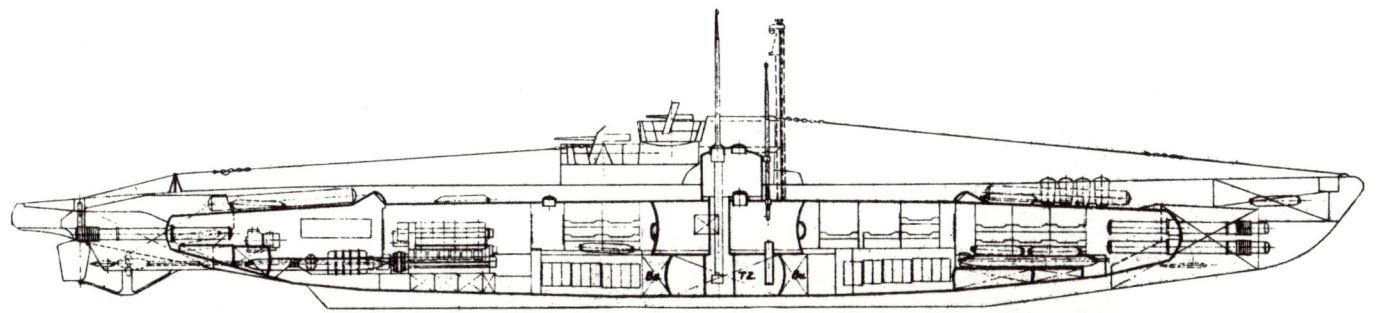

Das Standard-U-Boot vom Typ VII C der Kriegsmarine (Wolfsrudelboot), 769 t, 3000 PS, 17,5 kn (über Wasser).

Neubauten-Liste im Anhang dieses Buches macht den Umfang der Bootsverluste, vor allem ab 1943, deutlich.

Das originalgetreu wieder instandgesetzte und vor dem Marine-Ehrenmal Laboe der Öffentlichkeit zugänglich gemachte, pro Jahr von mehreren hunderttausend Besuchern besichtigte Eismeer-Boot U 995 stammt von Blohm & Voss. Der Funk- und Horchraum dieses Bootes wurde von der Werft gemeinsam mit dem Marinearsenal Kiel in den Originalzustand zurückversetzt. Alle übrigen Teile und Anlagen sind unverändert geblieben, während das Boot in den Jahren 1952-65 unter norwegischer Flagge fuhr.

In Friedenszeiten hatte die Werft weder vor 1914 noch vor 1939 jemals ein einziges Unterseeboot gebaut. In beiden Weltkriegen aber haben Reichsmarineamt bzw. Oberkommando der Kriegsmarine die Firma Blohm & Voss wegen ihrer hochentwikkelten Schiffbau- und Maschinenbautechnik, ihrer hervorragenden Organisation und Einrichtungen zum Spezialbetrieb für die U-Boot-Produktion erklärt. In den Jahren 1939-1945 wurden dort ausschließlich U-Boot-Serien gebaut — mit einer einzigen, gravierenden Ausnahme: Schlachtschiff BISMARCK mußte noch fertiggestellt werden.

Am 14. Februar 1939 war das Schiff bei Blohm & Voss vom Stapel gelaufen. Es glitt von derselben Helling in sein Element, auf der auch das größte je in Deutschland gebaute Fahrgastschiff gleichen Namens (BISMARCK, die spätere MAJESTIC) entstanden war. Der Bauauftrag für die neue BISMARCK war 1936 erteilt worden — noch nach den Richtlinien des ein Jahr vorher abgeschlossenen Deutsch-Englischen Flottenabkommens. BISMARCK war neben den italienischen Schlachtschiffen VITTORIO VENETO und LITTORIO sowie dem französischen Schlachtschiff RICHELIEU das vierte vom Stapel gelaufene Schlachtschiff jener damals von den Kriegsmarinen eingeführten 35000-Klasse, dem sich auch Großbritannien mit einer Serie von fünf derartigen Schiffen anschloß: Schon eine Woche nach dem Stapellauf der BISMARCK lief der britische Serien-Erstling KING GEORGE V von der Helling.

Was damals freilich kaum jemand wußte, war nur einem kleinen Kreis von Eingeweihten bekannt: Die BISMARCK war größer als sie offiziell hätte sein dürfen. Sie verdrängte in voll ausgerüstetem Zustand rund 50 900 t. Schon ihr Konstruktionsgewicht lag bei 41 700 Tonnen. Mit einer Hauptarmierung von acht Geschützen vom Kaliber 38 cm sowie zwölf 15-Zentimeter-Geschützen — alle jeweils in Zwillingstürmen — sowie 16 schweren Zwillings-Flugabwehr-Geschützen vom Kaliber 10,5 cm und 28 leichten Flak-Geschützen war BISMARCK dem damals offiziell größten Schlachtschiff der Welt (HOOD, Großbritannien) in der Schweren Artillerie ebenbürtig, in der Mittelartillerie leicht überlegen. In Maschinenleistung und Geschwindigkeit durfte sich die HOOD als kampfstärkste Einheit der Royal Navy durchaus mit der BISMARCK messen: Die beiden größten Schlachtschiffe waren zugleich auch die schnellsten. Sie liefen mehr als 30 Knoten. Beide hatten eine Maschinenleistung von etwas über 150 000 WPS. BISMARCK allerdings erreichte seine hohe Geschwindigkeit mit nur drei, HOOD hingegen mit vier Propellern. Erstaunlicherweise erzielte BISMARCK die große Geschwindigkeit mit einem Breite-Länge-Verhältnis von nur 1 : 6,7 im Gegensatz zur HOOD, die es auf 1 : 8,2 brachte. HOOD war also wesentlich schlanker gebaut und bot daher hydrodynamisch die besseren Voraussetzungen für hohe Fahrtstufen. BISMARCK ermöglichte andererseits mit ihren 36 Metern Breite die bessere Stabilität und Seefähigkeit, eine wesentlich günstigere Raumausnutzung, Panzerungsanordnung und Mittelartillerie-Aufstellung ohne Behinderung der Flugabwehrgeschütze.

Für die drei Propeller der BISMARCK wurden drei Turbinensätze, für die Dampferzeugung 12 Wagner-Hochdruckkessel eingebaut. Wenig bekannt ist, daß die Antriebsanlage des Schiffes zunächst für elektrische Kraftübertragung mit dreimal 46 000 WPS konzipiert wurde. Bei der Umkonstruktion auf mechanische Getriebe wurden beträchtliche Gewichte frei, die auch der Verstärkung der Maschinenfundamente zugutekamen. Die Turbinen konnten deshalb im Betrieb erheblich höher forciert werde. Ihre Gesamtleistung überschritt 150 000 PS.

Das zu 90% geschweißte und nur noch im Bereich der schweren Torpedoschotten (Seitenschutzwülste) genietete, außerordentlich stark gepanzerte Schiff hatte Bugwulst und vier Dockkiele. Es besaß mit seinen zwei Rudern so ausgezeichnete Manövriereigenschaften, daß es selbst in engem Fahrwasser keine Schlepperhilfe benötigte.

Am 24. August 1940 wurde die BISMARCK feierlich in Dienst gestellt. Sie hatte eine Besatzung von 103 Offizieren sowie 1962 Unteroffizieren und Mannschaften. Nach Beendigung ihrer Erprobungs- und Ausbildungsphase brach das Schlachtschiff, eskortiert vom Schweren Kreuzer PRINZ EUGEN, zum Handelskrieg in den Atlantik aus.

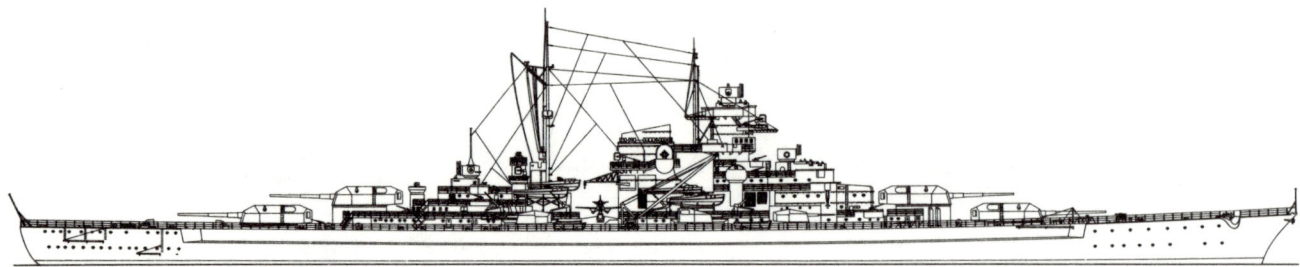

Bau-Nr. 509: Schlachtschiff BISMARCK, 41 700 t, 150 000 PS, 30,1 kn (drei Schrauben).

Nach dem Verlassen der Dänemarkstraße prallte die deutsche Kampfgruppe westlich Island auf britische Schlachtschiffe. Dabei kamen zufällig die beiden größten Kriegsschiffe der Welt, BISMARCK und HOOD, miteinander ins Gefecht. Nach nur acht Minuten Feuerwechsel vernichtete das deutsche Schlachtschiff »the mighty, unsinkable HOOD«, die in einem etwa 300 m hohen Flammenausbruch binnen zweier Sekunden auseinanderbrach. 95 Offiziere und 1323 Besatzungsmitglieder fanden bei dieser Explosion den Tod. Es gab nur drei Überlebende. BISMARCK hatte in dem Gefecht drei Treffer erhalten, von denen einer eine Ölspur verursachte und die Fahrt herabsetzte.

Drei Tage später sah sich die mittlerweile allein fahrende BISMARCK 700 Seemeilen vor Brest im weiteren Umkreis der britischen Home Fleet und der von Gibraltar herbeigedampften Force H mit zusammen fünf Kreuzern, zwei Flugzeugträgern und einer Zerstörerflottille gegenüber. Ein unglücklicher Lufttorpedo-Treffer in die Backbordruderanlage machte die BISMARCK steuerlos. Mit verklemmtem Ruderblatt dampfte der noch voll fahrbereite Riese fortan auf unberechenbaren Kursen, die der eigenen Artillerie ein korrektes Zielen weitgehend erschwerte. BISMARCK wehrte sich, von der Übermacht umstellt, bis zur letzten Granate. Es war der Royal Navy jedoch nicht möglich, dieses Wunder an technischer Standfestigkeit zu versenken. Mindestens sieben, vermutlich sogar zehn Torpedotreffer und mehrere Dutzend Granatenvolltreffer schwerer Kaliber hatten die Schwimmfähigkeit der BISMARCK nicht herabsetzen können. Gürtelpanzer und unteres Panzerdeck waren völlig intakt geblieben. Der Kommandant mußte nach dem Verschießen der letzten Munition die Selbstsprengung des Schiffes befehlen. Rechtzeitig vorher meldeten die Befehlsübermittler-Telefone in sämtliche Abteilungen: »Alle Mann aus dem Schiff!«

Der Wind hatte längst zur Sturmstärke aufgefrischt. Das Ende der an Oberdeck schwer verwüsteten BISMARCK haben 1977 Besatzungsmitglieder nicht überlebt. Sie waren entweder vorher gefallen oder sie ertranken in den hochgehenden Wellen. Nur 115 Mann konnten gerettet werden.

Schlachtschiff BISMARCK blieb das einzige während des Zweiten Weltkrieges bei Blohm & Voss fertiggestellte Überwasser-Kriegsschiff. Alle anderen Aktivitäten der Werft wurden auf den U-Boot-Bau konzentriert und schließlich entscheidend mit der Entwicklung der Walter-Boote verknüpft, die man als bedeutendste Umwälzung in der Geschichte der nichtnuklearen Unterseeboote bezeichnen kann.

Der Kieler Ingenieur und spätere Professor Hellmuth Walter hatte bereits 1933 die Idee eines »Einheitsantriebes« für U-Boote — anstelle des getrennten Antriebes für Überwasser- (Dieselmotoren) und Unterwasserfahrt (Elektromotoren): Er wollte U-Schnellboote mit Turbinen bauen, deren Dampf mittels Perhydrol (H_2O_2 = Wasserstoffsuperoxyd) als Sauerstoffträger zu gewinnen war. Walter-Turbinen machten Unterwassergeschwindigkeiten von 25-30 Knoten denkbar, obwohl für diese der 64fache Energieaufwand gegenüber den mit batteriegespeisten Elektromotoren erzielbaren 6-7 Knoten Unterwassergeschwindigkeit normaler U-Boote erforderlich war. Außerdem empfahl sich der Walter-Antrieb durch geringen Raumbedarf und niedriges Leistungsgewicht.

Im Sommer 1942 — immer noch auf der Höhe der Erfolge mit VII C-Booten — forderte der damalige Vizeadmiral Dönitz als Befehlshaber der U-Boote mit Nachdruck den Bau kleinerer Walter-U-Boote für Einsätze im europäischen Raum (später Typ XVII) sowie die schnellstmögliche Konstruktion mittlerer atlantikfähiger Walter-Boote (später Typ XXVI).

Der Walter-Antrieb dürfte, so prophezeite Dönitz, U-Booten eine derart hohe Unterwassergeschwindigkeit verleihen, daß sie sich in getauchtem Zustand — und damit sicher vor Radar-Ortung — schnellen Geleitzügen »davorsetzen« könnten. Damit beseitige diese Antriebsart jene Gefahr, die künftig den »Wolfsrudel-Booten« drohen werde, die sich nur aufgetaucht »davorsetzen« konnten. Bei Verwendung des Walter-Antriebes werde sich der Gegner einem völlig neuen, in seinen Leistungen überraschenden Bootstyp gegenübersehen.

In Bad Lauterberg/Harz war damals bereits eine Anlage zur elektrolytischen Gewinnung von 15000 Tonnen Perhydrol pro Jahr in Betrieb und eine zweite in Rumspringe geplant, weil man diesen Sauerstoffträger auch für Starthilferaketen und Raketentriebwerke Walterscher Konstruktion in der Luftwaffe benötigte. Auf Grund der massiven Dönitz-Forderung wurde der Forcierung des Baues von Walter-U-Schnellbooten »kriegsentscheidende Wichtigkeit« eingeräumt. Blohm & Voss erhielt noch im Herbst 1942 unter strenger Geheimhaltung den Auftrag zum Bau von zwei solchen U-Booten des Typs Wa 201 (später Typ XVII) erteilt. Binnen drei Monaten kam ein brauchbarer Entwurf zustande, bei dem auch die Anregung von B & V-Flugzeugbauern herangezogen und die Formgebung im Windkanal getestet wurde. Die neuen Boote erhielten ein Fischprofil mit Ovalquerschnitt. Unter dem im Querschnitt

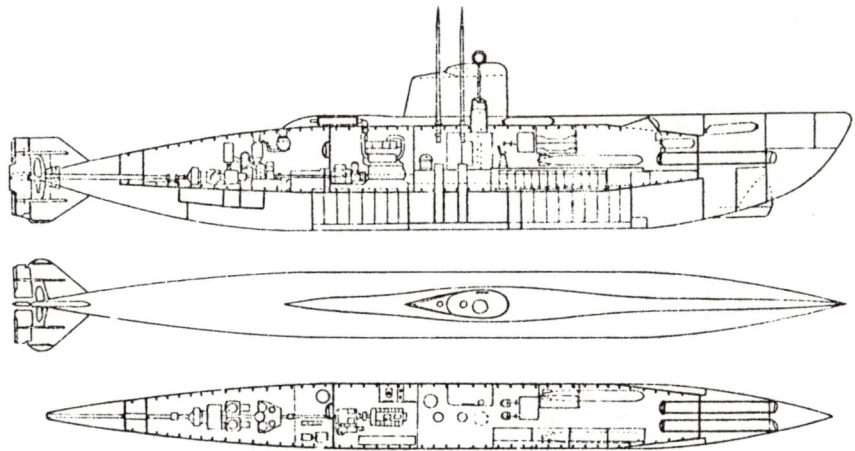

Walter-U-Boot Typ XVII B, 312 t,
2500 PS, 25 kn (unter Wasser).

kreisförmigen Druckkörper wurde ein nicht druckfester, seewasser-durchfluteter Treibstoffraum aus normalen Blechplatten angesetzt, in dem Mipolam-Kunststoffsäcke zur Aufbewahrung des aggressiven Perhydrols aufgehängt werden konnten.

Die achtern installierte Maschinenanlage der beiden Boote (U 792 und U 793) wurde aus Sicherheitsgründen abgeschottet, denn beim Verbrennen eines Kohlenwasserstoffes mit Hilfe des durch einen Zersetzer aus dem Perhydrol abgespaltenen Sauerstoffes entstand ein über 2000° C heißes Dampf-Sauerstoff-Gemisch, das durch Einspritzen von Wasser auf 600° C heruntergekühlt wurde. Man wendete bei beiden B & V-Booten vom Typ Wa 201 erstmals das sogenannte »heiße Verfahren« an: Man leitete das Dampf-Gas-Gemisch direkt in die Turbinen, die damit zu Gasturbinen wurden.

Die Entwicklung der völlig neuen Antriebsanlagen von U 792 und U 793 hatte der seit 1935 bei B & V tätig gewesene Maschinenbau-Diplom-Ingenieur Kurt Illies werftseitig mitbetrieben, der 1942, kurz vor seiner Promotion zum Doktor-Ingenieur und seiner Ernennung zum Prokuristen, Leiter des B & V-Konstruktionsbüros für Schiffsmaschinen und Kessel geworden war. [*]

Nach ausreichender Fahrpraxis mit den beiden gründlich erprobten Wa 201-Booten wurde 1943/44 bei Blohm & Voss der Bau weitgehend ausgereifter Perhydrol-Boote vom 7,5 m längeren Walter-Typ XVII B begonnen. Bis Kriegsende waren die Boote U 1406 und U 1407 in Dienst gestellt, die getaucht 415 t verdrängten und 25 Knoten liefen. Drei weitere Boote dieses Typs (U 1408–1410) wurden am Ausrüstungskai zerbombt, sechs weitere befanden sich in der Bauvorbereitung. Bei Kriegsende waren auch schon die ersten vier Boote des von Dönitz geforderten mittleren atlantikfähigen Walter-Typs XXVI im Bau. Diese vier Erstlinge der Serie (U 4501–4504) sollten unter Wasser 820 t verdrängen und eine 7500-PS-Antriebsanlage bekommen. Sie erhielten noch in der Bauhalle Bombentreffer und blieben unvoll-

endet. Insgesamt hatte das Oberkommando der Kriegsmarine im Mai 1944 bei der Werft 120 Walter-Boote vom Typ XXVI bestellt!

Das in einem Salzbergwerk bei Blankenburg/Harz gefundene originalgroße Holzmodell des Bootstyps XXVI fiel später, weil es die Amerikaner vor ihrer Räumung des Ostharzes abzubauen vergaßen, sowjetischen Truppen in die Hand. Andererseits diente die Bootsform der US-Navy als Vorbild für die Konstruktion des ersten Atom-U-Bootes.

Mit den drei noch in Fahrt gekommenen Walter-Kampfbooten vom Typ XVII B hatte die deutsche Kriegsmarine bei Bornholm erstaunliche Erkenntnisse gewonnen: Das als Restgas nach außen gedrückte CO_2, das sich mit Seewasser verband und deshalb keine Blasenspur entwickelte, überschattete mit seinem undefinierbaren Geräusch beim Austritt aus großen Siebflächen im Heckteil der Boote jedes Maschinengeräusch. Weil aber Gase Geräusche schlechter leiten als Wasser, waren die Walter-Boote des Typs XVII B wegen ihres Kohlendioxyd-Gaskissens erwiesenermaßen unempfindlich gegen Asdic-Ortung! [**]

---

* 1950 wurde Dr.-Ing. Illies auf den neu gegründeten Lehrstuhl für Schiffsmaschinen und Dampfmaschinen an der Technischen Hochschule Hannover berufen und zum Professor ernannt. Er ist heute Vorsitzender der Schiffbautechnischen Gesellschaft und gilt international als profilierter deutscher Wissenschaftler auf dem Sektor Schiffsmaschinenbau.

** Asdic-Geräte strahlten aktiv ultrasonare Schallwellen aus. Sie waren in Deutschland unter dem Namen »S-Geräte« bekannt. Die angelsächsische Abkürzung Asdic bedeutet, daß es sich bei Briten und Amerikanern um Geräte des »Allied Submarine Devices Investigation Committee« handelte.

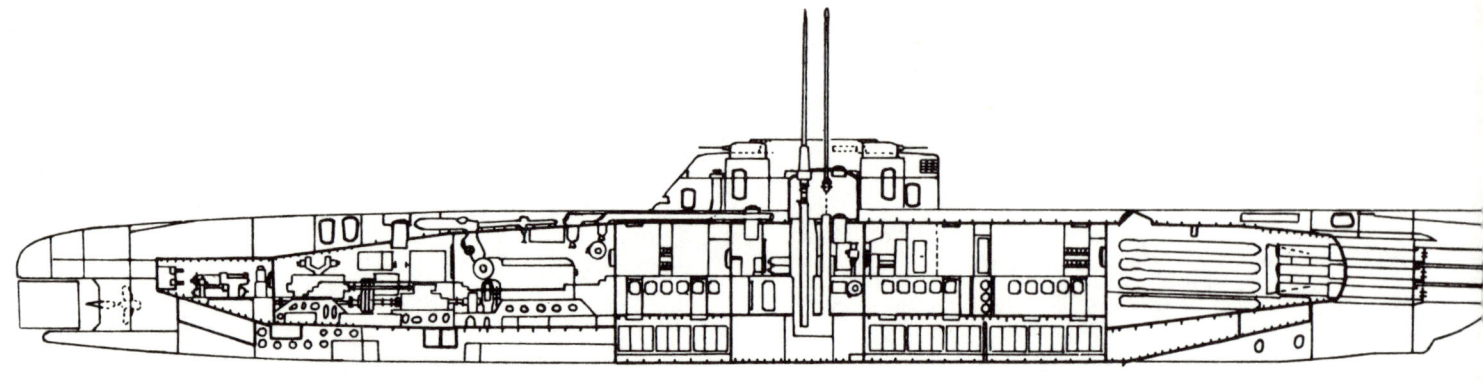

Elektro-U-Boot Typ XXI, 1621 t, 5000 PS, 17,5 kn (unter Wasser).

Jochen Brennecke berichtet in seinem Buch »Jäger — Gejagte«, daß ein britischer Vernehmungsoffizier dem Leiter der Walter-Erprobungsgruppe, Kapitänleutnant (Ing.) Heller, nach dessen Gefangennahme erklärte: »Ein Glück, daß diese Boote nicht mehr eingesetzt worden sind. Wir hätten im Krieg nichts mehr dagegen unternehmen können.«

Vom Augenblick der deutschen Kapitulation an setzte ein Wettsuchen der amerikanischen, britischen, sowjetischen und französischen Geheimdienste ein. Der Name dieses Wissenschaftlers stand mit an der Spitze der Fahndungsliste: Jede Siegernation wollte Walter unbedingt in ihre Dienste nehmen — was den Amerikanern später auch gelang.

Der Leitende Ingenieur von U 1407, Oberleutnant (Ing.) Grumpelt, wurde als einziger U-Boot-Offizier von einem britischen Militärgericht zu sieben Jahren Gefängnis verurteilt, obwohl er nichts anderes getan hatte, als eine große Anzahl anderer U-Boot-Offiziere auch. Grumpelt hatte bei Kriegsende die frontklaren Boote U 1406 und U 1407 vor Cuxhaven versenkt. Sofort wurde von den Briten fieberhaft die Bergung und Schleppüberführung des geheimnisvollen Bootes nach England betrieben. Während der Überfahrt wurde der zwangsweise auf dem Schlepper eingeschifften Besatzung Todesstrafe für den Fall angedroht, daß das Schleppobjekt unterwegs verlorenginge.

Das Blohm & Voss-Boot U 1407 war ohne Frage der kostbarste Schatz der britischen Kriegsbeute überhaupt. Nach seiner Wiederherstellung diente das Boot bis zum Jahre 1949 als Versuchsfahrzeug unter dem Namen METEORITE in der Royal Navy. Es wurde Vorbild für U-EXPLORER, das 1954 in England gebaute schnellste konventionelle U-Fahrzeug der Welt.

Die US-Navy erreichte schließlich, daß auch das B & V-Schwesterboot U 1406 gehoben werden konnte. Dieses ebenfalls vor Cuxhaven selbstversenkte Walter-Boot wurde im September 1945 als Deckslading auf dem amerikanischen Transportschiff SHOEMAKER in die Vereinigten Staaten verschifft, dort wieder fahrbereit gemacht und in langfristigen Versuchen erprobt.

Im Zweiten Weltkrieg hatten die Walter-Boote das Blatt nicht mehr wenden können. Sie verloren den Wettlauf mit der Zeit, weil die für ihre Entwicklung amtlicherseits vertanen Jahre 1939-42 nicht mehr aufzuholen waren.

Als sich schon im Frühjahr 1943 immer deutlicher abzeichnete, daß die Wolfsrudel-Boote bei dem dank Radar immer besser auf ihre Abwehr eibgestellten Gegner kaum noch Chancen hatten, die Frontreife der Walter-Boote jedoch noch geraume Zeit auf sich warten lassen würde, verfiel man im K-Amt des OKM auf die Idee, die sehr elegante Stromlinienform eines inzwischen zwar konstruierten, aber nicht gebauten großen Walter-Typs XVIII für getrennten Antrieb umzurüsten. Die umfangreichen Perhydrol-Räume unter dem Druck-

körper ließen sich ohne weiteres ebenfalls zu einem zweiten Druckkörper umgestalten, so daß ein achtförmiger Gesamt-Querschnitt entstand. Man konnte die Unterräume dann in große Akkuräume verwandeln und damit die Batteriekapazität gegenüber den VII C-Booten verdreifachen — was dank der günstigen Bootsform eine Steigerung der Unterwassergeschwindigkeit auf das Zweieinhalbfache bedeuten konnte.

Hinzu kam, daß Hellmuth Walter im Frühjahr 1943 den berühmten »Schnorchel« entwickelt hatte, der die eilends konzipierten »Elektro-U-Boote« auch beim Batterieaufladen zu reinen Unterwasserfahrzeugen machen konnte und das Geortetwerden beim zeitweiligen Auftauchen vermied.

Der Grundgedanke eines Luftmastes für die Frischluftversorgung unter Wasser stilliegender U-Boote stammte aus Holland. Walter griff die Idee auf und machte sie durch Konstruktion eines schwimmerbetätigten, bei Seegangs-Überflutung selbsttätig schließenden Kopfventils sowie durch Verwendung der im Bootskörper vorhandenen Luft — als Zwischenpolster für die Luftversorgung der Diesel bei zeitweilig untergeschnittenem Ventilkopf — auch für fahrende Unterseeboote brauchbar. Mittels Schnorchel ließen sich Tauchboote in echte U-Boote für wochenlangen Unterwasser-Aufenthalt verwandeln.

Schon im Juni 1943 war die Typkonstruktion des neuen, 1600 ts verdrängenden Zweihüllen-Elektro-Bootes abgeschlossen, dem man die Bezeichnung Typ XXI gab. Mit aufgeladenen Akkus sollten diese »Einundzwanziger« unter Wasser für anderthalb Stunden bis zu 18 Knoten, hingegen zehn Stunden lang 12-14 Knoten laufen. Mit Hilfe einer Schnellladeeinrichtung vermochte man binnen 20 Minuten 18 Torpedos abzufeuern. Damit war schon dieser schnell realisierbare Bootstyp als Zwischenlösung bis zur Frontreife der mit unvermindertem Nachdruck weiterzuentwickelnden Walter-Boote allen U-Boot-Gattungen der damaligen Zeit überlegen.

Dönitz — seit Januar 1943 Großadmiral und Oberbefehlshaber der Kriegsmarine — griff sofort zu. Es kam alles darauf an, die Boote möglichst schnell in großer Stückzahl zu bauen. Dönitz war sich darüber im klaren, daß das weder in der bis dahin üblich gewesenen Einzelbauweise noch im Alleingang der umfangmäßig begrenzten Marinerüstung möglich war. Er schloß deshalb mit Albert Speer, dem Reichsminister für Bewaffnung und Munition, einen Marine-Rüstungsvertrag. In Speers Hand waren damals 83% der deutschen Industrie vereinigt. Der Hebelarm war ungleich größer. Materialengpässe ließen sich innerhalb der großen Organisation besser überwinden. Auch konnte man bei Ausfall einzelner Produktionsstätten mit Teilfertigungen sofort in andere Fabriken ausweichen.

Es wurde durch dezentralisierte Sektionsbauweise möglich, anstelle der pro Boot schätzungsweise benötigten 460000 Arbeitsstunden mit 260000 bis 300000 Arbeitsstunden auszukommen. Außerdem wurde mit drastisch verkürzter Helgenzeit der U-Boot-Bau durch Luftangriffe weniger verletzbar. Bei Ausfall eines Sektionsbauwerkes konnten sofort die entsprechenden Sektionen oder »Schüsse« von einem anderen, mit derselben Aufgabe betrauten Lieferwerk übernommen werden. Der Sektionsbau wurde teilweise auch im Binnenland durchgeführt.

Was in der Praxis geschah, war atemberaubend: Aus jeweils acht »Schüssen« pro Boot wurden die vom »Ingenieurbüro Glückauf« in Blankenburg/Harz bis in die Fertigungspläne durchkonstruierten XXI-Boote, die allein 50 % der damaligen deutschen Stahlhochbau-Kapazität in Anspruch nahmen — mit höchster Dringlichkeitsstufe gebaut. 32 Eisenwerke und Kesselschmieden in Westdeutschland, Schlesien und Mitteldeutschland und einige Werften wie Stülcken/Hamburg oder Hilgers/Rheinbrohl wurden mit dem Bau der Rohsektionen beauftragt. Zwölf Ausrüstungswerften in den Räumen Bremen, Hamburg-Kiel und Danzig rüsteten die auf Binnenwasserstraßen oder auf dem Seewege angelieferten Rohsektionen im Taktverfahren aus, wobei gleich sämtliche Rohr- und Kabel-Einrichtungsgegenstände und Hilfsmaschinen installiert wurden. Die Ausrüstungswerften montierten auch die in »bahngerechten« Stückgrößen per Schiene angelieferten »Außenschiffsschalen« (Außenhaut mit Spanten und Schotten, Oberdecks usw.) an die Druckkörpersektion an.

Drei besonders leistungsfähige deutsche Großwerften fungierten schließlich als Zusammenbauzentren«. Blohm & Voss wurde eins davon: Montagewerft für den gesamten Raum Hamburg-Kiel. An das Zusammenbauzentrum Blohm & Voss lieferten folgende Ausrüstungswerften ihre einbaufertiggemachten Sektionen: Deutsche Werft, Hamburg-Finkenwerder (Sektionen 4 und 6), Howaldtswerke Hamburg (Sektion 5), Kieler Howaldtswerke (Sektion 3), Deutsche Werke, Kiel (Sektionen 1 und 8), Germania-Werft, Kiel (Sektion 7) und die Flender-Werke, Lübeck (Sektion 4).

Blohm & Voss bekam am 28. März 1944 die erste fertige Sektion angeliefert. Nach einem auf den Tag genau festgelegten Terminplan mußten daraufhin die bis auf den letzten Pinselstrich kompletten Sektionen auf Steinwerder zur Verfügung stehen. In Heft 1 der »Wehrwissenschaftlichen Berichte« schreibt E. Rössler:

»An den Unterseiten der Sektionen wurden stählerne Kufen mit hölzernen Gleitern für den Transport auf der Helling befestigt und in Sektion 3 die Dieselanlage auf die besonders breiten Fundamente lose aufgesetzt. Dann wurden die Sektionen in richtiger Reihenfolge mit Winden auf einen freien Hellingplatz heraufgezogen und hintereinander aufgestellt. Die Ausrichtung erfolgte mit hydraulischen Hebern und Justierschrauben. Für die Feinjustierung wurden durch die Schotten und eingebauten Hilfsträger an genau vorgeschriebenen Stellen kleine Löcher gebohrt, die zur Deckung gebracht werden mußten. Bei genauer Ausrichtung konnte man durch sie vom Bug und Heck aus ein Licht in der Zentrale sehen. Gleichzeitig wurden die Dieselmotoren durch Paßstücke und geringen Seitenverschiebungen genau fluchtend an die Wellenleitung der Sektion 2 angeschlossen. Anschließend wurden die Sektionen (Toleranz ± 2,5 mm beim Durchmesser, ± 5 mm beim Umfang) zusammengeschweißt. Um die Stoßkanten der Druckkörper war die Außenhaut (zunächst) in 80 cm Breite ausgespart, damit die Schweißer an die Druckkörper herankamen. Je vier Arbeiter schweißten diametral die Druckkörperschüsse in einem Arbeitsgang zusammen. Dieses Verfahren war notwendig, um die einmal ausgerichtete Achse zu halten. Spannungen waren nicht zu vermeiden. Das Herstellen der sieben Schweißnähte beim Druckkörper dauerte gewöhnlich acht Stunden. Die Schweißarbeit durfte dabei nicht unterbrochen werden, um 100% Sicherheit für einwandfreie Schweißnähte zu garantieren. Es wurde daher angeordnet, daß diese Arbeiten selbst bei Fliegeralarm nicht unterbrochen werden durften. Besondere Sichtblenden wurden konstruiert, die ein Weiterschweißen ermöglichten.«

Was das tatsächlich hieß, bei den immer häufigeren Luftangriffen weiterzuarbeiten, verdeutlichen ein paar Zahlen: Allein im Dezember 1944 gab es 27mal Fliegeralarm. Am 11. und 12. Dezember fielen jeweils Spreng-, Brand- und Minenbomben ins Werk, das am 31. Dezember durch Bombenteppiche schwer in Mitleidenschaft gezogen wurde. Auch am 8. März 1945 wurde Blohm & Voss durch einen neuen, schweren Luftangriff erheblich betroffen. Insgesamt fielen im Zweiten Weltkrieg nicht weniger als 1200 Sprengbomben und Luftminen auf das B & V-Gelände. Für die U-Boot-Sektionsschweißer, die Werkfeuerwehrleute und den Einschlagbeobachter auf dem Hellingturm konnte es keine schützende Zuflucht in den Luftschutzbunker geben.

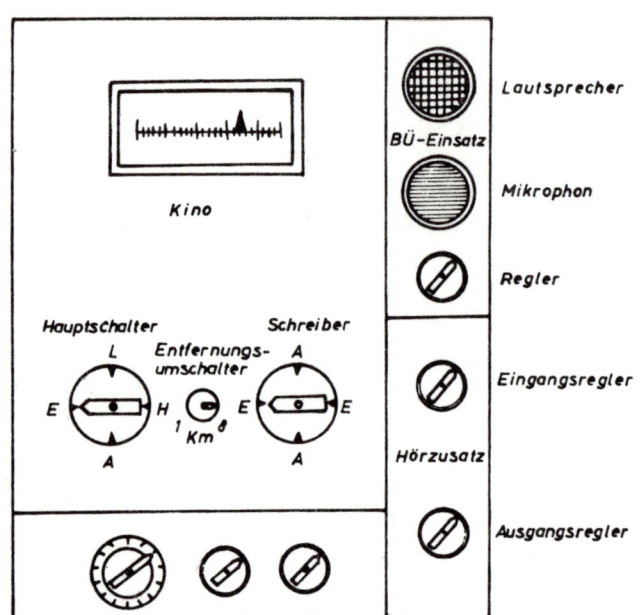

Meßpult der streng geheimen S-Anlage »Nibelung«.

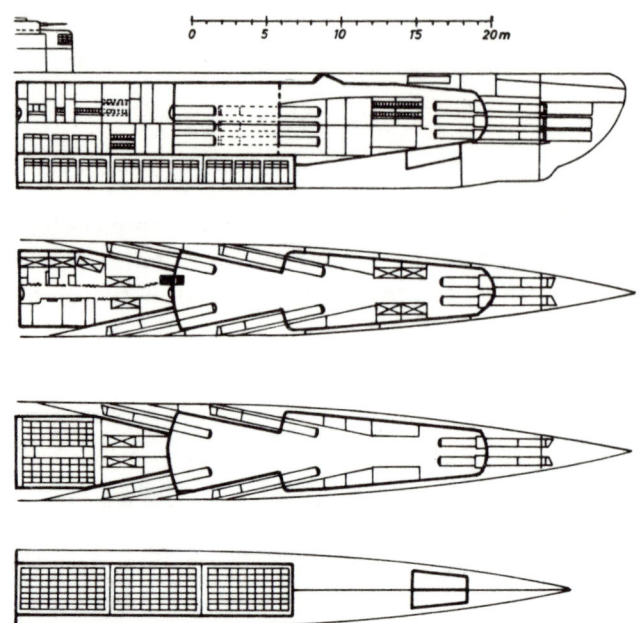

Das Vorschiff des Typs XXI C mit 18 Torpedorohren in Anordnung der sog. »Schnee-Orgel« (dahinter und im unteren Deck Akkumulatoren in großer Anzahl).

Bei Blohm & Voss war dennoch der erste Stapellauf eines U-Bootes vom Typ XXI nach einer Helling-Bauzeit von 39 Tagen schon am 12. Mai 1944 möglich. Das Boot konnte auch als erstes von diesem Typ überhaupt am 27. Juni 1944 in Dienst gestellt werden. Ab Juli 1944 wurde im Montagezentrum Blohm & Voss dank beschleunigter Montage auf der Helling ein Durchschnitt von 84 Tagen zwischen »Kiellegung« der Rohsektion und Ablieferung erreicht. Aber das Tempo verschärfte sich noch weiter. Schließlich rechnete man nur noch 71 Tage: 50 Tage für die Ausrüstung der Sektionen auf den Sektionswerften, vier Tage für den Zusammenbau der Boote auf der Helling! Nach dem Stapellauf waren sechs Tage für die End-Ausrüstung an der Pier vorgesehen.

Schließlich sollte nach fünftägiger Werfterprobung die Übergabe an die Marine erfolgen.

Unmittelbar nach Fertigstellung des Deckanstriches war der Stapellauf. Acht Stunden später wurden auf der freigewordenen Helling die Sektionen für das nächste Boot aufgestellt!

Ungeachtet solcher Herstellungseile waren die Boote des Typs XXI so großzügig eingerichtet, daß sie gegenüber den engen VII C-Stahlröhren eine neue U-Boot-Generation verkörperten. Die Besatzung wurde in zwei weiträumigen, voneinander abgetrennten Wohn- und Schlafräumen untergebracht. Drei WC's mit Abwässertank, Waschraum mit drei Anlagen und Duschen sowie Ultraviolett-Lampen als Sonnenstrahlen-Ersatz bei langen Unterwasserfahrten machten die Neubauten relativ komfortabel.

Teilweise wurden die Boote schon mit dem neuen akustischen Horizontallot »Nibelungen« ausgestattet, das seine Ortungswerte (Richtung, Entfernung, etwaige Gegnerfahrt) über ein Spezialgerät weitergab, das seinerseits die Torpedos entsprechend einstellte und ein »Programmschießen« ohne Sehrohrkontrolle möglich machte. Außerdem hatte man »lageunabhängige« Torpedos der neuen Typen T 5 und T 11 an Bord, die sich ihre Ziele auf elektromagnetischem oder akustischem Wege unbeirrbar selbst suchten.

Bei Blohm & Voss konnten 48 »Einundzwanziger«-Boote in Fahrt gebracht werden. Drei weitere wurden noch vor ihrer Fertigstellung zerbombt. Ein Boot blieb unvollendet und mußte später auf der Helling verschrottet werden.

»Als letztes Boot stellte U 2552 am 24. April 1945 in Dienst, als bereits bei Bremen und bei Stade an der Elbe gekämpft wurde«. (Rössler)

Nach ihrem Einmarsch mußten die Engländer bei Blohm & Voss »mit einer gewissen Verwunderung und einem nachträglichen Erschrecken feststellen, daß es trotz der pausenlosen Luftangriffe nicht gelungen war, die Produktion dieser neuen Boote zu verhindern«.

Für die Werftarbeiter war das freilich kein sonderlicher Trost. Aller Bienenfleiß trotz Bombenhagel war »für die Katz« gewesen. Die mühsam mit eigener Hände Arbeit — oft genug unter Lebensgefahr — in Hunderttausenden von Arbeitsstunden gebauten »Produkte« waren binnen Stunden »dahingegangen«: Sämtliche in unseren deutschen Gewässern befindlichen Elektroboote des Typs XXI — fünfundvierzig an der Zahl — hatten sich ausnahmslos vor Eintritt der Kapitulation selbstversenkt[*], die meisten in der Geltinger Bucht. Nur die zwölf in Norwegen unversenkt gebliebenen Boote wurden zur alliierten Kriegsbeute erklärt und aufgeteilt. Zwei von ihnen waren tatsächlich noch zur Feindfahrt ausgelaufen, jedoch infolge des Waffenstillstandes nicht mehr zum Schuß gekommen.

---

[*] Das beim damaligen Feuerschiff FLENSBURG selbstversenkte Blohm & Voss-Boot U 2540 wurde allerdings 1957 gehoben und wieder fahrbereit gemacht. Es befand sich Anfang 1977 als Erprobungsboot WILHELM BAUER der Bundesmarine noch immer in Fahrt. Dieses letzte noch vorhandene Boot des Typs XXI beweist durch seine Existenz, 31 Jahre nach dem Stapellauf, daß die Zusammenbau-Eile keine Minderung der Bauqualität zur Folge gehabt hat.

Bild links: Bau-Nr. 511: Doppelschrauben-Fahrgastmotorschiff WILHELM GUSTLOFF, 25484 BRT, 9500 PS, 15,5 kn, bereedert von der Hamburg-Süd.

Bild unten: Das gekachelte, mit einem Neptun-Mosaik verzierte Schwimmbad der WILHELM GUSTLOFF.

Bild Mitte links: Bau-Nr. 523: Doppelschrauben-Fahrgastschiff (Turbo-Elektroschiff) VATERLAND (II), 41000 BRT, 45000 PS, 23,5 kn, Hamburg-Amerika Linie.

Bild Mitte unten: Pech nach dem Stapellauf: Die VATERLAND (II) riß bei starken Böen von den Schleppern ab und wurde auf das Heck des Schlachtschiffes BISMARCK gedrückt, dessen Flaggstock dabei verbogen wurde.

Bild ganz unten: Bau-Nr. 509: Schlachtschiff BISMARCK, 41700 t Wasserverdrängung, 150000 WPS, 30,1 kn.

Bild oben: Wer es mit ansah, hatte Tränen in den Augen: Das Hellinggerüst von Blohm & Voss nach der Sprengung im Jahre 1946.

Bild links: 1950 war nur noch eine Trümmerwüste übriggeblieben — dort, wo vorher über 14000 Menschen beschäftigt waren.

Bild rechts: Demontage — Zerstörung der Arbeitsstätte mit eigener Hand — ein bitteres Los (s. S. 182, 191).

Ausgelöscht mit Stumpf und Stiel

Bei der kampflosen Übergabe der Hansestadt Hamburg am 3. Mai 1945 wurde Blohm & Voss unverzüglich von britischen Truppen besetzt. Die ihnen beigegebenen Sonderkommandos wußten genau, was sie an jener Werft interessierte, die von 1940 an nicht weniger als 256 U-Boote abgeliefert hatte. Auch das legendäre Schlachtschiff BISMARCK war den britischen Dokumenten-Fahndern vier Jahre nach seinem Untergang noch keineswegs gleichgültig.

Gleich am Tage ihrer Besetzung wurde die Werft um 10 Uhr morgens auf Befehl der Besatzungsbehörde von deutschem Personal vollständig geräumt. Das Gelände wurde den ganzen Monat Mai hindurch strikt zum Sperrgebiet erklärt. Es durfte von keinem Deutschen betreten werden.

Die meisten Führungskräfte der Werft wurden zu immer neuen Vernehmungen abgeholt. Die beiden Inhaber Rud. Blohm und Walther Blohm wurden aus ihren Häusern vertrieben. Ihre Bankkonten wurden gesperrt. Sie durften jahrelang lediglich 300 Reichsmark im Monat abheben — was nach bald eingespieltem Schwarzmarkt-Kurswert dem Gegenwert von 60 Zigaretten oder drei 250-g-Stücken Butter entsprach.

Auf dem Werftgelände übernahm die »Industrial Division, Ship Building Branch« der britischen Militärregierung das Kommando, während der verwüstete Hamburger Hafen einem »Commodore in Charge« und einem »Port Controller« unterstellt wurde.

Die britischen Kontrolloffiziere waren allein weisungsbefugt. Sie gestatteten ab Juni einer begrenzten Anzahl von Werftarbeitern, Vorpostenboote der ehemaligen Kriegsmarine durch Entfernen ihrer Geschützpodeste, U-Jagd- und Minensucheinrichtungen in zivile Fischdampfer zurückzubauen. Auch wurden schließlich Fachkräfte des Werftpersonals zur Reparatur der Hamburger Elektrizitäts-, Gas- und Wasserwerke sowie deren Rohrleitungen abgeteilt. Das Eindocken von Schiffen jedoch, das Schiffsreparaturgeschäft, erst recht jeglicher Bau von Schiffen oder Maschinen blieben auf Weisung des Alliierten Kontrollrats total untersagt. Nicht einmal Kriegsschaden-Auf-räumungsarbeiten im Werftgelände oder Gebäude-Wiederinstandsetzung wurden gestattet.

Dr.-Ing. Illies und andere Antriebsspezialisten, die mit Walter-U-Booten zu tun gehabt hatten, fanden sich bald in England wieder. Auch Dr. Vogt und drei weitere B & V-Flugzeugbauer wurden eines Tages aufgefordert, dorthin zu reisen. Als sie sich zu weigern versuchten, wurde ihnen knapp geantwortet: »Das ist äußerst unangenehm und bedauerlich, denn der Begleitoffizier und das vorgesehene Schiff sind bereits hier«. Das Team wurde also unfreiwillig ins »United Kingdom« verfrachtet. Dr. Vogt durfte zwar nach siebenwöchigen Vernehmungen in die Hansestadt zurückkehren. Er wurde jedoch wenig später erneut westwärts verschickt — diesmal in die Vereinigten Staaten, in denen er Jahre danach als freier Bürger blieb.

Das von Bombenschäden weitgehend verschont gebliebene Flugzeugwerk Finkenwerder versuchte, zunächst einen bescheidenen Fabrikationsbetrieb aufrechtzuerhalten. Aus Zweckmäßigkeitsgründen hatte man den Firmennamen in »Hamburger Fahrzeugbau« umgeändert. Die Büros befanden sich zuerst im Museum für Hamburgische Geschichte, dann am Stubbenhuk. Von der Firma Georg Plange lag ein kleiner Auftrag für den Bau von Mühlen vor, von denen tatsächlich einige auf Finkenwerder gebaut wurden. Dr. Vogt konstruierte, bevor man ihn abholte, mit ungebrochenem Ideenreichtum ein kleines Auto mit einem Spezialfahrwerk. Und die Hamburger Hochbahn Aktiengesellschaft erteilte einen Auftrag zum Bau neuer Hochbahnwagen-Karosserien, die auf die Fahrgestelle der im Krieg verbrannten Wagen aufgesetzt werden sollten. Er kam jedoch nicht mehr zur Ausführung, denn plötzlich besetzten britische Truppen auch das Werk Finkenwerder. Es wurde — ebenso wie alle anderen Blohm & Voss-Betriebe — für beschlagnahmt erklärt und mit totalem Produktionsverbot belegt.

Direktor Max P. Andreae hatte sofort, als man wieder über die Elbbrücken gelangen konnte, auch in Wenzendorf nach dem rechten gesehen. Er fand den Flugplatz als vermeintlichen Reichsbesitz von den Engländern vereinnahmt. Den Bauern wurden ihre früheren Grundstücke wieder zugesprochen, obwohl sie in Wirklichkeit längst — ebenso wie das Gelände Finkenwerder — regulär von Blohm & Voss erworben worden waren.

Andreae berichtete: »Weder aus dem Grundbuch des Tostedter Amtsgerichtes noch bei einer Zweigstelle der Reichsvermögensverwaltung in Buchholz konnte man ersehen, daß wir Wenzendorf gekauft hatten. In Berlin nachzufassen, war unmöglich und sinnlos. Die Leiter aller Stellen waren ausgewechselt, weil diese früher mit PG's (Parteigenossen, d.h. Mitglieder der NSDAP) besetzt waren. Schließlich fand ich in Tostedt eine alte Sekretärin, die mir sagte, daß im Keller des Amtsgerichtes noch Akten liegen könnten, die in der Bombenzeit zuletzt nicht mehr bearbeitet worden seien. Und so war es auch!

Die Mitteilung über den Kaufvertrag fand sich. Aber es war noch ein langer Weg, bis ich bei den Reichsstellen, bei der Kreisbauernschaft in Winsen (die damals noch bestand) und bei den Engländern in Lüneburg unser Recht erkämpft hatte. Ich konnte zwar nicht verhindern, daß die Engländer Steinschotter auf unser Rollfeld fuhren, um dort ihre schweren Fahrzeuge aufzustellen, bekam aber den Zugang zu den Baracken am Drestedter Weg, in denen wir dann noch einige Zeit aus Leichtmetall Haushaltsgeräte, Koffer usw. fabrizierten — alles Dinge, die man damals nirgends kaufen konnte.

Die Werksanlagen wurden demontiert und gesprengt. Uns blieben, als die Engländer abzogen, nur Haufen von Trümmern übrig, die eine landwirtschaftliche Nutzung sehr beeinträchtigten.

Hamburg war damals ein riesiges Trümmerfeld. 53 % der Gebäude waren in 43 Millionen cbm Schutt verwandelt. Der weitgehend luftkriegszerstörte Hamburger Hafen bot einen Anblick, der einer Nachkriegsgeneration unvorstellbar bleiben wird. 2900 Wracks aller Größen lagen im Fahrwasser und in den Hafenbecken. Acht Zehntel der Hafenanlagen waren vernichtet, 743 Kräne unbrauchbar geworden. Die Lagerhäuser, soweit sie stehen geblieben waren, konnte man nur unter Schwierigkeiten erreichen, weil 70 Hafenbrücken in Trümmern lagen.

Nicht weniger als 200000 Hamburger waren durch den Krieg umgekommen. 80000 von ihnen hatten durch Bombenangriffe in der Stadt selbst ihr Leben verloren.

Während die Ende 1945 gegründete UNO eine Tagesmenge von 2650 Kalorien als Existenzminimum einer Person für notwendig erklärte, betrug im »bestraften« Deutschland die offizielle Tagesration laut Lebensmittelkarten nur 1500 Kalorien und sank in Wirklichkeit oft erheblich unter 1000 herab. Es wurden Jahre schwerster Entbehrungen. (Allein in Hamburg zählte man Ende 1946 rund 100000 Fälle von Hungerödemen!)

Der Kontrollrat der Siegermächte funktionierte zunächst nur im Negativen. Seine eigentliche Aufgabe bestand darin, immer neue Verbote durchzudrücken. Das ging so weit, daß die Kontrolloffiziere von Steinwerder selbst die Winterfestmachung der bombenbeschädigten Speisehalle aus werfteigenem Material nicht gestatteten. Gemäß dem grundsätzlich erteilten Aufräumungsverbot mußten die von deutscher Seite heimlich doch beigezogenen Maurer nach zwei Tagen ihre Arbeit wieder einstellen. Infolgedessen hielten, als der Winter heranrückte, die wenigen auf der Werft weiterbeschäftigten Arbeiter bei schneidendem Frost, in den Resten der abgedeckten Halle, ihre Mittagspause praktisch unter freiem Himmel ab. Man sah nur ausgemergelte Gesichter und blaugefrorene Hände. Und es dauerte nicht lange, bis auch deren Arbeitskleidung jammervoll dürftig und deren Schuhzeug völlig unzulänglich geworden waren.

Angesichts der drückenden Not im geschlagenen Deutschland bedrängten deutsche Belegschaftsmitglieder die »Shipbuilding Branch«, sie möge doch wenigstens dem Mangel an dringend benötigten Haushaltsgegenständen abhelfen und mindestens deren Herstellung auf Steinwerder erlauben.

Deutscherseits gemachte Vorschläge, künftig landwirtschaftliche Silos, Baugerüstwinden, Kraftwerkseinrichtungen, Waggons und Lastwagen zu produzieren, waren am harten alliierten Nein gescheitert. Bei den Gebrauchsgegenständen drückte man zunächst ein Auge zu. Auf dem Werftgelände fabriziert und dem Handel zugeführt wurden 3500 Kochtöpfe, 500 Haushaltswaagen, 1000 Durchschläge und 225 Kochherde — die eigenartigste Halbjahresproduktion in der Werftgeschichte.

Aber schon diese bescheidene Fabrikation mußte schon nach einem Monat wieder aufgegeben werden. Im Dezember 1945 verfügte die »Shipbuilding Branch« eine Aufgabe dieser Notstandsbeschäftigung. Anfang 1946 wurde ein endgültiges Arbeitsverbot erlassen und das Werftgelände erneut zum Sperrgebiet erklärt.

Auf Steinwerder trat wieder eine gespenstische Friedhofsruhe ein. Kein Kran rührte sich, nirgendwo dröhnte ein Niethammer oder zischte noch eine Schweißflamme. Auch in der einzigen betriebsfähigen und größten Gießerei Nordwestdeutschlands begann Unkraut zu wuchern. Millionenwerte verrotteten und verkamen.
Aber es war erst der Anfang — die Stille vor dem Sturm. Ganz unauffällig hatte sich damals beim Port Controller eine Dienststelle eingenistet, die unter der nichtssagenden Bezeichnung »R. D. & R. Branch« firmierte. Nur Eingeweihte kannten den vollen Wortlaut dieser Abkürzung: »Reparations, Deliveries and Restitution Branch«. Was sich dahinter letzten Endes verbarg, stand im Einklang mit den Beschlüssen der zweiten Konferenz von Quebec, in denen Roosevelt und Churchill auf Betreiben des amerikanischen Finanzministers Henry Morgenthau im September 1944 übereingekommen waren, daß die deutsche Industrie einschließlich aller Bergwerke zu vernichten sei — Deutschland solle ein »Weideland« werden.
Im Mai 1946 erschienen britische Armee-Ingenieure auf der Werft, um auf Weisung der R. D. & R. Branch ein Stück Morgenthau-Plan in die Tat umzusetzen. Britische Pioniere steckten Sprengladungen in die Hauptträger der Helligerüste, die trotz erlittener und wieder reparierter Teilschäden den Bombenkrieg überstanden hatten. Der vom Werftgelände ausgesperrte Treuhänder, der Betriebsrat und schließlich sogar die Bürgerschaft schlugen Alarm. Sie ließen nichts unversucht, um bei der bevorstehenden Sprengung der von jedem Hamburger als Herzstück und Wahrzeichen des Hamburger Hafens empfundenen Helligerüste wenigstens 27 vollständig betriebsfähige elektrische Laufkräne vor der Vernichtung zu bewahren. Überall herrschte drückender Materialmangel, es fehlte allenthalben an den unentbehrlichen Hebezeugen für den Wiederaufbau kriegszerstörter Gebäude. Darum sollte man doch nun wenigstens die Laufkräne erhalten und gegebenenfalls anderen Firmen zugutekommen lassen. Aber die Antragsteller wurden keiner Antwort für würdig befunden.

Dumpf dröhnten stattdessen die Detonationen über die Elbe. Binnen Minuten wurden Millionen-

Schlangestehen im zertrümmerten Hamburg.

werte zerstört. Auch die intakten Kräne wurden ohne Erbarmen mit in die Luft gejagt. Und so war die kunstvolle Stahlkonstruktion, unter der einst alle Ozeanriesen von der VATERLAND bis zur CAP ARCONA, EUROPA oder WINDHUK entstanden waren, ein rauchender Trümmerhaufen. Die Explosionen trafen Hamburg mitten ins Herz.

Ein Zeitgenosse schrieb: »Ganz Hamburg erlebte die Agonie, zitterte mit seiner größten Werft. Es war, als ob man einem Patienten die Hauptschlagader öffnete.«

Nun holte sich die Besatzungsmacht auf dem Wege der »Dienstverpflichtung zum Arbeitseinsatz« 500 Mann Werftpersonal nach Steinwerder, die nun die traurigste Arbeit ihres Lebens vollbringen mußten: Mit Schneidbrennern hatten sie die gewaltigen Stahlmassen des zusammengestürzten Hellinggerüstes in transportfähige Stücke zu schneiden. Außerdem befahl man ihnen, alle noch vorhandenen Kräne abzubauen und sogar den luftkriegsbeschädigten 250-Tonnen-Hammerwippkran zu demontieren und in »ofengerechte« Stücke zu zerlegen.

Ein Weltunternehmen war zum Schrottplatz geworden . . .

Aber den Arbeitern in diesem Trümmerfeld war nicht verborgen geblieben, daß sich eine neue, noch schlimmere Vernichtungsaktion anbahnte: Mit Probebohrungen und schließlich echten Sprenglöchern machten sich Pioniere daran, auch die Helgensohlen für die Sprengung vorzubereiten! Die Armee-Ingenieure hatten

60 Tage für die gesamte »Arbeit« veranschlagt. Bis dahin sollten die gut fundierten, bis zu zwei Meter dicken Betonplatten Stück für Stück ebenfalls in die Luft gejagt werden.

Zum Glück ließen sich diese Sprengungen gar nicht vornehmen, so lange noch die Verschrottungsarbeiten im Gange waren. Und Schrott brachte der Besatzungsmacht Geld ein. Er war damals stark gefragt. In der Zwischenzeit wurden deutscherseits immer neue Eingaben gemacht. Auch Hamburgs Erster Bürgermeister Max Brauer schaltete sich ein: man sollte doch wenigstens die nutzlosen, kahlen Betonflächen stehen lassen, deren spätere Trümmerbeseitigung ja völlig unmöglich werde.

Man stellte sich zunächst taub und zündete ungerührt die ersten Probesprengungen. Dann aber ließ man von der wirklich jeder Vernunft Hohn sprechenden Sprengerei von insgesamt 65 000 Quadratmetern Betonfläche doch lieber ab. Man einigte sich auf einen Kompromiß: Die Hansestadt Hamburg sollte sich bindend verpflichten, mit einem Aufwand von vier Millionen Mark (in späterer D-Mark gerechnet) eine Betonsperrmauer vor die ehemaligen Ablaufbahnen zu bauen, damit dort niemals wieder ein Schiff gebaut und zu Wasser gebracht werden könne. Aber die immer größeren Materialengpässe des Jahres 1946 machten die Ausführung des Befehls utopisch. Zement und Stahl waren Mangelware ersten Ranges. Zunächst mußten Millionen Obdachlose von der Straße gebracht werden.

Es war damals tatsächlich kein Baumaterial aufzutreiben. Der vom Alliierten Kontrollrat festgelegte »Produktionsplan der vier Mächte« vom 26. Juli 1946 sah nämlich vor, daß die Stahlerzeugung pro Jahr 8,5 Mio. Tonnen nicht überschreiten dürfe. Aber dieses festgesetzte Kontingent konnte — ebenso wie die kargen Zuteilungen von Kohle — nicht einmal das Existenzminimum sichern.

Im strengen Winter 1946/47, der auch in Hamburger Elendswohnungen und Notunterkünften viele Todesopfer durch Erfrieren forderte, brach die Kohleversorgung der britischen Besatzungszone praktisch zusammen. Es rächte sich bitter, daß die Wiederinstandsetzung kriegszerstörten Eisenbahnmaterials nicht genug forciert worden war.

Z 11 US-Zone 713 | Z 11 US-Zone 714 | Z 11 US-Zone 715 | Z 11 US-Zone 716 | L 11 LEA 1 Flm. 701 | L 11 LEA 1 Flm. 702 | L 11 LEA 1 Flm. 703 | 250 g Zucker 11/97 II | 250 g Zucker 11/97 I | K 200 g Kaffee-Ersatz 12/97

Fleisch 11/97 | Fleisch 11/97 | Fleisch 11/97 | Fleisch 11/97 | L 11 LEA 1 Flm. 704 | L 11 LEA 1 Flm. 705 | L 11 LEA 1 Flm. 706 | Fleisch 11/97 | Fleisch 11/97 | Fleisch 11/97 | Fleisch 11/97

5 g Fett 97 | 5 g Fett 97 | 5 g Fett 97 | 5 g Fett 97 | 5 g Fett 97 | Fleisch US-Zone 11/97 4 | Fleisch US-Zone 11/97 3 | Fleisch US-Zone 11/97 2 | Fleisch US-Zone 11/97 1

11 Deutschland
US- und britische Besatzungszone
LEA Groß-Hessen

Lebensmittelkarte
für Erwachsene über 20 Jahre

E 97

Gültig vom 6. 1. 1947 bis 2. 2. 1947

Name

Wohnort

Straße

Anstelle von 500 g Brot können 375 g Mehl bezogen werden
Bei Verlust der Karte kein Ersatz

1000 g BROT 11/97 IV | 1000 g BROT 11/97 III | 1000 g BROT 11/97 II | 1000 g BROT 11/97 I

500 g Brot 11/97 IV | 500 g Brot 11/97 IV | Brot US-Zone 11/97 4 | Brot US-Zone 11/97 3 | Brot US-Zone 11/97 2 | Brot US-Zone 11/97 1

100 g Nährmittel US-Zone 11/97 IV | 100 g Nährmittel US-Zone 11/97 III | 100 g Nährmittel US-Zone 11/97 II | 100 g Nährmittel US-Zone 11/97 I

Nährmittel US-Zone 11/97 4 | Nährmittel US-Zone 11/97 3 | Nährmittel US-Zone 11/97 2 | Nährmittel US-Zone 11/97 1

50 g W-Brot 97 (columns repeated) / 25 g Nährmittel 97

Nicht übertragbar

Bestellschein für entrahmte EM Frischmilch 11 97

E 11 EA Flm. 712 | E 11 EA Flm. 711 | L 11 LEA 1 Flm. 708 | 62,5 g FETT 11/97 IV | 62,5 g FETT 11/97 III | 62,5 g FETT 11/97 II | 62,5 g FETT 11/97 I

E 11 EA Flm. 710 | E 11 EA Flm. 709 | L 11 LEA 1 Flm. 707 | Fett US-Zone 11/97 1 | K Käse 11/97 | 62,5 g Käse 2 11/97 | 62,5 g Käse 1 11/97

Bitterkalter Elendswinter 1946/47 — und noch immer war Schmalhans Küchenmeister: Die Lebensmittel-Zuteilungen blieben jammervoll.

Die Kohleproduktion hatte man zwar durch Zwangsverpflichtung junger Leute in die Ruhrbergwerke kurzfristig anzuheben vermocht, das Transportproblem jedoch nicht verbessert.

Die Besatzungsmacht reagierte nervös. Weil plötzlich um jeden Preis Lokomotiven benötigt wurden, gab sie im März 1947 einen Teil des Werftgeländes für Lokomotivreparaturen frei.

Mit dem im Laufe vieler Schiffbaujahre erworbenen Geschick verwandelten Werftarbeiter von Blohm & Voss splitterzersiebte, zerschossene oder halbzerbombte Dampfrösser in wieder einsatzfähige Lokomotiven. Sie plagten sich zwar mit unendlichen Materialengpässen herum, arbeiteten in einer Halle ohne Dach, absolut im Freien, und verbrachten die Mittagspause weiterhin bei Schnee und Frost in der noch immer nicht gedeckten Speisehalle — aber sie hatten wenigstens wieder Arbeit und taten wirklich Sinnvolles.

Wenn die durchfrorenen Lokomotivausbesserer in den höchst ungemütlichen Mittagspausen aus Eigenbau-Tabak ihre schrecklich riechenden Zigaretten drehten, sprachen sie immer wieder darüber, wie das alles wohl weitergehen werde. Der Widersinn in der Politik des Alliierten Kontrollrates war allzu offensichtlich. Und es wurde ruchbar, daß es zwischen den Alliierten ebenso Diskrepanzen gab wie in der öffentlichen Meinung jener Länder, die ihre Besatzungstruppen nach Deutschland geschickt hatten.

Es bahnte sich eine neue Denkweise an, deren Argumente dem Morgenthau-Plan diametral entgegengesetzt waren. Am 14. Juni 1947 begann die Sonderverhandlung der Alliierten Außenminister in Paris. Der ehemalige General Marshall verkündete als amerikanischer Außenminister erstmalig seinen Plan einer »supported recovery of Europes devastated economy including the German one«. Anfang August 1947 konferierte man in Paris zur ersten Diskussion über den sogenannten Marshall-Plan: Die USA wollten dem Ruhrgebiet eine Anleihe von 300 Millionen Dollar gewähren. Tatsächlich kam es zur Verabschiedung des European Recovery Programs (ERP), aus dessen Mitteln allein das ab 15. März 1948 in die Marshall-Hilfe einbezogene Westdeutschland bis zum Juni 1950 nicht weniger als 6,6 Milliarden Dollar als Wiederaufbaukredite und weitere 1,5 Milliarden Dollar für die Beschaffung von Rohstoffen und Lebensmitteln erhielt. Damit war der entscheidende Startschuß für den Wiederaufbau Westdeutschlands gefallen.

Um so absurder wurde nun das Hüh und Hott in der Demontagefrage. Während ERP-Kredite auch an die deutsche Wirtschaft bereits beschlossene Sache waren, wurde im Oktober 1947 eine neue Demontageliste für die britische und amerikanische Zone herausgegeben, die 682 Industriewerke umfaßte! Unter den 496 Werken der britischen Zone befand sich vor allem auch — Blohm & Voss. Die fleißigen Instandsetzungsarbeiter auf Steinwerder hatten gerade mit einigem Stolz ihre 100. wieder fahrbereit gemachte Lokomotive an die Deutsche Reichsbahn abgeliefert, als man ihre weitere Arbeit plötzlich brüsk unterband. Es kam wie ein Blitz aus heiterem Himmel! Erneut wurde ein totales Arbeitsverbot verhängt. Am 1. Februar 1948 begann die endgültige und vollständige De-

montage-Zerstörung des Unternehmens Blohm & Voss. Fast drei Jahre nach dem Krieg wurde auf Steinwerder mit Vandalismus eine sinnlose Vernichtung von Investitionsgütern in Gang gebracht. Es gab weit und breit niemanden, der die Rigorosität dieser Demontage begreifen konnte. Andere Hamburger Werften hatten ihre kompletten Hellinggerüste behalten oder waren sogar gänzlich ungeschoren geblieben. U-Boote aber hatten auch sie im Kriege gebaut. Das also konnte nicht der Anlaß für die Ausradierung von Blohm & Voss gewesen sein.

Tatsächlich hatte man inzwischen sogar offiziell von seiten der Besatzungsmacht erklärt, daß man Blohm & Voss nicht mit einem Rüstungsbetrieb gleichsetzen könne. In den 21 Jahren zwischen 1918 und 1939 hatte das Privatunternehmen 93 Schiffe und Docks erbaut, unter denen sich lediglich ein Schwerer Kreuzer, ein Schlachtschiff und drei Zerstörer, ein kleiner Tender, ein Aviso und zwei schwach armierte Geleitboote befanden. Zu einem Rüstungsbetrieb ließ sich Blohm & Voss beim besten Willen auch dann nicht hochstilisieren, wenn man noch die völlig unbewaffneten vier Segelschulschiffe hinzuzählte, die an die deutsche und rumänische Marine abgeliefert worden waren.

Als sich also die Version »Rüstungsbetrieb« nicht aufrechterhalten ließ, fand man eine recht bemerkenswerte neue Formulierung: Blohm & Voss wurde zu einem überflüssigen Betrieb erklärt!

In der britischen Besatzungszone wendeten sich Ministerpräsidenten, Gewerkschaften und Belegschaften gleichermaßen einmütig gegen die Demontage-Pläne.

Der Alliierte Kontrollrat verwandelte sich bald in ein Gremium zur Austragung unüberbrückbarer Konflikte. Die USA erkannten immer stärker die Notwendigkeit einer Änderung ihrer Haltung gegenüber den Deutschen, aber die UdSSR protestierte heftig. Die Allianz aus der Kriegszeit zerfiel endgültig und machte einer Kraftprobe Platz, als sich die Sowjets weigerten, ERP-Kredite auch für Länder oder Landesteile in ihrem Machtbereich zuzulassen. Sie weigerten sich ebenfalls, eine neue deutsche Einheitswährung einzuführen, obwohl Deutschland gemäß Potsdamer Abkommen als staatliche und wirtschaftliche Einheit anzusehen war. (Seit Januar 1948 waren die Vorarbeiten für eine gesamtdeutsche Währungsreform im Gange. Aber sie scheiterten an einem östlichen »Njet«.)

Als daraufhin die drei Westmächte am 20. Juni 1948 unter Abwertung aller Bankguthaben und Vermögen auf ein Zehntel des vorherigen Nennwertes eine separate Währungsreform durchführten, legten die Sowjets vier Tage später wegen »technischer Störun-

gen« den gesamten Güterverkehr auf Autobahn, Straßen, Schienenwegen und Wasserwegen nach Berlin lahm. Der Westen nahm die Herausforderung an und versorgte 920 000 West-Berliner Familien aus der Luft.

Insgesamt wurden in 250 000 Flügen 1,7 Millionen Tonnen Versorgungsgüter — sogar Kohle in Säcken — in die drei Westsektoren Berlins eingeflogen. Dabei kam dem beschlagnahmten B & V-Betrieb Finkenwerder eine besondere Aufgabe zu: Er diente als Fliegerhorst und Beladungszentrum für große, viermotorige Sunderland-Flugboote, die im Rahmen der Luftbrücke zwischen den Wasserflächen von Elbe und Westberliner Havel pendelten. Die Luftversorgung Berlins erwies sich als so wirksam, daß »östlicherseits« am 12. Mai 1949 nach fast elf Monaten die Blockade Berlins stillschweigend abgebrochen wurde.

Die Vereinigten Staaten und Großbritannien hatten schon im Januar 1947 ihre Besatzungszonen zur »Bizone« zusammengeschlossen. Im März 1948 trat Frankreich auch mit seiner Besatzungszone zum »Vereinigten Wirtschaftsgebiet« hinzu, so daß die »Trizone« entstand. Die ihm angebotene Möglichkeit zur Teilnahme am Marshall-Plan hatte Frankreich konsequent auf die Seite der USA gebracht. Am 20. März 1948 fand in Berlin die letzte Sitzung des Kontrollrates in Viermächtebesetzung statt. Die Allianz der vier Siegermächte war endgültig zerfallen.

Am 9. Mai 1949 billigten die Militärgouverneure der drei Westzonen das tags zuvor vom Parlamentarischen Rat in Bonn angenommene Grundgesetz. Mit dem Grundgesetz als Verfassung wurde am 23. Mai 1949 die Bundesrepublik Deutschland als freiheitlicher Rechtsstaat gegründet. Der nächste Schritt folgte bald: Im September 1949 wurde Professor Dr. Theodor Heuss (FDP) zum Bundespräsidenten, Dr. Konrad Adenauer (CDU) zum Bundeskanzler gewählt. Ein Besatzungsstatut, das endlich Rechte und Pflichten der Besatzungsmächte festlegte, erhielt Geltung für das Bundesgebiet. Westdeutschland wurde damit die Teilsouveränität zuerkannt. Die Bundesregierung konnte endlich an der Ruhrbehörde teilnehmen und konsularische sowie Handelsbeziehungen mit dem Ausland aufnehmen. Vor allem aber wurden ihr Erleichterungen im Schiffbau und ein Demontagestop für 18 größere Werke gewährt. Blohm & Voss war wieder nicht dabei.

Auf Steinwerder blieb alles beim alten. Das war auch schon so gewesen, als im April 1949 insgesamt 159 Werke von der Demontageliste gestrichen wurden.

Hans Erasmus Fischer schrieb damals im »Hamburger Abendblatt«: »Die ganze zivilisierte Welt diskutiert das Demontageproblem. Steinwerder bietet ein noch ernsteres Problem: das der sinn- und nutzlosen Zerstörung, die sich nicht auf Maschinen beschränkt hat, sondern sogar noch Gebäude betraf. Man sprengte sie und erklärte Schutt und Trümmer zu ›Beutegut‹. Die Wüste Steinwerder mit ihren frischen Sprengtrichtern, ihren öden Hallen, ihren Schrottgebirgen und ihren zertrümmerten Gebäuden liegt friedlos in der Herbstsonne, Klage und Anklage und bange Frage an den ewigen Himmel, wann die Menschheit endlich ihren erbittertsten Feind, die Unvernunft, besiegen wird, jene blinde, gefährliche, tödliche Kraft.«

»Heute steht man erst einen Augenblick mit verhaltenem Atem, wenn man über diese Wüste blickt. Mächtige Krater haben die Helgensohlen aufgerissen, und wo noch Hallen sind, wirken sie wie leergefegt. In der Tischlerei gibt es keine Hobelbank mehr, die Schalttafeln sind herausgerissen, und nur in der Maschinenhalle II fährt ein einsamer Kran. Er transportiert Maschinen und Stückgüter zu den überdimensionalen Kisten, in denen Demontagegut nach Indien verladen wird. Ein gebrauchsfähiger Kessel wurde für Indien demontiert. Seinen Wert beziffert man auf 168 000 DM, die Kosten für die Demontage und Verpackung auf 38 000 DM — was in Indien ankommt, ist ein Schrotthaufen im Werte von 3000 bis 5000 DM!
Ein Umformer ging nach Indien, die dazugehörige Schaltanlage nach Frankreich. Rohrleitungen für Indien mußten auf 4,5 m abgebrannt werden, weil die Kisten nur so lang sind. Es handelt sich also mehr um Rohrschrott. Die Kosten für die Demontage und Verpackung betragen bei 350 Tonnen 23 054 DM. Der Wert der dazu erforderlichen 42 Kisten beläuft sich auf 78 960 DM. Der Transport nach dem Hachmannkai kostet 1260 DM. Das ergibt die Summe von 103 274 DM. Die 350 t Rohrschrott sind 7000 DM wert. Der Inhalt jeder Kiste ist 166 DM wert, während Verpackung und Umhüllung 1880 DM kosten! Dazu kommen noch die Transportkosten nach Indien . . .
Die Augen der Werftarbeiter sind Fragen. Ihre Anklagen werden ohne Pathos erhoben und ohne jeglichen Haß. Sie sehen die Vernunft in Ketten. Sie begreifen nicht den Sinn dieser Zerstörung, die sie mit ihren eigenen Händen anrichten mußten. Warum, so fragen sie, wurden noch in diesem Jahr vier große Gebäude niedergelegt, die nur zu 37% beschädigt waren und deren Feuerkassenwert zur Zeit ihrer Zerstörung noch 2,8 Millionen DM betrug? Warum wurden sie zerstört, obgleich sie gar nicht zum Reparationsgut gehören und Blohm & Voss von der britischen Militärregierung nicht als Rüstungsbetrieb kategorisiert wurde? Warum hat man tadellos erhaltene Werkzeugmaschinen verschrottet?
Gestern wurde zum letzten Mal für die Arbeiter auf der Werft gekocht. Das letzte Feuer erlosch in der noch immer nicht abgedeckten alten Speisehalle. Selbst die Kochkessel warten jetzt auf den Abtransport. Und sogar der Krankenwagen, die Krankentragen für Verletzte — alles vom Winde verweht.«

14 000 Menschen waren schon Jahre zuvor entlassen worden — noch ging, auch mit tatkräftiger Hilfe der Gewerkschaften, der Kampf um die 200 soeben Entlassenen, sie hierzubehalten, damit sie die Enttrümmerung durchführen. Wie bitter ist die Not unter den alten Angestellten und Arbeitern, die nach einem Menschenleben für ihr Werk ohne materielle Hilfe im Alter dastehen! Allein 1000 Pensionäre* erhielten vor der Währungsreform alljährlich 660 000 DM. In der Pensionskasse befanden sich elf Millionen Mark — nicht im Kriege gescheffelt, sondern im Frieden sorgsam zusammengetragen. Das Geld ist verloren. Statt ihres wohlverdienten Anspruchs sind die Alten nun Almosenempfänger bei der Wohlfahrt.«

Nicht alle Äußerungen des »Abendblatt«-Chronisten werden vom Leser verstanden, wenn man nicht hinzufügt, daß Rud. Blohm gerade am Tage des Werftbesuches von Hans Erasmus Fischer 200 von den letzten 400 Arbeitern und Angestellten seines einstigen Betriebes hatte entlassen müssen.

Was Rud. und Walther Blohm in jenen viereinhalb Jahren durchlitten haben, als sie Stück für Stück das unter Wagnis und Opfern, Leistung und klarer Planung aufgebaute Lebenswerk ihres Vaters — und ihr eigenes dazu — unter der Gewalt von Dynamitpatronen, Schneidbrennern, Demolierungskugeln und Planierraupen verschwinden sahen, wird man nie mehr erfahren. Irgendwann nach einer Phase tiefer Niedergeschlagenheit, am Rande der Resignation, hatten sie Kraft und Hoffnung wiedergewonnen. Sie handelten im Sinne des Dichterwortes: »Wenn etwas stärker ist als jedes Schicksal, so ist's der Mut, der es unerschütterlich trägt!«

Rud. Blohm hatte bekanntlich schon 1919 die Reparationskommission der Entente in Paris überspielt, als er ihr ein für ihre Zwecke völlig ungeeignetes Schwimmdock als »Wiedergutmachungsleistung« andrehte. Und mit der List und dem Einfallsreichtum von Gedemütigten sahen sich Rud. Blohm und Walther Blohm bei nüchterner Betrachtung ihrer Situation recht eindeutigen Realitäten gegenüber. Sie wußten: Demontiert wird so oder so. Weigern wir uns, das Vernichtungswerk selbst durchzuführen, werden entweder Zwangsmaßnahmen angewandt oder aber fremde Arbeiter herbeigeholt. Folglich ist es richtig, das eigene Personal mit der grausamen, fast unzumutbaren Aufgabe der Auslöschung ihrer eigenen Existenzgrundlage zu beauftragen. Auf diese Weise bindet man aber die Männer so lange wie möglich an ihre einstige Arbeitsstätte und gewinnt dadurch vielleicht den Wettlauf mit der Zeit. Man hat wertvolle Fachkräfte nicht weglaufen lassen, sondern im eigenen Gesichtskreis zusammengehalten. Das könnte sich im Falle eines Wiederaufbaues als Vorteil erweisen. Außerdem dürfte das eigene Personal gewitzt genug sein, das eine oder andere Stück Reparationsgut beiseitezuschaffen.

Natürlich war es Rud. Blohm bitter schwer geworden, sich von seinen vorletzten 200 Männern zu verabschieden. Der Werft-Chef hatte im Augenblick dieses schweren Abschiedes die Vorladung in der Tasche, am nächsten Tage zusammen mit seinem Bruder Walther, den Direktoren Heinrich Lorenzen und Max P. Andreae sowie dem Betriebsleiter Otto Dalldorf und dem Betriebsingenieur Karl Heidenreich erneut auf der Anklagebank zu erscheinen — diesmal vor dem High Court der Control Commission.

---

* Die Betriebstreue der Blohm & Voss-Belegschaft, die ihre Firma als Lebensaufgabe und ihr Werk auffaßte, geht eindrucksvoll aus der Statistik hervor: Allein in den Jahren 1933-39 haben nicht weniger als 628 Mitarbeiter ihr 25- oder 40jähriges Betriebsjubiläum feiern können!

Sitzstreik auf der Anklagebank

Im Frühjahr 1948 hatte die Militärregierung die Gründung der Firma »Bau und Montage G.m.b.H.« in Hamburg-Altona genehmigt. Mit diesem Unternehmen, dessen Gründungskapital frühere B & V-Gesellschafter zusammengebracht hatten und das unter Leitung der ehemaligen B & V-Direktoren Max P. Andreae und Heinrich Lorenzen stand, wollte man weitere 350 qualifizierte Mitarbeiter aus dem alten Stamm der Blohm & Voss-Belegschaft über die Runden retten. Die Firma war hauptsächlich auf dem damals besonders vordringlichen Sektor Wohnungsbau tätig. Die Firmengründung war nur unter der Bedingung erteilt worden, daß die Gesellschaft außerhalb des Werftgeländes angesiedelt werden müsse und nicht den geringsten Namensbezug auf die einstige Firma Blohm & Voss haben dürfe.

Der »Bau- und Montage G.m.b.H.« wurde auch eine Bau- und Modelltischlerei angegliedert. Aber der Anfang war unvorstellbar schwierig. Die ersten Bauarbeiten wurden beispielsweise mit einem veralteten Betonmischer durchgeführt, der mangels Lastwagen von zwei Pferden gezogen wurde. Der provisorische Pferdestall befand sich auf einem Ruinengrundstück in Barmbek!

Mitte Februar 1949 kam Walther Blohm eines Nachmittags zu seinem grippekrank im Bett liegenden Bruder, um ihm mitzuteilen, daß auf Grund deutscher Denunziationen »etwas im Busch« sei. Es handele sich darum, daß von rund 10000 Maschinen und Maschinenteilen des Steinwerder Demontagegutes offensichtlich einige unter Verstoß gegen das Kontrollratsgestz Nr. 52 und damit gegen die Demontagebestimmungen unbefugt vom Werftgelände entfernt worden seien. Die Public Safety Branch, der britische Nachrichtendienst, habe einen erfahrenen Beamten von Scotland Yard mit der weiteren Fahndung beauftragt.

Der vormalige Betriebsleiter der Werft, Otto Dalldorf, der den Demontagebetrieb unter englischer Kontrolle leiten mußte, hatte Unrecht und Unsinnigkeit dieser Demontage lange genug aus nächster Nähe miterlebt. Um wenigstens einige der Sachwerte vor sinnloser Zerstörung zu bewahren, mietete er sich über Mittelsmänner in Hamburg-Harburg Lagerräume und sorgte dafür, daß bei den nächsten Abtransporten von Demontagegut per Schuten ein Teil davon den vorgesehenen Schrottplatz nicht erreichte. Die Maschinen wurden mit einem Trick unversehrt beiseitegeschafft und verschwanden zunächst »auf Lager«. Von dort wurden sie später der Firma »Bau- und Montage G.m.b.H.« zugespielt, die für die Arbeitsaufnahme ihrer neuen Abteilung Maschinenreparatur dringend eine Mindestausrüstung benötigte.

Da Papier bekanntlich geduldig ist, fand man einen Weg, die Maschinen mit Hilfe von fingierten Rechnungen als »aus der Ostzone angekauft« zu deklarieren. Es wäre auch alles unbemerkt geblieben, wenn nicht zumindestens ein deutscher Zeitgenosse bei der Militärregierung »gesungen« hätte. Die restlichen Informationen besorgte sich die Safety Branch über entsprechende Verhöre. Ende März 1949 wurde daraufhin die Firma »Bau- und Montage« zu-

nächst vollständig geschlossen, was auf dem Verhandlungswege jedoch in eine Teilschließung abgemildert werden konnte. Und nach weiteren Ermittlungen kam es am 7. Juni 1949 erstmals vor dem Summary Court, dem einfachen Gericht der Alliierten Kontrollkommission, zum Prozeß. Beide Herren Blohm und ihre Mitarbeiter Lorenzen, Andreae, Dalldorf und Heidenreich waren »wegen der folgenden strafbaren Handlung angeklagt: Unbefugte Verfügung über Betriebsanlagen und Ausrüstungsgegenstände, die von der Militärregierung beansprucht werden, und andere«. Insgesamt hatte man 65 Maschinen und 135 Maschinenteile als »transferiert« herausgefunden.

Im Strafjustizgebäude am Hamburger Sieveking-Platz hatte sich eine große Zuhörerschaft angesammelt: Frühere Arbeiter und Angestellte von Blohm & Voss, Geschäftsfreunde und Nachbarn oder auch nur Hamburger, die ihre Solidarität mit jener Werft bekunden wollten, die sie als Stolz ihrer Vaterstadt empfanden.

Der Prozeß, bei dem der eigens von seinem Amtssitz Herford angereiste erste britische Staatsanwalt in Deutschland, Mr. Peace, als Ankläger fungierte, wäre besser gar nicht erst begonnen worden. Er rollte nämlich das gesamte Demontage-Problem in einer für die Anklage höchst unerwünschten Weise auf. Die Angeklagten und ihre brillanten Verteidiger Dr. Zippel, Dr. Müller und Professor Dr. Grimm, vertraten in einfacher Logik den Standpunkt, daß man schließlich als Eigentümer mit seinen Maschinen machen könne, was einem beliebte. Die Angeklagten hätten übrigens diese ihre Maschinen keineswegs entwendet, sondern lediglich innerhalb ihrer eigenen Betriebe (!) von einem Platz zum anderen gebracht!

In einem Pressebericht über den Blohm & Voss-Prozeß vor dem Summary Court hieß es damals: »Die Art, in der Mr. Peace die Anklage führt und aufbaut, seine unerschütterliche Ruhe, sein Bemühen um absolute Fairneß und die urbanen Umgangsformen, die er der Verteidigung, den Beschuldigten und den Zeugen gegenüber an den Tag legte, kennzeichnen jedoch eine Tatsache, die den Engländern immer klarer ins Bewußtsein rückt: Alle Fragen der Demontagen gehören zu den heißen Eisen, die niemand gern anfaßt. Wir leben in einer Periode des Aufbaues, und zwar nicht nur des wirtschaftlichen Aufbaues, sondern auch der Wiedererrichtung des gegenseitigen Vertrauens, das zu stören kein einsichtiger Mann hüben und drüben im Interesse haben kann.« Wie geschickt Mr. Peace aber dieses heiße Eisen anzufassen verstand, geht aus seiner Erwiderung auf Argumente eines Verteidigers hervor.

Dr. Zippel: »Ich kann aus der Anklage lediglich ersehen, daß die fraglichen Gegenstände bewegt worden sind — und zwar von einem Ort zum anderen. Nichts weiter. Wenn der Herr Staatsanwalt darin eine strafbare Handlung sieht, so bin ich belehrt.«

Mr. Peace lächelnd: »Die Beweisaufnahme wird ergeben, ob es sich um nichts anderes handelt. Wenn ich unrecht habe, so werde ich zufrieden sein.«

Der Prozeß bot auch sonst einige Überraschungen, obwohl er bei der Eigenart eines Summary Court eigentlich nur den Charakter einer Voruntersuchung hatte. Ein Zeuge verweigerte die Aussage, ein anderer die Unterschrift unter ein nicht übersetztes englisches Schriftstück. Die eigentliche Sensation aber war die Zivilcourage von Rud. Blohm. Er selbst war nur in einem einzigen Punkt angeklagt. Als dieser verhandelt war, wurde Blohm aufgefordert, die Anklagebank wieder zu verlassen und im Zuhörerraum Platz zu nehmen. Rud. Blohm tat jedoch etwas, das seit Menschengedenken in einem Gerichtssaal nicht vorgekommen sein dürfte: er blieb demonstrativ sitzen. Mit diesem Sitzstreik auf der Anklagebank brachte er zum Ausdruck, daß er persönlich nicht verteidigt, sondern lieber belastet zu werden wünschte. Das Schlimmste, was ihm passieren könne, sei, daß seine Verantwortung nicht anerkannt und er womöglich als Mann hingestellt würde, der seine Angestellten in der Not im Stich ließ.

Bei dieser Linie, sich für seine Firma und damit für deren sämtliche Mitarbeiter persönlich verantwortlich zu fühlen und ohne Rücksicht auf die eigene Person einzusetzen, blieb Rud. Blohm auch bei dem eigentlichen Strafprozeß vor dem High Court der Alliierten Kontrollkommission, der am 4. Oktober 1949 begann — wie gesagt, nachdem Rud. Blohm tags zuvor die vorletzten 200 »B & V-er« aus der Trümmerwüste von Steinwerder entlassen hatte. Die Verteidigung sah davon ab, die Angeklagten in den Zeugenstand zu rufen (was nach britischem Recht jederzeit möglich gewesen wäre). Rud. Blohm hatte wieder mit der Anklagebank vorlieb genommen und gab von dort eine Erklärung ab:

»Als Senior-Gesellschafter trage ich die uneingeschränkte Verantwortung. Die Anklage spricht von Zustimmung der Leitung von Blohm & Voss. Blohm & Voss war ein reines Familienunternehmen. Es war der Stolz der Familie, daß die Gewinne immer wieder dem Werk zugeführt wurden, um Verbesserungen einzuführen und immer mehr Hamburger Arbeitern Brot zu geben. Arbeiter und Familie betrachteten ihre Aufgabe immer als eine gemeinsame.
Das mit Erfolg angestrebte Ziel war die Konzentration auf das eigene Werk und Fernhalten fremden Einflusses. Alle Angestellten, einschließlich der Direktoren, leiteten ihre Vollmacht ausschließlich von dem Willen der Inhaber ab. Alles, was sie taten, wurde von mir gedeckt und geschah in meinem Auftrag. Dies ist das hohe Privileg der Privatwirtschaft.
Die Firma Blohm & Voss hat von 1877 bis zur Demontage bestanden und war als Schiffswerft, die den Bau von Passagierschiffen betrieb, weltberühmt. Darum wurde sie auch von den Engländern nicht in die Kategorie I der Rüstungsbetriebe, sondern in die Kategorie II eingereiht.
Aber Blohm & Voss ist härter behandelt worden als jeder wehrmachtseigene Rüstungsbetrieb. Mit Ausnahme weniger Gebäude ist alles zerstört und demontiert worden, einschließlich der Wohlfahrtseinrichtungen der Hamburger Arbeiter. Da Blohm & Voss nicht als Rüstungsbetrieb katalogisiert wird, können wir nicht verstehen, warum die Werft so völlig zerstört wurde! Aus allem muß ich schließen, daß die Zerstörung der Werft von Blohm & Voss nicht zur Beseitigung von Rüstungsmaterial oder zur Erfüllung von Reparationen vorgenommen wurde, sondern daß ein Konkurrent endgültig beseitigt werden sollte.

In den letzten Wochen ist die Maschinenfabrik gesprengt worden. Ich frage, wie ist das zu erklären? Und wie ist es zu erklären, daß uns jede Betätigung verboten worden ist? Außerdem ist den deutschen Behörden verboten worden, uns zu entschädigen. Zehntausenden von Arbeitern ist Arbeit und Brot genommen. Ich bin der Ansicht, daß das Vorgehen gegen Blohm & Voss mit den allgemeinen Rechtsgrundsätzen nicht in Einklang zu bringen ist. Nachdem aus der saubersten Werft der Welt ein Ruinenfeld gemacht worden ist, sollen nun auch noch der Name Blohm & Voss und der Name seiner Mitarbeiter vernichtet werden.«

Spätestens der Prozeß machte der Kontrollkommission klar, daß das Wort »Blohm & Voss« mittlerweile zum Reizwort geworden war. Der Prozeß fand einen außerordentlich starken Widerhall im gesamten Bundesgebiet. Besonders aber wurde das »Hamburger Abendblatt« in den Arbeitervierteln den Zeitungsverkäufern förmlich aus der Hand gerissen. Es berichtete in besonders engagierter und mutiger Weise über alle High-Court-Verhandlungen. Diese Situationsberichte fanden größten Widerhall. In der Straßenbahn, beim Frisör, in den Leserbriefspalten — überall wurde lebhaft diskutiert.

Am Ende des Prozesses schrieb Hans Erasmus Fischer jene Zeilen, die alle Hamburger mitriß:

»Hier schlug einmal das eiserne Herz Hamburgs. Zehntausende von Familien lebten von dem Werk. Man diente keiner anonymen Kapitalgruppe, man zählte sich als Familienmitglied zu diesem Familienwerk. In jedes rechten Mannes Sinn war ein wenig Stolz, wenn er sagte: ›Ick bün bi Blohm & Voss!‹
Und so wurde aus dem Werftgelände ein Schutthaufen. Gingen zwei Menschen, ein Engländer und ein Deutscher, beide frei von Ressentiments, auf den Spuren der Zerstörung über diese Insel des Grauens — sie würden einander wortlos erschüttert ansehen und sagen: Laßt uns so etwas nicht wieder machen.
Die sechs Angeklagten sahen es Tag für Tag, von morgens bis abends, sommers und winters. Nagelneue, wohlverpackte und geölte Maschinen wurden zu Schrott. Irgendwo in der Welt warteten vielleicht untätige Arbeiterhände, hungrig nach einer Schüssel Reis, auf diese Maschinen, damit sie ihnen hülfen, den Hunger zu stillen — umsonst. Gebäude, die einer großangelegten, friedlichen Produktion auf Steinwerder hätten dienen können, wurden noch, während man in den Gerichtssälen in Aktenbergen wühlte. 1949, gesprengt!
So geschah es, daß sich die Sechs zusammentaten. Wir alle wissen, daß es nicht diese Sechs allein sein konnten, welche den Transport auf Schuten und Kähnen und Waggons bewerkstelligten, um einen winzigen Bruchteil dieser alten, zu normalen Zeiten wertlosen Maschinen zu retten und zu reparieren, damit nicht der letzte Getreue des Stammes von Blohm & Voss entlassen werden mußte, der letzte von 14 000!«

Als am 12. November 1949 der Präsident des hohen britischen Gerichts wenige Minuten nach halb zehn Uhr den Gerichtssaal betrat, lag ungeheure Spannung über dem großen Raum, in dem hinter dem Richtertisch im grellen Licht der Lampen der

CONTROL COMMISSION COURT
GERICHT DER KONTROLL-KOMMISSION

WITNESS SUMMONS
ZEUGEN-VORLADUNG

To Herrn Hermann LORENZEN
An

Address .... Hamburg, Klein Borstel, Oevern Block 52 ....
Anschrift

1. You are ordered to attend the.............. Summary ....Court
   Sie werden hiermit geladen, vor dem   Gericht

   at .... Strafjustizgebäude Hamburg ....
   in

   on........ 7th June 1949 .... at...... o9.45.hrs. ....to
   am   um   (time) (Uhr)   persönlich

                F.W.Blohm, M.P.Andreae, H.Ch.Lorenzen,
   give evidence in the trial of... O.E.W.Dalldorf, K.Heidenreich, G.W.R.Blohm.
   zu erscheinen, um als Zeuge in der Strafsache aufzutreten gegen   (Name of accused)
                                                                      (Name des Angeklagten)

   on a charge of   der wegen der folgenden strafbaren Handlung an-
                                          geklagt wird :

   Unauthorised interference   Unbefugte Verfügung über Be-
   with plant and equipment   triebsanlagen und Ausrüstungs-
   required by the Military   gegenstände, die von der
   Government.   Militär-Regierung beansprucht
   and others.   werden.
                                    und andere.

2. You are ordered to bring with you the following documents/articles :
   Sie haben die folgenden genannten Dokumente und Gegenstände zur Verhandlung mitzubringen :

3. You will be liable to punishment if you fail to comply with this order.
   Unentschuldigtes Fernbleiben wird bestraft werden.

You are requested to bring this summons with   By Order HQ Mil Gov Hansestadt Hamburg
you to Court. If you are claiming witness fees   Im Auftrage von
you should also bring other documentary evidence
including certificate of loss of earnings signed by
your employer when applicable.

Es wird gebeten, diese Ladung zum Termin   .... Psо.Ш.
mitzubringen. Falls Sie Zubilligung von Zeugen-   (Signature of person authorised)
gebühren beanspruchen, müssen Sie außer dieser   (Autorisierte Unterschrift)
Ladung weitere Ausweispapiere, gegebenenfalls
auch eine Bescheinigung Ihres Arbeitgebers über
Verdienstausfall vorlegen.   19-5-49

                                                    Date of issue...............................
                                                    Datum des Erlasses

Union-Jack aufleuchtete. Dem Richtertisch gegenüber, hinter einer hölzernen Barriere, hatten die Angeklagten Platz genommen.

Nach einer kurzen Verbeugung nahm der Präsident, der ebenso wie der Ankläger die traditionelle Perücke trug, seinen Platz ein und begann mit dem Verlesen der Begründungen. Fast drei Stunden nahm er zu den Anklagepunkten Stellung und sprach dann sein »Schuldig« aus.

Um 12.47 Uhr wurde das Urteil verkündet:

Direktor Heinrich Lorenzen,	48 Jahre alt: 12 Monate Gefängnis ohne Bewährung
Betriebsleiter Otto Dalldorf,	47 Jahre alt: 12 Monate Gefängnis ohne Bewährung
Firmenchef Walther Blohm,	62 Jahre alt: 10000 Mark Geldstrafe oder zehn Monate Gefängnis
Seniorchef Rud. Blohm,	64 Jahre alt: 5000 Mark Geldstrafe oder fünf Monate Gefängnis
Direktor Max Andreae,	62 Jahre alt: 12 Monate Gefängnis, die jedoch bei straffreier Führung ausgesetzt werden
Betriebsingenieur Karl-Heinz Heidenreich,	32 Jahre alt: 9 Monate Gefängnis, ebenfalls auf Bewährung

Als Rudolf Blohm als vierter Angeklagter aufstand, um sein Urteil entgegenzunehmen, erhoben sich die Zuhörer in dem bis auf den letzten Platz gefüllten Gerichtssaal wie ein Mann. Auf Veranlassung des Präsidenten mußten sie jedoch ihre Plätze wieder einnehmen.

Vorher, bei der Verkündung des Urteils gegen die beiden Hauptangeklagten Lorenzen und Dalldorf waren die Saalpolizisten aufgesprungen, um die beiden abzuführen. Aber der Richter winkte ab: Alle Strafen sollten zunächst ohne Kaution ausgesetzt werden!

Noch überraschender war das, was sich anschließend ereignete: Bei der Urteilsverkündung war es für die Abendzeitungen bereits letzter Redaktionsschlußtermin. Die Reporter wollten verständlicherweise sofort den Saal verlassen. Aber der britische Richter ließ die Türen schließen und erklärte, er habe noch eine Erklärung abzugeben. Er sagte wörtlich, das Gericht könne sich immerhin auch geirrt haben!

Der Präsident des High Court, Mr. O'Hanlon, gab selbst der Verteidigung den Rat, beim Obersten Britischen Gerichtshof in Herford Berufung einzulegen! Man merkte den britischen Richtern geradezu an, was auch sie von der Demontage-Aktion hielten.

Nach dem Urteil hagelte es Briefe und Leserbriefe aus allen Kreisen der Bevölkerung. Rührende Sympathiebekundungen, auch aus dem Ausland, trafen ein. Eine alte Frau vom Hochkamp fragte spontan an, ob sie hundert Mark schicken dürfe, um zur Linderung der Geldstrafe beizutragen. Andere wollten spontan sammeln, was jedoch ohne Genehmigung gesetzlich verboten war.

Beim Verlassen des Gerichtsgebäudes überreichte einer seiner Mitarbeiter Rud. Blohm einen Blumenstrauß. Aber Blohm verweigerte die Annahme: »Solange Dalldorf und Lorenzen zu Gefängnis verurteilt sind, kann ich diesen Strauß nicht annehmen!«

Die Verteidiger legten gegen die Schuldsprüche und Urteile Berufung ein. Am 12. Dezember fand im Großen Sitzungssaal des Rathauses von Herford die Revisionsverhandlung statt. Aber die Atmosphäre beim britischen Court of Appeal war frostig. Die beiden Hauptangeklagten Lorenzen und Dalldorf mußten gesondert zwischen zwei britischen Militärpolizisten Platz nehmen.

Verteidiger Professor Dr. Grimm stellte noch einmal klar: »Was von diesem Gericht nunmehr als Grundsatz für die Behandlung der Bevölkerung des besetzten Deutschland entschieden wird, hat Gültigkeit für alle vier Zonen. Das würde sich auch auf die Frage beziehen, ob eine Militärregierung schlechthin berechtigt ist, jeden ihr gut dünkenden Befehl zu erteilen. Was soll künftig als Völkerrecht gelten? Was durch Jahrhunderte sich zum Wohl der Menschheit entwickelt hat und in feierlichen Verträgen beschworen wurde, oder was man aus einer kurzlebigen politischen Situation heraus nach 1945 für den Sonderfall Deutschland proklamiert hat? Ich befürchte, daß dann in Zukunft an Stelle aller Regeln und Verträge das Wort gelten wird: vae victis — wehe dem Besiegten!«

Das Appellationsgericht mußte immerhin einen der drei Anklagepunkte fallen lassen. Obwohl das naturgemäß eine Ermäßigung der Strafen hätte zur Folge haben müssen, wurden zur Verwunderung von Angeklagten und Verteidigern die Urteile des Hamburger High Court in vollem Umfange bestätigt.

Am 25. Januar 1950 mußten Direktor Lorenzen und Betriebsleiter Dalldorf tatsächlich ihre Haftstrafe antreten. Rud. Blohm brachte sie persönlich an die Gefängnispforte. Es wurde für ihn ein schwerer Gang.

Das »Hamburger Abendblatt« nahm auch an diesem Tage kein Blatt vor den Mund: »Die Einlieferung eines Direktors und eines Betriebsleiters von Blohm & Voss ins Gefängnis ist ein harter Schlag für die vielen Hamburger, die ein so gutes Verhältnis zu England wünschen, wie es gegenüber einer Besatzungsmacht möglich ist. Hamburg gilt als eine Stadt, in der mehr Sinn für englische Demokratie und englischen Lebensstil verbreitet ist als sonstwo. Um so schmerzlicher muß es in Hamburg berühren, daß zwei geschätzte Männer unserer Stadt zu Märtyrern gemacht werden.«

Rud. Blohm war klar, daß — abgesehen von dem selbstverständlichen Strafmilderungs- und Gnadengesuch der Verteidigung — nicht sofort etwas geschehen konnte. Er hatte daher Ostern 1950 als den Termin bezeichnet, zu dem er eine Freilassung betreiben werde.

»Von allen Seiten wurden meine Bemühungen als aussichtslos bezeichnet. Die Engländer hätten noch nie mehr als ein Drittel der Strafe erlassen. Es sei zu früh für einen Vorstoß.

Ich hatte aber das Gefühl, daß die Engländer den ihnen sicher unbequem gewordenen Prozeß ganz gern liquidieren würden. So fuhr ich Anfang März zu dem Untersucher, der inzwischen eine andere Dienststelle in Hannover angetreten hatte, und erkundigte mich eingehend nach den Möglichkeiten von Gnadengesuchen im britischen Rechtsverfahren. Dann schrieb ich an den Hamburger Bürgermeister (Max Brauer) und bat ihn, ein Gnadengesuch, auf rein menschlichen Erwägungen basierend, ohne Begründung der Rechtsfragen, an den Hamburger Gouverneur zur Weiterleitung an den High Commissioner (Sir Brian Robertson) zu richten und darin Ostern als besonders passenden Termin zu erwähnen. Der Bürgermeister tat das, der Gouverneur (von Hamburg, Dr. Dunlop) befürwortete es.

Am Gründonnerstagmorgen hatte ich noch nichts weiteres gehört. Auf Anfrage beim Senat wurde ich wieder auf die Unwahrscheinlichkeit hingewiesen.

Am Nachmittag lief jedoch die Genehmigung des Gnadengesuches ein. Zwei Stunden später wurden die Beiden entlassen und konnten Ostern mit ihren Familien verbringen.

Dieser Erfolg hat mich mit so viel Freude und Stolz erfüllt — vielleicht mehr als irgendein anderer in meinem Leben.«

Diesem juristischen Happy End eines anachronistischen Prozesses waren neue, schwere Belastungen des deutsch-britischen Verhältnisses vorangegangen, bei denen der damalige britische Gouverneur Hamburgs, Dr. Dunlop, mehr Mitgefühl als Groll auf sich zog. Einigermaßen glaubhaft hatte dieser Engländer versichert, er sei ein Freund der Hamburger.

Anfang Januar 1950 geriet Dr. Dunlop in einen beträchtlichen Zwiespalt. Er mußte den Hamburgern plausibel zu machen versuchen, daß auf höhere Anordnung nun auch noch das Trockendock ELBE 17 gesprengt werden sollte. Dieses damals größte Trockendock Europas war unter unendlichen Mühen und mit horrenden Kosten erst im Kriegsjahr 1942 fertiggestellt worden. Es war gemäß Vorvertrag mit dem OKM vom Mai 1938 teils auf dem Werftgelände, teils auf einer anschließenden Grundfläche der früheren Werft von Janssen & Schmilinsky im Auftrage des Oberkommandos der Kriegsmarine angelegt und vom Reichsfiskus finanziert worden.

Das Dock war noch eine Spätwirkung des längst für gegenstandslos erklärten Z-Planes. Es sollte nach seiner Fertigstellung als Baudock für drei Schlachtschiffe dienen, die in einem Falle doppelt, im anderen dreimal so groß wie die BISMARCK geworden wären. Tatsächlich hat es ab 1941 noch Amtsentwürfe für dieselgetriebene Vierschrauben-Schlachtschiffe mit 275000 PS Maschinenleistung und einer Hauptbewaffnung von acht 50,8 cm-Geschützen gegeben. Aber diese 1945 durch die USA beschlagnahmten Konstruktionsunterlagen waren irreale Produkte einer bereits erkennbaren Hybris. Sie hatten keinerlei Realisierungschance mehr. Auch hatte das tragische Ende der BISMARCK die Fortsetzung ozeanischer Handelskriegseinsätze als nicht mehr ratsam erscheinen lassen. Das Baudock ELBE 17 war also bei seiner Vollendung das Ergebnis einer längst überholten Konzeption. Allerdings dienten seine gewaltigen Betonmauern zugleich als Luftschutzbunker. Sie boten 5000 Schutzsuchenden Platz.

Blohm & Voss hatte als Treuhänder die Bauarbeiten ausführen und das Dock betriebsbereit machen müssen, sollte es im Nutzungsfalle auch verwalten und bewirtschaften. Eigentümer war das Deutsche Reich.

Im Zuge der Demontage hatte man nach dem Krieg das Dock durch Verschrotten des Sperrtores und der Kräne längst unbrauchbar gemacht und damit hinreichend »entmilitarisiert«. Nun sollte ELBE 17 als Hafenbecken für die Fährschiffe der HADAG dienen. Gegen den späten Sprengungsbefehl im Januar 1950 lief die öffentliche Meinung Sturm, zumal bei den Detonationen auch der (bis zu 150 Meter) nahegelegene Elbtunnel in Mitleidenschaft geraten konnte.

Fachleute erklärten, man könne allenfalls noch ein übriges tun, indem man die Unterwasserteile wie Pumpen und Pumpenschächte mit Beton ausgösse. Eine Sprengung der Mauern aber, die nun als Kaimauern vorgesehen waren, sei in keiner Weise vonnöten.

Anfang 1950 hatte die Freie und Hansestadt größte Mühe, im Zuge des Hafen-Wiederaufbaues kriegszerstörte Kais zu reparieren und neue Kais zu finanzieren. Nun aber sollten schon vorhandene Kaimauern gesprengt und Hamburg dafür noch mit Kosten in Höhe von 637000 DM belastet werden!

Die Hansestädter waren empört wie nie zuvor. In der Hamburger Bürgerschaft sah der SPD-Abgeordnete Neuenkirch »hinter den Sprengungsabsichten englische Stellen, die nicht mit Deutschland in Berührung standen«. Er warnte eindringlich davor, »mit neuen Sprengdetonationen im Hamburger Hafen die Entwicklung einer friedlichen Demokratie in Deutschland zu erschüttern«.

Letzter Appell an Englands Vernunft

Brauer will „Elbe 17" retten

Eigener Bericht

G. Hamburg, 16. März

Soll das Unfaßbare wirklich geschehen? Soll das militärisch völlig wertlose Dock Elbe 17 gesprengt werden? Es wäre eine politische Tragödie. So bezeichnete es gestern Bürgermeister Brauer. Er hat in letzter Stunde einen Brief an Landeskommissar Dr. Dunlop

Schlagzeile des »Hamburger Abendblattes« vom 16. März 1950.

Der CDU-Abgeordnete Erik Blumenfeld wies darauf hin, daß Sir Brian Robertson* demnächst einen Vortrag halten werde: »Können England und Deutschland Freunde sein?«

Es sei erfreulich, daß wir so weit seien, dieses Thema erörtern zu können, aber es sei nicht richtig, dieses Thema mit Detonationen zu eröffnen. Dann könne ein solcher Vortrag nur wenig Resonanz finden. Die hiesigen Vertreter Englands hätten ihr Möglichstes getan, um die Sprengungen abzuwenden. Man müsse sich mit dem Appell an politischen Bürokratismus in England wenden.

Bürgermeister Brauer bezeichnete den Entschluß als politische Tragödie. Er warnte den Kontrollrat vor einer »Politik der verbrannten Erde«. Das waren für einen Sozialdemokraten und Emigranten unüberhörbar drastische Worte!

Dr. Dunlop entschied sich für einen Kompromiß. Gesprengt werden müßte leider, aber es sollte nur noch die Westmauer vernichtet werden, während wenigstens die Ostmauer als Kai erhalten bleiben dürfte. Hinsichtlich des Elbtunnels sei tatsächlich Vorsicht geboten. Sachverständige hätten jedoch versichert, daß die Sprengungen den Tunnel in keiner Weise beschädigen werden. Diese Versicherung gebe er der Hamburger Bevölkerung.

Während der Explosion der Westmauer des Docks beabsichtigte Dr. Dunlop, sich selbst im Tunnel aufzuhalten und dort die Wirkung der Explosion zu beobachten. Damit wollte er, der britische Landeskommissar, die Nichtgefährdung des Tunnels unterstreichen.

Am 18. März 1950 war es soweit. Im Umkreis von 500 Metern um ELBE 17 wurde alles hermetisch von 100 Polizisten abgesperrt. 25 Familien mußten aus ihren Häusern auf Steinwerder evakuiert wer-

den. Beide Elbtunneleingänge wurden ab 8.30 Uhr, die St. Pauli-Landungsbrücken ab 14.00 Uhr gesperrt. Eine halbe Stunde später wurde die Norderelbe abgeriegelt. Um 14.45 Uhr schossen zwei rote Leuchtkugeln in den Himmel. Punkt 15.00 Uhr sollte eine dritte Leuchtkugel den Beginn der Sprengungen verkünden.

Seit Dezember hatten in Doppelschichten zu je elf Stunden modernste Bohrmaschinen in vier hintereinanderliegenden Reihen Bohrlöcher für die jeweils meterlangen Sprengpatronen geschaffen. Alle drei Meter war man der Betonmauer mit Bohrlöchern bis zu 16,5 m Tiefe zuleibe gegangen. Und nun gingen im Abstand von je fünf Sekunden 24 Sprengladungen im Gewicht von 180-300 Pfund hoch. Schwarze Sprengpilze schossen dabei heraus, die schließlich eine ganze Kette bildeten. Tausende von Hamburgern standen verbittert auf dem Pinnasberg, auf dem Stintfang, vorm Deutschen Hydrographischen Institut und vorm Tropeninstitut.

Landeskommissar Dr. Dunlop hielt sich tatsächlich, trotz starker Erkältung, dick in Wolldecken eingehüllt, im Elbtunnel auf. Unter Leitung von Dr. Menzel vom Geophysikalischen Institut Hamburg verfolgten 15 Wissenschaftler an Meßsätzen, die im Bodenbelag des Westtunnels verankert waren, die Sprengungen ebenso wie britische Wissenschaftler. Diese hatten ihrerseits eine gleiche Anzahl von Spezialgeräten über die gesamte Tunnellänge verteilt.

Der Elbtunnel blieb in der Tat weitgehend unversehrt, obwohl sich Beschädigungen der Bleidichtungen, vergrößerter Sickerwassereintritt, neue Risse und das Herabfallen von Deckenbelägen bemerkbar machten. Etwaige Spätschäden ließen sich nicht konkret voraussagen.

Wenn der Elbtunnel auch beide Male glimpflich davonkam — was die Sprengungen wirklich in der Seele der Hamburger Bevölkerung angerichtet hatte, registrierte keins der Meßgeräte.

So mancher Hamburger hat sich beim Anblick der Sprengpilze seiner Tränen nicht geschämt. Das war auch schon so beim Sprengen des Hellinggerüstes im Jahre 1946 gewesen. Beide Sprengungsaktionen galten als die schwersten Demütigungen in der Geschichte des Hamburger Hafens.

---

* General Sir Brian Robertson war damals Hoher Kommissar (High Commissioner) für die britische Besatzungszone der Bundesrepublik Deutschland.

Vogel Phoenix aus der Asche

Nach der Sprengung der Westmauer von ELBE 17 wurde im Werftgelände weiter demontiert. Erst im November 1950 hörte man damit auf, nachdem auch der letzte Kochkessel herausgerissen war. Eine halbe Million Quadratmeter Schutt sowie Demontageschäden in Höhe von über 80 Millionen Mark waren die Folgen der wohl radikalsten aller Demontagen in Deutschland.

Walther Blohm hatte früher auf Steinwerder keinerlei Unkraut geduldet. Jetzt aber wucherten zwischen den zerstörten Hallen und aufgerissenen Schienen nicht nur jede Menge Unkraut, sondern längst auch Büsche und Bäume, die bereits zwei Meter hoch waren. Rud. Blohm erklärte einem Journalisten: »Wir können bald ein Waldcafé auf Steinwerder errichten!«

Anderen deutschen Werften war es schon seit Sommer 1948 gestattet, während des Krieges versenkte deutsche Handelsschiffe nach ihrer Hebung zu reparieren und wieder fahrklar zu machen. Ab Ende 1948 durften kohlegefeuerte Frachter-Neubauten von 1500 BRT Größe — sog. Potsdam-Schiffe — in Auftrag gegeben werden. Mitte 1949 wurde die Erlaubnis erteilt, gesunkene deutsche Handelsschiffe bis 2700 BRT, in Ausnahmefällen sogar bis 7200 BRT Größe wieder instandzusetzen und in die Handelsflotte einzureihen. Auch davon war Blohm & Voss ausgeschlossen geblieben — ausgerechnet jene Werft, deren Reparaturabteilung von der Gründung bis zum Jahre 1945 nicht weniger als 85 Millionen BRT Schiffsraum wieder instandgesetzt hatte!

Am 22. November 1949 wurde durch das Petersberg-Abkommen gestattet, auf deutschen Werften Schiffe bis 7200 BRT Größe zu bauen, deren Geschwindigkeit freilich noch auf 12 Knoten begrenzt wurde. Aber diese Klausel kam bald in Wegfall.

Im November 1950 wurde der Exportschiffbau ohne Beschränkung, am 3. April 1951 auch der Schiffbau für deutsche Rechnung unbegrenzt von der Alliierten Hohen Kommission freigegeben. Im Zuge des beschleunigten Wiederaufbaues der deutschen Kauffahrteiflotte – unterstützt durch die damalige Steuergesetzgebung – setzte damit ein Ansturm auf alle vorhandenen Werftkapazitäten ein. Nirgendwo war noch eine Helling frei. Der Nachholbedarf war beträchtlich, denn die deutsche Seeschiffahrt mußte von Grund auf neu entstehen. An Blohm & Voss aber ging das alles vorbei.

Auf Steinwerder konnte man statt dessen Tomaten ernten, die sich in der Öde selbst angepflanzt hatten.

Nach Beendigung der Totaldemontage, bestand die Belegschaft nur noch aus 127 Arbeitern und 48 Angestellten. Diesem letzten Mitarbeiterstamm bot sich ein allererster Lichtblick, als die Alliierten genau zu diesem Zeitpunkt den Bau kleiner Schiffsmotoren wieder freigaben.

Als einziges halbwegs noch nutzbares Gebäude auf dem verwüsteten Steinwerder wurde die leerstehende frühere Maschinenfabrik II provisorisch renoviert. Sie hatte bis zuletzt als Verpackungszentrum für das unter 15 Nationen aufgeteilte Demontagegut gedient. Die Versorgungsleitungen hatte man teilweise zu demontieren »vergessen«. Was aber nicht mehr vorhanden war, wurde rasch vom letzten B & V-Personal neu installiert.

Anschließend wurde der Großteil von M II an die heimatvertriebene Görlitzer Waggon- und Maschinenbau A. G. (WUMAG) vermietet, die in der Haupthalle sowie auf den Galerien die Fertigung von Landwirtschaftsmaschinen und den Lizenzbau von kleineren Krupp-Dieselmotoren begann.

Zum Zwecke einer begrenzten Wiederaufnahme der Arbeit wurde nach fast sechsjährigem Stillstand von den Gesellschaftern der nach wie vor unter Kuratel des Alliierten Security Board stehenden und mit Produktionsverbot belegten Firma Blohm & Voss am 12. April 1951 die Firma Steinwerder Industrie AG gegründet.

Ihre nur aus ehemaligen B & V-ern bestehende Belegschaft machte die bereits demontiert gewesenen Laufkräne der Maschinenfabrik wieder funktionsfähig. Sie zauberte auch die eine oder andere Maschine wieder herbei, die unter vielen tausend Einzelposten Demontagegut der strengen Demontage-Aufsicht ebenso entgangen waren wie der 1949 zum Prozeßgegenstand des High Court gewordene Maschinenpark der Bau & Montage GmbH. Mit einiger List hatten die deutschen Demonteure bisweilen die Aufsichtsorgane der R.D. & R. Branch, der erwähnten Demontage-Behörde, zu überspielen vermocht.

Mit diesem zusammengestoppelten Maschinenpark hatte die Steinwerder Industrie AG einen Start unter denkbar primitiven Verhältnissen, aber für neue Werkzeugmaschinen gab es seinerzeit Lieferfristen bis zu zwei Jahren! Außerdem fehlte es an Geld.

Zunächst befaßte sich die neue Firma mit Maschinenreparaturen, später auch mit dem Bau neuer Maschinen, zum Beispiel von Rollgängen für Walzwerk-Anlagen. Sie konnte sich bald räumlich ausdehnen, denn die an die WUMAG vermieteten Teile von M II wurden eines Tages wieder frei. Nun konnten auch die Galerien mit eigenen Werkzeugmaschinen besetzt, die Haupthalle aber wieder als Montagehalle und Prüfstand für Dieselmotoren verwendet werden. Nach Aufnahme des Industrie-Turbinenbaues im Jahre 1954 wurde dort auch der Prüfstand für Turbinen in Betrieb genommen.

Man wußte sich unter den gegebenen Verhältnissen zu helfen: Im dritten Stock der Galerie entstand ein großer Speisesaal mit moderner Küche, im Keller ein Garderobenraum mit künstlicher Lüftung und Duschanlage.

Draußen aber, auf dem Werftgelände, sah es zu dieser Zeit noch unverändert trostlos aus.

Es dauerte vom Demontage-Ende an noch fast zweieinhalb Jahre, ehe der Steinwerder Industrie AG wenigstens die Erlaubnis erteilt wurde, die Reparatur von Schiffen vorzunehmen. Aber die Kaimauern am Steinwerder Ufer und am Südkai waren weitgehend beschädigt oder zerstört. Als erstes wurde deshalb zunächst von der Behörde für Strom- und Hafenbau deren Reparatur vorgenommen.

Von den acht B & V-Schwimmdocks hatten nur Dock VII und Dock VIII Krieg und Demontage überstanden. Im Dezember 1947 waren Dock VIII und vier Sektionen von Dock VII von der Besatzungsmacht einer anderen Hamburger Werft übergeben worden.

Die restlichen drei Sektionen lagen stark demoliert und von Schrottdieben ausgeplündert im Maakenwerder Hafen von Hamburg. Dennoch entschloß sich die Steinwerder Industrie AG zur Bergung und Reparatur. Infolge dieser Initiative war im Sommer 1953 das erste betriebsfähige Teil-Dock vorhanden, das nach der Reparaturfreigabe eine wertvolle Grundlage bot. Es konnten nun wieder Schiffsreparaturen vorgenommen werden, die von traditioneller Meisterschaft Zeugnis ablegten. Als erstes Reparaturschiff nach Wiederaufnahme des Reparaturbetriebes wurde der Küstentanker CORD ECKELMANN des bekannten Hamburger Hafen- und Schiffahrtbetriebes Carl Robert Eckelmann eingedockt. Wenig später wurde der auf dem St. Lorenz-Strom gesunkene und wieder gehobene Frachter WALLSCHIFF der Lübeck Linie Aktiengesellschaft vom Wrack wieder zum schmucken Schiff, das auf den neuen Namen WARENDORP getauft wurde.

Mitte 1954 wurde der Neubau von Küstenschiffen freigegeben. Er konnte ohne Helgen und Schiffbauhalle jedoch nur in der ehemaligen Armaturenwerkstatt vorgenommen werden. Die Halle wurde zu diesem Zweck neu gedeckt, die Wände ausgebessert, Tore und Fenster neu eingesetzt. Nach Primitivausrüstung mit gebrauchten Maschinen konnte schließlich der erste Nachkriegsneubau in dieser Halle begonnen werden: eine kleine, dieselelektrische Hafenfähre mit dem beziehungsreichen Namen STEINWERDER. Der Rumpf dieser Bau-Nr. 785 wurde nach Fertigstellung mitsamt Pallhölzern auf mehrere Feldbahnachsgestelle abgesenkt und im September 1954 mit Windenzug zum Kai transportiert, wo ein stundenweise gemieteter Schwimmkran den Rumpf des kleinen 249-BRT-Fahrzeugs kurzerhand anhob und ins Wasser setzte.

Diesem »Stapellauf auf dem Luftwege« folgte rund ein Jahr später ein ähnlicher des Schwesterschiffes FALKENSTEIN nach. Bei dieser zweiten Hafenfähre hatte man den Mut, schon vor dem Inswassersetzen wesentliche Teile der Aufbauten zu installieren.

Aber noch vor dem Zuwasserbringen der beiden Hafenfähren gab es auf Steinwerder einen richtigen Stapellauf — allerdings war es noch kein Schiff, das seinem Element übergeben wurde. Es handelte sich vielmehr um die erste von zwei Sektionen eines kleinen 3000-Tonnen-Schwimmdocks für die Norderwerft. Bei seinem Bau — auf einer behelfsmäßig dafür hergerichteten ehemaligen Helling — stand anfangs noch kein Kran zur Verfügung.

Es wurde kaum anders gearbeitet als 74 Jahre vorher an der Bau-Nr. 1, der eisernen Bark FLORA ex NATIONAL: Fast jede Platte des Dockkastens mußte noch von Hand bewegt werden.
Der Stapellauf am 10. März 1954 war ein denkwürdiger Augenblick. Die im Hafen liegenden Schiffe stimmten mit ihren Typhonen ein Freudengeheul an. Und wer es mit ansah, konnte es kaum fassen: Eine überhaupt nicht mehr existierende Werft vollbrachte einen Stapellauf!

Am 28. Oktober traf vom Security Board endlich das Permit auch für den Bau von Seeschiffen ein. Es befreite die Steinwerder Industrie AG von der ständigen Furcht, bei verbotswidriger Handlung ertappt zu werden: Man hatte nämlich schon vorher heimlich auch mit dem Bau eines Seeschiffes begonnen! Die staatliche Hafen-Dampfschiff-fahrts-Aktiengesellschaft, heute als HADAG—See-touristik und Fährdienst AG bezeichnet, hatte den Mut gehabt, den kümmerlichen Betrieb auf Steinwerder mit dem Bau ihres ersten Helgo-land-Bäderschiffes WAPPEN VON HAMBURG zu beauftragen. Das war ein besonderer Vertrauens-beweis des Hamburger Senates, der damit doku-mentierte, daß er voll hinter dem Wiederaufbau auf Steinwerder stand.
Mit einer Mischung von Trotz und Besessenheit war man ans Werk gegangen, das ein echtes Aben-teuer wurde. Die in der Maschinenfabrik II zu-sammengeschweißten Sektionen mußten mit ge-mieteten Coulemeyer-Tiefladern der Deutschen Bundesbahn zur Helling gefahren werden. Sie aus dem viel zu niedrigen Hallentor hinauszubugsie-ren, war ein recht aufregendes Kunststück.

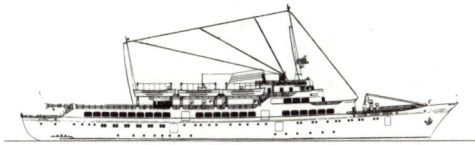

Bau-Nr. 786: Fahrgastschiff (Diesel-Elektroschiff) WAPPEN VON HAMBURG, 2496 BRT, 6000 PS, 17,5 kn, HADAG, Hamburg.

Es gab beim Bau der WAPPEN VON HAMBURG weder eine Kraftzentrale noch eine betriebsfähige Schlosserei oder Tischlerei. Die veraltete, aus dem Schrott gerettete Schiffbaupresse stand im Freien. Auch der Glühofen war ein Provisorium.
Der dennoch von Rud. und Walther Blohm mit zäher Energie durchgesetzte »Schiffbau auf der grünen Wiese« wäre ohne die motorische Kraft

des mit allen Wassern gewaschenen, altbewährten und kenntnisreichen Praktikers Otto Bahr nicht möglich gewesen. Dieser Oberingenieur und ein-stige Schöpfer der Flugzeugwerke Wenzendorf und Finkenwerder sowie des Trockendocks ELBE 17 hatte wohlweislich die gesamte Demon-tage mitgemacht und wußte jede Einzelheit: An dieser oder jener Stelle liegt noch ein altes Maschinenfundament im Boden, man kann sich deshalb ein neues sparen. Dort drüben befindet sich noch ein altes Kabel, hier zum Beispiel noch eine Rohrleitung in der Erde, über die man vor-sorglich »gezielt« Trümmerschutt geworfen hatte. Rud. und Walther Blohms einstiger Entschluß, die Demontage der Werft und Maschinenfabrik lieber dem eigenen Personal zu überlassen, sollte sich in der Folgezeit immer deutlicher auszahlen. Bahrs erstaunlichstes Kunststück bestand darin, einen demontiert gewesenen und Stück für Stück beiseitegeschafften 15-Tonnen-Turmkran komplett wieder »herbeizupfeifen«. Jedermann rieb sich verwundert die Augen, als der Kran wieder montiert wurde.
Man verlegte am unteren Helgen-Ende ein Stück Kranbahn, so daß der »wiederauferstandene« Turmkran den Montageplatz der WAPPEN VON HAMBURG ebenso bedienen konnte wie die be-nachbarte Helling, auf der damals die zweite Schwimmdock-Sektion für die Norderwerft ent-stand.
Dennoch mußte gesagt werden, daß der Bau eines 2496 BRT großen Diesel-Elektroschiffes unter den gegebenen Verhältnissen von nicht wenigen Außenstehenden für eine »verkrampfte Kateridee« gehalten wurde. Nicht jeder sprach es offen aus, aber viele dachten es — und manche hofften es vielleicht sogar im stillen: Blohm & Voss war ein für allemal erledigt. Es konnte allenfalls Mitleid erregen, wenn diese kleine Nachfolgefirma mit einem Versuch am untauglichen Objekt ein Come-back erzwingen wollte. Nach rund zehn Jahren Aussperrung aus der schiffbautechnischen Ent-wicklung und ohne technisch-materiellen Min-destvoraussetzungen gab man dem »Spätheim-kehrer« Blohm & Voss keine Chance mehr! Aber gesteigerter Druck erzeugt gesteigerte Energie.

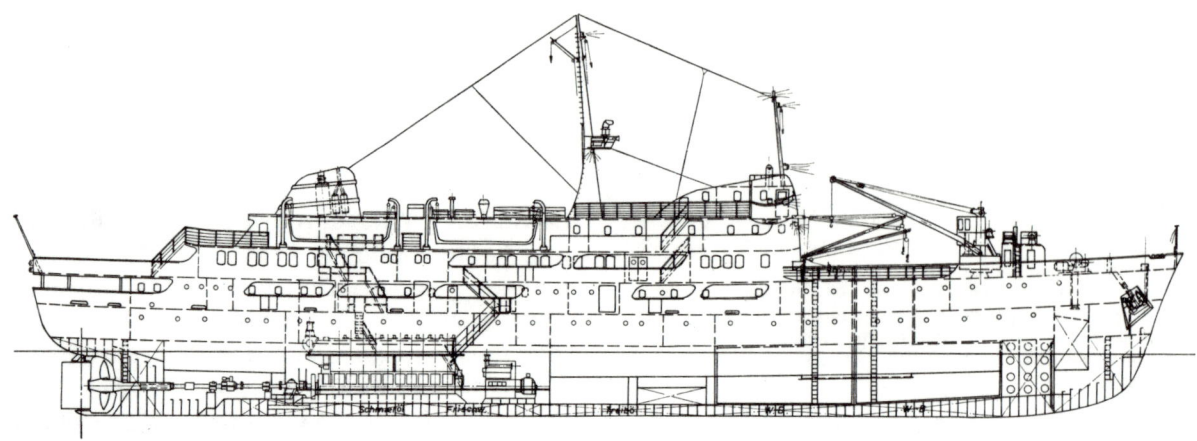

Dreifach vergrößerter, zu den übrigen Schiffsskizzen nicht maßstabgerechter Generalplan von Bau-Nr. 788: Fahrgast-Motorschiff FINNMARKEN, 2189 BRT, 3000 PS, 16 kn, Vesteraalens D/S, Bergen.

Es grenzte an Auflehnung, was die alten B & V-er der Steinwerder Industrie AG dem Auftraggeber, dem Hamburger Senat und nicht zuletzt auch der Konkurrenz beweisen wollten: Den Qualitäts-Schiffbau hatten sie inzwischen nicht verlernt!

Das Bäderschiff, das man auf kahler Betonsohle zusammenbaute, wurde ein schwimmendes Schmuckstück mit vorbildlichen Sicherheitseinrichtungen — ein echtes Blohm & Voss-Produkt, das überall vorgezeigt werden konnte!
Im Februar 1955 — andere Werften bauten inzwischen schon Schiffe bis zu 47 000 tdw Tragfähigkeit und die deutsche Kauffahrteiflotte hatte fünf Monate vorher bereits die Zwei-Millionen-BRT-Grenze überschritten — versammelten sich in der Schlosserei der Steinwerder Industrie AG die geladenen Gäste von Senat, Schiffahrt und Wirtschaft zur Stapellauf-Feier.
Genau rechtzeitig zur Wiederaufnahme des Helgoland-Verkehrs kam dann die 17,5 Knoten schnelle WAPPEN VON HAMBURG in Fahrt. Sie erwies sich als würdiger Traditionsnachfolger der B & V-Helgolanddampfer FREIA und PRINZESSIN HEINRICH. Mit einem Hauch von Jacht-Eleganz verkörperte sie die auf Anhieb gelungene Konzeption einer ganz neuen Generation von Seebäderschiffen. Keine Promenadendecks beengten mehr die Gesellschaftsräume und nahmen den dort Sitzenden die Sicht weg. Der Speisesaal war nicht mehr ins Zwischendeck verbannt, aus dessen Bullaugen die Fahrgäste während der Mahlzeiten keine Aussicht aufs Wasser hatten. Speisesaal und Gesellschaftsräume waren in ganzer Schiffsbreite ausgeführt, sie boten aus ihren großen Fenstern freien Ausblick. Die Rettungsboote behinderten nicht mehr die Fernsicht vom Bootsdeck aus. Die Bootsbarringe wurden auf Portale hochverlegt, die das Deck überwölbten. WAPPEN VON HAMBURG wurde ein Bahnbrecher im besten Sinne des Wortes. Auch die gelungene Innenarchitektur des Schiffes erregte Bewunderung.

Als die Farbfotos von dem Schiff durch die Fachpresse gingen, klingelte beim damaligen Hamburger Hafensenator Plate das Telefon. Am Apparat war ein Reeder aus Norwegen, der völlig verdutzt anfragte, wieso Blohm & Voss wieder derartige Schiffe bauen könne. Ganz Steinwerder sei doch ein Trümmerhaufen! Auf Plates Andeutung hin, auf Steinwerder rege sich neues Leben, erteilten die norwegischen Reedereien Det Bergenske-, Det Nordenfjeldske- und Vesteraalens Dampskibsselskap(Dampfschiffahrtsgesellschaft)

den Bauauftrag für drei je 2190 BRT große Fahrgastschiffe für die berühmten »Hurtigrouten« Bergen-Kirkenes, die das wichtigste Bindeglied zwischen Süd- und Nordnorwegen darstellt. So entstanden drei beliebte Schiffe mit den Namen NORDSTJERNEN, FINNMARKEN und RAGNVALD JARL. Sie sind heute noch immer, auf jeder Reise bestens ausgebucht, in Fahrt.

NORDSTJERNEN erhielt die Maschinenanlage noch mittschiffs, die beiden nachfolgenden Bau-Nummern hingegen auf für diesen Schiffstyp ganz neuartige Weise im Achterschiff eingebaut. Dadurch war es möglich, die Salons besser anzuordnen und über zwei Außenhautpforten das Aus- und Einschiffen der Passagiere bei den überaus kurzen Hafenliegezeiten der Hurtigrouten zu beschleunigen. Die Zahl der Fahrgastkabinen konnte vergrößert werden. Mit je 63 Betten der I. und 142 Betten der II. Klasse entsprechen diese mit zwei Hallen, Speisesaal, zwei Rauchsalons, Café und Kleinem Salon ausgestatteten, in Nußbaum, Mahagoni, Peroba Risé und Rüster getäfelten, außerordentlich behaglichen Schiffe FINNMARKEN und RAGNVALD JARL dem idealen Typ für diesen Liniendienst, der auf jeder Reise 35 Stationen anläuft. Die Schiffe werden den Erfordernissen als schwimmende Hotels, schwimmende Postämter sowie Fracht- und Kühlschiffe gleichermaßen gerecht.
Mit dem 2960-PS-Motor der FINNMARKEN wurde der erste nach dem Krieg wieder in M.A.N.-Lizenz von Blohm & Voss gebaute Schiffsdiesel in Betrieb genommen.

Die drei 1955/56 in Fahrt gekommenen Schiffe der Hurtigrouten waren so überzeugende Konstruktionen, daß sich sofort die beiden nächsten Exportschiffbau-Kunden meldeten: Der Koninklijke Hollandsche Lloyd bestellte die beiden rund 10400 tdw tragenden Frachtmotorschiffe MONTFERLAND und ZAANLAND, bald darauf auch ein drittes Schwesterschiff namens WATERLAND. Ein viertes, ähnliches, aber größeres Schiff, entstand 1957/58 für die norwegische Reederei Leif Höegh & Co. Es wurde auf den Namen HÖEGH CAIRN getauft.
Blohm & Voss war sozusagen mit fliegendem Start wieder in den Kreis der Exportwerften zurückge-

Bild links: Die Angeklagten im Blohm & Voss-Prozeß (s. S. 183–187) mit ihren Anwälten vor dem britischen High Court in Hamburg. Vorn links Direktor Lorenzen, daneben Direktor Andreae. Bildmitte im Hintergrund (mit Augengläsern) Walther Blohm. Rechts vorn Betriebsingenieur Heidenreich, links daneben Rud. Blohm, hinter dessen rechter Schulter Betriebsleiter Dalldorf.

Bild Mitte rechts: Denkwürdiger 6. September 1954 — Schwimmkran-Stapelhub des ersten nach der Demontage gebauten Schiffes, Bau-Nr. 785: HADAG-Hafenfähre STEINWERDER, 249 BRT, 360 PS, 10 kn (s. S. 190).

Bild Mitte links: Das Abenteuer des totalen Neubeginns: Auf gemieteten Coulemeyer-Straßenrollern der Deutschen Bundesbahn wird die Hinterschiff-Sektion des Fahrgastschiffes WAPPEN VON HAMBURG (s. S. 191) aus der Maschinenfabrik herausbugsiert und zum Helgen jongliert. Unter solchen Umständen wurde ein dieselelektrisches Schiff von 2496 BRT Größe gebaut!

ld oben: Die zu klein gewordene erste WAPPEN VON HAMBURG urde 1961 verkauft und auf der Werft zum griechischen Ägäisreuzfahrtschiff DELOS umgebaut. Steigende Nachfrage nach elgolandfahrten zwangen die HADAG, schon 1961 eine rund 00 BRT größere, 21 kn schnelle WAPPEN VON HAMBURG (II) ei B & V in Auftrag zu geben (Bau-Nr. 823, 3819 BRT, 9960 PS).

ld rechts: Frau Amélie Thyssen am 12. März 1956 bei der Taufe es Massengutfrachters AMÉLIE THYSSEN (Bau-Nr. 795, s. S. 7/198). Rud. Blohm dirigiert behutsam den Arm der Taufpatin die richtige Position für den Wurf der Sektflasche. Im Hinterrund, mit dunklem Mantel und Hut, Walther Blohm.

Bild oben: Schwere Boden- oder Kollisions-
schäden erfordern von der Reparaturabteilung
immer wieder Einfallsreichtum, Improvisationskunst, schnelle und dennoch richtige Berechnungen sowie harte Arbeit, die trotz Termindruck
solide und zuverlässig ausgeführt werden muß.
Im abgebildeten Zustand kam der Turbinentanker TEXACO OSLO nach einer Kollision ins
Schwimmdock.

Bild rechts oben: Das norwegische Frachtmotorschiff TÖNSBERG wurde auf der Unterelbe schwer
von einem schwedischen Motorschiff gerammt
und kam mit einem 20 m langen Loch — in voller
Seitenhöhe des Schiffes — zu Blohm & Voss. Erst
im Schwimmdock konnte ein Großteil der nassen,
ölverschmierten Ladung aus dem demolierten
Laderaum herausgeholt werden. Während der
nur dreiwöchigen Reparatur mußten im Schadens-
bereich 110 t Stahl neu eingebaut werden.

Bild rechts: Auf der Ausreise von Bremerhaven
hatte Fahrgastschiff NEPTUNIA einen Frachter
gerammt. Dabei war der Vorsteven im Bereich
des zweiten Zwischendecks abgeschoren und
in einer Länge von mehreren Metern nach Back-
bord aufgeklafft. Keine Werft hatte zum Zeitpunkt der dringend erforderlichen Reparatur ein
Schwimmdock frei. Blohm & Voss erbot sich
als einziger Schiffbaubetrieb, die Reparatur im
flotten Wasser, von Pontons aus, vorzunehmen.
Durch Umstauen des Ballastes und Brennstoffes
konnte das Vorschiff der NEPTUNIA weit genug
aus dem Wasser gehoben werden, so daß die
schwierige Reparatur beginnen konnte.

kehrt. Die Zugkraft des alten Firmennamens sowie die Qualität der abgelieferten Schiffe hatten dieses vielbestaunte Wunder bewirkt.

Seit dem 12. Juni 1955 firmierte der aus seiner eigenen Asche neu auferstandene Vogel Phönix wieder unter altem Namen. Bald nach Ablieferung der WAPPEN VON HAMBURG verwandelte sich die Steinwerder Industrie AG offiziell in die neue Blohm & Voss AG.

Auf dem Prozeßwege war inzwischen durchgesetzt worden, daß Dock VIII und die vier Sektionen von Dock VII, die seinerzeit durch die Besatzungsmacht einer anderen Werft überstellt worden waren, als rechtmäßiges Eigentum an B & V zurückgegeben werden mußten. Um Peinlichkeiten zu vermeiden, wurde arrangiert, daß die offizielle Übergabe sozusagen auf neutralem Boden — an Bord einer Hamburger Staatsbarkasse — vor sich gehen sollte.

An allen vier Ecken der Docks waren Flaggenmasten errichtet worden. Sobald der alte Meister Jess die Ankerketten geslipt hatte und die Schlepper zur Rückgabefahrt anzogen, wurden feierlich je vier Flaggen gleichzeitig gesetzt: Die Farben der Bundesrepublik Deutschland, der Freien und Hansestadt Hamburg, der Steinwerder Industrie AG und der an diesem Tage offiziell wiederauferstandenen Werft Blohm & Voss. Und als die Docks wieder an ihrem alten Liegeplatz im Kuhwerder Hafen ankamen, stand die gesamte Belegschaft von B & V am Ufer und brachte begeisterte Willkommensrufe aus. Schon eine Woche später wurde mit dem Motorschiff GUTENFELS der DDG »Hansa« in diesen Docks das erste Reparaturschiff eingedockt.

Die kaum von irgend jemandem für möglich gehaltenen Anfangserfolge des totgesagten Unternehmens im Reparatur- und Neubaugeschäft waren weitgehend aus eigener Kraft erreicht. Wenig Geld, aber viel guter Wille, eine Vielzahl von Improvisationen und eine mit Besessenheit aufgebrachte Energie der alten Mitarbeiter zugunsten der Lebensaufgabe Blohm & Voss hatten dieses Comeback möglich gemacht. Diese Energie kann auch aus heutiger Sicht nicht hoch genug eingeschätzt und dankbar genug gewürdigt werden.

Die noch aus früherer Zeit vorhandenen eigenen finanziellen Mittel des Unternehmens waren, wie überall, zu neun Zehntel der Währungsreform zum Opfer gefallen. Demontageverluste waren und sind bis heute nicht ersetzt worden! Als Aktiva besaß man allenfalls noch Gelände, Helgensohlen sowie mehr oder weniger beschädigte Gebäude, Fundamente und Kaimauern. Immerhin brachte Blohm & Voss es fertig, für Wiederin-

standsetzungen und notwendige Neubeschaffungen aus Eigenmitteln etwa 13 Mio DM aufzuwenden, war fast nur durch Verkauf von Schrott, Material, Anlageteilen und Gebäuden möglich war. Um aber eine arbeitsfähige Werft zu erhalten, mußten unbedingt Kredite aufgenommen und dadurch weitere Mittel verfügbar gemacht werden.

Die zwischen der Firmenleitung und dem Hamburger Senat anlaufenden Finanzierungsverhandlungen des Jahres 1954 waren vom Betriebsrat unter Vorsitz von Carl Bohn wirkungsvoll unterstützt worden. Hamburgs Bürgermeister Max Brauer konnte durch Rud. Blohm von der Notwendigkeit der Schaffung weiterer Blohm & Voss-Arbeitsplätze überzeugt werden.

Am 1. Dezember 1954 wurde auf Betreiben Brauers der Hamburger Bürgerschaft eine Senatsvorlage über die Schaffung der finanziellen Voraussetzungen zur Wiederaufnahme des Seeschiffbaues bei Blohm & Voss zugeleitet. Es wurde zunächst an einen mittleren Werftbetrieb gedacht, der etwa 2500 Arbeiter beschäftigen und jährlich etwa 30 000 BRT Neubautonnage erstellen sollte. Insgesamt wurden rund 17 Millionen Mark — aus Hamburger und anderen Quellen — bereitgestellt.

Eine ganz schwere Sorge aber bereitete ein Handicap, das durch den allzu späten Wiederanfang bedingt war: Es gab nur ganz wenige Ingenieure und Facharbeiter. Praktisch konnte man nur auf die »letzten Mohikaner« zurückgreifen, die bis zum Demontageschluß bei B & V geblieben waren.

Der weitaus größte Teil des früheren Personals hatte längst bei vollbeschäftigten anderen Werften und Industriefirmen eine Anstellung gefunden. Einzelne, wichtige Schlüsselkräfte aus dem alten Mitarbeiterstamm konnten trotzdem wieder zurückgewonnen werden, wobei sie zum Teil bedeutende Positionen aufgaben, um am Wiederaufbau ihrer alten Firma mitzuarbeiten. Sie bildeten das Rückgrat der wachsenden Belegschaft.

Dennoch blieb der personelle Wiederaufbau auf Jahre hinaus ein Engpaß, der die Entwicklungsmöglichkeiten bestimmte. Die für Personalfragen zuständigen leitenden Mitarbeiter scheuten auch während ihrer Freizeit keine Mühe, um alte B & Ver zurückzugewinnen.

Außerdem mußte Blohm & Voss besonderen Wert auf die Schulung von Facharbeiternachwuchs legen.

Schon am 1. April 1953, noch vor Wiederaufnahme des Schiffbaues, hatte man in einem Seitenflügel der Maschinenfabrik eine erste provisorische Lehrwerkstatt mit einer aus den Trümmern geborgenen Drehbank und zwei Bohrmaschinen, die von den Lehrlingen selbst wieder instandgesetzt wurden, eingerichtet: Am Anfang standen 13, ein Jahr später bereits 51 Lehrlinge der Fachzweige Maschinenschlosser, Schiffbauer, Werkzeugmacher, Bauschlosser, Dreher und Schiffszimmerer unter Lehrvertrag. 1956 konnten, nach Umzug in eine neue Lehrwerkstatt, bereits 74 Lehrlinge aus neun Berufen ihre Lehrzeit beginnen, zugleich gingen die ersten B & V-ausgebildeten Fachkräfte in den Betrieb.

Zehn Jahre nach Wiedergründung der Lehrwerkstatt standen wieder über 30 Maschinen aller Art für die Ausbildung zur Verfügung. Insgesamt konnten schon im ersten Jahrzehnt 502 Lehrlinge auslernen. Die Zahl steigerte sich bis 1976 auf 1690 Lehrlinge.

Die alte Anziehungskraft des Gütezeichens »Gelernt bei Blohm & Voss« sorgte und sorgt noch immer für einen starken Andrang von Schulabgängern. Die Maschinenschlosser bleiben jeweils ein volles Jahr in der Lehrwerkstatt, die Schiffbauer, Schweißer, Kupferschmiede und Bauschlosser gehen schon nach vier bzw. sechs Monaten zu den entsprechenden Gewerken. Durch Zwischenprüfungen wird der Leistungsstand der Lehrlinge ermittelt. Dabei haben alle Lehrlinge eines Jahrgangs das gleiche Arbeitsstück anzufertigen, so daß sie untereinander vergleichbar sind.

Selbstverständlich bildet Blohm & Voss nicht nur — in mittlerweile 15 Berufen — gewerbliche Lehrlinge aus. Die Firma bietet ebenso die Möglichkeit, eine Lehre als Bürogehilfe, Technischer Zeichner, Datenverarbeitungs- oder Industriekaufmann zu absolvieren.

In der ersten Wiederaufbauphase 1954/55 zeichneten nur Rud. und Walther Blohm als Vorstand für das Unternehmen verantwortlich. Um ein Beispiel zu setzen, begnügten sie sich mit einem Salär von je 500 Mark monatlich!

In der Erkenntnis, daß der weitere Aufbau des Unternehmens zu einem international wettbewerbsfähigen Großbetrieb weitere bedeutende Mittel erfordern würde, die aus eigenen Quellen nicht mehr aufzubringen waren, hatten sich Rud. und Walther Blohm schon im Zusammenhang mit dem Hamburger Kreditprogramm damit einverstanden erklärt, unter teilweise damit verbundener Aufgabe eigenen Einflusses im Interesse des Unternehmens eine Verbindung mit einem starken industriellen Partner einzugehen. Dieser wurde in den zum Interessenbereich der Familie Fritz Thyssen gehörenden Phoenix Hüttenwerken und den Rheinischen Röhrenwerken — später fusioniert zur Phoenix-Rheinrohr AG — gefunden.

Deren dynamischer, wenn auch nicht unumstrittener Generaldirektor Fritz Aurel Goergen und sein damaliger kaufmännischer Kollege Ernst Wolf Mommsen sahen in der zukünftigen Großwerft Blohm & Voss nicht nur einen interessanten potentiellen Großabnehmer von Stahlerzeugnissen, sondern betrachtete Goergen die Mithilfe beim Wiederaufbau von Blohm & Voss zu einer dem Namen entsprechenden Größe — wie er es selbst einmal ausdrückte — auch »als eine sportliche Aufgabe«.

Ein weiterer interessanter Aspekt kam hinzu:

Zur Sicherung der eigenen Rohstoffversorgung über See war Phoenix-Rheinrohr damals im Gespräch mit der Hamburger Reederei Christian F. Ahrenkiel — die sich interessiert zeigte, für eine von Phoenix-Rheinrohr in Partnerschaft mit ihr zu bauenden Massengut-Flotte als Korrespondenzreeder tätig zu werden. Wegen Vollbeschäftigung der anderen deutschen Werften und der damit verbundenen langen Lieferzeiten einerseits sowie des finanziellen

Interesses von Phoenix-Rheinrohr bei Blohm & Voss andererseits bot es sich an, die Schiffsaufträge zu Blohm & Voss zu legen, die noch in der Lage waren, günstige Liefertermine anzubieten. Damit begann eine lange vertrauensvolle und erfolgreiche Zusammenarbeit mit dem Hause Ahrenkiel, die sich bis in die heutigen Tage fortsetzt. Insgesamt zehn Schiffe sind von Blohm & Voss für die Reederei Christian F. Ahrenkiel in den letzten 20 Jahren gebaut worden, ein Beweis für gegenseitige Zufriedenheit und Vertrauen.

Aber nicht nur die gesellschaftsrechtliche Struktur von Blohm & Voss veränderte sich in diesen Jahren des Wiederaufbaus. Auch in der Firmenleitung gab es Veränderungen.

Blohm & Voss wurde seit dem 1. 1. 1956 nicht mehr von Rud. und Walther Blohm allein geleitet. Der Vorstand wurde ab diesem Datum um den Sohn Walther Blohms, Dipl.-Ing. Georg Blohm*, für den technischen Bereich, sowie Ernst-Christian Frhr. v. Werthern** für den kaufmännischen Bereich erweitert.

Rud. Blohm schied nach fast 44jähriger verantwortlicher Tätigkeit im Alter von 72 Jahren Ende 1957 aus dem Vorstand aus, um bald darauf den Aufsichtsratsvorsitz zu übernehmen. Sein Bruder Walther mußte krankheitshalber ein Jahr später ebenfalls seine Tätigkeit im Vorstand niederlegen. In den Jahren 1957/58 beschäftigte die Werft bereits wieder 4308 Personen. Und zu dieser Zeit vollzog sich endgültig der Wiederaufbau moderner Anlagen und Maschinen.

---

* Walther Blohms Sohn Georg, geboren am 3. Oktober 1919 in Hamburg, der vor dem Krieg seine Lehrlingsausbildung in der Blohm & Voss-Maschinenfabrik absolviert hatte, trat nach einem Maschinenbaustudium am 14. 2. 1951 in die Steinwerder Industrie AG ein und rückte 1955 in den Vorstand von Blohm & Voss auf. Nach dem Ausscheiden seines Vaters Walther Blohm war er ab Ende 1958 für den gesamten technischen Bereich verantwortlich. Er schied am 31. Juli 1963 aus dem Vorstand der Blohm & Voss AG aus und widmete sich eigenen industriellen Interessen.

** Ernst-Christian Frhr. v. Werthern, geboren am 11. August 1921 in Soest/Westf., studierte Rechtswissenschaften, war während des Krieges Reserveoffizier und kehrte erst 4½ Jahre nach Kriegsende aus sowjetischer Gefangenschaft heim. 1950 nahm Frhr. v. Werthern seine Arbeit bei einer Hamburger Großbank auf und wurde nach vier Jahren zum Prokuristen ernannt. Ende 1954 trat der Bankkaufmann bei Blohm & Voss ein, wo kurz zuvor die letzten Produktionsbeschränkungen gefallen waren. Ende 1955 wurde er in den Vorstand der Blohm & Voss AG mit Zuständigkeit für den gesamten kaufmännischen Bereich berufen.

Frhr. v. Werthern vertrat Blohm & Voss u. a. im Beirat des Verbandes Deutscher Schiffswerften und war jahrelang Mitglied des Plenums der Handelskammer Hamburg.

Flugzeugrümpfe, Massengutfrachter, Kühlschiffe

Nach über zehnjähriger Unterbrechung hatte auch HFB 1956 den Flugzeugbau wieder aufnehmen können. Die 1954 von der britischen Rheinarmee geräumten, zuletzt als Lager genutzten und völlig leerstehenden großen Hallen und Fabrikationsgebäude mußten vollkommen neu mit Maschinen ausgerüstet werden. Man wählte das Neueste und Beste, was an Spezialmaschinen — insbesondere für die Blechverformung und -bearbeitung — aufzutreiben war. Außerdem wurde auf Finkenwerder eine eigene Flugplatzanlage mit 1400 m langer Start- und Landebahn erbaut, so daß künftig auch der Einflugbetrieb gleich ebenfalls dort vorgenommen werden konnte.

Nach der langen Unterbrechung standen auch für die Flugzeugproduktion kaum noch Fachleute zur Verfügung. Wie schon 1933 waren An- und Umschulungskurse für den Fachzweig Flugzeugbau notwendig. Eine moderne Lehrwerkstatt wurde auch auf Finkenwerder eingerichtet, die jährlich 50 Lehrlinge aufnehmen konnte.

Am Neuanfang der Flugzeugproduktion stand — wie in den Gründertagen von HFB — nicht gleich eine eigene Neuentwicklung, sondern zunächst Rumpffertigung, Endmontage und Einflug des zweimotorigen Doppelrumpf-Transportflugzeugs NORATLAS. Gemeinsam mit der »Weser« Flugzeugbau GmbH. (»Weserflug«), Bremen und der Siebelwerke-ATG GmbH, Donauwörth, hatte die Hamburger Flugzeugbau GmbH. 129 Maschinen des besagten Typs zu liefern. Jeden Monat entstanden vier Maschinen.

HFB entwickelte später das mit zwei Düsentriebwerken ausgerüstete Geschäftsreiseflugzeug HFB 320 »Hansa-Jet«. Nach dem Erstflug des Prototyps im Jahre 1964 konnten 40 Maschinen dieses Typs gebaut und verkauft werden.

HFB wurde Anfang der sechziger Jahre auch in die deutsch-französische Gemeinschaftsentwicklung und den Serienbau des Transportflugzeugs C 160 »Transall«, schließlich in das Projekt »Airbus« A 300 B eingeschaltet. Am 14. Mai 1969 fusionierte HFB mit der Messerschmitt-Bölkow GmbH zur Messerschmitt-Bölkow-Blohm GmbH (MBB), deren Gesamtleitung sich in Ottobrunn befindet.

Beim Neuaufbau der Schiffswerft stellte sich der schwarze Tag der Werftgeschichte — die Sprengung des Hellinggerüstes im Jahre 1946 — nachträglich als Glück im Unglück heraus.

Andere Werften hatten ihre Hellinggerüste behalten, die nun aber der Aufstellung neuzeitlicher Helgenturmkräne im Wege waren und damit den Möglichkeiten einer modernen Sektionsbauweise enge Grenzen setzten. Blohm & Voss jedoch, zum totalen Neubeginn gezwungen, konnte gleich den entscheidenden Schritt in die Zukunft tun und damit einen beträchtlichen technischen Vorsprung gewinnen.

Fortan bestimmte bei B & V die im Krieg bei den 21er U-Booten erstmals auch in Deutschland praktizierte Bauweise mit bereits komplett eingerichteten Sektionen auch den Großschiffbau. Eine Kiellegung im eigentlichen Sinne findet seitdem nicht mehr statt. Sie wird ersetzt durch das Auflegen und Verschweißen mehrerer fertiger Doppelbodensektionen auf Helgen, die nur noch als Endmontageplätze dienen. Die Doppelbodensektionen werden — wie alle später montierten Sektionen auch — unter Dach gebaut. Bauverzögerungen durch Schlechtwettereinflüsse entfallen. Die Gesamtbauzeit ist damit ebenso drastisch reduziert worden wie die Helgenbelegung.

In den Schiffbauhallen geht der Durchsatz der Platten und Profile getrennt auf elektrisch betriebenen Rollgängen von Fertigungsstraßen vor sich, auf denen die einzelnen Arbeitsvorgänge wie bei einem Fließband ineinandergreifen. Die mit Schmiege- und Profilrichtmaschinen geformten und bearbeiteten Konstruktionsteile werden in der Abteilung Gruppenbau zu Vorsektionen oder Gruppen (Wände, Decks, Fundamente) zusammengefügt, bevor sie über die Vormontage mit Hilfe von Kränen zum Bau der fertig mit Mannlöchern, Rohrleitungen und Flanschen auszurüstenden Sektionen in die Schweißhalle transportiert werden. Dort entstehen Vorschiff, Achterschiff, Doppelboden, Außenhaut und Deckspartien in möglichst großen Sektionen. Als die Werft 1957/58 in ihre entscheidende Wiederaufbauphase trat, wurde die wirtschaftliche Grenze des Sektions-Kolligewichtes bei den damals in Frage kommenden Schiffsgrößen mit 80 t ermittelt. Sie liegt heute, nach kürzlich erneut durchgeführter Modernisierung der Helgen-Krananlage, wesentlich höher.

Sowohl in den Hallen als auch an den Helgen müssen entsprechend starke, moderne Kräne verfügbar sein, die jeweils gemeinsam eine Traverse mit der anhängenden Sektionslast heben. Beim Neuaufbau von Blohm & Voss genügten zunächst Kräne mit 40 t Nutzlast. In voller Hellinglänge wurden damals vier Kranbahnen gebaut und mit sieben Helgenturmkränen bestückt, deren höchste Hakenstellung 40 m über der Helgensohle lag und die bei 37,5 m Ausladung immer noch 20 t heben konnten. Die Ausladung der jeweiligen Krangarnitur bestimmte jeweils die künftigen Schiffsbreiten.

Zugleich mit den neuen Helgenanlagen wurden die Schiffbauhallen 3, 4, 5, 6 und 7 wieder aufgebaut, von denen nur die Fundamente und der größte Teil der Eisenkonstruktion erhalten waren. Etwa 18000 qm Hallenfläche mußten mit neuem Dach und breiten, längslaufenden Oberlichtern abgedeckt werden.

Eine Großmontagehalle (90 m lang und 24 m hoch) wurde jetzt quer zu drei Schiffbauhallen errichtet, so daß die vormontierten Bauteile (Gruppen) mühelos dorthin verbracht und dort zusammengesetzt werden können. Sie werden nachher von den Kränen der Montagehalle weiterbewegt.

Zum Ausbringen der fertigen Sektionen aus der Schweißhalle wurde zunächst ein 30 m breites und 14 m hohes Hallentor eingebaut und auf dem Wege zur Helling ein großer Endbearbeitungs- und Abstellplatz für fertige Sektionen geschaffen.

Vergangenheit ist seitdem nicht nur der spantenweise Stück für Stück vorgenommene Schiffbau auf der Helling, sondern auch der Schnürboden, auf dem früher die Spanten nach besonderen Schablonen in Originalgröße angerissen werden mußten. Die beim Wiederaufbau üblich gewesene Anzeichenmethode mittels Optikturm machte das Ankörnen und Beschriften der Profile und Platten genau nach dem Projektionsbild möglich. Große, automatische Brennschneidemaschinen mit optischer Steuerung, große Rollen- und Tafelscheren schneiden die Bleche zu. Seit Anfang der sechziger Jahre trat auch der Glühofen zum Spantenbiegen immer mehr zugunsten moderner Kaltbiegemaschinen zurück.

Weil das Helgengerüst nicht mehr existierte, konnte eine in zwei Hälften geteilte Schalenbauhalle errichtet werden, die mit Laufrädern auf zwei Fahrbahnen elektrisch fortbewegt wird, damit die Außenhautschalen jeweils nach ihrer Fertigstellung vom Helgenkran herausgehoben und abtransportiert werden können.

Gleichzeitig mit dem Bau der neuen Hallen gingen der endgültige Wiederaufbau bzw. die Neueinrichtung von Maschinenfabrik, Ausrüstungs- und Lagergebäude, Rohrwerkstatt mit Verzinkerei und Klempnerei, Tischlerei, Zimmerei, Schlosserei, Schwerschlosserei und Hauptmagazin vor sich. Schon nach der ersten Wiederaufbauphase konnten im gemeinsamen Einsatz von mehreren Kränen bis zu 100 t schwere Sektionen angehoben werden. Diese Arbeitsweise ist auch heute unverändert geblieben, wenn auch die Sektionsgewichte dank der 1975 zum Einsatz gekommenen schweren Helgenkräne auf 300 t gesteigert werden konnte.

In zentimetergenauem Zusammenspiel bringen heute die im Gespann arbeitenden Kräne die fertigen Sektionen vom Abstellplatz (der von modernen hydraulischen Schwertransportern erreicht wird) zur Helling und dort in die Einbauposition. Die Kräne halten die schweren »Schiffsfilets« so lange zentimetergenau an der richtigen Stelle fest, bis sie mit Spannschrauben provisorisch befestigt und abgestützt worden sind. Nach genauem Anpassen und Abheften werden sie schließlich mit dem schon vorhandenen Schiffstorso zusammengeschweißt.

War Blohm & Voss auch wegen der seit 1945 ungünstig veränderten finanziellen Situation der deutschen Reedereien und der wenig glücklichen schiffahrtspolitischen Konstellation nach der Wiederauferstehung der Werft kein Neubau von Übersee-Fahrgastschiffen mehr vergönnt, so bewies das Unternehmen mit der Modernisierung und der gelungenen, völligen Neueinrichtung des großen ausländischen Turbinenschiffes ARKADIA — vormals NEW AUSTRALIA ex MONARCH OF BERMUDA — seine alte Meisterschaft.

Das gilt auch hinsichtlich der totalen Umgestaltung des 1951 in England gebauten Turbinenschiffes PATRICIA vom Dreiklassen-Fährschiff der Route Göteborg-London zum eleganten Einklassen-Kreuzfahrtschiff ARIADNE der HAPAG, die in nur dreieinhalb Monaten bewerkstelligt wurde. Der für Blohm & Voss durch den früher intensiv betriebenen Bau von Fahrgastschiffen zur Selbstverständlichkeit gewordene Umgang mit Schiffs-Innenarchitektur und das seit je sprichwörtliche Können auf dem Sektor Einrichtung führte zu dem Resultat, daß die ARIADNE ein Optimum an Zweckmäßigkeit und Komfort aufwies, das auch verwöhntesten Ansprüchen genügte*.

Neu ins Angebot der Werft wurden ab 1957 Massengutfrachter (Bulk Carrier) aufgenommen, die wahlweise eine Ladung Erz, Kohle, Bauxit,

---

* Dennoch blieb das ausgesprochen schöne Schiff nur drei Jahre unter deutscher Flagge in Fahrt, weil die von der geringen Schiffsgröße bedingte niedrige Fahrgastzahl einen Fahrpreis von 50 Dollar pro Tag notwendig machte, der sich für deutsche Fahrgäste damals als zu hoch erwies.

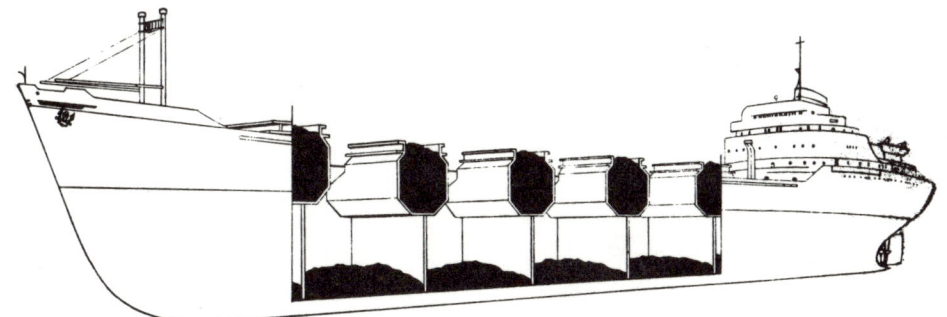

Das Hochraum-Prinzip, dargestellt von Prof. O. Anton, am Beispiel der Bau-Nr. 800: Massengut-Motorschiff ASMIDISKE, 11396 BRT, 15900 tdw, 6650 PSm, 15,6 kn, Van Nievelt, Goudrian & Co., Rotterdam.

Kalk, Phosphat oder Getreide fahren können. Diese universell einsetzbaren Schiffe wurden von Blohm & Voss grundsätzlich als Selbsttrimmer für lose Schüttgutladung ohne Getreideschotten, sämtlichen Vorschriften der Klassifikationsgesellschaften entsprechend, gebaut. Besonders gute See- und Stabilitätseigenschaften sollten den Massengutfrachtern auch bei schwerem Wetter das Durchhalten einer ausreichenden, wirtschaftlich vertretbaren Dienstgeschwindigkeit gestatten, ohne daß die Schiffsverbände durch ein zu »steifes« Schiff und dadurch hervorgerufene allzu harte Bewegungen und kurze Schlingerperioden überbeansprucht werden.

Blohm & Voss hat außerdem in ebenso früher wie klarer Erkenntnis von der schnell wachsenden Bedeutung neuzeitlicher Bulk Carrier für die überseeische Rohstoff- und Getreidefahrt ständig wachsende Schiffsgrößen vorausgesehen und in diesem Zusammenhang eine werfteigene Neuentwicklung auf den Markt gebracht. Zur Verbesserung des Seeverhaltens wurden jeweils zwischen zwei normale Schüttgut-Laderäume je ein kleinerer Hochraum eingebaut. Bei schwerer Ladung wie Erz nehmen die Hochräume die Hälfte der Gesamtladung auf, so daß der Erzladungsschwerpunkt dem der Ladung eines homogen beladenen Schiffes entspricht. Die Bewegungen des Schiffes im Seegang werden dementsprechend weich, die Ladungsverteilung über die Schiffslänge gleichmäßiger — was die Längsverbände schont. Hochräume verlagern den »Erzschwerpunkt« ohne den bei anderen Bulk Carriern typischen Verlust an Laderaum und können beim Bauxit-, Getreide- oder Kohlentransport ebenso voll beladen werden wie die großen Laderäume auch. In Ballastfahrt aber können die Hochräume zusätzlich zum Doppelboden mit Wasser gefüllt werden, was wiederum den Schiffen weiche Bewegungen im Seegang verleiht.

Nach dem Hochraum-Prinzip baute Blohm & Voss für seinen Teilhaber Thyssen/Phoenix-Rheinrohr die von Christian F. Ahrenkiel, Hamburg, bereederten und sämtlich mit Großmotoren der B & V-Maschinenfabrik nach M.A.N.-Lizenz ausgerüsteten Massengutfrachter AMELIE THYSSEN, RHENANIA, WESTFALIA und MONTANIA (je knapp

15500 tdw), für holländische Auftraggeber die konstruktiv ähnlichen, etwas größeren Massengutfrachter NOORDWIJK, ASMIDISKE und ASTEROPE. Bald darauf folgten die über 26000 tdw tragenden Massengutfrachter FIONA und FRANCESCA für die Thyssen-Bornemisza-Gruppe und schließlich die mit Turbinenantrieb ausgestatteten Massengutfrachter ELQUI und ILLAPEL für eine Chilenische Reederei, die erstmals nach dem Kriege wieder mit Turbinen werfteigener Produktion ausgerüstet wurden.

In diese Zeit fiel eine weitere, interessante Neuentwicklung:

Zur Meidung unwirtschaftlicher Leerfahrten im Ballast bei der Ausreise von Bulk Carriern nach Übersee suchten die Massengut-Reeder verständlicherweise eine »ausgehende« Ladung. Export-Autos boten sich dafür besonders an. Es war jedoch unrentabel, sie nur auf dem Doppelboden zu transportieren, die übrigen glattwändigen und zwischendecklosen Laderäume aber ungenutzt zu lassen. Auf Grund dieser Überlegung konstruierte Blohm & Voss ein Hängedecksystem, dessen Decks während der Schüttgut-Ladungsreise mit Windenkraft jalousieartig unter die Hochräume oder unter die Wingtanks emporgezogen und platzsparend beigeklappt werden können.

Nach dem Entlöschen der Massengutladung werden die Hängedecks weggefiert, die aus stabilen Profileisenrahmen, die mit Gitterrosten abgedeckt sind, bestehen.

Das schnelle Größenwachstum der Bulk Carrier läßt sich mühelos aus der Neubauten-Liste der Werft entnehmen: Baute man 1956/57 mit dem Typ AMELIE THYSSEN noch 15500 tdw, 1959 mit

Bau-Nr. 809: Massengut-Turbinenschiff ILLAPEL, 13410 BRT, 17640 tdw, 7500 PS, 15 kn, Cia. Sudamericana de Vapores, Valparaiso.

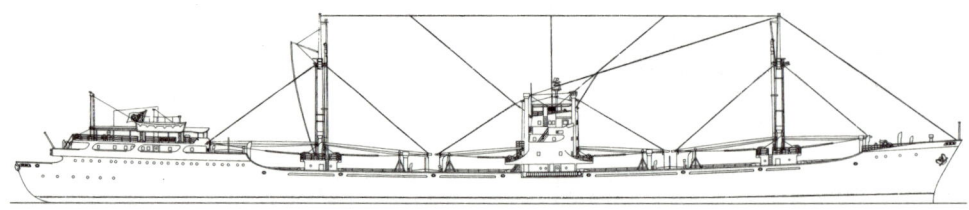

Bau-Nr. 795:
Massengut-Motorschiff
AMELIE THYSSEN,
10 346 BRT,
15 485 tdw, 6650 PS, 15 kn,
Christian F. Ahrenkiel,
Hamburg.

dem Typ FIONA bereits über 26 000 tdw tragende Massengutfrachter, so lieferte die Werft mit dem Massengutfrachter STRASSBURG für Alfred C. Toepfer, Hamburg, 1963 einen 38 200 tdw tragenden Massengutfrachter ab. Er war damals das größte Handelsschiff der Bundesrepublik Deutschland. Bevor es ins Wasser glitt, wurde über seinem Bug die grüne Europa-Flagge* gehißt. Taufpatin war Frau Elin Federspiel, die Gattin des Präsidenten der »Beratenden Versammlung des Europarates«, der seinen Sitz in Straßburg hat.

Zwei Monate nach diesem Stapellauf, am 12. Juni 1963, starb Walther Blohm, kurz vor Vollendung seines 76. Lebensjahres. Bei der Totenfeier für diesen Ehrensenator der Technischen Universität Berlin-Charlottenburg hieß es mit Recht: »Walther Blohm wird als einer der letzten großen Patriarchen in die Geschichte eingehen. Fleiß, Ehrlichkeit, Beständigkeit, Aufrichtigkeit, Zuverlässigkeit waren seine Ideale.«

In der Belegschaft von Blohm & Voss trauerte man um einen Chef, dem die sozialen Belange seiner Mitarbeiter niemals ein Lippenbekenntnis waren.

Im Jahre 1959 wurde Blohm & Voss übrigens von Auftraggebern in Panama, Liberia und Norwegen mit dem Bau von neuen (»mid-bodies« genannten) Mittelschiffen samt Vorschiffen für amerikanische T 2-Standardtanker des Zweiten Weltkrieges beauftragt. Die Reederei Panama Transocean Company entschloß sich zu den Umbauten, weil sie durch »Jumboisierung«, d. h. Vergrößerung der Länge, Breite sowie der Seitenhöhe und damit der Ladekapazität die größenmäßig nicht mehr gefragten T 2's auf geldsparende Weise in damals marktgängige und relativ hochwertige Tanker verwandeln konnte. Auf diese Weise entstanden Jumbo-T 2-Tanker, die auf 76% der Schiffslänge Neubauten waren, während der besonders kostspielige Hinter- und Mittelschiffaufbau samt Maschinenanlage — bis auf teilweise erneuerte Boden-, Außenhaut- und Decksplatten —, weitgehend unverändert von den alten Tankern übernommen werden konnte.

Entgegen sonstigem Stapellauf-Brauch wurden die Vorschiffe zwecks Schonung der Schottwände mit dem Steven voran zu Wasser gelassen. Der gesamte Mittschiffsaufbau der T 2-Tanker im Gesamtgewicht von 130 t wurde in einem Stück vom alten Schiffsrumpf auf die neue Schiffssektion umgesetzt und durch Änderung der Längswände, Schanzkleider, Face-Platten und Einbau neuer Deckteile auf die neue Breite gebracht und stromlinienförmig modernisiert.

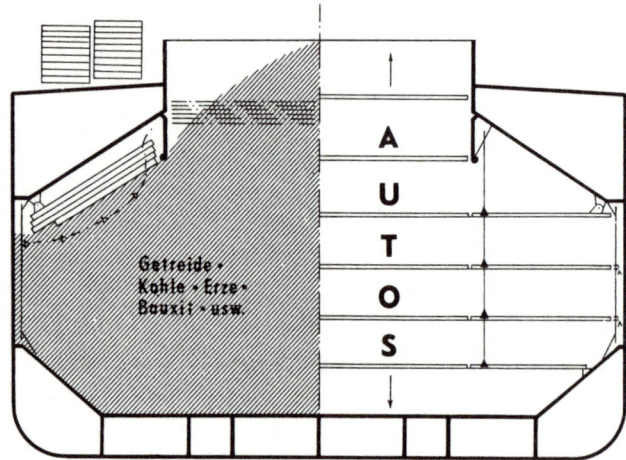

Anordnung der bei Übernahme von Massengutladungen jalousieartig hochklappbaren, beim Laden von PKW's wegzufierenden Autodecks auf dem norwegischen Bulk Carrier NORSE LADY.

* Der Reeder Dr. h. c. Alfred Toepfer, als engagierter Verfechter des Gedankens einer europäischen Vereinigung bekannt, wollte mit der Namensgebung und der Flagge ein Zeichen der Ermutigung setzen, obwohl gerade damals die Brüsseler Verhandlungen über den Beitritt Großbritanniens zur damaligen EWG (heute EG) einen schmerzlichen Rückschlag erlitten hatten.

Im Schwimmdock wurden die T 2-Schiffsrümpfe bei Spant 47 durchgeschnitten. Während des Aus- und Einschwimmens der vorderen Schiffssektionen blieb die Achterschiffssektion fest auf ihren Kimmpallen liegen. — Sie ist dank der Maschinenanlage und Aufbauten schwerer als der Laderaumteil und hat wegen der geschärften Form auch weniger Auftrieb. Außerdem konnte man erforderlichenfalls auch noch die Brennstoffbunker der Achterschiffe mit Ballastwasser füllen. Im Februar 1962 wurde Hans Dicke, zuletzt tätig gewesen im Vorstand der Dingler-Werke A.G., Zweibrücken, zum weiteren Mitglied des Vorstandes von Blohm & Voss berufen. Hans Dicke wurde zeitweilig Leiter der gesamten Fertigung. Mit seiner Berufung war eine Aufgabenteilung auf dem technischen Sektor verbunden: Georg Blohm leitete nur noch die technischen Büros, Hans Dicke hingegen sämtliche Betriebe. Ernst Christian Frhr. v. Werthern blieb weiterhin für den gesamten kaufmännischen Sektor verantwortlich.

Das Jahr 1962 brachte den spektakulären Konkurs der Schlieker-Werft und des gesamten Konzerns von Willy H. Schlieker mit sich. Als Organisationstalent war Schlieker während des Zweiten Weltkrieges im Alter von erst 28 Jahren im Stabe des Reichsministers Albert Speer mit wichtigen Aufgaben befaßt worden. Mit ungestümer Dynamik baute er, basierend auf dem Stahlhandel, nach dem Kriege einen eigenen Konzern auf. 1955 gründete diese Schlieker-Gruppe im Nordteil von Steinwerder eine hochmoderne Werft. Sie entstand auf ehemaligem Blohm & Voss-Gelände, dessen restliche, zumeist zerstörte Anlagen in den Jahren des B & V-Neubeginns nach der Demontage zwecks Beschaffung von Wiederaufbaumitteln von B & V an die Freie und Hansestadt Hamburg verkauft worden waren. Im Rahmen der Industrieansiedlungsmaßnahmen verpachtete Hamburg dieses Elbufer-Areal an Willy H. Schlieker.

Die neue, fraglos von Ideenreichtum geprägte Werft und ihr Management wurden bald von der Publizistik als Nonplusultra und Schrittmacher des deutschen Schiffbaues gepriesen. Aber sie war ebensowenig organisch gewachsen wie

Schliekers gesamte Finanzierungsgrundlage. Eine Liquiditätslücke sowie eine offenbar nicht ausreichende Eigenkapitaldecke brachten das Imperium über Nacht zum Einsturz.

Bald gab es auf Steinwerder abermals eine rigorose Demontage, diesmal allerdings durch den Konkursverwalter.

Blohm & Voss baute, um schwere Schädigungen des Ansehens der deutschen Werft-Industrie im In- und Ausland zu vermeiden, unter Zeitdruck eine Reihe von Schiffen fertig, die beim Zusammenbruch der Schlieker Werft unvollendet geblieben waren. Darunter befanden sich der 52 984 tdw tragende Motortanker SINCLAIR VENEZUELA, zwei weitere Mittelschiffe für T 2-Tanker, die zu Containerschiffen umgebaut wurden sowie der Bundesmarine-Tender MOSEL .

Ein leitender Mitarbeiter der Schlieker Werft, der 1923 in Belgien geborene Selfmademan Joseph H. Van Riet**, wurde mit Wirkung vom 1. Oktober 1962 zum weiteren Mitglied des Vorstandes von Blohm + Voss bestellt. Er übernahm den gesamten schiffbautechnischen Sektor, von der Akquisition bis zur Ablieferung von Neubauten einschließlich der Schiffs- und Schiffsmaschinenreparatur. Für den gesamten Maschinenbau zeichnete bei der neuen vertikalen Aufgabenverteilung Hans Dicke verantwortlich.

Nach dem Ausscheiden von Georg Blohm und Hans Dicke aus dem Vorstand lag ab 1963 das Schicksal der Werft in den Händen der beiden Vorstandsmitglieder Ernst-Christian Frhr. v. Werthern und Joseph H. Van Riet.

---

* Joseph H. Van Riet wurde am 1. Mai 1923 in St. Niklaas, Belgien, geboren. Nach Abschluß einer technischen Ausbildung im Stahlbau und Statik war er während des Krieges im Flugzeugbau in Deutschland tätig. Nach Kriegsende wieder nach Belgien zurückgekehrt, arbeitete er dort in verschiedenen Positionen — zuletzt als Direktionsassistent — bei einer namhaften Werft. Dort lernte er auch Willy H. Schlieker kennen, der ihn bald für die Planung und spätere Leitung seiner neuen Werft auf Steinwerder wieder nach Deutschland holte. Nach dem Zusammenbruch des Schlieker-Konzerns trat er im Oktober 1962 zunächst mit Zuständigkeit für den Schiffbau — später für den gesamten technischen Bereich — in den Vorstand von Blohm + Voss ein, dem er bis zum Juli 1970 angehörte. Er ist heute Geschäftsführer eines bedeutenden Unternehmens, das sich u. a. mit Schweißtechnik befaßt.

In relativ bescheidenem Umfang nahm Blohm & Voss auch den Bau von Marinefahrzeugen wieder in sein Programm auf. Es begann mit der neuen GORCH FOCK, die 1958 als Nachbau der ALBERT LEO SCHLAGETER vom Stapel lief und damit 350 t mehr verdrängt als die 1933 gebaute erste GORCH FOCK, die heutige TOWARISCHTSCH. Nächste Neubauten für die Bundesmarine waren 1962/63 der diesel-elektrische Minensuchboot-Tender ISAR, die je 116 t verdrängenden Landungsboote LCM 1-28 sowie 1966/67 die je 3254 ts verdrängenden Versorger FREIBURG, SAARBURG und OFFENBURG, denen sich später die beiden je 3850 t verdrängenden Minentransporter und Minenleger SACHSENWALD und STEIGERWALD hinzugesellten.

Außerdem entstanden 1969/70 auf den Helgen von Blohm & Voss drei Korvetten für die portugiesische Marine. Diese je 1336 t verdrängenden

Reederei Rob. M. Sloman jr., Hamburg — in vier verschiedenen Grundtypen den Bau von Kühlschiffen zu — und zwar von vornherein in jener neuen, nach dem Zweiten Weltkrieg üblich gewordenen Version als universell einsetzbare »Reefer«, die sich ebenso gut für Tiefkühltransporte von Fleisch, Fisch usw. wie als Fruchtkühlschiffe mit Plus-Temperaturen einsetzen lassen. Bis zum Aufkommen des Containerschiffbaues waren Kühlschiffe die jeweils schnellsten Frachter ihrer Generation. Die ALSTERBLICK brachte es bereits 1959 auf eine Geschwindigkeit von 19 Knoten.

Da auf dem Weltmarkt zum Ausgleich des Gefälles zwischen Nahrungsmittel-Überfluß und -Mangel die Nachfrage nach besonders schnellen, hochwertigen Kühlschiffen unvermindert anhielt, baute Blohm & Voss allein bis zum Jahre 1966 die

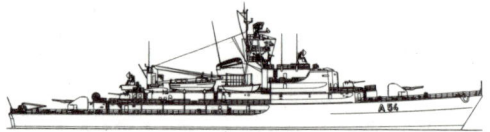

Bau-Nr. 811: Tender (Begleitschiff für schnelle Minensuchboote) ISAR, 2600 t, 9600 PS, 14,6 kn, diesel-elektrischer Antrieb.

Bau-Nr. 810: Kühlschiff ALSTERBLICK, 2851 BRT, 3350 tdw, 7250 PS, 18,5 kn, Rob. M. Sloman jr., Hamburg.

U-Jäger JOAO COUTINHO, JACINTO CANDIDO und GENERAL PEREIRA D'ECA galten als gelungener Wurf. Sie sind mit je zwei Pielstick-Dieselmotoren von zusammen 10 5000 PS und Doppelschrauben ausgestattet.

Besondere Aufmerksamkeit wandte die Werft ab 1959 — beginnend mit der ALSTERBLICK für die

eleganten 21-Knotenschiffe BRUNSHAUSEN, BRUNSLAND und BRUNSHOLM für die Reederei W. Bruns, Hamburg, das gleich schnelle Kühlschiff POLARLICHT für die Hamburg-Süd sowie für schwedische und französische Rechnung die Kühlschiffe HOOD RIVER VALLEY, OKANAGAN VALLEY und BIAFRA.

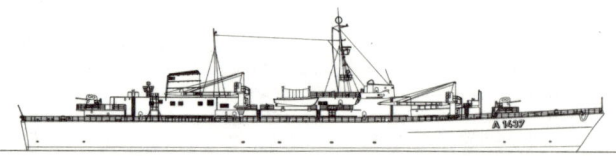

Minentransporter und Minenleger STEIGERWALD, 2962 t, 5600 PS, 17 kn — (Ursprünglicher Stülcken-Auftrag, Fertigbau durch Blohm + Voss).

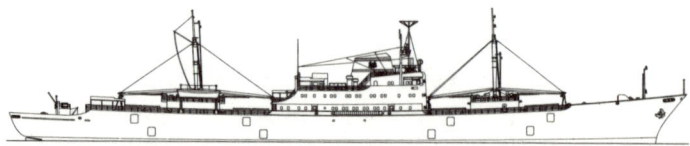

Bau-Nr. 835: Kühlschiff BRUNSHOLM, 4701 BRT, 5129 tdw, 9600 PS, 21 kn, W. Bruns & Co., Hamburg.

Bau-Nr. 831: Kühlschiff POLARLICHT, 4851 BRT, 6510 tdw, 10800 PS, 21 kn, Hamburg-Südamerikanische Dampfschifffahrts-Gesellschaft Eggert & Amsinck.

Der in der Cross-Trade-Fahrt zwischen Süd- und Nordamerika eingesetzte Hamburg-Süd-Reefer POLARLICHT verkörperte vor 1966 den weitesten Schritt in Richtung Automation der Schiffsbetriebstechnik. Nicht nur die Antriebsanlage war — obwohl sie noch überwacht gefahren wurde — automatisiert, sondern POLARLICHT war erstmalig auch mit einer Überwachungszentrale ausgestattet, von der aus über Kühlraum-Fernmeßgeräte jede Veränderung in der Temperatur der Laderäume sofort festgestellt und vom Kühlmaschinenraum entsprechend ausgeglichen werden konnte. Das Schiff benötigte keine ständigen Temperaturablesungen in den zugigen Laderaum-Kontrollgängen, den sog. »Fruchtalleen«, mehr.

Blohm & Voss baute in den Jahren 1958–66 neben Bulk Carriern und Kühlschiffen auch Stückgut-

Bau-Nr. 819: Frachtmotorschiff NAJADE, 5044 BRT, 6822 tdw, 5400 PS, 15,8 kn, Dampfschifffahrts-Gesellschaft »Neptun«, Bremen.

frachter. Es handelte sich um die Motorschiffe NAJADE für die D. G. »Neptun«, Bremen sowie MAILAND und TUNIS für die Reederei Robert M. Sloman jr., Hamburg.

Die bemerkenswertesten und progressivsten Frachter jener Jahre waren die sieben Ostasien-Expreßgutfrachter HAMMONIA, WESTFALIA, ALEMANNIA, BORUSSIA, BAVARIA, HOLSATIA und THURINGIA für die HAPAG. Sie wurden international die schnellsten Frachter der Ostasienroute. Mit ihrem 19000 PS-Diesel laufen die mit 22 Ladebäumen und im Zwischendeck mit hydraulisch auffaltbaren Glattdeckluken ausgerüsteten Schiffe 21 Knoten. Es waren die ersten Stückgutschiffe der Welthandelsflotte, die eine derartige Geschwindigkeit erreichen.

Diese stark beachteten Expreßfrachter der HAMMONIA-Klasse verringerten die Reisezeiten zwischen Europa und Japan von durchschnittlich 46 auf 28 Tage und fuhren auf die Stunde genau pünktlich nach Linien-Fahrplan.

Inzwischen werden diese »Schnellen Sieben« auf der Indonesien-Route der heutigen HAPAG-LLOYD AG eingesetzt.

Bau-Nr. 833: Expreß-Frachtmotorschiff HAMMONIA, 10917 BRT, 12544 tdw, 18900 PS, 21 kn, Hamburg-Amerika Linie.

Der Paukenschlag vom Februar

Der Prototyp dieser damals vieldiskutierten HAMMONIA-Klasse lief 1965 vom Stapel und wurde noch im gleichen Jahr an seine Reederei abgeliefert.

Jenes Jahr 1965 wurde zum Jahr großer Bewegung in der deutschen Schiffbau-Industrie. Immer deutlicher zeichnete sich ein starker Konkurrenzdruck durch ausländische Werftkonzentrationen ab. In Japan, Frankreich, Italien und Schweden waren durch Zusammenlegungen von Werften größere Einheiten geschaffen worden, die sowohl auf der technischen wie auf der finanziellen Seite dafür Gewähr bieten sollten, daß den großen Anforderungen der Zukunft hinsichtlich Rationalisierung und Investitionsumfang besser entsprochen werden konnte.

Insbesondere auf dem Gebiet der Investitionen waren die Japaner inzwischen — wie sich heute herausstellt — in Überschätzung des Marktes weit vorgeprellt. Allein achtundzwanzig Großwerften haben in den Jahren 1961–65 den Betrag von 1,4 Mrd. DM investiert. Demgegenüber stand eine Summe von »nur« 500 Mio DM für die gesamte deutsche Werftindustrie.

Unter diesen Umständen nimmt es nicht wunder, wenn auch in der Bundesrepublik Deutschland Überlegungen angestellt wurden, ähnlich wie in der Luftfahrt —, ebenso in der Werftindustrie zu größeren Einheiten zu kommen, um der zu erwartenden, sich verschärfenden internationalen Konkurrenz besser begegnen zu können. Außerdem zeichneten sich z. B. mit dem Container-Zeitalter und der Offshore-Technik technologische Entwicklungen am Horizont ab, die die Entwicklungskapazität der bisherigen Werftgrößen zu übersteigen drohte.

Die damals diskutierten Lösungen und Kombinationsmöglichkeiten waren vielfältig. Das »Werftkarussell« drehte sich, wie man damals sagte. Am weitesten fortgeschritten war im Hamburger Raum ein Konzept, das in der ersten Stufe ein Zusammengehen der Howaldtswerke Hamburg mit der Stülckenwerft vorsah. Als weiterer Partner hatte die Siemens AG Interesse gezeigt, sich an diesem Unternehmen zu beteiligen.

Auch Blohm & Voss wurde — allerdings erst in einem späteren Stadium — an diesen Gesprächen beteiligt. Zur Deutschen Werft waren ebenfalls Fühler ausgestreckt worden. Blohm & Voss war allerdings der Meinung, daß ein solcher Zusammenschluß nur dann sinnvoll sein könne, wenn dadurch der Anteil der neubau-unabhängigen Fertigungen verstärkt werden würde. Mit anderen Worten: das im Schiffsneubau aufgrund der erbitterten internationalen Konkurrenz latent immer vorhandene finanzielle Risiko mußte durch einen solchen Zusammenschluß entscheidend verringert werden. Das aber war bei den bisher diskutierten Konzepten nicht der Fall, jedenfalls nicht was Blohm & Voss anging. Dort nämlich war dank einer zielbewußten Diversifikationspolitik des Vorstandes der Anteil der neubau-unabhängigen Fertigungen am Gesamtumsatz bedeutend größer als bei den anderen in Aussicht genommenen Fusionspartnern. Dieser risikoärmere Umsatzanteil hätte sich also bei einer Fusion im vorgesehenen Rahmen zwangsläufig prozentual wieder verschlechtert.

Bei näherer Betrachtung der Situation schien es Blohm & Voss daher angebracht, einmal zu sondieren, wie eng die übrigen Fusionspartner schon zusammengeschlossen waren und dabei auch herauszufinden, ob nicht das erstrebte Ziel auch auf anderem Wege zu erreichen war. Blohm & Voss dachte dabei in erster Linie an ein Zusammengehen mit der Stülckenwerft, die sowohl über ihre starke Marineabteilung als aber auch über vielfältige maschinenbauliche Aktivitäten, die überwiegend bei der Tochtergesellschaft Ottensener Eisenwerk GmbH konzentriert waren, ein in vieler Beziehung idealer Partner für Blohm & Voss zu sein schien. Auch die enge räumliche Nachbarschaft und daraus zu erwartende Rationalisierungserfolge spielten bei diesen Überlegungen eine wichtige Rolle.

Es ergab sich dann im Rahmen dieser Sondierungen, daß die übrigen Partner in ihren Verhandlungen gerade in einer schwierigen und durch Kompromisse offenbar nicht beizulegenden Phase angekommen waren — es handelte sich um die Behandlung vom Bund geforderter, von Stülcken jedoch bestrittener Umsatzsteuernachforderungen sowie um Ansprüche in hohen Millionenbeträgen, die Stülcken infolge der nicht selbstverschuldeten Verzögerungen von Marinebauten entstanden waren. Die mit der Vertretung der Stülcken-Interessen Beauftragten erklärten kurzfristig Blohm & Voss ihren Wunsch zu Verhandlungen, die eine Lösung aller Fragen außerhalb des bisherigen Fusionskonzeptes zum Ziele hatten.

In einer in ihrer Geschwindigkeit, aber auch in der beiderseitigen Fairneß wohl einmaligen Verhandlungsrunde, die nicht mehr als ein Wochenende in Anspruch nahm, wurde man sich über alle strittigen Punkte einig und konnte am 14. Februar 1966 vor die Öffentlichkeit treten und mitteilen, daß die angesehene Hamburger Werft H. C. Stülcken Sohn mit ihrer Tochtergesellschaft Ottensener Eisenwerk GmbH, vorbehaltlich der Zustimmung der beiderseitigen Aufsichtsorgane, von B & V im Wege des Kaufes übernommen worden war. Ein Teil des Kaufpreises wurde von den früheren Eigentümern der Stülckenwerft, der Gruppe v. Dietlein, in Form von Aktien an der Blohm & Voss AG entgegengenommen, womit diese Gruppe ihrer alten, inzwischen in einer größeren Einheit aufgegangenen Firma weiterhin verbunden bleibt. Das fiel gerade in jene Zeit, wo aus graphischen und werbepsychologischen Gründen der Firmenname von Blohm & Voss in die neue Schreibweise Blohm + Voss abgeändert wurde.

Mit dieser im wahrsten Sinne des Wortes »über Nacht« entstandenen großen Werft mit einer Belegschaft von über 8000 Menschen war eine Einheit entstanden, die sich auch mit ihrer Programmstruktur durchaus international sehen lassen konnte.

Obwohl natürlich eine gewisse Enttäuschung bei den übrigen Fusionspartnern über diesen »Husarenritt« von Blohm + Voss nicht ausblieb, was sich zeitweise auch in kritischen Presseerklärungen äußerte, erkannten alle Beteiligten bald: Hier war etwas Sinnvolles geschaffen worden, was auch die Voraussetzung bot, die Stürme der Zukunft, die mit Sicherheit nicht ausbleiben würden, besser zu überstehen.

Hiermit verbunden war eine Erweiterung des Vorstandes: Dr. Heinrich V. Prinz Reuss*, der maßgeblich für die Stülcken-Anteilseigner an den Übernahmeverhandlungen mitgewirkt hatte, trat als Stellvertretendes Mitglied in den Vorstand von Blohm + Voss — mit Zuständigkeit für den Verwaltungsbereich — ein, dem er bis Ende 1969 angehörte.

Diese Lösung, die insbesondere auch von der durch vielerlei Fusionsgerüchte monatelang verunsicherten Belegschaft beider Firmen mit Erleichterung und großer Zustimmung aufgenommen wurde, hatte außerdem den Effekt, daß viele alte Mitarbeiter von Blohm + Voss, die in der Nachkriegszeit bei Stülcken neue Arbeitsplätze gefunden hatten, wieder zu ihrem alten Unternehmen zurückkehrten, und zwar unter voller Wahrung ihrer sozialen Rechte.

Auch die ursprünglich zunächst zu der Kombination Howaldt-Stülcken tendierende Siemens AG zeigte Interesse, sich bei Blohm + Voss zu beteiligen, eine Absicht, die auch von Blohm + Voss begrüßt wurde. Nach längeren Verhandlungen trat dieses bedeutende Unternehmen dann im Jahre 1967 dem Partnerkreis von Blohm + Voss bei. Diesen Partnerkreis bilden seitdem außer der Gründerfamilie Blohm die Thyssen-Gruppe, das Haus Siemens und die Gruppe v. Dietlein.

Die Geschichte der renommierten Hamburger Werft H. C. Stülcken Sohn ist so bemerkenswert, daß sie an dieser Stelle kurz rekapituliert werden soll.

---

* Dr. jur. Heinrich V. Prinz Reuss wurde am 26. 5. 1921 in Erpen Kr. Osnabrück geboren. Nach dem 1940 in Berlin abgelegten Abitur leistete er bis 1945 seinen Kriegsdienst als Reserveoffizier. Anschließend studierte er Rechtswissenschaften und schloß 1953 mit der großen Staatsprüfung und gleichzeitiger Promotion zum Dr. jur. ab. Parallel dazu machte er eine Industriekaufmannslehre, die er ebenfalls abschloß. Nach anfänglicher Tätigkeit bei einem Rechtsanwalt und einer Großbank trat er 1957 bei der Stülckenwerft mit Zuständigkeit für Finanz- und Rechtsangelegenheiten ein und übernahm 1958 zusätzlich die Geschäftsführung der Ottensener Eisenwerk GmbH. 1963 wurde er kaufmännischer Leiter der Stülckenwerft und trat nach deren Übernahme durch B + V im Jahre 1966 als stellvertretendes Mitglied in den Vorstand der Werft ein. Von 1969 bis 1970 gehörte er dem Vorstand der Martin Brinkmann AG an und ist heute Generalbevollmächtigter des Verlegers Axel Springer.

Die Stülckenwerft und ihre Tochter OEW

Der Gründer der Werft H. C. Stülcken Sohn war der von Haus aus in keiner Weise begüterte Schiffszimmermann Johann Hinrich Friedrich Stülcken. Er hatte sich durch eisernen Fleiß und konsequente Sparsamkeit die Möglichkeit geschaffen, 1837 in Billwerder zum Baas (Vormann) eines kleineren Schiffbaubetriebes aufzurücken und sich schon zwei Jahre später als Schiffbauer selbständig zu machen. Im damals noch dänischen Altona, auf dem Gelände einer Holzhandlung in der großen Elbstraße, richtete er seine erste Werft ein, auf der 1840 als erster Neubau der Schoner JOHANNES vom Stapel lief.

Nach dem großen Brand von Hamburg im Jahre 1842 wurde immer mehr Trümmerschutt auf dem früheren Nordersand aufgeschüttet, der schon vorher zur Ablagerung von Baggergut und Steinen gedient und deshalb den Namen Steinwerder bekommen hatte.

Auf dieser durch Brand-Trümmergut aufgehöhten und befestigten Elbinsel bot die hamburgische Kämmerei Parzellen zur Vermietung an. 1845 verlegte Stülcken auf Grund dieses Angebotes seinen Betrieb nach Steinwerder. Das aufstrebende Hamburg dürfte damals einem Schiffbauer bessere Chancen geboten haben, als das im Schatten des großen Nachbarn stehende Altona.

Wenige Monate nach dem Umzug auf die Elbinsel fand Stülcken in seinem Sohn Heinrich Christopher, der auf der Nachbarparzelle ebenfalls einen Schiffbaubetrieb eröffnet hatte, eine tatkräftige Stütze. Vater und Sohn arbeiteten in Gemeinschaft, bis sich der Senior 1853 im 62. Lebensjahr zur Ruhe setzte.

Von diesem Zeitpunkt an trug Heinrich Christopher Stülcken — ebenfalls gelernter Zimmermann — die volle Verantwortung für das Unternehmen H. C. Stülcken. Seine ersten beiden Neubauten waren die Barken HERMANN und PODESTA für die Küstenfahrt in China. Eins der beiden nächsten Schiffe war die Bark PUDEL für Ferdinand Laeisz. Der Anfangsbuchstabe des Spitznamens der Frau von Carl Laeisz, die wegen ihrer krausen Haare »Pudel« genannt wurde, war Vorbild für die spätere Tradition, sämtliche Laeisz-Schiffsnamen mit dem »P« beginnen zu lassen.

1858 baute H. C. Stülcken in reiner Zimmermannsarbeit aus Holz das erste Schwimmdock Hamburgs, das bis zum Jahre 1911 — ein halbes Jahrhundert lang! — seinen Zweck erfüllte. Seine Pumpen wurden von einer 12-PS-Dampfmaschine angetrieben. Schon in den ersten drei Betriebsjahren sind nicht weniger als 304 Schiffe bei Stülcken eingedockt worden.

Nach 1865 mußte der »Schiffbauer & Mastmacher« Stülcken seine Werft räumlich erweitern, die sich 1868 bereits über eine Fläche von 10000 qm erstreckte. Zusätzlich zu ihrem hölzernen Schwimmdock legte sich die Werft einen Patentslip mit Dampfwinden zu und baute eine Reihe hervorragender Segelschiffe, teilweise auch für eigene Rechnung. Auf diese Weise erhielt Stülcken auch eine eigene Reederei.

Nachdem er 25 Jahre lang sein Unternehmen geleitet hatte, starb Heinrich Christopher Stülcken im Jahre 1873. Seine Witwe Anna Dorothea führte Werft und Reederei unter dem zeitweiligen Firmennamen H. C. Stülcken Wwe. weiter. Dank Schwimmdock und Patentslip ergab sich ein florierendes Reparaturgeschäft.

An Neubauten hatte die Werft von ihrer Gründung bis zum Jahre 1886 — durchweg aus Holz — 18 Barken, eine Schonerbrigg, drei Lotsenschoner und ein Feuerschiff, 1883 erstmals auch einen kleinen eisernen Schraubendampfer abgeliefert. 1885 nahm die Werft den Stahlschiffbau auf und spezialisierte sich auf Dampfbarkassen, Schleppdampfer, kleine Lokaldampfer, Hafenfähren und Leichter, Eisbrecher, Flußdampfer und baute auch Frachtsegler mit Hilfsdampfmaschine. 1892 starb Anna Dorothea Stülcken. Ihr Sohn Julius Caesar übernahm die Werft, die fortan als H. C. Stülcken Sohn firmierte. Der Betrieb wurde immer weiter modernisiert und nahm ab 1904 den Bau von Fischdampfern mit Kesseln und Dampfmaschinen eigener Fertigung auf. 1910 wurde in Flensburg das erste stählerne Stülcken-Schwimmdock in Auftrag gegeben. Daneben lief der Kleinschiffbau weiter — hauptsächlich für die Woermann-Linie, die eine Vielzahl von Reede-, Hafen- und Flußfahrzeugen für ihre afrikanischen Plätze benötigte und 1913 auch die beiden ersten bei Stülcken gebauten Frachtdampfer für die afrikanische Küstenfahrt geliefert bekam. Im Krieg wurde der Bau von Fischdampfer-Vorpostenbooten forciert. 1918 entstanden bei Stülcken die ersten serienmäßig gebauten Minensuchboote.

Im August 1919 gab Julius Caesar Stülcken seine Alleininhaberschaft auf und verwandelte seine Firma in eine Kommanditgesellschaft. Er selbst wurde deren Hauptkommanditist und nahm seine Neffen Heinrich und Wilhelm von Dietlein als Kommanditisten auf. Der Bau von Frachtdampfern, vor allem aber von Fischdampfern und schließlich sogar Fischkuttern bestimmte zunächst das weitere Geschehen auf der Werft, die zum Zweck des Ausgleichs von Inflationsverlusten zeitweilig auch eine eigene Fischerei betrieb.

Mit Stülckens Tod im Jahre 1925 verlor dessen Familie den letzten männlichen Namensträger. Die Inhaberschaft ging auf eine weibliche Seitenlinie über. Neuer Generalbevollmächtigter der Kommanditgesellschaft wurde der Neffe von Julius Caesar Stülcken, der schon seit 1922 als Prokurist tätig gewesene Heinrich von Dietlein, unterstützt von seinem Bruder Kurt.

Unter Heinrich von Dietleins weitblickender Leitung gelang es der Stülckenwerft, in den schlimmen Krisenjahren 1928–33 ebenso wie Blohm & Voss ihre Eigenständigkeit zu wahren und den Charakter des Familienbetriebes beizubehalten. Bemerkenswertester Neubau war das 1931 fertiggestellte Segelschulschiff JADRAN für die jugoslawische Marine, dessen Bauauftrag gegen starke Konkurrenz erkämpft werden mußte.

1935 entwickelte die Stülckenwerft das serienmäßig gebaute große und stark armierte Minensuchboot des »Typs 35«, das sich zugleich als vollwertiges Geleitboot bewährte. Diese 35er-Boote liefen mit Hochdruckkesseln, aber Kolbenmaschinen 18,3 Knoten.

Unter den Neubauten der Jahre 1935–39 befanden sich neben zahlreichen modernen Fischdampfern Einheiten, die vom Taucherschiff und Lotsendampfer bis zum Motortankschiff, Flugzeugbergungs- und Flugzeugschleuderschiff eine ganze Typenskala umfaßten. Bemerkenswert waren dabei besonders die Walfangdampfer TREFF I-VIII für die bei Blohm & Voss fertiggestellte Walkocherei JAN WELLEM.

1939 zählte die Werft mehr als 3000 Betriebsangehörige. Sie lieferte 1940 den außerordentlich gut gelungenen, in der Linienführung eleganten Aviso HELA an die Kriegsmarine ab. Ab 1940 wurde die Werft beträchtlich erweitert und modernisiert. Sie wurde neben dem Bau von Minensuch-, Geleit- und Mehrzweckbooten auch in den Bau von U-Booten des Typs VII C eingeschaltet und lieferte zuletzt Sektionen für die Elektroboote des Typs XXVI an das Zusammenbauzentrum Blohm & Voss.

Der Betrieb, der im Krieg auch die Herstellung von Dieselmotoren in sein Programm aufgenommen hatte, wurde vom Luftkrieg schwer mitgenommen. Er fiel nach Kriegsende zunächst ebenfalls unter das Produktionsverbot des Potsdamer Abkommens und wurde am 15. Mai 1946 geschlossen. Die Zerstörung des Helgengerüstes unterblieb jedoch, weil die kurz zuvor erfolgte Sprengung des Helgengerüstes von Blohm & Voss in Deutschland helle Empörung ausgelöst und im Ausland ein denkbar negatives Echo gefunden hatte.

Unter Hinweis auf die frühere Spezialisierung auf den Fischdampferbau konnte die Stülckenwerft ab 1948 wieder Fischdampfer, bald auch Rhein-See-Schiffe und andere Kümos, ab 1950 auch wieder größere Frachter und Tanker bauen. Die bis zu diesem Zeitpunkt längst gut ausgelastete Werft baute nach dem Vorbild der JADRAN (1931) im Jahre 1953 das Segelschulschiff DEWA-RUTJI für die indonesische Marine. Insgesamt entstanden von der Wiederaufnahme des Baues von Seeschiffen bis zur Übernahme durch Blohm + Voss auf den Helgen der Stülckenwerft 52 Frachter, Tanker und Kühlschiffe, darunter zahlreiche Schwergutfrachter für die DDG »Hansa«. Deren Reigen eröffnete 1954 das Motorschiff LICHTENFELS, das als Prototyp mit seiner völlig neuen Anordnung von Aufbauten und Schwergutgeschirr in Fachkreisen als Sensation empfunden wurde. Wegen ihres ungewohnten Aussehens infolge der auf die Back vorverlegten Kommandobrücke erhielten die Frachter dieses »Typs L« den Spitznamen »Picasso-Schiffe«.

Auf der Stülckenwerft waren im Laufe der Zeit bemerkenswerte Patente entwickelt worden, zum Beispiel der »Vater- und Sohn«-Antrieb von Dieselmotoren. Das wahrscheinlich interessanteste Patent aber ist das auf Motorschiff LICHTENFELS erstmals eingebaute Stülcken-Schwergutgeschirr. Es wurde 1953/54 in seiner Urform zusammen mit der DDG »Hansa« entwickelt. Das Geschirr mit seinen V-förmig auseinandergabelnden turmartigen Mastpfosten revolutionierte den Schwergutumschlag total. Mittlerweile sind mehrere hundert Einheiten der Welthandelsflotte bei Stülcken bzw. Blohm + Voss erschienen, um mit solchen Geschirren nachgerüstet zu werden. Auch die beiden jeweils leistungsfähigsten Schwergutfrachter ihrer Zeit wurden bei Blohm + Voss umgebaut und mit extrem starken Stülcken-Masten versehen: 1967/68 die UHENFELS und 1975 die TRIFELS. Diese »Hansa«-Motorschiffe können mit ihren Schwergutgeschirren Lasten bis zu 550 bzw. 640 Tonnen heben.

Die Stülckenwerft hatte jedoch in den sechziger Jahren trotz guter Auftragslage beträchtliche finanzielle Einbußen erlitten. Der vielleicht widersprüchlich klingende Hauptgrund dafür lag darin, daß die Stülckenwerft das Gros der Kampfschiff-Neubauten für die damals erst im Aufbau begriffene Bundesmarine geliefert bzw. in Auftrag hatte. Sämtliche vier Zerstörer der HAMBURG-Klasse sowie die Fregatten der KÖLN-Klasse entstanden auf dieser Werft. Ihr dabei erworbenes Know-how war unschätzbar. Allerdings verlief die Abwicklung dieses bedeutenden Auftragsvolumens für die Bundesmarine nicht planmäßig — bedingt vor allem durch umfangreiche Änderungswünsche des Auftraggebers traten immer wieder erhebliche Verzögerungen des Betriebsablaufes auf. Zeitweise mußte die Arbeit an einzelnen Neubauten mehr oder minder völlig eingestellt werden. Um die Belegschaft weiter beschäftigen zu können, war die Werft gezwungen, kurzfristig zivile Aufträge zu beschaffen, was entsprechend der Marktlage mitunter nur zu nichtkostendeckenden Preisen möglich war.

Mit der Stülckenwerft kam auch deren Tochtergesellschaft, die Ottensener Eisenwerk GmbH, zu Blohm + Voss.

Das Ottensener Eisenwerk war 1890 als Kesselfabrik in der Schützenstraße von Hamburg-Ottensen gegründet worden und nahm später neben dem Kesselbau auch die Produktion von Schiffsmaschinen auf. Seine Tätigkeit wurde nach und nach auf weitere Schiffsausrüstungen, schließlich sogar — durch Ankauf und Ausbau der Peute-Werft — auf Schiffbau ausgedehnt.

Schon die Aufnahme des Maschinenbaues hatte zur räumlichen Trennung der beiden Hauptabteilungen des Werkes geführt. Das Stammwerk Schützenstraße fungierte nur noch als Maschinenfabrik, während Kesselbau und Schiffbau auf Steinwerder betrieben wurden.

Die OEW-Produkte wurden Anfang der dreißiger Jahre vor allem durch den Bau hervorragender Schweißmaschinen international ein Begriff und gewannen mit besonders konstruierten Felgenschweißmaschinen auch in der Automobilindustrie wachsende Bedeutung.

Nach dem Zweiten Weltkrieg wurde die Ottensener Eisenwerk GmbH durch einen Organschaftsvertrag mit der Willy H. Schlieker GmbH, Hamburg, verbunden. Die Schlieker-Gesellschaft beteiligte sich mit rund 94,5% am verdoppelten OEW-Aktienkapital.

Nach dem Schlieker-Konkurs übernahm Stülcken die OEW, deren technisch bedeutsame Spezialproduktion dadurch erhalten werden konnte.

Der Ankauf von Stülcken samt OEW brachte auch das landeseigene Trockendock ELBE 17 , das als Ausrüstungsbecken für Kriegsschiff-Neubauten von Stülcken verwendet worden war, wieder in die Verfügungsgewalt von B + V zurück. Das Dock — das größte Trockendock Nordeuropas — sollte sich sehr bald nach seiner Reparatur und Inbetriebnahme als wertvollster Zuwachs der Abteilung Schiffsreparatur erweisen.

Frachter »von der Stange«

Als erstes Großschiff wurde der Turbinentanker MYRINA (190150 tdw) der Reederei Deutsche Shell Tankergesellschaft mbH am 12. 12. 1967 in das wiederinstandgesetzte ELBE 17 eingedockt. Das war ein bedeutendes Ereignis. Es wurde von aber tausend Hamburgern mit Spannung verfolgt. Selbst der Werft-Senior Rud. Blohm ließ es sich nicht nehmen, den Dockvorgang vom gegenüberliegenden Ufer aus zu beobachten. Er sprach anschließend allen Beteiligten, die dieses gelungene und mit einem Schiff dieser Größe noch nie praktizierte Manöver erfolgreich durchgeführt hatten, Dank und Anerkennung aus.

Die schnelle und gute Arbeit der Reparaturabteilung an diesem Schiff bewog schon bald andere namhafte europäische Großschiffsreedereien, mit ihren Schiffen bis zu 320000 tdw Größe, ebenso diese neue Möglichkeit zu nutzen. So sind heute jederzeit Großschiffe — insbesondere Tanker — zur Reparatur oder zur turnusmäßigen Werftliegezeit auf Steinwerder zu Gast.

Im Januar 1965 hatte die Grumman Aircraft Corporation, New York, für die spanische Reederei Maritima Antares, die den Passagierverkehr zwischen den Kanarischen Inseln betreibt, das erste voll hochseefähige Fahrgast-Tragflügelboot der Welt in Auftrag gegeben. Diese weit aus dem Rahmen der Schiffbauproduktion von Blohm + Voss fallende Spezialentwicklung bereitete den daran Beteiligten eine Summe von Ärger und schlaflosen Nächten, die in keinem Verhältnis zur Schiffsgröße stand. Es gab nichts an diesem progressiven Seefahrzeug, was nicht in technisches Neuland hineinführte.

Der Auftraggeber verlangte ein Boot, das noch bei einer mittleren Wellenhöhe von 1,80 m die volle Geschwindigkeit von 50 Knoten (über 92 km/h) durchhalten sollte. Das war nur mit vollgetauchten, im seegangfreien Raum unter der Wasseroberfläche wirkenden Tragflügeln möglich. Das mit 3500-PS-Gasturbine für die Tragflügel- und zwei Hilfsdiesel für die Langsamfahrt als Verdrängungsboot ausgerüstete, auf den Namen CORSARIO NEGRO getaufte Fahrzeug machte eine komplizierte Tragflächen-Stabilisierungselektronik, ein schwieriges Spezialgetriebe und

viele Spezialentwicklungen auf den Sektoren Hochdruckhydraulik und Reglungstechnik notwendig.

CORSARIO NEGRO blieb der Erfolg versagt, ein bereits im Bau befindliches Schwesterboot ließ man unvollendet. Das Engagement auf einem fremden Sektor ist als Experiment von Blohm + Voss zu werten, sogar im Bau von Tragflügelbooten neue Wege zu gehen.

Auch im Schiffbau zeichnete sich 1967 immer deutlicher eine Marktlücke ab: Die in großer Stückzahl während des zweiten Weltkrieges gebauten Einheitsfrachter der amerikanischen Typen »Liberty« und »Victory« waren längst veraltet. Sie wurden damals wie Sauerbier zu einem Stückpreis von nur noch 750000 DM angeboten, fanden aber selbst in den Entwicklungs- und Billigflaggenländern keine Käufer mehr.

Die Entwicklung des neuen Mehrzweckfrachtschifftyps »pioneer« war ein Versuch, Reedern das für ihre Zwecke optimale Schiff kurzfristig und kostensparend bauen zu können. Das »Blohm + Voss-pioneer multicarrier system« sollte eine Lösung sein, die durch Verwendung konstruktiv genormter Bauteile so abwandlungs- und ausbaufähig gemacht wurde, daß sie sich zumindest theoretisch — für alle denkbaren Transportaufgaben eignet. Die Schiffskörper wurden ausschließlich aus ebenen, teilweise kongruenten Flächen konstruiert. Durch den völligen Verzicht auf verformte Platten und auch auf den altvertrauten Decksprung, jegliche Bucht (Deckwölbung) und Aufkimmung* wollte man den Bau der

Die Flächenaufteilung eines Vielflächner-Mehrzweck-Frachtschiffes vom »pioneer-multi-carrier system pioneer«.

Schiffe beträchtlich vereinfachen und verbilligen. Bei diesen »Vielflächnern« wurden Pressen eben-

---

* Unter Aufkimmung versteht der Schiffbauer den Anstieg des Schiffsbodens — verständlicher gesagt: den Winkel am Kiel zwischen dem ansteigenden Schiffsboden und der Horizontalen in Querschiffsrichtung.

so unnötig wie die normalerweise erforderlichen gekrümmten Baulehren. Vor allem aber entstanden dank des Verzichtes auf Rundungen jeder Art gut nutzbare Laderäume. Die »pioneer«-Frachter wurden in vier Varianten mit jeweils 16 100 tdw, 17 900 tdw, 20 200 tdw und 22 000 tdw Tragfähigkeit sowie in einer Container-Version von 8400 tdw (die 520 Container zu transportieren vermochte) angeboten.

Die Mehrzweckfrachtschiffe des neuen Einheitstyps »pioneer« wurden so konzipiert, daß sie wahlweise als Stückgut- oder Massengutfrachter, Autotransporter mit B + V-Hängedecks, kombinierte Stückgut/Containerfrachter oder Voll-Containerschiffe einsetzbar sein sollten. Auch ihre Ladegeschirre konnten konventionell mit Bäumen von 3/5 t, automatisiert mit Bäumen von 5/10 t oder Greiferkränen mit 10 t Hebekraft, auf Wunsch auch mit einem zusätzlichen Schwergutbaum oder sogar in einer reinen Schwergutvariante geliefert werden.
Die Dienstgeschwindigkeit der Standardfrachter sollte je nach Variante 13,9 bis 18,1 Knoten betragen.
Mit Hilfe der von OEW-B+V gebauten raumsparenden Pielstick-Dieselmotoren ließen sich die »pioneer«-Varianten wahlweise mit 12-, 14-, 16- oder 18-Zylinder-Motoren ausrüsten. Der Maschinenraum konnte durch die gewählte Motor-Getriebe-Anordnung kleiner als bei vergleichbaren anderen Schiffen gehalten werden und behielt die gleiche Länge.

Auch andere deutsche Schiffswerften bemühten sich damals mit Erfolg um die Schaffung geeigneter Einheitsfrachter. Der Bremer Vulkan, die Flensburger Schiffsbau-Gesellschaft und die Bremerhavener Rickmers-Werft kreierten gemeinsam den »Deutschen Mehrzweckfrachter«, die Bremerhavener Seebeckwerft den »Typ 36 L«, die Lübecker LMG und die Schlichtingwerft den Typ »Trave« und die Werft Nobiskrug GmbH., Rendsburg, den Typ »Rendsburg«.
Über den Blohm + Voss-Mehrzweckfrachter schrieb der angesehene Schiffahrtredakteur Gerd-Dietrich Schneider in »Köhlers Flottenkalender 1973«, »daß sich mit dem von Blohm + Voss herausgebrachten Typ »pioneer« die Werft einfach zuviel Mühe gemacht hat und nach einer geradezu perfekten technischen Fleißarbeit derartig viele Versionen und Möglichkeiten anbot, daß die Interessenten dadurch verunsichert wurden, von denen zudem kaum eine Version der anderen glich und nur das Grundkonzept gemeinsam war«.

Fest steht, daß die Erwartungen von Blohm + Voss hinsichtlich des Typs »pioneer« höher waren als der tatsächliche Erfolg. Dennoch ist Schneiders beachtenswerte Analyse in einem Punkt unvollständig: Nur bei Blohm + Voss selbst sind lediglich fünf Frachter dieses Typs gebaut worden. Inzwischen wurden bzw. werden jedoch weitere 14 Mehrzweckfrachter dieses Systems auf einer indischen Werft in Lizenz von B + V gebaut. Auftragsverhandlungen über weitere Schiffe laufen. Damit hat auch diese fortschrittliche Idee — wenn auch auf einem anderen Kontinent — nachträglich ihre Rechtfertigung erfahren.
Als 1968/69 unter den Bau-Nrn. 862 und 863 die beiden — nach indischer Sitte durch Zerschlagen einer Kokosnuß getauften — »pioneer«-Motorschiffe JAG DEV und JAG DARSHAN an die Great Eastern Shipping Company, Bombay, abgeliefert wurden, erregten »Blohms niemod'sche Ecken-Damper« im Hamburger Hafen und bei den Elblotsen allerhand Aufsehen. Tatsächlich mußte sich das an wohlgefällige Schiffsrundungen gewohnte Seemannsauge an die schwimmende Vielflächner und Vieleck-Körper erst gewöhnen.

Die Reederei Christian F. Ahrenkiel aber griff ohne Zögern zu und gab zunächst den Bulk Carrier mit Auto-Hängedecks NORMANNIA der Variante 3 und schließlich auch die beiden »pioneer«-Motorschiffe DALMATIA und IBERIA als kombinierte Stückgut- und Massengutfrachter der Liniendienst-Variante 2 bei Blohm + Voss in Auftrag.

Ahrenkiel ist mit diesen in der Bestellung, in Betrieb und Wartung gleichermaßen kostensparenden Schiffen seit 1968 bzw. 1970 in Fahrt und offensichtlich zufrieden.

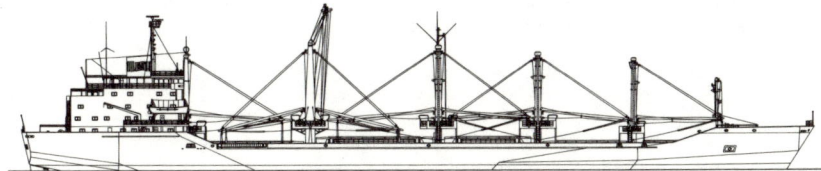

Bau-Nr. 864: Frachtmotorschiff IBERIA (Typ »pioneer«), 10 066 BRT, 14 738 tdw, 11 760 PS, 18 kn, Christian F. Ahrenkiel, Hamburg.

Daß innerhalb der deutschen und europäischen Reederschaft dennoch keine weiteren Aufträge geordert wurden, dürfte nicht zuletzt psychologische Gründe haben. Sie mögen zum Teil Gerd-Dietrich Schneider recht geben, zum anderen aber im ausgeprägten Individualismus des Reederstandes zu suchen sein.

Bemerkenswert ist, daß bei den in Hamburg gebauten »pioneer«-Schiffen der gesamte fast komplett eingerichtete Aufbau mitsamt der Rundsicht-Kommandobrücke separat an Land fertiggebaut und nach dem Stapellauf von zwei im Gespann arbeitenden Schwimmkränen in einem Stück von 360 t Gewicht auf den bereits schwimmenden Schiffsrumpf aufgesetzt wurde. Diese seinerzeit neue Methode reduzierte die Bauzeit zusätzlich und vermied unproduktive Ballungen in der Endausrüstungsphase.

Seit dem Stapellauf der JAG DEV ist der gesonderte Fertigbau komplett eingerichteter Deckshäuser samt Kommandobrücke bei Blohm + Voss, soweit die Schiffsgröße das Verfahren gestattet, gang und gäbe. Die Deckshaus-Großsektionen dürfen aus Krangründen nur bis ca. 400 t schwer sein. Um einen Begriff von der Gewichts-Relation zu geben: Die Deckshäuser der beiden 1971 für Christian F. Ahrenkiel vom Stapel gelaufenen Containerschiffe RHEIN EXPRESS und MAIN EXPRESS (11141 tdw) hatten ein Stahlgewicht von 279 t. Die bereits eingebaute maschinenbauliche und schiffbauliche Ausrüstung wog weitere 110 t, so daß die äußerste Gewichtsgrenze fast erreicht wurde.

1966/67 wurde parallel zur Entwicklung neuer Schiffstypen das ebenfalls völlig neue Blohm + Voss-Einrichtungssystem M 1000 entwickelt. In Zusammenarbeit mit einem Design-Büro entstand ein System von genormten Ausbau-Elementen für einen ebenso zweckmäßigen wie modernen Wohnkomfort an Bord von Schiffen.

Das Einrichtungssystem M 1000 erwies sich in der Folgezeit als ähnlicher Verkaufs- und Lizenz-Schlager wie der Stülcken-Schwergutmast und der Auto-Hängedecks. Die Auslandsnachfrage begann damit, daß die holländische Werft Van der Giessen de Nord in Krimpen/Ijssel für das 27500 BRT große Containerschiff ABEL TASMAN die komplette Wohnungseinrichtung M 1000 bei Blohm + Voss bestellte. Sie ging per Bahn in 23 Containern auf die Reise nach Holland. Inzwischen sind 280 Schiffe mit kompletten M 1000-Einrichtungen auf allen Weltmeeren unterwegs; im Januar 1977 lagen weltweit Einrichtungsaufträge für weitere 150 Schiffe vor — sie sind erfreuliche Bestätigung für eine neue Idee.

Die Werft Nobiskrug GmbH, Rendsburg, hat das System 1970/71 erstmals in das neue Bundesbahnfährschiff DEUTSCHLAND (II) eingebaut. Es wird gern verwendet. Ausschließlich das Blohm + Voss-System M 1000 verwenden mittlerweile elf, gelegentlich verwenden es fünfzehn weitere Werften in den Ländern Deutschland, Belgien, Frankreich, Holland, Irland, Japan, Korea, Norwegen, Schweden und Spanien. Bei Blohm + Voss wird das System M 1000 für eigene Neubauten grundsätzlich nur verwandt. Das entsprechend dazu passende, schiffsgerechte Möbelprogramm wird ebenfalls gleich mitgefertigt. Alle Kammern und Gangbereiche haben eine einheitliche Systemhöhe und machen aufwendige Tischlerarbeiten in jeder einzelnen Kammer unnötig.

Mehrere speziell für M 1000 ausgewählte Holzdekors und verschiedene Uni-Farben stehen zur Auswahl. Wer daraus etwa den Schluß ableitet, durch diese ausgefeilte Standardisierung werde ein steriles Angebot von Wohnraum-Monotonie praktiziert, unterschätzt die innenarchitektonische Schönheit der jeweiligen Konzeptionen und deren stilvolle Variationsmöglichkeiten. Mit M 1000 gelang der Werft eine bahnbrechende Neuerung und ein großer Wurf zur Erhöhung der Wohnlichkeit und der Sicherheit an Bord moderner Seeschiffe.

Der Erfolg von M 1000 ist keineswegs nur in der rationellen Methode des Innenausbaues mittels auf Baurahmen vorgefertigter Stahlskelettrahmen zu suchen. Dem System gingen vielmehr gründliche Studien über Größen und Zuordnungen von Wohneinheiten für Mannschaften und Offiziere sowie für deren Gemeinschaftsräume voraus.

Es zahlte sich aus, daß man nicht einfach nach Gutdünken vorgegangen war. Soziologische und ergonomische Untersuchungen, bezogen auf das Thema Mensch und Raum, Mensch und Umwelteinflüsse an Bord, wurden ebenso gründlich vorgenommen wie systematische Tests neuer Materialien und Werkstoffe und die Ausarbeitung eines perfekten Katalogsystems für Konstruktion, Produktion, Montage und Bestellung.

Tatsächlich ist nichts so gravierend für den Seemann auf heutigen Schiffen — mit immer kürzeren Hafenliegezeiten und immer öderen Langstrecken-Seetörns, z. B. von Europa via Kap der Guten Hoffnung zum Persischen Golf oder nach Australien — wie die Atmosphäre der Wohn- und Freizeiträume, die als Ersatz-Zuhause unter begrenzter Bewegungsmöglichkeit herhalten müssen. Der Fahrensmann ist abgeschnitten von den Annehmlichkeiten und Zerstreuungen des Landdaseins, ihm sind weder Fernsehempfang noch Theaterbesuch oder Teilnahme an einem Vereinsleben möglich. Es ist darum undenkbar, daß heutzutage noch jemand Mannschaftskammern und Gänge ohne Deckenverschalungen, ausreichend große Fenster oder ohne ein Mindestmaß von Komfort bauen läßt. Auch galt es beim System M 1000, neue Sicherheitsvorschriften — ausgelöst durch den 1960 abgeschlossenen internationalen Londoner Vertrag zum Schutze menschlichen Lebens auf See — mit verbessertem Feuerschutz zu beachten, die teilweise die Verwendung von nicht brennbarem oder sogar feuerfestem Material erforderlich machen.

Der Schiffsinnenausbau hat sich — hauptsächlich aus Sicherheitsgründen — immer weiter von der Edelhölzer-Verwendung abgewandt. Er wurde bei Blohm + Voss zugunsten von Kunststoffbeschichteten Stahlblechen und nichtbrennbaren Isolierungen aus Mineralwolle-Platten seit 1967 ganz unterlassen.

Die Bordmontage von M 1000 ist denkbar einfach: Nach Installieren der Sanitär-, Klima- und E-Ausrüstung wird das Rahmenskelett aus vorgefertigten Einzelprofilen aufgestellt, über Kupplungselemente miteinander verbunden, mittels Justierschrauben fluchtend ausnivelliert und an Deck verschweißt. In diese Profilskelette werden dann die Decken- und Wandelemente einfach hineingedrückt.

Allein in den Jahren 1965–1976 sind insgesamt 6685 Schiffe mit 54,5 Mio BRT bei Blohm & Voss repariert worden. 4323 von ihnen (36,3 Mio BRT) mußten gedockt werden, davon 223 Großschiffe mit 14,9 Mio BRT im Trockendock ELBE 17. 1977 lief bei der Werft das 50 000 t hebende DOCK 11 vom Stapel, das die Dockkapazität bedeutend erhöhen wird. Es kann Schiffe bis zu 230 000 tdw Tragfähigkeit aufnehmen.

Bild links: Die seemännischen Präzisionsmanöver beim Eindocken von Riesentankern der Gattung VLCC — Very Large Crude Carrier sind jedesmal eine Augenweide. Hier wird bei Gezeiten-Stauwasser mit Hilfe von acht Schleppern, unter der Regie von vier Hafenlotsen, der Turbinentanker LAGENA, 317 207 tdw, Deutsche Shell Tankergesellschaft mbH, ins Trockendock ELBE 17 »eingefädelt«.

Bild unten: Ein anderer Kunde des Schiffsreparaturbetriebes: Motortanker MINERVA (236 810 tdw) der UK Tankschiff Reederei GmbH, Hamburg, im Trockendock ELBE 17.

Bild rechts: Das derzeit größte Rohrlegeschiff der Welt, VIKING PIPER, lag im Winter 1975/76 mehr als vier Monate lang bei Blohm + Voss. Das einschließlich Rohrablaufvorrichtung (Stinger, rechts im Bild) 270 m lange Spezialfahrzeug bekam nach monatelangem Einsatz in der rauhen Nordsee die Offshore-Ausrüstung teilweise erneuert, instandgesetzt oder zusätzlich eingebaut.

Bild unten: Insbesondere Teile der überbeanspruchten Ankereinrichtung waren zu erneuern. Dabei mußten 14 Positionswinden komplett demontiert, mit neu angefertigten Trommeln versehen und wieder zusammengebaut werden. Die Farbaufnahme zeigt das Erhitzen der Ritzel zum Aufschrumpfen auf die neuen Windentrommeln.

Bild unten links: Zum Service gehört auch die Reparatur und Wartung aller Schiffsmaschinen. Die Aufnahme zeigt das Auswechseln von Kolben bei einem Dieselmotor an Bord.

Bild unten rechts: Es gibt kein Problem, mit dem der Schiffsreparaturbetrieb nicht fertig wird. Was den Alleskönnern dieser Abteilung bisweilen abverlangt wird, beweist der schwere Bodenschaden eines Tankers, der auf eine Klippe gerannt war. Das havarierte Schiff wurde makellos wieder instandgesetzt.

Bild rechts: Die Maschinenfabrik Blohm + Voss fertigt seit fast 70 Jahren Dieselmotoren. Sie stellt in Lizenz der M.A.N. und der Societé Etudes de Machines Thermiques (S.E.M.T.), Paris, langsam- und mittelschnellaufende Motoren her. Die Aufnahme zeigt 18/PC 2-Motoren (9000 PS) in der Endmontage.

Bild links: Geöffnete Turbine (Bord-Turbogenerator, 1,2 MW) mit eingelegtem Läufer während der Montage auf dem Turbinenprüffeld von Blohm + Voss.

Bild rechts: Blohm + Voss verfügt in seinem EW-Bereich über ein breites Programm zur Herstellung von Schweißmaschinen aller Art. Das Bild zeigt eine Schweißanlage zum Einziehen und Verschweißen von Schüssel und Felge für Pkw-Räder — eine Produktion, die Außenstehende kaum im Angebot von Blohm + Voss vermuten.

Bild rechts: Es ist wenig bekannt, daß der B + V-Apparatebau eine breite Skala von eigenen Konstruktionen anbietet: Dampfausblaseschalldämpfer für konventionelle Kraftwerke und Kernkraftwerke, Dampfkondensatoren für Industrie- und Schiffsturbinen, Kondensatoren, Wärmeaustauscher, Druckbehälter, ja sogar Dehydratationsanlagen für tropische Früchte. Das nebenstehende Bild zeigt einen Dampfumformer.

Bild links: Schon die Steinwerder Industrie A stellte in den Jahren des Produktionsverbot der Firma Blohm & Voss Walzwerks-Einrichtungen her. Von der Montage-Abteilung werd heute ganze Industrie-Anlagen montiert, auch nebenstehende Walzstraße.

Bild unten: Es wäre reizvoll, eine Weltkarte erstellen, in die sämtliche von B + V weltw gelieferten Industriemaschinenanlagen mit ihr nunmehrigen Standorten eingezeichnet würde Auch das abgebildete, an ein Chemie-Unte nehmen gellieferte Kraftwerk ist mit einer 110-t/ Dampfkesselanlage und mit einer 17-MW-Gege druckturbine (mit kombinierter Feuerung Produktionsabgase, Erdgas und Erdöl) aus d Produktion der Blohm + Voss AG gefertigt u montiert.

Bild oben: Besondere Sorgfalt wird auf die lückenlose Materialprüfung verwendet, für die eine modern ausgerüstete Spezialabteilung zuständig ist. Einen breiten Raum nimmt die zerstörungsfreie Werkstoffprüfung ein. Sie arbeitet u. a. mit Durchstrahlungsprüfungen, die für Schiffbau und Kesselbau gleichermaßen bedeutsam sind. Das Bild zeigt eines der Röntgengeräte für Materialprüfung.

Bild links: Das Schweißen eines Sammlers gehört mit zur Herstellung einer kompletten Blohm + Voss-Abgaskessel-Turbogeneratoren-Anlage.

Bild rechts: Das Foto zeigt den universell ausgerüsteten Materialprüf-Laborwagen von Blohm + Voss. Er führt alle Prüfgeräte für die Durchstrahlungsprüfung mittels Röntgen- oder Gammastrahlen, Ultraschall-, Farbänderung-, Magnetpulver-, Wirbelstromprüfung und Ultraschallwanddickenmessung an Bord mit.

Bild unten: Eine B + V-Spezialität ist der Bau von Spiralrohr-Schweißmaschinen, deren Produkte eine garantierte Toleranz von 1/1000 des Rohrdurchmessers aufweisen. Sie werden in alle Erdteile exportiert. Die abgebildete Maschine wurde nach Kanada geliefert. Auch sie arbeitet nach dem B + V-Prinzip der Drei-Walzen-Biegeverformung.

Bild rechts: Seit 1892 (Kleiner Kreuzer CONDOR) sind auch die Marinefahrzeuge der Werft ein Begriff. Das portugiesische Segelschulschiff SAGRES, ex ALBERT LEO SCHLAGETER, 1634 t, (Bau-Nr. 515) hat 1975 qm Segelfläche. Sein 750-PS-Hilfsmotor macht 10 kn Marschfahrt möglich.

Bild unten: Die bei Stülcken gebauten Zerstörer der HAMBURG-Klasse wurden ab Ende 1974 von Blohm + Voss zu modernen Flugkörper-Zerstörern umgebaut. Alle dazu notwendigen Radarrundsuch- und Feuerleitanlagen sowie die Operationszentrale wurden an das FK-Waffensystem angepaßt, während nach detailliertem Termin-Netzplan zugleich die Depotinstandsetzung in Turbinen- und Kesselräumen, E-Werken, Schiffsbetriebsräumen, Klimaanlage und Unterkünften ablief. Auch die herkömmlichen Waffen- und Feuerleitsysteme sowie Fernmeldeanlagen wurden modernisiert oder erneuert. Rechts unten: Start eines Schiff/Schiff-Flugkörpers des Systems Exocet MM 38. Alle Zerstörer der HAMBURG-Klasse wurden mit je vier Startern für solche Seezielflugkörper ausgerüstet.

Eine böse Überraschung

Doch ungeachtet solcher Erfolge darf nicht übersehen werden, daß man auch bei Blohm + Voss »nur mit Wasser kocht«. Die Werft bleibt ebenso wenig wie jeder andere Produktionsbetrieb von Fehlschlägen und Pannen verschont. 1968/69 erlitt sie den größten Sachschaden, der ihr jemals durch einen Mißgriff entstand:

Bald nach Ablieferung der bereits erwähnten sieben Expreßfrachter der HAMMONIA-Klasse sowie der beiden Westindien-Frachter TRIER und SPEYER an die HAPAG erteilte die Hamburg-Süd — voller Freude über das wohlgelungene Kühlschiff POLARLICHT — ihrer langjährigen Hauswerft Blohm + Voss den Großauftrag für eine Serie von sechs neuartigen Kühlschiffen, die 1967/68 unter den Namen POLAR ECUADOR, POLAR ARGENTINIA, POLAR COLUMBIA, POLAR BRASIL, POLAR URUGUAY und POLAR PARAGUAY an die Reederei abgeliefert wurden. Die sechs Schiffe haben einen Laderauminhalt von je ca. 420000 cbf und wurden die schnellsten, größten und modernsten Einheiten der deutschen Kühlschiffsflotte. Die hohe Geschwindigkeit von 22,8 Knoten wird durch eine Doppelmotorenanlage ermöglicht, deren Pielstick-Mittelschnellläufer-Diesel weniger wiegen und geringeren Platz beanspruchen als ein Einzelmotor von derselben 14880-PS-Leistung. Wegen der weitgehenden Automatisierung ihres gesamten Maschinen- und Kühlbetriebes wurden die von der Konstruktion her ausgesprochen gelungenen Schiffe Schrittmacher in der Schiffsbetriebstechnik und damit waren sie von der Fachwelt bestaunte Neubauten. Der auf diesen sechs Schiffen erreichte Automationsstand erschien manchem altbefahrenen Schiffsingenieur einfach unfaßbar.

Dank Automation wurde bei der POLAR-ECUADOR-Klasse viel Menschenleistung eingespart und die Aufgabe des reduzierten Maschinenpersonals von körperlicher Arbeit auf geistiges Gebiet verlagert. Der Gesamtorganismus des Maschinen- und Kühlbetriebes wurde durch einen zentralen Prozeßrechner überwacht. Was heute auf allen sog. Tagwachenschiffen selbstverständlich ist, erschien 1967 als unerhörtes Novum: Der Maschinenraum bleibt jeden Tag ab 16 Uhr sechzehn Stunden lang unbesetzt. Die Antriebsanlage wird in Direktsteuerung vom Fahrpult der Kommandobrücke aus dirigiert. Der Wachingenieur darf seine Wache getrost schlafend in seiner Kammer verbringen. Die Haupt- und Hilfsmaschinen überwachen sich derart perfekt selbst, daß sie im Falle einer Störung den zuständigen Wachingenieur sofort wecken, der durch Betätigung einer Abfrageeinrichtung sofort die Auskunft erhält, was der Maschine »fehlt«. Sie gibt über jede vorkommende Störung korrekt Antwort.

Vor Inbetriebnahme der POLAR-ECUADOR-Kühlschiffe hatte man in den zentralen Prozeßrechner sämtliche denkbaren, irgendwann in der Schiffsbetriebspraxis jemals vorgekommenen Störungen einprogrammiert, so daß die Überwachung als perfekt gelten durfte. Dem Maschinenpersonal verblieb bei diesem (heute bei Neubauten selbstverständlichen) Roboterbetrieb nur noch jene Aufgabe, die durch die notwendigen Wartungen und Überholungen erforderlich waren. Von laufenden Ablese- und Kontrollarbeiten und sogar vom Führen des Maschinentagebuches waren die Männer des Maschinenpersonals vollständig entlastet. Sie mußten sich jedoch in die höchst komplizierten Schaltkreise der Automation hineindenken können, ihren Mechanismus einwandfrei warten und notfalls reparieren können.

Auf den Kühlschiffen POLARLICHT, BIAFRA und HOOD RIVER VALLEY hatte man noch eigene, voneinander unabhängige Regelkreise für die Hauptmaschinenmanöver, die Kühlregelung, das automatische Starten und Stoppen der Anlaßluftkompressoren sowie für das umfangreiche Ladungskühlsystem eingebaut. Jedes der autonomen Gebiete hatte ein eigenes »Elektronengehirn« für alle Regelaufgaben des betreffenden Regelkreises.

Auf dem Sextett der POLAR-ECUADOR-Klasse jedoch wurden erstmals sämtliche Regel- und Datenerfassungsaufgaben zentral zusammengefaßt und durch einen einzigen Prozeßrechner bewerkstelligt.

Was damals fast wie Seemannsgarn klang, ruft auf heutigen Containerschiffen kaum noch Verwunderung hervor: Der Zentralrechner der Schiffe ist frei programmierbar. Er kann also neben seiner Hauptaufgabe der Regelung und Überwachung von Antriebs- und Hilfsmaschinenanlagen ohne weiteres auch die Abrechnung der Heuer, der Besatzungs-Überstunden, Fragen des Proviant-Treibstoffverbrauchs usw. übernehmen.

Der Verfasser dieses Buches hat am 21. Oktober 1967 die Abnahmeprobefahrt des Prototyps POLAR ECUADOR mitgemacht und dabei eine Art Albdruck empfunden: Die menschenleere Computerzentrale wirkte unheimlich. Immer wieder betrachtete man verstohlen das einsam dort

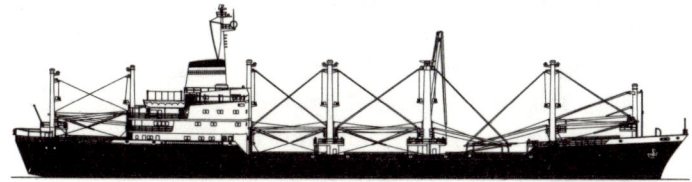

Bau-Nr. 851: Frachtmotorschiff TRIER, 7393 BRT, 8873 tdw, 8400 PS, 18,5 kn, Hamburg-Amerika Linie.

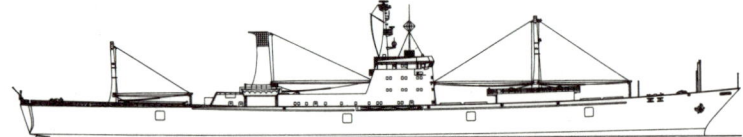

Bau-Nr. 853: Kühlschiff POLAR ECUADOR,
5617 BRT, 7957 tdw, 14 880 PS, 22,8 kn,
Hamburg-Südamerikanische Dampfschifffahrts-Gesellschaft Eggert & Amsinck.

an der Wand hängende Telefon. Es erschien trostreich, daß man wenigstens noch über eine Fernsprechleitung den Maschinenraum erreichen und — falls er wirklich besetzt war — nachfragen konnte, welche Art von »breakdown« sich ereignet haben mochte, wenn plötzlich doch einmal irgendein oder gar alle Computer-Signale ausfallen sollten.

Doch dieses Telefon war für solche Fälle gar nicht nötig. Aus Sicherheitsgründen war parallel zu dem freiprogrammierbaren Prozeßrechner noch ein festverdrahteter weiterer Rechner eingebaut, der im Falle einer immerhin denkbaren Betriebsstörung des Hauptrechners die Regelung aller betriebsnotwendigen Regelkreise stellvertretend übernehmen würde.

Tatsächlich erfüllten die Schiffe mit ihrer doppelt abgesicherten Vollautomation sämtliche Auflagen des Germanischen Lloyd für einen 16stündigen wachfreien Betrieb.

Und doch mußte wenige Monate später ein Schiff dieser Klasse nach dem anderen mit Maschinenschaden an die Werft zurückgebracht werden. Nach und nach erschien das gesamte Sextett zur Umrüstung. Damals entstand auf der Werft der Slogan: „Unsere Kais sind schwarz von weißen Schiffen."

Es war eine peinliche Sache, die auch Außenstehenden nicht verborgen bleiben konnte. Die Hafenrundfahrt-Erklärer (»He lücht!«) mit ihrem traditionellen Mutterwitz machten unverblümt ihre Witze über das »Pannengeschwader«. Sie verbalhornten das POLAR-ECUADOR-Sextett zur »POLAR-glieks-wedder-dor-Klasse«.

Aber die entstandenen Schäden waren keineswegs — wie man vielleicht vermuten mochte — auf die allzu futuristisch anmutende Computerregelung zurückzuführen. Diese hat auf allen sechs Schiffen reibungslos funktioniert. Der Teufel steckte im Detail:

Anstelle des von Blohm + Voss ursprünglich vorgesehenen Konzeptes, in konventioneller Weise die Kühlenergie über Hilfsdiesel eines bewährten deutschen Fabrikats zu erzeugen, wurde — da preiswerter — auf Anregung der Reederei eine Lösung entwickelt, die Kühlenergie über an die Hauptmotoren angeschlossene Wellengeneratoren zu erzeugen und die Hilfsdiesel quasi nur als Reserve für den Notfall zu halten. Als Motorentyp wurde ein ausländisches Fabrikat gewählt, zumal damit nicht unerhebliche finanzielle Vorteile für die Reederei verbunden waren. Die Finanzierung dieser Motoren konnte nämlich zu günstigen Konditionen im Rahmen des deutsch-englischen Devisenausgleichsabkommens abgewickelt werden. Im Rahmen dieses Abkommens sollten britische Truppen-Stationierungskosten in der Bundesrepublik durch Vergabe deutscher Aufträge nach England teilweise kompensiert werden.

Diese ausländischen Motoren erfüllten jedoch leider nicht die in sie gesetzten Erwartungen, sondern brachen einer nach dem anderen zusammen, wozu sicherlich auch beigetragen hat, daß sie aufgrund von anfänglichen Störungen bei den Wellengeneratoren länger als an sich vorgesehen laufen mußten.

Auch mit den neu entwickelten Kupplungen zwischen den Hauptmotoren und Getrieben gab es Probleme.

Der daraus resultierende monatelange Ausfall aller sechs längst erfolgreich vercharterten Kühlschiffe bedeutete für die Reederei einen schweren Verlust, für Blohm + Voss jedoch den größten Regreßfall seit Bestehen der Werft. Die Defekte traten sämtlich noch während der Garantiezeit auf, so daß die Werft voll schadenersatzpflichtig war. Ein Regreßanspruch gegen die vor dem geschäftlichen Ruin stehende ausländische Motorenfabrik war von vornherein sinnlos.

Verbunden war der große, von der Werft zu tragende Schaden ferner mit einer schmerzlichen Trübung der jahrzehntelangen engen Verbindung mit der Hamburg-Süd, für die sie von der ROSARIO des Jahres 1881 an nicht weniger als 39 Schiffe — darunter so berühmte wie die CAP FINISTERRE, CAP POLONIO, CAP ARCONA und die »Monte«-Klasse — gebaut hatte.

Inzwischen haben sich jedoch auch hier die Wolken wieder verzogen, da durch reelle Vergleichs-Regelungen alle strittigen Fragen bereinigt werden konnten. Wenn es auch seitdem aus Marktgründen noch nicht wieder zu Neubauaufträgen gekommen ist, so sind die weißen Schiffe mit der roten Schornsteinkappe jedoch schon seit Jahren wieder an den Reparaturkais von Blohm + Voss zu sehen.

Was die POLAR-ECUADOR-Klasse selbst anbetrifft, so kann heute gesagt werden, daß — nachdem die von B + V ursprünglich vorgesehen gewesenen Hilfsmotoren nachträglich eingebaut waren — sich die Schiffe im harten Seebetrieb voll bewährt und die Erwartungen erfüllt haben, die Reederei und Werft vor 10 Jahren in das damals nahezu futuristische Konzept gesetzt haben. Ein Beweis dafür dürfte auch sein, daß beim Verkauf von zwei dieser Schiffe im Jahre 1976, also nach immerhin mehr als achtjährigem Betrieb, ein Preis erzielt wurde, der nicht wesentlich unter den seinerzeitigen Neubaukosten lag!

Doch wie so häufig: Ein Unglück kommt selten allein. Über der deutschen und internationalen Schiffbauindustrie braute sich bereits ein Unwetter zusammen, das auch an Blohm + Voss nicht spurlos vorüberziehen sollte. Schon im Geschäftsbericht für das Jahr 1968 wurde darauf verwiesen, daß trotz hohen Auftragseinganges die Preissituation für Neubauten weiterhin unbefriedigend sei.

Hinzu kam nach Überwindung der »Rezession 1967/68« der »heiße Herbst« des Jahres 1969, während dessen durch wilde Streiks großen Umfanges vor allem im Ruhrgebiet Lohnerhöhungen bisher unbekannter Größenordnung gefordert und durchgesetzt wurden. Für die Werften bedeutete das, daß zusätzlich zu dem durch die schnelle technische Entwicklung bedingten ohnehin gewaltigen Kostenrisiko plötzlich hohe Lohn- und Materialpreissteigerungen entstanden, die weit über das hinausgingen, was aufgrund der Entwicklung der Vorjahre für die Zukunft vorausgesehen werden konnte. Da es im z. T. Jahre zurückliegenden Zeitpunkt der Kontrahierung der Neubauten aufgrund der Marktlage andererseits nicht möglich gewesen war, auf Gleitpreisbasis abzuschließen, um so wenigstens einen Teil der Kostensteigerungen an den Kunden weiterberechnen zu können, gingen diese nun voll zu Lasten der Werften, was sich in erheblichen Verlusten, auch bei Blohm + Voss, niederschlug. Dadurch hätte eine ernste Situation entstehen können, wenn sich die Aktionäre unter Führung der Thyssen-Gruppe nicht sofort geschlossen hinter das Unternehmen gestellt und Weiterungen mittels einer Kapitalerhöhung um das Doppelte auf DM 61,4 Mio sowie eine Teilübernahme der Verluste verhindert hätten. Im Rahmen dieser Maßnahmen ging die Kapitalmehrheit bei Blohm + Voss an die August Thyssen-Hütte über; den Aufsichtsratvorsitz übernahm Prof. Dr. W. Cordes, Vorstandsmitglied der August Thyssen-Hütte, der sich mit großem persönlichen Engagement für die finanzielle Konsolidierung und die Verstärkung der Diversifizierung des Produktionsprogrammes der Werft einsetzte.

Auch im Vorstand des Unternehmens gab es 1970 Veränderungen. Während Dr.-Ing. Werner Bartels*

* Dr.-Ing. Werner Bartels, geb. am 4. 7. 1930 in Essen, studierte an der Technischen Hochschule Aachen und schloß 1956 mit dem Diplom-Examen ab. Es folgte eine zweijährige Assistententätigkeit im Institut für Eisenhüttenkunde und Gießereiwesen an der Bergwerksakademie Clausthal-Zellerfeld, ehe der inzwischen promovierte Dr.-Ing. Bartels am 1. 1. 1959 die Metallurgische Abteilung bei den Buderus'schen Eisenwerken in Wetzlar übernahm. Am 1. 9. 1960 wurde er von den Röhrenwerken des Thyssen-Konzerns mit Sonderaufgaben auf dem Gebiet Verfahrensrationalisierung betraut. 1962 übernahm Dr.-Ing. Bartels die Geschäftsführung der Thyssen-Tochterfirma Stahlform Berlin GmbH und zusätzlich ab 1. 9. 1968 den Vorsitz der Geschäftsführung der Borsig-Rohr GmbH.
Am 1. 1. 1970 wurde Dr.-Ing. Werner Bartels in den Vorstand der Blohm + Voss AG. berufen. Ab 9. 7. 1970 untersteht ihm als Vorstandsvorsitzendem der gesamte technische Bereich des Unternehmens einschließlich des Verkaufs.
Am 27. 4. 1975 wurde Dr. Bartels anläßlich des Deutschen Schiffbautages 1975 zum Vorsitzenden des Verbandes der Deutschen Schiffbauindustrie e.V. (VDS) gewählt.

am 1. Januar 1970 als weiteres Vorstandsmitglied für den technischen Bereich (Vorsitzender ab 9. Juli 1970) eintrat, schied J. H. Van Riet auf eigenen Wunsch aus.

Das bisherige kaufmännische Vorstandsmitglied Frhr. v. Werthern wurde dagegen dem Aufsichtsrat zugewählt und ist dem Unternehmen bis zum heutigen Tage durch aktive, sich vornehmlich auf das Anlagengeschäft von Blohm + Voss konzentrierende Beratungstätigkeit weiterhin eng verbunden. Seinen bisherigen Aufgabenbereich im B + V-Vorstand übernahm ab Juli 1970 Dr. jur. Michael Budczies*.

Der Beginn der siebziger Jahre setzte in vielerlei Hinsicht neue Akzente. Im Schiffbau von Blohm + Voss bestimmten vor allem die ungestüme Weiterentwicklung der Containerschiffe und der Offshore-Technik das Geschehen.

Zuvor verdienen jedoch noch besondere Auslandsaktivitäten von B + V Erwähnung. Wir erinnern uns, daß schon vor dem Ersten Weltkrieg die russische Putilow-Werft Interesse an dem Know-how der Werft Blohm & Voss hatte.

Als die Stülckenwerft 1951 eine Neubauanfrage aus Pakistan erhielt, mußte man bedauerlicherweise feststellen, daß der Bau so großer Schiffe auf deutschen Werften damals aufgrund der alliierten Produktionsbeschränkungen (noch) nicht möglich war. Man kam daher auf die Idee, dem pakistanischen Kunden vorzuschlagen, stattdessen eine Werft in Pakistan zu errichten, auf der die Schiffe dann gebaut werden könnten — ein Gedanke, der in Pakistan sofort Widerhall fand. Der Entwurf, Bau und die Inbetriebnahme der Karachi Shipyard and Engineering Works Ltd. war der Anfang einer umfangreichen weltweiten Werft-Consulting-Tätigkeit. Eine eigens für diese Zwecke gegründete Spezialabteilung, die nach Übernahme durch Blohm + Voss im Jahre 1966 noch erweitert wurde, hat in den letzten 25 Jahren zahlreiche Werften, vor allem in Entwicklungsländern, beraten, geplant, gebaut und beliefert und auf mannigfaltige Weise unterstützt. Auf Firmenebene wurde und wird damit ein wesentlicher Beitrag im Rahmen des angestrebten Technologie-Transfers von den Industrie-

zu den Entwicklungsländern und zum Abbau des vieldiskutierten Nord-Süd-Gefälles geleistet.

Die Bandbreite von Blohm + Voss würde am besten augenfällig gemacht, wenn man die größten nach 1945 gebauten Bulk Carrier und Container Liner mit den kleinsten, am wenigsten bekannten Blohm + Voss-»Schiffen« umrahmte: Im Zuge der unermüdlichen Diversifikationsbestrebungen hatte die Firmenleitung 1963 eine eigene Kunststoff-Fertigung aufgenommen und zunächst den Bau von glasfaserverstärkten Kunststoff-Schiffsrettungsbooten, Rettungsinsel-Behältern, Propellerhauben usw. aufgenommen und zunächst 30 Exemplare des Segelbootes HAWK in amerikanischer Lizenz gebaut. Anfang 1965 wurde die Produktion der unter Mitwirkung des Silbermedaillengewinners der Olympischen Segelwettkämpfe von Mexiko, Ulli Libor, selbstkonstruierten, 230 kg schweren halbgedeckten CONGER-Segeljolle aufgenommen, die als beliebtes Familiensegelboot und zugleich als anerkanntes Klassen-Boot für internationale Segelregatten zum Verkaufsschlager wurde. Die wirklich ausgezeichneten Segeleigenschaften der Jolle sprachen sich schnell herum. Auf der Internationalen Bootsausstellung 1970 in Hamburg konnte bereits der tausendste CONGER verkauft und zugleich ein Lizenzvertrag mit der japanischen Ishihara Dockyard Company unterzeichnet werden.

Aus der Bundesrepublik wurden die kleinen Klassenjollen übrigens nach Äthiopien, Dänemark, Guatemala, Norwegen, Schweden, in die Schweiz und nach Venezuela exportiert. Ihre Fertigung wird heute in Lizenz von einer Hamburger Spezialfirma weiterbetrieben.

---

* Dr. jur Michael Budczies wurde am 3. 2. 1933 in Berlin geboren. Nach dem 1952 in Frankfurt abgelegten Abitur folgte zunächst eine Banklehre bei der Norddeutschen Kreditbank in Bremen und schließlich das Studium der Rechtswissenschaften in München, Berlin und Köln. Nach dreieinhalbjähriger Referendarzeit bestand der zwischenzeitlich 1959 in Köln promovierte Dr. Budczies das Zweite juristische Staatsexamen. Seit 1962 war er zunächst in der Steuerabteilung, schließlich als Leiter der Zentralrevision der August Thyssen-Hütte AG in Duisburg-Hamborn tätig. Seit seiner Berufung in den Vorstand der Blohm + Voss AG. am 1. 7. 1970 untersteht ihm der kaufmännische Bereich des Unternehmens.

Container-Giganten und »Schwimmende Parkhochhäuser«

Auch auf dem Stahlbausektor war man hinsichtlich Diversifikation nicht untätig geblieben. Aus der Überlegung, das bedeutende schweißtechnische und maschinenbauliche Know-how der Werft auch für andere Gebiete nutzbar zu machen, entstand eine enge Verbindung zum Bundesverteidigungsministerium, das die Werft in den Folgejahren immer wieder mit wichtigen Aufgaben hauptsächlich auf dem Fahrzeugbausektor betraute. Nur wenige wissen, daß z. B. alle Wannen des inzwischen weltbekannt gewordenen Kampfpanzers »Leopard« nach schiffbautechnologischen Grundsätzen bei Blohm + Voss gebaut worden sind bzw. werden.

Vor Beginn der siebziger Jahre hatte sich die Werft Blohm + Voss wieder in eine Großbaustelle verwandelt. Man mußte die Helgen 7 und 8 zusammenlegen und verstärken, um dem längst erkennbaren Trend zu immer größeren Schiffen gerecht zu werden. Man stellte sich vorsorglich auf den Bau von Containerschiffen bis 280 m Länge und Massengutschiffen bis 200000 tdw ein. Ein neues Eisenlager wurde von einer dreischiffigen Halle überdacht, in der drei Magnetkräne zum Anheben von 16 t schweren Platten laufen. Der Großhelgen aber wurde von vier gewaltigen Kränen mit je 150 t Hebevermögen bestückt, die Großsektionen von über 300 t Gewicht anzusetzen imstande sind. Der Helgenausbau mußte bewerkstelligt werden, während auf demselben Helgen ein Schiffsneubau entstand. Deshalb wurde der erste Autotransporter (LAURITA, Bau-Nr. 871) für die norwegische A/S Uglands Rederi, Grimstad, so weit oben aufgelegt, daß die Arbeiten im unteren Bereich (Aufschüttung einer Betondecke, Abschottung des Helgen zum Wasser hin) ohne jegliche Behinderung der Schiffbauarbeiten durchgeführt werden konnten.

Die drei für Ugland gebauten, 1970/71 in Fahrt gebrachten Autotransporter LAURITA, TORINITA und SAVONITA (je 5800 tdw) sind äußerlich wenig attraktiv, aber sie dürften die zweckmäßigsten Schiffe ihres Metiers sein.

Diese 21 kn schnellen schwimmenden Kreuzungen zwischen Fährschiffen und Parkhochhäusern bewähren sich über die Maßen gut. Sie pendeln zwischen Savona bei Genua und der nordamerikanischen Ostküste und können von einem gut eingespielten 120-Mann-Team binnen sechs Stunden be- oder entladen werden!

Als die Ugland-Autotransporter im Bau waren, hatte die Konstruktion von immer größeren und schnelleren Containerschiffen ganz neue Maßstäbe gesetzt. Bei Lichte betrachtet, bedeutet die Containerschiffahrt eine noch umwälzendere technische Revolution als es einst die Abkehr vom windgetriebenen Segelschiff und die Hinwendung zum Dampfantrieb darstellte. Damals hat nur eine Vortriebskraft die andere abgelöst, die Ladungs- und Stauereiprobleme der Schiffe blieben weitgehend unverändert. Bei Containerschiffen aber wird das Stauen der gesamten Schiffsladung völlig dezentralisiert, an vielen Punkten des Seehafen-Hinterlandes gleichzeitig vorgenommen. Die elektronisch nach Gewichten und Bestimmungshäfen vorsortierten und mit Computerhilfe zur Verladung abgerufenen Transportbehälter werden nachher binnen Stunden in die genormten Laderaumzellen eingeführt — ein Vorgang, der an das Füllen eines Zigarettenautomaten erinnert.

Die neue Ära des Seeverkehrs mit wetterfesten, diebstahlsicher abgeschlossenen Versandbehältern erhebt das dazugehörige Schiff zu einem hochrationellen Transportgefäß, das von den Werften ein völlig neues Konstruktionsdenken erfordert. Die von stundengenauen Fahrplänen und vom Konkurrenzdruck — sogar des Luftfrachtverkehrs — gleichermaßen erzwungene hohe Geschwindigkeit der Containerschiffe führt zwangsläufig zum Verlust der Priorität einer Schiffsform, die — wie bei herkömmlichen Frachtern selbstverständlich — zugunsten optimal großer Ladefähigkeit so »völlig« wie möglich gehalten wird. Dennoch gleicht die Forderung der Reeder, eine möglichst große Anzahl von Containern auf solchen Windhunden der Weltmeere unterzubringen, nahezu einer Quadratur des Kreises.

Kein Schnelldampfer hat jemals so extrem scharfe, schwingende Linien im Unterwasserschiff nötig gehabt wie die Containerschiffe von heute.
Vor allem Containerschiffe mit langen Seezeiten im Verhältnis zur Gesamtbetriebszeit stehen unter Zugzwang: Sie müssen eine Schnelldampfergeschwindigkeit durchhalten können, was eine

größere Völligkeit verbietet. Die meisten ihrer Container werden aber nicht bis zum Gewichtsmaximum ausgelastet. Die vorwiegend relativ leichten Container, die schlechte Raumausnutzung der »Silberkisten« und ihrer Transportschiffe verführen die Reeder verständlicherweise dazu, möglichst viele Container durch möglichst hohes Übereinanderstauen unterbringen zu wollen und die dadurch verringerte Stabilität durch entsprechend größere Schiffsbreite auszugleichen. Die Faustregel lautet jedoch, daß leichte Ladung und große Schiffsbreite einen entsprechend geringeren Tiefgang zur Folge haben. Unter solchen Umständen kann ein Schiff weder ein vernünftiges Seeverhalten noch gute Propulsionseigenschaften zeigen.

Dem Schiffbauer bleibt nichts anderes übrig, als die Verringerung der Schiffsbreite, damit der Tiefgang wieder einigermaßen stimmt. Das wiederum erfordert ein noch weiteres Höherschieben der Ladung. Alles zusammen ergibt eine Art Eiertanz von Kompromissen.

Wenig bekannt ist der breiteren Öffentlichkeit, daß während der Be- und Entladung von Containerschiffen jede geringste Differenz zwischen den einzelnen Containergewichten über ein kompliziertes System von Ausgleichtanks mit automatisch gesteuerten Hochleistungspumpen jeweils sekundenschnell ausgeglichen werden muß. Die Trimmzentralen solcher Schiffe sind echte technische Wunderwerke. Die auf ihre Einrichtung verwendete meß- und regeltechnische Sorgfalt kommt nicht von ungefähr: Schon die geringste momentane Schräglage des Schiffes gegenüber der lotrecht an den Hubseilen der Verladebrücken hängenden Container kann zu deren Festklemmen in den Führungsschienen der Laderaumzelle führen!

Weil bei Containerschiffen der Zwang zur Stauraumausnutzung der gesamten ohnehin ja geringen Schiffsbreite besteht, müssen sie grundsätzlich »Offene Schiffe« — mit extrem breiten Ladeluken — sein, was aber ihre Verdrehfestigkeit negativ beeinflußt. Bei großen Containerlinern besteht im Seegang die Gefahr von Verformungen durch ungeheure Torsions- und Scherkräfte*. Ganz neue Stahlsorten und Konstruktionsmerkmale zur Erhöhung der Festigkeit an den Längs- und Querverbänden — bei zugleich ausreichender Elastizität — mußten entwickelt und gründliche Forschungsarbeit durchgeführt werden, bevor man sich überhaupt an den Bau großer und schließlich immer größerer Containerschiffe heranwagen konnte.

Kurz gesagt: Containerschiffe stellen Schiffbauer, Schiffbaustatiker, Hydrodynamiker und Schiffsmaschinenbauer vor eine Überfülle — einander allzu oft widersprechender — Probleme. Nur Kompromisse zwischen sämtlichen Forderungen und Gegebenheiten können zu einem Optimum ohne schlimme Folgen führen.

Wie schon erwähnt, ist schon die Forderung nach hoher Geschwindigkeit bei geringerem Tiefgang ein Widerspruch in sich. Wollte man diese Faktoren überhaupt miteinander in Einklang bringen, müßte man zum Doppel- oder sogar Dreischraubenschiff zurückkehren.

Den Problemen und Anforderungen des Containerschiffbaues sind nur die qualifiziertesten Werften gewachsen. Diese Anforderungen steigen aber noch von jeder Generation Containerschiff zur nächsten und beinahe schon von Bauauftrag zu Bauauftrag.

Blohm + Voss war von Anfang an mit »am Ball«. Die speziell für den fahrplanmäßigen Dienst zur amerikanischen Ostküste entwickelten HAPAG-Containerschiffe ELBE EXPRESS und ALSTER EXPRESS (14071 BRT, 680 Container — inzwischen zur Vergrößerung der Ladekapazität ver-

längert) verkörperten bei Blohm + Voss die 1. Generation. Aber noch in deren Baujahr 1968 mußte die Werft unter Zeitdruck den Stabhochsprung zur 2. Generation in Gestalt der für damalige Verhältnisse riesigen MORETON BAY (26876 BRT) schaffen. Der Bau dieses Schiffes und seiner vier ebenfalls in Deutschland georderten Schwestern konnte nur durch enge Zusammenarbeit der beteiligten Reeder auf der einen, der beauftragten Werften auf der anderen Seite realisiert werden. In der Overseas Container Line (OCL) hatten sich die Peninsular & Oriental Steam Navigation Company (P & O Line), die Ocean Steamship Company Ltd., Liverpool, die Reedereien Furness, Withy & Co. Ltd., London, und Scottish Shire Line Ltd., London, zusammengeschlossen.

Andererseits bildeten die mit dem Bau der Schiffe beauftragten Hamburger Werften kollegial ein Konsortium, das aus den Howaldtswerken, Hamburg, der Deutschen Werft und Blohm + Voss bestand. Es war ein Gebot der Vernunft, alle Kräfte zu vereinen, denn die fünf in Bau gegebenen Containerschiffe dieser Klasse (ein sechstes entstand in England) bildeten zusammen ein Objekt von 275 Mio. DM und den größten Auftrag, der bis dahin jemals von englischen Reedern ins Ausland vergeben worden war. Natürlich hatten sich andere Werften, vor allem auch in Großbritannien und Japan, ebenso um diesen fetten Bissen beworben. Aber die pünktliche Ablieferung aller fünf Schiffe — eins pro Monat — an die OCL und die erzielte Qualität der Neubauten bewiesen vor aller Welt, daß die deutschen Werften den extrem hohen Anforderungen des Containerschiffbaues voll gewachsen waren.

Der Bau großer Container Liner bedurfte — zumindest am Anfang des Container-Zeitalters — so großer Konstruktionskapazitäten, daß Alleingänge bei den Auftragnehmern jedermanns Kräfte überfordert hätten. Deshalb zeichnete bei der Konstruktion der OCL-Schiffe jede der drei beteiligten deutschen Werften für bestimmte Teilge-

---

* Das bedeutete Kräfte, die einen Bauteil des Schiffes nicht auf Zug oder Druck, sondern auf Abscheren beanspruchen.

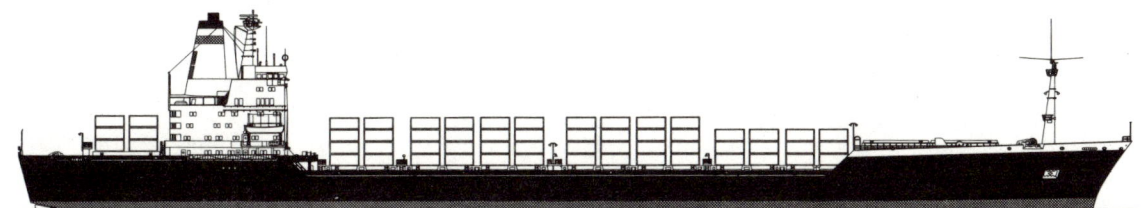

Bau-Nr. 872: Container-Turbinenschiff SYDNEY EXPRESS, 27 407 BRT, 33 350 tdw, 32 450 PS, 21 kn, Hamburg-Amerika Linie.

biete verantwortlich und übernahm dafür auch die Federführung bei den übrigen Werften, was freilich nicht die einzelnen Werften von der vollen Verantwortung für die bei ihnen selbst in Auftrag gegebenen Schiffe entband. Hierdurch wurde der Wettlauf mit der Zeit gewonnen und außerdem die von der Reederei ausdrücklich geforderte Identität der Schiffe gewährleistet.

Auf der Reederseite waren die Anstrengungen nicht weniger beachtlich: Allein die P & O Line nebst Tochtergesellschaften mußten für die Umstellung ihrer Australfahrt auf sechs große Vollcontainerschiffe einschließlich Container, Terminals, Sattelschleppern und Aufliegerfahrzeugen, Spezialwaggons usw. rund eine Milliarde Mark aufwenden. Aber diese sechs schnellen Riesen verdrängten 20 bis 30 konventionelle Frachter aus ihrem Fahrtgebiet!

Basierend auf den Erfahrungen von 1968 gelang Blohm + Voss 1970 mit dem damals größten Containerschiff der Welt — SYDNEY EXPRESS (27 407 BRT) — ein glänzender Wurf.

SYDNEY EXPRESS war anerkanntermaßen die ausgereifteste Variante der 2. Generation und bereits eine neue Stufe im Containerschiffbau — ausgelegt für den Transport von 1507 Containern, versehen mit einer Maschinenleistung von 32 450 WPS. Das Schiff wurde — im Gegensatz zu den Neubauten der 1. Generation (ELBE EXPRESS, ALSTER EXPRESS) — nicht mehr mit Dieselantrieb, sondern mit einer Dampfturbinenanlage ausgerüstet.

Als das elegante Schiff nach seiner Fertigstellung an der Hamburger Überseebrücke zur Besichtigung freigegeben wurde, drängten nicht weniger als 25 000 Menschen an Bord — nach Angaben der HAPAG-LLOYD AG und der Wasserschutzpolizei die größte Menschenmenge, die jemals im Hamburger Hafen an Bord eines Schiffes gezählt wurde. Als die SYDNEY EXPRESS nach ihrer Jungfernreise von Hamburg nach Freemantle — mit einer erzielten Durchschnittsgeschwindigkeit von 22,75 Knoten und einem Heizöl-Tagesverbrauch von nur 150 t — in Australien eintraf, waren dort Fernsehen, Hörfunk, Tagespresse, Fachpresse und Gewerkschaften gleichermaßen des Lobes voll. Die Reedereivertretung schickte aus Sydney einen Luftpostbrief mit Sonderstempel und Sondermarken. Sie erklärte darin en-

thusiastisch: »Ein Schiff, auf das man stolz sein kann ... So etwas hat man hier noch nicht gesehen und bezeichnet SYDNEY EXPRESS als das schönste Schiff, das je an der (australischen) Küste war.«

Die Vollcontainerfahrt nach Australien hat den extrem weit entfernten Fünften Kontinent in ein neues Zeitalter hineingeführt und eng an die Europäische Gemeinschaft herangerückt. Als Seefrachtgüter fallen regelmäßig von Europa ausgehend Industrieprodukte, einkommend vor allem Australwolle und Fleisch an. Zur Abfertigung der wertvollen und teuren Containerschiffe dieses Fernschnellverkehrs taten sich die darin engagierten Schiffahrtsgesellschaften von England, Frankreich und Deutschland zu einem Gemeinschaftsdienst zusammen. Endgültig war allen Beteiligten klar geworden, daß der in ganz neue Dimensionen hineinführende Containerverkehr ein Denken und Planen voraussetzte, das Ländergrenzen und nationale Egoismen zugunsten internationaler Zusammenschlüsse gegenstandslos machte. Allein schon zur Aufbringung des erforderlichen Kapitals und zur besseren Risikoverteilung, aber auch zwecks Zusammenfassung gleicher Interessen in verschiedenen Ländern und Erdteilen gab es keine andere Alternative.

Dank der guten Stabilitätseigenschaften lassen sich bei der SYDNEY EXPRESS oberhalb der Ladeluken noch zwölf Reihen Container in Viererlagen übereinander als Decklast fahren. Zwischen Luke 3 und 4 wurde Platz für die einziehbaren Stabilisierungsflossen des bei Blohm + Voss in Zusammenarbeit mit der Siemens AG entwickelten Systems »Elektrofin« geschaffen.

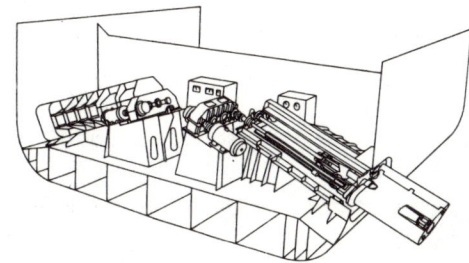

Gesamtanordnung der »Elektrofin«-Stabilisierungsflossen-Anlage in einem modernen Containerschiff. Die Flossen sind einziehbar, die Flossenkästen auf der Skizze zu sehen.

Zur Schonung der empfindlichen Seefrachtgüter in den Containern, aber auch der bei hohen Fahrtstufen und Seegang ohnehin hochbeanspruchten Längs- und Querverbände der Containerschiffe üben die »Elektrofin«-Flossen eine aktive Schlinger- und Rolldämpfung bis zu 90 % aus. Das Pro-

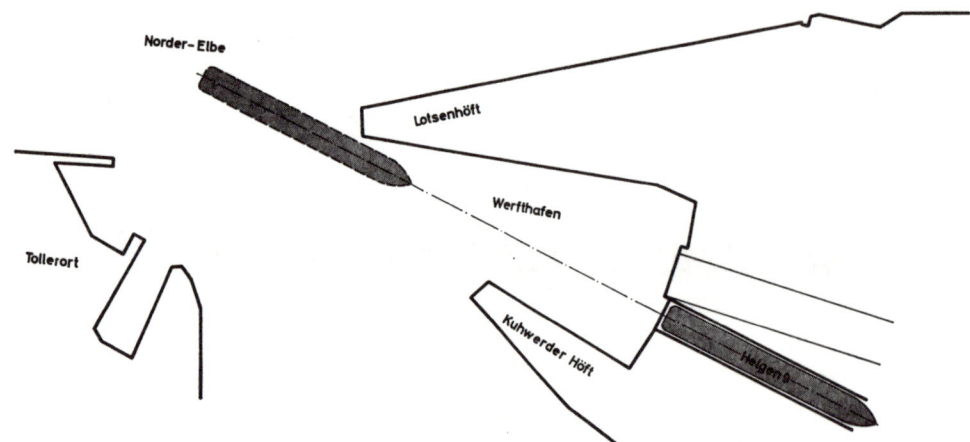

Norder-Elbe

Lotsenhöft

Werfthafen

Tollerort

Kuhwerder Höft

Helgen 9

Vorgriff auf Seite 215:
Der Ablauf der Containerschiffe HAMBURG EXPRESS und TOKYO EXPRESS vom Helgen 9 und das Problem ihres ungehinderten Vorbeikommens am Lotsenhöft vor dem Werfthafen.

blem der elektrischen Steuerung der Flossen in ihrer Reaktion auf den Seegang wurde optimal gelöst:

In jedem Augenblick wird die restliche Seegangsbewegung des Schiffes mit Kreiselinstrumenten gemessen. Sie registrieren Schlingerwinkel, Schlingergeschwindigkeit und -beschleunigung. Nach Umwandlung der ermittelten mechanischen Daten in elektrische Impulse werden alle Meßresultate in den von Siemens speziell für das »Elektrofin«-System entwickelten Regelkreis eingegeben und entsprechend der Differentialgleichung der Schiffsbewegung, mit bestimmten Koeffizienten multipliziert, berücksichtigt.

Das alles geschieht derart blitzschnell, daß die dynamisch wirkenden, auf der einen oder anderen Schiffsseite gegen die Seegangsbewegung eine gegendrückende Auftriebskraft erzeugenden Flossen unverzüglich richtig reagieren. Die Flossen selbst, die bei glatter See in ihre Flossenkästen eingefahren werden, ähneln als druckfeste, wasserdichte Stromlinien-Hohlkörper weitgehend modernen Ruderblättern. Containerschiffe mit »Elektrofin«-Flossen antworten wie sensible, lebende Wesen auf jede Veränderung ihrer Horizontallage.

Immer neue Seeverkehrsrouten werden auf Containerdienste umgestellt, die inzwischen auch nach Ländern wie Neuseeland und Südafrika selbstverständlich geworden sind. »Opas Reederei« ist auf diesen Schnellstraßen des Überseeverkehrs tatsächlich tot. Dort könne man, wie Sir Andrew Crichton, der damalige Chairman der OCL-Gruppe Anfang der siebziger Jahre treffend sagte, »das Grabgeläute der konventionellen Linienschiffahrt hören«.

Unheimlich war das Tempo, in dem das alles geschah: Innerhalb von nur fünf Jahren mußten die führenden Containerschiffswerften die gesamte Entwicklungsspanne von der 1. bis zur 3. Generation der Containerschiffe durchmessen. Blohm + Voss hat das Tempo voll mitzuhalten vermocht.

Zitieren wir noch einmal Gerd-Dietrich Schneider in »Köhlers Flottenkalender«: »Bereits bei der Geburt der 2. Generation dachte man — offenbar auf den Geschmack gekommen — an den nächsten Schritt: die Umstrukturierung auch des Ostasienverkehrs auf den Container. Dafür war aber wieder ein neuer Schiffstyp erforderlich, die noch größere, schnellere sowie teurere 3. Generation für einen stetigen Expreßdienst rund um die Welt. Gestützt auf die inzwischen vorliegenden Erfahrungen, schlossen sich jetzt nicht nur die europäischen Reedereien zusammen. Mit zwei maßgeblichen japanischen Partnern wurde die Trio-Gruppe gebildet, weil deren Schiffe unter drei Flaggen fahren, der britischen, japanischen und deutschen. Ihrem Beispiel folgten wenig später auch Reedereien in Skandinavien und Holland mit ihrem Zusammenschluß im Scan-Dutch-Dienst.«

Der deutsche Partner des Ostasien-Container-Pools ist die HAPAG-LLOYD AG. Und diese durch Fusion entstandene größte deutsche Reederei gab 1970 bei Blohm + Voss für den Japan Dienst die beiden Spitzenschiffe HAMBURG EXPRESS und TOKIO EXPRESS in Auftrag, die jeweils 3010 Container über die Meere tragen können. Jedes der beiden 1972/73 in Fahrt gekommenen Schiffe hat inklusive dreier Sätze Container 110 Millionen Mark gekostet. Und nur Eingeweihten ist bekannt, daß diese Schnelldampfer unserer Zeit größer als der Blaue-Band-Schnelldampfer EUROPA des Jahres 1930 sind! Mit einer Maschinenleistung von 80000 WPS stürmen die über 58000 BRT großen Doppelschraubenschiffe mit einer Dauerdienstge-

Bau-Nr. 877: Doppelschrauben-Container-Turbinenschiff HAMBURG EXPRESS, 58088 BRT, 48453 tdw, 80000 PS, 27 kn, Hamburg-Amerika Linie.

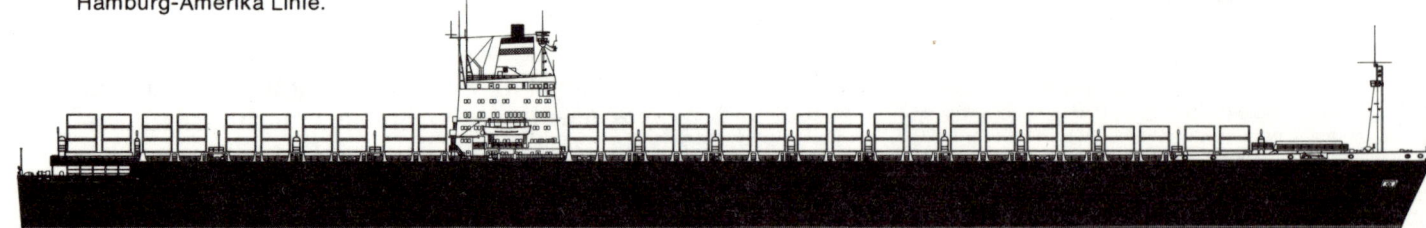

Bau-Nr. 887: Container-Turbinenschiff ADRIAN MAERSK, 26940 BRT, 25710 tdw, 36000 PS, 25,3 kn, A. P. Møller, Kopenhagen (Maersk Line).

Welches Vertrauen man auch im Ausland auf dem Sektor Containerschiffbau in die Leistungen von Blohm + Voss setzt, geht am besten daraus hervor, daß die angesehene dänische Reederei A. P. Møller, Kopenhagen (Maersk Line) sechs von insgesamt neun Containerschiffen für den Pazifik bei B + V bestellte. Der Bauvertrag mit der Reederei, deren voller Firmenname Aktieselskabet Dampskibsselskabet Svendborg/Dampskibsselskabet af 1912 Aktieselskabet Kopenhagen lautet, wurde im Juni 1973 unterzeichnet. Spezifiziert war eine Probefahrtgeschwindigkeit von 25,3 kn unter Einsatz von 36000 WPS.

In Kopenhagen dachte man zunächst an Doppelschraubenschiffe. Blohm + Voss überzeugte die Reederei jedoch davon, statt dessen Einschraubenschiffe zu bauen, von denen eine nennenswerte Verringerung des technischen Aufwandes pro Ladungseinheit erwartet werden konnte. Tatsächlich bewährte sich die Einschraubenkonstruktion vorzüglich. Eine neuartige Hinterschiffsform mit aufgesetztem Heckwulst zur Nachstromegalisierung wurde inzwischen patentiert.

Jedes der sechs Schiffe wurde mit rund 26940 BRT vermessen. Die Probefahrt des ersten Schiffes ADRIAN MAERSK fand im Juli 1975 im Skagerrak statt. Das Schiff hat alle Erwartungen von Werft und Auftraggeber ebenso erfüllt wie seine fünf Nachfolger.

Leider ereignete sich am 9. Januar 1976 während der Endausrüstung der Bau-Nr. 890 ANDERS MAERSK das schwerste Betriebsunglück in der Geschichte von Blohm + Voss. Durch eine Verpuffung im Feuerraum des Backbordkessels wurden dampf- und wasserführende Rohre zerstört. Durch schwere Verbrennungen starben 27 Männer, darunter 18 Mitarbeiter von Blohm + Voss. Eine Welle von Mitgefühl und Hilfsbereitschaft mit den Angehörigen der Opfer, von seiten der Firmenleitung wie von seiten der Belegschaft, zeigte abermals den Zusammenhalt der Betriebsfamilie von Blohm + Voss. Und während das Unglück über die Werft hereinbrach, stand sie noch voll unter den Auswirkungen der Sturmflutkatastrophe vom 3. Januar 1976. Erst sechs Tage vorher war Steinwerder so schlimm überschwemmt worden wie nie zuvor seit Gründung der Werft. Der Wasserstand war noch erheblich höher als bei der Flutkatastrophe vom 13. Februar 1962, die ebenfalls nicht ohne Folgen geblieben war.

schwindigkeit von 27 Knoten durch die See und kommen damit auf dieselbe Geschwindigkeit wie die damals vielbewunderte EUROPA.

Die beiden Container-Schnelldampfer konnten bereits innerhalb von zweieinhalb Jahren nach der Auftragserteilung in Fahrt gebracht werden, obwohl sie wiederum ein völliges Novum darstellten. Die Seitenhöhe der 273 m langen schwimmenden Superlative beträgt nicht weniger als 25 m. Sie ist bedingt durch die Tatsache, daß neun Lagen Container übereinander in den Laderaumzellen gefahren werden.

Kesselraum und Turbinenraum mußten nahezu mittschiffs angeordnet werden, weil die hohe Dienstgeschwindigkeit ein schlankes Unterwasserschiff und ein für die Unterbringung der Maschinenanlagen viel zu schmales Heck bedingt. Systematische Windkanalversuche halfen mit, zur Verringerung der Belästigung durch Rauchgase eine aerodynamisch günstige Schornstein- und Aufbautenform zu erhalten.

Als die HAMBURG EXPRESS am 8. Januar 1972 als erstes der beiden Schiffe vom Stapel lief, getauft von der Gattin des Bundesbankpräsidenten Dr. Karl Klasen, brachte eine ungewöhnlich große Zuschauermenge deutlich zum Ausdruck, daß dieser Schiffstyp endgültig jede bis dahin bekannte Größenvorstellung des Begriffes Frachtschiff gesprengt hatte. Das Schiff war zwischen den Loten länger als die EUROPA oder das Schlachtschiff BISMARCK — in der Länge über alles erreicht es mit 287,5 Metern sogar die Riesenschnelldampfer VATERLAND und BISMARCK. Allein der gewaltige, gleich mit zwei Bugstrahlrudern ausgerüstete Bugwulst hat einen größeren Rauminhalt als das Gros der Küstenmotorschiffe.

Umfangreiche Versuche und Berechnungen der Torsionsfestigkeit hatten bei den Schwesterschiffen eine sichere und doch relativ leichte Stahlkonstruktion möglich gemacht. Die beiden Propellerwellen wurden in elastisch gelagerten Grim'schen Rohren untergebracht, was sich sehr positiv auf das Schwingungsverhalten der Schiffe auswirkte.

»Beide Schiffe hatten bei ihrem Stapellauf die größte jemals auf der Werft vorgekommene Ablauflänge. Da sie jedoch nur auf einer Ablaufbahn und nicht wie die EUROPA auf zwei, das Schlachschiff BISMARCK sogar auf vier Ablaufbahnen vom Stapel liefen, stand man vor einer kniffligen Frage: Würden sie beim Ablaufen vom Helgen 9 ohne Kollision an dem weit in den Werfthafen vorspringenden Lotsenhöft vorbeikommen? Neben den üblichen Stapellaufberechnungen über die Ausführung von Ablaufbahn und Schlitten, Rumpffestigkeit und Ablaufweg hinaus mußte das mögliche Verhalten der Schiffe in dem engen Werfthafen mittels Berechnungen und Modellversuchen genau untersucht werden. Mußten die Schiffe unter allen Umständen mit stärksten Bremsmitteln schon im Werfthafen zum Stehen gebracht werden oder konnte man sie frei ablaufen lassen und erst nach dem Passieren des Lotsenhöftes abstoppen? In diesem Falle konnten das höchst aufwendige Herstellen, Befestigen und spätere Bergen besonderer Bremsschilde entfallen. In der Versuchsanstalt wurde diese gravierende Frage mit allen nur möglichen Störfaktoren wie Wasserstand, Wind verschiedener Stärke aus verschiedenen Richtungen und — trotz Gezeiten-Stauwasser — denkbaren Strömungen in der Norderelbe »durchgespielt.« Unbekannte Faktoren blieben freilich bis zuletzt die tatsächliche Reibung zwischen Ablaufbahn und Schlitten. Sicherheitshalber wurden die Modellversuche auch in einem Großversuch in der Natur nachgeprüft: Es ergab sich eine Übereinstimmung mit der bei 91 Modellversuchen mit sämtlichen denkbaren Wind- und Strömungszuständen sowie Anordnungen von Brems- und Steuerklappen sowie Bremsankern durchgeführten, durch elektrische und optische Messungen erhärteten Erkenntnis, daß das Schiff nach dem Ablaufen leicht nach Steuerbord und damit weg vom Lotsenhöft versetzt würde. Die beiden Containerriesen HAMBURG EXPRESS und ihr bald darauf nachfolgendes Schwesterschiff TOKYO EXPRESS sausten tatsächlich ohne Kratzer elegant daran vorbei (siehe dazu Skizze auf Seite 216).

Waren schon diese Stapelläufe physikalisch bemerkenswert, so stand die Werftleitung beim Bau aller drei Bulk Carrier der WIDAR-Klasse für die Seereederei »Frigga« vor einem noch ungewöhnlicheren Problem. Diese größten jemals in Deutschland gebauten Trockenfrachter WIDAR, HERMOD und THOR (Baujahre 1971-73) von über 146000

bzw. 148000 tdw Tragfähigkeit — sie sind die größten Trockenfrachter der deutschen Handelsflotte überhaupt — machten mit ihrer Länge über alles von mehr als 303 Metern und ihrem extremen Gewicht Stapelläufe in zwei Teilen notwendig, da der Helgen damals noch nicht ausgebaut und daher zu kurz war. Die beiden Teile der Schiffsrümpfe wurden jeweils auf den Helgen 7 und 8 nacheinander gebaut, wobei das ⅗ der Gesamtlänge ausmachende Hinterschiff immer zuerst gebaut werden mußte, denn es benötigte nachher im Wasser eine längere Ausrüstungszeit. Es konnte erst nach dem Stapellauf ausgerüstet werden, weil allein das Deckshaus volle 600 Tonnen wiegt. Das Vorschiff folgte in einigem Zeitabstand nach. An beiden Schiffsteilen wurden schon vor dem Stapellauf Einrichtspuren zum späteren haargenauen Zusammenschwimmen angebracht.

Die B + V-Werkszeitung berichtet folgendes über die Zusammenbau-Vorgänge beim Prototyp WIDAR: »Naturgemäß schwammen die beiden Schiffsteile nach dem Stapellauf in stark vertrimmtem Zustand auf. Sie mußten deshalb mit Hilfe von Ballast genau auf ebenen Kiel gebracht werden. Das Achterschiff mußte rund zwei Fuß tiefer eintauchen, weil es als erstes in die Einrichtspuren des Trockendocks ELBE 17 einschwimmen mußte. Das noch schwimmende Vorschiff wurde nachher gegen das schon festaufliegende Hinterschiff mit Windenkraft herangezogen. Dabei begegneten sich die im Doppelboden beider Teile eingebauten Einrichtspuren, die zusammen mit der unter dem Kiel befindlichen Spur das Vorschiff fixierten.

Diese getrennte Bauweise verlangte eine besondere Genauigkeit wie auch besondere Maßnahmen für diese Fertigungsmethode. Zu beachten war auch der entstehende Temperaturunterschied während der Bauzeit von Vor- und Hinterschiff, da die Differenz in der Schiffsbreite beträchtlich sein kann.«

Die drei Massengut-Giganten WIDAR, HERMOD und THOR sind mit den größten bislang an Bord eines Schiffes eingebauten M.A.N.-Dieselmotoren mit einer Leistung von 32000 PS ausgestattet.

Bau-Nr. 875: Massengut-Motorschiff WIDAR, 78954 BRT, 146368 tdw, 32000 PS, 16,3 kn, Seereederei »Frigga«, Hamburg.

Offshore-Technik — eine neue Dimension

Den ersten Schritt in die Offshore-Technik unternahm B + V noch im gleichen Jahr der Ablieferung des Massengutmotorschiffes WIDAR. Dieses Jahr 1971 stand voll unter den Auswirkungen der Freigabe des D-Mark-Wechselkurses und der sich daraus ergebenden internationalen Währungskrise. Der deutsche Schiffbau und die deutsche Seeschiffahrt wurden durch dieses »Floating« gleichermaßen getroffen. Selbst Blohm + Voss gelang es innerhalb des ganzen Jahres nicht, auch nur einen einzigen Handelsschiffs-Neubauauftrag hereinzubekommen. Aber nun zeigte sich die Richtigkeit der Diversifikationspolitik: Trotz der konjunkturellen Schwäche im Investitionsgüterbereich und der durch die Währungskrise entstandenen Schwierigkeiten im Export konnte der Auftragseingang in anderen Unternehmensbereichen um insgesamt 30% gesteigert werden!

Das Ziel der Unternehmensleitung war es deshalb weiterhin, den Anteil des konjunkturanfälligen und damit risikoreichen Handelsschiff-Neubaues an der B + V-Gesamtproduktion zugunsten anderer Bereiche noch mehr zurückzunehmen. 1971 zeichnete sich nämlich endgültig ab, daß sich die japanische Werftkapazität für den Großschiffbau innerhalb von vier Jahren (bis 1975) glatt verdoppeln würde. Außerdem ergaben Marktanalysen schon recht bald, daß die erhoffte Nachfrage nach Schiffsraum — insbesondere nach Tankern — weniger anwachsen würde als das noch kurz vorher allgemein angenommen worden war. Während anderswo Vorsorge für den Bau und die Reparatur von 750 000 tdw tragenden Tankern getroffen und in Japan allen Ernstes schon Ultra Large Crude Carriers (ULCC's) von einer Million Tonnen Tragfähigkeit auf den Reißbrettern entworfen wurden, gab Blohm + Voss stillschweigend den vorübergehend erwogenen Plan des Umbaues von Trockendock ELBE 17 zum Bauplatz für Großschiffe bis 350 000 tdw wieder auf. Schon vor der Ölkrise erkannte man bei Blohm + Voss, daß weltweit erhebliche Überkapazitäten an Bauplätzen für Großschiffe über 200 000 tdw vorhanden bzw. im Entstehen begriffen waren. Es war zu befürchten, daß der »Tankerrausch« eines Tages zu einem unsanften Erwachen führen würde. Denn wer — selbst ohne Ölkrise — die Gesamtlage überblickte, fand heraus, daß auch die immer stärker einsetzende Erschließung des Nordsee-Erdöles den Bedarf von Rohölzufuhren aus Übersee eines Tages zusätzlich verringern würde.

Blohm + Voss erschien es logisch und besser, lieber in die Offshore-Technik einzusteigen, anstatt auf einen anhaltenden Tankerboom zu setzen, der von allzu vielen Imponderabilien abhängig war.

Die Werft hatte seit je dem Bau von hochwertigen Spezialschiffen die nötige Aufmerksamkeit und Energie zugewandt — auch dann, wenn deren Verwirklichung nur mit beträchtlichem Aufwand an Vorarbeiten und Sonderkosten verbunden war. Aber gerade das unter Mühen erworbene vielseitige Know-how auf dem Sektor Spezialschiffbau gab B + V die berechtigte Zuversicht, auf dem Sektor Offshore-Technik ebenso zum Senkrechtstarter zu werden wie im Containerschiffbau.

Nach halbjährigem intensivem Bemühen um Einstieg in das »Offshore-business« erteilte die Santa-Fé-Pomeroy Marine Service Company, Orange/Kalifornien, den Auftrag zum Bau eines Halbtaucherfahrzeugs höchst diffiziler Art: Man bestellte einen für die Verlegung von Hochsee-Pipelines einsetzbaren Katamaran. Dieses im Werftjargon »Riesenschute« genannte Doppelrumpffahrzeug CHOCTAW II erhielt komplette Rohrlege-Einrichtungen, eine starke Arbeitsplattform, ein Hubschrauberlandedeck und einen fahrbaren Kran. Das 122 m lange und 16,2 m hohe Ungetüm erhielt keine Antriebsanlage, sondern muß jeweils von Seeschleppern oder Bohrinsel-Schleppversorgern von einer Arbeitsposition zur nächsten gebracht werden. Acht dieselgetriebene Spezialwinden sorgen dafür, daß sich der Katamaran beim Rohrlegen an seinen Ankerleinen kontinuierlich vorwärtsholt.

Manch ein Werftarbeiter hat den auf Helling 9 in extrem kurzer Zeit heranwachsenden Neubau Nr. 883 mit Kopfschütteln betrachtet. Aus diesem seltsamen Gebilde wurde er beim besten Willen nicht klug. Und auch die Hamburger Hafenlöwen bekamen Stielaugen, als die Schlepper dieses undefinierbare schwimmende Etwas am 1. September 1973 nordseewärts zogen. Der Sinn dieser Doppelrumpfkonstruktion mit vier abgerundeten Trägersäulen und eingezogenen Rohrtragewerken — zwischen den beiden auftrieberzeugenden Schwimmkörpern und der Arbeitsplattform — war ihnen nicht klar. Aber die Nordsee — das rauheste Offshore-Explorationsgebiet der Welt — findet mit ihren anrollenden Wellen an diesem Doppelrumpfgebilde viel weniger Angriffsfläche als an einem einzigen geschlossenen Schiffsrumpf gleicher Tragfähigkeit. Der Katamaran CHOCTAW II, ausgereifte Weiterentwicklung eines nach ähnlichem Grundprinzip in Holland gebauten Vorgängers, erfüllte alle in ihn gesetzten Erwartungen. Er liegt mit seinen beiden halbtauchenden Rümpfen, die jeweils in zwanzig wasserdichten Tanks und Räume unterteilt sind, auch bei rauher See mit Wellenbergen von reichlich drei Metern Höhe noch so ruhig, daß er ungestört weiterarbeiten kann, zumal die das Arbeitsdeck tragenden Säulen mit ihrer kleinen Wasserlinienfläche die angreifenden Kräfte aus Wellen und Strömung erheblich reduzieren. CHOCTAW II kann die doppelte Anzahl von Einsatztagen pro Jahr gegenüber einem Gerät mit konventionellem Rumpf erreichen.

Die Elblotsen, die das Monstrum am Haken der Schlepper stromabwärts dirigierten, haben im Laufe ihrer langen Praxis schon manchen »fahrbaren Untersatz« unter den Füßen gehabt — aber noch niemals einen, der wie CHOCTAW II nur noch fünf Seeleute unter seiner 220 Mann starken Besatzung hatte. Die gesamte übrige Crew des Katamarans besteht aus Schweißern, Schlossern, Stahlbauern, Isolierern, Mechanikern, Tauchern und anderen Spezialisten.

Der B + V-Neubau CHOCTAW II wurde für die Verlegung der 552 km langen Pipeline vom norwegischen Nordsee-Ölfeld Ekofisk nach Emden ausgerüstet. Da diese Doppelrumpf-Barge pro Tag etwa 1700 m Pipeline verlegt und damit 140 Rohre von je 21 m Länge benötigt, die einzeln auf das an Bord installierte Längstransportsystem gelegt und nach vorn zur Schweißnaht-Vorbereitungsstation gefahren werden müssen, entsteht in den Rohr-Stauracks eine Deckslast von 2000 t.

Nur Eingeweihte wissen, wie schwierig das Schweißen der Knotenverbindungen in dem höchst komplizierten Rohrtragwerk zwischen Plattform und Schwimmkörper war. Diese Tragrohre müssen nicht nur die Deckslast tragen, sondern auch alle statischen Lasten aus dem Eigengewicht, außerdem die dynamischen Wechselkräfte aus den Seegangsbelastungen aufnehmen. Wie der Stachel eines Insektes mutet die 70 m lange Rohrstrangstütze aus der Vogelschau an, die auslegerartig am Heck der CHOCTAW mittels Scharnier befestigt ist, um das Abknicken des Rohrstranges nach Verlassen der Rohrstraße zu verhindern. Dieser sog. Stinger (engl. Stachel) schwimmt und muß dasselbe Seegangsverhalten zeigen wie CHOCTAW II. Das wird durch ab-

wechselndes Fluten oder Ausblasen von eingebauten Ballasträumen erreicht. Ein dazugehöriges umfangreiches Steuersystem befindet sich im Kranfundament des Katamarans.

Das Verlegen von Rohrleitungen auf hoher See ist außerordentlich problematisch. Es wurde bis Ende der sechziger Jahre überhaupt für unmöglich gehalten. Die beiden CHOCTAW-Konstruktionen haben es erstmals doch realisiert.
Die Schwierigkeiten liegen darin, daß das Deck eines Rohrlegers ebenso horizontal ist wie der Meeresboden. Zwischen diesen beiden Ebenen hängt der zur Vermeidung des Auftriebs und der Korrosion bzw. Beschädigung von außen mit einer wenig elastischen Asphaltbeton-Isolierschicht ummantelte Rohrstrang in mehr oder weniger starker Krümmung durch, die dank des Stingers so gering wie möglich gehalten werden muß, wenn das Einbeulen oder Knicken der Rohrleitung verhindert werden soll.

Diese Krümmungsradien — abhängig von Verlegetiefe und Rohrdurchmesser — lassen sich verändern durch sogenannten Tensioners (Spannungshaltern), die eine Haltekraft am schwimmenden Rohrende erzeugen. Auf der CHOCTAW II arbeiten diese, einen konstanten Rohrzug erzeugenden Tensioners in einer Reihe hintereinander. Sie gleichen die Bewegungen von Schiff und Seegang aus. Die von einem eingebauten Rechner gesteuerte Automatik verhindert, daß der Pipeline-Rohrstrang abwechselnd angehoben oder weggeschoben wird, was das Verschweißen der Rohre erheblich erschweren würde.

Andererseits ist haargenaues Positionshalten der Rohrlegefahrzeuge — auch bei rauher See — notwendig. Jedes »Gieren« nach der einen oder anderen Seite würde das Rohr zu stark krümmen. Die von Dieselmotoren getriebenen Positionswinden der CHOCTAW II sind so genau aufeinander abgestimmt, daß sie untereinander auftretende Gierkräfte ausgleichen und zugleich eine gleichmäßige Zugkraft in horizontaler Richtung ausüben. Bei extrem schlechtem Wetter muß eine besondere konstante Zugwinde bewirken, daß der vorher mit einem Blindflansch abgedichtete und zeitweilig auf dem Meeresboden abgelegte Rohrstrang bei seiner Wiederanbordnahme nicht abknickt.

War schon der technische Sprung zwischen den Containerschiffen der 1. und 3. Generation innerhalb von nur fünf Jahren atemberaubend, so war es die Weiterentwicklung der Rohrlegetechnik auf See erst recht.

Noch bevor die CHOCTAW II 1974 abgeliefert wurde, war auf der Werft schon das von der Pariser Société Entrepose G.T.M. bestellte Kran- und Rohrlegeschiff E.T.P.M. 1601 im Bau, das mit über 24 000 BRT vermessen ist und damit im Rauminhalt den einstigen Dreischornstein-Schnelldampfer CAP POLONIO um 4000 BRT übertrifft! Diese imponierende E.T.P.M. 1601 wurde im Sep-

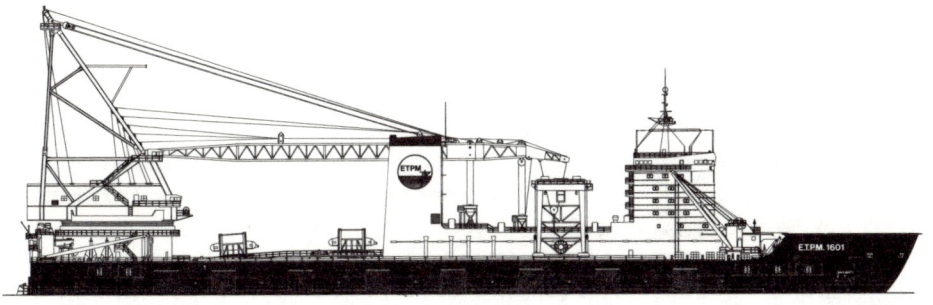

tember 1974 — fünf Monate nach dem Katamaran — termingerecht dem Auftraggeber überstellt und als erstes beim Bau der 426 km langen Hochsee-Pipeline vom Frigg-Ölfeld (zwischen den Shetland-Inseln und Norwegen) nach Schottland eingesetzt. Dieser Gigant ist kein antriebsloser Leichter mehr, sondern ein mit vier Generator-Hauptmotoren von je 2000 PS ausgerüstetes selbstfahrendes Dieselelektroschiff. Mit Hilfe von zwei Verstellpropellern in Kortdüsen — für Manöver außerdem mit einem zusätzlichen 1200 PS Bugstrahlruder ausgerüstet — verlegt E.T.P.M. 1601 ohne Schlepperhilfe mit acht Knoten Geschwindigkeit von einem Operationsgebiet zum anderen, um Seebaustellen mit seinem Kran zu bedienen, der übers Heck 2000 t, querab 1600 t zu heben vermag.

Wird das Schiff jedoch zum Rohrlegen eingesetzt, so können trotz der großen Deckslast von 7000 t Rohren dank beiderseits eingebauten Wasserballasttanks in ganzer Schiffslänge, die vom Doppelboden bis zum Hauptdeck reichen, genügende Stabilitätswerte erzielt werden. Die Tanks fassen 11950 Kubikmeter Seewasser, ihre Pumpen haben eine Kapazität von 4 x 2000 cbm pro Stunde.

Zur Beeinflussung von Eigenbewegungsperioden im Seegang kann mit diesem Tanksystem jeder gewünschte Tiefgang eingehalten und außerdem jede Krängung des Schiffes — auch durch die größten querschiffs hängenden Kranlasten — auf maximal 4° beschränkt werden. In den beiden nebeneinanderstehenden Schornsteinen des Schiffes, zwischen denen der gewaltige Kranausleger in Ruhestellung abgelegt wird, sind Abhitzekessel für die Dampfgewinnung zugunsten von Heizung, Warmwassererzeugung und Seewasserverdampfung (Frischwassererzeugung) eingebaut. Bei Mehrbedarf wird Dampf in drei zusätzlichen B + V-Flammrohrkesseln von je 15 t Sattdampfleistung pro Stunde gewonnen.

Auf diesem voll elektrifizierten Schiff wird viel Strom verbraucht: für den Betrieb des Kranes, der Pumpenmotore, der elektrischen Rohrlegeausrüstung — vom Spezialkran bis zum Schweißumformer oder Tensioner —, für die Winden, das elektrische Bugstrahlruder, die Navigationselektronik, für 2400 Beleuchtungsbrennstellen und vieles andere. Die benötigte Energie wird aus denselben vier Pielstick-Viertaktern gewonnen, die bei Verlegungsfahrten auch die elektrischen Fahrmotore der Antriebsanlage mit Strom versorgen. Diese werden aber weder

bei Kranarbeiten noch beim Rohrlegen für Vortriebszwecke gebraucht, denn in beiden Fällen wird auch E.T.P.M. 1601 allein von seinen zehn Positionierungswinden punktgenau festgehalten oder entsprechend fortbewegt. Zehn Spezialanker von je 18 t Gewicht und vier Drehkräne von je 20 t Hubkraft zum Aussetzen dieser Anker vervollständigen die Ausrüstung.

Die im Schweißverfahren von Blohm + Voss hergestellten, auf diesem Schiff erstmals verwendeten Offshore-Spezialanker (High holding power anchor) sind inzwischen ein stark gefragter Sonderartikel des umfangreichen Ankerprogramms der B + V-Abteilung Schiffbauliche Ausrüstungen geworden.

Die gesamte Pipeline-Arbeitsausrüstung des Schiffes, von der Schweißnahtvorbereitungsstation bis zur Schweiß-, Rohrröntgen- und Dope-Station (für das Anbringen der Asphaltbeton-Rohrisolierung) und bis zu verbesserten Tensioners mit hydraulischen Raupenketten, ist so weit perfektioniert, daß pro Stunde 20–30 Rohrenden bearbeitet, zusammengefügt und 15 Doppelrohre à 24 m Länge isoliert werden können. Da das Schiff Rohre von 20–122 cm Durchmesser in Wassertiefen bis zu 300 m verlegt und pro Tag 2500 m Leitung legt, müssen in den Rohr-Racks, wie gesagt, 7000 t Deckslast untergebracht werden. Das Schiff kann außerdem eine im Hauptkran hängende Dampframme zum Einschlagen von Stahlrohrdalben und Pfählen in den Meeresboden verwenden. Es hat ferner zwei Dekompressionskammern und Taucherglocken für die Pipelineverlegungs-Kontrolltaucher an Bord. 287 Mann Besatzung einschließlich der Taucher sind in Kammern des Einrichtungssystems M 1000 komfortabel untergebracht.

Als die Presse diesen imponierenden Neubau Anfang September 1974 vor der Ablieferung an seine Auftraggeber besichtigte, blieb ihr nur einhellige Bewunderung übrig. Aber mit dem mehrfach verwendeten Ausdruck »Nonplusultra der Offshore-Technik« unterschätzte man Blohm + Voss letztlich doch. Schon Ende 1976 wurde nämlich das noch größere und vollkommenere, bereits in Wassertiefen bis 400 m arbeitende Kran- und Rohrlegeschiff SEA TROLL an die norwegisch-französische Gruppe »Sea Troll A/S«, Oslo, abgeliefert. Das mit vier Motoren von je 2000 PS ausgerüstete 10-Knoten-Schiff hat 339 Mann Besatzung, seine Positionierungswinden erreichen 180 t Zugkraft.

Kronprinzessin Sonja von Norwegen hatte am 19. Juli 1976 den Taufakt auf Steinwerder vollzogen. Führend in einer Arbeitsgemeinschaft mit insgesamt siebzehn anderen Spezialfirmen der Zulieferindustrie und des Offshore-Metiers, betreibt Blohm + Voss mittlerweile die Entwicklung von Tiefseerohrlegern für den Einsatz bis 2000 m Wassertiefe, von Spezialbohrschiffen (Projekt ARGE 2000), von schwimmenden Erdgasverflüssigungs-, Store- und -Verladeanlagen (ARGE '76) und schwimmenden Industrie-Anlagen.

Den Ruf von Blohm + Voss auf dem Offshore-Sektor beweist auch der Anfang 1976 georderte 100-Millionen-Mark-Auftrag aus der Sowjetunion, für den Bau des mit 10 Knoten Geschwindigkeit selbstfahrenden Kranschiffes ASERBAIDSCHAN, dessen Großkran ein Spitzenkönner unter allen Schwimmkränen sein dürfte, denn er hebt Lasten bis zu 2500 t.

Das immerhin ebenfalls 25000 BRT große Kranschiff wird beim Bau von Bohr- und Produktionsplattformen im Kaspischen Meer zum Einsatz kommen. Um dorthin zu gelangen, muß es in drei längsgeschnittene (!) Sektionen zerlegt werden, damit diese — schwimmend geschleppt — die für Schubverbände ausgebauten Schleusen bei den Staustufen von Marien-System und kanalisierter Wolga, auf dem Wasserweg Leningrad-Kaspisches Meer, passieren können. In Astrachan wird das Mitte 1977 abzuliefernde Schiff unter B + V-Aufsicht wieder zusammengeschweißt.

Ende Dezember 1976 konnte Blohm + Voss nach langen, harten Verhandlungen in Moskau und gegen starke internationale Konkurrenz einen weiteren 100-Millionen-Mark-Auftrag — diesmal für den Bau eines Offshore-Stahlbauwerkes am Kaspischen Meer — unter Dach und Fach bringen. Auch hier kamen der Werft die beim Bau von Offshore-Geräten im eigenen Betrieb gesammelten Erfahrungen zugute. Nur dank diesen war es möglich, den sowjetischen Kunden ein Konzept vorzulegen, das Gewähr dafür bietet, die hohen, an diesen Auftrag geknüpften technologischen Forderungen erfüllen zu können.

Selbstverständlich hat der Bau von Offshore-Großgerät auch die Produktion von Bohrinseln umfaßt. Nachdem schon vorher das Bohrschiff SAIPEM DUE bei Blohm + Voss repariert und umgebaut wurde, folgten zum gleichen Zweck die beiden Halbtaucher-Bohrinseln SEDCO 135 F und SEDCO 135 G nach. Welches Vertrauen ausländische Auftraggeber in die Terminpünktlichkeit und Qualitätsarbeit von Blohm + Voss setzen, beweisen gerade diese beiden Umbauten.

Die Ölfirma SEDCO in Dallas/Texas erteilte den Auftrag, nachdem sie sich überzeugt hatte, daß der Einzug einer Verstärkung in die ursprünglich für weniger rauhe Seegebiete konstruierten Inseln jeweils binnen 17 Tagen durchführbar war. Die in der Nähe der Shetland-Inseln eingesetzten »Oil rigs« waren so groß, daß vor ihrer Schleppüberführung nach Hamburg wegen der in 72 m lichter Höhe bei Hettlingen über die Unterelbe führenden Starkstromleitungen der Bohrturm bei Stavanger abgelegt, andererseits aber auch alles schwere Gerät von Bord gegeben werden mußte, damit für die Revierfahrt auf der Elbe der Tiefgang verringert werden konnte.

Die damals zur Thyssen-Gruppe gehörende Firma Stahlform Berlin (heute Mannesmann-Konzern) hatte je ein starkwandiges, 2,80 m durchmessendes und 84 m langes Verstärkungsrohr in sechs Teilen angeliefert, von denen die vier mittleren Sektionen zu einer großen Einheit von knapp 70 m Länge zusammengeschweißt wurden. Dieses 130 t schwere Konstruktionsteil wurde von den beiden in die Caissonwände eingesetzten je 7,30 m langen Endstücken über Auflager festgehalten. Zu dieser Operation mußten alle drei vorhandenen Decks der Bohrinsel auseinandergeschnitten und später wieder zusammengeschweißt werden. Das große Verstärkungsrohr mußte laut Auflage vor dem Verschweißen schnurgerade sein und deshalb in der Mitte unterstützt werden. Ein untergeschwommener Ponton wurde durch Fluten und schließlich Lenzen seiner Tankzellen so reguliert, daß die Unterstützung der Rohrmitte, die durch optisches Nivellieren gegeben war, in schwimmendem Zustand der Bohrinsel möglich war.
Durch den sorgfältig geplanten Ablauf der Verschweißungen konnte die vom Eigentümer geforderte Frist von nur 17 Umbautagen eingehalten werden. Die Forderung der Auftraggeber wird verständlich, wenn man bedenkt, daß der Tageskostensatz für ein solches Rig 30 000 Dollar beträgt. Aber die SEDCO-Bohrinseln können seit dieser Operation jede nur denkbare Wellenhöhe — theoretisch bis zu 30 m — verkraften.

Mit der makellosen Ausführung dieser schwierigen Arbeiten erzielte Blohm + Voss auch auf diesem Spezialgebiet einen vielbeachteten Durchbruch.

Das führte 1974 zum Bauauftrag der italienischen SAIPEM S.p.A., Mailand, für die beiden halbtauchenden Bohrinseln SCARABEO 3 und SCARABEO 4, deren drei große Säulenbeine ein gleichschenkliges Dreieck bilden. Sie haben je 12 m Durchmesser und stehen jeweils auf bootähnlichen Füßen, die separat wie jedes andere

Schiff vom Stapel liefen und schwimmend durch große Horizontalstreben mit Rohrknoten (80 m lange Großsektionen von je 200 t Gewicht) miteinander verbunden wurden. Die 109 m lange und 100 m breite Arbeitsplattform mußte — in zwölf Sektionen aufgeteilt — 44,5 m hoch über der Wasserfläche auf die vorher mit Schwimmkranhilfe auf jeden der »Schuhe« aufgesetzten Säulen gehoben und dort montiert werden. Dabei hatte man die drei Schwimmkörper (die übrigens alle mit Ballasttanks, Brennstoff- und Frischwasserbunkern und je einem Antriebsaggregat für einen 6 Knoten Fahrt erzielenden Schottel-Navigator ausgerüstet sind) in ganz bestimmten Positionen des Werfthafens vertäut. Durch vorausberechnete Ballastierung der Schwimmer und zusätzliche Stützpontons auf halber Länge zwischen ihnen konnte eine Schwimmlage hergestellt werden, die hinreichende Garantie für die später einzuhaltenden höchsterlaubten Maßabweichungen ergab. Der schwimmende und deshalb gegeneinander arbeitende Bauverband mußte dann miteinander verschweißt werden. Das ist leichter gesagt als getan. Weil nämlich alle vorgesehenen Hilfszurrungen beim ewigen Kabbelwasser des Hamburger Hafens nicht ausreichten, um die Bewegungen an den Schweißstellen ganz zu beseitigen, wurde durch ein gutes Dutzend »Schnellschweißer« zunächst eine provisorische Schweißnaht gelegt, die diese Minimalbewegungen fürs erste beseitigen half. Diese Schweißungen wurden später wieder ausgehauen und durch die bei Blohm + Voss übliche saubere Festigkeitsschweißung ersetzt.

Der 360 t schwere Bohrturm-Unterbau wurde zunächst durch drei Schwimmkräne auf die vorderen Tragsäulen abgesetzt und über eine vorbereitete Bahn in die Decksmitte verschoben. Dann wurden in Großsektionen Wohnhaus (265 t), Maschinenhaus (365 t) und Kommandobrücke (50 t) aufgesetzt.
Am Ende der gesamten Schwimmontage mußten alle Verbände mit über 1000 Röntgenaufnahmen und vielen hundert Metern Ultraschalltests auf einwandfreie Schweißnähte und auf etwaige Risse untersucht werden.
Als die beiden SCARABEO-Bohrinseln schließlich ihre Werftprobefahrten zum Hamburger Loch bei Helgoland antraten — sie erhielten ihren Bohrturm erst nach dem Passieren der Hettlinger Überlandleitungen in Brunsbüttel in voller Höhe aufgesetzt — wußte niemand mehr so recht, als was man diese gewaltigen technischen Kunstbauten eigentlich ansprechen sollte — als Insel auf drei Schwimmfüßen oder als freifahrendes dreieckiges Schiff?

Aufregende Manöver schlossen sich an: Krängungsversuch in frei treibendem Zustand, Absenken der Halbtaucherbohrinsel auf 24 m Tiefgang, schließlich Ankermanöver. Niemand wußte, wie sich jeder der Stahlkolosse letzten Endes verhalten würde, weil seine Eigenschaften ungeachtet aller Vorausberechnungen allen Beteiligten — zumindest im ersten Falle — noch ein Buch mit sieben Siegeln waren. Aber alles ging klar. Die Werft konnte dem Eigner die Großobjekte ohne Beanstandungen übergeben. Die Probefahrtbesatzung reiste mit Hubschraubern und Booten zum Festland zurück.

Schon vor dem Bau der beiden SCARABEO-Halbtaucher entstand bei B + V ein ganz neuer Halbtauchertyp in Gestalt der Bohrinsel CHRIS CHENERY für die Offshore International S.A., Houston/Texas. Man hat sie als halbtauchenden Katamaran konstruiert, dessen Arbeitsplattform von sechs Säulen getragen wird, die auf zwei U-Boot-förmigen Schwimmern von je 115,4 m Länge aufgesetzt wurden. Jedes der »U-Boote« hat einen diesel-elektrischen Fahrantrieb mit 4000 WPS Leistung. Die Propeller liegen in Kortdüsen und bewegen gemeinsam die Bohrinsel mit 8 Knoten Fahrt von einer Einsatzposition zur nächsten. Ist die vorgesehene Bohrposition erreicht, wird die Insel ebenfalls — wie bei SCARABEO 3 und SCARABEO 4 — vom Kontrollraum aus mit Hilfe eines ferngesteuerten elektro-pneumatischen Ballastsystems zum Ruhiglegen bei Seegang auf 21,34 m Tiefgang abgesenkt. Während der Bohrarbeiten halten die auf vier Ecksäulen installierten elektrohydraulischen Doppel-Ankerwinden die Bohrinsel auf Position. Sie kann in Meerestiefen bis zu 305 m verankert werden und Bohrungen bis zu 7600 m unter den Meeresboden niederbringen. Die brutto rund 7000 t schwere Plattform enthält in zwei Decks Maschinen, bohrspezifische Anlagen und vollklimatisierte Wohnräume für 72 Mann Besatzung, außerdem Kommandobrücke und Hubschrauberlandefläche.

Die Plattformhöhe von 50 m (ohne Bohrturm!) und eine Gesamtbreite von über 80 m machten einen Gesamtbau der Bohrinsel auf einer Helling indiskutabel. Auch der Stapellauf wäre höchst problematisch geworden. Die Plattform wurde deshalb gesondert auf einer eigens für Offshore-Zwecke verbreiterten Helling gebaut, wie ein überdimensionaler Ponton zu Wasser gelassen und später aus Tiefgangsgründen wie eine Hubinsel an acht in den Hafenboden eingerammten Hilfsbeinen mit einer Hubgeschwindigkeit von 400 Millimetern pro Stunde »hochgejackt«, d. h. pneumatisch angehoben, damit die beiden U-Boot-förmigen Schwimmkörper mitsamt den bereits aufgesetzten Tragsäulen zur Montage darunter bugsiert werden konnten.
Der ganze Vorgang verrät den Ideenreichtum der Ingenieure und Meister von Blohm + Voss: Die beiden Schwimmkörper

mitsamt aufgesetzten Säulen waren ebenfalls auf einer Helling gebaut und starr miteinander verbunden vom Stapel gelassen worden. Da sie infolge ihrer hohen Schwerpunktlage — infolge der Säulen — topplastig waren, wären sie bei Einzelstapelläufen unweigerlich gekentert bzw. schon auf der Helling umgefallen.

Nach dem Stapellauf wurden diese siamesischen Zwillinge getrennt und jeweils mit einem stützenden Schwimmdock verschweißt, das ihnen beim Einschwimmen unter die 40 m hochgejackte, 7000 t schwere Plattform die notwendige Stabilität verlieh. Zu guter Letzt wurde die Plattform zentimetergenau auf die schwimmenden Tragsäulen abgesetzt — ein Manöver, das an Präzision und Dramatik den Koppelmanövern der Raumfahrt nicht unbedingt nachgestanden hat und in dieser Weise eine »Welturaufführung« darstellte.

Welch ein Weg war das in nur hundert Jahren von Bau-Nr. 1 (Bark FLORA) bis zur diesel-elektrischen Halbtaucher-Bohrinsel CHRIS CHENERY, vom kleinen Stade-Altländer Raddampfer ELBE bis zu den schwimmenden technischen Meisterstücken HAMBURG EXPRESS, SEA TROLL oder ASERBAIDSCHAN!

Wo einst auf der »Urwerft« Zimmerleute, Stellmacher und Hufschmiede mühselig ihre Holzgerüste bauten, Spanten bogen und Niethämmer schwangen, bearbeiten heute auf den elektrischen Rollgängen der Fertigungsstraßen automatische Schweißmaschinen die Vorsektionen. Und wo damals nach der Schnürboden-Schablone die Spanten beim Glühofen gebogen werden mußten, vollziehen Kaltbiegemaschinen das, was die vom Computer berechneten Kurvenmaße fordern.

Längst entschwunden ist unserem Denken jene Zeit, in der Kesselböden noch von Hand gebördelt und geflanscht, Schieberflächen mit Hammer und Meißel behauen sowie abgerichtet wurden. — Heute bestimmen Edelstahlfeinschleifverfahren und Toleranzen von mikroskopischen Größenordnungen das Wesen des Maschinenbaues.

Fast an derselben Stelle, wo einst die ersten Verbund-Dampfmaschinen zusammengebaut wurden, entstehen heute riesige Spiralrohr-Schweißmaschinen und Walzwerkanlagen, Karosseriepressen, Autofelgenschweißmaschinen, Mehrfachstationserhitzer für LKW-Achsen, Schildvortriebsanlagen, Dampfausblase-Schalldämpfer für Kraftwerke und vieles andere mehr.

Von der Hochdruckdampfturbine bis zum Kondensator und zum Doppeldruck- sowie Zweiflammrohr-Dreizugkessel reicht die Produktion der längst zum vielseitigen Industriebetrieb gewordenen Schiffswerft und Maschinenfabrik Blohm + Voss.

Es ist hundert Jahre her, daß zwei junge, wagemutige Ingenieure den heute 7000 Mitarbeiter zählenden Betrieb gegründet haben. Der Jubiläumstag wurde mit dem Stapellauf des zweiten 138 700 tdw tragenden Massengutfrachters für die Australian National Line, Melbourne, (Bau-Nr. 894: AUSTRALIAN PROGRESS) auf besondere Weise festlich begangen. Wenn dennoch eine langfristige Auslastung im Schiffsneubau noch fehlte, so wird sich dieser Zustand hoffentlich bald wieder ändern.

Eine infolge der weltweiten Werft-Überkapazität, die vor allem auf das Konto Japans geht, wohl unvermeidbare Flaute dürfte Denkanstöße geben. Die Bonner Schiffbaupolitik könnte von der Weimarer Republik lernen, die damals die Vergabe von Schiffbauförderungsmitteln zugleich auch für die Arbeitsplatzerhaltung in der Werftindustrie des eigenen Landes zu nutzen verstand. Jeder Nation ist nun einmal im Konkurrenzkampf der Weltwirtschaft das Hemd näher als der Rock. Die Helgen unserer Waterkant liegen letzten Endes weniger weit entfernt als die des Fernen Ostens. Aber Krise hin, Krise her — Blohm + Voss hat in hundert Jahren rund neunhundert Neubauten erstellt und noch 1976 voll belegte Helgen gehabt.

Das Unternehmen hat die schwere Misere der Anfangsjahre 1877—1884 ebenso zu meistern verstanden wie die Rezessionen der Goldmark-Ära, die Talsohle von 1919/20, die düsteren Jahre von 1930 bis 1934, den verheerenden Bombenkrieg, die angestrebte Totalauslöschung durch Demontage und Produktionsverbot .

Zu guter Letzt schwamm Blohm + Voss immer wieder auf wie ein Neubau nach dem Stapellauf. Die breite Produktionspalette des größten Arbeitgebers im Hamburger Hafen sowie, last not least, auch der in hundert Jahren für gute und pünktliche Arbeit erlangte Weltruf werden dafür sorgen, daß es trotz gelegentlicher Tiefs auch im zweiten Jahrhundert der Firmengeschichte immer weiter geht.

Nicht umsonst sagt man in Hamburg:

»B un V, dat heet: **bestännig** un **vörut!**«

Verkaufsschlager unter den Erzeugnissen der schiffbaulichen Ausrüstung sind die auf über 450 Schiffen der Welthandelsflotte eingebauten Stülcken-Masten. Diese Schwergut-Ladegeschirre werden in sechs Varianten geliefert. Das Motorschiff TRIFELS der DDG »Hansa«, Bremen (im Bild) erhielt zwei Schwergutbäume eingebaut, die im Gespann Lasten bis 640 t heben.

Das B + V-Ankerprogramm umfaßt verschiedene, in eigener Schmiede hergestellten Ankertypen wie Highhold-Leichtgewichtsanker (oben) und Weldhold-Arbeitsanker für Offshore Zwecke (Mitte). Außerdem sind Kampnagel-Bordkrane für Vierseil-Greiferbetrieb ein gefragtes B + V-Produkt — für Selbstbe- und -entladung von Bulk Carriern mit 300 t Umschlag pro Kran und Stunde.

Bild rechts: Bau-Nr. 893: Massengut-Frachtmotorschiff AUSTRALIAN PROSPECTOR, 138 700 tdw, 26 600 PS, 15,2 kn, Australian National Line, Melbourne, war bei seinem Stapellauf am 20. August 1976 das größte Schiff, das jemals in einem Stück von einer B + V-Helling in sein Element abgelaufen ist. Der Stapellauf seines Schwesterschiffes AUSTRALIAN PROGRESS wurde genau auf den Tag des 100jährigen Jubiläums der Werft (5. April 1977) gelegt.

Bild unten: Bau-Nr. 878: Container-Turbinenschiff TOKIO EXPRESS, 58 088 BRT, 48 543, 80 000 PS, 27 kn, HAPAG-LLOYD AG, ist wie sein Schwesterschiff HAMBURG EXPRESS größer als der einstige Blaue-Band-Schnelldampfer EUROPA und erreicht mit Doppelschrauben dieselbe Dienstgeschwindigkeit wie jener Vierschrauben-Schnelldampfer.

Bild oben: Bau-Nr. 895: Kran- und Rohr-legeschiff SEA TROLL, 28 261 tdw, 8000 PS, 9,5 kn, diesel-elektrischer Antrieb, K/S Sea Troll A/S, Oslo.

Bild links: Bau-Nr. 884: Halbtaucher-Bohr-insel SCARABEO 3, Wasserverdrängung 21 435 t, 6000 PS, 6 kn, drei Propeller, Saipem S.p.A., Mailand (s. S. 223).

Bild unten: Bau-Nr. 882: Halbtaucher-Kata-maran-Bohrinsel CHRIS CHENERY, 23 345 t, 8000 PS, 8 kn, diesel-elektrischer Antrieb, The Offshore Company, Houston/Texas.

Bild oben: Eine Offizierskabine nach dem Einrichtungssystem M 1000 (s. S. 208).

Bild links: Das Gesicht des modernen B + V-Schiffes von heute — Bau-Nr. 889: Container-Turbinenschiff ANNA MAERSK, 26 939 BRT, 25 710 tdw, 36 000 PS, 25,3 kn, A. P. Møller, Kopenhagen (s. S. 217).

Bild unten: Das Gesamtgelände von Blohm + Voss, aufgenommen im Sommer 1976.

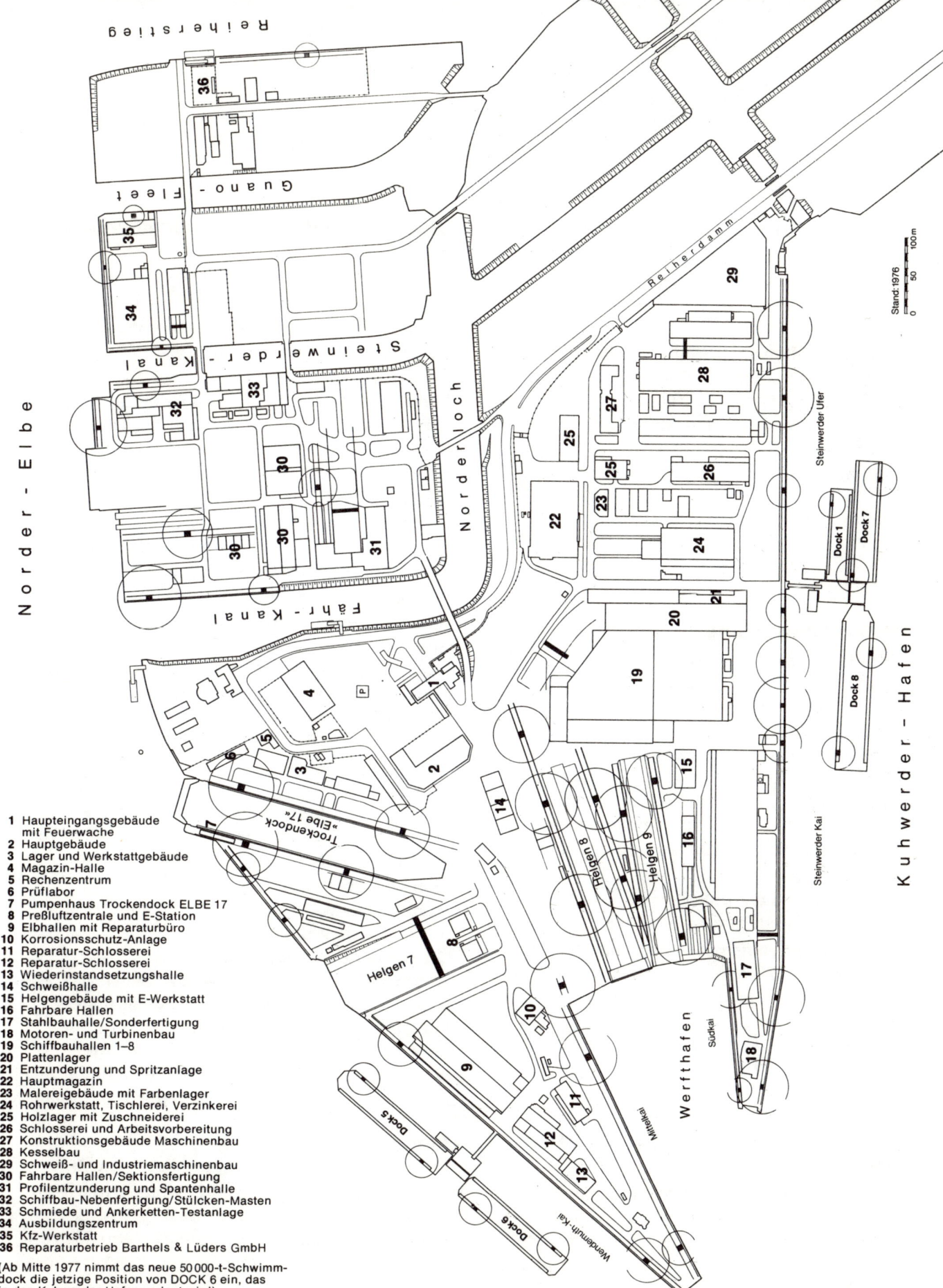

1 Haupteingangsgebäude
   mit Feuerwache
2 Hauptgebäude
3 Lager und Werkstattgebäude
4 Magazin-Halle
5 Rechenzentrum
6 Prüflabor
7 Pumpenhaus Trockendock ELBE 17
8 Preßluftzentrale und E-Station
9 Elbhallen mit Reparaturbüro
10 Korrosionsschutz-Anlage
11 Reparatur-Schlosserei
12 Reparatur-Schlosserei
13 Wiederinstandsetzungshalle
14 Schweißhalle
15 Helgengebäude mit E-Werkstatt
16 Fahrbare Hallen
17 Stahlbauhalle/Sonderfertigung
18 Motoren- und Turbinenbau
19 Schiffbauhallen 1–8
20 Plattenlager
21 Entzunderung und Spritzanlage
22 Hauptmagazin
23 Malereigebäude mit Farbenlager
24 Rohrwerkstatt, Tischlerei, Verzinkerei
25 Holzlager mit Zuschneiderei
26 Schlosserei und Arbeitsvorbereitung
27 Konstruktionsgebäude Maschinenbau
28 Kesselbau
29 Schweiß- und Industriemaschinenbau
30 Fahrbare Hallen/Sektionsfertigung
31 Profilentzunderung und Spantenhalle
32 Schiffbau-Nebenfertigung/Stülcken-Masten
33 Schmiede und Ankerketten-Testanlage
34 Ausbildungszentrum
35 Kfz-Werkstatt
36 Reparaturbetrieb Barthels & Lüders GmbH

(Ab Mitte 1977 nimmt das neue 50 000-t-Schwimm-
dock die jetzige Position von DOCK 6 ein, das
in den Kuhwerder-Hafen verlegt wird)

Blohm + Voss heute

B + V-Beteiligungs-Gesellschaften:

Ottensener Eisenwerk GmbH, Hamburg, 100 %,
Barthels & Lüders GmbH, Hamburg, 100 %,
Steinwerder Dock-Anlagen GmbH, Hamburg
100 %,
Marine-Schiffstechnik Planungs-Gesellschaft
mbH (MSG), Hamburg, 40 %,
Noske GmbH, Hamburg, 100 %,
Blohm + Voss Unterelbe GmbH, Brunsbüttel,
100 %,
Elbe Slop-Ex GmbH, Co., KG., Brunsbüttel,
33⅓ %,
Blohm + Voss Norden A/S, Oslo, 100 %,
Blohm + Voss Pty. (Ltd.), Johannesburg, 85 %,
M 1000 Inredning System A/S, Lier, Norway,
50 %.

Unternehmensbereich Schiffbau

Schiffsneubau (Entwicklung und Bau)
Containerschiffe, Massengutschiffe, Autotransporter, Tanker, Kühlschiffe und Frachtschiffe mit
Motor- und Turbinenantrieb, Multi-Purpose-Schiffe, Wehrtechnik/See.
Offshore:
Bohrinseln, Bohrschiffe, Service-Schiffe, Rohrlege- und Kranschiffe, schwimmende Erdgasverflüssigungsanlagen, Offshore-Komponenten.

Schiffsumbau
Umbauten und Vergrößerungen aller Art von
Seeschiffen und Offshore-Geräten.

Schiffs- und Schiffsmaschinenreparatur
Offshore-Geräte- und Schiffsreparaturen jeder Art
mit Dockmöglichkeiten für Schiffe bis 320 000 tdw
Schwimmdocks:
1 Dock: 22 000 t Hebefähigkeit,
1 Dock: 15 000 t Hebefähigkeit,
1 Dock: 50 000 t Hebefähigkeit,
2 Docks: 18 000 t Hebefähigkeit,
1 Trockendock (ELBE 17) für Schiffe bis 320 000
tdw,

Maschinen- und Turbinenreparaturen aller
Fabrikate;
Vertragswerkstatt für Napier-Turbolader; Kettenprüfmaschine; Verzinkerei; Schleudergrube für
Turbinenmotoren bis 30 t.

Unternehmensbereich Maschinenbau

Turbinenbau
Industrieturbinen bis ca. 60 MW; Schiffshauptturbinen und Schiffshilfsturbinen für alle Betriebsverhältnisse und für jede Leistung; Wucht- und
Schleuderanlage für Turbinen und Lüfterrotore.

Kesselbau
Schiffshaupt- und -hilfskessel jeder Leistung;
Landkessel mit Dampfleistungen bis 120 t/h;
Dreizugkessel; Eckrohrkessel; Konstruktion und
Bau von Heizzentralen.

Motorenbau
Schiffshauptmotoren in Lizenz der M.A.N.; mittelschnellaufende Dieselmotoren für Schiffs- und
Generatorenantriebe bis ca. 27 000 PS in Lizenz
der S.E.M.T. Pielstick; Diesel-Kraftstationen.

Allgemeiner Maschinenbau
Spiralrohrschweißmaschinen; Rohrprüfpressen;
Rohrtransporteinrichtungen nach eigenen Konstruktionen; Wasserbremsen; Schwermaschinenbau nach Kundenzeichnungen; Planung und
Errichtung von Spiralrohrwerken; Kampnagel-Krane.

Apparatebau
Anlagen- und Apparatebau: Kondensatoren;
Vorwärmer; Kühler; Schalldämpfer für jeden Verwendungszweck; Dehydratations-Anlagen.

Montage-Abteilung
Montagen aller Art auf Schiffen und in der Industrie
mit weltweitem Service.

Ottensener Eisenwerk GmbH
Widerstands-Schweißmaschinen; Schweiß-Transferstraßen für die Auto- und Haushaltgeräte-Industrie; Automatische Schutzgas-Schweißanlagen; Ventil-Stauchmaschinen; Anlagen für
induktives und konduktives Erwärmen durch
Netz- und Mittelfrequenz; Plantagenmaschinen.

Planung und Beratung
Planung, Konstruktion und Koordination für
Werftanlagen; Lieferung und Montage von Werfteinrichtungen und Werftausrüstungen; Erarbeitung von Netzplänen und Erstellung von Computerprogrammen für technische Zwecke; operation research.

Persönlich haftende Gesellschafter, Aufsichtsrats- und Vorstandsmitglieder

Persönlich haftende Gesellschafter

Blohm & Voss / Blohm & Voss KGa.A. / Blohm & Voss KG

	von	bis
Dr.-Ing. h. c. Hermann Blohm	1877	1929
Rud. Blohm	1914	1955
Walther Blohm	1916	1955
Ernst Voss	1877	1913

Aufsichtsratsmitglieder

Blohm & Voss KGa.A. / Steinwerder Industrie AG / Blohm + Voss AG

	von	bis
Johs. S. Amsinck	1920	1936
Dr. jur. Friedrich G. Baur	1963	1970
John v. Berenberg-Gossler	1901	1912
Dr. iur. Otto Blecke	1955	1968
Alfred Blohm	1911	1936
George H. Blohm	1897	1908
L. Frederico Blohm	1891	1910
Otto Blohm	1910	1936
Rud. Blohm	1958	—*
Willy Böhland	1955	1968
Carl Bohn	1955	1968
Dr. mont. Dr.-Ing. e. h. Hermann Th. Brandi	1970	1973
Prof. Dr. oec. Walter Cordes	1970	1974
Dr. jur. Christoph v. d. Decken	1968	1975
Günther v. Dietlein	1973	—
Kurt v. Dietlein	1966	1973
Dr. jur. Walter Dudek	1958	1963
Dr. rer. pol. Hans Fahning	1969	—
Dr. Otto Chr. Fischer	1933	1936
Dr. rer. pol. Ulrich Frhr. v. Freyberg	1966	—
Dr. rer. pol. h. c. Fritz-Aurel Goergen	1955	1957
A. W. Gruner	1892	1897
B. Hahlo	1891	1908
Kurt Hansen	1965	1970
F. C. H. Heye	1920	1936
Willy Höppner	1968	1973
Carl Jacob	1922	1932
Max Detlef Ketels	1951	1963
Werner Knödler	1966	—
Peter Knüppel	1975	—
Hans Korfmann	1972	1974
Carl Laeisz	1891	1901
Willi Lindemann	1968	—
Dr. jur. Jochen Mackenrodt	1974	—
Dr. iur. Oscar Meincke	1955	1968
Dr. rer. pol. h. c. Ernst Wolf Mommsen	1955	1970
Dr. jur. h. c. Alwin Münchmeyer	1951	1975
Hermann Münchmeyer	1934	1936
Rudolf H. Petersen	1951	1955
Wolfgang H. Philipp	1973	—
Dr.-Ing. e. h. Bernhard Plettner	1967	1972
Jürgen Ponto	1965	1972
Erhard Prehm	1970	1975
Dietrich Ranft	1972	1975
Heinrich Richter	1960	1965
Hans Rinn	1958	1965
Rudolf Saalfeld	1952	1960
Dr.-Ing. Wolfgang Schaefers	1975	—
Dr. jur. Gerhard Schattschneider	1975	—
Karl Schreyer	1973	—
Kurt Schröder	1963	1973
F. A. Schwarz	1912	1920
Karl-Heinz Steffen	1973	—
Dr. jur. Max Tiefenbacher	1966	1967
Adolf Tonn	1922	1932
C. E. Treege	1920	1932
Dr. rer. pol. Hans Karl Vellguth	1957	1970
Günter Vogelsang	1974	—
Ernst Voss	1913	1920
Max M. Warburg	1911	1935
Ernst-Christian Frhr. v. Werthern	1970	—
Dr. Otto E. Westphal	1892	1919
Adolf Woermann	1892	1910
Eduard Woermann	1911	1919

* Der Strich in der zweiten Spalte bedeutet jeweils, daß die Betreffenden bei Drucklegung des Buches noch im Amt sind.

Vorstandsmitglieder

Steinwerder Industrie AG / Blohm + Voss AG

	von	bis
Dr.-Ing. Werner Bartels	1970	—
Georg Blohm	1956	1963
Rud. Blohm	1951	1957
Walther Blohm	1951	1958
Dr. jur. Michael Budczies	1970	—
Hans Dicke	1962	1967
Dr. jur. Heinrich V. Prinz Reuss	1966	1969
Joseph H. Van Riet	1962	1970
Ernst-Christian Frhr. v. Werthern	1956	1970

Alle Neubauten der Werftgeschichte 1877 – 1977

Zusammengestellt von Arnold Kludas

Deutsches Schiffahrtsmuseum, Bremerhaven

Anmerkungen und Erläuterungen zur Bauliste

Allgemein
Ein Strich bedeutet, daß in der betreffenden Rubrik eine Angabe zu dem Schiff entfällt.
Eine offen gebliebene Rubrik besagt, daß die betreffende Angabe nicht zu ermitteln war.

Rubrik 5
Tragfähigkeit und Wasserverdrängung sind in Tonnen zu 1000 kg angegeben.
Die Wasserverdrängung als übliche Größenangabe bei Kriegsschiffen und bestimmten Spezialfahrzeugen ist in halbfetten Ziffern gesetzt. Angegeben ist die Standard-Verdrängung; bei U-Booten die des aufgetauchten Fahrzeugs.

Rubrik 6
Hier sind die für den Schiffbauer wichtigsten Hauptabmessungen angegeben: die Länge zwischen den Loten (bei Kriegsschiffen Länge in der Konstruktions-Wasserlinie, bei U-Booten ausnahmsweise die Länge über alles) und die größte Breite über Spanten.

Rubrik 9
Die angegebenen PS-Zahlen sind bei Kolbendampfmaschinen indizierte PS = PSi; bei Turbinen Wellen-PS = PSw; bei Dieselmotoren effektive Brems-PS = PSe. Bei U-Booten sind die Werte in Klammern die Unterwasserantriebsart, Leistung und Unterwassergeschwindigkeit.

Rubrik 10
Bei den U-Boot-Bauten im Zweiten Weltkrieg ist das untere Datum der Tag der Indienststellung; abgeliefert wurden die Boote durchweg eine Woche früher.

Rubrik 11
Leider ist aus Platzgründen eine ausführliche Darstellung der teilweise sehr langen und wechselhaften Lebensläufe der Blohm & Voss-Schiffe im Rahmen dieser Aufstellung nicht möglich.
In dieser Kolumne beschränken sich die Angaben daher auf das Endschicksal des Schiffes mit den Details: letzter Name und Nationalität, Jahr und Art des Verbleibs. Der Name ist nicht angegeben, wenn er sich seit Indienststellung nicht geändert hatte. Schiffe ohne Nationalitätsangabe sind deutsch.
Die Angabe ‚In Fahrt' besagt, daß das Fahrzeug im Februar 1977 noch in Dienst gewesen ist.

Die Zweisprachigkeit der Neubauliste ergibt sich als Gründen einer deutsch-englischen Ko-Produktion dieses Buches. Sie erscheint aus zwingenden Gründen in beiden Ausgaben gleichzeitig.

1	2	3	4	5	6	7	8	9	10	11
Bau-Nr.	Typ	NAME bzw. Bezeichnung	Auftraggeber	BRT *Tragfähigkeit* **Verdrängung**	Länge Breite m	Seiten- höhe m	Fahr- gäste	Maschinenart PS – Kn / Schrauben	Stapellauf Ablieferung	Bemerkungen
Yard-Nr.	Type	NAME Objekt	Owner	GRT *tdw* **Displacement**	Length Beam m	Depth m	Passen- gers	Type of Engine HP – Kn / Propellers	Launching Delivery	Remarks

Die Angaben für tdw sind aus Gründen der Vereinfachung nicht in englischen tons, sondern in Tonnen (t = 1000 kg) angegeben.

Bau-Nr.	Typ	NAME bzw. Bezeichnung	Auftraggeber	BRT Tragfähigkeit Verdrängung	Länge Breite m	Seitenhöhe m	Fahrgäste	Maschinenart PS – Kn / Schrauben	Stapellauf Ablieferung	Bemerkungen
Yard-Nr.	Type	NAME Object	Owner	GRT tdw Displacement	Length Beam m	Depth m	Passengers	Type of Engine HP – Kn / Propellers	Launching Delivery	Remarks
1	Bark Barque	FLORA	M. G. Amsinck, Hamburg	995 1080	59,44 10,21	6,65	–	–	7. 9. 80 21. 12. 80	vom Stapel als NATIONAL; 1890 verschollen
2	Raddampfer Paddle steamer	ELBE	Stade-Altländer D. R. G., Stade	138	43,28 5,79	2,44	437	Verbund-Dampfmaschine 330 – 12	31. 5. 79 6. 9. 79	1930 abgewrackt
3	Frachtschiff Cargo vessel	BURG	G. H. & J. Johannsen, Hamburg	216	28,96 4,88	3,20	–	Verbund-Dampfmaschine 120 – 8	10. 5. 79 17. 7. 79	1950 als spanische JOSEFITA abgewrackt
4	Frachtschiff Cargo vessel	MLAWKA	A. Gibsone, Danzig	709 857	57,30 8,23	5,26	–	Verbund-Dampfmaschine 450 – 10	18. 11. 79 12. 2. 80	1909 als norwegische STERK gestrandet
5	Frachtschiff Cargo vessel	WELLE	J. P. Massmann, Heiligenhafen	517 610	48,77 7,32	4,37	10	Verbund-Dampfmaschine 240 – 8	20. 1. 80 17. 3. 80	1887 im Register gelöscht
6	Frachtschiff Cargo vessel	OLBERS	D. G. »Neptun«, Bremen	528 637	50,88 7,47	4,64	–	Verbund-Dampfmaschine 240 – 8	8. 6. 80 21. 7. 80	1882 gesunken
7	Frachtschiff Cargo vessel	BESSEL	D. G. »Neptun«, Bremen	537 640	50,88 7,47	4,64	–	Verbund-Dampfmaschine 240 – 8	7. 7. 80 13. 8. 80	1884 gesunken
8	Schlepper Tug	BLOHM & VOSS	Blohm & Voss, Hamburg	50	16,76 3,96	3,12	–	Verbund-Dampfmaschine 100 – 8	9. 10. 80 14. 11. 80	1936 abgewrackt
9	Fracht- und Fahrgastschiff Passenger-cargo ship	ROSARIO	Hamburg-Süd, Hamburg	1824 2072	83,82 10,36	7,87	320	Verbund-Dampfmaschine 800 – 10	16. 4. 81 4. 9. 81	1916 als italienische VARAZZE gestrandet
10	Schonerbark Schooner barque	LISETTE	G. Oestmann, Blankenese	399 324	38,94 8,46	4,63	–	–	24. 5. 81 30. 6. 81	1881 verschollen
11	Schwimmdocksektion Floating dock section								31. 5. 81	
12	Schwimmdocksection Floating dock section	DOCK I	Blohm & Voss, Hamburg	–	33,00	–	–	–	14. 6. 81	3000 t Hebefähigkeit; 2. 1. 1882 in Betrieb; 1929 verkauft
13	Schwimmdocksection Floating dock section								28. 6. 81	
14	Frachtschiff Cargo vessel	PICCIOLA	A. J. Hertz & Söhne, Hamburg	1175 1204	67,06 9,58	7,39	10	Verbund-Dampfmaschine 360 – 8	24. 8. 81 6. 11. 81	1903 als FOOMOON gestrandet
15	Frachtschiff Cargo vessel	VORSETZEN	D. R. »Hansa«, Hamburg	1714 2353	83,82 10,67	7,62	4	Verbund-Dampfmaschine 700 – 9	19. 11. 81 14. 2. 82	1885 verschollen
16	Frachtschiff Cargo vessel	INGO	J. P. Massmann, Heiligenhafen	865 1054	60,96 8,69	6,34		Verbund-Dampfmaschine 380 – 9	13. 2. 82 13. 4. 82	1906 als japanische HOKUYO MARU gestrandet
17	Baggerschuten Dredger barges	–	Hamburger Staat				–	–	1. 3. 80	
18	Fracht- und Fahrgastschiff Passenger-cargo ship	PROFESSOR WOERMANN	Woermann-Linie, Hamburg	1611 2125	79,25 10,67	6,15	21	Verbund-Dampfmaschine 700 – 9,5	5. 4. 82 3. 5. 82	1930 als brasilianische ARACATY abgewrackt
19	Bark Barque	AURORA	M. G. Amsinck, Hamburg	1079 1200	60,96 10,36	6,66	–	–	3. 6. 82 7. 8. 82	1882 nach Kollision gesunken
20	Bark Barque	PARSIFAL	F. Laeisz, Hamburg	1075 1200	60,96 10,36	6,66	–	–	19. 6. 82 10. 9. 82	1886 gesunken
21	Fracht- und Fahrgastschiff Passenger-cargo ship	VESTA	A. Kirsten, Hamburg	882 1100	60,96 9,14	5,55	124	Verbund-Dampfmaschine 450 – 9	6. 9. 82 8. 10. 82	1934 als LEONORE abgewrackt
22	Frachtschiff Cargo vessel	ROMA	O. L. Eichmann, Hamburg	1949 2786	86,87 11,13	7,93	–	Verbund-Dampfmaschine 1200 – 10	9. 12. 82 15. 2. 83	1891 gesunken
23	Bark Barque	BANCO MOBILIARIO	H. C. J. Fölsch, Hamburg	1085 1200	60,96 10,36	6,66	–	–	27. 9. 82 4. 11. 82	1895 gestrandet

Bau-Nr.	Typ	NAME bzw. Bezeichnung	Auftraggeber	BRT / Tragfähigkeit / Verdrängung	Länge Breite m	Seiten- höhe m	Fahr- gäste	Maschinenart PS – Kn / Schrauben	Stapellauf Ablieferung	Bemerkungen
Yard-Nr.	Type	NAME Objekt	Owner	GRT / tdw / Displacement	Length Beam m	Depth m	Passen- gers	Type of Engine HP – Kn / Propellers	Launching Delivery	Remarks
24	Fracht- und Fahrgastschiff Passenger-cargo ship	MARIE	M. Jebsen, Apenrade	885 / 1100	60,96 / 9,14	6,34	14	Verbund-Dampfmaschine 380 – 9	24. 1. 83 / 8. 4. 83	1891 gestrandet
25	Fracht- und Fahrgastschiff Passenger-cargo ship	SETOS	D. D. G. »Kosmos« Hamburg	1746 / 2134	83,82 / 10,67	7,62	102	Verbund-Dampfmaschine 900 – 9,5	7. 4. 83 / 28. 6. 83	1901 nach Kollision gesunken
26	Frachtschiff Cargo vessel	HERMIA	A. Kirsten, Hamburg	1180 / 1500	67,06 / 9,75	7,32	–	Verbund-Dampfmaschine 540 – 10,8	14. 7. 83 / 24. 10. 83	1887 gestrandet
27	Frachtschiff Cargo vessel	CELIA	A. Kirsten, Hamburg	1175 / 1500	67,06 / 9,75	7,32	–	Verbund-Dampfmaschine 540 – 10,8	1. 9. 83 / 7. 12. 83	1891 gesunken
28	Fracht- und Fahrgastschiff Passenger-cargo ship	ELLA WOERMANN	Woermann-Linie, Hamburg	1666 / 2220	82,30 / 10,67	6,94	22	Verbund-Dampfmaschine 750 – 9,5	6. 6. 83 / 2. 9. 83	1916 als italienische HELVETIA nach Kollision gesunken
29	Frachtschiff Cargo vessel	FIDELIO	A. J. Hertz & Söhne, Hamburg	1187 / 1525	67,06 / 9,75	7,32	–	Verbund-Dampfmaschine 460 – 9	8. 12. 83 / 17. 2. 84	1900 als japanische HOKU MARU im Register gelöscht
30	Frachtschiff Cargo vessel	INGRABAN	J. P. Massmann, Heiligenhafen	1284 / 1575	71,36 / 9,75	7,32	12	Verbund-Dampfmaschine 700 – 12	26. 1. 84 / 13. 3. 84	1901 ausgebrannt
31	Bark Barque	PIRAT	F. Laeisz, Hamburg	1053 / 1290	60,96 / 10,36	6,66	–	–	29. 9. 83 / 15. 11. 83	1911 gesunken
32	Frachtschiff Cargo vessel	AMIGO	M. Jebsen, Apenrade	1186 / 1533	67,06 / 9,75	7,32	4	Verbund-Dampfmaschine 540 – 10	9. 4. 84 / 26. 5. 84	1916 als japanische TAKE MARU verschollen
33	Bark Barque	PESTALOZZI	F. Laeisz, Hamburg	1062 / 1290	60,96 / 10,36	6,66	–	–	20. 9. 84 / 25. 10. 84	1937 abgewrackt
34	Leichter Lighter	FRITZ	A. Koch, Hamburg	250 / 130	23,70 / 5,03	2,36	–	–	15. 12. 83 / 15. 12. 83	
35	Leichter Lighter	AUGUST	A. Koch, Hamburg	250 / 130	23,70 / 5,03	2,36	–	–	15. 12. 83 / 15. 12. 83	
36	Leichter Lighter	ANNA	A. Koch, Hamburg	250 / 130	23,70 / 5,03	2,36	–	–	27. 12. 83 / 27. 12. 83	
37	Leichter Lighter	WILHELM	A. Koch, Hamburg	250 / 130	23,70 / 5,03	2,36	–	–	27. 12. 83 / 27. 12. 83	
38	Bark Barque	SENTA	P. Breckwoldt, Blankenese	1061 / 1315	60,96 / 10,36	6,66	–	–	26. 4. 84 / 10. 6. 84	1929 als US-amerik. SEMPER FIDELIS im Register gelöscht
39	Bark Barque	EUROPA	A. Bolten, Hamburg	1256 / 1560	65,07 / 10,87	6,94	–	–	11. 6. 84 / 25. 7. 84	1895 ausgebrannt
40	Schwimmdock- sektion Floating dock section	DOCK II	Blohm & Voss, Hamburg	–	66,00	–	–	–	29. 11. 84	2400 t Hebefähigkeit; 4. 7. 85 in Betrieb
41	Schwimmdock- section Floating dock section									
42	Fracht- und Fahrgastschiff Passenger-cargo ship	DESTERRO	Hamburg-Süd, Hamburg	2010 / 2505	86,87 / 11,13	7,85	304	Verbund-Dampfmaschine 1000 – 10	28. 2. 85 / 10. 5. 83	1892 gestrandet
43	Viermastbark Four-masted barque	POLYMNIA	B. Wencke Söhne, Hamburg	2134 / 3010	84,73 / 12,95	8,18	–	–	16. 1. 86 / 13. 3. 86	1907 gestrandet
44	Raddampfer Paddle steamer	FREIA	Blohm & Voss, Hamburg	683 / 150	71,63 / 8,08	4,42	780	Verbund-Dampfmaschine 1600 – 15	20. 5. 85 / 18. 7. 85	1928 abgewrackt
45	Bark Barque	PAPOSO	H. J. C. Fölsch, Hamburg	1062 / 1280	60,96 / 10,36	6,66	–	–	6. 8. 85 / 3. 10. 85	1918 unter norwegischer Flagge gesunken
46	Bark Barque	PLUS	F. Laeisz, Hamburg	1259 / 1515	65,07 / 10,87	6,94	–	–	30. 10. 85 / 18. 11. 85	1933 unter finnischer Flagge gesunken

230

Bau-Nr.	Typ	NAME bzw. Bezeichnung	Auftraggeber	BRT *Tragfähigkeit* **Verdrängung**	Länge Breite m	Seiten- höhe m	Fahr- gäste	Maschinenart PS – Kn / Schrauben	Stapellauf Ablieferung	Bemerkungen
Yard-Nr.	Type	NAME Object	Owner	GRT *tdw* **Displacement**	Length Beam m	Depth m	Passen- gers	Type of Engine HP – Kn / Propellers	Launching Delivery	Remarks
47	Fracht- und Fahrgastschiff Passenger-cargo ship	ADOLPH WOERMANN	Woermann-Linie, Hamburg	1687 *2060*	82,30 10,67	7,14	31	Verbund-Dampfmaschine 1000 – 10	20. 3. 86 22. 6. 86	1894 nach Kollision gesunken
48	Fracht- und Fahrgastschiff Passenger-cargo ship	LULU BOHLEN	Woermann-Linie, Hamburg	1682 *2060*	82,30 10,67	7,14	31	3fach Exp.-Dampfmaschine 1000 – 10	15. 6. 86 23. 8. 86	1903 gestrandet
49	Schießprahm Explosive charge barge		Kaiserliche Marine	**323**	30,00 7,50	2,66	–	–	3. 12. 85 3. 12. 85	
50	Frachtschiff Cargo vessel	YSABEL	A. von Hansemann, Berlin/Hamburg	524 *637*	50,29 8,08	4,65	–	Verbund-Dampfmaschine 250 – 8,5	11. 9. 86 4. 11. 86	1908 unter britischer Flagge im Register gelöscht
51	Bark Barque	POTRIMPOS	F. Laeisz, Hamburg	1273 *1590*	65,07 10,87	6,94	–	–	19. 2. 87 10. 5. 87	1896 gestrandet
52	Bark Barque	PROMPT	F. Laeisz, Hamburg	1445 *1830*	70,10 11,58	6,96	–	–	23. 4. 87 10. 6. 87	1936 als dänische PROMPT abgewrackt
53	Fracht- und Fahrgastschiff Passenger-cargo ship	MARIE WOERMANN	Woermann-Linie, Hamburg	1772 *2060*	82,30 10,67	7,14	31	3fach-Exp.-Dampfmaschine 1000 – 10	4. 6. 87 26. 8. 87	1911 als griechische KATINITSA verschollen
54	Frachtschiff Cargo vessel	ALIDA	Blohm & Voss, Hamburg	906 *1150*	62,48 9,14	6,25	–	3fach-Exp.-Dampfmaschine 450 – 10	22. 9. 87 26. 10. 96	1912 als belgische GARONNE nach Kollision gesunken
55	Frachtschiff Cargo vessel	ELSE	M. Jebsen, Apenrade	975 *1170*	62,48 9,14	6,25	–	3fach-Exp.-Dampfmaschine 450 – 10	1. 10. 87 19. 12. 87	1925 als japanische IBUKI MARU gestrandet
56	Bark Barque	PAMELIA	F. Laeisz, Hamburg	1476 *1800*	71,32 11,58	6,96	–	–	13. 12. 87 29. 5. 88	1927 als norwegische PAMELIA abgewrackt
57	Fracht- und Fahrgastschiff Passenger-cargo ship	PORTO ALEGRE	Hamburg-Süd, Hamburg	2576 *2910*	98,14 12,14	7,86	300	3fach-Exp.-Dampfmaschine 1500 – 11,5	5. 6. 88 13. 11. 88	1917 als italienische MISURATA torpediert
58	Fracht- und Fahrgastschiff Passenger-cargo ship	MONTEVIDEO	Hamburg-Süd, Hamburg	2607 *2875*	98,14 12,14	7,86	300	3fach-Exp.-Dampfmaschine 1500 – 11,5	8. 8. 88 8. 1. 89	1943 als türkische SAKARYA gesunken
59	Bark Barque	PERGAMON	F. Laeisz, Hamburg	1447 *1800*	71,32 11,58	6,96	–	–	3. 11. 88 24. 12. 88	1891 verschollen
60	Fracht- und Fahrgastschiff Passenger-cargo ship	CROATIA	Hamburg-Amerika Linie, Hamburg	2052 *2576*	88,39 10,97	7,84	114	3fach-Exp.-Dampfmaschine 1000 – 10	3. 11. 88 21. 2. 89	1961 als türkische DUMLUPINAR abgewrackt
61	Bark Barque	POTSDAM	F. Laeisz, Hamburg	1447 *1800*	71,32 11,58	6,96	–	–	17. 12. 88 14. 2. 89	1891 gestrandet
62	Frachtschiff Cargo vessel	SWATOW	F. W. Galles, Hamburg	1013 *1237*	65,84 9,45	6,25	2	3fach-Exp.-Dampfmaschine 460 – 10	22. 1. 89 27. 3. 89	1936 als japanische ZUIHO MARU gestrandet
63	Fracht- und Fahrgastschiff Passenger-cargo ship	ISIS	D. D. G. »Kosmos«, Hamburg	2645 *3652*	97,53 12,19	8,23	58	3fach-Exp.-Dampfmaschine 1300 – 10,5	27. 4. 89 31. 7. 89	1930 als japanische URAYASU MARU abgewrackt
64	Fracht- und Fahrgastschiff Passenger-cargo ship	CINTRA	Hamburg-Süd, Hamburg	2643 *2880*	98,14 12,14	7,86	300	3fach-Exp.-Dampfmaschine 1500 – 11,5	16. 3. 89 23. 5. 89	1916 als italienische CORNIGLIANO torpediert
65	Fracht- und Fahrgastschiff Passenger-cargo ship	ERLANGEN	Deutsch-Austral. D. G., Hamburg	2750 *3646*	97,53 12,19	8,23	198	3fach-Exp.-Dampfmaschine 1300 – 10	29. 6. 89 12. 10. 89	1894 gestrandet
66	Vollschiff Full-rigged ship	PALMYRA	F. Laeisz, Hamburg	1797 *2370*	77,42 12,19	7,47	–	–	12. 8. 89 9. 10. 89	1908 gestrandet

231

Bau-Nr.	Typ	NAME bzw. Bezeichnung	Auftraggeber	BRT *Tragfähigkeit* **Verdrängung**	Länge Breite m	Seiten- höhe m	Fahr- gäste	Maschinenart PS – Kn / Schrauben	Stapellauf Ablieferung	Bemerkungen
Yard-Nr.	Type	NAME Objekt	Owner	GRT *tdw* **Displacement**	Length Beam m	Depth m	Passen- gers	Type of Engine HP – Kn / Propellers	Launching Delivery	Remarks
67	Fracht- und Fahrgastschiff Passenger-cargo ship	EDUARD BOHLEN	Woermann-Linie, Hamburg	2202 *2350*	94,49 11,58	7,32	46	3fach-Exp.-Dampfmaschine 1340 – 11	15. 9. 89 18. 11. 89	1923 als italienische IDA abgewrackt
68	Fracht- und Fahrgastschiff Passenger-cargo ship	OSIRIS	D. D. G. »Kosmos«, Hamburg	2638 *3637*	97,53 12,19	8,23	62	3fach-Exp.-Dampfmaschine 1300 – 11	23. 10. 89 30. 12. 89	1914 versenkt
69	Frachtschiff Cargo vessel	BHOPAL	Hamburg-Calcutta-Linie, Hamburg	3041 *4090*	103,63 12,80	9,08	–	3fach-Exp.-Dampfmaschine 1800 – 11	21. 12. 89 22. 3. 90	1905 als CASTILIA verschollen
70	Fracht- und Fahrgastschiff Passenger-cargo ship	ALINE WOERMANN	Woermann-Linie, Hamburg	2192 *2350*	94,49 11,58	7,32	46	3fach-Exp.-Dampfmaschine 1340 – 11	18. 2. 90 1. 6. 90	Als BUNDESRATH in Dienst; 1909 abgewrackt
71	Frachtschiff Cargo vessel	CHUSAN	D. G. »Swatow«, Hamburg	1007 *1195*	65,84 9,45	6,25	2	3fach-Exp.-Dampfmaschine 460 – 10	19. 3. 90 28. 6. 90	1941 als US-amerik. VIZCAYA selbstversenkt
72	Fracht- und Fahrgastschiff Passenger-cargo ship	SERAPIS	D. D. G. »Kosmos«, Hamburg	2707 *3585*	97,53 12,19	8,23	26	3fach-Exp.-Dampfmaschine 1300 ––11	19. 4. 90 19. 8. 90	1945 als chilenische HUEMUL gesunken
73	Fracht- und Fahrgastschiff Passenger-cargo ship	AMAZONAS	Hamburg-Süd, Hamburg	3075 *3460*	99,36 12,65	7,62	292	3fach-Exp.-Dampfmaschine 2000 – 11,5	26. 7. 90 25. 10. 90	1915 als VENETIA torpediert
74	Frachtschiff Cargo vessel	BAUMWALL	D. R. »Hansa«, Hamburg	2889 *3955*	100,58 12,57	8,92	6	3fach-Exp.-Dampfmaschine 1350 – 10	28. 8. 90 3. 12. 90	1913 als CHRISTIANIA nach Kollision gesunken
75	Fracht- und Fahrgastschiff Passenger-cargo ship	EDUARD BOHLEN	Woermann-Linie, Hamburg	2367 *2795*	94,48 11,58	7,93	46	3fach-Exp.-Dampfmaschine 1340 – 11	23. 10. 90 28. 1. 90	1909 gestrandet
76	Fracht- und Fahrgastschiff Passenger-cargo ship	KANZLER	Dtsch. Ost-Afrika-Linie, Hamburg	2838 *3127*	100,58 12,50	8,23	94	3fach-Exp.-Dampfmaschine 1900 – 12	22. 11. 90 24. 3. 91	1891 gestrandet
77	Fracht- und Fahrgastschiff Passenger-cargo ship	ALINE WOERMANN	Woermann-Linie, Hamburg	2192 *2795*	94,49 11,58	7,93	46	3fach-Exp.-Dampfmaschine 1340 – 11	21. 2. 91 25. 3. 91	1918 als britische KUM CHOW verschollen
78	Frachtschiff Cargo vessel	PETERS	Dtsch. Ost-Afrika-Linie, Hamburg	595 *620*	51,81 8,23	4,66	18	Verbund-Dampfmaschine 250 – 8	10. 1. 91 11. 2. 91	1960 als sowjetische PENAI im Register gelöscht
79	Frachtschiff Cargo vessel	EMIN	Dtsch. Ost-Afrika-Linie, Hamburg	595 *620*	51,81 8,23	4,66	18	Verbund-Dampfmaschine 250 – 8	19. 3. 91 2. 5. 91	1893 verschollen
80	Frachtschiff Cargo vessel	MATHILDE	M. Jebsen, Apenrade	957 *1161*	65,53 9,14	6,25	4	3fach-Exp.-Dampfmaschine 450 – 10	9. 4. 91 10. 5. 91	Im II. Weltkrieg als japanische HIZEN MARU verloren
81	Vollschiff Full-rigged ship	PREUSSEN	F. Laeisz, Hamburg	1773 *2780*	77,42 12,16	7,47	–	–	23. 5. 91 13. 7. 91	1909 nach Explosion gesunken
82	Kleiner Kreuzer Light cruiser	CONDOR	Kaiserliche Marine	**1612**	79,00 10,50	6,42	–	3fach-Exp.-Dampfmaschinen 2940 – 16,2 / 2	23. 2. 92 15. 11. 92	1921 abgewrackt
83	Fracht- und Fahrgastschiff Passenger-cargo ship	VIRGINIA	Hamburg-Amerika Linie, Hamburg	2884 *3600*	97,53 12,19	8,23	404	3fach-Exp.-Dampfmaschine 1600 – 11	22. 7. 91 4. 9. 91	1933 als japanische HACHIRO MARU abgewrackt
84	Viermastbark Four-masted barque	HEBE	B. Wencke Söhne, Hamburg	2722 *4000*	91,44 13,72	8,53	–	–	16. 9. 91 20. 10. 91	1898 verschollen
85	Fracht- und Fahrgastschiff Passenger-cargo ship	STASSFURT	Deutsch-Austral. D. G., Hamburg	3342 *3938*	103,63 12,75	8,46	198	3fach-Exp.-Dampfmaschine 450 – 10	24. 10. 91 24. 11. 91	1911 als CHIOS gesunken
86	Frachtschiff Cargo vessel	APENRADE	M. Jebsen, Apenrade	973 *1146*	65,53 9,14	6,25	–	3fach-Exp.-Dampfmaschine 450 – 10	14. 12. 91 29. 1. 92	1906 gestrandet

232

Bau-Nr.	Typ	NAME bzw. Bezeichnung	Auftraggeber	BRT / Tragfähigkeit / Verdrängung	Länge Breite m	Seiten- höhe m	Fahr- gäste	Maschinenart PS – Kn / Schrauben	Stapellauf Ablieferung	Bemerkungen
Yard-Nr.	Type	NAME Object	Owner	GRT / tdw / Displacement	Length Beam m	Depth m	Passen- gers	Type of Engine HP – Kn / Propellers	Launching Delivery	Remarks
87	Fracht- und Fahrgastschiff Passenger-cargo ship	SAFARI	Dtsch. Ost-Afrika-Linie, Hamburg	1433 1660	74,37 9,90	6,86	20	3fach-Exp.-Dampfmaschine 850 – 10	11. 2. 92 9. 3. 92	1928 als britische MANSOURAH abgewrackt
88	Vollschiff Full-rigged ship	SUSANNA	G. J. H. Siemers, Hamburg	1989 3080	80,77 12,80	7,62	–	–	17. 3. 92 20. 4. 92	1913 nach Kollision gesunken
89	Vollschiff Full-rigged ship	THEKLA	G. J. H. Siemers, Hamburg	1995 3063	80,77 12,80	7,62	–	–	9. 4. 92 18. 5. 92	1898 verschollen
90	Fracht- und Fahrgastschiff Passenger-cargo ship	KANZLER	Dtsch. Ost-Afrika-Linie, Hamburg	3052 2950	97,53 12,19	9,83	106	3fach-Exp.-Dampfmaschine 1600 – 11,5	4. 8. 91 6. 10. 91	1914 als britische KANZLER gestrandet
91	Bark Barque	ANTUCO	H. Schuldt, Hamburg	1532 2360	73,76 11,58	7,16	–	–	25. 6. 92 3. 8. 92	1923 als norwegische SÖM abgewrackt
92	Bark Barque	SEESTERN	Th. & F. Eimbcke, Hamburg	1517 2280	73,76 11,58	7,16	–	–	6. 9. 92 19. 11. 92	1913 verschollen
93	Fracht- und Fahrgastschiff Passenger-cargo ship	GERDA	Dtsch. Dampfsch.-Rhederei, Hamburg	3308 4840	106,68 12,75	9,04	22	3fach-Exp.-Dampfmaschine 1700 – 11	17. 12. 92 9. 3. 93	1946 als türkische VATAN abgewrackt
94	Fracht- und Fahrgastschiff Passenger-cargo ship	BUENOS AIRES	Hamburg-Süd, Hamburg	3195 4470	96,01 12,19	9,20	300	3fach-Exp.-Dampfmaschine 1340 – 10,5	2. 3. 93 20. 4. 93	1908 als ASCAN WOERMANN gestrandet
95	Fracht- und Fahrgastschiff Passenger-cargo ship	ROSARIO	Hamburg-Süd, Hamburg	3194 4470	96,01 12,19	9,20	300	3fach-Exp.-Dampfmaschine 1340 – 10,5	15. 4. 93 31. 5. 93	1918 als portugiesische BRAVA torpediert
96	Fracht- und Fahrgastschiff Passenger-cargo ship	ANTONINA	Hamburg-Süd, Hamburg	2396 3525	85,34 11,52	8,08	12	3fach-Exp.-Dampfmaschine 1000 – 10	29. 7. 93 9. 9. 93	1917 als britische POLANNA torpediert
97	Raddampfer Paddle steamer	DELPHIN	Wachsmuth & Krogmann, Hamburg	255 82	46,94 6,40	2,67	700	Verbund-Dampfmaschine 320 – 11	14. 6. 93 17. 7. 93	1959–65 abgewrackt
98	Raddampfer Paddle steamer	PHÖNIX	T. G. Gleichmann, Hamburg	255 82	46,94 6,40	2,67	700	Verbund-Dampfmaschine 320 – 11	29. 6. 93 1. 8. 93	1959 abgewrackt
99	Frachtschiff Cargo vessel	JEANETTE WOERMANN	Woermann-Linie, Hamburg	2286 3557	88,39 11,58	8,17	9	3fach-Exp.-Dampfmaschine 850 – 10	9. 9. 93 11. 10. 93	1916 als britische POLLENTIA gesunken
100	Fracht- und Fahrgastschiff Passenger-cargo ship	WITTEKIND	Norddeutscher Lloyd, Bremen	4997 5683	117,04 14,02	9,14	1114	3fach-Exp.-Dampfmaschine 2500 – 12 / 2	3. 2. 94 8. 4. 94	1924 als US-amerikanische FREEDOM abgewrackt
101	Fracht- und Fahrgastschiff Passenger-cargo ship	WILLEHAD	Norddeutscher Lloyd, Bremen	4998 5689	117,04 14,02	9,14	1114	3fach-Exp.-Dampfmaschine 2500 – 12 / 2	20. 3. 94 11. 5. 94	1924 als US-amerikanische WYANDOTTE abgewrackt
102	Fracht- und Fahrgastschiff Passenger-cargo ship	HERTHA	Dtsch. Dampfsch.-Rhederei, Hamburg	3439 5058	108,50 12,75	8,79	22	3fach-Exp.-Dampfmaschine 1700 – 11,5	21. 4. 94 31. 5. 94	1916 als US-amerikanische SIBIRIA gestrandet
103	Fracht- und Fahrgastschiff Passenger-cargo ship	PHOENICIA	Hamburg-Amerika Linie, Hamburg	7155 7812	140,20 15,85	10,67	2546	3fach-Exp.-Dampfmaschinen 4200 – 12,5 / 2	15. 9. 94 29. 12. 94	1937 als französische VULCAIN abgewrackt
104	Frachtschiff Cargo vessel	THEKLA BOHLEN	Woermann-Linie, Hamburg	2239 3560	88,39 11,58	5,83	9	3fach-Exp.-Dampfmaschine 850 – 10	4. 6. 94 30. 6. 94	1933 als französische LIM CHOW im Register gelöscht
105	Fracht- und Fahrgastschiff Passenger-cargo ship	CORRIENTES	Hamburg-Süd, Hamburg	3775 5124	104,24 12,80	9,07	156	3fach-Exp.-Dampfmaschine 1400 – 10,5	29. 9. 94 24. 10. 94	1936 als brasilianische GUARATUBA abgewrackt

Bau-Nr.	Typ	NAME bzw. Bezeichnung	Auftraggeber	BRT *Tragfähigkeit* **Verdrängung**	Länge Breite m	Seiten- höhe m	Fahr- gäste	Maschinenart PS – Kn / Schrauben	Stapellauf Ablieferung	Bemerkungen.
Yard-Nr.	Type	NAME Objekt	Owner	GRT *tdw* **Displacement**	Length Beam m	Depth m	Passen- gers	Type of Engine HP – Kn / Propellers	Launching Delivery	Remarks
106	Fracht- und Fahrgastschiff Passenger-cargo ship	DESTERRO	Hamburg-Süd, Hamburg	2601 3675	91,44 12,50	7,93	238	3fach-Exp.-Dampfmaschine 1100 – 9,5	11. 12. 94 31. 1. 95	1932 als lettische SELONIJA gesunken
107	Fracht- und Fahrgastschiff Passenger-cargo ship	BELLONA	Dtsch. Dampfsch.- Rhederei, Hamburg	4150 5974	112,77 13,39	9,34	22	3fach-Exp.-Dampfmaschine 1700 – 11	8. 4. 95 18. 5. 95	1925 als französische LAMENTIN abgewrackt
108	Fracht- und Fahrgastschiff Passenger-cargo ship	GUAHYBA	Hamburg-Süd, Hamburg	2756 3879	91,44 12,50	7,93	308	3fach-Exp.-Dampfmaschine 1150 – 9,5	8. 6. 95 18. 7. 95	1916 als portugiesische PORTO SANTO gesunken
109	Fracht- und Fahrgastschiff Passenger-cargo ship	ASUNCION	Hamburg-Süd, Hamburg	4663 6469	114,30 14,02	9,17	456	3fach-Exp.-Dampfmaschine 1800 – 10,5	4. 9. 95 16. 10. 95	1943 als brasilianische CAMPOS torpediert
110	Fracht- und Fahrgastschiff Passenger-cargo ship	TUCUMAN	Hamburg-Süd, Hamburg	4661 6459	114,30 14,02	9,17	456	3fach-Exp.-Dampfmaschine 1800 – 10,5	17. 10. 95 16. 11. 95	1927 abgewrackt
111	Frachtschiff Cargo vessel	KURT WOERMANN	Woermann-Linie, Hamburg	2263 3560	88,39 11,58	5,83	12	3fach-Exp.-Dampfmaschine 850 – 10	20. 7. 95 24. 8. 95	1943 als italienische SIDAMO torpediert
112	Fracht- und Fahrgastschiff Passenger-cargo ship	SENTA	Dtsch. Dampfsch.- Rhederei, Hamburg	4148 6000	112,77 13,39	9,34	22	3fach-Exp.-Dampfmaschine 1700 – 11	14. 11. 95 21. 12. 95	1928 als JEANETTE KAYSER abgewrackt
113	Fracht- und Fahrgastschiff Passenger-cargo ship	CERES	Dtsch. Dampfsch.- Rhederei, Hamburg	4149 6006	112,77 13,39	9,34	22	3fach-Exp.-Dampfmaschine 1700 – 11	25. 1. 96 10. 3. 96	1925 als französische MARGARET FRAENKEL abgewr.
114	Fracht- und Fahrgastschiff Passenger-cargo ship	HERZOG	Dtsch. Ost-Afrika- Linie, Hamburg	4933 5510	121,92 14,33	7,32	154	3fach-Exp.-Dampfmaschinen 2200 – 11,75 / 2	25. 4. 96 4. 7. 96	1925 als portugiesische BEIRA abgewrackt
115	Fracht- und Fahrgastschiff Passenger-cargo ship	BARBAROSSA	Norddeutscher Lloyd, Bremen	10769 8544	160,02 18,29	11,58	2392	4fach-Exp.-Dampfmaschinen 7000 – 14,5 / 2	5. 9. 96 3. 1. 97	1924 als US-amerikanische MERCURY abgewrackt
116	Raddampfer Paddle steamer	PRINZESSIN HEINRICH	Ballin's Dampfsch.- Rhederei, Hamburg	930 100	76,20 8,23	4,42	540	3fach-Exp.-Dampfmaschine 1800 – 16	11. 4. 96 2. 6. 96	1923 abgewrackt
117	Fracht- und Fahrgastschiff Passenger-cargo ship	SÃO PAULO	Hamburg-Süd, Hamburg	4724 6362	114,30 14,02	9,17	468	3fach-Exp.-Dampfmaschine 1800 – 11	3. 10. 96 17. 11. 96	1915 nach Minentreffer gesunken
118	Fracht- und Fahrgastschiff Passenger-cargo ship	WALLY	Dtsch. Dampfsch.- Rhederei, Hamburg	4861 6683	121,92 14,10	9,67	228	3fach-Exp.-Dampfmaschine 2200 – 11	16. 12. 96 18. 2. 97	1957 als argentinische HARPON abgewrackt
119	Fracht- und Fahrgastschiff Passenger-cargo ship	DELLA	Dtsch. Dampfsch.- Rhederei, Hamburg	4855 6626	121,92 14,10	9,67	228	3fach-Exp.-Dampfmaschine 2200 – 11	16. 2. 97 10. 4. 97	1925 als SCANDIA abgewrackt
120	7 Schwimmdock- sektionen 7 floating dock sections	DOCK III	Blohm & Voss, Hamburg	– –	170,70	–	–	–	Jan.-Sept. 97 –	Insges. 17000 t Hebefähigkeit 1897 in Betrieb
121	Fracht- und Fahrgastschiff Passenger-cargo ship	COBLENZ	Norddeutscher Lloyd, Bremen	3169 3838	93,58 12,80	8,38	252	3fach-Exp.-Dampfmaschinen 1500 – 11 / 2	18. 3. 97 5. 5. 97	1923 als US-amerikanische CUBA gestrandet
122	Fracht- und Fahrgastschiff Passenger-cargo ship	PERNAMBUCO	Hamburg-Süd, Hamburg	4788 6400	114,30 14,02	9,17	468	4fach-Exp.-Dampfmaschine 1800 – 11	13. 5. 97 24. 6. 97	1915 torpediert

234

Bau-Nr.	Typ	NAME bzw. Bezeichnung	Auftraggeber	BRT Tragfähigkeit Verdrängung	Länge Breite m	Seiten-höhe m	Fahr-gäste	Maschinenart PS – Kn / Schrauben	Stapellauf Ablieferung	Bemerkungen
Yard-Nr.	Type	NAME Object	Owner	GRT tdw Displacement	Length Beam m	Depth m	Passen-gers	Type of Engine HP – Kn / Propellers	Launching Delivery	Remarks
123	Fracht- und Fahrgastschiff Passenger-cargo ship	PRETORIA	Hamburg-Amerika Linie, Hamburg	12800 13800	170,89 18,90	12,50	2641	4fach-Exp.-Dampfmaschinen 5360 – 13 / 2	9. 10. 97 8. 2. 98	1921 als britische PRETORIA abgewrackt
124	Fracht- und Fahrgastschiff Passenger-cargo ship	SAN NICOLAS	Hamburg-Süd, Hamburg	4739 6390	114,30 14,02	9,17	468	4fach-Exp.-Dampfmaschine 2000 – 11,5	25. 9. 97 11. 11. 97	1962 als brasilianische CAMPOS SALLES abgewrackt
125	Fracht- und Fahrgastschiff Passenger-cargo ship	BULGARIA	Hamburg-Amerika Linie, Hamburg	10237 11977	152,40 18,90	11,58	2700	4fach-Exp.-Dampfmaschinen 4100 – 12 / 2	5. 2. 98 4. 4. 98	1924 als US-amerikanische PHILIPPINES abgewrackt
126	Fracht- und Fahrgastschiff Passenger-cargo ship	SARDINIA	Hamburg-Amerika Linie, Hamburg	3611 4945	105,16 13,26	8,69	620	4fach-Exp.-Dampfmaschine 1700 – 11	5. 4. 98 24. 5. 98	1933 als portugiesische AMBOIM abgewrackt
127	Fracht- und Fahrgastschiff Passenger-cargo ship	SYRIA	Hamburg-Amerika Linie, Hamburg	3607 4961	105,16 13,26	8,69	620	4fach-Exp.-Dampfmaschine 1700 – 11	7. 5. 98 22. 6. 98	1916 torpediert
128	Fracht- und Fahrgastschiff Passenger-cargo ship	ANTONINA	Hamburg-Süd, Hamburg	3992 4823	109,73 13,64	8,69	300	3fach-Exp.-Dampfmaschine 2000 – 12	18. 6. 98 26. 7. 98	1960 als brasilianische PIRANGY abgewrackt
129	Frachtschiff Cargo vessel	BOGOR	Rotterdamsche Lloyd, Rotterdam	3620 5053	100,58 13,56	9,14	6	3fach-Exp.-Dampfmaschine 1600 – 10	16. 7. 98 29. 8. 98	1914 nach Kollision gesunken
130	Frachtschiff Cargo vessel	PAUL WOERMANN	Woermann-Linie, Hamburg	2238 3480	88,39 11,58	7,92	12	3fach-Exp.-Dampfmaschine 850 – 10	11. 8. 98 15. 9. 98	1917 als britische POLANDIA verschollen
131	Fracht- und Fahrgastschiff Passenger-cargo ship	GRAF WALDERSEE	Hamburg-Amerika Linie, Hamburg	12830 13401	170,69 18,90	11,48	2546	4fach-Exp.-Dampfmaschinen 5400 – 13 / 2	10. 12. 98 18. 3. 99	1922 als britische GRAF WALDERSEE abgewrackt
132	Fracht- und Fahrgastschiff Passenger-cargo ship	BATAVIA	Hamburg-Amerika Linie, Hamburg	10178 12230	152,40 18,86	11,70	2700	4fach-Exp.-Dampfmaschinen 3800 – 12 / 2	11. 3. 99 25. 5. 99	1924 als französische BATAVIA abgewrackt
133	Fracht- und Fahrgastschiff Passenger-cargo ship	BELGRAVIA	Hamburg-Amerika Linie, Hamburg	10155 12246	152,40 18,86	11,70	2700	4fach-Exp.-Dampfmaschinen 3800 – 12 / 2	11. 5. 99 12. 8. 99	1945 als sowjetische TRANSBALT torpediert
134	Frachtschiff Cargo vessel	LOTHAR BOHLEN	Woermann-Linie, Hamburg	2232 3485	88,39 11,58	7,92	9	3fach-Exp.-Dampfmaschine 850 – 10	29. 10. 98 26. 11. 98	1949 als japanische ZYUNPU MARU im Register gelöscht
135	Fracht- und Fahrgastschiff Passenger-cargo ship	TIJUCA	Hamburg-Süd, Hamburg	4801 6400	114,20 14,02	9,17	456	4fach-Exp.-Dampfmaschine 2000 – 11,5	5. 7. 99 5. 8. 99	1942 als brasilianische BAEPENDY torpediert
136	Linienschiff Battleship	KAISER KARL DER GROSSE	Kaiserliche Marine	**11097** 20,40	115,00	13,10	–	3fach-Exp.-Dampfmaschinen 14000 – 17,8 / 3	18. 10. 99 9. 1. 02	1920 abgewrackt
137	Fracht- und Fahrgastschiff Passenger-cargo ship	RHEIN	Norddeutscher Lloyd, Bremen	10058 11700	152,40 17,64	12,35	3625	4fach-Exp.-Dampfmaschinen 5000 – 14 / 2	20. 9. 99 4. 12. 99	1928 als US-amerikanische SUSQUEHANNA abgewrackt
138	Fracht- und Fahrgastschiff Passenger-cargo ship	MAIN	Norddeutscher Lloyd, Bremen	10067 11700	152,40 17,64	12,35	3625	4fach-Exp.-Dampfmaschinen 5000 – 14 / 2	10. 2. 00 22. 4. 00	1925 als französische MAIN abgewrackt
139	Fracht- und Fahrgastschiff Passenger-cargo ship	POTSDAM	Holland Amerika Lijn, Rotterdam	12606 11195	167,64 18,90	11,58	2292	3fach-Exp.-Dampfmaschinen 7600 – 15 / 2	15. 12. 99 5. 5. 00	1944 als SONDERBURG selbstversenkt

Bau-Nr.	Typ	NAME bzw. Bezeichnung	Auftraggeber	BRT Tragfähigkeit Verdrängung	Länge Breite m	Seiten- höhe m	Fahr- gäste	Maschinenart PS – Kn / Schrauben	Stapellauf Ablieferung	Bemerkungen
Yard-Nr.	Type	NAME Objekt	Owner	GRT tdw Displacement	Length Beam m	Depth m	Passen- gers	Type of Engine HP – Kn / Propellers	Launching Delivery	Remarks
140	Fracht- und Fahrgastschiff Passenger-cargo ship	KRONPRINZ	Dtsch. Ost-Afrika-Linie, Hamburg	5645 5700	124,97 14,57	9,66	294	3fach-Exp.-Dampfmaschinen 3700 – 13,5 / 2	10. 4. 00 30. 6. 00	1927 als portugiesische QUELIMANE abgewrackt
141	Frachtschiff Cargo vessel	SEGOVIA	Hamburg-Amerika Linie, Hamburg	5872 7988	121,92 16,15	9,22	12	3fach-Exp.-Dampfmaschine 2500 – 11	20. 7. 00 30. 1. 01	1929 als italienische ORDINE abgewrackt
142	Frachtschiff Cargo vessel	C. FERD. LAEISZ	Hamburg-Amerika Linie, Hamburg	5874 7968	121,92 16,15	9,22	12	3fach-Exp.-Dampfmaschine 2500 – 11	17. 11. 00 13. 3. 01	1932 als italienische ELIO abgewrackt
143	Fracht- und Fahrgastschiff Passenger-cargo ship	PRINS MAURITS	Kon. Westind. Mail-dienst, Amsterdam	1788 1910	86,56 11,58	7,93	50	3fach-Exp.-Dampfmaschine 1400 – 12	26. 5. 00 23. 8. 00	1915 gesunken
144	Fahrgastschiff Passenger ship	PRINZESSIN VICTORIA LUISE	Hamburg-Amerika Linie, Hamburg	4409 1480	121,92 14,33	9,07	180	3fach-Exp.-Dampfmaschinen 3600 – 15 / 2	28. 6. 00 19. 12. 00	1906 gestrandet
145	Fracht- und Fahrgastschiff Passenger-cargo ship	PRÄSIDENT	Dtsch. Ost-Afrika-Linie, Hamburg	3310 3714	97,53 12,19	8,53	100	3fach-Exp.-Dampfmaschinen 1500 – 11,5 / 2	19. 12. 00 16. 4. 01	1915 versenkt
146	Frachtschiff Cargo vessel	BESOEKI	Rotterdamsche Lloyd, Rotterdam	3791 5273	105,15 13,56	7,01	6	3fach-Exp.-Dampfmaschine 1600 – 11	30. 1. 01 18. 5. 01	1927 als italienische FALTERONA gestrandet
147	Frachtschiff Cargo vessel	KEDIRI	Rotterdamsche Lloyd, Rotterdam	3788 5270	105,15 13,56	7,01	6	3fach-Exp.-Dampfmaschine 1600 – 11	2. 3. 01 7. 7. 01	1916 torpediert
148	Fracht- und Fahrgastschiff Passenger-cargo ship	RADAMES	D. D. G. »Kosmos«, Hamburg	4756 6330	115,82 14,25	9,07	46	3fach-Exp.-Dampfmaschine 2000 – 11	2. 5. 01 20. 8. 01	1933 als WESTSEE abgewrackt
149	Frachtschiff Cargo vessel	IRMA WOERMANN	Woermann-Linie, Hamburg	2304 3519	91,44 11,58	7,92	12	3fach-Exp.-Dampfmaschine 850 – 10	1. 4. 01 22. 6. 01	1936 als französische LIEUTENANT FOURNAUD abgew.
150	Fracht- und Fahrgastschiff Passenger-cargo ship	MOLTKE	Hamburg-Amerika Linie, Hamburg	12335 7230	160,02 18,90	11,89	2102	4fach-Exp.-Dampfmaschinen 9500 – 16 / 2	27. 8. 01 22. 2. 02	1925 als italienische PESARO abgewrackt
151	Fracht- und Fahrgastschiff Passenger-cargo ship	BLÜCHER	Hamburg-Amerika Linie, Hamburg	12334 7170	160,02 18,90	11,89	2102	4fach-Exp.-Dampfmaschinen 9500 – 16 / 2	23. 11. 01 31. 5. 02	1929 als französische SUFFREN abgewrackt
152	Fracht- und Fahrgastschiff Passenger-cargo ship	THERAPIA	Deutsche Levante-Linie, Hamburg	3781 4186	107,23 13,47	8,31	82	3fach-Exp.-Dampfmaschine 2250 – 12,5	21. 12. 01 13. 2. 02	1930 als DANZIG abgewrackt
153	Frachtschiff Cargo vessel	LILI WOERMANN	Woermann-Linie, Hamburg	2281 3486	91,44 11,58	7,93	12	3fach-Exp.-Dampfmaschine 900 – 10	22. 1. 02 10. 4. 02	1933 abgewrackt
154	Frachtschiff Cargo vessel	MARTHA WOERMANN	Woermann-Linie, Hamburg	2282 3494	91,44 11,58	7,93	12	3fach-Exp.-Dampfmaschine 900 – 10	17. 6. 02 16. 7. 02	1924 gestrandet
155	Großer Kreuzer Armoured cruiser	FRIEDRICH CARL	Kaiserliche Marine	9087	124,90 16,90	12,00	–	3fach-Exp.-Dampfmaschinen 17000 – 20,5 / 3	21. 6. 02 24. 10. 03	1917 versenkt
156	Fracht- und Fahrgastschiff Passenger-cargo ship	ELEONORE WOERMANN	Woermann-Linie, Hamburg	4624 3638	111,25 14,32	8,53	201	3fach-Exp.-Dampfmaschine 2600 – 12,5	23. 3. 02 24. 6. 02	1915 versenkt
157	Fracht- und Fahrgastschiff Passenger-cargo ship	LUCIE WOERMANN	Woermann-Linie, Hamburg	4630 3840	111,25 14,32	8,53	201	3fach-Exp.-Dampfmaschine 2600 – 12,5	5. 7. 02 13. 9. 02	1931 als franz. AVIATEUR ROLAND GARROS abgewrackt
158	Schwimmdock-sektion Floating dock section	DOCK IV	Blohm & Voss, Hamburg	–	184,40	–	–	–	31. 5. 02	17000 t Hebefähigkeit 1903 in Betrieb
159	Schwimmdock-sektion Floating dock section									

236

Bau-Nr.	Typ	NAME bzw. Bezeichnung	Auftraggeber	BRT Tragfähigkeit Verdrängung	Länge Breite m	Seiten-höhe m	Fahr-gäste	Maschinenart PS – Kn / Schrauben	Stapellauf Ablieferung	Bemerkungen
Yard-Nr.	Type	NAME Object	Owner	GRT tdw Displacement	Length Beam m	Depth m	Passen-gers	Type of Engine HP – Kn / Propellers	Launching Delivery	Remarks
160	Schwimmdock-sektion / Floating dock section		Blohm & Voss, Hamburg	–	–	–	–	–	18. 2. 03	Für DOCK IV, siehe Vorderseite
161	Fracht- und Fahrgastschiff / Passenger-cargo ship	PRINS DER NEDERLANDEN	Kon. Westind. Mail-dienst, Amsterdam	1954 2179	88,39 11,58	6,45	45	3fach-Exp.-Dampfmaschine 1400 – 12	15. 7. 02 30. 8. 02	1927 abgewrackt
162	Fracht- und Fahrgastschiff / Passenger-cargo ship	OSIRIS	D. D. G. »Kosmos«, Hamburg	5952 7440	124,96 15,39	9,60	86	3fach-Exp.-Dampfmaschine 2800 – 11,5	2. 9. 02 1. 11. 02	1926 als belgische PAYS DE LIEGE abgewrackt
163	Fracht- und Fahrgastschiff / Passenger-cargo ship	TANIS	D. D. G. »Kosmos«, Hamburg	5950 7482	124,96 15,39	9,60	86	3fach-Exp.-Dampfmaschine 2800 – 11,5	29. 10. 02 23. 12. 02	1919 gestrandet
164	Fracht- und Fahrgastschiff / Passenger-cargo ship	PRINZREGENT	Dtsch. Ost-Afrika-Linie, Hamburg	6341 6138	126,49 15,24	9,45	395	3fach-Exp.-Dampfmaschinen 4000 – 13 / 2	10. 1. 03 6. 4. 03	1932 als französische CORDOBA abgewrackt
165	Viermastbark / Four-masted barque	PETSCHILI	F. Laeisz, Hamburg	3087 4563	96,01 14,33	8,53	–	–	11. 3. 03 15. 6. 03	1919 gestrandet
166	Frachtschiff / Cargo vessel	HENRIETTE WOERMANN	Woermann-Linie, Hamburg	2426 3765	91,44 12,34	7,93	12	3fach-Exp.-Dampfmaschine 900 – 10	25. 4. 03 28. 5. 03	1917 als britische POLYMNIA torpediert
167	Großer Kreuzer / Armoured Cruiser	YORCK	Kaiserliche Marine	9533 20,20	127,30	12,14	–	3fach-Exp.-Dampfmaschinen 19000 – 21 / 3	14. 5. 04 28. 10. 05	1914 nach Minentreffer gesunken
168	Fracht- und Fahrgastschiff / Passenger-cargo ship	EDFU	D. D. G. »Kosmos«, Hamburg	5983 7530	124,96 15,39	9,60	86	3fach-Exp.-Dampfmaschine 2800 – 11,5	19. 9. 03 21. 11. 03	1928 als französische MONTANA gestrandet
169	Fracht- und Fahrgastschiff / Passenger-cargo ship	CAP ORTEGAL	Hamburg-Süd, Hamburg	7818 7400	134,11 15,85	10,06	658	3fach-Exp.-Dampfmaschinen 4200 – 13 / 2	30. 12. 03 26. 3. 04	1932 als französische CHAMBORD abgewrackt
170	Fahrgastschiff / Passenger ship	METEOR	Hamburg-Amerika Linie, Hamburg	3613	98,14 13,41	8,84	220	3fach-Exp.-Dampfmaschinen 1550 – 12 / 2	15. 3. 04 28. 5. 05	1945 versenkt
171	Fracht- und Fahrgastschiff / Passenger-cargo ship	ESNE	D. D. G. »Kosmos«, Hamburg	6001 7464	124,96 15,39	9,60	110	3fach-Exp.-Dampfmaschine 2800 – 11,5	12. 7. 04 11. 9. 04	1929 als portugiesische ZAIRE gestrandet
172	Fracht- und Fahrgastschiff / Passenger-cargo ship	ELKAB	D. D. G. »Kosmos«, Hamburg	6118 7389	124,96 15,39	9,60	110	3fach-Exp.-Dampfmaschine 2800 – 11,5	8. 9. 04 29. 10. 04	1934 als französische MINNESOTA abgewrackt
173	Schwimmdock / Floating dock	–	Woermann-Linie, Hamburg	–			–	–	04 17. 7. 04	In Duala stationiert
174	Fracht- und Fahrgastschiff / Passenger-cargo ship	CALIFORNIA	Hamburg-Amerika Linie, Hamburg	6157 7329	124,96 15,39	9,53	112	4fach-Exp.-Dampfmaschine 2800 – 11,5	19. 11. 04 12. 1. 05	1947 als EBERSTEIN abgewrackt
175	Großer Kreuzer / Armoured cruiser	SCHARNHORST	Kaiserliche Marine	11616 21,60	143,80	12,65	–	3fach-Exp.-Dampfmaschinen 26000 – 22,5 / 3	22. 3. 06 8. 10. 07	1914 versenkt
176	Frachtschiff / Cargo vessel	MARKSBURG	D. D. G. »Hansa«, Bremen	4415 6375	117,55 15,71	8,38	2	4fach-Exp.-Dampfmaschine 2100 – 10,5	3. 1. 05 18. 2. 05	1942 als belgische HAINAUT torpediert
177	Fracht- und Fahrgastschiff / Passenger-cargo ship	ORION	Hamb.-Süd/Cruzeiro do Sul, Santos	1886 985	81,99 11,51	6,62	173	3fach-Exp.-Dampfmaschinen 1400 – 12 / 2	11. 2. 05 28. 3. 05	1915 gestrandet
178	Fracht- und Fahrgastschiff / Passenger-cargo ship	ADMIRAL	Dtsch. Ost-Afrika-Linie, Hamburg	6341 6078	126,49 15,24	9,45	370	3fach-Exp.-Dampfmaschinen 4000 – 13,5 / 2	15. 6. 05 23. 9. 05	1950 als portugiesische LOU-RENÇO MARQUES abgewrackt

Bau-Nr. Yard-Nr.	Typ Type	NAME bzw. Bezeichnung NAME Objekt	Auftraggeber Owner	BRT Tragfähigkeit Verdrängung GRT tdw Displacement	Länge Breite m Length Beam m	Seiten- höhe m Depth m	Fahr- gäste Passen- gers	Maschinenart PS – Kn / Schrauben Type of Engine HP – Kn / Propellers	Stapellauf Ablieferung Launching Delivery	Bemerkungen Remarks
179	Fracht- und Fahrgastschiff Passenger-cargo ship	NEGADA	D. D. G. »Kosmos«, Hamburg	6100 7567	124,96 15,39	9,53	84	3fach-Exp.-Dampfmaschine 2800 – 11,5	9. 9. 05 18. 11. 05	1932 als chilenische NEGADA gestrandet
180	Viermastbark Four-masted barque	PAMIR	F. Laeisz, Hamburg	3020 4591	94,49 14,02	8,48	–	–	29. 7. 05 18. 10. 05	1957 gesunken
181	Fracht- und Fahrgastschiff Passenger-cargo ship	GERTRUD WOERMANN	Woermann-Linie, Hamburg	6331 7124	124,96 15,39	9,53	238	3fach-Exp.-Dampfmaschinen 2800 – 12 / 2	8. 11. 05 25. 1. 06	1950 als portugiesische JOAO BELO abgewrackt
182	Fracht- und Fahrgastschiff Passenger-cargo ship	PRINZESSIN	Dtsch. Ost-Afrika-Linie, Hamburg	6387 6048	126,49 15,24	9,45	298	3fach-Exp.-Dampfmaschinen 4000 – 13,5 / 2	23. 12. 05 20. 4. 06	1934 als französische GENERAL VOYRON abgewrac
183	Fracht- und Fahrgastschiff Passenger-cargo ship	CAP VILANO	Hamburg-Süd, Hamburg	9467 7514	144,78 16,76	10,36	600	4fach-Exp.-Dampfmaschine 6200 – 15 / 2	7. 4. 06 4. 7. 06	1940 als französische GENERA METZINGER versenkt
184	Fracht- und Fahrgastschiff Passenger-cargo ship	KÖNIG FRIED-RICH AUGUST	Hamburg-Amerika Linie, Hamburg	9462 7452	144,78 16,76	10,36	600	4fach-Exp.-Dampfmaschine 6200 – 15 / 2	4. 7. 06 16. 10. 06	1933 als französische ALESIA abgewrackt
185	Fracht- und Fahrgastschiff Passenger-cargo ship	NITOKRIS	D. D. G. »Kosmos«, Hamburg	6150 7407	124,96 15,39	9,53	84	3fach-Exp.-Dampfmaschine 2800 – 11,5	29. 9. 06 1. 12. 06	1933 abgewrackt
186–191	Schwimmdock-sektionen Floating dock sections	DOCK V	Blohm & Voss, Hamburg	–	222,00	–	–	–	1907/08	46 000 t Hebefähigkeit; 3. 2. 1909 in Betrieb
192	Fracht- und Fahrgastschiff Passenger-cargo ship	RHODOPIS	D. D. G. »Kosmos«, Hamburg	6975 8656	102,11 16,15	9,83	54	3fach-Exp.-Dampfmaschine 3000 – 11,5	28. 11. 06 23. 2. 07	1933 abgewrackt
193	Fracht- und Fahrgastschiff Passenger-cargo ship	RHAKOTIS	D. D. G. »Kosmos«, Hamburg	6982 8653	102,11 16,15	9,83	54	3fach-Exp.-Dampfmaschine 3000 – 11,5	11. 2. 07 20. 4. 07	1959 als peruanische RIMAC abgewrackt
194	Fracht- und Fahrgastschiff Passenger-cargo ship	CAP ARCONA	Hamburg-Süd, Hamburg	9832 7922	147,06 16,84	10,36	658	4fach-Exp.-Dampfmaschine 7600 – 15 / 2	25. 4. 07 31. 8. 07	1938 als französische ANGERS abgewrackt
195	Kleiner Kreuzer Light cruiser	DRESDEN	Kaiserliche Marine	3464 13,50	117,90	7,80	–	Turbinen 15000 – 24 / 4	5. 10. 07 22. 10. 08	1915 versenkt
196	Fracht- und Fahrgastschiff Passenger-cargo ship	SANTA ELENA	Hamburg-Süd, Hamburg	7415 8261	131,06 16,69	9,75	1198	4fach-Exp.-Dampfmaschine 3000 – 11	16. 11. 07 21. 12. 07	1944 als ORVIETO versenkt
197	Fracht- und Fahrgastschiff Passenger-cargo ship	CLEVELAND	Hamburg-Amerika Linie, Hamburg	16960 12887	179,66 19,81	15,24	2934	4fach-Exp.-Dampfmaschine 9300 – 15,5 / 2	26. 9. 08 16. 3. 09	1933 abgewrackt
198	Schlachtkreuzer Battle-Cruiser	VON DER TANN	Kaiserliche Marine	19370 16,60	171,50	13,28	–	Turbinen 42000 – 24,8 / 4	20. 3. 09 30. 5. 10	1919 selbstversenkt
199	Schlepper Tug	B & V X	Blohm & Voss, Hamburg						17. 4. 09 15. 5. 09	1946 abgewrackt
200	Schlachtkreuzer Battle-Cruiser	MOLTKE	Kaiserliche Marine	22979 29,50	186,00	14,08	–	Turbinen 52000 – 25,5 / 4	7. 4. 10 16. 9. 11	1919 selbstversenkt
201	Schlachtkreuzer Battle-Cruiser	GOEBEN	Kaiserliche Marine	22979 29,50	186,00	14,08	–	Turbinen 52000 – 25,5 / 4	28. 3. 11 20. 5. 12	1974 als türkische YAVUZ abgewrackt

238

Bau-Nr.	Typ	NAME bzw. Bezeichnung	Auftraggeber	BRT *Tragfähigkeit* Verdrängung	Länge Breite m	Seiten- höhe m	Fahr- gäste	Maschinenart PS – Kn / Schrauben	Stapellauf Ablieferung	Bemerkungen
Yard-Nr.	Type	NAME Objekt	Owner	GRT *tdw* Displacement	Length Beam m	Depth m	Passen- gers	Type of Engine HP – Kn / Propellers	Launching Delivery	Remarks
202	Vollschiff Full-rigged ship	PRINZESS EITEL FRIEDRICH	Dtsch. Schulsch.- Verein, Bremen	1566 *373*	70,00 12,50	4,89	–	–	12. 10. 09 8. 4. 10	In Fahrt als polnische DAR POMORZA
203	Fracht- und Fahrgastschiff Passenger-cargo ship	GENERAL	Dtsch. Ost-Afrika- Linie, Hamburg	8063 *7249*	136,55 16,46	9,91	353	3fach-Exp.-Dampfmaschinen 4800 – 13,5 / 2	23. 7. 10 25. 2. 11	1937 als französische AZAY LE RIDEAU abgewrackt
204	Frachtschiff Cargo vessel	ESSLINGEN	Deutsch-Austral. D. G., Hamburg	4897 *8141*	123,44 16,76	8,57	–	3fach-Exp.-Dampfmaschine 3300 – 12,5	14. 12. 10 21. 1. 11	1942 als italienische PAOLINA versenkt
205	Viermastbark Four-masted barque	PEKING	F. Laeisz, Hamburg	3100 *4623*	96,01 14,32	8,53	–	–	25. 2. 11 16. 5. 11	Heute Museumsschiff in New York
206	Viermastbark Four-masted barque	PASSAT	F. Laeisz, Hamburg	3090 *4623*	96,01 14,32	8,53	–	–	20. 9. 11 25. 11. 11	Heute Ausbildungsschiff in Travemünde
207	Frachtschiff Cargo vessel	FRITZ	Blohm & Voss, Hamburg	3083 *4935*	100,58 13,56	7,77	9	Diesel 1660 – 10 / 2	24. 2. 14 15. 5. 15	1940 als britische ASSYRIAN torpediert
208	Fracht- und Fahrgastschiff Passenger-cargo ship	CAP FINISTERRE	Hamburg-Süd, Hamburg	14503 *7711*	170,08 19,81	10,59	1586	4fach-Exp.-Dampfmaschinen 10600 – 16,5 / 2	8. 8. 11 18. 11. 11	1942 als japanische TAIYO MARU torpediert
209	Schlachtkreuzer Battle-Cruiser	SEYDLITZ	Kaiserliche Marine	**24988** 28,50	200,00	13,88	–	Turbinen 67000 – 26,5 / 4	30. 3. 12 11. 4. 13	1919 selbstversenkt
210	Frachtschiff Cargo vessel	SECUNDUS	Hamburg-Amerika Linie, Hamburg	4499 *7750*	121,41 16,01	8,23	–	Diesel 3000 – 11,5 / 2	21. 1. 13 11. 3. 14	1943 als britische CONGELLA versenkt
211	Fracht- und Fahrgastschiff Passenger-cargo ship	TABORA	Dtsch. Ost-Afrika- Linie, Hamburg	8022 *7383*	136,55 16,46	7,83	326	3fach-Exp.-Dampfmaschinen 4800 – 13,5 / 2	18. 4. 12 29. 6. 12	1916 versenkt
212	Fahrgastschiff Passenger ship	VATERLAND	Hamburg-Amerika Linie, Hamburg	54282 *9100*	276,15 30,48	19,51	3677	Turbinen 60000 – 23,5 / 4	3. 4. 13 29. 4. 14	1938 als US-amerikanische LEVIATHAN abgewrackt
213	Schlachtkreuzer Battle-Cruiser	DERFFLINGER	Kaiserliche Marine	**26600** 29,00	210,00	14,75	–	Turbinen 63000 – 26,5 / 4	1. 7. 13 1. 9. 14	1919 selbstversenkt
214	Fahrgastschiff Passenger ship	BISMARCK	Hamburg-Amerika Linie, Hamburg	56551 *9000*	277,98 30,48	19,20	2145	Turbinen 60000 – 23,5 / 4	20. 6. 14 28. 3. 22	1939 als britische CALEDONIA ausgebrannt
215	Schwimmdock- sektion Floating dock section								16. 3. 13	
216	Schwimmdock- sektion Floating dock section								31. 5. 13	
217	Schwimmdock- sektion Floating dock section								27. 9. 13	
218	Schwimmdock- sektion Floating dock section	Dock	Kaiserliche Werft, Wilhelmshaven	–	214,00 56,00	–	–	–	22. 11. 13	40 000 t Hebefähigkeit; 1. 6. 14 in Betrieb
219	Schwimmdock- sektion Floating dock section								9. 12. 13	
220	Schwimmdock- sektion Floating dock section								22. 1. 14	
221	Fracht- und Fahrgastschiff Passenger-cargo ship	CAP POLONIO	Hamburg-Süd, Hamburg	20572 *9000*	193,38 21,95	13,34	1565	3fach-E.+Abdampfturbine 16000 – 17 / 3	25. 3. 14 8. 16	1935 abgewrackt

Bau-Nr. Yard-Nr.	Typ Type	NAME bzw. Bezeichnung NAME Object	Auftraggeber Owner	BRT Tragfähigkeit Verdrängung GRT tdw Displacement	Länge Breite m Length Beam m	Seiten- höhe m Depth m	Fahr- gäste Passen- gers	Maschinenart PS – Kn / Schrauben Type of Engine HP – Kn / Propellers	Stapellauf Ablieferung Launching Delivery	Bemerkungen Remarks
222	Schwimmdock- sektion Floating dock section								21. 3. 14	
223	Schwimmdock- sektion Floating dock section								30. 6. 14	
224	Schwimmdock- sektion Floating dock section				211,80 51,20				10. 10. 14	40 000 t Hebefähigkeit (Bestimmt für Pola)
225	Schwimmdock- sektion Floating dock section	Dock	K. u. K. Marine	–		–	–	–	25. 1. 15	
226	Schwimmdock- sektion Floating dock section								4. 9. 14	
227	Schwimmdock- sektion Floating dock section								18. 5. 15	
228	Schwimmdock- sektion Floating dock section									
229	Schwimmdock- sektion Floating dock section	DOCK V	Blohm & Voss, Hamburg	–	84,80 56,00	–	–	–	9. 5. 14	Vergrößerung Dock V
230	Frachtschiff Cargo vessel	WARUNDI	Woermann-Linie, Hamburg	3821 5950	109,73 15,24	7,95	6	4fach-Exp.-Dampfmaschine 2100 – 10,5	28. 11. 14 15. 6. 18	1934 als italienische OLBIA abgewrackt
231	Frachtschiff Cargo vessel	JAVARY	Hamburg-Süd, Hamburg	4198 7150	109,42 15,42	7,65	–	3fach-Exp.-Dampfmaschine 1800 – 10	17. 4. 15 13. 7. 19	1923 als norwegische T. H. SKOGLAND gestrandet
232	Frachtschiff Cargo vessel	PANGANI	Dtsch. Ost-Afrika- Linie, Hamburg	5735 9080	127,40 17,07	9,35	12	4fach-Exp.-Dampfmaschine 3300 – 11,5	15. 7. 15 5. 9. 19	1950 als holländische NIJKERK abgewrackt
233	Viermastbark Four-masted barque	POLA	F. Laeisz, Hamburg	3104 4660	96,01 14,33	8,53	–	–	21. 10. 16 20. 11. 19	1927 als französische RICHELIEU d. Explosion zerstört
234	Viermastbark Four-masted barque	PRIWALL	F. Laeisz, Hamburg	3105 4660	96,01 14,33	8,53	–	–	23. 6. 17 6. 3. 20	1945 als chilenische LAUTARO ausgebrannt
235	Viermastbark Four-masted barque	–	F. Laeisz, Hamburg	–	–	–	–	–	–	17. 5. 1915 annulliert
236	Fahrgastschiff Passenger ship	AUSONIA	Soc. Ital. di Servizi Marittimi, Genua	11300 2600	150,00 18,81	10,40	420	Getriebeturbinen 18000 – 20 / 2	15. 4. 15	Nicht fertiggestellt; 1922 abgewrackt
237	Frachtschiff Cargo vessel	–	Deutsch-Austral. D. G., Hamburg	–	–	–	–	–	–	10. 11. 1917 annulliert
238	Zerstörer Destroyer	B 97	Kaiserliche Marine	1374	96,00 9,34	5,78	–	Turbinen 40000 – 36,5 / 2	15. 12. 14 13. 2. 15	1939 als italienische CESARE ROSSAROL abgewrackt
239	Zerstörer Destroyer	B 98	Kaiserliche Marine	1374	96,00 9,34	5,78	–	Turbinen 40000 – 36,5 / 2	2. 1. 15 24. 3. 15	1919 selbstversenkt
240	Schlachtkreuzer Battle-Cruiser	MACKENSEN	Kaiserliche Marine	31000	223,00 30,40	15,00	–	Turbinen 90000 – 27 / 4	21. 4. 17	Nicht fertiggestellt; 1922 abgewrackt
241	Schlachtkreuzer Battle-Cruiser	PRINZ EITEL FRIEDRICH	Kaiserliche Marine	31000	223,00 30,40	15,00	–	Turbinen 90000 – 27 / 4	13. 3. 15	Nicht fertiggestellt; 1921 abgewrackt
242	Zerstörer Destroyer	B 109	Kaiserliche Marine	1374	96,00 9,34	5,78	–	Turbinen 40000 – 36 / 2	11. 3. 15 8. 6. 15	1919 selbstversenkt

240

Bau-Nr. Yard-Nr.	Typ Type	NAME bzw. Bezeichnung NAME Objekt	Auftraggeber Owner	BRT Tragfähigkeit Verdrängung GRT tdw Displacement	Länge Breite m Length Beam m	Seiten- höhe m Depth m	Fahr- gäste Passen- gers	Maschinenart PS – Kn / Schrauben Type of Engine HP – Kn / Propellers	Stapellauf Ablieferung Launching Delivery	Bemerkungen Remarks
243	Zerstörer Destroyer	B 110	Kaiserliche Marine	1374	96,00 9,34	5,78	–	Turbinen 40 000 – 36 / 2	31. 3. 15 26. 6. 15	1919 selbstversenkt
244	Zerstörer Destroyer	B 111	Kaiserliche Marine	1374	96,00 9,34	5,78	–	Turbinen 40 000 – 36 / 2	8. 6. 15 10. 8. 15	1919 selbstversenkt
245	Zerstörer Destroyer	B 112	Kaiserliche Marine	1374	96,00 9,34	5,78	–	Turbinen 40 000 – 36 / 2	17. 7. 15 4. 9. 15	1919 selbstversenkt
246	Schlachtkreuzer Battle-Cruiser	–	Kaiserliche Marine	33500	227,80 30,40	15,00	–	Turbinen m. Transform. 90 000 – 27 / 4	–	Annulliert 22. 11. 1918
247	Kleiner Kreuzer Light cruiser	CÖLN	Kaiserliche Marine	5620	149,85 14,30	9,15	–	Turbinen 31 000 – 27,5	5. 10. 16 17. 1. 18	1919 selbstversenkt
248	U-Boot Typ B Submarine Type B	UB 18	Kaiserliche Marine	263	36,13 4,37	–	–	Diesel (E-Mot.) 284 – 9,2 (5,8) / 2	21. 8. 15 10. 12. 15	1917 durch Mine versenkt
249	U-Boot Typ B Submarine Type B	UB 19	Kaiserliche Marine	263	36,13 4,37	–	–	Diesel (E-Mot.) 284 – 9,2 (5,8) / 2	2. 9. 15 16. 12. 15	1916 versenkt
250	U-Boot Typ B Submarine Type B	UB 20	Kaiserliche Marine	263	36,13 4,37	–	–	Diesel (E-Mot.) 284 – 9,2 (5,8) / 2	26. 9. 15 8. 2. 16	1917 versenkt
251	U-Boot Typ B Submarine Type B	UB 21	Kaiserliche Marine	263	36,13 4,37	–	–	Diesel (E-Mot.) 284 – 9,2 (5,8) / 2	26. 9. 15 18. 2. 16	1920 gesunken
252	U-Boot Typ B Submarine Type B	UB 22	Kaiserliche Marine	263	36,13 4,37	–	–	Diesel (E-Mot.) 284 – 9,2 (5,8) / 2	9. 10. 15 1. 3. 16	1918 durch Mine versenkt
253	U-Boot Typ B Submarine Type B	UB 23	Kaiserliche Marine	263	36,13 4,37	–	–	Diesel (E-Mot.) 284 – 9,2 (5,8) / 2	9. 10. 15 11. 3. 16	1921 als französische Beute abgewrackt
254	U-Boot Typ B Submarine Type B	UB 30	Kaiserliche Marine	274	36,90 4,37	–	–	Diesel (E-Mot.) 270 – 9,1 (5,7) / 2	16. 11. 15 16. 3. 16	1918 versenkt
255	U-Boot Typ B Submarine Type B	UB 31	Kaiserliche Marine	274	36,90 4,37	–	–	Diesel (E-Mot.) 270 – 9,1 (5,7) / 2	16. 11. 15 24. 3. 16	1918 versenkt
256	U-Boot Typ B Submarine Type B	UB 32	Kaiserliche Marine	274	36,90 4,37	–	–	Diesel (E-Mot.) 270 – 9,1 (5,7) / 2	4. 12. 15 10. 4. 16	1917 versenkt
257	U-Boot Typ B Submarine Type B	UB 33	Kaiserliche Marine	274	36,90 4,37	–	–	Diesel (E-Mot.) 270 – 9,1 (5,7) / 2	5. 12. 15 20. 4. 16	1918 versenkt
258	U-Boot Typ B Submarine Type B	UB 37	Kaiserliche Marine	274	36,90 4,37	–	–	Diesel (E-Mot.) 270 – 9,1 (5,7) / 2	28. 12. 15 17. 5. 16	1917 versenkt
259	U-Boot Typ B Submarine Type B	UB 35	Kaiserliche Marine	274	36,90 4,37	–	–	Diesel (E-Mot.) 270 – 9,1 (5,7) / 2	28. 12. 16 17. 4. 16	1918 versenkt
260	U-Boot Typ B Submarine Type B	UB 36	Kaiserliche Marine	274	36,90 4,37	–	–	Diesel (E-Mot.) 270 – 9,1 (5,7) / 2	15. 1. 16 22. 5. 16	1917 versenkt
261	U-Boot Typ B Submarine Type B	UB 34	Kaiserliche Marine	274	36,90 4,37	–	–	Diesel (E-Mot.) 270 – 9,1 (5,7) / 2	28. 12. 15 10. 6. 16	1922 als britische Beute abgewrackt
262	U-Boot Typ B Submarine Type B	UB 38	Kaiserliche Marine	274	36,90 4,37	–	–	Diesel (E-Mot.) 270 – 9,1 (5,7) / 2	1. 4. 16 18. 7. 16	1918 versenkt
263	U-Boot Typ B Submarine Type B	UB 39	Kaiserliche Marine	274	36,90 4,37	–	–	Diesel (E-Mot.) 270 – 9,1 (5,7) / 2	29. 12. 15 28. 4. 16	1917 selbstversenkt
264	U-Boot Typ B Submarine Type B	UB 40	Kaiserliche Marine	274	36,90 4,37	–	–	Diesel (E-Mot.) 270 – 9,1 (5,7) / 2	25. 4. 16 18. 8. 16	1918 versenkt
265	U-Boot Typ B Submarine Type B	UB 41	Kaiserliche Marine	274	36,90 4,37	–	–	Diesel (E-Mot.) 270 – 9,1 (5,7) / 2	6. 5. 16 25. 8. 16	1917 versenkt
266	U-Boot Typ C Submarine Type C	UC 16	Kaiserliche Marine	417	49,35 7,46	–	–	Diesel (E-Mot.) 500 – 11,6 (7) / 2	1. 2. 16 18. 6. 16	1917 versenkt
267	U-Boot Typ C Submarine Type C	UC 22	Kaiserliche Marine	417	49,35 7,46	–	–	Diesel (E-Mot.) 500 – 11,6 (7) / 2	1. 2. 16 30. 6. 16	1921 als französische Beute abgewrackt
268	U-Boot Typ C Submarine Type C	UC 18	Kaiserliche Marine	417	49,35 7,46	–	–	Diesel (E-Mot.) 500 – 11,6 (7) / 2	4. 3. 16 15. 8. 16	1917 versenkt
269	U-Boot Typ C Submarine Type C	UC 17	Kaiserliche Marine	417	49,35 7,46	–	–	Diesel (E-Mot.) 500 – 11,6 (7) / 2	19. 2. 17 21. 7. 16	1919 als britische Beute abgewrackt
270	U-Boot Typ C Submarine Type C	UC 23	Kaiserliche Marine	417	49,35 7,46	–	–	Diesel (E-Mot.) 500 – 11,6 (7) / 2	19. 2. 16 17. 7. 16	1921 als französische Beute abgewrackt

Bau-Nr.	Typ	NAME bzw. Bezeichnung	Auftraggeber	BRT Tragfähigkeit Verdrängung	Länge Breite m	Seiten- höhe m	Fahr- gäste	Maschinenart PS – Kn / Schrauben	Stapellauf Ablieferung	Bemerkungen
Yard-Nr.	Type	NAME Object	Owner	GRT tdw Displacement	Length Beam m	Depth m	Passen- gers	Type of Engine HP – Kn / Propellers	Launching Delivery	Remarks
271	U-Boot Typ C Submarine Type C	UC 19	Kaiserliche Marine	417	49,35 7,46	–	–	Diesel (E-Mot.) 500 – 11,6 (7) / 2	15. 3. 16 21. 8. 16	1916 versenkt
272	U-Boot Typ C Submarine Type C	UC 20	Kaiserliche Marine	417	49,35 7,46	–	–	Diesel (E-Mot.) 500 – 11,6 (7) / 2	1. 4. 16 7. 9. 16	1919 als britische Beute abgewrackt
273	U-Boot Typ C Submarine Type C	UC 21	Kaiserliche Marine	417	49,35 7,46	–	–	Diesel (E-Mot.) 500 – 11,6 (7) / 2	1. 4. 16 12. 9. 16	1917 versenkt
274	U-Boot Typ C Submarine Type C	UC 24	Kaiserliche Marine	417	49,35 7,46	–	–	Diesel (E-Mot.) 500 – 11,6 (7) / 2	4. 3. 16 15. 8. 16	1917 versenkt
275	U-Boot Typ C Submarine Type C	UC 34	Kaiserliche Marine	427	50,35 7,98	–	–	Diesel (E-Mot.) 600 – 11,9 (6,8) / 2	6. 5. 16 25. 9. 16	1918 selbstversenkt
276	U-Boot Typ C Submarine Type C	UC 35	Kaiserliche Marine	427	50,35 7,98	–	–	Diesel (E-Mot.) 600 – 11,9 (6,8) / 2	6. 5. 16 2. 10. 16	1918 versenkt
277	U-Boot Typ C Submarine Type C	UC 37	Kaiserliche Marine	427	50,35 7,98	–	–	Diesel (E-Mot.) 600 – 11,9 (6,8) / 2	5. 6. 16 10. 10. 16	1920 als britische Beute abgewrackt
278	U-Boot Typ C Submarine Type C	UC 38	Kaiserliche Marine	427	50,35 7,98	–	–	Diesel (E-Mot.) 600 – 11,9 (6,8) / 2	5. 6. 16 17. 10. 16	1917 versenkt
279	U-Boot Typ C Submarine Type C	UC 39	Kaiserliche Marine	427	50,35 7,98	–	–	Diesel (E-Mot.) 600 – 11,9 (6,8) / 2	25. 6. 16 26. 10. 16	1917 versenkt
280	U-Boot Typ C Submarine Type C	UC 36	Kaiserliche Marine	427	50,35 7,98	–	–	Diesel (E-Mot.) 600 – 11,9 (6,8) / 2	25. 6. 16 31. 10. 16	1917 versenkt
281	U-Boot Typ C Submarine Type C	UC 65	Kaiserliche Marine	427	50,35 7,98	–	–	Diesel (E-Mot.) 600 – 11,9 (6,8) / 2	8. 7. 16 7. 11. 16	1917 versenkt
282	U-Boot Typ C Submarine Type C	UC 66	Kaiserliche Marine	427	50,35 7,98	–	–	Diesel (E-Mot.) 600 – 11,9 (6,8) / 2	15. 7. 16 14. 11. 16	1917 versenkt
283	U-Boot Typ C Submarine Type C	UC 70	Kaiserliche Marine	427	50,35 7,98	–	–	Diesel (E-Mot.) 600 – 11,9 (6,8) / 2	7. 8. 16 20. 11. 16	1918 versenkt
284	U-Boot Typ C Submarine Type C	UC 71	Kaiserliche Marine	427	50,35 7,98	–	–	Diesel (E-Mot.) 600 – 11,9 (6,8) / 2	12. 8. 16 28. 11. 16	1919 gesunken
285	U-Boot Typ C Submarine Type C	UC 72	Kaiserliche Marine	427	50,35 7,98	–	–	Diesel (E-Mot.) 600 – 11,9 (6,8) / 2	12. 8. 16 5. 12. 16	1917 versenkt
286	U-Boot Typ C Submarine Type C	UC 67	Kaiserliche Marine	427	50,35 7,98	–	–	Diesel (E-Mot.) 600 – 11,9 (6,8) / 2	6. 8. 16 10. 12. 16	1920 als britische Beute abgewrackt
287	U-Boot Typ C Submarine Type C	UC 68	Kaiserliche Marine	427	50,35 7,98	–	–	Diesel (E-Mot.) 600 – 11,9 (6,8) / 2	12. 8. 16 17. 12. 16	1917 versenkt
288	U-Boot Typ C Submarine Type C	UC 69	Kaiserliche Marine	427	50,35 7,98	–	–	Diesel (E-Mot.) 600 – 11,9 (6,8) / 2	7. 8. 16 22. 12. 16	1917 nach Kollision gesunken
289	U-Boot Typ C Submarine Type C	UC 73	Kaiserliche Marine	427	50,35 7,98	–	–	Diesel (E-Mot.) 600 – 11,9 (6,8) / 2	26. 8. 16 24. 12. 16	1920 als britische Beute abgewrackt
290	Zerstörer Destroyer	B 122	Kaiserliche Marine	2354	107,50 10,30	5,78	–	Turbinen 45 000 – 34,5 / 2	16. 10. 17 –	Nicht fertiggestellt; 1921 abgewrackt
291	Zerstörer Destroyer	B 123	Kaiserliche Marine	2354	107,50 10,30	5,78	–	Turbinen 45 000 – 34,5 / 2	26. 10. 18 –	Nicht fertiggestellt; 1921 abgewrackt
292	Zerstörer Destroyer	B 124	Kaiserliche Marine	2354	107,50 10,30	5,78	–	Turbinen 45 000 – 34,5 / 2	6. 6. 19 –	Nicht fertiggestellt; 1921 abgewrackt
293	U-Boot Typ B Submarine Type B	UB 48	Kaiserliche Marine	516	55,30 5,80	–	–	Diesel (E-Mot.) 1100 – 13,6 (8) / 2	6. 1. 17 11. 6. 17	1918 selbstversenkt
294	U-Boot Typ B Submarine Type B	UB 49	Kaiserliche Marine	516	55,30 5,80	–	–	Diesel (E-Mot.) 1100 – 13,6 (8) / 2	6. 1. 17 28. 6. 17	1922 als britische Beute abgewrackt
295	U-Boot Typ B Submarine Type B	UB 50	Kaiserliche Marine	516	55,30 5,80	–	–	Diesel (E-Mot.) 1100 – 13,6 (8) / 2	6. 1. 17 12. 7. 17	1922 als britische Beute abgewrackt
296	U-Boot Typ B Submarine Type B	UB 51	Kaiserliche Marine	516	55,30 5,80	–	–	Diesel (E-Mot.) 1100 – 13,6 (8) / 2	8. 3. 17 26. 7. 17	1922 als britische Beute abgewrackt
297	U-Boot Typ B Submarine Type B	UB 52	Kaiserliche Marine	516	55,30 5,80	–	–	Diesel (E-Mot.) 1100 – 13,6 (8) / 2	8. 3. 17 9. 8. 17	1918 versenkt
298	U-Boot Typ B Submarine Type B	UB 53	Kaiserliche Marine	516	55,30 5,80	–	–	Diesel (E-Mot.) 1100 – 13,6 (8) / 2	9. 3. 17 21. 8. 17	1918 versenkt

Bau-Nr. Yard-Nr.	Typ Type	NAME bzw. Bezeichnung NAME Objekt	Auftraggeber Owner	BRT *Tragfähigkeit* **Verdrängung** GRT *tdw* **Displacement**	Länge Breite m Length Beam m	Seiten- höhe m Depth m	Fahr- gäste Passen- gers	Maschinenart PS – Kn / Schrauben Type of Engine HP – Kn / Propellers	Stapellauf Ablieferung Launching Delivery	Bemerkungen Remarks
299	U-Minenkreuzer Minelaying submarine	U 122	Kaiserliche Marine	**1163**	82,00 7,42	–	–	Diesel (E-Mot.) 2400 – 14,7 (7) / 2	9. 12. 17 4. 5. 18	1921 als britische Beute gestrandet
300	U-Minenkreuzer Minelaying submarine	U 123	Kaiserliche Marine	**1163**	82,00 7,42	–	–	Diesel (E-Mot.) 2400 – 14,7 (7) / 2	26. 1. 18 20. 7. 18	1921 als britische Beute gestrandet
301	U-Minenkreuzer Minelaying submarine	U 124	Kaiserliche Marine	**1163**	82,00 7,42	–	–	Diesel (E-Mot.) 2400 – 14,7 (7) / 2	28. 3. 18 12. 7. 18	1922 als britische Beute abgewrackt
302	U-Minenkreuzer Minelaying submarine	U 125	Kaiserliche Marine	**1163**	82,00 7,42	–	–	Diesel (E-Mot.) 2400 – 14,7 (7) / 2	26. 5. 18 4. 9. 18	1922 als japanische O 1 abgewrackt
303	U-Minenkreuzer Minelaying submarine	U 126	Kaiserliche Marine	**1163**	82,00 7,42	–	–	Diesel (E-Mot.) 2400 – 14,7 (7) / 2	16. 6. 18 7. 10. 18	1923 als britische Beute abgewrackt
304	U-Boot Typ B Submarine Type B	UB 75	Kaiserliche Marine	**516**	55,30 5,80	–	–	Diesel (E-Mot.) 1100 – 13,6 (7,8) / 2	5. 5. 17 11. 9. 17	1917 versenkt
305	U-Boot Typ B Submarine Type B	UB 76	Kaiserliche Marine	**516**	55,30 5,80	–	–	Diesel (E-Mot.) 1100 – 13,6 (7,8) / 2	5. 5. 17 23. 9. 17	1922 als britische Beute abgewrackt
306	U-Boot Typ B Submarine Type B	UB 77	Kaiserliche Marine	**516**	55,30 5,80	–	–	Diesel (E-Mot.) 1100 – 13,6 (7,8) / 2	5. 5. 17 2. 10. 17	1922 als britische Beute abgewrackt
307	U-Boot Typ B Submarine Type B	UB 78	Kaiserliche Marine	**516**	55,30 5,80	–	–	Diesel (E-Mot.) 1100 – 13,6 (7,8) / 2	2. 6. 17 20. 10. 17	1918 versenkt
308	U-Boot Typ B Submarine Type B	UB 79	Kaiserliche Marine	**516**	55,30 5,80	–	–	Diesel (E-Mot.) 1100 – 13,6 (7,8) / 2	3. 6. 17 27. 10. 17	1922 als britische Beute abgewrackt
309	U-Boot Typ B Submarine Type B	UB 103	Kaiserliche Marine	**510**	55,30 5,80	–	–	Diesel (E-Mot.) 1100 – 13,3 (7,5) / 2	7. 7. 17 5. 12. 17	1918 versenkt
310	U-Boot Typ B Submarine Type B	UB 104	Kaiserliche Marine	**519**	55,30 5,80	–	–	Diesel (E-Mot.) 1100 – 13,3 (7,5) / 2	1. 9. 17 15. 3. 18	1918 versenkt
311	U-Boot Typ B Submarine Type B	UB 105	Kaiserliche Marine	**510**	55,30 5,80	–	–	Diesel (E-Mot.) 1100 – 13,3 (7,5) / 2	7. 7. 17 5. 1. 18	1922 als britische Beute abgewrackt
312	U-Boot Typ B Submarine Type B	UB 106	Kaiserliche Marine	**519**	55,30 5,80	–	–	Diesel (E-Mot.) 1100 – 13,3 (7,5) / 2	21. 7. 17 7. 2. 18	1921 als britische Beute abgewrackt
313	U-Boot Typ B Submarine Type B	UB 107	Kaiserliche Marine	**519**	55,30 5,80	–	–	Diesel (E-Mot.) 1100 – 13,3 (7,5) / 2	21. 7. 17 16. 2. 18	1918 versenkt
314	U-Boot Typ B Submarine Type B	UB 108	Kaiserliche Marine	**519**	55,30 5,80	–	–	Diesel (E-Mot.) 1100 – 13,3 (7,5) / 2	21. 7. 17 1. 3. 18	1918 verschollen
315	U-Boot Typ B Submarine Type B	UB 109	Kaiserliche Marine	**510**	55,30 5,80	–	–	Diesel (E-Mot.) 1100 – 13,3 (7,5) / 2	7. 7. 17 31. 12. 17	1918 versenkt
316	U-Boot Typ B Submarine Type B	UB 110	Kaiserliche Marine	**519**	55,30 5,80	–	–	Diesel (E-Mot.) 1100 – 13,3 (7,5) / 2	1. 9. 17 23. 3. 18	1918 versenkt
317	U-Boot Typ B Submarine Type B	UB 111	Kaiserliche Marine	**519**	55,30 5,80	–	–	Diesel (E-Mot.) 1100 – 13,3 (7,5) / 2	1. 9. 17 5. 4. 18	1920 als britische Beute abgewrackt
318	U-Boot Typ B Submarine Type B	UB 112	Kaiserliche Marine	**519**	55,30 5,80	–	–	Diesel (E-Mot.) 1100 – 13,3 (7,5) / 2	15. 9. 17 16. 4. 18	1921 als britische Beute abgewrackt
319	U-Boot Typ B Submarine Type B	UB 113	Kaiserliche Marine	**519**	55,30 5,80	–	–	Diesel (E-Mot.) 1100 – 13,3 (7,5) / 2	23. 9. 17 25. 4. 18	1918 versenkt
320	U-Boot Typ B Submarine Type B	UB 114	Kaiserliche Marine	**519**	55,30 5,80	–	–	Diesel (E-Mot.) 1100 – 13,3 (7,5) / 2	23. 9. 17 4. 5. 18	1921 als französische Beute abgewrackt
321	U-Boot Typ B Submarine Type B	UB 115	Kaiserliche Marine	**519**	55,30 5,80	–	–	Diesel (E-Mot.) 1100 – 13,3 (7,5) / 2	4. 11. 17 28. 5. 18	1918 versenkt
322	U-Boot Typ B Submarine Type B	UB 116	Kaiserliche Marine	**519**	55,30 5,80	–	–	Diesel (E-Mot.) 1100 – 13,3 (7,5) / 2	4. 11. 17 24. 5. 18	1918 versenkt

Bau-Nr. Yard-Nr.	Typ Type	NAME bzw. Bezeichnung NAME Object	Auftraggeber Owner	BRT Tragfähigkeit Verdrängung GRT tdw Displacement	Länge Breite m Length Beam m	Seiten- höhe m Depth m	Fahr- gäste Passen- gers	Maschinenart PS – Kn / Schrauben Type of Engine HP – Kn / Propellers	Stapellauf Ablieferung Launching Delivery	Bemerkungen Remarks
323	U-Boot Typ B Submarine Type B	UB 117	Kaiserliche Marine	519	55,30 5,80	–	–	Diesel (E-Mot.) 1100 – 13,3 (7,5) / 2	21. 11. 17 6. 6. 18	1920 als britische Beute abgewrackt
324	U-Boot Typ C Submarine Type C	UC 90	Kaiserliche Marine	491	56,51 5,54	–	–	Diesel (E-Mot.) 600 – 11,5 (6,6) / 2	19. 1. 18 15. 7. 18	1920 als japanisches O 4 abgewrackt
325	U-Boot Typ C Submarine Type C	UC 91	Kaiserliche Marine	491	56,51 5,54	–	–	Diesel (E-Mot.) 600 – 11,5 (6,6) / 2	19. 1. 18 31. 7. 18	1919 gesunken
326	U-Boot Typ C Submarine Type C	UC 92	Kaiserliche Marine	491	56,51 5,54	–	–	Diesel (E-Mot.) 600 – 11,5 (6,6) / 2	19. 1. 18 14. 8. 18	1921 als britische Beute abgewrackt
327	U-Boot Typ C Submarine Type C	UC 93	Kaiserliche Marine	491	56,51 5,54	–	–	Diesel (E-Mot.) 600 – 11,5 (6,6) / 2	19. 2. 18 22. 8. 18	1919 als britische Beute abgewrackt
328	U-Boot Typ C Submarine Type C	UC 94	Kaiserliche Marine	491	56,51 5,54	–	–	Diesel (E-Mot.) 600 – 11,5 (6,6) / 2	19. 2. 18 31. 8. 18	1919 als britische Beute abgewrackt
329	U-Boot Typ C Submarine Type C	UC 95	Kaiserliche Marine	491	56,51 5,54	–	–	Diesel (E-Mot.) 600 – 11,5 (6,6) / 2	19. 2. 18 16. 9. 18	1922 als britische Beute abgewrackt
330	U-Boot Typ C Submarine Type C	UC 96	Kaiserliche Marine	491	56,51 5,54	–	–	Diesel (E-Mot.) 600 – 11,5 (6,6) / 2	17. 3. 18 25. 9. 18	1920 als britische Beute abgewrackt
331	U-Boot Typ C Submarine Type C	UC 97	Kaiserliche Marine	491	56,51 5,54	–	–	Diesel (E-Mot.) 600 – 11,5 (6,6) / 2	13. 7. 18 3. 9. 18	1921 als US-amerikanische Beute versenkt
332	U-Boot Typ C Submarine Type C	UC 98	Kaiserliche Marine	491	56,51 5,54	–	–	Diesel (E-Mot.) 600 – 11,5 (6,6) / 2	17. 3. 18 10. 9. 18	1919 als italienische Beute abgewrackt
333	U-Boot Typ C Submarine Type C	UC 99	Kaiserliche Marine	491	56,51 5,54	–	–	Diesel (E-Mot.) 600 – 11,5 (6,6) / 2	17. 3. 18 20. 9. 18	1921 als japanisches O 5 abgewrackt
334	U-Boot Typ C Submarine Type C	UC 100	Kaiserliche Marine	491	56,51 5,54	–	–	Diesel (E-Mot.) 600 – 11,5 (6,6) / 2	14. 4. 18 30. 9. 18	1921 als französische Beute abgewrackt
335	U-Boot Typ C Submarine Type C	UC 101	Kaiserliche Marine	491	56,51 5,54	–	–	Diesel (E-Mot.) 600 – 11,5 (6,6) / 2	14. 4. 18 8. 10. 18	1922 als holländisches Boot abgewrackt
336	U-Boot Typ C Submarine Type C	UC 102	Kaiserliche Marine	491	56,51 5,54	–	–	Diesel (E-Mot.) 600 – 11,5 (6,6) / 2	17. 4. 18 14. 10. 18	1922 als holländisches Boot abgewrackt
337	U-Boot Typ C Submarine Type C	UC 103	Kaiserliche Marine	491	56,51 5,54	–	–	Diesel (E-Mot.) 600 – 11,5 (6,6) / 2	14. 4. 18 21. 10. 18	1921 als französische Beute abgewrackt
338	U-Boot Typ C Submarine Type C	UC 104	Kaiserliche Marine	491	56,51 5,54	–	–	Diesel (E-Mot.) 600 – 11,5 (6,6) / 2	25. 5. 18 18. 10. 18	1921 als französische Beute abgewrackt
339	U-Boot Typ C Submarine Type C	UC 105	Kaiserliche Marine	491	56,51 5,54	–	–	Diesel (E-Mot.) 600 – 11,5 (6,6) / 2	25. 5. 18 28. 10. 18	1922 als britische Beute abgewrackt
340	U-Boot Typ C Submarine Type C	UC 106	Kaiserliche Marine	491	56,51 5,54	–	–	Diesel (E-Mot.) 600 – 11,5 (6,6) / 2	25. 5. 18 11. 11. 18	1921 als britische Beute abgewrackt
341	U-Boot Typ C Submarine Type C	UC 107	Kaiserliche Marine	491	56,51 5,54	–	–	Diesel (E-Mot.) 600 – 11,5 (6,6) / 2	2. 6. 18 30. 11. 18	1921 als französische Beute abgewrackt
342	U-Boot Typ C Submarine Type C	UC 108	Kaiserliche Marine	491	56,51 5,54	–	–	Diesel (E-Mot.) 600 – 11,5 (6,6) / 2	2. 6. 18 15. 11. 18	1921 als britische Beute abgewrackt
343	U-Boot Typ C Submarine Type C	UC 109	Kaiserliche Marine	491	56,51 5,54	–	–	Diesel (E-Mot.) 600 – 11,5 (6,6) / 2	2. 6. 18 4. 12. 18	1921 als britische Beute abgewrackt
344	U-Boot Typ C Submarine Type C	UC 110	Kaiserliche Marine	491	56,51 5,54	–	–	Diesel (E-Mot.) 600 – 11,5 (6,6) / 2	6. 7. 18 16. 12. 18	1921 als britische Beute gesunken
345	U-Boot Typ C Submarine Type C	UC 111	Kaiserliche Marine	491	56,51 5,54	–	–	Diesel (E-Mot.) 600 – 11,5 (6,6) / 2	6. 7. 18 14. 1. 19	1921 als britische Beute abgewrackt
346	U-Boot Typ C Submarine Type C	UC 112	Kaiserliche Marine	491	56,51 5,54	–	–	Diesel (E-Mot.) 600 – 11,5 (6,6) / 2	6. 7. 18 28. 12. 18	1921 als britische Beute abgewrackt
347	U-Boot Typ C Submarine Type C	UC 113	Kaiserliche Marine	491	56,51 5,54	–	–	Diesel (E-Mot.) 600 – 11,5 (6,6) / 2	6. 7. 18 21. 1. 19	1921 als britische Beute abgewrackt
348	U-Boot Typ C Submarine Type C	UC 114	Kaiserliche Marine	491	56,51 5,54	–	–	Diesel (E-Mot.) 600 – 11,5 (6,6) / 2	11. 8. 18 2. 19	1921 als britische Beute abgewrackt
349	U-Boot Typ C Submarine Type C	UC 115	Kaiserliche Marine	491	56,51 5,54	–	–	Diesel (E-Mot.) 600 – 11,5 (6,6) / 2	11. 8. 18 –	Nicht fertiggestellt; abgewrackt
350	U-Boot Typ C Submarine Type C	UC 116	Kaiserliche Marine	491	56,51 5,54	–	–	Diesel (E-Mot.) 600 – 11,5 (6,6) / 2	11. 8. 18 –	Nicht fertiggestellt; abgewrackt

Bau-Nr. / Yard-Nr.	Typ / Type	NAME bzw. Bezeichnung / NAME Objekt	Auftraggeber / Owner	BRT Tragfähigkeit Verdrängung / GRT tdw Displacement	Länge Breite m / Length Beam m	Seiten-höhe m / Depth m	Fahr-gäste / Passen-gers	Maschinenart PS – Kn / Schrauben / Type of Engine HP – Kn / Propellers	Stapellauf Ablieferung / Launching Delivery	Bemerkungen / Remarks
351	U-Boot Typ C Submarine Type C	UC 117	Kaiserliche Marine	491	56,51 5,54	–	–	Diesel (E-Mot.) 600 – 11,5 (6,6) / 2	11. 8. 18 –	Nicht fertiggestellt; abgewrackt
352	U-Boot Typ C Submarine Typ C	UC 118	Kaiserliche Marine	491	56,51 5,54	–	–	Diesel (E-Mot.) 600 – 11,5 (6,6) / 2	11. 8. 18 –	Nicht fertiggestellt; abgewrackt
353	U-Kreuzer Submarine Cruiser	U 181	Kaiserliche Marine	2119	97,50 9,10	–	–	Diesel (E-Mot.) 6000 – 17,5 (8,5) / 2	18 –	Nicht fertiggestellt; abgewrackt
354	U-Kreuzer Submarine Cruiser	U 182	Kaiserliche Marine	2119	97,50 9,10	–	–	Diesel (E-Mot.) 6000 – 17,5 (8,5) / 2	18 –	Nicht fertiggestellt abgewrackt
355–360	Schwimmdock-sektion neu Floating dock section	Dock	Türkische Marine	–	218,40 56,00	–	–	–	–	Nicht gebaut
361	U-Kreuzer Submarine Cruiser	U 191	Kaiserliche Marine	2119	97,50 9,10	–	–	Diesel (E-Mot.) 6000 – 17,5 (8,5) / 2	– –	Nicht fertiggestellt; Auf Helg. verschrottet
362	U-Kreuzer Submarine Cruiser	U 192	Kaiserliche Marine	2119	97,50 9,10	–	–	Diesel (E-Mot.) 6000 – 17,5 (8,5) / 2	– –	Nicht fertiggestellt; Auf Helg. verschrottet
363	U-Kreuzer Submarine Cruiser	U 193	Kaiserliche Marine	2119	97,50 9,10	–	–	Diesel (E-Mot.) 6000 – 17,5 (8,5) / 2	– –	Nicht fertiggestellt; Auf Helg. verschrottet
364	U-Kreuzer Submarine Cruiser	U 194	Kaiserliche Marine	2119	97,50 9,10	–	–	Diesel (E-Mot.) 6000 – 17,5 (8,5) / 2	– –	Nicht fertiggestellt; Auf Helg. verschrottet
365	U-Boot Typ C Submarine Type C	UC 119	Kaiserliche Marine	511	57,10 5,54	–	–	Diesel (E-Mot.) 600 – 11,5 (6,6) / 2	30. 9. 18 –	Nicht fertiggestellt; abgewrackt
366	U-Boot Typ C Submarine Type C	UC 120	Kaiserliche Marine	511	57,10 5,54	–	–	Diesel (E-Mot.) 600 – 11,5 (6,6) / 2	30. 9. 18 –	Nicht fertiggestellt; abgewrackt
367	U-Boot Typ C Submarine Type C	UC 121	Kaiserliche Marine	511	57,10 5,54	–	–	Diesel (E-Mot.) 600 – 11,5 (6,6) / 2	30. 9. 18 –	Nicht fertiggestellt; abgewrackt
368	U-Boot Typ C Submarine Type C	UC 122	Kaiserliche Marine	511	57,10 5,54	–	–	Diesel (E-Mot.) 600 – 11,5 (6,6) / 2	1. 10. 18 –	Nicht fertiggestellt; abgewrackt
369	U-Boot Typ C Submarine Type C	UC 123	Kaiserliche Marine	511	57,10 5,54	–	–	Diesel (E-Mot.) 600 – 11,5 (6,6) / 2	1. 10 18 –	Nicht fertiggestellt; abgewrackt
370	U-Boot Typ C Submarine Type C	UC 124	Kaiserliche Marine	511	57,10 5,54	–	–	Diesel (E-Mot.) 600 – 11,5 (6,6) / 2	1. 10. 18 –	Nicht fertiggestellt; abgewrackt
371	U-Boot Typ C Submarine Type C	UC 125	Kaiserliche Marine	511	57,10 5,54	–	–	Diesel (E-Mot.) 600 – 11,5 (6,6) / 2	8. 12. 18 –	Nicht fertiggestellt; abgewrackt
372	U-Boot Typ C Submarine Type C	UC 126	Kaiserliche Marine	511	57,10 5,54	–	–	Diesel (E-Mot.) 600 – 11,5 (6,6) / 2	8. 12. 18 –	Nicht fertiggestellt; abgewrackt
373	U-Boot Typ C Submarine Type C	UC 127	Kaiserliche Marine	511	57,10 5,54	–	–	Diesel (E-Mot.) 600 – 11,5 (6,6) / 2	8. 12. 18 –	Nicht fertiggestellt; abgewrackt
374	U-Boot Typ C Submarine Type C	UC 128	Kaiserliche Marine	511	57,10 5,54	–	–	Diesel (E-Mot.) 600 – 11,5 (6,6) / 2	8. 12. 18 –	Nicht fertiggestellt; abgewrackt
375	U-Boot Typ C Submarine Type C	UC 129	Kaiserliche Marine	511	57,10 5,54	–	–	Diesel (E-Mot.) 600 – 11,5 (6,6) / 2	– –	Nicht fertiggestellt; abgewrackt
376	U-Boot Typ C Submarine Type C	UC 130	Kaiserliche Marine	511	57,10 5,54	–	–	Diesel (E-Mot.) 600 – 11,5 (6,6) / 2	– –	Nicht fertiggestellt; abgewrackt
377	U-Boot Typ C Submarine Type C	UC 131	Kaiserliche Marine	511	57,10 5,54	–	–	Diesel (E-Mot.) 600 – 11,5 (6,6) / 2	– –	Nicht fertiggestellt; abgewrackt
378	U-Boot Typ C Submarine Type C	UC 132	Kaiserliche Marine	511	57,10 5,54	–	–	Diesel (E-Mot.) 600 – 11,5 (6,6) / 2	– –	Nicht fertiggestellt; abgewrackt
379	U-Boot Typ C Submarine Type C	UC 133	Kaiserliche Marine	511	57,10 5,54	–	–	Diesel (E-Mot.) 600 – 11,5 (6,6) / 2	– –	Nicht fertiggestellt; abgewrackt
380	U-Boot Typ C Submarine Type C	UC 134	Kaiserliche Marine	511	57,10 5,54	–	–	Diesel (E-Mot.) 600 – 11,5 (6,6) / 2	– –	Nicht fertiggestellt; abgewrackt
381	U-Boot Typ C Submarine Type C	UC 135	Kaiserliche Marine	511	57,10 5,54	–	–	Diesel (E-Mot.) 600 – 11,5 (6,6) / 2	– –	Nicht fertiggestellt; abgewrackt
382	U-Boot Typ C Submarine Type C	UC 136	Kaiserliche Marine	511	57,10 5,54	–	–	Diesel (E-Mot.) 600 – 11,5 (6,6) / 2	– –	Nicht fertiggestellt; abgewrackt

Bau-Nr.	Typ	NAME bzw. Bezeichnung	Auftraggeber	BRT / Tragfähigkeit / Verdrängung	Länge Breite m	Seiten- höhe m	Fahr- gäste	Maschinenart PS – Kn / Schrauben	Stapellauf Ablieferung	Bemerkungen
Yard-Nr.	Type	NAME Object	Owner	GRT / tdw / Displacement	Length Beam m	Depth m	Passen- gers	Type of Engine HP – Kn / Propellers	Launching Delivery	Remarks
383	U-Boot Typ C Submarine Type C	UC 137	Kaiserliche Marine	**511**	57,10 5,54	–	–	Diesel (E-Mot.) 600 – 11,5 (6,6) / 2		Nicht fertiggestellt; abgewrackt
384	U-Boot Typ C Submarine Type C	UC 138	Kaiserliche Marine	**511**	57,10 5,54	–	–	Diesel (E-Mot.) 600 – 11,5 (6,6) / 2		Nicht fertiggestellt; abgewrackt
385	Frachtschiff Cargo vessel	URUNDI	Dtsch. Ost-Afrika- Linie, Hamburg	5791 9270	127,40 17,06	11,79	12	Getriebeturbine 3300 – 11,5	28. 7. 20 2. 11. 20	1949 als panamesische VALPARAISO abgewrackt
386	Frachtschiff Cargo vessel	–	Deutsch-Austral. D. G., Hamburg	6038 9050	136,60 17,68	9,00	6	4fach-Exp.-Dampfmaschine 4200 – 13	30. 9. 19 22. 2. 20	Als britische CESARIO abgel.; 1943 als holl. MELISKERK gestr
387	Fracht- und Fahrgastschiff Passenger-cargo ship	USARAMO	Dtsch. Ost-Afrika- Linie, Hamburg	7758 7240	127,40 17,06	9,35	261	Getriebeturbine 3000 – 12	2. 10. 20 11. 3. 21	1944 torpediert
388	Cargo vessel Cargo vessel	HANNOVER	Deutsch-Austral. D. G., Hamburg	5874 9610	136,60 17,68	9,00	–	Getriebeturbine 4000 – 13	25. 1. 20 12. 4. 21	1940 als HAMM versenkt
389	Fracht- und Fahrgastschiff Passenger-cargo ship	USSUKUMA	Dtsch. Ost-Afrika- Linie, Hamburg	7765 7280	127,40 17,06	9,35	264	Getriebeturbine 3000 – 12	30. 12. 20 2. 7. 21	1939 selbstversenkt
390	Frachtschiff Cargo vessel	HANAU	Deutsch-Austral. D. G., Hamburg	5892 9602	136,60 17,68	9,00	–	Getriebeturbine 4000 – 13	5. 3. 21 14. 6. 21	1944 durch Mine versenkt
391	Fracht- und Fahrgastschiff Passenger-cargo ship	WANGONI	Woermann-Linie, Hamburg	7768 7330	127,40 17,06	9,35	264	Getriebeturbine 3000 – 12	22. 3. 21 8. 9. 21	1968 als sowjetische CHUKOTKA im Register gestr.
392	Frachtschiff Cargo vessel	DÜSSELDORF	Deutsch-Austral. D. G., Hamburg	5146 8150	123,60 17,00	8,70	12	Getriebeturbine 2700 – 12	21. 9. 22 25. 11. 22	1923 gestrandet
393	Schwimmdock- sektion Floating dock section	DOCK V	Blohm & Voss, Hamburg	–		–	–		17. 6. 22 –	Sektion für DOCK V
394	Frachtschiff Cargo vessel	HALLE	Deutsch-Austral. D. G., Hamburg	5889 7279	136,50 17,68	9,00	–	Getriebeturbine 4000 – 13	11. 6. 21 24. 9. 21	1939 selbstversenkt
395	Fracht- und Fahrgastschiff Passenger-cargo ship	ADOLPH WOERMANN	Woermann-Linie, Hamburg	8577 8210	131,80 17,68	9,88	291	Getriebeturbine 3300 – 12	15. 6. 21 16. 11. 22	1939 selbstversenkt
396	Frachtschiff Cargo vessel	ALTONA	Deutsch-Austral. D. G., Hamburg	5892 9555	136,50 17,68	9,04	–	Getriebeturbine 4000 – 13	28. 7. 21 14. 12. 21	1940 versenkt
397	Fracht- und Fahrgastschiff Passenger-cargo ship	USAMBARA	Deutsche Ost-Afrika Linie, Hamburg	8690 7860	131,80 18,68	9,88	285	Getriebeturbine 3300 – 12	30. 8. 22 7. 4. 23	1945 versenkt
398	Frachtschiff Cargo vessel	ESSEN	Deutsch-Austral. D. G., Hamburg	5158 8130	123,60 17,00	8,70	12	Getriebeturbine 2700 – 12	28. 11. 22 10. 2. 23	1943 als holländische TERKOLEI torpediert
399	Fracht- und Fahrgastschiff Passenger-cargo ship	NJASSA	Hamburg-Amerika Linie, Hamburg	8754 7900	131,80 17,68	9,88	285	Getriebeturbine 3400 – 12	20. 11. 23 26. 6. 24	1945 versenkt
400	Frachtschiff Cargo vessel	CASSEL	Deutsch-Austral. D. G., Hamburg	6047 9425	136,50 17,68	9,00	12	Getriebeturbine 4000 – 13	21. 1. 22 11. 5. 22	1942 als holländische MENDANAU versenkt
401	Fracht- und Fahrgastschiff Passenger-cargo ship	VOGTLAND	Hamburg-Amerika Linie, Hamburg	7106 9800	136,50 17,68	9,00	47	Diesel m. Getriebe 3300 – 12 / 2	3. 5. 24 23. 8. 24	1943 als holländische BERAKIT torpediert
402	Frachtschiff Cargo vessel	FREIBURG	Deutsch-Austral. D. G., Hamburg	5165 8120	123,60 17,00	8,70	12	Getriebeturbine 2700 – 12	27. 1. 23 24. 3. 23	1946 mit Munition versenkt
403	Fracht- und Fahrgastschiff Passenger-cargo ship	ALBERT BALLIN	Hamburg-Amerika Linie, Hamburg	20815 14700	182,90 24,00	14,37	1519	Getriebeturbinen 13330 – 16 / 2	16. 12. 22 16. 6. 23	In Fahrt als sowjetische SOVETSKIY SOJUS

246

Bau-Nr. Yard-Nr.	Typ / Type	NAME bzw. Bezeichnung / NAME Objekt	Auftraggeber / Owner	BRT / Tragfähigkeit / Verdrängung GRT / tdw / Displacement	Länge Breite m / Length Beam m	Seiten- höhe m / Depth m	Fahr- gäste / Passen- gers	Maschinenart PS – Kn / Schrauben / Type of Engine HP – Kn / Propellers	Stapellauf Ablieferung / Launching Delivery	Bemerkungen / Remarks
404	Frachtschiff Cargo vessel	GERA	Deutsch-Austral. D. G., Hamburg	5155 *8110*	123,60 17,00	8,70	12	Getriebeturbine 2700 – 12	14. 4. 23 2. 6. 23	1958 als panamesische PAN OCEAN gesunken
405	Fracht- und Fahrgastschiff Passenger-cargo ship	DEUTSCHLAND	Hamburg-Amerika Linie. Hamburg	20603 *14600*	182,90 24,00	14,37	1519	Getriebeturbinen 13300 – 16 / 2	28. 4. 23 19. 12. 23	1945 versenkt
406	Seeleichter Seagoing lighter	KOSMOS	Bugsier-, Reederei- u. Berg. AG, Hbg.	393 *689*	46,00 8,35	3,68	–	–	24. 2. 20 28. 2. 20	
407	Fracht- und Fahrgastschiff Passenger-cargo ship	MONTE SARMIENTO	Hamburg-Süd, Hamburg	13628 *8450*	151,50 19,95	12,80	2774	Diesel mit Getriebe 6000 – 14 / 2	31. 7. 24 12. 11. 24	1942 versenkt
408	Seeleichter Seagoing lighter	NATION	Bugsier-, Reederei- u. Berg. AG, Hbg.	393 *689*	46,00 8,35	3,68	–	–	24. 2. 20 5. 3. 20	In Fahrt
409	Fracht- und Fahrgastschiff Passenger-cargo ship	MONTE OLIVIA	Hamburg-Süd, Hamburg	13750 *8460*	151,50 19,95	12,80	2528	Diesel mit Getriebe 6000 – 14 / 2	28. 10. 24 4. 4. 25	1945 versenkt
410	Seeleichter Seagoing lighter	CHRONIK	Bugsier-, Reederei- u. Berg. AG, Hbg.	391 *693*	46,00 8,35	3,68	–	–	13. 12. 19 28. 1. 20	In Fahrt
411	Seeleichter Seagoing lighter	DAHEIM	Bugsier-, Reederei- u. Berg. AG, Hbg.	391 *693*	46,00 8,35	3,68	–	–	13. 12. 19 6. 2. 20	In Fahrt als BERGER V
412	Frachtschiff Cargo vessel	RHEINLAND	Hamburg-Amerika Linie, Hamburg	6526 *9910*	136,62 17,68	7,70	12	Diesel 2500 – 12 / 2	1. 10. 21 25. 3. 22	1926 nach Kollision gesunken
413	Bau-Nr. nicht bel. Yard-Nr. not dispos.	–	–	–	–	–	–	–	– –	–
414	Frachtschiff Cargo vessel	ERMLAND	Hamburg-Amerika Linie, Hamburg	6521 *9850*	136,62 17,68	7,70	12	Diesel 3500 – 12 / 2	18. 2. 22 29. 8. 22	1944 als WESERLAND selbstversenkt
415-454	U-Boot Typ C Submarine Type C	UC 153–UC 192	Kaiserliche Marine	**474** 5,54	57,10	–	–	Diesel (E-Mot.) 580 – 11,5 (6,6) / 2	– –	Aufträge am 22. 11. 18 annulliert
455-458	U-Boot Submarine	U 225–U 228	Kaiserliche Marine	**1400** 7,90	87,60	–	–	Diesel (E-Mot.) 900 – 8 (9) / 2	– –	Aufträge am 22. 11. 18 annulliert
459	Fracht- und Fahrgastschiff Passenger-cargo ship	TANGANJIKA	Hamburg-Amerika Linie, Hamburg	8537 *7720*	136,50 17,67	9,00	315	Getriebeturbine 3400 – 12	1. 6. 22 4. 10. 22	1947 abgewrackt
460	Fracht- und Fahrgastschiff Passenger-cargo ship	SAARLAND	Hamburg-Amerika Linie, Hamburg	6863 *9620*	136,50 17,67	9,00	47	Getriebeturbine 3400 – 12	20. 10. 23 2. 2. 24	1943 als japanische TEIYO MARU versenkt
461	Frachtschiff Cargo vessel	HAVELLAND	Hamburg-Amerika Linie, Hamburg	6334 *10040*	136,50 136,50	9,00	12	Diesel mit Getriebe 3300 – 12 / 2	12. 5. 21 30. 8. 21	1945 als japanische TATSUMIYA MARU gestrandet
462	Frachtschiff Cargo vessel	MÜNSTERLAND	Hamburg-Amerika Linie, Hamburg	6315 *10040*	136,50 17,67	9,00	12	Diesel mit Getriebe 3300 – 12 / 2	13. 8. 21 23. 1. 22	1945 als britische EMPIRE GULL torpediert
463	Schwimmdock- sektion Floating dock section								7. 4. 25	
464	Schwimmdock- sektion Floating dock section								7. 4. 25	
465	Schwimmdock- sektion Floating dock section	Vergrößerung DOCK VI	Blohm & Voss, Hamburg	–	–	–	–	–	3. 3. 25	Dock-Hebefähigkeit auf 46 000 t erhöht
466	Schwimmdock- sektion Floating dock section								26. 1. 25	

Bau-Nr.	Typ	NAME bzw. Bezeichnung	Auftraggeber	BRT Tragfähigkeit Verdrängung	Länge Breite m	Seiten- höhe m	Fahr- gäste	Maschinenart PS – Kn / Schrauben	Stapellauf Ablieferung	Bemerkungen
Yard-Nr.	Type	NAME Object	Owner	GRT tdw Displacement	Length Beam m	Depth m	Passen- gers	Type of Engine HP – Kn / Propellers	Launching Delivery	Remarks
467	Schwimmdock- sektion Floating dock section								26. 1. 25	
468	Schwimmdock- sektion Floating dock section	Vergrößerung DOCK VI	Blohm & Voss, Hamburg	–	–	–	–	–	24. 4. 26	Dock-Hebefähigkeit auf 46 000 t erhöht
469	Schwimmdock- sektion Floating dock section								24. 4. 26	
470	Frachtschiff Cargo vessel	MAGDEBURG	Deutsch-Austral. D. G., Hamburg	6128 9230	136,50 17,67	9,00	–	Diesel 4000 – 13	18. 4. 25 8. 12. 25	1944 versenkt
471	Frachtschiff Cargo vessel	FRIESLAND	Hamburg-Amerika Linie, Hamburg	6252 10450	136,50 17,67	9,00	– –	Diesel mit Getriebe 3300 – 12	6. 6. 25 10. 10. 25	1941 selbstversenkt
472	Kabelleger und Tanker Cable layer and tanker	NEPTUN	Nordd. Seekabel- W. AG, Nordenham	7250 9490	128,00 17,40	10,70	–	3fach-Exp.-Dampfmaschinen 2500 – 10,5 / 2	21. 1. 26 15. 4. 26	1961 als britische THULE abgewrackt
473	Fracht- und Fahrgastschiff Passenger-cargo ship	HAMBURG	Hamburg-Amerika Linie, Hamburg	21133 14750	182,90 24,00	14,37	1163	Getriebeturbinen 14000 – 16 / 2	14. 11. 25 27. 3. 26	Als sowjetische YURIY DOLGORUKIY in Fahrt
474	Fracht- und Fahrgastschiff Passenger-cargo ship	NEW YORK	Hamburg-Amerika Linie, Hamburg	21455 14825	182,90 24,00	14,37	1134	Getriebeturbinen 14000 – 16 / 2	20. 10. 26 12. 3. 27	1945 versenkt
475	Frachtschiff Cargo vessel	DORTMUND	Deutsch-Austral. D. G., Hamburg	5138 8200	123,60 17,00	8,70	–	Getriebeturbine 2700 – 12	21. 8. 26 14. 10. 26	1971 als portugiesische LUGELA abgewrackt
476	Fracht- und Fahrgastschiff Passenger-cargo ship	CAP ARCONA	Hamburg-Süd, Hamburg	27561 11500	195,00 25,70	16,90	1434	Getriebeturbinen 24 000 – 20 / 2	14. 5. 27 29. 10. 27	1945 versenkt
477	Fracht- und Fahrgastschiff Passenger-cargo ship	KUNGSHOLM	Svenska Amerika Linjen, Göteborg	20223 9490	176,80 23,78	15,44	1526	Diesel 15 000 – 17,5 / 2	17. 3. 28 13. 10. 28	1964 als IMPERIAL BAHAMA abgewrackt
478	Fracht- und Fahrgastschiff Passenger-cargo ship	MONTE CERVANTES	Hamburg-Süd, Hamburg	13913 8340	151,50 19,95	12,80	2408	Diesel mit Getriebe 6000 – 14 / 2	25. 8. 27 3. 1. 28	1930 gestrandet
479	Fahrgastschiff Cargo vessel	EUROPA	Norddeutscher Lloyd, Bremen	49746 12840	270,70 31,00	16,40	2300	Getriebeturbinen 105 000 – 27 / 4	15. 8. 28 1. 3. 30	1962 als französische LIBERTÉ abgewrackt
480	Fracht- und Fahrgastschiff Passenger-cargo ship	QUANZA	Cia. Naçional de Nav., Lissabon	6657 6230	126,50 16,00	9,45	429	3fach-Exp.-Dampfmaschinen 4000 – 13,5 / 2	1. 6. 29 5. 9. 29	vom Stapel als PORTUGAL; 1968 abgewrackt
481	Fracht- und Fahrgastschiff Passenger-cargo ship	WATUSSI	Woermann-Linie, Hamburg	9552 7485	135,00 18,30	9,88	384	Getriebeturbine 4200 – 13,5	2. 2. 28 30. 5. 28	1939 selbstversenkt
482	Fracht- und Fahrgastschiff Passenger-cargo ship	UBENA	Deutsche Ost-Afrika Linie, Hamburg	9554 7455	135,00 18,30	9,88	384	Getriebeturbine 4200 – 13,5	31. 3. 28 31. 7. 28	1957 als britische EMPIRE KEN abgewrackt
483	Fracht- und Fahrgastschiff Passenger-cargo ship	MILWAUKEE	Hamburg-Amerika Linie, Hamburg	16699 10320	165,00 22,00	11,20	1153	Diesel mit Getriebe 11 000 – 16 / 2	20. 2. 29 11. 6. 29	1946 als britische EMPIRE WAVENEY ausgebrannt
484	Frachtschiff Cargo vessel	ERLANGEN	Norddeutscher Lloyd, Bremen	6040 9750	135,00 17,50	9,30	–	Getriebeturbine 3800 – 13	31. 8. 29 2. 11. 29	1941 selbstversenkt

248

Bau-Nr.	Typ	NAME bzw. Bezeichnung	Auftraggeber	BRT / Tragfähigkeit / Verdrängung	Länge Breite	Seitenhöhe m	Fahrgäste m	Maschinenart PS – Kn / Schrauben	Stapellauf Ablieferung	Bemerkungen
Yard-Nr.	Type	NAME Object	Owner	GRT / tdw / Displacement	Length Beam m	Depth m	Passengers	Type of Engine HP – Kn / Propellers	Launching Delivery	Remarks
485	Frachtschiff Cargo vessel	GOSLAR	Norddeutscher Lloyd, Bremen	6040 9750	135,00 17,50	9,30	–	Getriebeturbine 9800 – 13	1. 10. 29 30. 11. 29	1940 selbstversenkt
486	Frachtschiff Cargo vessel	KURMARK	Hamburg-Amerika Linie, Hamburg	9920 7021	140,00 18,60	9,35	–	Getriebeturbine 6000 – 14,5	27. 3. 30 31. 5. 30	1945 versenkt
487	Frachtschiff Cargo vessel	UCKERMARK	Hamburg-Amerika Linie, Hamburg	9920 7021	140,00 18,60	9,35	–	Getriebeturbine 6000 – 14,5	8. 5. 30 16. 9. 30	1941 selbstversenkt
488	Tanker Tanker	KAIA KNUDSEN	Götaverken, Göteborg	9063 14270	142,70 19,58	8,25	–	Diesel 3400 – 11,5	30. 8. 30 1. 9. 30	Subkontrakt; 1959 als griech. EKATERINI ALEXANDRA abgewr.
489	Tanker Tanker	SVEABORG	Götaverken, Göteborg	9076 13520	142,70 19,58	8,25		Diesel 3400 – 11,5	29. 9. 30 1. 10. 30	Subkontrakt; 1940 torpediert
490	Yacht Yacht	SAVARONA	E. R. Cadwalader, New York	4581 1635	105,10 16,08	12,49	33	Getriebeturbinen 7200 – 17 / 2	28. 2. 31 16. 7. 31	Als türkische SAVARONA in Fahrt
491	Fracht- und Fahrgastschiff Passenger-cargo ship	MONTE PASCOAL	Hamburg-Süd, Hamburg	13870 8530	151,50 19,95	12,80	2408	Diesel m. Getriebe 6000 – 14 / 2	17. 9. 30 15. 1. 31	1946 versenkt
492	Fracht- und Fahrgastschiff Passenger-cargo ship	MONTE ROSA	Hamburg-Süd, Hamburg	13882 8530	151,50 19,95	12,80	2408	Diesel m. Getriebe 6000 – 14 / 2	4. 12. 30 31. 3. 31	1954 als britische EMPIRE WINDRUSH ausgebrannt
493	Fracht- und Fahrgastschiff Passenger-cargo ship	CARIBIA	Hamburg-Amerika Linie, Hamburg	12049 8460	150,00 20,00	9,65	448	Diesel 11000 – 16,5 / 2	1. 3. 32 5. 2. 33	Als sowjetische ILIYCH in Fahrt
494	Fracht- und Fahrgastschiff Passenger-cargo ship	CORDILLERA	Hamburg-Amerika Linie, Hamburg	12055 8470	150,00 20,00	9,65	448	Diesel 11000 – 16,5 / 2	4. 3. 33 30. 7. 33	Als sowjetische RUSS in Fahrt
495	Bark Barque	GORCH FOCK	Reichsmarine	1354	62,00 12,00	7,30	–	Diesel 520 – 8	3. 5. 33 26. 6. 33	Als sowjetische TOWARISCHTSCH in Fahrt
496	Schnellboot-Begleitschiff Depot ship (MTB)	TSINGTAU	Reichsmarine	1980	85,00 13,50	8,20	–	Diesel 4100 – 17,5 / 2	6. 6. 34 22. 9. 34	1950 als britische Beute abgewrackt
497	Fracht- und Fahrgastschiff Passenger-cargo ship	POTSDAM	Hamburg-Amerika Linie, Hamburg	17518 12030	182,00 22,50	13,75	254	Turbo-elektr. Antrieb 26000 – 21 / 2	16. 1. 35 28. 6. 35	1976 als pakistanische SAFINA-E-HUJJAJ abgewrackt
498	Geleitboot Escort vessel	F 7	Reichsmarine	712	73,50 8,80	4,25	–	Getriebeturbinen 14000 – 28 / 2	25. 5. 35 13. 2. 37	1946 an die Sowjetunion abgeliefert
499	Geleitboot Escort vessel	F 8	Reichsmarine	712	73,50 8,80	4,25	–	Getriebeturbinen 14000 – 28 / 2	25. 7. 35 6. 4. 37	1950 als britische Beute abgewrackt
500	Aviso Advice-boat	GRILLE	Reichsmarine	2560	115,00 13,50	7,50	–	Getriebeturbinen 22000 – 26 / 2	15. 12. 34 19. 5. 35	1950 in den USA abgewrackt
501	Schwerer Kreuzer Heavy cruiser	ADMIRAL HIPPER	Reichsmarine	14050	202,80 21,30	10,15	–	Getriebeturbinen 134000 – 32 / 3	6. 2. 34 19. 4. 39	1945 gesprengt
502	Tanker Tanker	SEMINOLE	Anglo-American Oil Co.,	10389 15454	147,80 21,26	11,28	–	Diesel 3600 – 12,5	18. 1. 36 21. 4. 36	1959 als britische ESSO HULL abgewrackt
503	Zerstörer Destroyer	Z 14 FRIEDRICH IHN	Reichsmarine	2239	114,00 11,31	6,40	–	Getriebeturbinen 70000 – 38,2 / 2	5. 11. 35 5. 4. 38	1955 als sowjetische PROSPESNYJ abgewrackt
504	Zerstörer Destroyer	Z 15 ERICH STEINBRINCK	Reichsmarine	2239	114,00 11,31	6,40	–	Getriebeturbinen 70000 – 38,2 / 2	24. 9. 36 24. 6. 38	1960 als sowjetische PYLKIY abgewrackt
505	Zerstörer Destroyer	Z 16 FRIEDRICH ECKOLDT	Reichsmarine	2239	114,00 11,31	6,40	–	Getriebeturbinen 70000 – 38,2/2	21. 3. 37 28. 7. 38	1942 versenkt
506	Fracht- und Fahrgastschiff Passenger-cargo ship	PRETORIA	Dtsch. Ost-Afrika-Linie, Hamburg	16662 9754	165,00 22,00	13,55	490	Getriebeturbinen 14200 – 18 / 2	16. 7. 36 13. 12. 36	Als indonesische GUNUNG DJATI in Fahrt

Bau-Nr.	Typ	NAME bzw. Bezeichnung	Auftraggeber	BRT Tragfähigkeit Verdrängung	Länge Breite m	Seiten- höhe m	Fahr- gäste	Maschinenart PS – Kn / Schrauben	Stapellauf Ablieferung	Bemerkungen
Yard-Nr.	Type	NAME Objekt	Owner	GRT tdw Displacement	Length Beam m	Depth m	Passen- gers	Type of Engine HP – Kn / Propellers	Launching Delivery	Remarks
507	Fracht- und Fahrgastschiff Passenger-cargo ship	WINDHUK	Woermann-Linie, Hamburg	16662 9754	165,00 22,00	13,55	490	Getriebeturbinen 14200 – 18 / 2	27. 8. 36 13. 3. 37	1966 als US-amerikanische LEJEUNE abgewrackt
508	Bark Barque	HORST WESSEL	Kriegsmarine	1634	70,00 12,00	7,30	–	Diesel 750 – 10	13. 6. 36 16. 9. 36	Als US-amerikanische EAGLE in Fahrt
509	Schlachtschiff Battleship	BISMARCK	Kriegsmarine	41700	241,50 36,00	12,61	–	Getriebeturbinen 150000 – 30,1 / 3	14. 2. 39 24. 8. 40	1941 versenkt
510	Fracht- und Fahrgastschiff Passenger-cargo ship	BOISSEVAIN	Kon. Paketvaart My., Amsterdam	14134 12467	161,54 21,95	12,35	664	Diesel 11000 – 16 / 3	3. 6. 37 1. 12. 37	1968 abgewrackt
511	Fahrgastschiff Passenger ship	WILHELM GUSTLOFF	Dtsch. Arbeitsfront (Hamb.-Süd), Berlin	25484 5747	195,00 23,50	14,50	1465	Diesel 9500 – 15,5 / 2	5. 5. 37 16. 3. 38	1945 torpediert
512	Tanker Tanker	ARTHUR F. CORVIN	Oriental Trade & Transport Co., Lond.	10516 15407	147,83 21,26	11,28	–	Diesel 3600 – 12,5	26. 4. 38 23. 8. 38	1941 torpediert
513	Tanker Tanker	CHARLES F. MEYER	Oriental Trade & Transport Co., Lond.	10516 15407	147,83 21,26	11,28	–	Diesel 3600 – 12,5	25. 8. 38 16. 11. 38	1968 als liberianische OCEANIC TRIUMPH abgewrackt
514	Fracht- und Fahrgastschiff Passenger-cargo ship	–	Hamburg-Amerika Linie, Hamburg	12000	–	–	–	–	–	Auftrag anulliert
515	Bark Barque	ALBERT LEO SCHLAGETER	Kriegsmarine	1634	70,00 12,00	7,30	–	Diesel 750 – 10	30. 10. 37 14. 2. 38	Als portugiesische SAGRES in Fahrt
516	Tank- und Fahrgastschiff Combined tanker/ passenger ship	SAN JORGE	Yacim. Petroliferos Fisc., Buenos Aires	10005 11482	160,00 18,80	10,65	60	3fach-Exp.-Dampfmaschine 7000 – 15	10. 3. 38 8. 7. 38	In Fahrt
517	Fracht- und Fahrgastschiff Passenger-cargo ship	OSORNO	Hamburg-Amerika- Linie, Hamburg	6951 8960	140,00 18,30	11,60	33	Diesel-elektr. Antrieb 5850 – 15	7. 9. 38 21. 12. 38	1944 selbstversenkt
518	Fracht- und Fahrgastschiff Passenger-cargo ship	HUASCARAN	Hamburg-Amerika- Linie, Hamburg	6951 8960	140,00 18,30	11,60	33	Diesel-elektr. Antrieb 5850 – 15	15. 12. 38 27. 4. 39	In Fahrt als griechische ROMANZA
519	Bark Barque	MIRCEA	Rumänische Marine	1630	62,00 12,00	7,30	–	Diesel 520 – 9,5	22. 9. 38 25. 1. 39	In Fahrt
520	Fracht- und Fahrgastschiff Passenger-cargo ship	DOGU	Denizyollari Ummen Müdürlügi, Istanbul	6133 3005	115,80 16,00	9,20	629	3fach-Exp.-Dampfmaschinen 4600 – 15 / 2	15. 3. 39 31. 8. 39	1973 als sowjetische PETR VELIKIY abgewrackt
521	Fracht- und Fahrgastschiff Passenger-cargo ship	EGEMEN	Denizyollari Ummen Müdürlügi, Istanbul	6133 3005	115,80 16,00	9,20	629	3fach-Exp.-Dampfmaschinen 4600 – 15 / 2	25. 5. 39 20. 12. 39	1945 als SWAKOPMUND versenkt
522	Fracht- und Fahrgastschiff Passenger-cargo ship	SAVAS	Denizyollari Ummen Müdürlügi, Istanbul	6133 3005	115,80 16,00	9,20	629	3fach-Exp.-Dampfmaschinen 4600 – 15 / 2	10. 8. 39 15. 6. 40	1953 als DARESSALAM abgewrackt
523	Fahrgastschiff Passenger ship	VATERLAND	Hamburg-Amerika Linie, Hamburg	41000 8500	225,00 30,00	17,80	1342	Turbo-elektr. Antrieb 45000 – 23,5 / 2	24. 8. 40 –	Nicht fertiggestellt; 1948 verschrottet
524	Bark Barqueship	HERBERT NORKUS	Kriegsmarine	1634	70,00 12,00	7,30	–	Diesel 750 – 10	7. 11. 39 –	Nicht fertiggestellt; 1947 mit Munition versenkt
525	Schlachtschiff Battleship	– H –	Kriegsmarine	56200	266,00 37,60	13,44	–	Diesel m. Getriebe 165000 – 30 / 3	–	1939 anulliert
526	Schlachtschiff Battleship	– M –	Kriegsmarine	56200	266,00 37,60	13,44	–	Diesel m. Getriebe 165000 – 30 / 3	–	1939 anulliert
527	U-Boot Typ VII C Submarine	U 551	Kriegsmarine	769	66,50 6,18	–	–	Diesel (E-Mot.) 3000 – 17,5 (8) / 2	14. 9. 40 31. 10. 40	1941 versenkt

Bau-Nr.	Typ	NAME bzw. Bezeichnung	Auftraggeber	BRT *Tragfähigkeit* **Verdrängung**	Länge Breite m	Seiten- höhe m	Fahr- gäste	Maschinenart PS – Kn / Schrauben	Stapellauf Ablieferung	Bemerkungen
Yard-Nr.	Type	NAME Object	Owner	GRT *tdw* **Displacement**	Length Beam m	Depth m	Passen- gers	Type of Engine HP – Kn / Propellers	Launching Delivery	Remarks
528	U-Boot Typ VII C Submarine Type VII C	U 552	Kriegsmarine	**769**	66,50 6,18	–	–	Diesel (E-Mot.) 3000 – 17,5 (8) / 2	14. 9. 40 4. 12. 40	1945 selbstversenkt
529	U-Boot Typ VII C Submarine Type VII C	U 553	Kriegsmarine	**769**	66,50 6,18	–	–	Diesel (E-Mot.) 3000 – 17,5 (8) / 2	7. 11. 40 23. 12. 40	1943 versenkt
530	U-Boot Typ VII C Submarine Type VII C	U 554	Kriegsmarine	**769**	66,50 6,18	–	–	Diesel (E-Mot.) 3000 – 17,5 (8) / 2	7. 11. 40 15. 1. 41	1945 selbstversenkt
531	U-Boot Typ VII C Submarine Type VII C	U 555	Kriegsmarine	**769**	66,50 6,18	–	–	Diesel (E-Mot.) 3000 – 17,5 (8) / 2	7. 12. 40 30. 1. 41	1945 brit.; abgewrackt
532	U-Boot Typ VII C Submarine Type VII C	U 556	Kriegsmarine	**769**	66,50 6,18	–	–	Diesel (E-Mot.) 3000 – 17,5 (8) / 2	7. 12. 40 6. 2. 41	1941 versenkt
533	U-Boot Typ VII C Submarine Type VII C	U 557	Kriegsmarine	**769**	66,50 6,18	–	–	Diesel (E-Mot.) 3000 – 17,5 (8) / 2	22. 12. 40 13. 2. 41	1941 versenkt
534	U-Boot Typ VII C Submarine Type VII C	U 558	Kriegsmarine	**769**	66,50 6,18	–	–	Diesel (E-Mot.) 3000 – 17,5 (8) / 2	23. 12. 40 20. 2. 41	1943 versenkt
535	U-Boot Typ VII C Submarine Type VII C	U 559	Kriegsmarine	**769**	66,50 6,18	–	–	Diesel (E-Mot.) 3000 – 17,5 (8) / 2	8. 1. 41 27. 2. 41	1942 versenkt
536	U-Boot Typ VII C Submarine Type VII C	U 560	Kriegsmarine	**769**	66,50 6,18	–	–	Diesel (E-Mot.) 3000 – 17,5 (8) / 2	10. 1. 41 6. 3. 41	1945 selbstversenkt
537	U-Boot Typ VII C Submarine Type VII C	U 561	Kriegsmarine	**769**	66,50 6,18	–	–	Diesel (E-Mot.) 3000 – 17,5 (8) / 2	23. 1. 41 13. 3. 41	1943 versenkt
538	U-Boot Typ VII C Submarine Type VII C	U 562	Kriegsmarine	**769**	66,50 6,18	–	–	Diesel (E-Mot.) 3000 – 17,5 (8) / 2	24. 1. 41 20. 3. 41	1943 versenkt
539	U-Boot Typ VII C Submarine Type VII C	U 563	Kriegsmarine	**769**	66,50 6,18	–	–	Diesel (E-Mot.) 3000 – 17,5 (8) / 2	5. 2. 41 27. 3. 41	1943 versenkt
540	U-Boot Typ VII C Submarine Type VII C	U 564	Kriegsmarine	**769**	66,50 6,18	–	–	Diesel (E-Mot.) 3000 – 17,5 (8) / 2	7. 2. 41 3. 4. 41	1943 versenkt
541	U-Boot Typ VII C Submarine Type VII C	U 565	Kriegsmarine	**769**	66,50 6,18	–	–	Diesel (E-Mot.) 3000 – 17,5 (8) / 2	20. 2. 41 10. 4. 41	1944 versenkt
542	U-Boot Typ VII C Submarine Type VII C	U 566	Kriegsmarine	**769**	66,50 6,18	–	–	Diesel (E-Mot.) 3000 – 17,5 (8) / 2	20. 2. 41 17. 4. 41	1943 versenkt
543	U-Boot Typ VII C Submarine Type VII C	U 567	Kriegsmarine	**769**	66,50 6,18	–	–	Diesel (E-Mot.) 3000 – 17,5 (8) / 2	6. 3. 41 24. 4. 41	1941 versenkt
544	U-Boot Typ VII C Submarine Type VII C	U 568	Kriegsmarine	**769**	66,50 6,18	–	–	Diesel (E-Mot.) 3000 – 17,5 (8) / 2	6. 3. 41 1. 5. 41	1942 versenkt
545	U-Boot Typ VII C Submarine Type VII C	U 569	Kriegsmarine	**769**	66,50 6,18	–	–	Diesel (E-Mot.) 3000 – 17,5 (8) / 2	20. 3. 41 8. 5. 41	1943 versenkt
546	U-Boot Typ VII C Submarine Type VII C	U 570	Kriegsmarine	**769**	66,50 6,18	–	–	Diesel (E-Mot.) 3000 – 17,5 (8) / 2	20. 3. 41 15. 5. 41	1947 als britische GRAPH abgewrackt
547	U-Boot Typ VII C Submarine Type VII C	U 571	Kriegsmarine	**769**	66,50 6,18	–	–	Diesel (E-Mot.) 3000 – 17,5 (8) / 2	4. 4. 41 22. 5. 41	1944 versenkt

251

Bau-Nr.	Typ	NAME bzw. Bezeichnung	Auftraggeber	BRT *Tragfähigkeit* Verdrängung	Länge Breite m	Seiten- höhe m	Fahr- gäste	Maschinenart PS – Kn / Schrauben	Stapellauf Ablieferung	Bemerkungen
Yard-Nr.	Type	NAME Object	Owner	GRT *tdw* Displacement	Length Beam m	Depth m	Passen- gers	Type of Engine HP – Kn / Propellers	Launching Delivery	Remarks
548	U-Boot Typ VII C Submarine Type VII C	U 572	Kriegsmarine	**769**	66,50 6,18	–	–	Diesel (E-Mot.) 3000 – 17,5 (8) / 2	5. 4. 41 29. 5. 41	1943 versenkt
549	U-Boot Typ VII C Submarine Type VII C	U 573	Kriegsmarine	**769**	66,50 6,18	–	–	Diesel (E-Mot.) 3000 – 17,5 (8) / 2	17. 4. 41 5. 6. 41	1970 als spanisches G 7 außer Dienst
550	U-Boot Typ VII C Submarine Type VII C	U 574	Kriegsmarine	**769**	66,50 6,18	–	–	Diesel (E-Mot.) 3000 – 17,5 (8) / 2	18. 4. 41 12. 6. 41	1941 versenkt
551	U-Boot Typ VII C Submarine Type VII C	U 575	Kriegsmarine	**769**	66,50 6,18	–	–	Diesel (E-Mot.) 3000 – 17,5 (8) / 2	30. 4. 41 19. 6. 41	1944 versenkt
552	U-Boot Typ VII C Submarine Type VII C	U 576	Kriegsmarine	**769**	66,50 6,18	–	–	Diesel (E-Mot.) 3000 – 17,5 (8) / 2	30. 4. 41 26. 6. 41	1942 versenkt
553	U-Boot Typ VII C Submarine Type VII C	U 577	Kriegsmarine	**769**	66,50 6,18	–	–	Diesel (E-Mot.) 3000 – 17,5 (8) / 2	15. 5. 41 3. 7. 41	1942 versenkt
554	U-Boot Typ VII C Submarine Type VII C	U 578	Kriegsmarine	**769**	66,50 6,18	–	–	Diesel (E-Mot.) 3000 – 17,5 (8) / 2	15. 5. 41 10. 7. 41	1942 versenkt
555	U-Boot Typ VII C Submarine Type VII C	U 579	Kriegsmarine	**769**	66,50 6,18	–	–	Diesel (E-Mot.) 3000 – 17,5 (8) / 2	28. 5. 41 17. 7. 41	1945 versenkt
556	U-Boot Typ VII C Submarine Type VII C	U 580	Kriegsmarine	**769**	66,50 6,18	–	–	Diesel (E-Mot.) 3000 – 17,5 (8) / 2	28. 5. 41 24. 7. 41	1941 nach Kollision gesunken
557	U-Boot Typ VII C Submarine Type VII C	U 581	Kriegsmarine	**769**	66,50 6,18	–	–	Diesel (E-Mot.) 3000 – 17,5 (8) / 2	12. 6. 41 31. 7. 41	1942 versenkt
558	U-Boot Typ VII C Submarine Type VII C	U 582	Kriegsmarine	**769**	66,50 6,18	–	–	Diesel (E-Mot.) 3000 – 17,5 (8) / 2	12. 6. 41 7. 8. 41	1942 versenkt
559	U-Boot Typ VII C Submarine Type VII C	U 583	Kriegsmarine	**769**	66,50 6,18	–	–	Diesel (E-Mot.) 3000 – 17,5 (8) / 2	26. 6. 41 14. 8. 41	1941 nach Kollision gesunken
560	U-Boot Typ VII C Submarine Type VII C	U 584	Kriegsmarine	**769**	66,50 6,18	–	–	Diesel (E-Mot.) 3000 – 17,5 (8) / 2	26. 6. 41 21. 8. 41	1943 versenkt
561	U-Boot Typ VII C Submarine Type VII C	U 585	Kriegsmarine	**769**	66,50 6,18	–	–	Diesel (E-Mot.) 3000 – 17,5 (8) / 2	9. 7. 41 28. 8. 41	1942 versenkt
562	U-Boot Typ VII C Submarine Type VII C	U 586	Kriegsmarine	**769**	66,50 6,18	–	–	Diesel (E-Mot.) 3000 – 17,5 (8) / 2	10. 7. 41 4. 9. 41	1944 versenkt
563	U-Boot Typ VII C Submarine Type VII C	U 587	Kriegsmarine	**769**	66,50 6,18	–	–	Diesel (E-Mot.) 3000 – 17,5 (8) / 2	23. 7. 41 11. 9. 41	1942 versenkt
564	U-Boot Typ VII C Submarine Type VII C	U 588	Kriegsmarine	**769**	66,50 6,18	–	–	Diesel (E-Mot.) 3000 – 17,5 (8) / 2	23. 7. 41 18. 9. 41	1942 versenkt
565	U-Boot Typ VII C Submarine Type VII C	U 589	Kriegsmarine	**769**	66,50 6,18	–	–	Diesel (E-Mot.) 3000 – 17,5 (8) / 2	6. 8. 41 25. 9. 41	1942 versenkt
566	U-Boot Typ VII C Submarine Type VII C	U 590	Kriegsmarine	**769**	66,50 6,18	–	–	Diesel (E-Mot.) 3000 – 17,5 (8) / 2	6. 8. 41 2. 10. 41	1943 versenkt
567	U-Boot Typ VII C Submarine Type VII C	U 591	Kriegsmarine	**769**	66,50 6,18	–	–	Diesel (E-Mot.) 3000 – 17,5 (8) / 2	20. 8. 41 16. 10. 41	1943 versenkt

Bau-Nr.	Typ	NAME bzw. Bezeichnung	Auftraggeber	BRT Tragfähigkeit Verdrängung	Länge Breite m	Seiten-höhe m	Fahr-gäste	Maschinenart PS – Kn / Schrauben	Stapellauf Ablieferung	Bemerkungen
Yard-Nr.	Type	NAME Object	Owner	GRT tdw Displacement	Length Beam m	Depth m	Passen-gers	Type of Engine HP – Kn / Propellers	Launching Delivery	Remarks
568	U-Boot Typ VII C Submarine Type VII C	U 592	Kriegsmarine	769	66,50 6,18	–	–	Diesel (E-Mot.) 3000 – 17,5 (8) / 2	20. 8. 41 16. 10. 41	1944 versenkt
569	U-Boot Typ VII C Submarine Type VII C	U 593	Kriegsmarine	769	66,50 6,18	–	–	Diesel (E-Mot.) 3000 – 17,5 (8) / 2	3. 9. 41 23. 10. 41	1943 versenkt
570	U-Boot Typ VII C Submarine Type VII C	U 594	Kriegsmarine	769	66,50 6,18	–	–	Diesel (E-Mot.) 3000 – 17,5 (8) / 2	3. 9. 41 30. 10. 41	1943 versenkt
571	U-Boot Typ VII C Submarine Type VII C	U 595	Kriegsmarine	769	66,50 6,18	–	–	Diesel (E-Mot.) 3000 – 17,5 (8) / 2	17. 9. 41 6. 11. 41	1942 versenkt
572	U-Boot Typ VII C Submarine Type VII C	U 596	Kriegsmarine	769	66,50 6,18	–	–	Diesel (E-Mot.) 3000 – 17,5 (8) / 2	17. 9. 41 13. 11. 41	1944 versenkt
573	U-Boot Typ VII C Submarine Type VII C	U 597	Kriegsmarine	769	66,50 6,18	–	–	Diesel (E-Mot.) 3000 – 17,5 (8) / 2	11. 10. 41 20. 11. 41	1942 versenkt
574	U-Boot Typ VII C Submarine Type VII C	U 598	Kriegsmarine	769	66,50 6,18	–	–	Diesel (E-Mot.) 3000 – 17,5 (8) / 2	2. 10. 41 27. 11. 41	1943 versenkt
575	U-Boot Typ VII C Submarine Type VII C	U 599	Kriegsmarine	769	66,50 6,18	–	–	Diesel (E-Mot.) 3000 – 17,5 (8) / 2	15. 10. 41 4. 12. 41	1942 versenkt
576	U-Boot Typ VII C Submarine Type VII C	U 600	Kriegsmarine	769	66,50 6,18	–	–	Diesel (E-Mot.) 3000 – 17,5 (8) / 2	16. 10. 41 11. 12. 41	1943 versenkt
577	U-Boot Typ VII C Submarine Type VII C	U 601	Kriegsmarine	769	66,50 6,18	–	–	Diesel (E-Mot.) 3000 – 17,5 (8) / 2	29. 10. 41 18. 12. 41	1944 versenkt
578	U-Boot Typ VII C Submarine Type VII C	U 602	Kriegsmarine	769	66,50 6,18	–	–	Diesel (E-Mot.) 3000 – 17,5 (8) / 2	30. 10. 41 29. 12. 41	1943 versenkt
579	U-Boot Typ VII C Submarine Type VII C	U 603	Kriegsmarine	769	66,50 6,18	–	–	Diesel (E-Mot.) 3000 – 17,5 (8) / 2	16. 11. 41 2. 1. 42	1944 versenkt
580	U-Boot Typ VII C Submarine Type VII C	U 604	Kriegsmarine	769	66,50 6,18	–	–	Diesel (E-Mot.) 3000 – 17,5 (8) / 2	16. 11. 41 8. 1. 42	1943 versenkt
581	U-Boot Typ VII C Submarine Type VII C	U 605	Kriegsmarine	769	66,50 6,18	–	–	Diesel (E-Mot.) 3000 – 17,5 (8) / 2	27. 11. 41 15. 1. 42	1942 versenkt
582	U-Boot Typ VII C Submarine Type VII C	U 606	Kriegsmarine	769	66,50 6,18	–	–	Diesel (E-Mot.) 3000 – 17,5 (8) / 2	27. 11. 41 22. 1. 42	1943 versenkt
583	U-Boot Typ VII C Submarine Type VII C	U 607	Kriegsmarine	769	66,50 6,18	–	–	Diesel (E-Mot.) 3000 – 17,5 (8) / 2	11. 12. 41 20. 1. 42	1943 versenkt
584	U-Boot Typ VII C Submarine Type VII C	U 608	Kriegsmarine	769	66,50 6,18	–	–	Diesel (E-Mot.) 3000 – 17,5 (8) / 2	11. 12. 41 5. 2. 42	1944 versenkt
585	U-Boot Typ VII C Submarine Type VII C	U 609	Kriegsmarine	769	66,50 6,18	–	–	Diesel (E-Mot.) 3000 – 17,5 (8) / 2	23. 12. 41 12. 2. 42	1943 versenkt
586	U-Boot Typ VII C Submarine Type VII C	U 610	Kriegsmarine	769	66,50 6,18	–	–	Diesel (E-Mot.) 3000 – 17,5 (8) / 2	24. 12. 41 19. 2. 42	1943 versenkt
587	U-Boot Typ VII C Submarine Type VII C	U 611	Kriegsmarine	769	66,50 6,18	–	–	Diesel (E-Mot.) 3000 – 17,5 (8) / 2	8. 1. 42 26. 2. 42	1942 versenkt

Bau-Nr.	Typ	NAME bzw. Bezeichnung	Auftraggeber	BRT Tragfähigkeit Verdrängung	Länge Breite m	Seiten- höhe m	Fahr- gäste	Maschinenart PS – Kn / Schrauben	Stapellauf Ablieferung	Bemerkungen
Yard-Nr.	Type	NAME Object	Owner	GRT tdw Displacement	Length Beam m	Depth m	Passen- gers	Type of Engine HP – Kn / Propellers	Launching Delivery	Remarks
588	U-Boot Typ VII C Submarine Type VII C	U 612	Kriegsmarine	769	66,50 6,18	–	–	Diesel (E-Mot.) 3000 – 17,5 (8) / 2	9. 1. 42 5. 3. 42	1945 selbstversenkt
589	U-Boot Typ VII C Submarine Type VII C	U 613	Kriegsmarine	769	66,50 6,18	–	–	Diesel (E-Mot.) 3000 – 17,5 (8) / 2	29. 1. 42 12. 3. 42	1943 versenkt
590	U-Boot Typ VII C Submarine Type VII C	U 614	Kriegsmarine	769	66,50 6,18	–	–	Diesel (E-Mot.) 3000 – 17,5 (8) / 2	29. 1. 42 19. 3. 42	1943 versenkt
591	U-Boot Typ VII C Submarine Type VII C	U 615	Kriegsmarine	769	66,50 6,18	–	–	Diesel (E-Mot.) 3000 – 17,5 (8) / 2	8. 2. 42 26. 3. 42	1943 versenkt
592	U-Boot Typ VII C Submarine Type VII C	U 616	Kriegsmarine	769	66,50 6,18	–	–	Diesel (E-Mot.) 3000 – 17,5 (8) / 2	8. 2. 42 2. 4. 42	1944 versenkt
593	U-Boot Typ VII C Submarine Type VII C	U 617	Kriegsmarine	769	66,50 6,18	–	–	Diesel (E-Mot.) 3000 – 17,5 (8) / 2	19. 2. 42 9. 4. 42	1943 versenkt
594	U-Boot Typ VII C Submarine Type VII C	U 618	Kriegsmarine	769	66,50 6,18	–	–	Diesel (E-Mot.) 3000 – 17,5 (8) / 2	20. 2. 42 16. 4. 42	1944 versenkt
595	U-Boot Typ VII C Submarine Type VII C	U 619	Kriegsmarine	769	66,50 6,18	–	–	Diesel (E-Mot.) 3000 – 17,5 (8) / 2	9. 3. 42 23. 4. 42	1942 versenkt
596	U-Boot Typ VII C Submarine Type VII C	U 620	Kriegsmarine	769	66,50 6,18	–	–	Diesel (E-Mot.) 3000 – 17,5 (8) / 2	9. 3. 42 30. 4. 42	1944 versenkt
597	U-Boot Typ VII C Submarine Type VII C	U 621	Kriegsmarine	769	66,50 6,18	–	–	Diesel (E-Mot.) 3000 – 17,5 (8) / 2	29. 3. 42 7. 5. 42	1944 versenkt
598	U-Boot Typ VII C Submarine Type VII C	U 622	Kriegsmarine	769	66,50 6,18	–	–	Diesel (E-Mot.) 3000 – 17,5 (8) / 2	29. 3. 42 14. 5. 42	1943 versenkt
599	U-Boot Typ VII C Submarine Type VII C	U 623	Kriegsmarine	769	66,50 6,18	–	–	Diesel (E-Mot.) 3000 – 17,5 (8) / 2	31. 3. 42 21. 5. 42	1943 versenkt
600	U-Boot Typ VII C Submarine Type VII C	U 624	Kriegsmarine	769	66,50 6,18	–	–	Diesel (E-Mot.) 3000 – 17,5 (8) / 2	31. 3. 42 28. 5. 42	1943 versenkt
601	U-Boot Typ VII C Submarine Type VII C	U 625	Kriegsmarine	769	66,50 6,18	–	–	Diesel (E-Mot.) 3000 – 17,5 (8) / 2	15. 4. 42 4. 6. 42	1944 versenkt
602	U-Boot Typ VII C Submarine Type VII C	U 626	Kriegsmarine	769	66,50 6,18	–	–	Diesel (E-Mot.) 3000 – 17,5 (8) / 2	15. 4. 42 11. 6. 42	1942 versenkt
603	U-Boot Typ VII C Submarine Type VII C	U 627	Kriegsmarine	769	66,50 6,18	–	–	Diesel (E-Mot.) 3000 – 17,5 (8) / 2	29. 4. 42 18. 6. 42	1942 versenkt
604	U-Boot Typ VII C Submarine Type VII C	U 628	Kriegsmarine	769	66,50 6,18	–	–	Diesel (E-Mot.) 3000 – 17,5 (8) / 2	29. 4. 42 25. 6. 42	1943 versenkt
605	U-Boot Typ VII C Submarine Type VII C	U 629	Kriegsmarine	769	66,50 6,18	–	–	Diesel (E-Mot.) 3000 – 17,5 (8) / 2	12. 5. 42 2. 7. 42	1944 versenkt
606	U-Boot Typ VII C Submarine Type VII C	U 630	Kriegsmarine	769	66,50 6,18	–	–	Diesel (E-Mot.) 3000 – 17,5 (8) / 2	12. 5. 42 9. 7. 42	1943 versenkt
607	U-Boot Typ VII C Submarine Type VII C	U 631	Kriegsmarine	769	66,50 6,18	–	–	Diesel (E-Mot.) 3000 – 17,5 (8) / 2	27. 5. 42 16. 7. 42	1943 versenkt

Bau-Nr. Yard-Nr.	Typ Type	NAME bzw. Bezeichnung NAME Object	Auftraggeber Owner	BRT *Tragfähigkeit* **Verdrängung** GRT *tdw* **Displacement**	Länge Breite m Length Beam m	Seiten- höhe m Depth m	Fahr- gäste Passen- gers	Maschinenart PS – Kn / Schrauben Type of Engine HP – Kn / Propellers	Stapellauf Ablieferung Launching Delivery	Bemerkungen Remarks
608	U-Boot Typ VII C Submarine Type VII C	U 632	Kriegsmarine	**769**	66,50 6,18	–	–	Diesel (E-Mot.) 3000 – 17,5 (8) / 2	27. 5. 42 23. 7. 42	1943 versenkt
609	U-Boot Typ VII C Submarine Type VII C	U 633	Kriegsmarine	**769**	66,50 6,18	–	–	Diesel (E-Mot.) 3000 – 17,5 (8) / 2	10. 6. 42 30. 7. 42	1943 versenkt
610	U-Boot Typ VII C Submarine Type VII C	U 634	Kriegsmarine	**769**	66,50 6,18	–	–	Diesel (E-Mot.) 3000 – 17,5 (8) / 2	10. 6. 42 6. 8. 42	1942 versenkt
611	U-Boot Typ VII C Submarine Type VII C	U 635	Kriegsmarine	**769**	66,50 6,18	–	–	Diesel (E-Mot.) 3000 – 17,5 (8) / 2	24. 6. 42 13. 8. 42	1943 versenkt
612	U-Boot Typ VII C Submarine Type VII C	U 636	Kriegsmarine	**769**	66,50 6,18	–	–	Diesel (E-Mot.) 3000 – 17,5 (8) / 2	25. 6. 42 20. 8. 42	1945 versenkt
613	U-Boot Typ VII C Submarine Type VII C	U 637	Kriegsmarine	**769**	66,50 6,18	–	–	Diesel (E-Mot.) 3000 – 17,5 (8) / 2	7. 7. 42 27. 8. 42	1945 als britische Beute versenkt
614	U-Boot Typ VII C Submarine Type VII C	U 638	Kriegsmarine	**769**	66,50 6,18	–	–	Diesel (E-Mot.) 3000 – 17,5 (8) / 2	8. 7. 42 3. 9. 42	1943 versenkt
615	U-Boot Typ VII C Submarine Type VII C	U 639	Kriegsmarine	**769**	66,50 6,18	–	–	Diesel (E-Mot.) 3000 – 17,5 (8) / 2	22. 7. 42 10. 9. 42	1943 versenkt
616	U-Boot Typ VII C Submarine Type VII C	U 640	Kriegsmarine	**769**	66,50 6,18	–	–	Diesel (E-Mot.) 3000 – 17,5 (8) / 2	23. 7. 42 17. 9. 42	1943 versenkt
617	U-Boot Typ VII C Submarine Type VII C	U 641	Kriegsmarine	**769**	66,50 6,18	–	–	Diesel (E-Mot.) 3000 – 17,5 (8) / 2	6. 8. 42 24. 9. 42	1944 versenkt
618	U-Boot Typ VII C Submarine Type VII C	U 642	Kriegsmarine	**769**	66,50 6,18	–	–	Diesel (E-Mot.) 3000 – 17,5 (8) / 2	6. 8. 42 1. 10. 42	1944 versenkt
619	U-Boot Typ VII C Submarine Type VII C	U 643	Kriegsmarine	**769**	66,50 6,18	–	–	Diesel (E-Mot.) 3000 – 17,5 (8) / 2	20. 8. 42 8. 10. 42	1943 versenkt
620	U-Boot Typ VII C Submarine Type VII C	U 644	Kriegsmarine		66,50 6,18	–	–	Diesel (E-Mot.) 3000 – 17,5 (8) / 2	20. 8. 42 15. 10. 42	1943 versenkt
621	U-Boot Typ VII C Submarine Type VII C	U 645	Kriegsmarine	**769**	66,50 6,18	–	–	Diesel (E-Mot.) 3000 – 17,5 (8) / 2	3. 9. 42 22. 10. 42	1943 versenkt
622	U-Boot Typ VII C Submarine Type VII C	U 646	Kriegsmarine	**769**	66,50 6,18	–	–	Diesel (E-Mot.) 3000 – 17,5 (8) / 2	3. 9. 42 29. 10. 42	1943 versenkt
623	U-Boot Typ VII C Submarine Type VII C	U 647	Kriegsmarine	**769**	66,50 6,18	–	–	Diesel (E-Mot.) 3000 – 17,5 (8) / 2	16. 9. 42 5. 11. 42	1943 versenkt
624	U-Boot Typ VII C Submarine Type VII C	U 648	Kriegsmarine	**769**	66,50 6,18	–	–	Diesel (E-Mot.) 3000 – 17,5 (8) / 2	17. 9. 42 12. 11. 42	1943 versenkt
625	U-Boot Typ VII C Submarine Type VII C	U 649	Kriegsmarine	**769**	66,50 6,18	–	–	Diesel (E-Mot.) 3000 – 17,5 (8) / 2	30. 9. 42 19. 11. 42	1943 nach Kollision gesunken
626	U-Boot Typ VII C Submarine Type VII C	U 650	Kriegsmarine	**769**	66,50 6,18	–	–	Diesel (E-Mot.) 3000 – 17,5 (8) / 2	11. 10. 42 26. 11. 42	1945 versenkt
627	U-Boot Typ VII C Submarine Type VII C	U 951	Kriegsmarine	**769**	66,50 6,18	–	–	Diesel (E-Mot.) 3000 – 17,5 (8) / 2	14. 10. 42 3. 12. 42	1943 versenkt

Bau-Nr. Yard-Nr.	Typ Type	NAME bzw. Bezeichnung NAME Object	Auftraggeber Owner	BRT *Tragfähigkeit* Verdrängung GRT *tdw* Displacement	Länge Breite m Length Beam m	Seiten- höhe m Depth m	Fahr- gäste Passen- gers	Maschinenart PS – Kn / Schrauben Type of Engine HP – Kn / Propellers	Stapellauf Ablieferung Launching Delivery	Bemerkungen Remarks
628	U-Boot Typ VII C Submarine Type VII C	U 952	Kriegsmarine	**769**	66,50 6,18	–	–	Diesel (E-Mot.) 3000 – 17,5 (8) / 2	14. 10. 42 10. 12. 42	1944 versenkt
629	U-Boot Typ VII C Submarine Type VII C	U 953	Kriegsmarine	**769**	66,50 6,18	–	–	Diesel (E-Mot.) 3000 – 17,5 (8) / 2	28. 10. 42 17. 12. 42	1945 als britische Beute abgewrackt
630	U-Boot Typ VII C Submarine Type VII C	U 954	Kriegsmarine	**769**	66,50 6,18	–	–	Diesel (E-Mot.) 3000 – 17,5 (8) / 2	28. 10. 42 23. 12. 42	1943 versenkt
631	U-Boot Typ VII C Submarine Type VII C	U 955	Kriegsmarine	**769**	66,50 6,18	–	–	Diesel (E-Mot.) 3000 – 17,5 (8) / 2	13. 11. 42 31. 12. 42	1944 versenkt
632	U-Boot Typ VII C Submarine Type VII C	U 956	Kriegsmarine	**769**	66,50 6,18	–	–	Diesel (E-Mot.) 3000 – 17,5 (8) / 2	14. 11. 42 6. 1. 43	1945 als britische Beute versenkt
633	U-Boot Typ VII C Submarine Type VII C	U 957	Kriegsmarine	**769**	66,50 6,18	–	–	Diesel (E-Mot.) 3000 – 17,5 (8) / 2	21. 11. 42 7. 1. 43	1945 als britische Beute abgewrackt
634	U-Boot Typ VII C Submarine Type VII C	U 958	Kriegsmarine	**769**	66,50 6,18	–	–	Diesel (E-Mot.) 3000 – 17,5 (8) / 2	21. 11. 42 14. 1. 43	1945 selbstversenkt
635	U-Boot Typ VII C Submarine Type VII C	U 959	Kriegsmarine	**769**	66,50 6,18	–	–	Diesel (E-Mot.) 3000 – 17,5 (8) / 2	3. 12. 42 21. 1. 43	1944 versenkt
636	U-Boot Typ VII C Submarine Type VII C	U 960	Kriegsmarine	**769**	66,50 6,18	–	–	Diesel (E-Mot.) 3000 – 17,5 (8) / 2	3. 12. 42 28. 1. 43	1944 versenkt
637	U-Boot Typ VII C Submarine Type VII C	U 961	Kriegsmarine	**769**	66,50 6,18	–	–	Diesel (E-Mot.) 3000 – 17,5 (8) / 2	17. 12. 42 4. 2. 43	1944 versenkt
638	U-Boot Typ VII C Submarine Type VII C	U 962	Kriegsmarine	**769**	66,50 6,18	–	–	Diesel (E-Mot.) 3000 – 17,5 (8) / 2	17. 12. 42 11. 2. 43	1944 versenkt
639	U-Boot Typ VII C Submarine Type VII C	U 963	Kriegsmarine	**769**	66,50 6,18	–	–	Diesel (E-Mot.) 3000 – 17,5 (8) / 2	30. 12. 42 17. 2. 43	1945 versenkt
640	U-Boot Typ VII C Submarine Type VII C	U 964	Kriegsmarine	**769**	66,50 6,18	–	–	Diesel (E-Mot.) 3000 – 17,5 (8) / 2	30. 12. 42 18. 2. 43	1943 versenkt
641	U-Boot Typ VII C Submarine Type VII C	U 965	Kriegsmarine	**769**	66,50 6,18	–	–	Diesel (E-Mot.) 3000 – 17,5 (8) / 2	14. 1. 43 25. 2. 43	1945 versenkt
642	U-Boot Typ VII C Submarine Type VII C	U 966	Kriegsmarine	**769**	66,50 6,18	–	–	Diesel (E-Mot.) 3000 – 17,5 (8) / 2	14. 1. 43 4. 3. 43	1943 versenkt
643	U-Boot Typ VII C Submarine Type VII C	U 967	Kriegsmarine	**769**	66,50 6,18	–	–	Diesel (E-Mot.) 3000 – 17,5 (8) / 2	28. 1. 43 11. 3. 43	1944 versenkt
644	U-Boot Typ VII C Submarine Type VII C	U 968	Kriegsmarine	**769**	66,50 6,18	–	–	Diesel (E-Mot.) 3000 – 17,5 (8) / 2	28. 1. 43 18. 3. 43	1945 als britische Beute versenkt
645	U-Boot Typ VII C Submarine Type VII C	U 969	Kriegsmarine	**769**	66,50 6,18	–	–	Diesel (E-Mot.) 3000 – 17,5 (8) / 2	11. 2. 43 24. 3. 43	1944 versenkt
646	U-Boot Typ VII C Submarine Type VII C	U 970	Kriegsmarine	**769**	66,50 6,18	–	–	Diesel (E-Mot.) 3000 – 17,5 (8) / 2	11. 2. 43 25. 3. 43	1944 versenkt
647	U-Boot Typ VII C Submarine Type VII C	U 971	Kriegsmarine	**769**	66,50 6,18	–	–	Diesel (E-Mot.) 3000 – 17,5 (8) / 2	22. 2. 43 1. 4. 43	1944 versenkt

Bau-Nr.	Typ	NAME bzw. Bezeichnung	Auftraggeber	BRT *Tragfähigkeit* Verdrängung	Länge Breite m	Seiten- höhe m	Fahr- gäste	Maschinenart PS – Kn / Schrauben	Stapellauf Ablieferung	Bemerkungen
Yard-Nr.	Type	NAME Object	Owner	GRT *tdw* Displacement	Length Beam m	Depth m	Passen- gers	Type of Engine HP – Kn / Propellers	Launching Delivery	Remarks
648	U-Boot Typ VII C Submarine Type VII C	U 972	Kriegsmarine	769	66,50 6,18	–	–	Diesel (E-Mot.) 3000 – 17,5 (8) / 2	22. 2. 43 8. 4. 43	1944 versenkt
649	U-Boot Typ VII C Submarine Type VII C	U 973	Kriegsmarine	769	66,50 6,18	–	–	Diesel (E-Mot.) 3000 – 17,5 (8) / 2	10. 3. 43 15. 4. 43	1944 versenkt
650	U-Boot Typ VII C Submarine Type VII C	U 974	Kriegsmarine	769	66,50 6,18	–	–	Diesel (E-Mot.) 3000 – 17,5 (8) / 2	11. 3. 43 22. 4. 43	1944 versenkt
651	U-Boot Typ VII C Submarine Type VII C	U 975	Kriegsmarine	769	66,50 6,18	–	–	Diesel (E-Mot.) 3000 – 17,5 (8) / 2	24. 3. 43 29. 4. 43	1945 als britische Beute versenkt
652	U-Boot Typ VII C Submarine Type VII C	U 976	Kriegsmarine	769	66,50 6,18	–	–	Diesel (E-Mot.) 3000 – 17,5 (8) / 2	25. 3. 43 5. 5. 43	1944 versenkt
653	U-Boot Typ VII C Submarine Type VII C	U 977	Kriegsmarine	769	66,50 6,18	–	–	Diesel (E-Mot.) 3000 – 17,5 (8) / 2	31. 3. 43 6. 5. 43	1946 als US-Beute versenkt
654	U-Boot Typ VII C Submarine Type VII C	U 978	Kriegsmarine	769	66,50 6,18	–	–	Diesel (E-Mot.) 3000 – 17,5 (8) / 2	1. 4. 43 12. 5. 43	1945 als britische Beute versenkt
655	U-Boot Typ VII C Submarine Type VII C	U 979	Kriegsmarine	769	66,50 6,18	–	–	Diesel (E-Mot.) 3000 – 17,5 (8) / 2	15. 4. 43 20. 5. 43	1945 selbstversenkt
656	U-Boot Typ VII C Submarine Type VII C	U 980	Kriegsmarine	769	66,50 6,18	–	–	Diesel (E-Mot.) 3000 – 17,5 (8) / 2	15. 4. 43 27. 5. 43	1944 versenkt
657	U-Boot Typ VII C Submarine Type VII C	U 981	Kriegsmarine	769	66,50 6,18	–	–	Diesel (E-Mot.) 3000 – 17,5 (8) / 2	29. 4. 43 3. 6. 43	1944 versenkt
658	U-Boot Typ VII C Submarine Type VII C	U 982	Kriegsmarine	769	66,50 6,18	–	–	Diesel (E-Mot.) 3000 – 17,5 (8) / 2	29. 4. 43 10. 6. 43	1945 versenkt
659	U-Boot Typ VII C Submarine Type VII C	U 983	Kriegsmarine	769	66,50 6,18	–	–	Diesel (E-Mot.) 3000 – 17,5 (8) / 2	12. 5. 43 16. 6. 43	1943 nach Kollision gesunken
660	U-Boot Typ VII C Submarine Type VII C	U 984	Kriegsmarine	769	66,50 6,18	–	–	Diesel (E-Mot.) 3000 – 17,5 (8) / 2	12. 5. 43 17. 6. 43	1944 versenkt
661	U-Boot Typ VII C Submarine Type VII C	U 985	Kriegsmarine	769	66,50 6,18	–	–	Diesel (E-Mot.) 3000 – 17,5 (8) / 2	20. 5. 43 24. 6. 43	1945 als britische Beute versenkt
662	U-Boot Typ VII C Submarine Type VII C	U 986	Kriegsmarine	769	66,50 6,18	–	–	Diesel (E-Mot.) 3000 – 17,5 (8) / 2	20. 5. 43 1. 7. 43	1944 versenkt
663	U-Boot Typ VII C Submarine Type VII C	U 987	Kriegsmarine	769	66,50 6,18	–	–	Diesel (E-Mot.) 3000 – 17,5 (8) / 2	2. 6. 43 8. 7. 43	1944 versenkt
664	U-Boot Typ VII C Submarine Type VII C	U 988	Kriegsmarine	769	66,50 6,18	–	–	Diesel (E-Mot.) 3000 – 17,5 (8) / 2	3. 6. 43 15. 7. 43	1944 versenkt
665	U-Boot Typ VII C Submarine Type VII C	U 989	Kriegsmarine	769	66,50 6,18	–	–	Diesel (E-Mot.) 3000 – 17,5 (8) / 2	16. 6. 43 22. 7. 43	1945 versenkt
666	U-Boot Typ VII C Submarine Type VII C	U 990	Kriegsmarine	769	66,50 6,18	–	–	Diesel (E-Mot.) 3000 – 17,5 (8) / 2	16. 6. 43 28. 7. 43	1944 versenkt
667	U-Boot Typ VII C Submarine Type VII C	U 991	Kriegsmarine	769	66,50 6,18	–	–	Diesel (E-Mot.) 3000 – 17,5 (8) / 2	24. 6. 43 29. 7. 43	1945 als britische Beute versenkt

Bau-Nr.	Typ	NAME bzw. Bezeichnung	Auftraggeber	BRT Tragfähigkeit Verdrängung	Länge Breite m	Seiten- höhe m	Fahr- gäste	Maschinenart PS – Kn / Schrauben	Stapellauf Ablieferung	Bemerkungen
Yard-Nr.	Type	NAME Object	Owner	GRT tdw Displacement	Length Beam m	Depth m	Passen- gers	Type of Engine HP – Kn / Propellers	Launching Delivery	Remarks
668	U-Boot Typ VII C Submarine Type VII C	U 992	Kriegsmarine	769	66,50 6,18	–	–	Diesel (E-Mot.) 3000 – 17,5 (8) / 2	21. 6. 43 2. 8. 43	1945 als britische Beute versenkt
669	U-Boot Typ VII C Submarine Type VII C	U 993	Kriegsmarine	769	66,50 6,18	–	–	Diesel (E-Mot.) 3000 – 17,5 (8) / 2	5. 7. 43 19. 8. 43	1944 versenkt
670	U-Boot Typ VII C Submarine Type VII C	U 994	Kriegsmarine	769	66,50 6,18	–	–	Diesel (E-Mot.) 3000 – 17,5 (8) / 2	6. 7. 43 2. 9. 43	1945 als britische Beute versenkt
671	U-Boot Typ VII C Submarine Type VII C	U 995	Kriegsmarine	769	66,50 6,18	–	–	Diesel (E-Mot.) 3000 – 17,5 (8) / 2	22. 7. 43 16. 9. 43	Heute Gedenkstätte in Kiel
672	U-Boot Typ VII C Submarine Type VII C	U 996	Kriegsmarine	769	66,50 6,18	–	–	Diesel (E-Mot.) 3000 – 17,5 (8) / 2	22. 7. 43 –	Vor Fertigstellung versenkt
673	U-Boot Typ VII C Submarine Type VII C	U 997	Kriegsmarine	769	66,50 6,18	–	–	Diesel (E-Mot.) 3000 – 17,5 (8) / 2	18. 8. 43 23. 9. 43	1945 als britische Beute versenkt
674	U-Boot Typ VII C Submarine Type VII C	U 998	Kriegsmarine	769	66,50 6,18	–	–	Diesel (E-Mot.) 3000 – 17,5 (8) / 2	18. 8. 43 7. 10. 43	1944 versenkt
675	U-Boot Typ VII C Submarine Type VII C	U 999	Kriegsmarine	769	66,50 6,18	–	–	Diesel (E-Mot.) 3000 – 17,5 (8) / 2	17. 9. 43 21. 10. 43	1945 selbstversenkt
676	U-Boot Typ VII C Submarine Type VII C	U 1000	Kriegsmarine	769	66,50 6,18	–	–	Diesel (E-Mot.) 3000 – 17,5 (8) / 2	17. 9. 43 4. 11. 43	1944 nach Minentreffer abgewrackt
677	U-Boot Typ VII C Submarine Type VII C	U 1001	Kriegsmarine	769	66,50 6,18	–	–	Diesel (E-Mot.) 3000 – 17,5 (8) / 2	6. 10. 43 18. 11. 43	1945 versenkt
678	U-Boot Typ VII C Submarine Type VII C	U 1002	Kriegsmarine	769	66,50 6,18	–	–	Diesel (E-Mot.) 3000 – 17,5 (8) / 2	27. 10. 43 30. 11. 43	1945 als britische Beute versenkt
679	U-Boot Typ VII C Submarine Type VII C	U 1003	Kriegsmarine	769	66,50 6,18	–	–	Diesel (E-Mot.) 3000 – 17,5 (8) / 2	6. 10. 43 9. 12. 43	1945 versenkt
680	U-Boot Typ VII C Submarine Type VII C	U 1004	Kriegsmarine	769	66,50 6,18	–	–	Diesel (E-Mot.) 3000 – 17,5 (8) / 2	27. 10. 43 16. 12. 43	1945 als britische Beute versenkt
681	U-Boot Typ VII C Submarine Type VII C	U 1005	Kriegsmarine	769	66,50 6,18	–	–	Diesel (E-Mot.) 3000 – 17,5 (8) / 2	17. 11. 43 30. 12. 43	1945 als britische Beute versenkt
682	U-Boot Typ VII C Submarine Type VII C	U 1006	Kriegsmarine	769	66,50 6,18	–	–	Diesel (E-Mot.) 3000 – 17,5 (8) / 2	17. 11. 43 11. 1. 43	1944 versenkt
683	U-Boot Typ VII C Submarine Type VII C	U 1007	Kriegsmarine	769	66,50 6,18	–	–	Diesel (E-Mot.) 3000 – 17,5 (8) / 2	8. 12. 43 18. 1. 44	1945 versenkt
684	U-Boot Typ VII C Submarine Type VII C	U 1008	Kriegsmarine	769	66,50 6,18	–	–	Diesel (E-Mot.) 3000 – 17,5 (8) / 2	8. 12. 43 1. 2. 44	1945 versenkt
685	U-Boot Typ VII C Submarine Type VII C	U 1009	Kriegsmarine	769	66,50 6,18	–	–	Diesel (E-Mot.) 3000 – 17,5 (8) / 2	5. 1. 44 10. 2. 44	1945 als britische Beute versenkt
686	U-Boot Typ VII C Submarine Type VII C	U 1010	Kriegsmarine	769	66,50 6,18	–	–	Diesel (E-Mot.) 3000 – 17,5 (8) / 2	5. 1. 44 22. 2. 44	1945 als britische Beute versenkt
687	U-Boot Typ VII C Submarine Type VII C	U 1011	Kriegsmarine	769	66,50 6,18	–	–	Diesel (E-Mot.) 3000 – 17,5 (8) / 2	–	Auf Helgen zerbombt

Bau-Nr.	Typ	NAME bzw. Bezeichnung	Auftraggeber	BRT *Tragfähigkeit* Verdrängung	Länge Breite m	Seiten- höhe m	Fahr- gäste	Maschinenart PS – Kn / Schrauben	Stapellauf Ablieferung	Bemerkungen
Yard-Nr.	Type	NAME Object	Owner	GRT *tdw* Displacement	Length Beam m	Depth m	Passen- gers	Type of Engine HP – Kn / Propellers	Launching Delivery	Remarks
688	U-Boot Typ VII C Submarine Type VII C	U 1012	Kriegsmarine	769	66,50 6,18	–	–	Diesel (E-Mot.) 3000 – 17,5 (8) / 2	–	Auf Helgen zerbombt
689	U-Boot Typ VII C Submarine Type VII C	U 1013	Kriegsmarine	769	66,50 6,18	–	–	Diesel (E-Mot.) 3000 – 17,5 (8) / 2	19. 1. 44 2. 3. 44	1944 nach Kollision gesunken
690	U-Boot Typ VII C Submarine Type VII C	U 1014	Kriegsmarine	769	66,50 6,18	–	–	Diesel (E-Mot.) 3000 – 17,5 (8) / 2	30. 1. 44 14. 3. 44	1945 versenkt
691	U-Boot Typ VII C Submarine Type VII C	U 1015	Kriegsmarine	769	66,50 6,18	–	–	Diesel (E-Mot.) 3000 – 17,5 (8) / 2	7. 2. 44 23. 3. 44	1944 nach Kollision gesunken
692	U-Boot Typ VII C Submarine Type VII C	U 1016	Kriegsmarine	769	66,50 6,18	–	–	Diesel (E-Mot.) 3000 – 17,5 (8) / 2	8. 2. 44 4. 4. 44	1945 selbstversenkt
693	U-Boot Typ VII C Submarine Type VII C	U 1017	Kriegsmarine	769	66,50 6,18	–	–	Diesel (E-Mot.) 3000 – 17,5 (8) / 2	1. 3. 44 13. 4. 44	1945 versenkt
694	U-Boot Typ VII C Submarine Type VII C	U 1018	Kriegsmarine	769	66,50 6,18	–	–	Diesel (E-Mot.) 3000 – 17,5 (8) / 2	1. 3. 44 24. 4. 44	1945 versenkt
695	U-Boot Typ VII C Submarine Type VII C	U 1019	Kriegsmarine	769	66,50 6,18	–	–	Diesel (E-Mot.) 3000 – 17,5 (8) / 2	22. 3. 44 4. 5. 44	1945 als britische Beute versenkt
696	U-Boot Typ VII C Submarine Type VII C	U 1020	Kriegsmarine	769	66,50 6,18	–	–	Diesel (E-Mot.) 3000 – 17,5 (8) / 2	22. 3. 44 17. 5. 44	1945 versenkt
697	U-Boot Typ VII C Submarine Type VII C	U 1021	Kriegsmarine	769	66,50 6,18	–	–	Diesel (E-Mot.) 3000 – 17,5 (8) / 2	13. 4. 44 25. 5. 44	1945 versenkt
698	U-Boot Typ VII C Submarine Type VII C	U 1022	Kriegsmarine	769	66,50 6,18	–	–	Diesel (E-Mot.) 3000 – 17,5 (8) / 2	13. 4. 44 7. 6. 44	1945 als britische Beute versenkt
699	U-Boot Typ VII C Submarine Type VII C	U 1023	Kriegsmarine	769	66,50 6,18	–	–	Diesel (E-Mot.) 3000 – 17,5 (8) / 2	3. 5. 44 15. 6. 44	1945 als britische Beute versenkt
700	U-Boot Typ VII C Submarine Type VII C	U 1024	Kriegsmarine	769	66,50 6,18	–	–	Diesel (E-Mot.) 3000 – 17,5 (8) / 2	3. 5. 44 28. 6. 44	1945 versenkt
701	U-Boot Typ VII C Submarine Type VII C	U 1025	Kriegsmarine	769	66,50 6,18	–	–	Diesel (E-Mot.) 3000 – 17,5 (8) / 2	24. 5. 44 Fertigbau in Flensburg	1945 selbstversenkt
702	U-Boot Typ VII C Submarine Type VII C	U 1026	Kriegsmarine	769	66,50 6,18	–	–	Diesel (E-Mot.) 3000 – 17,5 (8) / 2	25. 5. 44 Fertigbau in Flensburg	1945 selbstversenkt
703	U-Boot Typ VII C Submarine Type VII C	U 1027	Kriegsmarine	769	66,50 6,18	–	–	Diesel (E-Mot.) 3000 – 17,5 (8) / 2	27. 11. 44 Fertigbau in Kiel	1945 selbstversenkt
704	U-Boot Typ VII C Submarine Type VII C	U 1028	Kriegsmarine	769	66,50 6,18	–	–	Diesel (E-Mot.) 3000 – 17,5 (8) / 2	28. 11. 44 Fertigbau in Flensburg	1945 selbstversenkt
705	U-Boot Typ VII C Submarine Type VII C	U 1029	Kriegsmarine	769	66,50 6,18	–	–	Diesel (E-Mot.) 3000 – 17,5 (8) / 2	5. 7. 44 Fertigbau in Flensburg	1945 selbstversenkt
706	U-Boot Typ VII C Submarine Type VII C	U 1030	Kriegsmarine	769	66,50 6,18	–	–	Diesel (E-Mot.) 3000 – 17,5 (8) / 2	5. 7. 44 Fertigbau in Flensburg	1945 selbstversenkt
707	U-Boot Typ Wa 201 Submarine Type Wa 201	U 792	Kriegsmarine	236	34,04 3,43	–	–	Diesel (Walter-Turb.) 230 (5000) 9 (26)	16. 5. 42 16. 11. 43	1945 selbstversenkt

Bau-Nr.	Typ	NAME bzw. Bezeichnung	Auftraggeber	BRT *Tragfähigkeit* **Verdrängung**	Länge Breite m	Seiten- höhe m	Fahr- gäste	Maschinenart PS – Kn / Schrauben	Stapellauf Ablieferung	Bemerkungen
Yard-Nr.	Type	NAME Object	Owner	GRT *tdw* **Displacement**	Length Beam m	Depth m	Passen- gers	Type of Engine HP – Kn / Propellers	Launching Delivery	Remarks
708	U-Boot Typ Wa 201 Submarine Type Wa 201	U 793	Kriegsmarine	**236**	34,04 3,43	–	–	Diesel (Walter-Turb.) 230 (5000) 9 (26)	43 19. 4. 44	1945 selbstversenkt
709	U-Boot Typ XVII B Submarine Type XVII B	U 1405	Kriegsmarine	**312**	41,45 4,50	–	–	Diesel (Walter-Turb.) 230 (2500) 8,8 (21,5)	44 15. 12. 44	1945 selbstversenkt
710	U-Boot Typ XVII B Submarine Type XVII B	U 1406	Kriegsmarine	**312**	41,45 4,50	–	–	Diesel (Walter-Turb.) 230 (2500) 8,8 (21,5)	44 45	1945 selbstversenkt
711	U-Boot Typ XVII B Submarine Type XVII B	U 1407	Kriegsmarine	**312**	41,45 4,50	–	–	Diesel (Walter-Turb.) 230 (2500) 8,8 (21,5)	44 13. 3. 45	1949 als britische METEORITE abgewrackt
712	U-Boot Typ XVII B Submarine Type XVII B	U 1408	Kriegsmarine	**312**	41,45 4,50	–	–	Diesel (Walter-Turb.) 230 (2500) 8,8 (21,5)	44 –	Nicht fertiggestellt
713	U-Boot Typ XVII B Submarine Type XVII B	U 1409	Kriegsmarine	**312**	41,45 4,50	–	–	Diesel (Walter-Turb.) 230 (2500) 8,8 (21,5)	44 –	Nicht fertiggestellt
714	U-Boot Typ XVII B Submarine Type XVII B	U 1410	Kriegsmarine	**312**	41,45 4,50	–	–	Diesel (Walter-Turb.) 230 (2500) 8,8 (21,5)	–	Annulliert; auf Helgen verschrottet
715	U-Boot Typ XXI Submarine Type XXI	U 2501	Kriegsmarine	**1621**	76,60 8,00	–	–	Diesel (E-Mot) 4000 (5000) 15,6 (17,5)	12. 5. 44 27. 6. 44	1945 selbstversenkt
716	U-Boot Typ XXI Submarine Type XXI	U 2502	Kriegsmarine	**1621**	76,70 8,00	–	–	Diesel (E-Mot) 4000 (5000) 15,6 (17,5)	15. 6. 44 19. 7. 44	1945 als britische Beute versenkt
717	U-Boot Typ XXI Submarine Type XXI	U 2503	Kriegsmarine	**1621**	76,70 8,00	–	–	Diesel (E-Mot) 4000 (5000) 15,6 (17,5)	29. 6. 44 1. 8. 44	1945 versenkt
718	U-Boot Typ XXI Submarine Type XXI	U 2504	Kriegsmarine	**1621**	76,70 8,00	–	–	Diesel (E-Mot) 4000 (5000) 15,6 (17,5)	18. 7. 44 12. 8. 44	1945 selbstversenkt
719	U-Boot Typ XXI Submarine Type XXI	U 2505	Kriegsmarine	**1621**	76,70 8,00	–	–	Diesel (E-Mot) 4000 (5000) 15,6 (17,5)	27. 7. 44 7. 11. 44	1945 selbstversenkt
720	U-Boot Typ XXI Submarine Type XXI	U 2506	Kriegsmarine	**1621**	76,70 8,00	–	–	Diesel (E-Mot) 4000 (5000) 15,6 (17,5)	5. 8. 44 31. 8. 44	1945 als britische Beute versenkt
721	U-Boot Typ XXI Submarine Type XXI	U 2507	Kriegsmarine	**1621**	76,70 8,00	–	–	Diesel (E-Mot) 4000 (5000) 15,6 (17,5)	14. 8. 44 8. 9. 44	1945 selbstversenkt
722	U-Boot Typ XXI Submarine Type XXI	U 2508	Kriegsmarine	**1621**	76,70 8,00	–	–	Diesel (E-Mot) 4000 (5000) 15,6 (17,5)	19. 8. 44 26. 9. 44	1945 selbstversenkt
723	U-Boot Typ XXI Submarine Type XXI	U 2509	Kriegsmarine	**1621**	76,70 8,00	–	–	Diesel (E-Mot) 4000 (5000) 15,6 (17,5)	27. 8. 44 21. 9. 44	1945 versenkt
724	U-Boot Typ XXI Submarine Type XXI	U 2510	Kriegsmarine	**1621**	76,70 8,00	–	–	Diesel (E-Mot) 4000 (5000) 15,6 (17,5)	29. 8. 44 27. 9. 44	1945 selbstversenkt
725	U-Boot Typ XXI Submarine Type XXI	U 2511	Kriegsmarine	**1621**	76,70 8,00	–	–	Diesel (E-Mot) 4000 (5000) 15,6 (17,5)	2. 9. 44 29. 9. 44	1945 als britische Beute versenkt
726	U-Boot Typ XXI Submarine Type XXI	U 2512	Kriegsmarine	**1621**	76,70 8,00	–	–	Diesel (E-Mot) 4000 (5000) 15,6 (17,5)	7. 9. 44 10. 10. 44	1945 selbstversenkt
727	U-Boot Typ XXI Submarine Type XXI	U 2513	Kriegsmarine	**1621**	76,70 8,00	–	–	Diesel (E-Mot) 4000 (5000) 15,6 (17,5)	14. 9. 44 12. 10. 44	1950 als US-Beute abgewrackt

Bau-Nr.	Typ	NAME bzw. Bezeichnung	Auftraggeber	BRT Tragfähigkeit Verdrängung	Länge Breite m	Seiten- höhe m	Fahr- gäste	Maschinenart PS – Kn / Schrauben	Stapellauf Ablieferung	Bemerkungen
Yard-Nr.	Type	NAME Object	Owner	GRT tdw Displacement	Length Beam m	Depth m	Passen- gers	Type of Engine HP – Kn / Propellers	Launching Delivery	Remarks
728	U-Boot Typ XXI Submarine Type XXI	U 2514	Kriegsmarine	1621	76,70 8,00	–	–	Diesel (E-Mot) 4000 (5000) 15,6 (17,5)	17. 9. 44 9. 12. 44	1945 versenkt
729	U-Boot Typ XXI Submarine Type XXI	U 2515	Kriegsmarine	1621	76,70 8,00	–	–	Diesel (E-Mot) 4000 (5000) 15,6 (17,5)	22. 9. 44 19. 10. 44	1945 versenkt
730	U-Boot Typ XXI Submarine Type XXI	U 2516	Kriegsmarine	1621	76,70 8,00	–	–	Diesel (E-Mot) 4000 (5000) 15,6 (17,5)	27. 9. 44 24. 10. 44	1945 versenkt
731	U-Boot Typ XXI Submarine Type XXI	U 2517	Kriegsmarine	1621	76,70 8,00	–	–	Diesel (E-Mot) 4000 (5000) 15,6 (17,5)	4. 10. 44 31. 10. 44	1945 selbstversenkt
732	U-Boot Typ XXI Submarine Type XXI	U 2518	Kriegsmarine	1621	76,70 8,00	–	–	Diesel (E-Mot) 4000 (5000) 15,6 (17,5)	4. 10. 44 4. 11. 44	1958 als französische ROLAND MORILLOT abgewrackt
733	U-Boot Typ XXI Submarine Type XXI	U 2519	Kriegsmarine	1621	76,70 8,00	–	–	Diesel (E-Mot) 4000 (5000) 15,6 (17,5)	18. 10. 44 15. 11. 44	1945 selbstversenkt
734	U-Boot Typ XXI Submarine Type XXI	U 2520	Kriegsmarine	1621	76,70 8,00	–	–	Diesel (E-Mot) 4000 (5000) 15,6 (17,5)	16. 10. 44 14. 11. 44	1945 selbstversenkt
735	U-Boot Typ XXI Submarine Type XXI	U 2521	Kriegsmarine	1621	76,70 8,00	–	–	Diesel (E-Mot) 4000 (5000) 15,6 (17,5)	18. 10. 44 21. 11. 44	1945 versenkt
736	U-Boot Typ XXI Submarine Type XXI	U 2522	Kriegsmarine	1621	76,70 8,00	–	–	Diesel (E-Mot) 4000 (5000) 15,6 (17,5)	22. 10. 44 22. 11. 44	1945 selbstversenkt
737	U-Boot Typ XXI Submarine Type XXI	U 2523	Kriegsmarine	1621	76,70 8,00	–	–	Diesel (E-Mot) 4000 (5000) 15,6 (17,5)	25. 10. 44 26. 12. 44	1945 versenkt
738	U-Boot Typ XXI Submarine Type XXI	U 2524	Kriegsmarine	1621	76,70 8,00	–	–	Diesel (E-Mot) 4000 (5000) 15,6 (17,5)	30. 10. 44 9. 1. 44	1945 selbstversenkt
739	U-Boot Typ XXI Submarine Type XXI	U 2525	Kriegsmarine	1621	76,70 8,00	–	–	Diesel (E-Mot) 4000 (5000) 15,6 (17,5)	30. 10. 44 12. 12. 44	1945 selbstversenkt
740	U-Boot Typ XXI Submarine Type XXI	U 2526	Kriegsmarine	1621	76,70 8,00	–	–	Diesel (E-Mot) 4000 (5000) 15,6 (17,5)	30. 11. 44 15. 12. 44	1945 selbstversenkt
741	U-Boot Typ XXI Submarine Type XXI	U 2527	Kriegsmarine	1621	76,70 8,00	–	–	Diesel (E-Mot) 4000 (5000) 15,6 (17,5)	30. 11. 44 23. 12. 44	1945 selbstversenkt
742	U-Boot Typ XXI Submarine Type XXI	U 2528	Kriegsmarine	1621	76,70 8,00	–	–	Diesel (E-Mot) 4000 (5000) 15,6 (17,5)	18. 11. 44 9. 12. 44	1945 selbstversenkt
743	U-Boot Typ XXI Submarine Type XXI	U 2529	Kriegsmarine	1621	76,70 8,00	–	–	Diesel (E-Mot) 4000 (5000) 15,6 (17,5)	18. 11. 44 31. 1. 45	1947 an UdSSR
744	U-Boot Typ XXI Submarine Type XXI	U 2530	Kriegsmarine	1621	76,70 8,00	–	–	Diesel (E-Mot) 4000 (5000) 15,6 (17,5)	23. 11. 44 30. 12. 44	1945 versenkt
745	U-Boot Typ XXI Submarine Type XXI	U 2531	Kriegsmarine	1621	76,70 8,00	–	–	Diesel (E-Mot) 4000 (5000) 15,6 (17,5)	5. 12. 44 10. 1. 45	1945 selbstversenkt
746	U-Boot Typ XXI Submarine Type XXI	U 2532	Kriegsmarine	1621	76,70 8,00	–	–	Diesel (E-Mot) 4000 (5000) 15,6 (17,5)	7. 12. 44 –	Vor Fertigstellung zerbombt
747	U-Boot Typ XXI Submarine Type XXI	U 2533	Kriegsmarine	1621	76,70 8,00	–	–	Diesel (E-Mot) 4000 (5000) 15,6 (17,5)	7. 12. 44 18. 1. 45	1945 selbstversenkt

Bau-Nr.	Typ	NAME bzw. Bezeichnung	Auftraggeber	BRT *Tragfähigkeit* **Verdrängung**	Länge Breite m	Seiten- höhe m	Fahr- gäste	Maschinenart PS – Kn / Schrauben	Stapellauf Ablieferung	Bemerkungen
Yard-Nr.	Type	NAME Object	Owner	GRT *tdw* **Displacement**	Length Beam m	Depth m	Passen- gers	Type of Engine HP – Kn / Propellers	Launching Delivery	Remarks
748	U-Boot Typ XXI Submarine Type XXI	U 2534	Kriegsmarine	**1621**	76,70 8,00	–	–	Diesel (E-Mot) 4000 (5000) 15,6 (17,5)	11. 12. 44 17. 1. 45	1945 versenkt
749	U-Boot Typ XXI Submarine Type XXI	U 2535	Kriegsmarine	**1621**	76,70 8,00	–	–	Diesel (E-Mot) 4000 (5000) 15,6 (17,5)	16. 12. 44 28. 1. 45	1945 selbstversenkt
750	U-Boot Typ XXI Submarine Type XXI	U 2536	Kriegsmarine	**1621**	76,70 8,00	–	–	Diesel (E-Mot) 4000 (5000) 15,6 (17,5)	16. 12. 44 11. 1. 45	1945 selbstversenkt
751	U-Boot Typ XXI Submarine Type XXI	U 2537	Kriegsmarine	**1621**	76,70 8,00	–	–	Diesel (E-Mot) 4000 (5000) 15,6 (17,5)	22. 12. 44 21. 3. 45	1945 versenkt
751	U-Boot Typ XXI Submarine Type XXI	U 2538	Kriegsmarine	**1621**	76,70 8,00	–	–	Diesel (E-Mot) 4000 (5000) 15,6 (17,5)	6. 1. 45 16. 2. 45	1945 versenkt
753	U-Boot Typ XXI Submarine Type XXI	U 2539	Kriegsmarine	**1621**	76,70 8,00	–	–	Diesel (E-Mot) 4000 (5000) 15,6 (17,5)	6. 1. 45 21. 2. 45	1945 selbstversenkt
754	U-Boot Typ XXI Submarine Type XXI	U 2540	Kriegsmarine	**1621**	76,70 8,00	–	–	Diesel (E-Mot) 4000 (5000) 15,6 (17,5)	13. 1. 45 24. 2. 45	In Fahrt als WILHELM BAUER
755	U-Boot Typ XXI Submarine Type XXI	U 2541	Kriegsmarine	**1621**	76,70 8,00	–	–	Diesel (E-Mot) 4000 (5000) 15,6 (17,5)	13. 1. 45 1. 3. 45	1945 selbstversenkt
756	U-Boot Typ XXI Submarine Type XXI	U 2542	Kriegsmarine	**1621**	76,70 8,00	–	–	Diesel (E-Mot) 4000 (5000) 15,6 (17,5)	22. 1. 45 5. 3. 45	1945 versenkt
757	U-Boot Typ XXI Submarine Type XXI	U 2543	Kriegsmarine	**1621**	76,70 8,00	–	–	Diesel (E-Mot) 4000 (5000) 15,6 (17,5)	9. 2. 45 7. 3. 45	1945 selbstversenkt
758	U-Boot Typ XXI Submarine Type XXI	U 2544	Kriegsmarine	**1621**	76,70 8,00	–	–	Diesel (E-Mot) 4000 (5000) 15,6 (17,5)	9. 2. 45 10. 3. 45	1945 selbstversenkt
759	U-Boot Typ XXI Submarine Type XXI	U 2545	Kriegsmarine	**1621**	76,70 8,00	–	–	Diesel (E-Mot) 4000 (5000) 15,6 (17,5)	12. 2. 45 29. 3. 45	1945 selbstversenkt
760	U-Boot Typ XXI Submarine Type XXI	U 2546	Kriegsmarine	**1621**	76,70 8,00	–	–	Diesel (E-Mot) 4000 (5000) 15,6 (17,5)	19. 2. 45 4. 45	1945 selbstversenkt
761	U-Boot Typ XXI Submarine Type XXI	U 2547	Kriegsmarine	**1621**	76,70 8,00	–	–	Diesel (E-Mot) 4000 (5000) 15,6 (17,5)	9. 3. 45 –	Vor Fertigstellung zerbombt
762	U-Boot Typ XXI Submarine Type XXI	U 2548	Kriegsmarine	**1621**	76,70 8,00	–	–	Diesel (E-Mot) 4000 (5000) 15,6 (17,5)	9. 3. 45 31. 3. 45	1945 selbstversenkt
763	U-Boot Typ XXI Submarine Type XXI	U 2549	Kriegsmarine	**1621**	76,70 8,00	–	–	Diesel (E-Mot) 4000 (5000) 15,6 (17,5)	– –	Auf dem Helgen zerbombt
764	U-Boot Typ XXI Submarine Type XXI	U 2550	Kriegsmarine	**1621**	76,70 8,00	–	–	Diesel (E-Mot) 4000 (5000) 15,6 (17,5)	– –	Auf dem Helgen zerbombt
765	U-Boot Typ XXI Submarine Type XXI	U 2551	Kriegsmarine	**1621**	76,70 8,00	–	–	Diesel (E-Mot) 4000 (5000) 15,6 (17,5)	45 4. 45	1945 selbstversenkt
766	U-Boot Typ XXI Submarine Type XXI	U 2552	Kriegsmarine	**1621**	76,70 8,00	–	–	Diesel (E-Mot) 4000 (5000) 15,6 (17,5)	45 24. 4. 45	1945 selbstversenkt
767– 778–	U-Boot Typ XXI Submarine Type XXI	U 2553– U 2564	Kriegsmarine	**1621**	76,70 8,00	–	–	Diesel (E-Mot) 4000 (5000) 15,6 (17,5)	– –	Bei Kriegsende unfertig auf Helgen; verschrottet

Bau-Nr.	Typ	NAME bzw. Bezeichnung	Auftraggeber	BRT Tragfähigkeit Verdrängung	Länge Breite m	Seiten-höhe m	Fahr-gäste	Maschinenart PS – Kn / Schrauben	Stapellauf Ablieferung	Bemerkungen
Yard-Nr.	Type	NAME Object	Owner	GRT tdw Displacement	Length Beam m	Depth m	Passen-gers	Type of Engine HP – Kn / Propellers	Launching Delivery	Remarks
779	U-Boot Typ XXVI Submarine Type XXVI	U 4501	Kriegsmarine	**842**	56,20 5,50	–	–	Diesel (Walter-Turb.) 845 (7500) 11 (22,4)	–	1944 begonnen; Nicht fertiggestellt
780	U-Boot Typ XXVI Submarine Type XXVI	U 4502	Kriegsmarine	**842**	56,20 5,50	–	–	Diesel (Walter-Turb.) 845 (7500) 11 (22,4)	–	1944 begonnen; Nicht fertiggestellt
781	U-Boot Typ XXVI Submarine Type XXVI	U 4503	Kriegsmarine	**842**	56,20 5,50	–	–	Diesel (Walter-Turb.) 845 (7500) 11 (22,4)	–	1944 begonnen; Nicht fertiggestellt
782	U-Boot Typ XXVI Submarine Type XXVI	U 4504	Kriegsmarine	**842**	56,20 5,50	–	–	Diesel (Walter-Turb.) 845 (7500) 11 (22,4)	–	1944 begonnen; Nicht fertiggestellt
783	Schwimmdock sektion Floating dock section								10. 3.54 54	
784	Schwimmdock-sektionen Floating dock section	–	Norderwerft, Hamburg	–	68,00 20,20	–	–	–	13.2./22.4.54 54	Insgesamt 1500 t Hebefähigkeit
785	Hafenfährschiff Harbour ferry	STEINWERDER	HADAG, Hamburg	249 –	23,40 7,20	3,30	513	Diesel-elektr. Antrieb 360 – 10	6. 9.54 23. 12.54	In Fahrt
786	Fahrgastschiff Passenger ship	WAPPEN VON HAMBURG	HADAG, Hamburg	2496 700	76,80 13,20	7,40	1600	Diesel-elektr. Antrieb 6000 – 17,5 / 2	1. 2.55 14. 5.55	In Fahrt als panamesische XANADU
787	Fahrgastschiff Passenger ship	NORDSTJERNEN	Det Bergenske D. S., Bergen	2194 654	74,98 12,60	7,16	192	Diesel 3050 – 16	26. 10.55 24. 2.56	In Fahrt
788	Fahrgastschiff Passenger ship	FINNMARKEN	Vesteraalens D. S., Bergen	2189 650	74,98 12,60	7,16	205	Diesel 3000 – 16	4. 2.56 24. 7.56	In Fahrt
789	Fahrgastschiff Passenger ship	RAGNVALD JARL	Det Nordenfjeldske D. S., Stokmarknes	2196 654	74,98 12,60	7,16	205	Diesel 3000 – 16	19. 4.56 24. 7.56	In Fahrt
790	Hafenfährschiff	FALKENSTEIN	HADAG, Hamburg	249 –	23,40 7,20	3,30	513	Diesel-elektr. Antrieb 380 – 10	25. 8.55 22. 11.55	In Fahrt
791	Frachtschiff Cargo vessel	MONTFERLAND	Kon. Hollandsche Lloyd, Amsterdam	6875 10365	143,25 19,66	11,73	12	Diesel 7800 – 17	2. 8.56 15. 11.55	In Fahrt als liberianische MAERSK WIND
792	Frachtschiff Cargo vessel	ZAANLAND	Kon. Hollandsche Lloyd, Amsterdam	6876 10450	143,25 19,66	11,73	12	Diesel 7800 – 17	30. 10.56 2. 2.57	In Fahrt als liberianische MAERSK WAVE
793	Schiffsrumpf Uncompleted hull	SARANSK	Oskarshamn Varv		71,02 12,60	7,82	–	–	20. 12.55 28. 12.55	
794	Kranponton Floating-crane pontoon	–	Strom- und Hafen-bau, Hamburg	**674**	42,00 22,00	5,00	–	Diesel 1030 – 6 / 2	4. 6.57 29. 4.58	Für 200-t-Schwimmkran In Fahrt
795	Massengutfracht-schiff Bulk Carrier	AMELIE THYSSEN	C. F. Ahrenkiel, Hamburg	10346 15485	150,00 20,00	12,10	–	Diesel 6650 – 15	12. 3.56 4. 6.57	In Fahrt als griechische ARISTIDIS
796	Massengutfracht-schiff Bulk Carrier	MONTANIA	C. F. Ahrenkiel, Hamburg	10350 15450	150,00 20,00	12,10	–	Diesel 6650 – 15	5. 6.57 17. 8.57	In Fahrt als liberianische BOUBOULINA FAITH
797	Frachtschiff Cargo vessel	WATERLAND	Kon. Hollandsche Lloyd, Amsterdam	6872 10450	143,25 19,68	11,74	12	Diesel 7800 – 17	17. 8.57 14. 11.57	In Fahrt als iranische IRAN MEHR
798	Frachtschiff Cargo vessel	HÖEGH CAIRN	Leif Höegh & Co., Oslo	9438 12585	143,73 19,68	11,74	–	Diesel 9000 – 17	31. 10.57 31. 1.58	1974 als liberianische ST. CONSTANTINE abgewrackt
799	Massengutfracht-schiff Bulk Carrier	NOORDWIJK	Erhardt & Dekkers, Rotterdam	11398 15979	155,00 20,50	12,12	–	Diesel 6650 – 15,6	30. 1.58 26. 4.58	In Fahrt als griechische MATUMBA
800	Massengutfracht-schiff Bulk Carrier	ASMIDISKE	Van Nievelt, Goudriaan & Co., Rotterdam	11396 15900	155,00 20,50	12,12	–	Diesel 6650 – 15,6	29. 3.58 24. 6.58	In Fahrt als somalianische SALTON SEA

263

Bau-Nr.	Typ	NAME bzw. Bezeichnung	Auftraggeber	BRT / Tragfähigkeit / Verdrängung	Länge / Breite m	Seiten-höhe m	Fahr-gäste	Maschinenart / PS – Kn / Schrauben	Stapellauf / Ablieferung	Bemerkungen
Yard-Nr.	Type	NAME Object	Owner	GRT / tdw / Displacement	Length / Beam m	Depth m	Passen-gers	Type of Engine / HP – Kn / Propellers	Launching / Delivery	Remarks
801	Massengutfracht-schiff / Bulk Carrier	ASTEROPE	Van Nievelt, Goudriaan & Co., Rotterdam	11396 / 16020	155,00 / 20,50	12,12	–	Diesel / 6650 15,6	12. 6. 58 / 20. 8. 58	In Fahrt als somalianische CHUKCHI SEA
802	Massengutfracht-schiff / Bulk Carrier	RHENANIA	C. F. Ahrenkiel, Hamburg	10350 / 15350	150,00 / 20,00	12,10	–	Diesel / 6650 – 15	27. 8. 58 / 18. 11. 58	In Fahrt als singapurische BIRTE OLDENDORFF
803	Massengutfracht-schiff / Bulk Carrier	WESTFALIA	C. F. Ahrenkiel, Hamburg	10350 / 15345	150,00 / 20,00	12,10	–	Diesel / 6650 – 15	8. 11. 58 / 28. 2. 58	In Fahrt als indische VISHVA SUDHA
804	Bark / Barque	GORCH FOCK	Bundesmarine	**1760**	70,20 / 12,00	7,30	–	Diesel / 890 – 10	23. 8. 58 / 17. 12. 58	In Fahrt
805	Massengutfracht-schiff / Bulk Carrier	FIONA	Fiona Shipping Co., Monrovia	16980 / 26170	185,00 / 25,00	14,20	–	Diesel / 10100 – 15,7	4. 3. 59 / 15. 7. 59	In Fahrt als griechische KRIOS
806	Massengutfracht-schiff / Bulk Carrier	FRANCESCA	Francesca Shipping Co., Monrovia	17088 / 26320	185,00 / 25,00	14,20	–	Diesel / 10100 – 15,7	2. 9. 59 / 13. 1. 60	In Fahrt als liberianische LIPS
807	Schwimmdock / Floating dock	DOCK I	Blohm & Voss, Hamburg	–	108,00 / 28,20	14,20	–	–	14.5./22.7.58 / 23. 9. 58	6000 t Hebefähigkeit
808	Massengutfracht-schiff / Bulk Carrier	ELQUI	Cia. Sudamericana de Vap., Valparaiso	13410 / 17540	152,00 / 22,00	13,05	–	Getriebeturbinen / 7500 – 15	26. 11. 59 / 5. 4. 60	In Fahrt
809	Massengutfracht-schiff / Bulk Carrier	ILLAPEL	Cia. Sudamericana de Vap., Valparaiso	13410 / 17640	152,00 / 22,00	13,05	–	Getriebeturbinen / 7500 – 15	25. 2. 60 / 11. 7. 60	1976 abgewrackt
810	Kühlschiff / Reefer	ALSTERBLICK	Rob. M. Sloman, Hamburg	2851 / 3350	116,00 / 15,80	8,80	12	Diesel / 7250 – 18,5	13. 6. 59 / 4. 9. 59	In Fahrt als liberianische SAN BERNARDINO
811	Tender / Depot ship (MTB)	ISAR	Bundesmarine	**2600**	89,00 / 11,80	6,60	–	Diesel-elektr. Antrieb / 9600 – 20	14. 7. 62 / 4. 12. 63	In Fahrt
812	Tanker (Vorschiff) / mid-body tanker	BARBARA JANE CONWAY	Panama Transoce-nic Co., Panama	14424 / 23805	166,11 / 12,93	12,93	–	Turbo-elektr. Antrieb / 6200 – 14,6	19. 3. 60 / 15. 6. 60	(T2-Tanker-Umbau) 1974 abgewrackt
813	Tanker (Vorschiff) / mid-body tanker	EDNA N. CONWAY	Panama Transoceanic Co., Panama	14449 / 23805	166,11 / 12,93	12,93	–	Turbo-elektr. Antrieb / 6200 – 14,6	25. 5. 60 / 12. 8. 60	(T2-Tanker-Umbau) 1975 abgewrackt
814	Tanker (Vorschiff) / mid-body tanker	BETTY CONWAY	Panama Transoceanic Co., Panama	14424 / 23805	166,11 / 12,93	12,93	–	Turbo-elektr. Antrieb / 6200 – 14,6	16. 7. 60 / 29. 9. 60	(T2-Tanker-Umbau) In Fahrt
815	Tanker (Vorschiff) / mid-body tanker	PHYLLIS T. CONWAY	Panama Transoceanic Co., Panama	14417 / 23877	166,11 / 12,93	12,93	–	Turbo-elektr. Antrieb / 6200 – 14,6	10. 9. 60 / 7. 12. 60	(T2-Tanker-Umbau) 1975 abgewrackt
816	Massengutfracht-schiff / Bulk Carrier	CONSTANTIA	C. F. Ahrenkiel Hamburg	11405 / 17200	141,00 / 21,40	12,82	–	Diesel / 7250 – 15,5	10. 1. 61 / 4. 5. 61	In Fahrt
817	Massengutfracht-schiff (Vorschiff) / Bulk Car. mid-body	WORLD CONQUEROR	Nestor Shg. Co. (Niarchos), Monrovia	14309 / 24000	166,11 / 23,93	14,25	–	Turbo-elektr. Antrieb / 6200 – 15	26. 1. 61 / 17. 3. 61	(T2-Tanker-Umbau) 1976 als liberianische PAULINA abgewrackt
818	Schwimmdock / Floating dock	Dock II	Blohm & Voss, Hamburg	–	141,60 / 30,20		–	–	7. 10. 61	8000 t Hebefähigkeit
	Frachtschiff / Cargo vessel	NAJADE	D. G. »Neptun«, Bremen	5044 / 6822	110,00 / 16,20	9,85	–	Diesel / 5400 – 15,8	14. 7. 61 / 22. 9. 61	In Fahrt als zypriotische NAJADE
820	Frachtschiff / Cargo vessel	MAILAND	Rob. M. Sloman, Hamburg	5365 / 7375	114,90 / 16,20	10,00	–	Diesel / 5400 – 15,8	7. 9. 61 / 24. 11. 61	In Fahrt als panamesische VIKTORIA ROTH
821	Massengutfracht-schiff / Bulk Carrier	FERDER	A/S Antarctic, Tönsberg	12228 / 18156	141,00 / 21,40	14,15	–	Diesel / 7250 – 15	28. 4. 62 / 15. 8. 62	In Fahrt als griechische MARIA P. LEMOS
822	Massengutfracht-schiff (Vorschiff) / Bulk Car. mid-body	APACHE	M. Konow, Oslo	15781 / 24400	166,11 / 23,93	14,25	–	Turbo-elektr. Antrieb / 6200 – 14,5	18. 11. 61 / 18. 1. 62	(T2-Tanker-Umbau) In Fahrt als panamesische PACMERCHANT

Bau-Nr.	Typ	NAME bzw. Bezeichnung	Auftraggeber	BRT *Tragfähigkeit* Verdrängung	Länge Breite m	Seiten- höhe m	Fahr- gäste	Maschinenart PS – Kn / Schrauben	Stapellauf Ablieferung	Bemerkungen
Yard-Nr.	Type	NAME Object	Owner	GRT *tdw* Displacement	Length Beam m	Depth m	Passen- gers	Type of Engine HP – Kn / Propellers	Launching Delivery	Remarks
823	Fahrgastschiff Passenger ship	WAPPEN VON HAMBURG	HADAG, Hamburg	3819 *595*	93,00 15,00	8,00	1637	Diesel mit Getriebe 9960 – 21 / 2	18. 1. 62 21. 5. 62	In Fahrt als ALTE LIEBE
824	Frachtschiff Cargo vessel	TUNIS	Rob. M. Sloman, Hamburg	5355 *7375*	114,90 16,20	10,00	–	Diesel 5400 – 15,8	11. 8. 62 30. 11. 62	In Fahrt als zypriotische POROS ISLAND
825	Massengutfracht- schiff Bulk Carrier	STRASSBURG	A. C. Toepfer, Hamburg	24992 *38200*	204,30 26,75	15,20	–	Diesel 10800 – 15	10. 4. 63 26. 6. 63	In Fahrt als holländische STRASSBURG
826	Sandstrahlleichter Sandblasting lighter	STRAHL-O-MATIC	H. Mühlhan, Hamburg	– *640*	49,60 9,50	3,10	–	Diesel 290 – 6	25. 4. 63 16. 5. 63	In Fahrt
827	Tanker Tanker	SINCLAIR VENEZUELA	Marlin Tanker Co., Monrovia	30076 *52984*	216,40 31,09	15,55	–	Diesel mit Getriebe 16800 – 16,6 / 2	19. 1. 63 22. 3. 63	In Fahrt als liberianische YANI
828	Landungsboot Landing craft	LCM 1	Bundesmarine	116	21,60 6,40	2,90	–	Diesel 640 – 10 / 2	10. 7. 64 12. 2. 65	In Fahrt
829	Kühlschiff Reefer	BRUNSHAUSEN	W. Bruns, Hamburg	4698 *5115*	124,00 16,80	8,90	12	Diesel 9600 – 21	28. 9. 63 30. 10. 63	In Fahrt als sowjetische TSIKLON
830	Kühlschiff Reefer	BRUNSLAND	W. Bruns, Hamburg	4617 *5115*	124,00 16,80	8,90	12	Diesel 9600 – 21	11. 63 29. 2. 64	In Fahrt als somalianische BENADIR
831	Kühlschiff Reefer	POLARLICHT	Hamburg-Süd, Hamburg	4851 *6510*	126,50 17,80	11,55	12	Diesel 10800 – 21	20. 5. 64 22. 9. 64	In Fahrt als britische DAVAO
832	Frachtschiff Cargo vessel	WESTFALIA	Hamburg-Amerika Linie, Hamburg	10919 *12544*	152,25 22,00	13,15	12	Diesel 18900 – 21	26. 8. 64 17. 12. 64	In Fahrt
833	Frachtschiff Cargo vessel	HAMMONIA	Hamburg-Amerika Linie, Hamburg	10917 *12544*	152,25 22,00	13,15	12	Diesel 18900 – 21	12. 2. 65 15. 5. 65	In Fahrt
834	Massengutfracht- schiff Bulk Carrier	SCHIROKKO	Schulauer Reederei, Hamburg	499 *1115*	66,00 11,00	6,10	–	Diesel 1320 – 13	20. 2. 64 26. 3. 64	Autotransporter; 1966 gesunken
835	Kühlschiff Reefer	BRUNSHOLM	W. Bruns, Hamburg	4701 *5129*	124,00 16,80	8,90	12	Diesel 9600 – 21	6. 6. 64 26. 11. 64	In Fahrt als griechische LILY
836	Kühlschiff Reefer	HOOD RIVER VALLEY	A. Johnson, Stockholm	6200 *6050*	124,00 17,40	11,35	–	Diesel 9600 – 20	31. 10. 64 8. 2. 65	In Fahrt als griechische ASTERI
837	Kühlschiff Reefer	BIAFRA	L. Martin & Cie., Paris	5672 *4940*	120,00 16,50	11,20	–	Diesel 8400 – 19	13. 3. 65 29. 5. 65	In Fahrt
838	Landungsboot Landing craft	LCM 2	Bundesmarine	116	21,60 6,40	2,90	–	Diesel 640 – 10	18. 7. 64 12. 1. 65	In Fahrt
839	Massengutfracht- schiff Bulk Carrier	FRITZ THYSSEN	Seereederei »Frigga«, Hamburg	35492 *55070*	221,50 32,00	17,60	–	Diesel 14400 – 16	4. 10. 65 13. 12. 65	In Fahrt
840	Frachtschiff Cargo vessel	ALEMANNIA	Hamburg-Amerika Linie, Hamburg	10916 *12544*	152,25 22,00	13,15	12	Diesel 18900 – 21	25. 5. 65 14. 8. 65	In Fahrt
841	Frachtschiff Cargo vessel	BORUSSIA	Hamburg-Amerika Linie, Hamburg	10915 *12544*	152,25 22,00	13,15	12	Diesel 18900 – 21	30. 7. 65 4. 12. 65	Rumpf in Belgien gebaut; In Fahrt
842	Kühlschiff Reefer	OKANAGAN VALLEY	A. Johnson, Stockholm	6235 *5990*	124,00 17,40	11,35	–	Diesel 9600 – 20	20. 11. 65 31. 1. 66	In Fahrt als griechische ATALANTI
843	Kleiner Versorger Light supply vessel	FREIBURG	Bundesmarine	3254	98,00 13,20	7,30	–	Diesel 5600 – 17	15. 4. 66 19. 10. 66	In Fahrt
844	Kleiner Versorger Light supply vessel	SAARBURG	Bundesmarine	3254	98,00 13,20	7,30	–	Diesel 5600 – 17	15. 7. 66 21. 12. 66	In Fahrt
845	Kleiner Versorger Light supply vessel	OFFENBURG	Bundesmarine	3254	98,00 13,20	7,30	–	Diesel 5600 – 17	10. 9. 66 13. 4. 67	In Fahrt
846	Frachtschiff Cargo vessel	BAVARIA	Hamburg-Amerika Linie, Hamburg	10915 *12544*	152,25 22,00	13,15	12	Diesel 18900 – 21	12. 2. 66 14. 5. 66	In Fahrt
847	Frachtschiff Cargo vessel	HOLSATIA	Hamburg-Amerika Linie, Hamburg	10914 *12544*	152,25 22,00	13,15	12	Diesel 18900 – 21	25. 6. 66 15. 10. 66	In Fahrt

Bau-Nr. Yard-Nr.	Typ Type	NAME bzw. Bezeichnung NAME Object	Auftraggeber Owner	BRT _Tragfähigkeit_ _Verdrängung_ GRT _tdw_ _Displacement_	Länge Breite m Length Beam m	Seiten- höhe m Depth m	Fahr- gäste Passen- gers	Maschinenart PS – Kn / Schrauben Type of Engine HP – Kn / Propellers	Stapellauf Ablieferung Launching Delivery	Bemerkungen Remarks
848	Fahrgast- Tragflächenboot Hydrofoil passengers	CORSARIO NEGRO	Grumman Aircraft Corp., New York	83 _16_	20,50 5,68	1,24	88	Gasturbine 3600 – 50	20. 8. 66 7. 6. 67	Rumpf in Lemwerder gebaut; in Fahrt als US-amerik. GULF STREAK
849	Fahrgast- Tragflächenboot Hydrofoil passengers	–	Grumman Aircraft Corp., New York	83 _16_	20,50 5,68	1,24	88	Gasturbine 3600 – 50	– –	Nicht fertiggestellt; Rumpf verkauft
850	Frachtschiff Cargo vessel	THURINGIA	Hamburg-Amerika Linie, Hamburg	10958 _12618_	152,25 22,00	13,15	12	Diesel 18900 – 21	22. 11. 66 11. 3. 67	In Fahrt
851	Frachtschiff Cargo vessel	TRIER	Hamburg-Amerika Linie, Hamburg	7393 _8873_	122,00 19,30	11,05	–	Diesel 8400 – 18,5	4. 3. 67 9. 5. 67	In Fahrt
852	Frachtschiff Cargo vessel	SPEYER	Hamburg-Amerika Linie, Hamburg	7382 _8873_	122,00 19,30	11,05	–	Diesel 8400 – 18,5	8. 4. 67 15. 8. 67	In Fahrt
853	Kühlschiff Reefer	POLAR ECUADOR	Hamburg-Süd, Hamburg	5617 _7957_	133,00 19,60	12,15	–	Diesel mit Getriebe 14880 – 22,8	15. 7. 67 21. 10. 67	In Fahrt unter Liberia-Flagge
854	Kühlschiff Reefer	POLAR ARGENTINA	Hamburg-Süd, Hamburg	5623 _7950_	133,00 19,60	12,15	–	Diesel mit Getriebe 14880 – 22,8	9. 9. 67 30. 1. 68	In Fahrt unter Liberia-Flagge
855	Kühlschiff Reefer	POLAR COLOMBIA	Hamburg-Süd, Hamburg	5623 _7948_	133,00 19,60	12,15	–	Diesel mit Getriebe 14880 – 22,8	14. 10. 67 1. 3. 68	In Fahrt
856	Kühlschiff Reefer	POLAR BRASIL	Hamburg-Süd, Hamburg	5623 _7950_	133,00 19,60	12,15	–	Diesel mit Getriebe 14880 – 22,8	25. 11. 67 24. 6. 68	In Fahrt
857	Kühlschiff Reefer	POLAR URUGUAY	Hamburg-Süd, Hamburg	5634 _7950_	133,00 19,60	12,15	–	Diesel mit Getriebe 14880 – 22,8	27. 1. 68 15. 7. 68	In Fahrt
858	Kühlschiff Reefer	POLAR PARAGUAY	Hamburg-Süd, Hamburg	5637 _7896_	133,00 19,60	12,15	–	Diesel mit Getriebe 14880 – 22,8	24. 2. 68 23. 12. 68	In Fahrt
859	Containerschiff Container liner	MORETON BAY	P & O Line (OCL), London	26876 _29100_	213,36 30,48	16,46	–	Getriebeturbine 32450 – 22	22. 8. 68 13. 6. 69	In Fahrt
860	Containerschiff Container liner	ELBE EXPRESS	Hamburg-Amerika Linie, Hamburg	14069 _11351_	155,00 24,50	14,60	–	Diesel 15750 – 20	12. 7. 68 24. 10. 68	In Fahrt
861	Containerschiff Container liner	ALSTER EXPRESS	Hamburg-Amerika Linie, Hamburg	14071 _11351_	155,00 24,50	14,60	–	Diesel 15750 – 20	30. 9. 68 16. 1. 69	In Fahrt
862	Frachtschiff Typ Pioneer Cargo vessel Type Pioneer	JAG DEV	Great Eastern Ship., Co., Bombay	13326 _21893_	151,45 22,80	14,40	–	Diesel mit Getriebe 9000 – 16,5	7. 5. 68 24. 6. 68	Rumpf in Lübeck gebaut; in Fahrt
862	Frachtschiff Typ Pioneer Cargo vessel Type Pioneer	JAG DARSHAN	Great Eastern Ship., Co., Bombay	13341 _21890_	151,45 22,80	14,40	–	Diesel mit Getriebe 9000 – 16,5	14. 4. 69 14. 6. 69	In Fahrt
864	Frachtschiff Typ Pioneer Cargo vessel Type Pioneer	IBERIA	C. F. Ahrenkiel, Hamburg	10066 _14738_	149,95 22,80	12,00	–	Diesel mit Getriebe 11760 – 18	8. 11. 69 31. 1. 70	In Fahrt
865	Frachtschiff Typ Pioneer Cargo vessel Type Pioneer	DALMATIA	C. F. Ahrenkiel, Hamburg	10130 _14500_	149,95 22,80	12,00	–	Diesel mit Getriebe 11760 – 18	26. 9. 70 5. 12. 70	In Fahrt
866	Frachtschiff Typ Pioneer Cargo vessel Type Pioneer	NORMANNIA	C. F. Ahrenkiel, Hamburg	12348 _20850_	151,45 22,80	14,40	–	Diesel mit Getriebe 9000 – 16,5	16. 11. 68 30. 12. 68	In Fahrt
867	Frachtschiff Cargo vessel	ORANJELAND	Globus Reederei, Hamburg	11372 _16040_	149,20 24,00	12,70	–	Diesel 12250 – 18,3	30. 1. 69 22. 5. 69	1974 gestrandet
868	Korvette Corvette	JOAO COUTINHO	Portugiesische Marine	**1336**	81,00 10,10	6,20	–	Diesel mit Getriebe 10560 – 23	2. 5. 69 24. 2. 70	In Fahrt
869	Korvette Corvette	JACINTO CANDIDO	Portugiesische Marine	**1336**	81,00 10,10	6,20	–	Diesel mit Getriebe 10560 – 23	16. 6. 69 29. 5. 70	In Fahrt
870	Korvette Corvette	GENERAL PEREIRA D'ECA	Portugiesische Marine	**1336**	81,00 10,10	6,20	–	Diesel mit Getriebe 10560 – 23	26. 7. 69 10. 10. 70	In Fahrt

Bau-Nr.	Typ	NAME bzw. Bezeichnung	Auftraggeber	BRT / Tragfähigkeit / Verdrängung	Länge Breite m	Seiten-höhe m	Fahr-gäste	Maschinenart PS – Kn / Schrauben	Stapellauf Ablieferung	Bemerkungen
Yard-Nr.	Type	NAME Object	Owner	GRT / tdw / Displacement	Length Beam m	Depth m	Passen-gers	Type of Engine HP – Kn / Propellers	Launching Delivery	Remarks
871	Autotransporter Car transporter	LAURITA	A/S Uglands Rederi, Grimstad	5353 / 5830	145,00 24,50	14,65	–	Diesel mit Getriebe 14880 – 21	20. 9. 69 6. 1. 70	In Fahrt
872	Containerschiff Container liner	SYDNEY EXPRESS	Hamburg-Amerika Linie, Hamburg	27407 / 33350	210,00 30,50	16,40	–	Getriebeturbine 32450 – 21	16. 2. 70 18. 9. 70	In Fahrt
873	Autotransporter Car transporter	TORINITA	A/S Uglands Rederi, Grimstad	5356 / 5740	145,00 24,50	14,65	–	Diesel mit Getriebe 14400 – 21	22. 4. 70 30. 10. 70	In Fahrt
874	Autotransporter Car transporter	SAVONITA	A/S Uglands Rederi, Grimstad	5356 / 5765	145,00 24,50	14,65 14,65	–	Diesel mit Getriebe 14400 – 21	4. 7. 70 15. 1. 71	In Fahrt
875	Massengutfracht-schiff Bulk Carrier	WIDAR	Seereederei »Frigga«, Hamburg	78954 / 146368	287,00 43,00	16,53	–	Diesel 32000 – 16,3	17. 4. 71 25. 5. 71	In Fahrt
876	Massengutfracht-schiff Bulk Carrier	HERMOD	Seereederei »Frigga«, Hamburg	79275 / 148200	287,00 43,00	22,50	–	Diesel 32000 – 16,3	21. 12. 73 8. 11. 73	In Fahrt
877	Containerschiff Container liner	HAMBURG EXPRESS	Hamburg-Amerika Linie, Hamburg	58088 / 48453	273,00 32,20	25,00	–	Getriebeturbinen 80000 – 27 / 2	8. 1. 72 10. 7. 72	In Fahrt
878	Containerschiff Container liner	TOKIO EXPRESS	Hamburg-Amerika Linie, Hamburg	58082 / 48543	273,00 32,20	25,00	–	Getriebeturbinen 80000 – 27 / 2	2. 11. 72 12. 4. 73	In Fahrt
879	Containerschiff Container liner	RHEIN EXPRESS	C. F. Ahrenkiel, Hamburg	14125 / 11151	155,00 24,50	14,60	–	Diesel 15750 – 20	31. 7. 71 6. 12. 71	In Fahrt
880	Containerschiff Container liner	MAIN EXPRESS	C. F. Ahrenkiel Hamburg	14125 / 11151	155,00 24,50	14,60	–	Diesel 15750 – 20	11. 12. 71 20. 4. 72	In Fahrt
881	Massengutfracht-schiff Bulk Carrier	THOR	Seereederei »Frigga«, Hamburg	79271 / 148200	287,00 22,50	22,50	–	Diesel 32000 – 16,3	3. 73 28. 4. 73	In Fahrt
882	Bohrinsel Oil rig	CHRIS CHENERY	The Offshore Co., Houston	23345 / 7376	115,36 7376	–	–	Dieselelektrisch 8000 – 8 / 2	29. 1. 74 5. 12. 74	In Fahrt
883	Bohrlegeschiff Pipelayer	CHOCTAW II	Santa Fe-Pomeroy, Houston	4945 / –	121,92 32,31	16,61	–	–	28. 6. 73 26. 4. 74	In Fahrt
884	Bohrinsel Oil rig	SCARABEO 3	Saipem S. p. A., Mailand	21435 / –	112,30 104,90	–	–	Diesel 6000 – / 3	10. 5. 74 27. 6. 75	In Fahrt
885	Rohrlege- und Kranschiff Pipelayer and crane ship	E. T. P. M. 1601	E. T. P. M., Paris	24380 / –	180,00 35,00	15,00	–	Dieselelektrisch 8000 – 8 / 2	16. 5. 74 3. 9. 74	In Fahrt
886	Bohrinsel Oil rig	SCARABEO 4	Saipem S. p. A., Mailand	21435 / –	112,30 104,90	–	–	Diesel 6000 – / 3	30. 8. 74 27. 11. 75	In Fahrt
887	Containerschiff Container liner	ADRIAN MAERSK	A. P. Møller, Kopenhagen	26940 / 25710	194,50 30,50	18,70	–	Getriebeturbine 36000 – 25,3	25. 1. 75 22. 8. 75	In Fahrt
888	Containerschiff Container liner	ALBERT MAERSK	A. P. Møller, Kopenhagen	26939 / 25710	194,50 30,50	18,70 18,70	– –	Getriebeturbine 36000 – 25,3	22. 2. 75 15. 10. 75	In Fahrt
889	Containerschiff Container liner	ANNA MAERSK	A. P. Møller, Kopenhagen	26939 / 25710	194,50 30,50	18,70	–	Getriebeturbine 36000 – 25,3	21. 6. 75 15. 12. 75	In Fahrt
890	Containerschiff Container liner	ANDERS MAERSK	A. P. Møller, Kopenhagen	26939 / 25710	194,50 30,50	18,70	–	Getriebeturbine 36000 – 25,3	18. 7. 75 19. 8. 76	In Fahrt
891	Containerschiff Container liner	ARTHUR MAERSK	A. P. Møller, Kopenhagen	26939 / 25710	194,50 30,50	18,70	–	Getriebeturbine 36000 – 25,3	29. 10. 75 14. 4. 76	In Fahrt
892	Containerschiff Container liner	AXEL MAERSK	A. P. Møller, Kopenhagen	26939 / 25710	194,50 30,50	18,70	–	Getriebeturbine 36000 – 25,3	12. 12. 75 28. 5. 76	In Fahrt
893	Massengutfracht-schiff Bulk Carrier	AUSTRALIAN PROSPECTOR	Australian National Line, Melbourne		270,00 42,50	22,30	–	Diesel 26600 – 15,2	20. 8. 76 20. 12. 76	In Fahrt
894	Massengutfracht-schiff Bulk Carrier	AUSTRALIAN PROGRESS	Australian National Line, Melbourne		270,00 42,50	22,30	–	Diesel 26600 – 15,2	5. 4. 77	In Fahrt

Bau-Nr.	Typ	NAME bzw. Bezeichnung	Auftraggeber	BRT Tragfähigkeit Verdrängung	Länge Breite m	Seitenhöhe m	Fahrgäste	Maschinenart PS – Kn / Schrauben	Stapellauf Ablieferung	Bemerkungen
Yard-Nr.	Type	NAME Object	Owner	GRT tdw Displacement	Length Beam m	Depth m	Passengers	Type of Engine HP – Kn / Propellers	Launching Delivery	Remarks
895	Rohrlege- und Kranschiff Pipelayer and crane ship	SEA TROLL	Sea Troll A/S, Oslo		183,50 35,00	15,00	–	Diesel-elektr. Antrieb 8000 – 9,5/2	19. 7. 76 3. 12. 76	2000 t Hebefähigkeit In Fahrt
896	Schwimmdock Floating dock	DOCK 11	Blohm + Voss, Hamburg		320,00 63,60	–	–	–	5. 12. 76	50000 t Hebefähigkeit
897	Kranschiff crane ship	ASERBAIDSHAN	V/O Sudoimport, Moskau	28261	121,00 34,50	11,00	–	Diesel-elektr. Antrieb 11680 – 10	11. 2. 77	2500 t Hebefähigkeit
898	Schwimmdock Floating dock	Dock	Abu Dhabi, UAE	–	74,00 21,00	9,00	–	–		1300 t Hebefähigkeit
899	RoRo-Schiff Roll on / Roll off		J. J. Sietas, Hamburg	1599 3200	76,80 15,60	6,40	–	Diesel mit Getriebe 4000 – 14	27. 5. 77 6. 77	Singledecker Subkontrakt
900	RoRo-Schiff Roll on / Roll off		J. J. Sietas, Hamburg	1599 3200	76,80 15,60	6,40	–	Diesel mit Getriebe 4000 – 14	28. 5. 77 6. 77	Singledecker Subkontrakt
901	RoRo-Schiff Roll on / Roll off		J. J. Sietas, Hamburg	1599 3200	76,80 15,60	6,40	–	Diesel mit Getriebe 4000 – 14	8. 77 9. 77	Singledecker Subkontrakt
902	RoRo-Schiff Roll on / Roll off		J. J. Sietas, Hamburg	1599 3200	76,80 15,60	6,40	–	Diesel mit Getriebe 4000 – 14	9. 77 10. 77	Singledecker Subkontrakt

Außer den in den vorstehenden Listen unter Blohm + Voss-Bau-Nummern genannten Schiffen wurden noch folgende Schiffe von der Werft fertiggebaut:

A. Schiffe der Schlieker-Werft, die nach deren Liquidation von B & V fertiggestellt wurden:

Bau-Nr.	Typ	NAME	Auftraggeber	BRT	Länge Breite	Seitenhöhe	Fahrgäste	Maschinenart	Stapellauf Ablieferung	Bemerkungen
1601	Tender Begleitschiff für SM-Boote Depot ship (mine-sweeper)	MOSEL	Bundesmarine	2370	89,00 11,80	6,60	–	Diesel-elektr. Antrieb 10160 – 20 / 2	15. 12. 60 8. 5. 63	In Fahrt
1602	Tender Schulschiff Training ship	RUHR	Bundesmarine	2370	89,00 11,80	6,60	–	Diesel mit Getriebe	18. 8. 60 16. 4. 64	In Fahrt
1603	Container-Mittelschiff Container ship mid-body		Sea Land Services Inc., Wilmington						6. 10. 62 8. 10. 62	
1604	Container-Mittelschiff Container ship mid-body		Sea Land Services Inc., Wilmington						9. 11. 62 13. 11. 62	

Tanker SINCLAIR VENEZUELA siehe Blohm & Voss-Bau-Nummer 827

B. Neubauten der Stülcken-Werft, die nach dem Ankauf dieser Werft durch B + V abgeliefert wurden:

Bau-Nr.	Typ	NAME	Auftraggeber	BRT	Länge Breite	Seitenhöhe	Fahrgäste	Maschinenart	Stapellauf Ablieferung	Bemerkungen
898	Zerstörer Destroyer	HESSEN	Bundesmarine	3400	128,00 13,40	7,70	–	Getriebeturbinen 68000 – 35 / 2	4. 5. 63 16. 12. 66	In Fahrt
901	Schwimmdock-sektion Floating dock section	–	Howaldtswerke Hamburg			–	–	–	17. 5. 66	Sektion für 47000-t-Dock
914	Frachtschiff Cargo vessel	MADRID	Rob. M. Sloman, Hamburg	5236 7300	114,90 16,20	10,00	–	Diesel 5400 – 16	31. 3. 66 18. 12. 65	v. St. als SLOMAN MADRID; in Fahrt als ind. MAHARASHMI
925	Zementlagerschiff Cement store vessel	HABARI	Howaldtswerke, Hamburg	1828 3700	52,80 21,00	4,1	–	–	18. 3. 66	In Fahrt
926	Minentransporter und Minenleger Minelayer	SACHSENWALD	Bundesmarine	2962	105,00 13,90	9,20	–	Diesel 5600 – 17 / 2	10. 12. 66 28. 11. 67	In Fahrt
927	Minentransporter und Minenleger Minelayer	STEIGERWALD	Bundesmarine	2962	105,00 13,90	9,20	–	Diesel 5600 – 17 / 2	10. 3. 67 30. 5. 68	In Fahrt

Außerdem unter den Stülcken-Baunummern 915–924 zehn Flußbereisungsboote für das damalige Ost-Pakistan, Auftraggeber: Inland Water Transp. Authority, Dacca.

Namen- und Sachregister

Quellenverzeichnis

Georg Asmussen: Chronik von Blohm & Voss 1877–1918, (Manuskript), Westerholz 1918.

Georg Asmussen: Ernst Voss, Hamburg 1924,

Max P. Andreae: Die Anfänge der Hamburger Flugzeugbau GmbH, (Manuskript), Hamburg 1956,

Architekten- und Ingenieur-Verein zu Hamburg: Hamburg und seine Bauten, Hamburg 1914,

C. Bertelsmann Verlag: Unser Jahrhundert im Bild, Gütersloh 1964,

Eduard Blohm: Meine Werfterinnerungen 1877–1938 (Manuskript),

Jochen Brennecke: Jäger — Gejagte, Deutsche U-Boote 1939-1945, Herford 1956,

Jochen Brennecke: Schlachtschiff BISMARCK, Herford 1960,

Brennecke/Hader: Panzerschiffe und Linienschiffe 1860–1910, Herford 1976,

W. Bünger: Hamburg — Großstadt und Welthafen, Hamburg 1955,

Wolfram Claviez: Seemännisches Wörterbuch, Bielefeld-Berlin 1973,

Heinrich v. Dietlein/Friedrich Stache: 100 Jahre Stülcken-Werft, Hamburg 1940,

Ludwig Dinklage: Die deutsche Handelsflotte 1939–1945, Band I, Göttingen-Frankfurt-Zürich 1971,

Victor Dirksen: Ein Jahrhundert Hamburg — 1800–1900, München 1926,

Karl Dönitz: Zehn Jahre und zwanzig Tage, Bonn 1958,

E. Foerster und G. Sütterlin: Der Vierschrauben-Turbinendampfer VATERLAND der Hamburg-Amerika Linie, erbaut von Blohm & Voss; Berlin 1918,

Hans Förster: Alt-Hamburg in Wort und Bild, Hamburg 1958,

Wolfgang Frank: Mit JAN WELLEM auf Walfang im Südlichen Eismeer, Düsseldorf 1939,

William Green: Warplanes of the Third Reich, London 1970,

Erich Gröner: Taschenbuch der Handelsflotten, München-Berlin 1940,

Hildegard Hudemann/Christel Schultz-Hudemann/Günter Niemeyer: Große Hamburger Hafenrundfahrt, Hamburg 1975,

Gregor Janssen: Das Ministerium Speer — Deutschlands Rüstung im Krieg, Berlin-Frankfurt-Wien 1968,

Walter Kresse: Materialien zur Entwicklungsgeschichte der Hamburger Handelsflotte 1924–1888, Hamburg 1972,

E. Kruska: Das Walter-Verfahren — ein Verfahren zur Gewinnung von Antriebsenergie, VDI-Zeitschrift Bd. 97/1955, Düsseldorf,

E. Kruska: Neuzeitliche U-Boots-Antriebe, Wehrtechnik, Zeitschrift für Wehrtechnik und Verteidigungswirtschaft Nr. 12/1969, Darmstadt 1969,

Werner Lenz/Gert Richter: Deutschland — Das Land, in dem wir leben; Gütersloh 1966,

Hans Maack: Reeder, Schiffe und ein Verband, Hamburg 1957,

Otto Mathies: Hamburgs Reederei 1814–1914, Hamburg 1924,

Jürgen Meyer: Hamburgs Segelschiffe 1795–1945, Norderstedt 1971,

Berhard Meyer-Marwitz: Merkur, Neptun und Hammonia; Hamburg 1952,

Karl H. Peter: Der Untergang der NIOBE — Was geschah im Fehmarnbelt?, Herford 1976,

Karl Ploetz: Auszug aus der Geschichte, Würzburg 1951,

Albert Röhr: Deutsche Marinechronik, Oldenburg und Hamburg 1974,

E. Rössler: U-Boot-Typ XXI — Wehrwissenschaftliche Berichte, Band 1, München 1967,

Friedrich Ruge: SMS SEYDLITZ, Nr. 14 Profile Warship, Windsor 1972,

Theodor F. Siersdorfer: Hamburg-Cuxhaven-Helgoland, Eine Chronik der Niederelbe-Bäderdampfer; Norderstedt 1974,

Carl Schellenberg: Das alte Hamburg, Leipzig 1936,

Alois Schenzinger: Schnelldampfer — Roman der Dampfschiffahrt, München 1975,

Reinhard Schmelzkopf: Die deutsche Handelsschiffahrt 1919–1939, Band I — Chronik und Wertung der Ereignisse in Schiffahrt und Schiffbau, Oldenburg und Hamburg 1974,

Percy Ernst Schramm: Neun Generationen — Dreihundert Jahre deutscher »Kulturgeschichte« im Lichte der Schicksale einer Hamburger Bürgerfamilie, Göttingen 1964,

Karl-Heinz Schwadtke: Deutschlands Handelsschiffe 1939–1945, Oldenburg und Hamburg 1974,

Karl-Heinz Schwadtke: Deutschlands Handelsflotte 1970, J. F. Lehmann Verlag, München,

Peter Franz Stubmann: Mein Feld ist die Welt — Albert Ballin, Hamburg 1960,

Alan Villiers: Auf blauen Tiefen, München 1967,

Herbert Wendt: Kurs Südamerika, Bielefeld 1958,

Carl Will: Hamburg — Eine Heimatkunde, Hamburg 1954,

Hans Jürgen Witthöft: HAPAG — Hamburg-Amerika Linie, Herford 1973,

Hans Jürgen Witthöft: Norddeutscher Lloyd, Herford 1973,

Anton Zischka: War es ein Wunder? — Zwei Jahrzehnte deutschen Wiederaufstiegs, Hamburg 1966

Zeitschriften:

Hamburg Kurier, Jahrgänge 1963–1972,

HANSA — Zentralorgan für Schiffahrt, Schiffbau, Hafen, Hamburg, Jahrgänge 1954–1977,

Schiffahrt international, Jahrgänge 1973–1977,

Werft, Reederei, Hafen, Heft 16/1922,

Werft, Reederei, Hafen, Heft 21–22/1927,

Werftzeitung Blohm & Voss 1930–1942 und 1958–1964,

Werftzeitung Blohm + Voss 1966–1977

Quellenverzeichnis für Neubauten-Liste:

Erich Gröner: Die Schiffe der deutschen Kriegsmarine und Luftwaffe 1939–45 und ihr Verbleib, 8. Auflage, München 1976,

Arnold Kludas: Die großen deutschen Passagierschiffe, 3. Auflage, Oldenburg 1974,

Arnold Kludas: Die großen Passagierschiffe der Welt, Bände I–IV, 2. Auflage, Oldenburg 1976,

Arnold Kludas: Die Schiffe der deutschen Afrika-Linien 1880–1945, Oldenburg 1975,

Arnold Kludas: Die Schiffe der Hamburg-Süd 1871–1951, Oldenburg 1976,

Lloyd's Register of Shipping, London, 1880–1976,

The Belgian shiplover, Brüssel, div. Jahrgänge

Außerdem persönliche Aufzeichnungen von Rud. Blohm, ferner Interviews mit Rud. Blohm und allen im Vorwort namentlich genannten Mitarbeitern, ferner Geschäftsberichte und Original-Korrespondenz, Patentschriften, Original-Bau- und Lizenzverträge sowie Niederschriften einzelner Sachbearbeiter aus den Bereichen Schiffsneubau, Schiffsreparatur und Maschinenfabrik.
Weitere Unterlagen stammen von folgenden Institutionen der Freien und Hansestadt Hamburg: Behörde für Wirtschaft und Verkehr, Hamburg-Information, HWWA — Institut für Wirtschaftsforschung, Museum für Hamburgische Geschichte, Staatliche Landesbildstelle Hamburg, Staatsarchiv sowie Staats- und Universitätsbibliothek. Presseberichte aus den Jahren 1912–1914 und 1949–1954 ergänzten das Material.

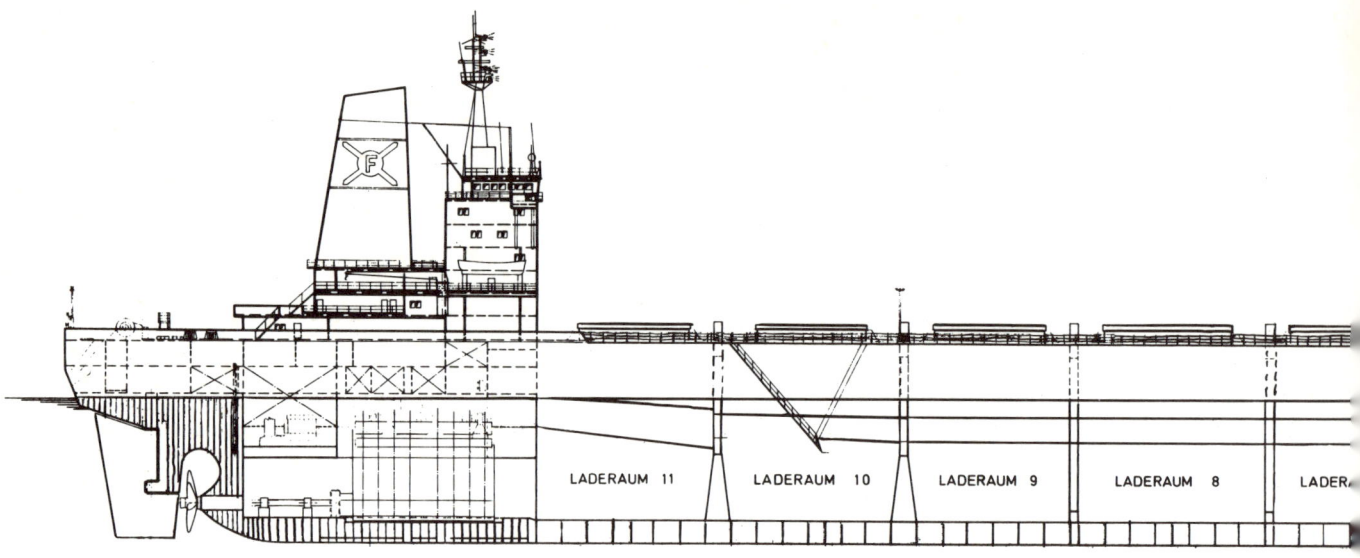

Massengutfrachtmotorschiff HERMOD der Seereederei »Frigga«, Hamburg, 79275 BRT, Tragfähigkeit 148200 tdw, Länge zwischen den Loten 287,00 m, Maschinenleistung 32000 PS, Geschwindigkeit 16,3 Knoten. Stapellauf in zwei Teilen. Zusammenbau im Schwimmdock 30. 6. 1973 vollendet, Taufakt an diesem Datum vollzogen. An die Reederei abgeliefert 8. 11. 1973. Dieser größte Trocken-

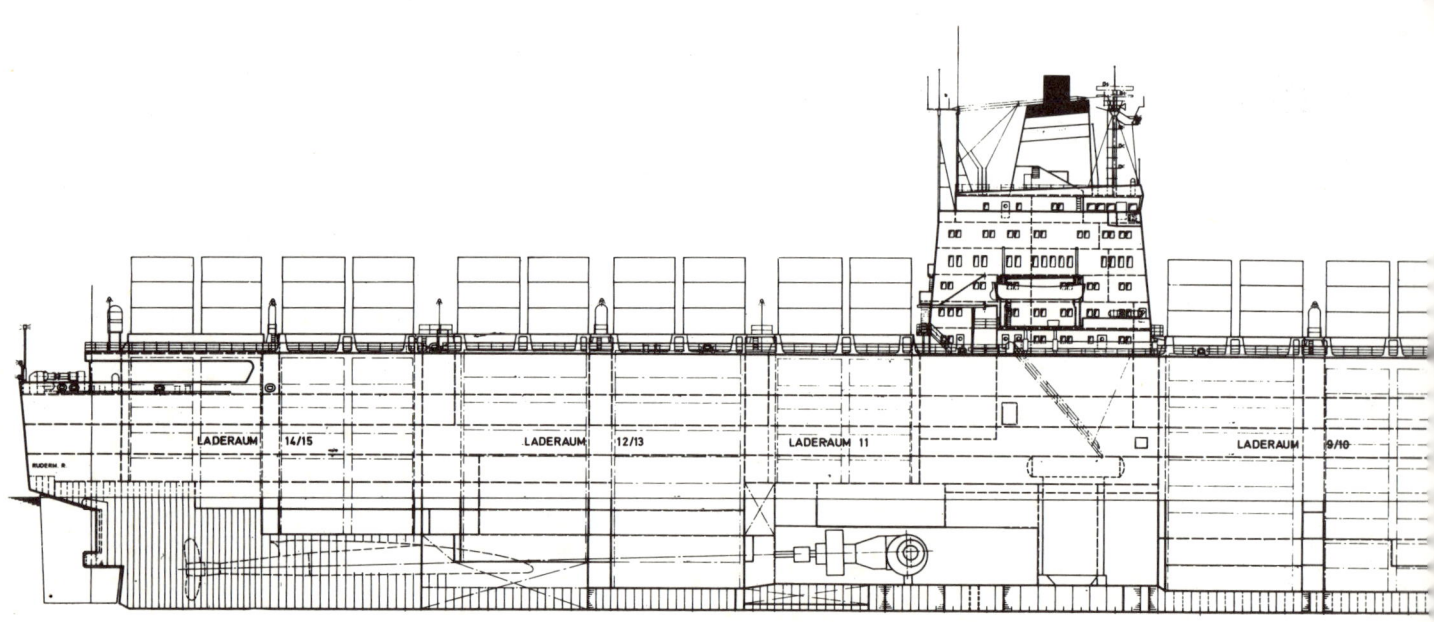

Bau-Nr. 877: Containerturbinenschiff HAMBURG EXPRESS der Hapag-Lloyd Aktiengesellschaft, 58088 BRT, Länge zwischen Loten 273,00 m, Doppelschrauben, Maschinenleistung 80000 WPS, Geschwindigkeit 27 Knoten, Ladefähigkeit 3000 Container der Standardgröße 20 Fuß. Dieses Containerschiff der Dritten Generation ist größer als der Schnelldampfer EUROPA des Jahres 1930 und entwickelt dieselbe Dienstgeschwindigkeit wie der einstige Gewinner des